DEUTSCHE DEMOKRATISCHE REPUBLIK
DEUTSCHE AKADEMIE DER LANDWIRTSCHAFTSWISSENSCHAFTEN ZU BERLIN
INSTITUT FÜR INFORMATION UND DOKUMENTATION

Landwirtschaftliches Zentralblatt

ABTEILUNG II

PFLANZLICHE PRODUKTION

8. JAHRGANG
1963

AKADEMIE-VERLAG · BERLIN

LZ. II PFLANZLICHE PRODUKTION · JG. 1963 · NR. 2 · SEITE 293—588 · BERLIN · FEBRUAR 1963

LANDWIRTSCHAFTLICHES ZENTRALBLATT

ABTEILUNG PFLANZLICHE PRODUKTION

INHALTSVERZEICHNIS

Bibliographische Angaben von Büchern und Dissertationen am Schluß eines jedes Kapitels

LZ. II/2/63

NAMENVERZEICHNIS

Seitenzahl in [Klammern] bedeutet Bibliographie, mit Stern * bedeutet Buchbesprechung

Weide, Heinz; Jena, Friedrich-Schiller-Univ., Inst. für Spez. Bot. **Systematische Revision der Arten Pimpinella saxifraga L. und Pimpinella nigra Willd. in Mitteleuropa.** Feddes Repertorium spec. nov. regni veget. [Berlin] **64** (1962) Nr. 2./3 S. 240–268. — 2 Abb., 6 Lit.

Umfangreiches Herbarmaterial des bisher als *Pimpinella saxifraga* L. bezeichneten Formenkreises wurde gesichtet und nach der geographisch-morphol. Methode bearbeitet. Auf Grund der Ergebnisse wurde er in die 2 Arten *P. saxifraga* L. und *P. nigra* Willd. mit je 5 Subspecies gegliedert. Erstmalig wird eine Erklärung für die dissecten Blattformen beider Arten gegeben. E. Wittenberg. 201.

Zésiger, F. Recherches cytotaxinomiques sur les joubarbes (genres Sempervivum L. et Jovibarbe Opiz). **(Cytotaxonomische Untersuchungen der Hauswurz [Gattungen Sempervivum L. und Jovibarba Opiz].)** Ber. schweiz. bot. Ges. **71** (1961) S. 113–117. — 1 Abb., 6 Lit. Zus. in Engl., Dtsch.

Cytologische Untersuchungen zeigen für alle *Jovibarba*-Arten die Chromosomengrundzahl 19. Da keine Hybriden von *Jovibarba*-Arten mit *Sempervivum* beobachtet wurden, möchte Vf. die *Jovibarba*-Arten als eigene Gattung auffassen. Für *Sempervivum*-Arten zeigte die Untersuchung, unabhängig von Farbe und Habitus, Gruppen nahverwandter Arten: Die Gruppe *S. montanum* besitzt n = 21 Chromosomen, *S. tectorum* n = 18, *S. arachnoideum* n = 16, während *S. ciliosum* die bis dahin nicht beobachtete Zahl von n = 17 Chromosomen hat. U. Kirchberg. 201.

Alex, J. F.; Ottawa, Ontario, Canada Dep. of Agric., Plant Res. Inst. The taxonomy, history, and distribution of Linaria dalmatica. **(Taxonomie, Geschichte und Verbreitung von Linaria dalmatica.)** Canad. J. Bot. **40** (1962) Nr. 2. S. 295–307.

Vf. behandelt eingehend die Taxonomie, Anatomie und die Verbreitung von *Linaria dalmatica* in geschichtlicher Zeit. Von 2 in den Floren öfter genannten Subspecies erkennt Vf. nur *L. dalmatica macedonica* an, während ssp. *grandiflora* als mit *macedonica* identisch angesehen wird. Im Gegensatz zum Typ *grandiflora* mit seinem ausgedehnten Verbreitungsareal in Südosteuropa und Teilen Vorderasiens besiedelt die Subspecies *macedonica* nur wenige räumlich sehr begrenzte Standorte. Der Typ *grandiflora* wird seit Jahrhunderten in weiten Teilen Europas und seit rund 70 Jahren auch in Nordamerika kultiviert. Hier hat sich die Pflanze vielfach als Unkraut ausgebreitet und ist auch heute noch ständig weiter im Vordringen. G. Barich. 201.

B. Morphologie der Pflanzen

Frimmel, G. und Frimmel, F.; Linz/Donau, Landwirtsch.-Chem. Bundesversuchsanst. **Blütenmorphologische Studien an Rotklee.** Bodenkultur [Wien], Ausg. A **13** (1962) Nr. 1. S. 45–48. — 2 Tab., 9 Lit. Zus. in Engl.

Bei der Züchtung des Rotklees muß die Samenertragsleistung beachtet werden. Wesentliche Voraussetzung für die Samenbildung ist eine wirkungsvolle Bestäubung, die in unmittelbarem Zusammenhang mit der Blütenmorphol. steht. Durch Veränderung der Blütenmorphol., d. h. durch Verkürzung der Blütenkronröhre ist Verbesserung der Samenproduktion anzustreben. Die Länge der Blütenkronröhre wurde nach Gubin vom Ansatz der Blütenkronröhre bis zur Ansatzstelle des Schiffchens gemessen. Die Variabilität der Länge der Blütenkronröhren wurde ermittelt. Die Variabilität war verhältnismäßig klein bei den Köpfchen einer Pflanze, jedoch größer bei den Blüten eines Köpfchens. Blüten mit geringer Länge der Blütenkronröhre fanden sich gehäuft an der Spitze und Basis der Köpfchen.

K. Schulz. 211.

Diomaiute-Bonnand, Janine. Étude de quelques cymes unipares scorpioides anormales chez Nicotiana glutinosa L.: Possibilité de passage à un état végétatif. **(Untersuchungen einiger anormaler einseitig gegliederter Blütenstände bei Nicotiana glutinosa L.: Möglichkeit des Überganges zum vegetativen Zustand.)** C.R. hebd. Séances Acad. Sci. **254** (1962) Nr. 6. S. 1140–1142. — 8 Abb., 6 Lit.
Es wurde wiederholt beobachtet, daß Blütenstände, in denen normalerweise Blüten und Brakteen in 2 Orthostichen angeordnet sind, seitlich Knospen erzeugen, aus denen Triebe mit spiralig angeordneten Blättern hervorgehen. Diese Triebe können später normale Blütenstände bilden.
W. Junges. 211.

Cormack, R. G. H. Alteration of leaf size and structure in Convallaria majalis caused by extreme shade. **(Die durch Extremschatten hervorgerufene Veränderung von Blattgröße und Blattstruktur bei Convallaria majalis.)** Canad. J. Bot. **40** (1962) Nr. 3. S. 383–387. — 3 Abb., 6 Lit.
Maiglöckchentriebe, die im feuchten Boden eines dunklen Schuppens gewachsen sind, wurden mit normalen Schattenblättern des Maiglöckchens verglichen. Makroskopisch erscheinen die Extremschattenblätter kleiner als Normalschattenblätter, gelblich, sehr dünn und an den Rändern gefaltet. Schnitte der Blätter zeigen, daß eine mangelhafte Entwicklung des Mesophylls Ursache des dünnen Blattquerschnittes ist. Die Epidermiszellen und die unter ihnen liegenden photosynthetischen Zellen sind klein, langgestreckt und zeigen stark horizontale Ausbreitung. Die Interzellularräume sind reduziert und die Gefäßbündel nur sehr schwach entwickelt. Die Erscheinungen entspr. den bei *Vicia americana* gemachten Beobachtungen. U. Kirchberg. 211.

Szklarska, J. und Chrzanowski, J. Przyczynek do wyjaśnienia powstawania kawern w korzeniach cykorii. **(Ein Beitrag zur Aufklärung der Entstehung von Kavernen in den Wurzeln der Zichorie.)** — Hodowla Roślin Aklimatyzacja Nasiennictwo **6** (1962) Nr. 1. S. 111–120. — 8 Tab., 6 Lit. Zus. in Russ., Engl.
In der Zucht- und Forschungsanst. Ihar wurden Gefäß- und Feldprüfungen durchgeführt, um die Ursachen der Entstehung von Kavernen in den Wurzeln der Zichorie (*Chichorium intybus*) festzustellen. Die Erde für die Gefäßprüfungen wurde gedämpft. Die Feldprüfungen wurden auf lehmigem Sandboden durchgeführt. Der Samen wurde mit Lösungen von verschiedenen Antibiotika sowie mit aqua dest. oder Wasser behandelt. Auf Grund der Beobachtungen und Versuche wird geschlossen, daß die Kavernen nicht biotisch durch die auf der Oberfläche der Kavernen festgestellten pathogenen Stäbchenbakterien entstehen. Da in denselben Kombinationen der Samenbehandlung bei Feldprüfungen ein weit höherer Anteil von Wurzeln Kavernen als bei den Gefäßprüfungen aufwies, kann angenommen werden, daß die Veränderungen der Bodenfeuchtigkeit, welche bei normalen Feldbedingungen vorkommen, im Unterschied zum gleichmäßigen Feuchtigkeitsgehalt in Gefäßen, die Kavernenbildung in den Zichorienwurzeln fördern. J. Pragłowski. 211.

Stopp, Klaus. **Antitelechore Einrichtungen bei den Gattungen Sesamum, Rogeria und Psilocaulon (Disseminationsbiologische Studien in Angola. I.).** Beitr. Biol. Pflanzen **37** (1962) Nr. 1. S. 63–76.
Unter dem Begriff „Antitelechorie“ versteht Vf. eine Reihe von Einrichtungen, die der Samenstreuung und -verbreitung bei einer Anzahl von Vertretern der ariden Pflanzenassoziationen Südafrikas entgegenwirken. An Hand der Gattungen *Sesamum*, *Rogeria* und *Psilocaulon* werden die verschiedenen Möglichkeiten, die bei der Entwicklung solcher antitelechoren Einrichtungen anzutreffen sind, eingehend behandelt. Wenn einerseits eine solche Verbreitungshemmung der Expansion einer Pflanzenart entgegenwirkt und in

disjunkten Arealen zur Ausbildung lokaler Subspecies führen kann, so helfen andererseits diese antitelechoren Einrichtungen, den einmal okkupierten Standort auch unter ungünstigen Lebensbedingungen fest zu behaupten.
G. Barich. 211.

Roy, S. K.; Gorakhpur, Uttar Pradesh, India, Univ. of Gorakhpur, Bot. Dep. Embryology of Eugenia fructicosa L. **(Embryologie bei Eugenia fruticosa L.)** Proc. nat. Acad. Sci., India, Sect. B **31** (1961) Nr. 1. S. 80–87.
Die bei einigen Arten der Gattung *Eugenia* anzutreffende Polyembryologie macht diese Gattung zu einem interessanten Untersuchungsobjekt. Vf. untersuchte die Gründe dieser Polyembryologie. Nach seinen Beobachtungen sind die Gründe für das Auftreten von Polyembryologie bei einigen Arten der Gattung *Eugenia* nicht einheitlich, entweder degeneriert die Zygote und statt dessen entwickeln sich die Antipoden oder es kommt zur Adventivembryonie, indem sich Embryonen aus dem Nucellusgewebe entwickeln und in den Embryosack hineinwuchern. Auch die Integumente können mitunter an der Bildung von Embryonen beteiligt sein. Abb. ergänzen diese wenig behandelte Darstellung von Sonderfällen der Embryogenese.
G. Barich. 211.

C. Physiologie der Pflanzen

Rejowski, A. Fizjologia i biochemia dojrzewającego ziarna pszenicy. Cz. I. Morfologia rozwoju oraz fizjologiczne właściwości dojrzewającego ziarna. **(Die Physiologie und Biochemie des reifenden Weizenkornes. 1. Mitt. Morphologie der Entwicklung und physiologische Eigenschaften des reifenden Weizenkornes.)** Roczniki Nauk rolniczych, Ser. A **85** (1962) Nr. 2. S. 293–305. — 6 Abb., 2 Tab., 14 Lit. Zus. in Russ., Engl.
In 4jährigen Untersuchungen wurde die embryonale Entwicklung an 2 Wi- und einer So-Weizensorte verfolgt. Dabei wurden 3 Perioden unterschieden: a) Bildung des Endosperms, b) Bildung des Embryos und c) Einlagerung der Reservestoffe. Keimfähigkeit wird erreicht mit der Bildung des Vegetationskegels. Keimfähigkeit und Entwicklungstempo bei der Keimung nehmen mit zunehmender Entwicklung des Embryos im Korn zu, verbunden mit Änderungen der chem. Zusammensetzung des Kornes. Die Atmung des jungen Kornes nimmt zunächst bis zum 9. Tag nach der Befruchtung zu und dann bis zum 24. Tag schnell wieder ab. Danach bleibt sie annähernd konstant. Diese Änderungen laufen prarallel mit Veränderungen des Wassergehaltes, der chem. Zusammensetzung des Kornes und dem Nachlassen der Synthese-prozesse. Die Veränderungen waren bei allen Sorten ähnlich.
W. Święcicki. 221.

Sevast'janov, V. I. und Matuchin, G. R. (Sewastjanow, W. I. und Matuchin, G. R.) O povyšenii soleustojčivosti kul'turnych zlakov putem vospitanija ich na zasolennoj počve. **(Über die Erhöhung der Salzverträglichkeit des Getreides durch Gewöhnung an versalzten Boden.)** V sb.: Fiziol. ustojčivosti rast., M. **1960** S. 759–761. — Aus: Referativnyj žurnal. Biologija, Moskva **1961** Nr. 23. G 78. S. 11.
Einige Sorten von Gerste und Weizen wurden im Laufe von mehreren Jahren auf Wiesen-Solontschak-Boden mit einem Salzgehalt von 0,6–0,7% ausgesät. In der 1. und 2. Generation wurde die Salzverträglichkeit der Pflanzen bestimmt und festgestellt, daß sich bei mehrjährigem Anbau auf versalztem Boden die Salzverträglichkeit der Pflanzen erhöht.
übersetzt v. K. Weißer. 221.

Haspelová, Alžběta; Bratislava, Biol. Ústav Slov. Akad. Vied., Odd. Fyziol. Rastlín. Charakteristika panašovaného jedinca Zea mays L. (Príspevok k fyzilógii letálnych jedincov Zea mays s chlorofylovým defektom I.). **(Charakteristik einer panaschierten Pflanze von Zea mays L. [1. Mitt. Bei-**

trag zur Physiologie chlorophylldefekter letaler Maispflanzen.) Biológia [Bratislava] **16** (1961) Nr. 7. S. 493–502. — 4 Abb., 5 Tab., 14 Lit. Zus. in Russ., Dtsch.
Den Schwerpunkt der Arbeit bilden Ergebnisse von Analysen grüner und gelber Pigmente aus Pflanzen mit Chlorophylldefekt im Vergleich mit normalgrünen Pflanzen. Die Pigmentveränderungen der letalen Pflanzen wurden außerdem mit Veränderungen der zwar gleichfalls letalen Pflanzen, die jedoch durch die Zufuhr fertiger Assimilate künstlich am Leben erhalten wurden, verglichen. Bei sämtlichen Versuchen diente als Versuchsobjekt die im Laufe von 5 Jahren nach der Selbstbestäubung erhaltene Nachkommenschaft einer gelbgrün panaschierten Maispflanze. Die Wuchshöhe der Mutterpflanze erreichte etwa $^2/_3$ der Höhe von normalgrünen Pflanzen. Die Nachkommenschaft der panaschierten Pflanze umfaßte neben normalgrünen Pflanzen auch rein albinotische und gestreifte Exemplare. Es wurden keine weiteren Symptome, wie z. B. Schrumpfungen des Blattstiels, oder Fleckigkeit beobachtet. Bei der Nachkommenschaftsklassifikation wurde der Albinismus als rezessives Merkmal mit Interaktion einer wahrscheinlichen Plasmavererbung der Streifigkeit bei grünen und albinotischen Pflanzen angesehen. Diese Streifigkeit ist im Laufe der Ontogenese einzelner Pflanzen nicht beständig. Über die Vererbungsart ununterbrochener Panaschierung im Laufe der Ontogenese können noch keine Schlußfolgerungen gezogen werden.
J. Šindelářová. 221.

Šachov, A. A., Golubkova, B. M. und Kisljakova, T. E. (Schachow, A. A., Golubkowa, B. M. und Kisljakowa, T. Je.); Moskau, Pflanzenphysiol. Timirjasew-Inst. der Akad. der Wiss. der UdSSR. Submikroskopičeskaja struktura i funkcija chloroplastov kartofelja v raznych uslovijach sredy. **(Submikroskopische Struktur und Funktion der Chloroplasten der Kartoffel bei verschiedenen Umweltbedingungen.)** Doklady Akademii nauk SSSR, Moskva **141(29)** (1961) Nr. 5. S. 1246–1249. — 2 Abb., 1 Tab., 6 Lit.
Unter sonst gleichen Bodenbedingungen wurden in Moskau und oberhalb des Polarkreises Kartoffelpflanzen herangezogen. Elektronenmikroskopische Untersuchungen ergaben, daß die Blätter in Moskau kompakte Chloroplasten haben (4–5 μm ⌀), die im Stroma eng aneinanderliegende Grana (0,25 bis 0,3 μm) und osmiophile Granula gleicher Größe besitzen. Die Chloroplasten im Norden dagegen waren größer (6–7 μm ⌀), rund und locker, hatten 0,4 bis 0,5 μm große Grana und kleine osmiophile, gleichmäßig im Chloroplasten verteilte Granula. Die ganztägige Polarsonne wirkt also in Verbindung mit der tieferen Temperatur auf die submikroskopische Struktur der Chloroplasten ein. Die großen Chloroplasten mit lockerer Struktur und kleinen osmiophilen Granula sind für die Photosynthese der Kartoffel im Polarkreis besser geeignet. Es kann angenommen werden, daß sich bei Änderung der Lichtbedingungen der Bau, die Eigenschaften und eventuell auch die Photosyntheseaktivität der Chloroplasten verändern. N. Meyer. 221.

Audia, W. V., Smith jun., W. L. und Craft, C. C.; Beltsville, Md., U.S. Dep. of Agric., A.R.S., Plant Pest Control Div.; Agric. Marketing Serv. Effects of isopropyl n-(3-chlorophenyl) carbamate on suberin, periderm, and decay development by Katahdin potato slices. **(Einflüsse von Isopropyl-n-[3-chlorphenyl] carbamat auf die Suberin- und Peridermbildung sowie die Fäulnisentwicklung bei Kartoffelscheiben der Sorte 'Kathadin'.)** Bot. Gaz. **123** (1962) Nr. 4. S. 255–258. – 5 Tab., 12 Lit.
CIPC ist ein wirksames Mittel gegen das Austreiben der Knollen. Andererseits werden durch dieses Mittel verursachte Gewebeschäden an den Knollen beobachtet, und zwar in Form leichter Ionenabgabe, mangelnder Peridermbildung, verhinderter Zellteilung unter der Schnittfläche der Knollenstücke u. a. Zur näheren Untersuchung dieser Fragen wurden durch Querschnitt

gewonnene 1–1,5 cm dicke Scheiben von Knollen kurz in CIPC-Lösungen von 5, 25, 50, 100, 500 und 1250 ppm getaucht und dann bei 60 °F gelagert. Ab 25 ppm wurde die Peridermbildung bereits etwas, ab 50 ppm vollständig gehemmt. Die Suberinbildung war nur bei den höheren Konz. beeinträchtigt. Infektion von 2, 4, 7 oder 14 Tage gelagerten Knollenscheiben mit *Erwinia carotovora* (L. R. Jones) Holland führte zur Fäulnis vor allem bei den erst kurz gelagerten und bei den mit höher konz. CIPC-Lösung behandelten Schnitten. Die Infektion war verhindert, wenn nach langer Lagerzeit reichlich Suberin gebildet worden war, auch wenn die Peridermbildung verhindert war. W. Stenz. 221.

Williams, R.; Dorrington. On the physiological significance of seminal roots in perennial grasses. **(Über die physiologische Bedeutung der Keimwurzeln bei mehrjährigen Gräsern.)** Ann. Botany [N.S.] **26** (1962) Nr. 102. S. 129–136.
Ertragserhebungen und Auszählungen der Bestandszusammensetzung bei *Phleum pratense* L. zeigten, daß das Wachstum der Einzelpflanzen nachläßt, wenn die Nährstoffe nur über die Keimwurzeln zugeführt werden. Pflanzen, die die Nährstoffe dagegen nur über die Adventivwurzeln zugeführt erhielten, unterschieden sich im Wachstum (Ertrag an Tr.-Subst.) nicht wesentlich von denen, die über die gesamten Wurzeln ernährt wurden. Die Samenwurzeln allein vermögen die ausreichende Ernährung der Pflanze nicht zu gewährleisten, offenbar, weil dieses Netz zu klein ist. Bei voller Entwicklung des Adventivwurzelnetzes ist demzufolge die Bedeutung des primären Wurzelnetzes nur gering, und es spielt keine bes. Rolle. K. Hoffmann. 221.

Čirkovskij, V. I. (Tschirkowski, W. I.) Vlijanie ėkologičeskich faktorov pri formirovanii semjan tabaka na process ich starenija. **(Einfluß ökologischer Faktoren bei der Samenbildung des Tabaks auf den Prozeß des Alterns der Samen.)** Sbornik naučno-issledovatel'skich rabot. Vsesojuznyj naučno-issledovatel'skij institut tabaka i machorki „VITIM", Krasnodar **1960** Nr. 151. S. 65–76. – Aus: Referativnyj žurnal. Biologija, Moskva **1961** Nr. 19. G 586. S. 64.
Es wurden Laboratoriums-Versuche mit Tabaksamen der Sorten 'Trapezunt 1272', 'Samsun 27' und 'Djubek 44' verschiedener Herkünfte (Kuban, Abchasien, Krim und Kirgisien) durchgeführt. Die Samen wurden nach der Ernte in Exsiccatoren über kristallinem NaOH bei 60 (optimal) bzw. 10% rel. Luftfeuchte (Kontrolle) 30 °C aufbewahrt. Im Verlauf von 2 Jahren stellte man monatlich die Keimfähigkeit des Saatgutes fest. Die Beobachtungen ergaben, daß die klimatischen Bedingungen der Vermehrungszone sowohl auf die physiol. Reife als auch auf das Altern der Samen Einfluß ausüben. Nicht vollständige physiol. Reife wurde bei Saatgut beobachtet, das in trockenem Klima, selbst bei hoher Bodenfeuchtigkeit (Bewässerung), vermehrt worden war. Je trockener das Klima ist, desto schneller tritt das Altern ein. Unter den Bedingungen ein und derselben Zone hat die rel. Luftfeuchtigkeit während der Reifeperiode entscheidenden Einfluß auf den Alterungsprozeß der Samen nach der Ernte. Hohe rel. Luftfeuchtigkeit ist mit noch schnellerem Altern des Saatgutes verbunden. Die Temperatur der Luft spielt in der Periode der Samenbildung eine bedeutend geringere Rolle.
übersetzt v. E. Fröhmcke. 221.

Eremeev, G. N. (Jeremejew, G. N.) Nekotorye fiziologičeskie pokazateli stojkosti k zasušlivym uslovijam plodovych i drugich drevesno-kustarnikovych rastenij. **(Einige physiologische Merkmale der Stabilität bei Obst- und anderen Baum- und Strauchkulturen gegen Trockenbedingungen.)** V sb.: Fiziol. ustojčivosti rast., M. **1960** S. 473–477. – 15 Lit. Aus: Referativnyj žurnal. Biologija, Moskva **1961** Nr. 23. G 114. S. 15.

Im Botanischen Garten von Nikita wurden an Gehölzen verschiedener ökol. Gruppen die Transpirationsintensität, die wasserhaltende Kraft (Wasserhaltevermögen) und die Stabilität der Blätter gegen Welke untersucht. Höhere Stabilität gegen Welke hatten die Blätter von *Laurus nobilis* L., *Olea* u. a. Xerophyten in unmittelbarer Abhängigkeit vom Wasserhaltevermögen. Dies stimmte mit der Stabilität aller Pflanzen gegen Trockenheit überein. Vf. berichtet, daß die Stabilität der Blätter gegen Welke, ihr Wasserhaltevermögen und die Fähigkeit, den Turgor nach ertragener Welke wiederherzustellen, als Kennziffern dienen können bei der Einschätzung und Auswahl der Formen und Sorten von Obst- und anderen Holzgewächsen in bezug auf Resistenz gegen Trockenheit. übersetzt v. K. Weißer. 221.

Franke, I. **Untersuchungen über den Einfluß des Frostes auf Blattparenchymzellen von Polypodium vulgare.** Protoplasma [Wien] **55** (1962) Nr. 1. S. 63–88. – 7 Abb., 59 Lit.
Aus Blättern des wintergrünen Farnes *Polypodium vulgare* wurden nach verschiedenen Behandlungen Präparate für Elektronenmikroskopie hergestellt. Wenn die Pflanzen im Sommer bei den verfügbaren Temperaturen bis –10 °C gefroren, dann langsam aufgetaut und präpariert wurden, waren „Vesikel" (leere Stellen) deutlich zu sehen. Dieses Gefrieren und Auftauen überleben die Farnwedel. In ungefrorenem Sommerplasma sind die Vesikel viel kleiner. Im winterlichen Plasma, das natürlichem Frost ausgesetzt war, fehlen sie ganz. Wenn Sommerblätter durch schnelles Auftauen abgetötet wurden, war im elektronenmikroskopischen Bild die Struktur des Zytoplasmas und der Mitochondrien völlig zerstört, die der Chloroplasten teilweise. Viskositätsprüfungen ergeben sommerliches Minimum und Steigerung während Herbst bis Winter. Irgendwelche Beziehungen der Plasmaviskosität zur im elektronenmikroskopischen Bild sichtbaren Struktur waren nicht festzustellen. G. Kretschmer. 221.

Turkova, N. S., Hsing, Mei-ying, Berner, R. und Enina, I. P. (Turkowa, N. S., Hsing, Moi-ying, Bernr, R. und Jenina, I. P.); Moskau, Univ., Lehrstuhl für Pflanzenphysiol. O faktorach, opredoljajuščich orientaciju v prostranstve list'ev i steblej v svjazi s vyjasneniem pričin poleganija. (**Über die Faktoren, die die Orientierung der Blätter und Stengel im Raum bestimmen in Verbindung mit der Aufklärung der Ursachen des Lagerns.**) Vestnik Moskovskogo universiteta. Serija VI. Biologija, počvovedenie **15** (1960) Nr. 1. S. 37–45. – 3 Abb., 4 Tab., 24 Lit.
Vff. untersuchten die Bedeutung der N- und P-Versorgung, der Beschattung und die Wirkung verschiedener IES-Konz. auf die geotropische Orientierung der Blätter und Stengel bei Lein, Bohnen, Lupinen und Hafer. Sie stellten deutliche Zusammenhänge zwischen dem geotropischen Verhalten und dem Gehalt an Nucleinsäuren (NS) in den Organen fest. Ungenügende N- oder P-Gaben führten zu einer Abnahme des NS-Gehaltes, bes. an RNS. Das Verhältnis RNS/DNS wurde kleiner. Verringerung der Lichtintensität durch Beschattung oder höhere IES-Konz. (3×10^{-4} mol. bei der Bohne, 10^{-4} mol. beim Lein und 10^{-3} mol. bei der Lupine) bewirkten vor allem eine Hemmung der DNS-Synthese, das Verhältnis RNS/DNS wurde größer. Behandlung von Hafer mit 10^{-3} mol. führte zu einer bedeutenden Aktivitätssteigerung der ATPase, der nach wenigen Std. stärkere Krümmungen des Stengels folgten. Nach Absinken der erhöhten Aktivität wurde die normale vertikale Lage wieder eingenommen. Durch zweckmäßige N- und P-Ernährung und durch Verhinderung starker Beschattung kann die Gefahr des Lagerns bei Getreide vermindert werden. H. Leike. 221

Cerro, M. I. Perez del; Buenos Aires, Argentina, Fac. de Ci. Méd., Inst. de Atomia Gen.y Embryol. The action of ribonuclease on root tip cells. An elec-

tron microscopic study. **(Die Wirkung von Ribonuklease auf die Zellen der Wurzelspitzen. Eine elektronenmikroskopische Untersuchung.)** Exp. Cell Res. 24 (1961) Nr. 3. S. 580–584. – 6 Abb., 15 Lit.
In der vorliegenden Arbeit werden die Einwirkung von RNase und die damit verbundene Veränderung in den Ultrastrukturen der Zelle eingehend beschrieben. Verwendet wurden Wurzeln von *Allium cepa* und *Vicia faba*, kristalline RNase Sigma 5, 5 mg/ml in aqua dest. bei pH 6. Im Gegensatz zu den normalen Zellen zeigte das behandelte Material keinerlei Unterschiede in Zahl und Größe der Ribosomen. An Hand vergleichender elektronenoptischer Mikrofotografien werden weitere Veränderungen der Feinstruktur meristematischer Zellen demonstriert. J. Schreiter. 221.

Tullin, Vagn; Lund, Dep. of Plant Physiol. Effects of injections of growth compounds on seedlings. **(Die Wirkung injizierter Wachstumskomponenten auf Keimlinge.)** Physiol. Plantarum [Copenhagen] **15** (1962) Nr. 2. S. 315–340. – 13 Abb., 8 Tab., 56 Lit.
Jungen Weizenkeimlingen wurden verschiedene chem. Subst. (Komponenten des β-Inhibitor-Komplexes, Auxine, anorg. Salze, wie Ca, Mg, Co, Zn, ferner Nicotinsäure, Picolinsäure, Chinolinsäure u.a.) durch Injektion in das Kornendosperm zugeführt. Die durch den Einstich hervorgerufene Verletzung führte zu Veränderungen des endogenen IES-Systems, die ähnlich denen einer Koleoptilen-Dekapitation waren. Die Versuche beweisen ferner, daß ein aktiver Mechanismus für den Übertritt bestimmter injizierter Chemikalien vom Endosperm in das Scutellum verantwortlich ist. Es gibt nämlich Stoffe, die auch nach 24 Std. in diesem nicht nachzuweisen waren. Mitochondrien waren im Endosperm vorhanden. Die Injektion der Metallsalze hat teilweise andere Erscheinungen zur Folge als die äußere Zufuhr. H.-L. Pätzold. 221.

Schuphan, Werner; Geisenheim/Rhg., Bundesanst. für Qualitätsforsch. Pflanzl. Erzeugnisse. **Wachstum und Carotinbildung bei Möhren (Daucus carota L.) in Abhängigkeit von entwicklungsphysiologischen Differenzierungen der Teilfrüchtchen.** Biol. Zbl. **81** (1962) Nr. 3. S. 303–314. – 6 Abb., 2 Tab., 12 Lit.
Über die unterschiedliche Entwicklungsfähigkeit von Samen aus verschiedenen Teilen einer Inflorescenz liegen bereits mehrere Ergebnisse vor. An einer samentragenden Möhrenpflanze befinden sich gewöhnlich Dolden verschiedener Reifestadien, deren Teilfrüchtchen als Folge davon in Größe und Reife verschieden sind. In den Versuchen wurde Möhrensaatgut der Größenfraktionen > 1; 0,75–1 und < 0,75 mm getrennt ausgesät. Neben den Bonitierungen erfolgte Registrierung der Witterungsbedingungen. Der Aufgang war bei den kleinsten Früchtchen wesentlich schlechter (um etwa die Hälfte). Pflanzen aus größeren Früchtchen hatten gegenüber denen aus kleineren zumindest bis Ende Juni/Anfang Juli einen Entwicklungsvorsprung (höheres Gewicht). Der Carotingehalt der Wurzeln war bei Pflanzen aus den kleinsten Früchtchen gegenüber denen aus den größten Früchtchen signifikant geringer. Erst bei sehr langer Hinauszögerung der Ernte (nach Sept.) wurden die Unterschiede wieder verwischt. Damit wird erhärtet, daß Carotin ein von der Stoffwechselintensität abhängiges Exkret ist (hierzu auch Lagerungsversuche). Die gefundenen Differenzen sind demnach offenbar entwicklungsphysiol. bedingt. Auch durch die Konkurrenz gut entwickelter Nachbarpflanzen im Bestand kommt es zu schwacher Entwicklung einiger Pflanzen, in denen ebenfalls die Carotinsynthese verringert ist. W. Stenz. 221.

Novickaja, Ju. E. (Nowizkaja, Ju. Je.) Vodnyj režim rastenij v zavisimosti ot temperatury počvy. **(Der Wasserhaushalt der Pflanzen in Abhängigkeit von der Temperatur des Bodens.)** Tr. Karel'sk. fil. AN SSSR **1960** Nr. 28. S. 40–51. – Aus: Referativnyj žurnal. Biologija, Moskva **1961** Nr. 23. G 105. S. 14.

Die Untersuchungen wurden an Boden-, Sand- und Wasserkulturen in einem Wärmegewächshaus durchgeführt. Die Kontrollpflanzen wurden bei 15 bis 20 °C aufgezogen, die Versuchspflanzen bei 8–10 °C für Gerste, Hafer, Weizen und Kartoffeln, bei 10–12 °C für Mais. Auf kaltem Boden besaßen die Pflanzen eine bedeutend erhöhte abs. Transpiration und hatten einen hohen Wassergehalt, und zur Produktion von 1 g geernteter Trockenmasse verbrauchten sie weniger Wasser. Bei Gerste wurden auf kaltem Boden keine Veränderungen im Verhältnis des freien zum gebundenen Wasser beobachtet, aber bei Mais sank der Gehalt an freiem Wasser, und der Gehalt an gebundenem Wasser stieg an, die Transpirationsintensität und der Ertrag verringerten sich stark. Die Angaben zum Wasserhaushalt für die Blätter von Gerste, Hafer, Kartoffel zeigen, daß bei herabgesetzten Bodentemperaturen die physiol. Prozesse in diesen Kulturen normal verlaufen, für Mais bleibt diese Frage ungeklärt. übersetzt v. K. Weißer. 222.

Grinenko, V. V. (Grinenko, W. W.); Stalinabad, Tadshik. Forsch.-Inst. für Ackerbau. Sostojanie vody v tkanjach kak pokazatel' ustojčivosti rastenij. **(Der Zustand des Wassers in den Geweben als Merkmal der Resistenz der Pflanzen.)** V sb.: Fiziol. ustojčivosti rast., M. **1960** S. 431–435. — Aus: Referativnyj žurnal. Biologija, Moskva **1961** Nr. 23. G 112. S. 15.
Die Fähigkeit, das Wasser durch Bindung zurückzuhalten, bedeutet eine universelle Schutzreaktion der Pflanze gegen Bodenversalzung, Dürre, Kälte und Hitze. Bei den dürreresistenten Pflanzen (*Festuca sulcata, Acantholemon alatavicum, Onobrychis echidna*) erreicht der Gehalt an gebundenem Wasser 80–90% des gesamten Wassergehaltes. Umgekehrt, bei den instabilen Formen (*Tagea graminifolia, Poa glablyflora*) beträgt das gebundene Wasser etwa 30%. Die an Feuchtigkeit anspruchsvolle Baumwollstaude besitzt in bewässerten Gebieten 11–29% an gebundenem Wasser, unter unbewässerten Bedingungen steigert sich seine Menge auf 33% des gesamten Wassers. In bezug auf Dürre und Kälte ausdauernde Sorten der Weinrebe binden bis zu 80% des Wassers, die nichtwiderstandsfähigen bis zu 33% des gesamten Wassers. übersetzt v. K. Weißer. 222.

Ezdakova, L. A. (Jesdakowa, L. A.); Taschkent, Usbek. Univ. O vlijanii litija na vodnyj režim tabaka. **(Über den Einfluß des Spritzens [Gießens] auf den Wasserhaushalt des Tabaks.)** Naučn. dokl. vysš. školy. Biol. n. **1961** Nr. 2. S. 174–180. — Aus: Referativnyj žurnal. Biologija, Moskva **1961** Nr. 23. G 107. S. 14.
Tabakpflanzen der Sorte 'Trapezunt 161' wurden von Mais bis Sept. 7 mal mit einer Nitratlösung gespritzt (Naßkopfdüngung). Die einzelne Dosis bestand aus 0,0115 g in 350 ml Wasser, die Kontrollpflanzen erhielten nur 350 ml Wasser. Die Behandlung rief eine Verringerung des Tagesverbrauches an Wasser hervor, stärkere Transpiration zur Mittagszeit, Verstärkung der hydrophilen Eigenschaften der Plasmakolloide und Erhöhung der wasserhaltenden Kraft der Blätter. Der Gehalt an gebundenem Wasser in den Blättern stieg an. Vf. berichtet, daß eine Erhöhung der Menge an gebundenem Wasser in den Blättern der Versuchspflanzen verbunden ist mit einer Erhöhung ihrer Dürre- und Hitzeresistenz. übersetzt v. K. Weißer. 222.

Friend, D. J. C., Helson, V. A. und Fisher, J. E.; Ottawa, Ontario, Canada Dep. of Agric., Plant Res. Inst., Res. Branch. The rate of dry weight accumulation in Marquis wheat as affected by temperature and light intensity. **(Die Rate der Trockenmasse-Akkumulation bei 'Marquis'-Weizen unter dem Einfluß von Temperatur und Lichtintensität.)** Canad. J. Bot. 40 (1962) Nr. 7. S. 939–955. — 9 Abb., 4 Tab., 16 Lit.
Bis zur Befruchtungsreife wurden die Pflanzen bei 200, 500, 1000, 1750 bzw. 2500 ft.-c. aufgezogen. Die Energiewerte im physiol. aktiven Teil des Spek-

trums, 400–720 nm, betrugen je 100 ft.-c. = 0,0054 cal/cm² min = 38 μW/cm². Die Temperaturen betrugen 10, 15···35 °C. – Steigende Lichtintensität bewirkte starke Steigerungen der abs. und rel. Wachstumsleistungen. Bei 35 °C starben die Pflanzen nach einiger Zeit ab. Die abs. Wachstumsrate war am höchsten z. Z. des Ährenschiebens, die rel. Zunahme wurde im Laufe der Vegetationsperiode geringer. Bei hoher Temperatur und Lichtintensität ging die Abnahme des rel. Wachstums schneller vor sich als bei niedrigen Temperaturen und Lichtintensitäten. Für die abs. Wachstumsrate waren 20–25 °C optimal, für die rel. 10–15 °C. Ursache dafür ist die schnellere Blütenstandsentwicklung bei höheren Temperaturen. W. Stenz. 222.

Lundegårdh, H.; Penningby, Sweden. The respiratory system of wheat roots. **(Das Atmungssystem der Weizenwurzeln.)** Biochim. biophysica Acta [Amsterdam] **57** (1962) Nr. 2. S. 352–368. – 17 Abb., 3 Tab., 27 Lit.
Weizenwurzeln und Weizenmitochondrien enthalten ein Atmungssystem, das hinsichtlich des Baues und der Wirkungsweise große Ähnlichkeit mit den in Hefe oder Herzmuskulatur vorkommenden Systemen aufweist. Eine vom Vf. entwickelte spezielle spektrophotometrische Technik (vgl. Biochim. biophysica Acta [Amsterdam] **35** [1959] Nr. 2. S. 340.) läßt scharfe Banden von Cytochrom a und a_3 erkennen. Sie ermöglicht weiterhin die Analyse der stetigen Reduktion und Reoxydation des Cytochrom-Systems. Es können zwei Hauptwege des Elektronentransports von der Dehydrogenase zu den Cytochromen c – a_3 unterschieden werden. Der eine verläuft über die Bernsteinsäuredehydrogenase und das Cytochrom b, der andere über ein Pyridinnucleotid zum Cytochrom b_3 und c_1. Beide Wege sind bis zu einem gewissen Grade miteinander verknüpft. Cytochrom b_3 wirkt in einem „b-shunt" auf O_2, wobei die c – a_3-Gruppe ausgelassen wird. Cytochrom b_3 ist mit großer Wahrscheinlichkeit autoxydabel, da keinerlei Spuren einer speziellen Cytochrom-b-Oxydase gefunden wurden. Der b-shunt dient der Aufrechterhaltung der CN-unempfindlichen Grundatmung, die gegenüber der CN-empfindlichen Atmung nur wenig zur Energieumwandlung beiträgt. Peroxydase kommt in größerer Menge vor als die einfachen Cytochrome. Es ist möglich, daß sie die Oxydation verschiedener carboxylierter Verbindungen bewirkt. Der unter streng anaeroben Bedingungen auftretende dh-Komplex ist möglicherweise ein Komplex zwischen der Peroxydase und löslichen hydroxylierten Verbindungen. Zwischen ihm und dem Cytochromsystem besteht zwar keine direkte Zusammenwirkung, doch scheint er bis zu einem gewissen Grade beim oxydativen Abbau der Stoffwechselprodukte teilzunehmen.
H. Nürnberger. 222.

Trubicyn, N. V. (Trubizyn, N. W.) Izmenenie charaktera dychanija semjan podsolnečnika v uslovijach germetičeskogo chranenija. **(Die Änderung des Charakters der Atmung von Sonnenblumensamen bei hermetisch abgeschlossener Aufbewahrung.)** Izv. vysš. učebn. zavedenij. Pišč. technol. **1960** Nr. 6. S. 21–23. – Aus: Referativnyj žurnal. Biologija, Moskva **1961** Nr. 20. G 511. S. 57.
Die Änderung des Charakters der Atmung von Sonnenblumenkernen bei 20 °C und hermetisch abgeschlossener Aufbewahrung wurde untersucht. Dabei wird gezeigt, daß der hermetische Abschluß es gestattet, die aerobe in eine anaerobe Atmung der Samen umzuwandeln. Dieser Übergang wird durch Erhöhung des Wassergehaltes der Samen beschleunigt. Die Arbeiten wurden im Inst. für Nahrungsmittelind. in Krasnodar durchgeführt.
übersetzt v. D. Grafe. 222.

Umarov, Ch. U. (Umarow, Ch. U.); Taschkent, Genet. und Pflanzenphysiol. Inst. der Akad. der Wiss. der Usbek.SSR. Izmenenija intensivnosti dychanija klevera krasnogo i timofeevki lugovoj. **(Veränderung der Atmungsintensität**

von Rotklee und Wiesenlieschgras.) Botaničeskij žurnal, Moskva-Leningrad 47 (1962) Nr. 2. S. 245–250. – 2 Tab., 34 Lit.

Auf Grund vergleichender Untersuchungen einer Reihe physiol. Merkmale bei Rotklee und Wiesenlieschgras in reinen und gemischten Kulturen (1958 bis 60) kommt Vf. zu folgenden Ergebnissen: Die Atmungsintensität (A) verändert sich wie alle anderen untersuchten physiol. Prozesse (Aktivität von Redoxprozessen u. a.) mit dem Alter der Pflanzen. Sie ist bei mangelnder Beleuchtung und bei Erhöhung der Lufttemperatur größer. Atmungsprozesse reagieren auf Wassermangel im 1. Lebensjahr stärker als im 2. Wesentliche Veränderungen der A während der Vegetation wurden während der Bestockung (1. Minimum), der Blüte (2. Minimum) und der Stengelbildung (Maximum) beobachtet. Das Maximum dürfte mit der Reproduktion verbunden sein. Die A bei Klee war im Leningrader Gebiet (120–130 mg CO_2/h/ 100 g Frischgewicht) höher als bei Wiesenlieschgras. Während bei einjährigen Pflanzen beider Arten keine Beziehung zwischen Atmung und Redoxprozessen gefunden werden konnte, war im 2. Lebensjahr in den Blättern zwischen A und Redoxaktivität ein direkter Zusammenhang feststellbar. Mit zunehmender A war eine Erhöhung der Aktivität der Redoxprozesse in den Blattgeweben verbunden. H. Weber. 222.

Žolkevič, V. N., Choller, V. A. und Kušnirenko, S. V. (Sholkewitsch, W. N., Choller, W. A. und Kuschnirenko, S. W.); Moskau, Pflanzenphysiol. Timirjasew-Inst. der Akad. der Wiss. der UdSSR; Posledejstvie ochlaždenija na éffektivnost' dychanija list'ev ogurcov. **(Nachwirkungen der Abkühlung auf die Wirksamkeit der Atmung der Gurkenblätter.)** Fiziologija rastenij, Moskva 9 (1962) Nr. 3. S. 353–358. – 3 Tab., 10 Lit. Zus. in Engl.

Gurkenpflanzen im Alter von 24–27 Tagen wurden bei 8000 lx, 16-Std.-Tag und 65% Luftfeuchtigkeit entweder bei 23 °C oder 8 Tage unter kalten Bedingungen (1–12 °C) gehalten. 6 Std. nach Wiedereinbringen der Pflanzen in die Wärme wurde die Energiebalance an Hand der Atmungsintensität (Warburg) und der Wärmeabgabe (Mikrokalorimeter) gemessen. Die Energiebalance, welche den am meisten integrierenden Wert der Atmungseffektivität darstellt, zeigte, daß die Schädigung wärmeliebender Pflanzen infolge Abkühlung von der Zerstörung des Energiewechsels begleitet wird. Dies wird durch die Senkung des Atmungseffektes hervorgerufen, da die Atmung, ungeachtet ihrer höheren Intensität, nicht im Stand ist, die Energieverluste des Organismus zu kompensieren. J. Birke. 222.

Siegel, S. M., Rosen, L. A. und Renwick, G.; Rarrytown, N.Y., Union Carbide Res. Inst. Effects of reduced oxygen tension on vascular plants. Growth and composition of Red Kidney bean plants in 5 per cent O_2. **(Die Auswirkungen eines reduzierten Sauerstoffgehaltes auf Gefäßpflanzen. Wachstum und Zusammensetzung von Bohnenpflanzen, Sorte 'Red Kidney', in 5% O_2.)** Physiol. Plantarum [Copenhagen] **15** (1962) Nr. 2. S. 304–314. – 1 Abb., 6 Tab., 22 Lit.

Für 2 Wochen wurden Bohnenpflanzen (*Phaseolus vulgaris*) in einem Gasgemisch von 5% O_2 + 95% Argon aufgezogen (O_2-Pflanzen) und dann mit Kontrollpflanzen, die in normalem Luftgemisch gewachsen waren (K-Pflanzen) verglichen. I. allg. waren die O_2-Pflanzen etwas kleiner und leichter, in jugendlichen Geweben war jedoch kaum ein Unterschied zu verzeichnen. Die in wassergesättigter Atmosphäre gewachsenen O_2-Pflanzen wurden in trockener Laborluft schlaff, doch in feuchter Luft konnten sie ihre Turgescenz wiedererlangen. Höhere Werte wiesen bei den O_2-Pflanzen der Rohrzucker- und der Glucosegehalt auf; das Epikotyl enthielt weit mehr Peroxydase, die Wurzel mehr Katalase. In der Menge geringer waren bei den O_2-Pflanzen chloroformlösliche Subst. und Ligninteile, im Epikotyl wurde weniger Katalase und

Lipoxidase nachgewiesen. In den Wurzeln der O_2-Pflanzen war der Gehalt an Lipoxidase auch gegenüber den K-Wurzeln vermindert, Katalase war dagegen in großen Mengen vorhanden. Die Blattfarbstoffe wiesen kaum Unterschiede auf, aber die O_2-Pflanzen scheinen mehr Olefine, Phenole, Phenolderivate zu enthalten. H.-L. Pätzold. 222.

Rejowski, A.; Katedra Fizjol. Roślin, WSR Olsztyn. Fizjologia i biochemia dojrzewającego ziarna pszenicy. Cz. II. Cukrowce rozwijającego się ziarna pszenicy. **(Die Physiologie und Biochemie des reifenden Weizensamens. 2. Mitt. Saccharide des sich entwickelnden Weizensamens.)** Roczniki Nauk rolniczych, Ser. A **85** (1962) Nr. 3. S. 447–460. — 16 Tab., 14 Lit. Zus. in Russ., Engl. 1. Mitt. vgl. LZ. Abt. II 8 (1963) Nr. 2. S. 293.
In Körnern von So- und Wi-Weizen kommen die gleichen Zucker vor (Fructose, Glucose, Saccharose, Maltose, Glucodifructose, Raffinose, Fructosane), aber die Mengen sind bei So-Weizen höher. Mit zunehmender Reife nimmt der Zuckergehalt ab. Bei Lagerung der Körner in den Ähren verlaufen die Veränderungen anders als bei Lagerung nach Drusch. Bei der Keimung erscheinen wiederum größere Mengen Oligosaccharide. Der Stärkegehalt nimmt während der Entwicklung des Kornes bei Aufbewahrung in den Ähren schneller zu als bei loser Lagerung. Der Einfluß des Wassergehaltes auf den Kohlenhydrathaushalt ist rel. gering. Der hauptsächlich modifizierende Faktor ist die Entwicklung des Samens. W. Święcicki. 222.

Müller, K.; Büntehof, Landwirtsch. Forsch.-Anst. **Über den Kohlenhydrathaushalt der Kartoffel.** Kartoffelbau **13** (1962) Nr. 1. S. 6–8. — 4 Abb., 1 Tab., 7 Lit.
In einer Übersichtsarbeit wird z. T. anhand eigener Versuche der Kohlenhydrathaushalt der Kartoffel beschrieben. Die Untersuchungen ergaben, daß Glucose als der eigentliche Transportzucker anzusehen ist, während Saccharose in größerer Menge in den Knollen vorkommt. Sehr stark beeinflußt die Wasserversorgung die Stärkebildung im Blatt. Die Hauptaufgabe des K besteht darin, regulierend zu wirken. Gefäßversuche ergaben eine enge Beziehung zwischen Assimilationsleistung und Mineralstoffversorgung. In Verbindung mit einer ausreichenden N-P-Mg-Grunddüngung führte zunehmende K-Versorgung zu einem deutlichen Anstieg der Stärkeproduktion in den Blättern. Außerdem wird die Translokation der Assimilate in die Knolle verbessert. Knollen- und Blattstärke enthalten etwa 37% bzw. 21% Amylose. In den Trieben keimender Kartoffeln findet man eine Amyloseanreicherung bis zu 73%. Zu Beginn der Vegetation stehen Bau- und Betriebsstoffwechsel im Vordergrund des gesamten Stoffwechsels. Zu dieser Zeit wird der größte Anteil der gebildeten Kohlenhydrate für die Eiweißsynthese verbraucht. Die Blüte beendet dieses Stadium. Es kommt nach kurzer Umstellzeit zu einer erhöhten Ertragsbildung und Stärkeeinlagerung. Ch. Pfeffer. 222.

Castan, Germaine; Toulouse, Fac. des Sci., Lab. de Physiol. Végétale. Influence de l'acide gibbérellique sur le métabolisme azoté de Lathyrus odoratus L. var. Cupidon nain: enzymes de dégradation de l'acide urique. **(Einfluß von Gibberellinsäure auf den Stickstoff-Stoffwechsel von Lathyrus odoratus L. Sorte 'Cupidon nain': Enzyme des Harnsäureabbaues.)** C.R. hebd. Séances Acad. Sci. **253** (1961) Nr. 19. S. 2111–2113. — 2 Abb., 1 Tab., 1 Lit.
15, 21 und 30 Tage alte Pflanzen von *Lathyrus odoratus L.* (Zwergvarietät) wurden mit Gibberellinsäure (**I**) behandelt und ihr Einfluß auf die Uricase (**II**)- und Allantoinase(**III**)-aktivität von Wurzeln, Stengeln und Blättern untersucht. Die erhaltenen Werte wurden mit denen unbehandelter Kontrollen (K) verglichen. —Allgemein setzte die **II**-Bildung in den Wurzeln ein; die Unterschiede zwischen **I** und K sind jedoch nicht signifikant. Im Blattsystem der älteren Blätter wurde durch **I** die **II**-Aktivität um 54% vermindert,

während sie in den Organen der jungen Blätter um 66% anstieg. Die **II**-Aktivität steigerte sich in den Wurzeln beider Versuchsreihen vom 15. bis 30. Tag; im Stengelbereich trat bei K keine **II**-Veränderung in Abhängigkeit von der Zeit ein; bei **I**-Behandlung war ein **II**-Rückgang zu beobachten. – Die **III**-Aktivität zeigte nur bei 30 Tage alten Pflanzen Unterschiede: durch **I** geringe Erhöhung der **III**-Aktivität in Wurzeln, in Blättern Abnahme der **III**-Aktivität.-parallele Bestimmungen des Gehaltes an Allantoinsäure (**IV**) ergaben, daß die Erhöhung der **III**-Aktivität nicht von einer ebensolchen Steigerung der **IV**-Menge begleitet ist; bei Wurzeln trat sogar eine **IV**-Reduzierung um 20% und beim Stengel um 40% ein. R. Ritter. 222.

Sircar, S. M. und Dastidar, Alo Ghosh; Calcutta, Univ., Dep. of Bot. Amino acid metabolism of the seed of rice (Oryza sativa L.) during germination and seedling growth. **(Aminosäurestoffwechsel von Reisfrüchten [Oryza sativa L.] im Verlauf von Keimung und Keimwachstum.)** Physiol. Plantarum [Copenhagen] **15** (1962) Nr. 1. S. 206–210. – 1 Tab., 11 Lit.

Durch papierchromatographische Bestimmungen wurde der Aminosäurestoffwechsel von Reisfrüchten während der ersten 8 Tage der Keimung und des Keimwachstums ohne Zugabe von Nährstoffen verfolgt. Sowohl im Embryo wie im Endosperm wurde Amino-n-buttersäure gefunden. Das Endosperm enthielt Asparagin, das nach 24 Std. zum Embryo wanderte. Bei fortschreitender Keimung fand Proteinhydrolyse im Endosperm mit Translokation dabei gebildeter Aminosäuren zum Embryo statt. Nach 48 Std. traten im Embryo, nicht aber im Endosperm Arginin und Tryptophan, nach 72 Std. Tyrosin und nach 120 Std. Ornithin auf. Die Ergebnisse werden diskutiert. K. Koepke. 222.

Sisakjan, N. M., Bezinger, Ė. N. und Marčukajtis, A. S. (Sissakjan, N. M., Besinger, E. N. und Martschukaitis, A. S.) Ob učastii lipoidov plastid v sinteze belka. **(Die Beteiligung der Lipoide der Plastiden an der Eiweißsynthese.)** Doklady Akademii nauk SSSR, Moskva **141(29)** (1961) Nr. 3. S. 748–750. – 1 Abb., 2 Tab., 20 Lit.

Aus jungen Bohnenblättern wurden mittels fraktionierter Zentrifugation die Chloroplasten isoliert, im Homogenisator homogenisiert und in Anwesenheit von Mg^{++} bei pH 7 und Zimmertemperatur mit Glycin-1-^{14}C inkubiert. Die anschließende Analyse der Lipoproteide ergab, daß schon in den ersten Min. der Inkubation radioaktive Subst. sowohl in die Lipoide als auch in die Proteinkomponente der Lipoproteide eingebaut wird. Bei pH 5 und in Abwesenheit von Mg wird radioaktive Subst. nur in die Lipoide eingebaut. Die mögliche Bedeutung der Lipoproteide für die Eiweißsynthese wird diskutiert. D. Birnbaum. 222.

Séchet, Jean. Les acides nucléiques au cours du traitement de vernalisation. **(Die Nukleinsäuren im Verlaufe der Vernalisationsbehandlung.)** C.R. hebd. Séances Acad. Sci. **254** (1962) Nr. 18. S. 3238–3240. – 4 Abb., 2 Lit.

Gekeimte Weizenkaryopsen (Sorte 'Vilmorin 27') wurden bei 2–3 °C vernalisiert. Der in den Embryonen anschließend bestimmte Gehalt an Ribonukleinsäure und Desoxyribonukleinsäure war höher als in Karyopsen, die bei 23 °C gekeimt hatten. R. Ritter. 222.

Handschack, Wilhelm; Dresden-Pillnitz, Inst. für Gartenbau. **Der Säurestoffwechsel der Erdbeerpflanze in der vegetativen Phase während des Fruchtens.** Ber. dtsch. bot. Ges. **74** (1962) Nr. 10. S. 479–484. – 1 Abb., 2 Tab., 15 Lit.

Untersuchungen über die Säureverteilung in Blättern (**I**), Blattstielen (**II**), Rosetten (**III**), Fruchtstielen (**IV**), Früchten (**V** a. grasgrün, b. hellgrün, c. halbreif, d. reif) sowie Ausläufern (**VI**) der Sorte 'Mieze Schindler' ergaben, daß während der reproduktiven Phase Bernstein-, Äpfel- und Zitronensäure in I bis VI, Oxalsäure in I bis Va und VI enthalten sind. Die Bernsteinsäurefraktion enthält zusätzlich 3 weitere nicht identifizierte Säuren in kleinen Mengen. Während der vegetativen Phase waren in I–III die genannten Säuren ebenfalls enthalten. Lediglich das Zitronensäure–Äpfelsäureverhältnis verschiebt sich in I von 0,41 während der reproduktiven auf 0,08 während der vegetativen Phase. H. Ackermann. 222.

Scheffer, F., Ziechmann, W. und Rochus, W.; Göttingen, Univ., Agrikulturchem. und Bodenkundl. Inst. **Die Beeinflussung von Phosphatase-Aktivitäten durch Huminstoffe.** Naturwissenschaften **49** (1962) Nr. 7. S. 157. – 1 Abb., 1 Tab., 5 Lit.
Eine saure Kartoffelphosphatase, eine saure Weizenphosphatase und eine alkalische Phosphatase aus Kälberdarm wirkten mit und ohne Huminstoffzusatz bei pH 5,3 bzw. 9,2 bei 37 °C 1 Std. auf Dinatriumphenylphosphat ein. Die während dieser Zeit in Phenol und Phosphat gespaltene Menge wurde kolorimetrisch nach der Molybdat/Vanadat-Methode bestimmt. Die Huminstoffe entstammten einem *Ericetum*-Podsol-Sickerwasser (A), einem Sickerwasser (B) und dem Drainagewasser (C) eines Hochmoor-Weißtorfes. – Die sauren Phosphatasen wurden durch die Huminstoffe in ihrer Aktivität gehemmt, die alkalischen gefördert. Die Hemmung im sauren Milieu begann bereits bei sehr geringer Konz. (0,5 μg/l mit 160 mg Fermenttrockenpräparat).
H.-L. Pätzold. 222.

Pequin, Louis; Toulouse, Fac. des Sci., Lab. de Physiol. Végétale. Étiolement et activités oxydasiques chez quelques solanacées. Catalase et peroxydase. **(Vergeilung und Katalaseaktivität bei einigen Solanaceae. Katalase und Peroxydase.)** C.R. hebd. Séances Acad. Sci. **253** (1961) Nr. 19. S. 2108–2110. – 1 Abb., 4 Lit.
In einer früheren Arbeit (vgl. C. R. hebd. Séances Acad. Sci. **253** [1961] Nr. 3. S. 543.) beobachtete Vf. an jungen Pflänzchen von Aubergine und span. Pfeffer, daß Etiolierung die Aktivität des Phenolasekomplexes erhöht. Die vorliegende Untersuchung sollte den Einfluß der Vergeilung auf die Katalase (I)- und Peroxydase(II)-aktivität aufklären. Bestimmung der I-Aktivität nach Euler (Titration mit $KMnO_4$) unter folgenden Bedingungen: Substrat 0,02n H_2O_2; Phosphatpuffer (Michaelis) pH 7,0; Pflanzenmaterial 20 mg; Temperatur 10 °C; Reaktionsdauer 30 min. II wurde spektrophotometrisch (490 nm) nach Paul und Avi-Dor (vgl. Acta chem. scand. 8 [1954] Nr. 4. S. 649.) bestimmt (Substrat 0,2 mol. Mesidinchlorhydrat; Acetatpuffer (Michaelis) pH 4,9; 0,10 m H_2O_2; Temperatur 18 °C; Dauer 30 min). – In völliger Dunkelheit gewachsene Auberginen wiesen nach 12 Tagen höheren I-Gehalt in Kotyledonen und Hypokotyl auf als gleichaltrige grüne Pflanzen; in Wurzeln treten keine Unterschiede auf. Die abs. I-Aktivität nahm bei beiden Versuchsreihen in der Reihenfolge Kotyledonen, Hypokotyl, Wurzeln ab. Span. Pfeffer besaß nur in den Kotyledonen etiolierter Pflanzen höhere I-Aktivität. Nach 21 Tagen war die abs. I-Aktivität beider chlorophyllfreier Solanaceenarten leicht zurückgegangen, während die der entsprechenden grünen Pflanzen zugenommen hatte. – II wurde durch Vergeilung nur im Hypokotyl (span. Pfeffer und Aubergine) gegenüber grünen Pflanzen erhöht; nach 21 Tagen war der II-Gehalt in Hypokotyl und Kotyledonen noch wesentlich gesteigert, jedoch ohne Unterschied gegenüber der II-Aktivität grüner Kontrollpflanzen. Die abs. II-Werte vergeilter und grüner Pflanzen nahmen sowohl in der Reihenfolge Kotyledonen, Hypokotyl, Wurzeln als auch mit fortschreitender Zeit zu. Werden die ermittelten Aktivitäten nicht auf das Trockengewicht, sondern auf den Protein-N bezogen, so verhalten sich die durch Etiolement hervorgerufenen Aktivitätsveränderungen von I und II analog. – Vf. ist ebenso wie Appleman und Schwarze der Ansicht, daß

das Fehlen der Chlorophyllsynthese die Bildung solcher enzymatischer Systeme begünstigt, die in Porphyrinringe eintreten können. R. Ritter. 222.

Markowski, A. und Madej, M. Zmiany związków fosforowych w kiełkach pszenicy ozimej i jarej podczas kiełkowania w temperaturze 20 °C orza w temperaturze jaryzacji (1,5 °C). **(Veränderungen der Phosphorverbindungen in den Keimen des Winter- und Sommerweizens während der Keimung bei 20 °C sowie bei der Jarowisationstemperatur [1,5 °C].)** Roczniki Nauk rolniczych, Ser. A **85** (1962) Nr. 3. S. 421–455. – 2 Abb., 3 Tab., 19 Lit. Zus. in Russ., Engl.

Die Keimung des Saatgutes zu einer So- und einer Wi-Weizensorte erfolgte im Dunkeln in Petrischalen. Durch die Analysen wurden in den herauspräparierten Keimlingen Gesamt-P, anorg. P, org. P, Lipid-P sowie der P aus Nucleinsäuren, DNS und RNS erfaßt. Während der Keimung (1,5 °C und 20 °C) stieg der Gehalt an Gesamt-P, anorg. P sowie Nucleinsäure- und RNS-P an. Der Trichloressigsäurelösliche P nahm dagegen ab. Bei Ermittlung der P-Gehaltszunahmen in der Keimlings-Tr.-Subst. ergaben sich andere Tendenzen. Der Anteil an mineral. P stieg zunächst an und blieb dann unverändert. Bei 1,5 °C war der trichloressigsäurelösliche P-Anteil höher als bei 20 °C. Der Gehalt an mineral. P im Endosperm nahm während der Keimung zu. Bei So-Weizen war der Einfluß der Keimtemperatur auf den trichloressigsäurelöslichen P-Anteil stärker als bei Wi-Weizen. Bestimmte Unterschiede zwischen beiden Sorten können u. U. zum Jarowisationsverhalten in Beziehung stehen. Weitere Untersuchungen hierüber können möglicherweise zur Aufklärung des Jarowisationsprozesses beitragen. W. Święcicki. 222.

Todorov, Ch. (Todorow, Ch.) Njakoi osobenosti vŭv fiziologijata na lakomcite na lozata. **(Einige Besonderheiten in der Physiologie der Geiztriebe der Weinrebe.)** Naučni trudove. Visš selskostopanski institut „Georgi Dimitrov". Agronomičeski fakultet, Sofija **9** (1961) S. 293–307. – 2 Abb., 6 Tab. Zus. in Russ., Franz.

Zwecks Klärung einiger physiologischer Vorgänge in den Blättern der Geiz- und der Fruchttriebe einer auf 'Monticola'-Unterlage veredelten 'Pamid'-Sorte wurden 1955–57 Untersuchungen angestellt. In den Blättern der fruchttragenden Sommertriebe war die Photosynthese 1,5 mal intensiver als in denen der Geiztriebe. Die Blattgrünmenge je Frischmassegewichtseinheit übertrifft um 23,8% die der Geiztriebe. Das Palisadengewebe der Blätter der tragenden Sommertriebe ist besser entwickelt als das der Geiztriebe; die Atmungsintensität der tragenden Sommertriebe ist 2 mal stärker; dagegen ist der Wassergehalt der Geiztriebblätter für das 4. Blatt um etwa 1,78%, für das 8. Blatt um 3,52% höher als der der Fruchttriebblätter. Die Intensität des Saftstromes bei den Geiztrieben ist ebenfalls um 2- bis 3,5mal größer als bei den fruchttragenden Sommertrieben. Z. Zankow. 222.

Maškovcev, M. F. (Maschkowzew, M. F.) Vlijanie vlažnosti počvy na nakoplenie nikotina v tabačnom rastenii. **(Der Einfluß der Bodenfeuchtigkeit auf die Ansammlung von Nicotin in der Tabakpflanze.)** Sb. naučno-issled. rabot. Vses. n.-i. in-t tabaka i machorki **1960** Nr. 151. S. 83–89. – Aus: Referativnyj žurnal. Biologija, Moskva **1961** Nr. 20. G 541. S. 60.

Tabakpflanzen der Sorte 'Trapezunt 93' wurden in Vegetationsgefäßen mit Erde (nordkaukas. Schwarzerde) ohne Dünger bei 40, 60 und 80% Sättigung der WK des Bodens herangezogen. Mit Erhöhung der Bodenfeuchtigkeit verstärkte sich das Wachstum der oberirdischen Pflanzenteile. Das Wachstum des Wurzelsystems in der Anfangsperiode (23 Tage) und das Verhältnis des Wurzelgewichts zum Gewicht der oberirdischen Pflanzenteile im Laufe des ganzen Versuchs waren bei verminderter Feuchtigkeit höher. Die Ansammlung von Nicotin in mg pro Pflanze war im Laufe der ersten 23 Tage nach Aussaat bei allen Varianten praktisch gleich. Aber der rel. Nicotingehalt (mg/

100 g Frischgewicht) war bei 80% Bodenfeuchtigkeit niedriger als bei 40% (61 gegenüber 99 mg) infolge des schnelleren Wachstums unter feuchten Bedingungen. In der folgenden Periode war der abs. Nicotingehalt in den Pflanzen höher bei 40% als bei 60 und 80% Bodenfeuchtigkeit (372, 301 bzw. 250 mg auf 10 Pflanzen). Es wurde eine Abhängigkeit der Menge des Nicotins von den Umweltbedingungen festgestellt. Eine direkte Abhängigkeit zwischen dem Wachstum der Wurzeln und ihrer Nicotinbildung zeigte sich nicht. Nach Meinung des Vf. ist der Einbau des mineral. N in den Wurzeln des Tabaks in Nicotin oder andere org. Formen (z. B. Aminosäuren) von den äußeren Faktoren abhängig und in 1. Linie von der Bodenfeuchtigkeit. Die Arbeit wurde im Mikojan-Unions-Inst. für Tabak- und Machorkaforsch. in Krasnodar durchgeführt. übersetzt v. D. Grafe. 222.

Krishna Iyengar, C. V.; Bangalore. Some aspects of intraseasonal growth variation in plants. Part II. Angiosperms: vegetative structures. **(Einige Aspekte der jahreszeitlich bedingten Wachstumsvariationen der Pflanzen. 2. Mitt. Angiospermen: vegetative Strukturen.)** Proc. nat. Inst. Sci. India, Part B **27** (1961) Nr. 5. S. 263–280. – 17 Abb., 9 Lit. 1. Mitt. vgl. LZ. Abt. II 7 (1962) Nr. 3. S. 608.

In der 1. Mitt. wurden bei der Untersuchung der Beziehungen zwischen den jahreszeitlichen Faktoren und dem Wachstum parabolische Wachstumskurven nachgewiesen. In der vorliegenden Mitt. wurden solche parabolischen Beziehungen auch bei den aufeinanderfolgenden Lateralwurzeln und Wurzelhaaren der Sämlinge verschiedener Arten gefunden. Eine Abb. von *Phaseolus* zeigt z. B. wechselndes Zu- und Abnehmen der Länge der Seitenwurzeln. Bei ausdauernden Arten (*Bignonia, Codiaeum, Morus*), die reichlich Blätter bilden, wurden 4 Wachstumskurven (Größe der Blätter) beobachtet. Die 1. und 3. Kurve haben größere Maxima als die 2. und 4. („major" und „minor curves"). Jede Kurve ist die Wiedergabe des Wechsels der Wachstumsbedingungen von Zeit zu Zeit während einer Jahreszeit. Die wechselnde Wachstumsintensität bei aufeinanderfolgenden Blättern äußerst sich auch in den Maßen der Blatteile längs der Hauptader (Dicke der Adern, Länge der Palisadenzellen usw.). W. Stenz. 230.

Nikolaevskij, V. G. (Nikolajewski, W. G.); Odessa, Hydrometeorol. Inst., Lehrstuhl für Pflanzenbau und Bodenkunde. Process rosta socvetij u kukuruzy. **(Das Wachstum der Blütenstände bei Mais.)** Kukuruza, Moskva **6** (1961) Nr. 9. S. 42–43. – 1 Abb.,

Das Längenwachstum der ♂ und ♀ Blütenstände an der Maissorte 'Odesskaja 10' und der Maishybride 'WIR-42' wurde untersucht. Dabei wird das Wachstum der Rispen und Kolben in Kurven dargestellt und mit dem Wachstum der gesamten Pflanze und der Anzahl der Blätter in Verbindung gebracht. Das gibt die Möglichkeit, die Pflanzen in der Zeit des bes. stürmischen Wachstums (IV.–IX. Etappe der Organogenese nach Kuperman) optimal mit Wasser und Nährstoffen zu versorgen. L. Rang. 230.

Hay, J. R.; Ottawa, Canada Dep. of Agric., Plant Res. Inst. Experiments on the mechanism of induced dormancy in wild oats, Avena fatua L. **(Untersuchungen zum Mechanismus der induzierten Keimruhe bei Wildhafer, Avena fatua L.)** Canad. J. Bot. **40** (1962) Nr. 1. S. 191–202. – 1 Abb., 6 Tab., 27 Lit.

Die Arbeit enthält Versuche über Faktoren, die Keimruhe bei Wildhafer induzieren können. Verminderung der O_2-Aufnahme, z. B. durch Einquellen der Karyopsen in stehendem Wasser oder Wasser, dessen Gasgehalt durch Kochen stark herabgesetzt wurde, löst Keimruhe aus. Die Induktion der Keimruhe ist temperaturabhängig, bei 25 °C stärker als bei 7 °C. Die Punktation der Testa oder die Entfernung der Spelzen führt zur Keimung der Karyopsen, auch wenn diese verletzten Stellen mit Lanolin oder Agar verschlossen wurden. Ruhende Karyopsen können aufgenommenes TTC nicht reduzieren, zeigen also eine verminderte Dehydrogenasenaktivität. In methanolischen Extrakten aus ruhenden und keimbereiten Karyopsen wurden papierchromatographisch mehrere Inhibitoren gefunden, die aber wahrscheinlich nicht für die Induktion der Keimruhe verantwortlich sind. Gleiches gilt auch für einen starken, das Wachstum isolierter Embryonen hemmenden Inhibitor, der aus den Spelzen an das Einquellwasser abgegeben wird, da die Keimruhe auch bei entspelzten Karyopsen induziert werden kann. Das die Keimruhe kontrollierende System müßte also im Embryo oder Endosperm lokalisiert sein. Der Mechanismus wird diskutiert. G. Ballin. 230.

Roberts, E. H.; Rokupr, Sierra Leone, West African Rice Res. Stat. Dormancy in rice seed. III. The influence of temperature, moisture, and gaseous environment. **(Die Keimruhe bei Reissamen. 3. Mitt. Der Einfluß von Temperatur, Feuchtigkeit und gasförmigen Stoffen.)** J. exp. Bot. **13** (1962) Nr. 37. S. 75–94. – 8 Abb., 2 Tab., 43 Lit. 2. Mitt. vgl. LZ. Abt. II **7** (1962) Nr. 10. S. 2603.

Folgende Ergebnisse erbrachten Untersuchungen über die Wirkung und Wechselwirkung von Temperatur, Feuchtigkeit und gasförmigen Stoffen auf die Keimruhe von Reissamen, vorwiegend durchgeführt an der reinen Linie 'Toma 112' (*O. sativa* ssp. *indica*). 1. Lagerung in O_2 beschleunigt die Aufhebung der Keimruhe, CO_2 und N_2 zeigen keine oder nur geringe Wirkung. – 2. Bei niedrigen Temperaturen (3 °C) stimuliert das Einweichen der Samen in Wasser (bis zu 30% Feuchtigkeitsgehalt der Samen) merklich die Keimung im Gegensatz zur trockenen Lagerung des Samens. Samen, bei denen die Hüllstrukturen entfernt sind und deren Keimruhe dadurch nicht gebrochen wurde, können durch Einweichen und Lagerung bei 27 °C zum Keimen gebracht werden. Das Variieren des Feuchtigkeitsgehaltes von Samen zwischen 12 und 14,5% hat bei 27 °C und höheren Temperaturen keine deutliche Wirkung auf die Aufhebung der Keimruhe. – 3. Maximale Keimung einer teilweise in Keimruhe befindlichen Population wird bei feuchten Samen bei einer Temperatur von ca. 27 °C erreicht, bei 42 °C fand bei dieser Population keine Keimung statt, obwohl Populationen ohne Keimruhe bei dieser Temperatur voll keimten. 4. Bei einigen Sorten wurde während der Keimung ein bestimmter Tageslichtbedarf ermittelt. – Ein einfaches Verfahren zur Brechung der Keimruhe wird aus den gewonnenen Ergebnissen abgeleitet.
A. Meinel. 230.

Vose, P. B. Delayed germination in reed canary-grass Phalaris arundinacea L. **(Verzögerte Keimung bei Rohrglanzgras, Phalaris arundinacea L.)** Ann. Botany [NS.] **26** (1962) Nr. 102. S. 197–218.

Die Keimruhe des Saatgutes von Rohrglanzgras kann überwunden werden durch Entfernung von Palea, durch Skarifizieren oder dadurch, daß die Palea mit einer Nadel durchstochen wird. Die erste Methode hatte die größte Wirkung. Die Keimruhe beruht wahrscheinlich auf einem wasserlöslichen Hemmstoff in der Karyopse oder im Embryo. Offenbar besteht eine Wechselwirkung zwischen Hemmstoff und O_2, denn bei Luftzutritt verliert der Hemmstoff seine Wirkung (O_2 als H-Acceptor in einem aeroben Dehydrasesystems). Wäßrige Extrakte aus Karyopsen wirkten auf die Keimung im Licht, nicht aber auf die Keimung in Dunkelheit hemmend. Auszüge aus den Spelzen waren wirkungslos. Der Hemmstoff hatte keinen Einfluß auf die Keimung von Salatsamen. Das Rohrglanzgras-Saatgut keimt im Licht und in der Dunkelheit, im Licht jedoch signifikant besser (58 gegen 38%).
K. Hoffmann. 230.

Popcov, A. V. (Popzow, A. W.); Moskau, Bot. Hauptgarten der Akad. der Wiss. der UdSSR. Značenie temperaturnogo faktora v prorastanii semjan.

(Bedeutung des Temperaturfaktors für die Samenkeimung.) Žurnal obščej biologii, Moskva **22** (1961) Nr. 6. S. 425–435. – 76 Lit. Zus. in Engl.
Die Arbeit ist ein Sammelreferat bes. über den Einfluß niedriger Temperaturen (einschließlich Stratifikation), hoher und Wechseltemperaturen (in Verbindung mit Vorkühlung, Licht und Tageslängenwirkung und Alterseinflüssen) sowie über die Hartschaligkeit von Samen. – Es wird ein Reaktionssystem angenommen, in dessen Mittelpunkt ein keimhemmender Mechanismus steht, der in erster Linie durch Temperaturwirkungen aufgehoben werden kann. Die optimalen thermischen Keimungsbedingungen werden als Ergebnis ökologischer Anpassung aufgefaßt, und es wird darauf hingewiesen, daß in gemäßigten Klimaten die Temperatur der entscheidende Faktor nicht nur für die Keimung der Samen, sondern auch für das Wachstum der Keimlinge und der jungen Pflanzen ist. N. Meyer. 230.

Nesterov, Ja. S. (Nesterow, Ja. S.); Mitschurinsk, Mitschurin-Inst. für Obst- und Gemüsebau. Rol' nizkich temperatur v obrazovanii sporogennoj tkani u jabloni. **(Die Bedeutung tiefer Temperaturen für die Bildung des sporogenen Gewebes beim Apfel.)** Doklady Akademii nauk SSSR, Moskva **141(29)** (1961) Nr. 5. S. 1243–1245. – 3 Tab., 11 Lit.
Die Entwicklung des sporogenen Gewebes, des Pollens und Embryosackes kann auch ohne Einwirkung niedriger Temperaturen erfolgen. Zur Klärung der Frage, weshalb die Pflanzen ohne Kälteeinwirkung und ohne völlige Beendigung der Ruheperiode schneller fruktifizieren, wurden der Wassergehalt von Blättern und Trieben und die Tr.-Subst. des Blattsaftes bestimmt. Die Blätter normal überwinterter Pflanzen enthielten mehr Wasser, der Tr.-Subst.-Gehalt dagegen lag höher bei denen ohne Kälteeinwirkung. Vf. nimmt an, daß sich das frühe Fruchten der Bäume bei fehlendem Kälteeinfluß aus dem niedrigen Feuchtigkeitsgehalt der Blätter und Triebe und der erhöhten Zellsaftkonz. erklären läßt. Der Transport plastischer Subst. ist verringert; es kommt zur Anhäufung von Assimilaten in den Spitzen und zur frühzeitigen Blütenbildung. N. Meyer. 230.

Wisłocka, M.; Radzików, Zakład Biol. i Fizjol. Roślin IHAR. Wpływ obniżenia intensywności światła w różnych terminach na rozwój i plon pszenicy jarej Bajka (Triticum vulgare v. lutescens). **(Einfluß der Verringerung der Lichtintensität zu verschiedenen Terminen auf Entwicklung und Ertrag des Sommerweizens 'Bajka' [Triticum vulgare var. lutescens].)** Hodowla Roślin Aklimatyzacja Nasiennictwo **6** (1962) Nr. 1. S. 21–47. – 10 Abb., 7 Tab., 23 Lit. Zus. in Russ., Engl.
In verschiedenen Entwicklungsstadien wurden die in Wagnergefäßen gehaltenen Pflanzen jeweils 10 Tage lang geringerer Lichtintensität ausgesetzt (Teilbeschattung durch Gaze, Verringerung der Intensität künstlicher Belichtung). Unabhängig von der Zeit der Behandlung wurden dadurch Entwicklung und Wachstum der Pflanzenteile gehemmt. Z. B. wurde das Schossen um 2–3 Tage verschoben. Auf den Ertrag wirkte die Minderung der Lichtintensität um so stärker senkend, je später sie vorgenommen wurde. Die Empfindlichkeit ist am größten während der Ausbildung des Pollens (10–12 Tage vor dem Schossen). Deshalb kann beim normalen Anbau die Intensität des Sonnenlichtes während dieser Periode Bedeutung haben.
W. Święcicki. 230.

Giosan, N., Bărbat, I. und Puia, I. Cercetări asupra reacției fotoperiodice a orzului Cenad 396. **(Untersuchungen über die photoperiodische Reaktion der Wechselgerstensorte 'Cenad 396'.)** Inst. agronom. „Dr. Petru Groza" Cluj, Lucrări științ. **16** (1960) S. 21–26. – 1 Abb., 1 Tab., 6 Lit. Zus. in Russ., Engl.
Durch die photoperiodische Reaktion auf Tageslichtdauer und Temperatur konnten mehrere verschiedene Gerstenbiotypen ausgelesen werden. Bei den

Wechselgersten spielt die Tageslichtdauer eine entscheidende Rolle für den Entwicklungsprozeß. Da Temperaturänderungen keine merkliche Wirkung auf den Entwicklungsprozeß haben, kann man mit Wechselgerste für Gewächshausversuche im Herbst und im Winter benutzen. Dies kann der Züchtung dienen, weil sich unter den Biotypen mit verspäteter Entwicklung sehr wertvolle Formen für Frostresistenz finden. V. Velican. 230.

Blaauw, O. H.; Utrecht, Bot. Lab. The influence of blue, red and far red light on geotropism and growth of the Avena coleoptile. **(Die Wirkung von blauem, rotem und dunkelrotem Licht auf den Geotropismus und das Wachstum der Avena-Koleoptile.)** Acta bot. neerl. **10** (1961) Nr. 4. S. 397–450. – 31 Abb., 26 Tab., 23 Lit.

Etiolierte *Avena*-Koleoptilen wurden mit violettem, blauem, rotem oder dunkelrotem Licht (Wellenlängen: 415, 479, 660 und 735 nm) bestrahlt und auf Wachstum und geotropisches Reaktionsvermögen untersucht. – Die Wirkungen der Bestrahlung sind abhängig von der Wellenlänge, der Intensität der Strahlung, von der Wartezeit, d. h. dem Zeitintervall zwischen Beginn der Strahlung und Beginn der geotropischen Reizung, sowie von der Reizdauer. Rotes und dunkelrotes Licht steigert die geotropischen Krümmungen. Diese werden durch blaues oder violettes Licht geringerer Intensität (1000–10 000 erg.cm^{-2}) herabgesetzt, durch höhere Intensitäten (ab 100 000 erg-cm^{-2}) vergrößert. Das Wachstum der Koleoptilen und des Mesokotyls wird durch die untersuchten Lichtqualitäten gleichartig beeinflußt. Ein Hellrot-Dunkelrot-Antagonismus und eine Korrelation zwischen phototropischem und geotropischem Verhalten wurden nicht beobachtet. G. Ballin. 230.

Karolini, W. Wpływ skrócenia długości dnia na zakwitanie bulwy (Helianthus tuberosus). **(Einfluß einer Verkürzung der Tageslänge auf das Blühen des Topinamburs [Helianthus tuberosus.])** Biul. Hodowli Roślin Nasiennictwa **1961** Nr. 7/8. S. 21–31. – 3 Tab., 1 Lit.

Bei verschiedenen Topinambursorten wurde durch Kurztag die Entwicklung beschleunigt. Die Empfindlichkeit ist sortenweise verschieden, weshalb die zur Entwicklungsinduktion nötige Zahl an Kurztagen für jede Sorte ermittelt werden muß. Zur Induktion muß die ganze Pflanze behandelt werden. Exposition einzelner Triebspitzen genügt nicht. Zur Induktion sind mindestens 21 Kurztage nötig. 25 Kurztage reichen für die Verhältnisse Polens aus. Bei zu wenig Kurztagen kommen die Pflanzen nicht zum Blühen, aber sie erleiden morphol. Veränderungen. Reiche Sonnenscheindauer im Sommer fördert die Wirkung des Kurztageinflusses. Knollen von kurztagbehandelten Pflanzen enthielten weniger Tr.-Subst. als solche von unbehandelten. W. Święcicki. 230.

Thomson, Betty F. und Miller, Pauline Monz; New London, Connecticut Coll., Dep. of Bot. The role of light in histogenesis and differentiation in the shoot of Pisum sativum. I. The apical region. **(Die Rolle des Lichtes bei der Histogenese und Differenzierung im Sproß von Pisum sativum. 1. Mitt. Die apikale Region.)** Amer. J. Bot. **49** (1962) Nr. 3. S. 303–310. – 15 Abb., 2 Tab., 24 Lit.

Sämlinge der Erbsensorte 'Alaska' wurden in Vermiculit bei konstant 22 ± 1 °C gehalten, und zwar a) ständig im Dunkeln gehalten bzw. b) täglich 16 Std. weißem oder c) rotem Licht ausgesetzt. – Die Untersuchung der Pflanzen im gleichen Entwicklungszustand ergab, daß unabhängig von der Art des Lichtgenusses die Gewebeorganisation der Sproßapex unterhalb der 2jüngsten Blattprimordien die gleiche ist. Als erste Differenz war eine leichte Verdickung des Internodiums im Licht erkennbar, bedingt durch zahlreiche und größere Zellen. Beim Längenwachstum erschien der erste Effekt unterhalb des viertjüngsten Primordiums, sichtbar an der größeren Länge des

Internodiums beim Wachstum im Licht. Damit verbunden ist ein größerer Abstand zwischen Apex und dem ersten ausgebildeten Protoxylem. Der Abstand von der Apex bis zum ersten Mark, den Provasculärsträngen und dem Protophloem sowie die Entfernungen zwischen den jüngsten 4 Blattprimordien wurden durch die unterschiedliche Belichtung nicht beeinflußt.

W. Stenz. 230.

Baldev, B.; Delhi, Univ., Dep. of Bot. In vitro studies of floral induction on stem apices of Cuscuta reflexa Roxb. A short-day-plant. **(In-vitro-Untersuchungen der Blühinduktion bei Sproßspitzen von Cuscuta reflexa Roxb. Eine Kurztagpflanze.)** Ann. Botany [N. S.] **26** (1962) Nr. 102. S. 173–180. – 15 Abb., 4 Tab., 24 Lit.

In der Gegend von Delhi blüht *C. reflexa* von Okt.–Febr. bei 11,5 Std. mittlerer Tagesdauer. Neben in-vivo- wurden auch in-vitro-Versuche durchgeführt. Dabei wurden Sproßspitzen von 1–1,5 cm Länge mit 3–5 vegetativen Knospen nach Sterilisierung auf Nährlösung kultiviert und bei 25 bzw. 28–39 °C verschiedenen Lichtbedingungen ausgesetzt: a) diffuses Tageslicht, b) vollständige Dunkelheit, c) Dunkelheit, nur kurzer Einfall diffusen Tageslichtes beim Öffnen des Inkubators zur Beobachtung und d) ständige Belichtung. Bei ständiger Dunkelheit und täglich 14 Std. Dunkelheit kamen die Kulturen zum Blühen. Das Blühen setzte nach mindestens 72 Std. Dunkelheit ein. Versuche mit blattlosen Sprossen zeigten, daß offenbar die Knospen selbst für die Lichtreize perzeptiv sind. Saccharosezusatz zum Nährmedium schien das Lichtbedürfnis zu ersetzen, das sonst zur Blühinduktion bei Kurztagpflanzen nötig ist. – Die Blühzeiten des Parasiten und der Wirtspflanze sind unabhängig voneinander. Es werden also keine Blühhormone gegenseitig ausgetauscht. W. Stenz. 230.

Tso, T. C. und Jeffrey, R. N.; Beltsville, Md., Dep. of Agric., U. S. A. R. S., Crops Res. Div. Effects of certain growth regulators on Nicotiana plants. **(Wirkung einiger Wachstumsregulatoren auf Nicotiana-Pflanzen.)** Tobacco [New York] **153** (1961) Nr. 25. S. 19–23. – 5 Tab., 6 Lit.

Pflanzen von *Nicotiana rustica* der Sorte 'Brasilia' bzw. *N. tabacum* L. der Sorten 'Connecticut Broadleaf', 'Maryland Mammoth' und 'Robinson Medium Broadleaf' wurden in Form von Nährlösungen oder über den Boden folgende Wachstumsregulatoren zugeführt: AMAB, AMO-1618, BTAB, CCC, GA (Gibberellinsäure), Kinetin, MH (Maleinsäurehydrazid), Phosphon und Uracil. Je nach Pflanzenart, Sorte und Kulturmedium war der Einfluß auf die Internodienlänge, das Tabakfrischgewicht und den Alkaloidgehalt unterschiedlich. Es werden der Einfluß des Kinetins auf den Alkaloidgehalt sowie der Antagonismus zwischen AMAB und GA bzw. zwischen MH und Uracil diskutiert. Die Ergebnisse sprechen nicht für die Anwendung eines dieser Wachstumsregulatoren im gewerbsmäßigen Tabakanbau.

J. Merker. 230.

Pegg, G. F.; Ashford, Kent, Univ. of London, Wye Coll., Dep. of Biol. Sci. The effect of selected growth-promoting and growth-inhibiting substances on the extension of segments of etiolated tomato seedling hypocotyls. **(Der Einfluß ausgewählter, wachstumsfördernder und -hemmender Substanzen auf die Streckung von Segmenten etiolierter Tomaten-Sämlingshypokotyle.)** Ann. Botany [N. S.] **26** (1962) Nr. 102. S. 219–232. – 5 Abb., 3 Tab., 21 Lit.

NaF, Cumarin und 2.4-DNP wirkten wuchshemmend. 2.4-DNP stimulierte das Wachstum in Konz. von 1×10^{-4} und 5×10^{-6}, Jodessigsäure in Konz. von 1×10^{-6} und 1×10^{-7} Mol/l. In gepufferter Nährlösung (vgl. vorst. Ref.) gezogene Segmente waren um etwa 10% empfindlicher als in ionenfreiem Wasser gezogene. – In weiteren Versuchen wurden die beiden pilzlichen Toxine Fusarin- und Alternarinsäure nach Chromatographie getestet. Fusarinsäure wirkte hemmend bis herab zu 10^{-5} Mol/l. Kinetin wirkte hemmend bis zu 10^{-8},

IES bis 10^{-6}Mol/l. Bei 10^{-7} und 10^{-8} Mol/l wirkte IES schwach fördernd. Gibberellinsäure stimulierte das Wachstum in 10^{-3}– bis 10^{-7} mol. Konz., wobei das Wachstum im Licht um 17% gesteigert wurde, während bei IES der Lichteinfluß vernachlässigbar gering war. Der hemmende Einfluß der Belichtung wurde nur teilweise kompensiert, so daß das Vorhandensein einiger anderer lichtempfindlicher Wuchsstoffe vermutet wird. — Zum Abschluß der Arbeit wird der Wert der Methode zur Erforschung wachstumsfördernder und -hemmender Subst. diskutiert. W. Stenz. 230.

Vieitez, Ernesto; Pontevedra, Secc. Fisiol. Vegetal. Acción de algunos herbicidas sobre la brotadura y crecimiente de los tuberculos del Cyperus esculentus Ten. var. aureus Richt. **(Die Wirkung mehrerer Herbicide auf Triebbildung und Wachstum von Cyperus esculentus Ten. var. aureus Richt.)** An. Edafol. Agrobiol. **20** (1961) Nr. 11. S. 579–625. — 19 Abb., 21 Tab., 39 Lit.
Folgende Herbicide wurden in den Konz. 1000, 2000 und 3000 ppm den Versuchspflanzen entweder vor Bildung der Sproßknospen (Serie A) oder danach (Serie B) zugeführt: 2.4-D, Na- und NH_4-2.4-D, IPC, 2.4-D-n-B und 2.4-D-Propionsäure. Bei Serie A hatte die Zufuhr von 2000 und 3000 ppm 2.4-D und 3000 ppm 2.4-D-P eine fast vollständige Hemmung der Triebbildung zur Folge, weniger stark reagierten Na- und NH_4-2.4-D. Das Dimethylamin der 2.4-D hemmte nur anfangs die Sproßbildung. Stark hemmend während der ganzen Entwicklung wirkte IPC. Methode B erbrachte ähnliche Versuchsergebnisse: 2.4-D und 2.4-D-n-B wirkten stärker, IPC etwas weniger. Bei Zufuhr von 2.4-D, NH_4-2.4-D, 2.4-D-EA und 2.4-D-DMA wurde starke Epinastie der Blätter beobachtet. H.-L. Pätzold. 230.

Miller, M. H.; Guelph, Ontario Agric. Coll. The inhibitory influence of water extracts of three organic materials on soybean germination and growth in soil and sand cultures. **(Der hemmende Einfluß von Wasserextrakten aus 3 organischen Materialien auf Keimung und Wachstum von Sojabohnen in Boden- und Sandkulturen.)** Canad. J. Plant Sci. **42** (1962) Nr. 2. S. 262 bis 269. — 6 Abb., 1 Tab., 8 Lit.
Aus gut verrottetem, strohigem Rinderdung (a), Geflügeldung von 4 Wochen alten Broilern (b) und aus Luzerne-Trespenheu (c) wurden wäßrige Extrakte hergestellt (1 T. Tr.-Subst., 10 T. Wasser). Bei pH-Werten von 1,5, 9,0 bzw. 9,0 wurden Ausfällungen erzielt, deren Wirksamkeit ebenfalls geprüft wurde. Die Extrakte wurden dann in gestaffelten Mengen den Gefäßen zugegeben (0, 10, 40, 100 ml/Gefäß = 0, 2, 8, 20 t. Tr.-Subst. auf 2 Mill. lb. Boden). Der Extrakt c sowie die gefällten Stoffe hatten keinen Einfluß auf im Boden keimende und wachsende Sojapflanzen. In Sandboden wirkten sämtliche Extrakte hemmend auf Keimung und Wachstum, bes. in höheren Gaben. Ursache der Hemmung ist wahrscheinlich der bei zunehmenden Extraktgaben stark ansteigende osmotische Druck. Die Fällungsprodukte ließen den osmotischen Druck weniger stark ansteigen als die überstehenden Flüssigkeiten. W. Stenz. 230.

Lawrence, T. und Kilcher, M. R.; Swift Current, Saskatchewan, Canada Dep. of Agric. The effect of fourteen root extracts upon germination and seedling length of fifteen plant species. **(Einfluß von 14 Wurzelextrakten auf Keimung und Sämlingslänge von 15 Pflanzenarten.)** Canad. J. Plant Sci. **42** (1962) Nr. 2. S. 308–313. — 2 Tab., 29 Lit.
Von 10 Gräsern sowie von *Taraxacum officinale, Medicago media, Melilotus officinalis* und *Iva axillaris* wurden durch Trocknen, Mahlen und Ausziehen der Wurzeln (100 g Tr.-Subst., 1000 ml Wasser) Extrakte gewonnen. Samen der gleichen Arten, dazu Weizen, Hafer und Gerste, wurden auf Quarzsand angekeimt, wobei der Sand (50 ml je Petrischale) mit den Extrakten (30 ml) befeuchtet wurde. Es ergaben sich starke Unterschiede in der Wirkung. Stark hemmend auf die Keimung aller Arten wirkten z. B. die Extrakte

von Löwenzahn- und Luzernewurzeln, während andere Extrakte kaum Einfluß hatten. Fördernde Wirkungen ergaben sich in keinem Falle. Die Keimraten in extrakthaltigem Sand waren fast stets niedriger als in der aqua-dest.-Kontrolle. Beim Sämlingswachstum zeigten sich ähnliche Tendenzen. Löwenzahn- und Luzernewurzelextrakt wirkten bei allen Arten am stärksten wuchshemmend, andere Extrakte gar nicht. Die Arten reagierten verschieden auf die Extrakte. Auch auf die eigenen Extrakte antworteten die Pflanzen mit verminderter Keim- und Wachstumsrate, auch hier bes. Löwenzahn und Luzerne. W. Stenz. 230.

Riddell, J. A., Hageman, H. A., J'Anthony, C. M. und Hubbard, W. L.; Naugatuck, Conn., U. S. Rubber Co., Chem. Div. Retardation of plant growth by a new group of chemicals. **(Verzögerung des pflanzlichen Wachstums durch eine neue Gruppe chemischer Substanzen.)** Science [Washington] **136** (1962) Nr. 3514. S. 391. – 1 Abb., 1 Tab., 3 Lit.
Bei Anwendung mehrerer Chemikalien wurden bes. starke Wachstumsverzögerungen durch N-Dimethylaminomaleinsäure (CO11) beobachtet. Die freie Säure ist wasserlöslich, und die Versuchspflanzen (*Medicago sativa, Arachis, Malus silvestris, Brassica oleracea, Phaseolus, Ipomoea, Cosmos, Tagetes, Zinnia, Glycine* u. a.) wurden mit Lösungen verschiedener Konz. besprüht. Die Verzögerungswerte liegen zwischen 30 und 80%. Bei *Brassica oleracea, Cucurbita* und *Phaseolus* waren die stärksten Hemmungen zu verzeichnen. Zu bemerken ist, daß keinerlei abnorme Veränderungen bei der Anlage der Seitenwurzeln, der vegetativen und reproduktiven Entwicklung auftraten. H. L. Pätzold. 230.

Wittwer, S. H. und Bukovac, M. J.; East Lansing, Michigan State Univ., Dep. of Horticult. Quantitative and qualitative differences in plant response to the gibberellins. **(Quantitative und qualitative Unterschiede im Gibberellingehalt einiger Pflanzen.)** Amer. J. Bot. 49 (1962) Nr. 5. S. 524 bis 529. – 1 Abb., 4 Tab., 21 Lit.
In verschiedenen Testen wurde die biol. Aktivität der Gibberelline A_1-A_9 innerhalb eines großen Konzentrationsbereichs bestimmt. Alle geprüften Komponenten förderten das Sproßwachstum bei *Pisum sativum* und mit Ausnahme von A_8 auch das Hypokotylwachstum von *Phaseolus vulgaris*. Keimlinge von *Cucumis sativus* wurden in ihrer Längenentwicklung am meisten durch A_4, A_7 und A_9 gefördert. Auf Zwergmutanten von *Zea mays* wirkten A_5 und A_9 am stärksten. Bei der Blütonentwicklung von *Lactuca sativa* war A_3 am aktivsten, es folgten A_1, A_7, A_4 und A_9. Die Bildung parthenokarper Früchte bei Tomaten konnte mit allen Gibberellinen, allerdings in differenter Konz., hervorgerufen werden. A_5 und A_7 wirkten schon in geringen Konz. H.-L. Pätzold. 230.

Knapp, Rüdiger; Gießen, Univ., Bot. Inst. **Wirkungen von Behandlungen mit Gibberellinen auf die Entwicklung von Pflanzen.** Angew. Bot. **35** (1961) Nr. 5/6. S. 221–258. – 2 Abb., 2 Tab., 261 Lit.
Das vorl. Sammelreferat bringt einführend chem. und physikal. Daten der bisher bekannten 9 Gibberelline, u. a. die Strukturformeln, Molekulargew., Dekompositionspunkte, Drehungswinkel, Schmelzpunkte. Anschließend werden die Testmethoden beschrieben, u. a. die Haltbarkeit in Lösungen (bis zu 20 Wochen im Kühlschrank) hervorgehoben und auf die unterschiedliche Wirksamkeit bei verschiedenen Sorten und Arten von Pflanzen hingewiesen. In den folgenden einzelnen Abschnitten wird die Wirkung der Gibberelline auf die Samenkeimung, auf das Streckungswachstum und die Entwicklungsgeschwindigkeit von Sprossen, Blättern und Wurzeln, auf Blüten- und Fruchtenwicklung behandelt. Auch auf die Wirkung von Gibberellinen auf Gymnospermen und Kryptogamen sowie auf tierische Organismen geht Vf.

ein. Abschließende Kapitel befassen sich mit Gibberellineffekten in Abhängigkeit von Standort und Klimafaktoren. H.-L. Pätzold. 230.

Krekule, J.; Prag, Tschechoslow. Akad. der Wiss., Biol. Inst. **Die hemmende Wirkung der Gibberellinsäure-Behandlung bei der Jarowisation der Winterweizen im Kurztag.** Naturwissenschaften **49** (1962) Nr. 7. S. 164 bis 165. – 1 Tab., 4 Lit.
Vf. bestätigt seine aus früheren Untersuchungen gewonnene Vermutung, daß die entwicklungsbeschleunigende Wirkung des Kurztages (KT) bei vernalisiertem Wintergetreide durch eine Beeinflussung von Wachstumsprozessen zu erklären sei. Wi-Weizen wurde 0–30 Tage jarowisiert, im Freiland ausgesät und nach dem Auflaufen bis 30 Tage im KT gehalten, dann in Langtag überführt. Im KT wurden die Pflanzen alle 4–5 Tage mit 25 mg/l Gibberellinsäure-Lösung besprüht. Die durch KT hervorgerufenen Wachstumsreaktionen lassen sich durch Gibberellinsäure (GS) hemmen, bes. bei kürzerer Jarowisationszeit und längerer KT-Einwirkung. Damit erhöht sich die Zahl der Tage bis zum Ährenschieben gegenüber den nicht mit GS behandelten Serien. Die GS-behandelten Pflanzen hatten längere Blattspreiten und aufrechteren Habitus. G. Ballin. 230.

Volodin, V. I. (Wolodin, W. I.) Vlijanie gibberellina na prorastanie semjan raznoj spelosti jačmenja. **(Der Einfluß des Gibberellins auf das Keimen von Gerste verschiedenen Reifegrades.)** Sbornik trudov aspirantov i molodych naučnych sotrudnikov. Vsesojuznyj institut rastenievodstva, Leningrad **1960** Nr. 1. S. 70–76. — Aus: Referativnyj žurnal. Biologija, Moskva **1961** Nr. 20. G 403. S. 47.
Vf. berichtet über Ergebnisse des Studiums des Einflusses des Gibberellins (G) auf das Keimen von Samen verschiedenen Reifegrades. G stimulierte die Keimung von Samen im Zustand des Nachreifens nach der Ernte bei 24–25 °C sowie auch bei Eintritt der Samen in einen bestimmten physiol. Zustand bei 4–5 °C. Dabei ist zu berücksichtigen, daß das Keimen der Samen einiger Gerstenproben in jener Periode ihrer physiol. Reife beschleunigt wurde, in der sie weder bei 4–5 noch bei 24–25 °C keimten. Die Dauer der Periode der Stimulation des Keimens bei Behandlung mit G hing bei einigen Proben von der Temperatur während des Keimens ab, bei anderen wurde eine solche Abhängigkeit nicht beobachtet. übersetzt v. D. Grafe. 230.

Krug, Helmut; Braunschweig-Völkenrode, Inst. für Saatguterzeug. und Pflanzenbau. **Wachstumsbeeinflussung von Kartoffel-Augenstecklingen durch quaternäre Ammoniumverbindungen und Gibberellin.** Landbau-Forsch. Völkenrode **11** (1961) Nr. 4. S. 88–93. — 5 Abb., 3 Tab., 9 Lit.
Die Wirkstoffe (2-Chloräthyl)-trimethylammoniumchlorid (CCC) und Alkyltrimethylammoniumbromid (AMAB) wurden allein und in Kombination mit Gibberellinsäure (GS) auf ihre morphogenetische Wirksamkeit bei Kartoffel-Augenstecklingen der Sorte 'Delos' geprüft. Das Begießen der Topferde war wirksamer als das Besprühen der Pflanzen. CCC wirkte stärker als AMAB. Konz. um 10^{-3} Mol/l förderten das Wachstum, höhere hemmten es. Nach Behandlung beider Mittel traten an ober- und unterirdischen Sprossen Internodienverkürzungen auf. Die Laubblätter waren kleiner und dunkelgrün gefärbt. Die Knollenzahl lag bei behandelten Pflanzen höher. GS hob die durch CCC und AMAB hervorgerufenen Hemmerscheinungen während einer kurzen Dauer auf. Geeignete Kombinationen machten es möglich, auch bei geringer Lichtintensität Pflanzen mit großen Blättern zu ziehen.
H.-L. Pätzold. 230.

Murakami, Yutaka; Nishigahara, Kita-ku, Tokyo, Nat. Inst. of Agric. Sci. The promoting effect of gibberellin on the elongation of rice radicle. **(Der för-**

dernde Einfluß von Gibberellin auf die Elongation der Reisradicula.) Bot. Mag., Tokyo **75** (1962) Nr. 885. S. 102–106. — 4 Abb., 5 Tab., 8 Lit. Orig.: engl., Ausz.: jap.
Nach 1 std. Behandlung in 0,1%iger Uspulunlösung und gründlichem Waschen wurde Reissaatgut im Dunkeln unter Wasser angekeimt, bis die Plumula 1 mm gestreckt war, aber noch keine Wurzeln zu sehen waren. Solche Keimlinge wurden mit Gibberellin A (eine Mischung von A_1 und A_3) und A_3 sowie IES und 2.4-D behandelt. Gibberellin förderte das Längenwachstum der Wurzeln etwas, wobei aber das Trockengewicht nicht anstieg bzw. sogar verringert wurde. IES, 2.4-D, DNP, Cumarin und Kinetin hemmten die Wurzelstreckung, wobei aber die fördernde Wirkung des Gibberellins erhalten blieb. So blieb die ansteigende Tendenz bei steigenden G-Konz. (0, 1, 10 ppm) erhalten, aber die abs. Werte waren niedriger. Die durch 2.4-D bewirkte Hemmung der Wurzelstreckung wurde durch Gibberellin A_3 zu etwa 50% kompensiert. W. Stenz. 230.

Halevy, A. H.; Rehovot, Israel, Hebrew Univ., Fac. of Agric. Inverse effect of gibberellin and Amo-1618 on growth, catalase and peroxidase activity in cucumber seedlings. **(Gegensätzliche Wirkung von Gibberellin und Amo-1618 auf Wachstum sowie Katalase- und Peroxydase-Aktivität bei Gurkensämlingen)** Experientia [Basel] **18** (1962) Nr. 2. S. 74–76. — 4 Tab., 10 Lit.
In früheren Versuchen wurden die Hypokotyle von Gurkensämlingen zum Studium der Wirkung von Gibberellinen (**I**) und quaternären Ammoniumverbindungen (**II**) benutzt. **I** stimulierte das Wachstum im Licht proportional zur Konz. (10–1000 ppm), **II** wirkten meist gegensätzlich. Am aktivsten wirkte Amo-1618 (2-Isopropyl-4-dimethyl-amino-5-methylphenyl-1-piperidincarboxylatmethylchlorid). Diese Subst. hemmte in Abhängigkeit von der Konz. das Hypokotyl- und Wurzelwachstum. Wenn **I** und Amo-1618 zusammen verabreicht wurden, hoben sich die Wirkungen auf das Hypokotylwachstum auf (halbe Menge **I** gegen Amo-1618 auf mol. Basis), nicht jedoch auf das Wurzelwachstum. Bei Zwergtypen von Pflanzen förderte **I** das Wachstum, und die Peroxydase-Aktivität ging zurück. In den vorliegenden Versuchen mit Gurgenhypokotylen wirkte **I** ebenfalls wachstumsfördernd und senkend auf Katalase- und Peroxydase-Aktivität. Amo-1618 wirkte gegensätzlich.Die oben genannten Befunde hinsichtlich Aufhebung der Wirkungen auf das Wachstum, konz.-abhängiger Wirkung sowie Beeinflussung der Peroxydase- und Katalase-Aktivität wurden bestätigt. W. Stenz. 230.

Žukov, O. S. (Shukow, O. S.); Mitschurinsk, Zentr. Genet. Lab. Gibberellin uskorjaet sozrevanie zemljaniki. **(Gibberellin beschleunigt das Reifen der Erdbeeren.)** Sadovodstvo, Moskva **100** (1962) Nr. 6. S. 24–25. — 1 Abb.
Blühende Erdbeeren wurden mit Gibberellinlösung (250 mg/l) gespritzt. Der Beginn der Ernte lag bei den behandelten Pflanzen (Sorte 'Komsomolka') zeitiger als bei der Kontrolle. Der Gesamtertrag war bei den unbehandelten Pflanzen um 13% geringer. Bei den gespritzten Pflanzen traten bei 10% der Früchte Verbildungen auf. Es wird angenommen, daß bei anderen Konz. eine größere Wirkung auftreten kann. I. Lekve. 230.

Zatykó, J. M.; Fertöd, Hungary, Inst. of Plant Breeding. Parthenocarpy and apomyxis in the ribes genus induced by gibberellic acid. (**(Durch Gibberellinsäure bedingte Parthenokarpie und Apomixis bei Ribes-Arten.)** Naturwissenschaften **49** (1962) Nr. 9. S. 212–213. — 2 Tab., 9 Lit.
Bei 9 roten, weißen und schwarzen *Ribes*-Varietäten wurden in 3–6 Serien von je 50 Blüten die Antheren entfernt und 5 Tage danach die Blüten mit IES- und GS-Lösung (100 ppm) besprüht. Die Versuche wurden z. Z. der Fruchtreife ausgewertet. Gibberellinsäure bewirkte bei allen schwarzen Ribes-Sorten guten Parthenokarpie-Ansatz, war aber bei den weißen und roten Sor-

ten nur bei 'White Versailles' von positivem Einfluß. Die Kombination von IES und GS erbrachte i. allg. besseren Fruchtansatz, doch waren die Differenzen nicht signifikant Bei 3 schweren Beerensorten konnte außer der Entstehung parthenokarper auch die Bildung samentragender apomiktischer Früchte beobachtet werden. Die Samen erbrachten diploide normale Nachkommen. H.-L. Pätzold. 230.

Bradley, Muriel V. und Crane, Julian C.; Davis, Univ. of California, Dep. of Pomol. Cell division and enlargement in mesocarp parenchyma of gibberellin-induced parthenocarpic peaches. **(Zellteilung und -vergrößerung im Mesokarp-Parenchym von gibberellin-induzierten, parthenokarpen Pfirsichen.)** Bot. Gaz. **123** (1962) Nr. 4. S. 243–246. — 1 Tab., 20 Lit.

Die Erzeugung parthenokarper Früchte bei *Prunus* mittels Auxinen wurde schon wiederholt versucht, jedoch bisher ohne Erfolg. Dagegen gelang dies bei einigen Arten durch Anwendung von Gibberellin, wobei normalgroße Früchte erzielt wurden. — In den vorliegenden Versuchen wurden Pfirsichzweige der Sorte 'Fay Elberta' in Vollblüte besprüht mit K-Gibberellatlösungen (GS) in Konz. von 50, 250 und 500 mg/l, wobei die Blüten kastriert wurden. Die sich entwickelnden parthenokarpen Früchte wurden mit unbehandelten normalen Früchten verglichen. 11 Wochen nach der Behandlung fanden sich keine Unterschiede in der mittleren Zahl der Parenchymzellen in radialer Richtung. Die Zellteilung wurde demnach durch die GS-Behandlung nicht beeinflußt. Die Zellengröße war jedoch stark unterschiedlich. Sie stieg an mit der GS-Konz. Bei 500 mg/l entsprach die Zellengröße der von aus normaler Befruchtung hervorgegangenen Früchten. Die Differenzen zu den geringeren Dosen waren signifikant. Die einzigen, mikroskopisch sichtbaren Unterschiede bestanden in der steigenden Zellwandplastizität bei steigender GS-Konz. und in dem hohen Stärkegehalt bei der geringsten GS-Gabe. Behandlung mit 500 mg/l GS reproduzierte demnach die gleichen Effekte, die normalerweise durch die Befruchtung eintreten. W. Stenz. 230.

Raghavan, V.: Princeton, N. J., Univ., Dep. of Biol. Studies on the floral histogenis and physiology of Perilla. III. Effects of indoleacetic acid on the flowering of apical buds and explants in culture **(Untersuchungen zur Histogenese und Physiologie der Blütenbildung bei Perilla. 3. Mitt. Die Wirkung von Indolessigsäure auf die Blütenbildung von Apikalknospen und Explantaten in vitro.)** Amer. J. Bot. **48** (1961) Nr. 10. S. 870–876. — 12 Abb., 3 Tab., 16 Lit. 2. Mitt. vergl. LZ. Abt. II 8 (1962) Nr. 1.

Apikalknospen oder Explantate mit 1 oder 2 Laubblattpaaren der Kurztagpflanze *Perilla* wurden in vitro auf White-Medium unter Zusatz von Indolylessigsäure (IES) im Kurztag (KT) oder Langtag (LT) kultiviert. KT-Einwirkung induziert Blütenbildung. Steigende Konz. von IES führen im KT zur Verzögerung der morphogenetischen Differenzierung und zur Hemmung der Ausdifferenzierung, bes. des sporogenen Gewebes. Im LT ist die IES-Wirkung noch ausgeprägter und setzt bereits bei 1,0 mg/l ein. Die Hemmung durch IES wird durch Belassen der Blätter an den KT-Explantaten abgeschwächt oder völlig aufgehoben , der hemmende Einfluß im LT verstärkt. Bereits durch KT induzierte Explantate lassen sich durch IES bis zu 100 mg/l nicht mehr in ihrer Blütenbildung hemmen, während sie im LT vegetativ blieben.
G. Ballin. 230.

Benvenuti, A.; Pisa, Univ., Ist. di Agronomia Gen. e Coltivazioni Erbacee. Effetti della irradiazione gamma di tuberi di patata sulle piante ottenute dalla prima e dalla seconda propagazione. **(Die Wirkung der γ-Bestrahlung von Kartoffelknollen auf die Pflanzen der 1. und 2. Generation.)** Agric. ital. [N.S.] **17(62)** (1962) Nr. 3. S. 75–93. — 4 Abb., 10 Tab., 12 Lit.

Vf. berichtet über den Einfluß von γ-Strahlen (^{60}Co) im Ausmaß von 2,5, 5 und 7,5 kr auf Kartoffelknollen. Dabei sollte besonders ihre Auswirkung auf biol. und morphol. Merkmale sowohl in der 1. als auch in der 2. Generation des Nachbaues untersucht werden. Jeweils 500 Knollen von 3 Sorten ('Blu d'Arabbal', 'Rosa di colfiorito', 'Tonda di Berlino') wurden nach erfolgter Bestrahlung im Jahre 1961 in 2 Versuchsserien geprüft. An wesentlichen morphol. Merkmalen wurden erfaßt die Anzahl der Sprosse, die Höhe der Sprosse in cm, das Frischgewicht von 10 Sprossen in g; der Anteil der Pflanzen mit normalem und reichlichem Blütenansatz sowie ohne Blüten; ferner Modifikationen der Blätter, die Anzahl der Blattverwachsungen, die unterschiedliche Ausbildung der Blätter (schmal, breit, dick, dünn), Farbveränderungen der Blätter sowie der Knollenbesatz/Pflanze. Der Bestrahlungserfolg der verwendeten Dosierungen war bei allen untersuchten Merkmalen negativ.

G. Müller/Leizig. 230.

Plummer, Gayther L.; Oak Ridge, Nat. Lab., Health Physics Div., Ecol. Sect. Growth responses of Helianthus annuus to internal calcium-45. **(Wachstumsreaktionen von Helianthus annuus auf internes ^{45}Ca.)** Bot. Gaz. **123** (1962) Nr. 4. S. 272–278. — 3 Abb., 3 Tab., 20 Lit.

Die Arbeit gilt der Erforschung des Einflusses ionisierender Strahlung auf Wachstum und Entwicklung von Pflanzen. Die Sonnenblumenpflanzen wurden in Boden-Quarzsandgemischen im Gewächshaus herangezogen, und zwar in gewachsten, am Boden durchlöcherten Pappgefäßen, so daß abgelaufenes Wasser aufgefangen werden konnte. Den Pflanzen wurde durch Hohlnadeln, die im Winkel von 45° abwärts bis in das Mark reichten, ^{45}Ca als $^{45}CaCl_2$ oder $CaCl_2$ oder ionenfreies Wasser verabreicht (50 μl an bestimmten Tagen). Außerdem wurde ^{45}Ca durch den Boden zugeführt. — Einführung von ^{45}Ca (β-Quelle) in das 2. und 3. Internodium führte zu deren Verkürzung gegenüber der Kontrolle. Diese Einflüsse verschwanden mit zunehmendem Alter der Pflanzen, bes. wenn die Behandlungsintensität gegen Ende des Versuches nachließ. Z.Z. des Blühens waren die radioaktiv behandelten Pflanzen am größten. Die Radioaktivität wurde vor allem in den Parenchymgeweben gespeichert und ganz bes. stark in den Haaren der Epidermis. Aus den Ergebnissen ist zu folgern, daß interne Radioaktivität das Wachstum hemmen kann.

W. Stenz. 230.

Pegg, G. F.; Ashford, Kent, Univ. of London, Wye Coll., Dep. of Biol. Sci. A new method for growth assays: The extension growth of segments of etiolated tomato seedling hypocotyls. **(Eine neue Methode für Wachstumsuntersuchungen: Das Längenwachstum der Segmente von etiolierten Tomaten-Sämlingshypokotylen.)** Ann. Botany [N. S]. **26** (1962) Nr. 102. S. 207–218. — 4 Abb., 4 Tab., 15 Lit.

Von den rel. wenigen Methoden für die quantitative Bestimmung von Wuchsstoffen und Toxinen sind heute verschiedene Tests mit Hafer- und Weizenkoleoptilen, Erbsenepikotylen sowie Wurzeltests gebräuchlich. Nach Untersuchung des Wachstums von Tomatensämlingen, des Hypokotylsegments und der dieses Wachstum beeinflussenden Faktoren wird eine Methode zur Gewinnung und Anwendung solcher Segmente für Wachstumstests beschrieben. Von den unter standardisierten Bedingungen herangezogenen Keimlingen der Sorte 'Potentate' werden 10 mm lange Segmente unterhalb der Biegung des Hypokotyls herausgeschnitten. Diese Segmente verlängern sich im Dunkeln in ionenfreiem Wasser auf das 3fache. Kurze Lichteinwirkung verringerte das Wachstum um 30%. Bei Versuchen mit verschiedenen Medien erwies sich ein pH-Wert von 7 als am besten. Eine geeignete Nährlösung ist angegeben. Das Wachstum der Segmente war in diesem Medium weniger einheitlich als in ionenfreiem Wasser. Saccharosezusatz bis zu 4% förderte das Wachstum nicht, 0,1 und 1,0% Glucose reduzierte das Wachstum schwach, aber signifikant.

W. Stenz. 239.

Abbott, D. L. und Lloyd-Jones, C. P. The movement of photosynthates in the apple tree: I. $^{14}CO_2$ assimilation technique. **(Die Bewegung von Produkten der Photosynthese in Apfelbäumen. 1. Mitt. $^{14}CO_2$-Assimilations-Technik.)** Annu. Rep. agric. horticult. Res. Stat., Long Ashton, Bristol **1958** S. 56–58. — 3 Abb., 1 Lit.

Zur Einführung von $^{14}CO_2$ in Apfelblätter wurde eine kleine Blattkammer ($10 \times 6.5 \times 1.7$ cm) entwickelt, mit der zwar nicht die genaue Ermittlung des Verbrauchs an $^{14}CO_2$ möglich ist, aber die Bewegung der photosynthetischen Produkte bei nicht abgetrennten Blättern untersucht werden kann. Zur Ermittlung des $^{14}CO_2$-Verbrauchs bei mehreren abgeschnittenen Blättern ist eine größere Blattkammer mit einem Apparat notwendig, der eine bestimmte Menge $^{14}CO_2$ in die Blattkammer pumpt. Der Apparat und beide Blattkammern werden genau beschrieben. U. Neumann. 239.

Sturm, Manfred; Bonn, Rhein. Friedrich-Wilhelms-Univ., Inst. für Obstbau. **Beitrag zur Regulierung des Küvettenklimas bei Assimilationsmessungen im Freiland.** Gartenbauwissenschaft **27(9)** (1962) Nr. 1. S. 87–94. — 2 Abb., 2 Tab., 12 Lit.

Vf. beschreibt eine Einrichtung zur Assimilationsmessung bei einzelnen Blättern an Obstbäumen im Freiland mit Hilfe des URAS. Die zur Einrichtung gehörenden Geräte werden kurz beschrieben. Die Versuche wurden zur Ermittlung des Küvettenklimas durchgeführt. Ende Sept. waren bei 20 l/Stunde Luftdurchfluß je Küvette bei wolkenlosem Himmel die Blatt-Temperaturen in der Küvette um ca. 3 °C höher als im Freiland. Die Unterschiede verringerten sich bei diffuser Einstrahlung. Bei Strahlungsverhältnissen Mitte Okt. (wolkenloser Himmel) und bei 60 l Luftdurchsatz pro Stunde je Küvette konnte die Temperatur der Blätter in den Küvetten der des Freilandes weitgehend angeglichen werden. W. Hiller. 239.

Knapp, Rüdiger, Hrsg. **Eigenschaften und Wirkungen der Gibberelline.** Symposium der Oberhessischen Gesellschaft für Natur- und Heilkunde, Naturwissenschaftliche Abteilung, zu Gießen vom 1. bis 3. Dezember 1960. Berlin; Göttingen; Heidelberg: Springer-Verlag. 1962. (VIII, 275 S. m. 72 Abb. u. Index) 8°. DM 48,–. Der Band gibt den Inhalt von 35 auf dem Symposium gehaltenen Vorträgen wieder. Nach einem einführenden Vortrag über Entwicklung und Untersuchung der Gibberelline (G) sowie über heutige Probleme der G-Forschung folgen 6 Referate über chem. Untersuchungen der G und in höheren Pflanzen vorkommende G. Es folgen 9 Referate über G im Zusammenhang mit der Blütenbildung (darunter auch Beziehungen zum Photoperiodismus), danach 5 Referate über G und Sproßwachstum, 2 über G und Wachstumsfaktoren und 5 über sonstige Wirkungen der G (Wachstum, Entwicklung, Morphologie, Physiologie, Keimung, gegenseitige Beeinflussung der Pflanzen). Der 7. Abschnitt umfaßt 4 Referate über die Anwendung der G, u.a. bei Dauergrünland und im Gartenbau. Den Beschluß bilden 2 Referate mit geschichtlichen Betrachtungen sowie ein Referat als Nachtrag. – Außer einem Sachverzeichnis findet sich auf 44 Seiten eine überaus reichhaltige Zusammenstellung der Literatur über die G seit 1926 (bis 1960). W. Stenz.

Bollag, Jean Marc. **Beitrag zur Klärung der Wirkungsweise der Gibberellinsäure beim vegetativen Wachstum.** Diss. Phil.-Naturwiss.-Fak. Basel. 1959. (46 S.) 8°. (Diss. 2884)

Šormová, Zora. **Biochemické aspekty stimulace rostlin.** Praha: Naklad Českoslov. Akad. Věd. 1961. (49 S.) 8°. (1962 A 807)

D. Chemie der Pflanzen

Baculinschi, H. Cercetări privind valoarea meliferă a principalelor plante spontane şi cultivate din zona de stepă. **(Untersuchungen über die Nektarproduktion der wichtigsten spontanen und kultivierten Bienenweidepflanzen in der Steppenzone.)** Staţ. centr. Cercetări Sericicult. Apicult., Lucrări ştiinţ. **2** (1960) S. 219–233. — 21 Tab., Lit. Zus. in Russ., Engl., Franz., Dtsch.

Apfel, Birne, Quitte, Pflaume, Weichselkirsche, Kirsche, Robinie, Sonnenblume, Weißer Senf, Koriander und Phacelia wurden verglichen. Es ergaben sich große Unterschiede in der Nektarleistung (z. B. bei Sonnenblumen max. 74,84 kg/ha Nektar, Quitte nur 3,4). Auch zwischen den Sorten innerhalb

einer Art gab es große Differenzen (z. B. Apfel 19,84–36,6 kg/ha). Die größte Leistung erzielte Phacelia wegen der langen Blütezeit (max. 407,8 kg/ha).
I. Barac. 240.

Kostova, Rosica. (Kostowa, Rosiza.) Chimičeskijat na sŭstav višnovite plodove. **(Chemische Zusammensetzung der Sauerkirschfrüchte.)** Ovoštarstvo, Sofija 8 (1961) Nr. 11. S. 19–21. — 1 Tab.
Im Laufe von 4 Jahren wurden Zucker-, Gesamtsäure-, Tr.-Subst.- und Vitamin-C-Gehalt von 11 Sauerkirschsorten untersucht. Die Früchte aller heimischen Sorten waren im Vergleich zu den ausländischen Sorten ('Ungarische Sauerkirsche', 'Koch's Sauerkirsche' und 'Frühmorelle') reicher an Tr.-Subst. und Säuren. Im Zuckergehalt übertreffen alle Landsorten die 'Ungarische Sauerkirsche', stehen jedoch diesbezüglich hinter 'Frühmorelle' und 'Koch's Sauerkirsche' zurück. St. Waklinowa. 240.

Bath, I. H.; Reading, Berks., Nat. Inst. for Res. in Dairying, Chem. Dep. Analysis of the structural carbohydrates of herbage. **(Die Analyse der Gerüstkohlenhydrate in Pflanzen.)** J. Sci. Food Agric. **11** (1960) Nr. 10. S. 560 bis 566. — 2 Tab., 38 Lit.
Es wird eine Gesamtanalyse der in den Zellwänden lokalisierten Kohlenhydrate erarbeitet und an Hand von Beispielanalysen diskutiert. Aus der durch Gefriertrocknung gewonnenen Analysenprobe werden Fette, Farbstoffe und Zucker durch Alkohol-Benzol-Extraktion entfernt. Dann folgt die Extraktion von Fructosanen und Pektinen durch Heißwasserbehandlung. Anschließend wird aus dem Rückstand das Lignin mit Schwefeldioxyd entfernt. Der verbleibende Rückstand (Holozellulose) wird durch KOH-Extraktion in Hemizellulosen und Zellulose getrennt. Sämtliche Extrakte werden nach entsprechender Vorbehandlung papierchromatographisch aufgetrennt, wonach Glucose, Galaktose, Xylose, Arabinose und Galakturonsäure ultraviolettspektrophotometrisch bestimmt werden.
W. Laube. 242.

Jones, D. I. H.; Plas Goggerddan near Aberystwyth, Welsh Plant Breeding Stat. Note on the pre-treatment of herbage samples for determination of soluble carbohydrate constituents. **(Mitteilung über die Vorbehandlung von Grasproben zur Bestimmung der löslichen Kohlenhydrate.)** J. Sci. Food Agric. **13** (1962) Nr. 2. S. 83–86. – 1 Abb., 2 Tab., 8 Lit.
Der Einfluß der Vortrocknung auf den Gehalt an reduzierenden und nicht reduzierenden Zucker sowie Fructosanen in Blättern von Spargelkohl, Knaulgras, Welschem Weidelgras, Deutschem Weidelgras, Wiesenschwingel und Wiesenlieschgras wird untersucht. Gegenüber Untersuchungen an frischem Material erniedrigt sich durch Vortrocknung der Anteil an Gesamtzucker und erhöht sich der Fructosangehalt. Die Abnahme des Gesamtzuckers steigt mit der Trocknungstemperatur und der Behandlungsdauer. Deshalb ist Gefriertrocknung oder die spezielle Trocknungsmethode von Wait und Boyd (J. Sci. Food Agric. 1953, **4**, 197) zu empfehlen.
W. Franzke. 242.

Mašev, N. P. (Maschew, N. P.); Plowdiw, Bulgarien, Höheres Landwirtsch. Inst. „W. Kolarov". Izsledvane raztvorimite vŭglechidrati v klubenite na kartofite s pomoštta na chartienata razpredelitelna chromatografija. **(Untersuchung der löslichen Kohlenhydrate in den Kartoffelknollen mit Hilfe der Papierchromatographie.)** Naučni trudove. Visš selskostopanski institut „Vasil Kolarov" – Plovdiv **10** (1961) S. 23–28. – 4 Abb., 18 Lit. Zus. in Russ., Dtsch.
Untersuchungsproben aus den Knollen wurden zur Blütezeit am Ende der Vegetationsperiode, nach der Rodung während der Keimruhe und während

der Lagerung bei 2–4 °C genommen. Untersucht wurden 5 Kartoffelsorten: 'Aquila', 'Bintje', 'Early Rose', 'Erstling' und 'Hybrid 10'. Die Ergebnisse zeigten, daß z. Z. der Stärkeablagerung die Knollen Saccharose und Glucose und während der Lagerung Fructose enthalten. Weder in der Wachstumszeit noch in der Keimruhe, noch während der Lagerung konnte Maltose festgestellt werden. Vf. nimmt an, daß das Auftreten von Fructose während der Lagerungszeit als Folge des Stärkeabbaues, nach dem Schema Stärke→ Saccharose → Glucose + Fructose anzusehen ist. St. Waklinowa. 242.

Büchel, L. und Bergmann, W. **Vereinfachung der serienmäßigen Rohfettbestimmung.** Z. landwirtsch. Versuchs- u. Untersuchungswes. 8 (1962) Nr. 1/2. S. 149–155. – 2 Abb., 3 Tab., 4 Lit. Zus. in Russ., Engl.

Zur serienmäßigen Bestimmung des Rohfettgehaltes schlagen Vff. vor, eine vergrößerte Soxhlet-Apparatur, in der gleichzeitig 30–50 Einzelproben extrahiert werden können, zu verwenden. Die in numerierten Tüten befindlichen Proben werden 3 Std. bei 95 °C getrocknet, gewogen und wie üblich mit Äther extrahiert. Die extrahierten Proben werden nach 3 Std. Trocknung bei 95 °C zurückgewogen. Der Gewichtsverlust zwischen beiden Wägungen entspricht dem Rohfettgehalt der lufttrockenen Proben und wird auf die gesondert bestimmte Tr.-Subst.-Menge umgerechnet. Vergleiche zwischen der konventionellen und der modifizierten Methode ergaben gute Übereinstimmung der erhaltenen Werte. P. Stoß. 243.

Tschoegl, N. W.; North Ryde, New South Wales, Bread Res. Inst. of Australia. Chloroethanol as a cereal protein dispersant. **(Chloräthanol als ein Getreideproteindispersionsmittel.)** Cereal Chem. **38** (1961) Nr. 6. S. 516–529. – 5 Abb., 4 Tab., 19 Lit.

Chloräthanol erwies sich als ein geeignetes Dispersionsmittel für Getreideprotein. Es werden folgende Faktoren, die die Dispersionsstärke von Gluten beeinflussen, untersucht: der Einfluß des Wassers, des HCl-Gehaltes, der Zeit, der Temperatur, der Partikelgröße und des Schüttelns, weiter werden bestimmt: die Desaminierung, Veresterung und die Viscosität. Die erhaltenen Ergebnisse werden bei der direkten Extraktion des Proteins aus Weizen-, Roggen-, Gersten-, Hafermehl sowie aus dem Johannisbrotbaumkeimmehl verwertet. Weizengluten wird vollständig in einer 0,01 n Lösung von HCl in 70%igem wäßrigen 2-Chloräthanol dispergiert, aus der es mit Diäthyläther ohne Veränderung der Eigenschaften präzipitiert werden kann. Eine 0,1 n Lösung von HCl in wasserfreiem Chloräthanol dispergiert das Gluten ebenfalls vollständig, es tritt jedoch ein Verlust an Amid-N auf, und die freien Carboxylgruppen werden teilweise verestert. Wasserfreies Säure-Chloräthanol kann auch zur direkten Extraktion von Weizen- und Roggenmehl verwendet werden. Die extrahierende Wirkung bei Gersten- und Haferprotein ist geringer, am geringsten beim Johannisbrotbaumkeimmehl. Säurefreies, wasserfreies Chloräthanol dispergiert etwa 60% des Weizenglutens. Wäßriges Säure-Chloräthanol ist beim Weizenmehl etwa so wirksam wie wasserfreies Säure-Chloräthanol, aber extrahiert mehr Hafermehlprotein. I. Schröder. 244.

Kubicz, A. Porównanie elektroforetycznych frakcji białkowych nasion cebuli (Allium cepa L.) i nasion pora (Allium porrum L.). **(Vergleich der elektrophoretischen Eiweißfraktionen von Zwiebelsamen [Allium cepa L.] und Porreesamen [Allium porrum L.].)** Hodowla Roślin Aklimatyzacija Nasiennictwo 6 (1962) Nr. 1. S. 91–103. – 4 Abb., 5 Tab., 3 Lit. Zus. in Russ., Engl.

Die Fraktionierung erfolgt nach in Wasser und Salzlösungen löslichen Komponenten sowie durch Elektrophorese. Die Elektrophorese ergab für beide Samenarten 6 Fraktionen, die sich aber quantitativ voneinander unterscheiden. Wiederholte Untersuchungen ergaben, daß diese Unterschiede

artspezifisch sind. Anhand der deutlichen Differenzen können beide Sorten ohne weiteres anhand des Elektropherogramms unterschieden werden.
W. Święcicki. 244.

Günzel, G.; Weihenstephan, Inst. für Acker- und Pflanzenbau der TH München. **Proteinfraktionen des Weizenmehles in Abhängigkeit von Herkunft, Sorte und später N-Düngung.** Z. Acker- u. Pflanzenbau **114** (1962) Nr. 4. S. 325–340. – 4 Abb., 2 Tab., 18 Lit.
Beim Vergleich von 8 an 4 verschiedenen Orten angebauten Wi-Weizensorten war ein deutlicher Einfluß der Witterung auf die Eiweißbildung erkennbar. Dabei war die Abweichung des Kleber-N-Gehaltes vom jeweiligen Standortmittel rel. gering, während der Gliadin-N-Gehalt stark streute. Zwischen Brotvolumen und herkunftsbedingtem Feuchtklebergehalt waren gewisse Beziehungen vorhanden. Die sortenspezifischen Differenzen im Gehalt an Gesamt-N und an einzelnen N-Fraktionen waren auf den 4 Standorten ähnlich. N-Spätdüngung bewirkte eine wesentliche Erhöhung des Gesamt-N- und des Kleber-N-Gehaltes, während die Nichtkleberfraktion nur geringfügig vermehrt wurde. Der Anteil an Gliadin-N nahm stärker zu als der an Glutenin-N. Zwischen dem absol. und rel. Gehalt an einzelnen N-Fraktionen sowie deren Verhältnis zueinander und der Backqualität auf der Grundlage des Mikrobackversuches konnte keine Beziehung ermittelt werden. K. Koepke. 244.

Bobryševa, A. M. und Oknina, E. Z. (Bobryschewa, A. M. und Oknina, Je. S.); Moskau, Pflanzenphysiol. Timirjasew-Inst. der Akad. der Wiss. der UdSSR. Soderžanie nukleinovych kislot v cvetočnych počkach černoj smorodiny. **(Gehalt an Nucleinsäuren in Blütenknospen der Schwarzen Johannisbeere.)** Fiziologija rastenij, Moskva **9** (1962) Nr. 3. S. 342–346. – 4 Abb., 17 Lit. Zus. in Engl.
Von Mitte Juli bis zur Blüte wurden im Winter monatl., z. Z. der Knospenanlage und im Frühjahr 4- bis 5mal monatl. von einjährigen Trieben Schwarzer Johannisbeeren Knospen entnommen und fixiert. Die Gewebedifferenzierung und die Nucleinsäureverteilung wurden in Dauerpräparaten untersucht. DNS und RNS sind in den Blütenknospen im großen Maße z. Z. ihrer Bildung in den Primordien und in den Knospenschuppen zu finden. Im Laufe der Differenzierung bleiben die Nucleinsäuren (NS) in den Meristemen der Knospe erhalten, während sie aus den Zellen des Blütengrundes verschwinden. Im Okt./Nov. konzentrieren sich die NS im Embryoteil, den Samenanlagenprimordien, Archespor und den Leitbündeln des Präleitgewebes, den Deckblättern und den Drüsen für ätherische Öle. Im Winter (Nov.–Febr.) bleibt der NS-Gehalt auf einem Niveau erhalten. Die Embryogenese verläuft ununterbrochen, endend mit der Bildung vielkerniger Zellen und Zellen mit Kernen, welche viele Nucleoli enthalten. Nach Beendigung des Ruhestadiums (Ende März, Anfang April) und Rekonstruktion der Plasmodesmen wachsen die Blütenknospen und die gesamte Pflanze schnell, der NS-Gehalt in der Samenanlage, den Staubgefäßen (bes. im Tapetum) und im Leitsystem steigt auf Grund der NS-Umlagerung. Während Blühen und Befruchtung konzentrieren sich NS, bes. RNS, in den Eizellen der Samenanlage und im vielzelligen Embryo. Einfluß der Witterung auf den NS-Wechsel ist nicht festzustellen, dies erhöht die Winterfestigkeit. J. Birke. 244.

Dye, M. H., Clarke, G. und Wain, R. L.; London, Univ., Wye Coll. Investigations on the auxins in tomato crowngall tissue. **(Untersuchungen über den Auxingehalt in Tomaten-Gallgeweben.)** Proc. Roy. Soc. [London], Ser. B **155** (1962) Nr. 961. S. 478–492. – 6 Abb., 1 Tab., 26 Lit.
Durch Impfung mit *Agrobacterium tumefaciens* wurden an Tomatensprossen Gallen erzeugt. Ätherlösliche Auxinextrakte aus Gall- und normalem Tomatengewebe wurden in saure und neutrale Fraktionen getrennt und papier-

chromatographisch untersucht. In den Extrakten beiderlei Gewebe ließen sich Indolylessigsäure (IAA), 3-Indolkarbolsäure (ICA) und 3-Indolyl-acetonnitril (INA) nachgewiesen. Es wurden hierbei nicht nur die Rf-Werte identifiziert, sondern auch Prüfungen im UV-Licht und Bioteste vorgenommen. INA ließ sich ferner durch alkalische Hydrolyse in IAA überführen. So waren in den Gallen zwar dieselben Auxine vorhanden, allerdings in weit größeren Mengen. In beiderlei Geweben sind ferner der β-Inhibitor-Komplex und auch noch unbekannte wasserlösliche wachstumsfördernde Stoffe vorhanden. H.-L. Pätzold. 245.

Corcoran, Mary Ritzel und Phinney, Bernhard O.; Los Angeles, Univ., Dep. of Bot. Changes in amounts of gibberellin-like substances in developing seed of Echinocystis, Lupinus and Phaseolus. **(Quantitätsänderungen gibberellinähnlicher Substanzen bei der Samenkeimung von Echinocystis, Lupinus und Phaseolus.)** Physiol Plantarum [Copenhagen] **15** (1952) Nr. 2. S. 252–262. – 4 Abb., 1 Tab., 27 Lit.
Endosperm-Nucellus-Gewebe von *Echinocystis macrocarpa* sowie Samenextrakte von *Lupinus succulentus* und *Phaseolus vulgaris* wurden in verschiedenen Altersstufen auf ihren Gehalt an gibberellinähnlichen Subst. untersucht. Testpflanze war die d_1-Mutante von *Zea mays*. In allen 3 untersuchten Species wurde ein erhöhter Gibberellin-Gehalt während des Wachstums von Samen oder Embryo festgestellt. Bei der Reifung des Samens war ein stetiger Abfall zu verzeichnen. Die Fruchtentwicklung hatte keinen merklichen Einfluß auf die Bildung und den Verbrauch gibberellinähnlicher Substanzen. Quantitative Gibberellin-Bestimmungen wurden an unreifen Früchten von *Lupinus* und *Echinocystis* vorgenommen. So enthalten z. B. Samenschale und Hypokotyl von *Lupinus* pro g Frischgewicht 0,1 bis 0,5 μg Gibberellinsäure-Äquivalente, in den Kotyledonen wurden Werte von 16 μg gemessen. Der Anteil im Endosperm-Nucellus-Gewebe von *Echinocystis* beträgt sogar 470 μg. H.-L. Pätzold. 245.

Farrar, Kathleen R.; Manchester, Univ., Dep. of Bot. The zeanins: a group of growth-promoting compounds from immature maize kernels. **(Die Zeanine: eine Gruppe wachstumsfördernder Komponenten in reifen Maiskörnern.)** Biochem. J. **83** (1962) Nr. 1. S. 220–224. – 4 Abb., 2 Tab., 14 Lit.
Maiskörner wurden in der Milchreife mit Wasser und Alkohol extrahiert, der Extrakt verschiedene Male fraktioniert und dann papierchromatographisch getrennt mit Butanol als Lösungsmittel. Es konnten einige Indolkomponenten, Zeanine genannt, mit Hilfe des Zuwachstestes (nach Bentley und Housley) nachgewiesen werden. Die Verwandtschaft dieser Zeanine mit anderen Indolderivaten wird diskutiert und die Vermutung ausgesprochen, daß jedes Zeanin bei der Reifung eine spezielle Aufgabe erfüllt. H.-L. Pätzold. 245.

Schippers, P. A.; Wageningen, Inst. for Res. on Storage and Processing of Agric. Produce. Growth-inhibiting substances in potatoes. **(Wachstumshemmende Substanzen in Kartoffeln.)** Europ. Potato J. **4** (1961) Nr. 4. S. 412– 4 Lit.
Samen von *Lepidium sativum* keimten gut, wenn sie mit Extrakten aus Kartoffeln (Schalen) behandelt wurden, die bei 20 °C Lagertemperatur aufbewahrt wurden. Im Gegensatz hierzu erfolgte keine Keimung durch die bei 2 °C gelagerten Kartoffeln. Der Versuch soll weitere Untersuchungen über die Natur der Hemmstoffe anregen. H. Opel. 245.

Schreiber, Klaus. **Chemie und Biochemie der Solanum-Alkaloide.** Forsch.- u. Entwicklung.-Stelle Quedlinburg, Institut für Pflanzenzüchtung der Deutschen Akademie der Landwirtschaftswissenschaften zu Berlin, Abschlußber.: 15/3. 1962. Plan-Nr. 1701 06 h-1-18/0.

Die Ergebnisse umfangreicher Untersuchungen über das Steroidalkaloid-Vorkommen in zahlreichen *Solanum*-Arten werden zusammenfassend mitgeteilt. Insbesondere wird über die Steroidalkaloide und -sapogenine von *S. dulcamara*, über Konstitution und Stereochemie eines neuen *S.-dulcamara*-Alkaloids, des *S.-polyadenium*-Alkaloidglykosids Polyadenin und des Steroidalkaloids Solanocapsin sowie schließlich über die Totalsynthese mehrerer *Solanum*-Alkaloide berichtet. 246.

Maškovcev M. F. (Maschkowzew, M. F.) Vlijanie vlažnosti počvy na nakoplenie nikotina v tabačnom rastenii. **(Einfluß der Bodenfeuchtigkeit auf die Anreicherung von Nikotin in der Tabakpflanze.)** Sbornik naučno-issledovatel'skich rabot. Vsesojuznyj naučno-issledovatel'skij institut tabaka i machorki „VITIM", Krasnodar **1960** Nr. 151. S. 83–89. – 7 Tab. 246.

Schreiber, Klaus, Pufahl, Klaus und Aurich, Otto. **Untersuchungen der in Galega-Arten vorkommenden Alkaloide (ausschließlich der Guanidin-Derivate).** Forsch.- u. Entwickl.-Stelle Quedlinburg, Institut für Pflanzenzüchtung der Deutschen Akademie der Landwirtschaftswissenschaften zu Berlin. Abschlußber.: 15/3. 1962. Plan-Nr.: 1701 06 h-1-21.
Aus der Geißraute, *Galega officinalis* L., wurden außer Galegin und 4-Hydroxy-galegin erstmalig Alkaloide isoliert. Als Hauptalkaloid wurde das bisher noch nicht in der Natur gefundene [+]-Peganin ([+]-Vasicin, [+]-3-Hydroxy-1.2.3.9-tetrahydropyrrolo [2.1-b] chinazolin) identifiziert. Es wird auf die Bedeutung dieses Befundes im Hinblick auf die angestrebte Verwendung der Geißraute als Futterpflanze hingewiesen. 246.

Procenko, D. P., Bogomaz, K. I. und Koršuk, T. P. (Prozenko, D. P., Bogomas, K. I. und Korschuk, T. P.) Raspredelenie antocianov v kore plodovych derev'ev i ich dinamika v tečenie goda. **(Die Verteilung der Anthocyane in der Rinde der Obstbäume und ihre Dynamik im Laufe des Jahres.)** Visnyk Kyïvśk. un-tu **1960** Nr. 3. Ser. biol. Nr. 1. S. 56–62. – Orig.: ukrain., Ausz.: russ. Aus: Referativnyj žurnal. Biologija, Moskva **1961** Nr. 23. G 21. S. 4.
Durch gewebechem. und colorimetrische Bestimmungsmethoden wurde festgestellt, daß die Anthocyane in der Rinde von Apfel, Pfirsich, Aprikose in den Zellen des Periderms und in kleineren Mengen in den Zellen des Hauptrindenparenchyms konz. sind. Die Synthese der Anthocyane beginnt in der Periode des aktiven Wachstums einjähriger Triebe zu Beginn des Sommers und setzt sich bis Jan. fort. Der höchste Anthocyangehalt in der Rinde entfällt auf die kältesten Monate des Winters und des zeitigen Frühjahrs. Im Mai/Juni sinkt der Anthocyangehalt. In der Rinde einjähriger Triebe steigt der Anthocyangehalt, aber mit dem Alter sinkt er. In der Rinde frostharter Sorten sind im Vergleich mit nicht frostharten Sorten mehr Anthocyane enthalten. Es wird angenommen, daß die Anhäufung von Anthocyanen in der Herbst-Winter-Periode mit der Anpassung der Pflanzen an die ungünstigen Bedingungen des Winters verbunden ist.
übersetzt v. K. Weißer. 246.

Eheart, James F. und Hurst, David C.; Blacksburg, Virginia Polytechn. Inst., Dep. of Biochem. and Nutrit., Dep. of Statistics. A statistical study of a proposed assay method for oxalates in plants. **(Eine statistische Untersuchung einer vorgeschlagenen Analysenmethode für Oxalate in Pflanzen.)** J. Assoc. off. agric. Chemists **45** (1962) Nr. 1. S. 98–101. – 3 Tab., 13 Lit.
Zur Bestimmung von Oxalat in Pflanzen wird folgende Methode vorgeschlagen: 1000 g getrocknetes und zerkleinertes Pflanzenmaterial wird 6 Std. mit 100 ml 3,5 n-HCl extrahiert. Der Extrakt wird filtriert, abgekühlt und auf 200 ml aufgefüllt. Ein geeignetes Aliquot dieser Lösung wird auf 60 ml verdünnt und 16 Std. mit 100 ml Diäthyläther extrahiert. Die ätherische

Lösung (enthält alle Dicarbonsäuren) wird quantitativ in einen Erlenmeyerkolben überführt und mit dem Waschwasser (10 ml) des inneren Extraktionsteils vereinigt. Der Äther wird mit einem Luftstrom entfernt und die verbleibende Lösung mit 15 ml H_2O versetzt. Nach Zugabe von 2 Tropfen 0,1%iger Bromkresolpurpur-Lösung wird der Kolbeninhalt mit 4 n NH_4OH neutralisiert und zur Fällung von Ca-oxalat tropfenweise unter Rühren mit 8 ml einer Pufferlösung (25 g wasserfreies $CaCl_2$ in 500 ml 50%iger Essigsäure auflösen, Zugabe von 500 ml einer Lösung aus 330 g Na-acetat. 3 H_2O und H_2O) versetzt. Der Niederschlag wird nach Stehen über Nacht abgesaugt, mit heißem H_2O gewaschen und in 12 ml 4 n–H_2SO_4 aufgelöst. Die entstandene Lösung wird heiß (< 80 °C) mit 0.02 n $KMnO_4$-Lösung titriert. Zur Ermittlung der Variation der einzelnen Analysenschritte und der gesamten Analyse wurden statistische Untersuchungen an reinen Oxalsäurelösungen und an Spinat durchgeführt. Die Ergebnisse besagen, daß die vorgeschlagene Methode zur Bestimmung von Oxalaten in Pflanzen gut geeignet ist. Es wird empfohlen, zur HCl- und Ätherextraktion je 2 Proben zu nehmen, während für jeden Ätherextrakt zur $KMnO_4$-Titration nur 1 Probe erforderlich ist. P. Stoß. 246.

Steigerwald, E.; München, Bayer. Landesanst. für Pflanzenbau. **Ölgehalt, Stengelanteile und Verbrennungsrückstände (Asche) bei Pfefferminze.** Pharmazie **17** (1962) Nr. 1. S. 48–52. — 2 Tab., 14 Lit.
Als Beitrag zur Diskussion um die Qualitätsvorschriften für Pfefferminzdrogen wurden 44 Proben von Blattkrüll bayrischer Herkunft und Pfefferminzblätter aus Importpartien auf Asche-, Stengel- und Ölgehalt untersucht. Die Blattkrüllproben aus dem Erdinger Moos und Aischgrund (Bayern) enthielten durchschnittlich 1,22% äth. Öl, 13,1% Stengel, 10,6% Rohasche und 0,3–1,1% Sand. Importblattware aus Ungarn und Rumänien wies 1,24–1,84% äth. Öl, 4,7 bis 6,5% Stengel und 10,7–11,1% Asche auf. H. Schröder. 246.

Pozděna, J. und Jermoljev, Evžen; Praha, Biol. Ústav ČSAV, Odd. Fytopatol. Zjištování třislovin v rostlinách dchmele během vegetace. **(Bestimmung des Gerbstoffgehaltes in den Hopfenpflanzen während der Vegetation.)** Sborník českoslov. Akad. zemědělských Věd, rostlinná Výroba **8(35)** (1962) Nr. 3. S. 375–378. — 8 Lit. Zus. in Russ., Dtsch.
Das Virus der ansteckenden Sterilität des Hopfens wird durch Substanzen inaktiviert, die im Saft kranker Hopfenpflanzen enthalten sind. Es handelt sich wahrscheinlich um Gerbstoffe. Zur Untersuchung dieser Frage wurde das betr. Pflanzenmaterial auf Gerbstoffe nach der Methode von Jermak untersucht. 100 g zerdrücktes Material wurde mit 150 ml aqua dest. übergossen und 30 min auf dem Wasserbad extrahiert. Dann wurde auf 250 ml aufgefüllt und filtriert. Je 10 ml Filtrat wurden dann in 5 Reagenzgläser gefüllt, und zwar unter titriertem Gelatinezusatz von 1 bzw. 2, 3, 4 und 5 ml. Nach 3 min Schütteln kam es zur Ausfällung des Gelatinetannats und nach dessen Abfiltrierung wurde, entsprechend dem Gelatinetiter zur Standardlösung des reinen Tannins, der Gerbstoffgehalt in den Hopfenpflanzenproben errechnet. In den Hopfenwurzeln fand man 1,8 Gew.% Tannin, in den unterirdischen Rebenholzteilen 0,6 Gew.%. Die Bestimmung erfolgte Mitte Mai. Im späteren Vegetationsversuch wurden keine weiteren Analysen vorgenommen, da mit Ausnahme der Zapfen während der Vegetationszeit in den oberirdischen Teilen keine Gerbstoffe enthalten sind· Das Virus wird also im Saft durch andere Subst. als durch die Gerbstoffe inhibiert. J. Špinka. 246.

Schmid, G. und Longoria, L. Catalina G. de. Investigaciones encaminadas a comprobar el desdoblamiento de los eteres fenimetilicos en las plantas. **(Tastversuche zur Untersuchung und Bestimmung der Phenylmethyläther in den Pflanzen.)** An. Edafol. Agrobiol. **19** (1960) Nr. 9/10. S. 569–574. 246.

E. Pflanzenökologie

Bauer, Ludwig und Niemann, Eberhard. **Morphologische, hydrologische und vegetationskundliche Untersuchungen im Gebiet der Unstrut.** Forsch.- u. Entwickl.-Stelle Halle/Saale, Institut für Landesforschung und Naturschutz 57 S. Abschlußber.: 31/3. 1962. Plan-Nr.: 1701 28 h-2-02/0.
Im Tal der Vesser und der Zahmen Gera wurde mit Hilfe von Grundwasserlinientypen ein Verfahren zur ökologischen Beurteilung von Vegetationseinheiten erarbeitet. Damit sind Feuchtestufen im grundwasserbeeinflußten Standortbereich sicherer als bisher abzugrenzen. Auf dieses Verfahren abgestimmte Vegetationstypen ermöglichen die Beurteilung der Grundwasserverhältnisse im Grünlandbereich der Flußtäler des Thüringer Waldes. Durch diese Untersuchungen werden weitere Erkenntnisse des Verhaltens einzelner Pflanzenarten zum Grundwasser und dessen Schwankungen geliefert, die für die Standortbeurteilung von Bedeutung sind. In einer Übersicht sind die für die Täler des Thüringer Waldes typischen Feuchtestufen unter Kennzeichnung der hydrologischen und edaphischen Verhältnisse und der dazugehörigen Vegetation zusammengestellt. 249.

Steubing, L. und Wilmanns, C.; Gießen, Univ., Bot. Inst.; Freiburg/Br., Univ., Bot. Inst. **Wasserhaushaltsuntersuchungen in Rasengesellschaften des kroatischen Karstgebietes.** Z. Bot. **50** (1962) Nr. 1. S. 34–51. — 5 Abb., 3 Tab., 26 Lit.
In einem reliefreichen Bergland an der Adriaküste untersuchten Vff. den Wasserhaushalt von 3 Rasen- bzw. Steinflurgesellschaften der *Scorzonero-Chrysopogonetalia*-Gesellschaft: a. eine *Carex humilis-Centaurea campestris*-Assoziation ('Centaureetum'; ca.700 m über NN); b. *Danthonia calycina-S. villosa*- ('Scorzoneretum'; ebenfalls ca. 700 m über NN). c. die Steinflurgesellschaft *Salvia officinalis-c. gryllus* ('Chrysopogonetum'; ca. 270 m über NN). Die höchsten Standortansprüche stellte das Scorzoneretum, die geringsten das Chrysopogonetum. Der höchste Anteil an skeromorphen Pflanzen fand sich in c., der höchste Anteil an mesomorphen in a. Das Wassersättigungsdefizit des Centaureetums stieg langsamer als das des an sich unter günstigeren Bodenverhältnissen stehenden Scorzoneretums. An Strahlentagen kam es in b. zu einer stärkeren Einschränkung der Transpiration als in a.; die Saugkraftwerte waren aber im Centaureetum höher. Bei Trockenheit stieg die Blattsaugspannung an, nach Regen fiel sie ab. Im Chrysopogonetum wurden die höchsten Evaporations- und Transpirationswerte gemessen; bei anhaltender Trockenheit konnte in c. die Transpiration wirkungsvoller eingeschränkt werden als in a. und b. H. Naumann. 249.

Lodge, Robert W.; Swift Current, Saskatschewan, Exp. Farm. Autecology of Cynosurus cristatus L. Part I. Habitat studies. **(Autökologie von Cynosurus cristatus L. 1. Mitt. Standortuntersuchungen.)** J. Ecology **50** (1962) Nr. 1. S. 63–73.
Auf 11 Standorten in Nord-Wales wurde der Versuch unternommen, Beziehungen zwischen dem Nährstoffgehalt des Bodens und dem Auftreten von Kammgras herzustellen. Es wurden Parzellen von 1 m² bestandsmäßig analysiert und von derselben Fläche Bodenproben gezogen. Der Anteil des Kammgrases am Gesamtbestand wechselte, je nach dem Standort, zwischen 0,6 und 17,7%. Das Gras gedeiht nicht auf nassen, sauren oder stark podsolierten Böden, bevorzugt hingegen ackerwürdige Braunerden. Beweidung fördert die Ausbreitung, länger anhaltende Trockenheit vermindert den Kammgrasanteil. H. Pätzold. 253.

Lodge, Robert W.; Swift Current, Saskatchewan, Exp. Farm. Autecology of Cynosurus cristatus L. Part II. Ecotypic variation. **(Autökologie von Cynosurus cristatus L. 2. Mitt. Ökotypische Variation.)** J. Ecology **50** (1962) Nr. 1. S. 75 bis 86. — 1. Mitt. vgl. vorst. Ref.

Herkünfte von 7 Standorten aus Wales (vegetaiv vermehrt) und 8 Herkünfte aus Kent, Irland und Neuseeland (generativ vermehrt) wurden im Feldversuch $1^1/_2$ Jahre geprüft. Bei den Herkünften aus Wales konnten im Futteranfall Unterschiede bis zu 300% festgestellt werden, auch differierte das Blatt/Stengel-Verhältnis beträchtlich. Die Unterschiede bei den aus Samen gezogenen Pflanzen waren geringer, obwohl diese aus geographisch entfernten Gebieten stammten. Die schmalste Blattspreite zeigten die Herkünfte aus Kent, die breiteste die aus Irland und Neuseeland. Die Reifezeit variierte beträchtlich. Ökotypische Unterschiede innerhalb der Art treten also auf, wobei jedoch der Einfluß von Tier und Mensch stärker bewertet wird als der klimatischer oder edaphischer Faktoren. H. Pätzold. 253.

Park, K. J. F., Rawes, M. und Allen, S. E.; Moore House Field Stat. Grassland studies on the Moor House National Mature Reserve. **(Graslanduntersuchungen im Nationalen Naturreservat von Moor House.)** J. Ecology **50** (1962) Nr. 1. S. 53–62.
Die Untersuchungen erfolgten auf 8 Standorten in Höhenlagen zwischen 550 und 820 m, die sporadisch zur Schafweide dienten. Anpflanzungen wertvoller Kräuter aus ähnlichen Lagen, die auf den untersuchten Standorten nicht vorkamen, führten zu Teilerfolgen bei der erwünschten qualitativen Verbesserung des Futters. Durch verschiedenartige Untersuchungsmethoden wurde der Versuch einer Nährstoffbilanz unternommen (Zufuhr an Nährstoffen durch Niederschläge und Schafexkremente, Verlust durch Auswaschung und Verbiß). Dabei zeigte sich im Zeitraum von 10 Jahren eine ungenügende Versorgung mit Ca, eine geringe Minusdifferenz bei N und eine annähernd ausgeglichene Bilanz für P und K. H. Pätzold. 253.

G. Pflanzengeographie

Dübi, Hans und Kauffmann, Guido; Lugano; Cortivallo. Considerazioni sulla distribuzione delle specie Potentilla verna L. em. Koch e Potentilla puberula Krasan (Potentilla Gaudini Gremli) nel Ticino ed in alcune zone limitrofe dei Grigioni e della Lombardia. **(Betrachtungen über die Verteilung der Arten Potentilla verna L. em. Koch und Potentilla puberula Krasan [Potentilla Gaudini Gremli] im Tessin und in einigen benachbarten Gebieten bei Grigioni und der Lombardei.)** Ber. schweiz. bot. Ges. **71** (1961) S. 302–331. — 1 Abb., 11 Lit. Zus. in Dtsch.
Auf Grund von 161 Belegen über *Potentilla puberula* und *P. varna* aus Universitäts- und Privatherbarien wurden von Vff. Ermittlungen über das Vorkommen dieser Arten sowie ihrer Übergangsformen im nördlichen Tessin und benachbarten Gebieten durchgeführt. Die Feststellungen ergaben, daß diese Arten im gesamten Gebiet mit ihren Zwischenformen vorkommen. *P. puberula* ist im Norden häufiger, während *P. verna* häufiger im Süden angetroffen wird. Ob die Zwischenformen beider Arten echte Bastarde oder als Varietäten von *P. puberula* (var. *viridis*) anzusehen sind, wurde nicht geklärt. K. Schulz. 262.

Mowat, Alison B. An investigation of mixed populations of Primula veris and P. vulgaris. **(Eine Untersuchung von Mischpopulationen von Primula veris und P. vulgaris.)** Trans. Proc. bot. Soc. Edinburgh **39** (1961) Part II S. 206–212.
Vf. untersuchte Hybridisationsvorgänge an Wildstandorten. Als Material dienten Populationen von *Primula veris* und *P. vulgaris*. Verglichen wurden 10 typische Merkmalsausprägungen sowohl von *P. veris* wie auch von *P. vulgaris* und neben den im Phänotyp reinrassig erscheinenden Pflanzen wurde auch der Anteil der Hybridformen ermittelt. Auf Grund dieser Werte versucht Vf. auf die genetischen Gesetzmäßigkeiten dieser Mischpopulationen zu schließen. Die beschriebene Methode läßt sich auch bei sonstigen Wildpflanzen

und freier Bestäubung anwenden und gewährt einen Einblick in die Ursachen und Gesetzmäßigkeiten der Zusammensetzung in % von Mischpopulationen an natürlichen Standorten. G. Barich. 262.

K. Agrarmeteorologie

Schmuck, A.; Wrocław, Polen. **Bearbeitung der Klimagebiete Niederschlesiens für landwirtschaftliche Zwecke.** Wiss. Z. Karl-Marx-Univ. Leipzig, math.-naturwiss. R. **11** (1962) Nr. 1. S. 115–118. — 3 Abb., 8 Lit.
Nachdem Vf. zwei Methoden zur Abgrenzung von Klimagebieten am Beispiel Niederschlesiens kritisch untersucht hat, wird eine eigene Methode dargestellt. Sie wurde für die Landwirtsch. geschaffen und stützt sich auf 2 Maßzahlen, 1. die Gradtage (degree days) für eine Temperaturschwelle von = 10 °C und 2. den Befeuchtungsindex J. Die Gradtage wurden für jede Temperaturschwelle (10°, 11°, 12 °C...) mittels der Formel S = (t–9) · d berechnet, wobei S die Anzahl der Gradtage, t die gegebene Temperaturschwelle und die Zahl der Tage mit der Temperatur t bedeuten. Die gesamte Summe der Gradtage für einen Ort ist: $S_n = (t_n-9) \cdot d_n$. Der Befeuchtungsindex J wird mit folgender Formel errechnet: $J = (P_r-500) \cdot \frac{P_l}{P_z}$, wobei P_r die jährliche Niederschlagssumme, P_l die Niederschlagssume für Apr. bis Sept. und P_z die Summe der Niederschläge von Okt.–März bedeuten. Die erhaltenen Werte wurden in Klassen geordnet und mit ihnen die Klimagebiete Niederschlesiens abgegrenzt. T. v. Wilamowitz-Möllendorf. 293.

Valle, Otto; Tikkurila, Suomi. Sääolot ja niiden vaikutus kasvintuotantoon etelä-suomessa 1958–61. **(Wetterbedingungen und ihr Einfluß auf die Pflanzenproduktion im südlichen Finnland in den Jahren 1958–61.)** Maatalous ja Koetoiminta [Agric. and Res.] **16** (1962) S. 38–50. — 2 Abb., 8 Tab.
Die Witterung im Küstengebiet von Südfinnland (Inst. Tikkurila) wird für die Jahre 1958–61 beschrieben und Angaben über Temperatur, Niederschläge, Frostdauer, Sonnenscheindauer, Länge des Winters, Dicke der Schneedecke und Tiefe des Bodenfrostes gemacht. Daten über phänologische Beobachtungen werden sowohl von Hafer, So-Weizen, So-Gerste als auch über die Winterfestigkeit der Getreidearten und Raps angegeben. Die Beobachtungsjahre werden als günstige Getreidejahre angesehen. 1958 verzögerte sich die Reife von Hafer und So-Weizen bis Sept. so daß die Keimfähigkeit dieser Getreidearten beeinträchtigt wurde und Saatgutimporte erforderlich wurden. Das trockene und warme Wetter des Jahres 1959 begünstigte die Qualität des Getreides, was auch ausgezeichnete Rotklee-Erträge bedingte. Obwohl hohe Niederschläge 1960–61 die Qualität des Getreides beeinträchtigten, wurden dennoch hohe Erträge erzielt. K. Schulz. 293.

Moisejčik, V. A. und Ulanova, E. S. (Moisseitschik, W. A. und Ulanowa, Je. S.) Ocenka agrometeorologičeskich uslovij perezimovki posevov ozimych kul'tur. **(Die Bedeutung agrarmeteorologischer Bedingungen für die Überwinterung der Saaten von Winterkulturen.)** V sb.: Zimostojkost' s.-ch. kul'tur, Moskva **1960** S. 305–318. — Aus: Referativnyj žurnal. Biologija, Moskva **1961** Nr. 19. G 455. S. 52.
Es wird die Abhängigkeit der Dauer der einzelnen Entwicklungsphasen der Pflanzen von Winterkulturen von der Temperatur und der Feuchtigkeit des Bodens in der UdSSR festgestellt. Große Bedeutung für das Überwintern von Winterkulturen hat die Dauer der Einwirkung min. Bodentemperaturen auf den untersten Bestockungsknoten.
übersetzt von E. Fröhmcke. 295.

Whitehead, F. H. und Luti, R.; London, Imperial Coll. of Sci., Bot. Dep. Experimental studies of the effect of wind on plant growth and anatomy.

I. Zea Mays. **(Experimentelle Untersuchungen über den Einfluß des Windes auf Pflanzenwachstum und -bau. 1. Mitt. Zea Mais.)** New Phytologist **61** (1962) Nr. 1. S. 56–58. — 3 Tab., 1 Lit.
Im Labor wurden Maispflanzen in stehender Luft und im Windkanal unter sonst gleichen Bedingungen **40** Tage lang gehalten. Die unter Windeinfluß gewachsenen Pflanzen zeigten gegenüber denen der anderen Versuchshälfte folgende Unterschiede: (windstill: 33 m.p.h. Wind)

Blattbreite	5,75:6,75 mm
Blattdicke	0,143:0,185mm
Zahl der Riefen, rechte Blatthälfte	51:72
Zahl der Stomata je mm^2	77:110
Zahl der Sklerenchymfasern	59:144
Längste Wurzel	18,5:31,0 cm
Tr.-Gew.	0,85:0,49 gm

Für die Transpiration wurden 2,6 mg/cm^2/Std. bei Maispflanzen, die in stehender Luft heranwuchsen und 2,2 mg/cm^2/Std. Wind ausgesetzten Pflanzen ermittelt. T. v. Wilamowitz-Moellendorf. 296.

Whitehead, F. H.; London, Imperial Coll. of Sci., Bot. Dep. Experimental studies of the effect of wind on plant growth and anatomy. II. Helianthus annuus. **(Experimentelle Untersuchungen über den Einfluß des Windes auf Wachstum und Bau der Pflanze. 2. Mitt. Helianthus annuus.)** New Phytologist **61** (1962) Nr. 1. S. 59–62. — 3 Abb., 2 Lit. 1 Mitt. vgl. vorst. Ref.
Sonnenblumenpflanzen wurden unter ähnlichen Bedingungen geprüft, wie sie in der 1. Mitt. geschildert wurden. Die Sonnenblumen wurden mit 4 verschiedenen Windstärken behandelt. Zunahme der Windgeschwindigkeit hatte eine nichtlineare Abnahme z. B. im Tr.-Gew., der Blattfläche, der Internodienlänge und auch der Wasserabgabe zur Folge. Dagegen war eine Zunahme des Wurzel-/Sproßverhältnisses festzustellen. Bei höheren Windgeschwindigkeiten sind die Veränderungen rel. größer. Windeinwirkung macht die Pflanzen mehr xeromorph. Vf. folgert aus seinen Untersuchungsergebnissen an Mais und Sonnenblumen, daß die Pflanzen einen „Ausgleichsmechanismus" besitzen, um vorteilhafte Modifikationen des Phänotyps unter veränderten Umweltbedingungen ausbilden zu können.
T. v. Wilamowitz-Moellendorf. 296.

Buck, S. F.; Rothamsted Exp. Stat. The use of rainfall, temperature, and actual transpiration in some crop-weather investigations. **(Untersuchungen über den Einfluß von Niederschlag, Temperatur und Transpiration auf den Ernteertrag.)** J. agric. Sci. **57** (1961) Nr. 3. S. 355–365. — 6 Abb., 11 Tab., 20 Lit.
Es wird der Einfluß von Niederschlag und Temperatur auf die Weizenerträge eines Versuches in Rothamsted untersucht. Dabei wird bes. auf die zeitliche Verteilung beider Witterungselemente im Jahresablauf eingegangen. Den korrelationsanalytischen Untersuchungen liegt Material aus 72 Jahren mit 67 Ernten zugrunde. Die Niederschlagsverteilung wirkt sich stark auf die Höhe der Weizenerträge aus. Dagegen beeinflussen Temperaturschwankungen und die Transpirationsintensität des Weizens die Ernteergebnisse nicht so sehr. Der Einfluß der Transpirationshöhe auf den Ertrag von Zuckerrüben und Kartoffeln wurde weiter für verschiedene Gegenden in England und Wales ermittelt. Es zeigte sich, daß eine enge Korrelation zwischen Transpiration und Ertrag dieser Hackfrüchte besteht, die allerdings an Standorten mit einem hohem Grundwasserstand nicht so eng ist.
K. Hoffmann. 296.

Baier, W.; Potchefstroom, Coll. of Agric.; Res. Inst. An improved type of Popov evaporimeter for use under intense evaporative conditions. **(Ein verbesserter Typ des Popov-Evaporimeters zur Anwendung unter Bedingungen starker Verdunstung.)** South African J. agric. Sci. **5** (1962) Nr. 1. S. 3–21. — 4 Abb., 5 Tab., 18 Lit. Zus. in Franz., Niederl.

Es wird über Vergleichsversuche mit 5 verschiedenen Popov-Evaporimeter-Typen berichtet. Aus den Meßergebnissen der beiden Sommerhalbjahre 1956/57 und 1957/58 werden folgende Schlüsse gezogen: Bei unbewachsenem Boden beeinflussen unterschiedliche Niederschlagsmengen die Verdunstung in weit geringerem Maße als die Versickerung. — Die Unterschiede zwischen den verschiedenen Evaporimetertypen sind in feuchten Perioden viel deutlicher als in trockenen. — Die geringste Wassermenge wird von den Geräten des Typs I verdunstet. Es folgen in der Reihenfolge zunehmender Verdunstung: Typ III, II, IV und V. Bei Versickerung ist die Reihenfolge der einzelnen Geräte genau umgekehrt. — Ein Vergleich der Typen II, III und IV zeigt, daß der Zwischenzylinder den Wasserstau am Boden des oberen Zylinders wesentlich verringert, was in der stärkeren Versickerung bei größeren Niederschlagsmengen zum Ausdruck kommt. Drainage von oben nach unten scheint daher ausreichend zu sein. Durch Gazesiebe zwischen den beiden Zylindern wird der Wassertransport von unten nach oben beeinträchtigt. — Im Gegensatz zur Annahme anderer Autoren zeigte sich, daß der Feuchtegehalt und die Verdunstung des Bodens im flachen Gefäß geringer war als im tiefen. — In Trockenperioden stand den tieferen Gefäßen ein größerer Wasservorrat zur Verdunstung zur Verfügung. — Die Evapotranspiration war beim Gerät vom Typ V im Sommerhalbjahr 1957/58 um ca. 40% größer als die Evaporation des Gefäßes vom Typ IV. Der zusätzliche Wasserverbrauch erfolgte hauptsächlich aus dem Wassergehalt des Bodens. — Für Südafrika wird die Vertiefung des Popov-Evaporimeters auf 50 cm als ausreichend angesehen. W. Höhne. 299

Walter, Heinrich. **Die Vegetation der Erde in ökologischer Betrachtung.** Band I: Die tropischen und subtropischen Zonen. Jena: VEB Gustav Fischer Verlag. 1962. (XV, 533 S. m. 107 Tab., 9 Taf. und 19 Farbaufnahmen.) 16,7 × 24 cm. DM 68,10. In der Vegetationskunde stehen sich 2 Richtungen gegenüber: 1. Die Anhänger der einen Richtung sehen in den Pflanzengesellschaften Einheiten höherer Ordnung, weshalb, wie Vf. anführt, sie die Lehre von den Pflanzengesellschaften als „Pflanzensoziologie" oder „Phytocoenologie" bezeichnen und die Pflanzengesellschaft als ein organismenähnliches Gebilde ansehen. Die Vertreter der 2. Richtung sehen in den einzelnen Pflanzenindividuen das einzig Konkrete in der Natur. Je nach den Bedingungen des Standorts kombinieren sich die Pflanzenarten zu bestimmten Pflanzengemeinschaften, ohne daß sich bestimmte Einheiten scharf unterscheiden lassen. Daher bestände die Pflanzendecke aus dauernd wechselnden, nicht oder schwer abgrenzbaren Kombinationen. Vf. erscheint ein Mittelweg zwischen diesen beiden Richtungen am meisten den realen Tatsachen zu entsprechen. Von dieser Basis ausgehend versucht Vf., das Wesentliche unserer heutigen Kenntnisse von der Pflanzendecke darzustellen. Der I. Band ist wie folgt gegliedert: I. Einleitung, II. Der tropische Regenwald, III. Andere Vegetationstypen der immerfeuchten tropischen Zone, IV. Tropische halbimmergrüne Wälder, V. Natürliche Savannen als Übergang zur ariden Zone, VI. Allgemeines über die Vegetation der subtropischen ariden Gebiete, VII.-XIII. Besprechung einzelner Gebiete, XIV. Sachregister. K. Schulz.

Odnoletnie svetočnye rastenija. (Einjährige Blütenpflanzen.) Hrsg.: Minist. sel's. choz. RSFSR. Moskva: Izd. Minist. sel's. choz. RSFSR. 1961. (259 S.) 8°. (1961 A 1274)

Krapf, Bernhard. **Entwicklung und Bau der Lentizellen des Apfels und ihre Bedeutung für die Lagerung.** Diss. Techn. Fak. Zürich. 1961. (S. 389–441.) 8°. (Diss.8266)

III. BODENKUNDE

A. Allgemeine Literatur, Berichte, Statistiken u. a.

Ehwald, E.; Eberswalde Inst. für Forstl. Bodenkunde und Standortslehre der Humboldt-Univ. Berlin. **Entwicklungslinien in der Bodenkunde vom klassischen Altertum bis zum 18. Jahrhundert.** Albrecht-Thaer-Arch. **6** (1962) Nr. 2. S. 95–110. — 69 Lit.

Da die Bodenkunde nicht nur eine außerordentlich komplexe, sondern auch eine verhältnismäßig junge Wissenschaft darstellt, fehlt es z. Z. noch — auch wenn man von den nicht zum Abschluß gekommenen Arbeiten von Jarilov (1904/05) absieht — an eindeutigen Vorstellungen über die in diesem Fachgebiet vorherrschenden großen Leitgedanken und Arbeitsrichtungen, die jedoch als Grundlage für die Aufzeichnung einer Wissenschaftsgeschichte unentbehrlich sein sollten. Darüber hinaus bietet die Geschichte der Bodenkunde viele interessante Möglichkeiten einer wissenschaftsgeschichtlichen Analyse, die zugleich mit ihren eigenen Entwicklungsetappen den Entwicklungsverlauf in den Nachbarwissenschaften und die zu diesen bestehenden Wechselbeziehungen, jeweils unter bes. Berücksichtigung der gesellschaftlichen Entwicklung, aufzuzeigen haben wird. Vf. demonstriert schließlich an Hand einiger Beispiele aus den Hausväterbüchern des 16. bis 18. Jahrhunderts, inwieweit auch die Anfänge der Bodenkunde im 18. Jahrhundert von der antiken Landwirtschaft und Naturphilosophie beeinflußt worden sind. W. Prager. 301.

B. Grundlagen zur Bodenkunde

Ferrandis, Vicente Aleixandre und Gonzalez Peña, Julia M. Contribución al estudio de la glauconita. **(Beitrag zum Studium des Glaukonits.)** An. Edafol. Agrobiol. **19** (1960) Nr. 11. S. 615–634. — 6 Abb., 12 Lit. Zus. in Engl. 322.

Benayas, J., Mateos, J. Perez und Riba, O. Asociaciones de minerales detriticos en los sedimentos de la cuenca del Tajo. **(Zusammensetzung der Geröllminerale und der Sedimente des Tajo-Flußgebietes.** An. Edafol. Agrobiol. **19** (1960) Nr. 11. S. 635–670. — 5 Abb., 14 Tab., 70 Lit. 322.

Albareda, J. M., Mateos, J. Perez und Aleixandre, T. Estudio mineralogico de las fracciones gruesas de suelos de origen volcanico (España). **(Mineralogische Untersuchung der Sandfraktionen der Böden vulkanischen Ursprungs. [Spanien].)** An. Edafol. Agrobiol. **19** (1960) Nr. 12. S. 699–746. — 12 Abb., 6 Tab., 31 Lit. Zus. in Engl. 322.

Collier, D.; Clermont-Ferrand, Centre de Rech. Agronomiques du Massif Centr., Stat. d'Agronomie. Mise au point sur les processus de l'altération des granites en pays tempéré. **(Diskussion zu den Prozessen der Verwitterung von Graniten im gemäßigten Klima.)** Ann. agronom. **12** (1961) Nr. 3. S. 273–331. — 3 Abb., 8 Tab., 173 Lit.

Auf Grund von Bestimmungen der Korngrößen, mineralogischen Beobachtungen an unverwitterten und verwitterten Graniten und Untersuchungen ihrer chem. Zusammensetzung wird die Verwitterung näher beschrieben. Diese besteht nicht — wie früher angenommen — in der Kaolinitbildung aus Feldspaten, sondern ist die Folge der Bildung von Hydrolysezentren und bes. ausgeprägt, wenn es sich um Na- und Ca-reiche Feldspate handelt. Die Granitverwitterung hängt nicht nur vom Plagioklas- und Biotitgehalt ab, sondern auch von Durchfeuchtung und Struktur. Für die Art der Verwitterungsprodukte sind pH-Wert und Kationenzusammensetzung von Bedeutung, wobei diese mit dem Mineralbestand, der Temperatur und der Wasserdurchlässigkeit korreliert sind. Ist die Bewegung des Wassers groß, so findet oberflächlich geringe Tonbildung statt, die in tieferen Schichten stärker ausgeprägt sein kann. Dort tritt bei geringer Durchfeuchtung Sericitisierung der Plagioklase ein. Durch biol. Faktoren kann die Verwitterungsrate um 20% steigen. In den Tropen verläuft die Verwitterung infolge höherer Wassertemperatur und stärkerer Hydrolyse und des Auftretens alkalischer Reaktion des Substrates weiter zu intensiver Kaolinitbildung bzw. zu Al-Oxyden. Hierbei ist vor allem die chem. Verwitterung maßgebend.

W. Schulze. 325.

C. Bodenchemie

Ghildyal, B. P., Shrikhande, J. G., und Prasad, Rajendra, Kharagpur, Indian Inst. of Technol. A comparative study of the gangetic alluvium under cultivation and afforestation. I. Physical and physico-chemical properties. **(Eine vergleichende Untersuchung des Ganges-Alluviums, das acker- und waldbaulich genutzt wird. 1. Mitt. Physikalische und physiko-chemische Eigenschaften.)** Indian J. agric. Sci. **31** (1961) Nr. 1. S. 38–46. – 3 Tab., 23 Lit.

Die waldbaulich genutzten Böden (**I**) des Ganges-Alluviums sind reicher an org. C und N als die ackerbaulich genutzten (**II**); z. B. enthält der **I**-Boden in 0–6 in. Tiefe 0,73% C und 0,084% N, der **II**-Boden 0,45% C und 0,058 N. Fe, Al und Ca wurden im **I**-Boden in tiefere Horizonte verlagert. Die **I**-Böden sind auch mit K_2O und P_2O_5 besser versorgt als die von **II** (0–6 in.: **I** 0,80 bzw. 0,13%, **II** 0,42 bzw. 0,11%). Ackerbau, Düngung und Bewässerung begünstigen die Akkumulation löslicher Salze. W. Kleeberg. 330.

Kaila, Armi; Helsinki, Univ., Dep. of Agric. Chem. Fixation of ammonium in Finnish soils. **(Fixierung von Ammonium in finnischen Böden.)** Maataloustieteellinen Aikakauskirja [J. sci. agric. Soc. Finnland] **34** (1962) Nr. 2. S. 107–114. – 1 Tab., 19 Lit.

Die NH_4-Sorptionskapazität finn. Böden wurde an 139 Krumenproben und 127 Proben tieferer Bodenschichten untersucht. Der pH-Wert (0,02 n $CaCl_2$) der Böden schwankte von 3,3–7,5, der Gehalt an org. C von 0–10,1% und der Tongehalt (< 0,002 mm) von 0–96%. Die ermittelten Werte der NH_4-Sorptionskapazität der Krumenproben lagen bei 0–4,0 mval/100 g Boden, die der Proben aus tieferen Schichten bei 0–15,9 mval/100 g Boden. Die NH_4-Sorptionskapazität war mit dem Tongehalt (r = 0,472), dem pH-Wert (r = 0,177) und dem Gehalt an org. C (r = – 0,313) des Bodens korreliert. Zwischen K- und NH_4-Sorptionskapazität bestand ebenfalls lineare Korrelation (r = 0,829). Zwischen NH_4-Sorptionskapazität und austauschbarem K bestanden keine Beziehungen. Aus den Ergebnissen wurde gefolgert, daß trotz starker NH_4-Fixierung der Böden eine nennenswerte Verminderung der Wirkung von NH_4-Düngemitteln nicht eintritt. O. Knabe. 330.

Wetselaar, R.; Canberra, Australia, C. S. I. R.O., Div. of Land Res. and Regional Survey. Nitrate distribution in tropical soils. I. Possible causes of nitrate accumulation near the surface after a long dry period. **(Nitratverteilung in tropischen Böden. 1. Mitt. Mögliche Ursachen der Nitratanreicherung in der Nähe der Oberfläche nach einer langen Trockenperiode.)** Plant and Soil [The Hague] **15** (1961) Nr. 2. S. 110–120. – 3 Abb., 4 Tab., 13 Lit.

Die schichtweise Untersuchung eines tonigen Lehmbodens in Nordaustralien führte zu dem Ergebnis, daß die beobachtete starke NO_3-Anreicherung während der Trockenzeit nicht direkt an der Oberfläche, sondern in etwa 1,7–2,5 cm Tiefe am größten war. Zur Oberfläche und zum Unterboden hin nahm der NO_3-Gehalt ab. Vf. schlußfolgert daraus, daß die NO_3-Bildung nicht durch photochem. Oxydation erfolgt sein kann. In lufttrockenen Bodenproben, die in unterschiedlicher Schichtdicke der Sonnenbestrahlung ausgesetzt wurden, fand keine Nitrifikation statt, sondern der NO_3-Gehalt nahm im Gegenteil mit der Bestrahlungsdauer ab. V. Koepke. 330.

Wetselaar, R.; Canberra, A. C. T. Australia, Commenwealth Scientific and Ind. Res. Org., Div. of Land Res. and Regional Survey. Nitrate distribution in tropical soils. II. Extent of capillary accumulation of nitrate during a long dry period. **(Nitratverteilung in tropischen Böden. 2. Mitt. Ausmaß der kapillaren Anreicherung von Nitrat während einer langen Trockenperiode.)** Plant and Soil [The Hague] **15** (1961) Nr. 2. S. 121–133. – 4 Abb., 6 Tab., 5 Lit. (1. Mitt. vgl. vorst. Ref.)

Dem Boden vor der Regenzeit zugesetztes und durch die Niederschläge eingewaschenes Cl (NaCl) wurde im Laufe der Trockenzeit in gleicher Weise wie NO_3 in den obersten Bodenschichten angereichert. Die stärkste Anreicherung erfolgte in 2 Böden in den obersten 2,5 cm, in einem 3. Boden in der Schicht von 2,5–5 cm. Mit einer Sonde wurde festgestellt, daß die Grenze des kapillaren Aufstiegs der Anionen durch die Dichte der obersten Bodenschichten bestimmt wird. Die verwendete Bodensonde wird eingehend beschrieben. V. Koepke. 330.

Ulrich, B. und Hempler, K.; Göttingen, Univ., Agrikulturchem. und Bodenkundl. Inst. **Zur Umwandlungsdynamik der Phosphate im Boden.** Z. Pflanzenernähr., Düng., Bodenkunde **97(142)** (1962) Nr. 2. S. 144–153. – 1 Abb., 2 Tab., 5 Lit.

Die Veränderungen im Gehalt an pflanzenverfügbarem P im Boden (definiert als die P-Menge mit Phosphatpotential < 7) wurden in Vegetationsversuchen mit Deutschem Weidelgras (*Lolium perenne*) untersucht. In Abhängigkeit von der Wachstumszeit der Versuchsfrucht wurden Gehalt an Gesamt-P, an Ca-, Fe- und Al-Phosphaten sowie das Kalkpotential pH- 0,5 p Ca und das Phosphatpotential 0,5 pCa + p H_2PO_4 bestimmt. Bereits nach einer Wachstumszeit von 4 Wochen war der P-Entzug größer als die in den Ausgangsböden vorhandene Menge an pflanzenverfügbarem P. Das Kalkpotential wurde bes. auf den neutralen, kalkfreien Böden durch Pflanzenwachstum (infolge Wurzelatmung, Stoffabscheidung und Ionenaufnahme) abgesenkt. Damit verbunden war neben einer Steigerung der Konz. an pflanzenverfügbarem Phosphat auch eine Erhöhung der K^+- und Schwermetallionen-Konzentration. Die Grenzen der Bodenuntersuchungsmethodik zur Vorausschätzung der Ertragsleistung von Böden werden unter Berücksichtigung der Versuchsergebnisse diskutiert. P. Soß. 330.

McConaghy, S.; Belfast, Queen Univ., Min. of Agric. for Northern Ireland. Soil phosphates, with special reference to organic forms an their availability to plants. **(Bodenphosphate unter besonderer Berücksichtigung organischer Formen und ihrer Verfügbarkeit für Pflanzen.)** Agric. Progr. **35** (1960) S. 82 bis 93. – 1 Abb., 11 Tab., 13 Lit.

Man nimmt mit einiger Sicherheit an, daß reichlich die Hälfte des org. P im Boden als Ca-, Al- oder Fe-Phytinat vorliegt, und vermutet, daß der Rest aus Nucleinsäuren (NS) oder deren Abbaustufen besteht. Da NS aber stets nur in geringfügigen Mengen im Boden nachgewiesen werden konnten, hat Vf. die Frage des Abbaues von NS im Boden experimentell in Vegetations- und Bebrütungsversuchen bearbeitet. Ein saurer, P-armer, basaltischer Lehmboden (pH 4,7) wurde dazu mit NS (RNS) gemischt und zur Hälfte mit Kalk auf pH 6,3 gebracht. Für die neutrale Variante zeigten die Entzugszahlen als auch die chem. Untersuchungen (anorg. P, Pyrimidin, Pentosen) eine schnelle und vollständige Mineralisierung der NS. Für die saure Reihe ergab der Vegetationsversuch eine beachtliche Stabilität, die sich über 2 Jahre erstreckte, der Bebrütungsversuch demgegenüber nur eine Verzögerung des Abbaues um einige Wochen. In diesem Fall war allerdings ein höheres Verhältnis NS:Boden gewählt worden. – Vf. vermutet, daß die große Differenz zwischen dem Gesamtgehalt an anorg. P und Phytin-P, die zunächst auf ein reichliches Vorkommen von NS-P hindeutet, in Wirklichkeit mehr auf Unzulänglichkeiten in den analytischen Methoden zurückzuführen ist. J. Garz. 330.

Radet, E.; Chalons-sur-Marne, Stat. Agronomique. Contribution à l'étude des phosphates naturels dans les sols de craie. **(Beitrag zum Studium natürlicher Phosphate in Kreideböden.)** Ann. agronom. **12** (1961) Nr. 5. S. 473 bis 488. – 7 Tab., 7 Lit. Zus. in Engl., Dtsch., Russ.

Zur Differenzierung bzw. Charakterisierung eines Rohphosphates scheint die Behandlung mit 2%iger Ameisensäure besser geeignet zu sein als die mit Citronen-, Äpfel- oder auch Kohlensäure. Die Rohphosphate zeigten in Na-Citrat ebenfalls unterschiedliche Löslichkeit, wobei Gafsa-Phosphat am besten und Kola-Phosphat am wenigsten löslich waren. Unter den experimentellen Bedingungen blieben in Kreideböden weicherdige, feinstgemahlenene Phosphate, selbst wenn sie mit org. Subst. gemischt wurden, auch nach 2 Jahren nicht pflanzenaufnehmbar. Die mit der Gründüngung eingebrachte organ. Subst. mobilisierte jedoch während ihrer Zersetzung einen Teil der sonst nicht aufnehmbaren Bodenphosphorsäure. Feldversuche mit Zuckerrüben und Weizen auf Kreideböden bestätigten, daß Rohphosphate wenig oder nicht pflanzenverfügbar sind; auch im 2. Jahr blieben sie ohne Einfluß auf die Vegetation. Für Kreideböden stellt Superphosphat die empfehlenswerte Form der Phosphatdünger dar. W. Schulze. 330.

Lisanti, L. E.; Göttingen, Univ., Agrikulturchem. und Bodenkundl. Inst. **Nährstoffpotentiale und Enthalpien in Salzböden mit besonderes Berücksichtigung der Kaliumversorgung.** Z. Pflanzenernähr., Düng., Bodenkunde **97(142)** (1962) Nr. 2. S. 132–138. – 1 Tab., 11 Lit.
Zur Kennzeichnung des K-Haushaltes von südital. Salzböden der Solontschak-Phase wurden die Nährstoffpotentiale nach Ulrich (1961) und die Enthalpien nach Woodruff (1955) berechnet. Unter Zugrundelegung eines von Woodruff veröffentlichten vorläufigen pflanzenphysiol. Schemas zur Bewertung des K-Ca-Potentials und der entspr. freien Enthalpie, demzufolge z. B. eine optimale K-Versorgung bei einem K-Ca-Potential von 1,8–2,2 und einer Enthalpie ∇ G von –2500 bis –3000 cal gegeben sei, führt Vf. den Nachweis, daß die allgemein als ausreichend mit K-versorgt geltenden Salzböden Süditaliens zum großen Teil eine nicht optimal gestaltete bzw. gestörte K-Versorgung erkennen lassen. W. Prager. 330.

Harper, Horace J.; Oklahoma State Univ., Dep. of Agronomy. Sulfur content of Oklahoma soils, rainfall and atmosphere. **(Schwefelgehalt in Böden, Niederschlag und Atmosphäre von Oklahoma.)** Oklahoma State Univ., Extens. Serv., Bull. **1959** Nr. B-536. S. 1–18. – 5 Tab., 8 Lit.
Das durchschnittl. N/S-Verhältnis von ungenutzten Böden wurde mit 7,5:1, das von kultivierten Böden mit 7,6:1 (je 170 Proben) bestimmt. Der als Folge der Kultivierung eingetretene S-Verlust betrug im Durchschnitt 30%, der N-Verlust etwa 37%. In Krumenproben von 18 Profilen schwankte das N/S-Verhältnis von 3,86–11:1 (im Durchschnitt 7,3:1), in tieferen Schichten blieb das Verhältnis relativ konstant; hier war teilweise eine Abnahme des Gesamt-S-Gehaltes festzustellen. Das durchschnittl. P/S-Verhältnis in Krumenproben lag bei 1,7:1 und schwankte von 0,5–6,6:1. In 2 Profilen wurden hohe Sulfat-S-Werte, bedingt durch verminderte Auswaschung infolge undurchlässiger Tonschichten, gefunden. Die jährlichen Niederschläge (15jähr. Durchschnitt) enthielten 6–18 lb.S/acre. O. Knabe. 330.

Dončev, Iv. und Mirčev, Sv. (Dontschew, Iw. und Mirtschew, Sw.); Sofia, Zentr. Forsch.-Inst. für Bodenkunde und Agrotechn. „Nikola Puschkarow". Molibden v počvite na Bŭlgarija. **(Molybdän in den Böden Bulgariens.)** Izvestija na Centralnija naučnoizsledovatelski institut po počvoznanie i agrotechnika „Nikola Puškarov", Sofija **1** (1961) S. 5–28. – 3 Tab., 58 Lit. Zus. in Russ., Dtsch.
Der Gehalt an Gesamt-Mo in den obersten Bodenhorizonten der Hauptbodentypen Bulgariens schwankt in den Grenzen von 0,33–1,61 mg/kg Boden. Im Gesamt-Mo-Vorrat unterscheiden sich die nordbulg. Tschernoseme nicht wesentlich von den Tschernosem-Smolnitza-Böden; dabei ist das Mo im Bodenprofil gleichmäßig verteilt. Biol. wird Mo in diesen Böden sehr wenig akkumu-

liert. In den Bleicherden und den zimtfarbigen Waldböden liegt der Gesamt-Mo-Gehalt der illuvialen Bodenhorizonte höher als der des Muttergesteins. Bleicherden, podsolierte und ausgelaugte zimtfarbige Böden, rostbraune Waldböden und stark ausgelaugte Tschernosem-Smolnitza-Böden werden im Hinblick auf den Nährstoff Mo als ungünstige Pflanzenstandorte beurteilt. Mo-Gaben dürften sich für diese Bodenart empfehlen. E. Kolarowa. 330.

Märtin, B. und Sasum, K.; Jena, Friedrich-Schiller-Univ., Inst. für Acker- und Pflanzenbau. **Über den Borgehalt verschiedener Böden in Thüringen.** Albrecht-Thaer-Arch. **6** (1962) Nr. 4. S. 277–281. – 1 Abb., 3 Tab., 8 Lit.
Der Gehalt an heißwasserextrahierbarem B von verschiedenen Böden Thüringens lag bei 77% der Proben (insgesamt 180) zwischen 0,41 und 1,20 ppm. Der Durchschnittsgehalt von über 200 Proben aus dem Landkreis Jena betrug 0,95 ppm B. Der B-Gehalt war in Zechstein-, Gips- und Lößböden wesentlich höher als in Buntsandstein- und Schieferverwitterungsböden. Mit steigendem Ton- und Schluffanteil des Bodens nahm der B-Gehalt zu ($r = +0{,}2925$). Vff. folgern, daß mit ausgesprochenen B-Mangelerscheinungen auf den untersuchten Böden in den nächsten Jahren nicht zu rechnen ist.
O. Knabe. 330.

González, García, F. und Mazuelos, Vela, Carmen. Ceoquimíca, formas y ciclo del manganeso en suelos calizos. I. Contenido en manganeso total y caracteres generales de los suelos calizos del valle del Guadalquivir. **(Geochemie, Formen und Zyklus des Mangans in Kalkböden. 1. Mitt. Gesamtmangangehalt und allgemeine Eigenschaften der Kalkböden des Guadalquivir-Tales.)** An. Edafol. Agrobiol **19** (1960) Nr. 11. S. 591–613. – 3 Abb., 5 Tab 17 Lit. Zus. in Engl. 330.

González García, F. und Mazuelos Vela, C. Geoquímica, formas y ciclo del manganeso en suelos calizos. II. Relación del contenido total de manganeso con la composición granulométrica de los suelos del valles des Guadalquilir. **(Geochemie, Formen und Zyklus des Mangans in Kalkböden. 2. Mitt. Beziehungen zwischen dem Gesamtmangangehalt und der Textur der Böden des Guadalquilir-Tales.)** An. Edafol. Agrobiol. **19** (Dez. 1960) Nr. 12. S. 683–697. – 5 Abb., 6 Tab., 6 Lit. Zus. in Engl. 1. Mitt. vgl. vorst. Titel. 330.

Mäkitie, Osmo; Helsinki, A.R.C., Dep. of Soil Sci. On the cobalt/nickel ratio in arable soils. **(Über das Kobalt/Nickel-Verhältnis in Ackerböden.)** Maatalous-tieteellinen Aikakauskirja [J. sci. agric. Soc. Finland] **34** (1962) Nr. 2. S. 91 bis 95. – 3 Abb., 1 Tab., 26 Lit.
Von 375 finn. Ackerböden wurde der Co- und Ni-Gehalt spektrographisch ermittelt und das Co/Ni-Verhältnis errechnet. Die höchsten Co- und Ni-Werte wurden in ton- und feinerdereichen Böden, die geringsten in org. Böden, bes. in Moorböden, festgestellt. Das Co/Ni-Verhältnis lag bei schweren Ton- und Schlammböden um 0,5, bei groben Sandböden über 0,6 und bei Moorböden zwischen 0,49–0,56. Das Co/Ni-Verhältnis nahm mit steigendem pH-Wert zu, insbes. bei org. Böden. Die Ergebnisse zeigen, daß das Co/Ni-Verhältnis veränderlich ist und mit dem Bodentyp (Ausgangsmaterial) korreliert. Es erscheint aber nicht möglich, vom Ni-Gehalt über das Co/Ni-Verhältnis auf den Co-Gehalt des Bodens zu schließen bzw. umgekehrt. O. Knabe. 330.

Cohen, P. und Gailledreau, C.; Saclay, France, Centre d'Études Nucléaires. Equilibrium parameters of Sr^{90} in Saclay soil. **(Gleichgewichtsparameter von ^{90}Sr im Saclay-Boden.)** Soil Sci. **93** (1962) Nr. 2. S. 124–138. — 12 Abb., 11 Tab., 8 Lit.
Unter Heranziehung der Schüttelmethode konnten die Gleichgewichtsparameter von ^{90}Sr bei Gegenwart von Ca, Na, K und NH_4 für jeweils die Paare Sr-Ca, Sr-Na, Sr-K und Sr-NH_4 des Saclay-Bodens (45% Montmorillonit, 45% Kao-

linit und 10% Illit, vor den Versuchen in entspr. Monokationenform präpariert) bestimmt werden. Für das Sr-Ca-System ergab sich sowohl für den Ionenaustauscher als auch für den Boden eine ausgezeichnete Übereinstimmung zwischen den beiden Funktionsgängen von $K_{SrCa} = f(C_{Ca})$; der Sr-Absorptionsmechanismus im Boden entsprach in diesem Falle dem an einem reinen Ionenaustauscher. Für das Sr-Na-System folgte bei sehr kleinen Na-Konz. der Austausch nicht dem Massenwirkungsgesetz. — Da es für eine Einblicknahme in die Wechselwirkungen zwischen radioaktiver Mikrokomponente und den vorhandenen natürlichen Makrokomponenten im Boden nötig sein wird, auch Kenntnis über die Gleichgewichtseinstellungen in 3-Komponentensystemen zu erlangen, werden die Betrachtungen auch auf ein solches (Cs-H-Na-System) ausgedehnt. Bez. der Ableitungen sei auf die Originalarbeit verwiesen.

H. E. Freytag. 330.

Hofmann, Ed. und Hoffmann, Gg.; München. Bayer. Hauptversuchsanst. für Landwirtsch.; TH, Inst. für Agrikulturchem. **Über Herkunft und Weg des Kohlendioxyds im Boden.** Z. Pflanzenernähr., Düng., Bodenkunde **97 (142)** (1962) Nr. 2. S. 97–100. — 1 Tab., 5 Lit.

Vff. diskutieren die vielfach anzutreffende Meinung, daß die CO_2-Produktion von Böden als Maßstab für die Abbauvorgänge der org. Subst. im Boden zu betrachten sei und daß diese Vorgänge als Bodenatmung zu bezeichnen sind. Lysimeterversuche zeigten, daß die Messung von CO_2 an der Bodenoberfläche nur einen Teil des durch Umsetzung von org. Subst. gebildeten CO_2 erfaßt. Bei vielen Oxydationen bzw. Atmungsvorgängen wird kein CO_2 gebildet. Andererseits tritt CO_2 bei Reaktionen auf, die keine Oxydation bzw. Atmung darstellen. Es ist daher nicht berechtigt, die Entwicklung von CO_2 im Boden als Bodenatmung zu bezeichnen bzw. als Maß für die Oxydation der org. Subst. anzusehen.

P. Stoß. 330.

Shoji, Sadao und Matsumi, Shigetada. Chemical characteristics of peat soils. III. Some chemical properties, ammonification and forms of humus. **(Chemische Merkmale von Torfböden 3. Mitt. Einige chemische Eigenschaften, Ammonifikation und Humusformen.)** Res. Bull. Hokkaido nat. agric. Exp. Stat. **1962** Nr. 77. S. 1–10. — 6 Abb., 14 Tab., 28 Lit. Orig.: jap., Ausz.: engl. 2. Mitt. vgl. LZ. Abt. II 7 (1962) Nr. 7. S. 1803.

Untersuchungen an *Sphagnum-*, *Carex-Moliniopsis-*, *Sphagnum-Carex-*, *Carex-* und *Phragmites-Torfböden* erbrachten keine Beziehungen zwischen pH-Wert, Aschegehalt sowie Gehalt an lösl. P und K (in 0,2 n HCl) einerseits und dem Humifizierungsgrad nach von Post, der andererseits, zwischen 3 und 5 lag. Die bei 3- bis 4wöchiger Bebrütung gebildete NH_3-Menge war mit dem Gesamt-N-Gehalt der org. Subst. korreliert. Der Gehalt an Huminsäuren und die rel. Farbwerte nahmen mit zunehmendem Humifizierungsgrad zu, wobei zwischen den Torfarten keine wesentlichen Differenzen auftraten.

K. Koepke. 333.

Scharpenseel, H. W. und Krause, R.; Bonn, Univ., Inst. für Bodenkunde. **Aminosäureuntersuchungen an verschiedenen organischen Sedimenten, besonders Grau- und Braunhuminsäurefraktionen verschiedener Bodentypen (einschließlich C^{14}-markierter Huminsäuren).** Z. Pflanzenernähr., Düng., Bodenkunde **96(141)** (1962) Nr. 1. S. 11–34. — 8 Abb., 2 Tab., 109 Lit.

Säulenchromatographische Aminosäurenanalysen der Grau- und Braunhuminsäurefraktionen aus dem A- bzw. B_h–Horizont verschiedener Bodentypen sowie von Erdöl-, Steinkohle-, Braunkohle- und Torfproben ergaben eindeutig, daß die Braunhuminsäuren bei höherem Gesamt-N-Gehalt abs. höhere Aminosäure (AS)-Gehalte aufweisen als die Grauhuminsäuren. Alanin, Glycin, Isoleucin + Leucin und Lysin traten besonders hervor. Böden mit starker unzersetzter org. Deckschicht waren hinsichtlich der AS-Gehalte ihrer Huminsäuren solchen mit fortgeschrittener Vermullung und org.-

mineral. Komplexbildung nicht eindeutig überlegen, was auf eine chem. Bindung zwischen AS und den eigentlichen Huminsäurekörpern hindeutet. Es ergaben sich keine signifikanten Bodentypenunterschiede im AS-Gehalt. — Durch Papainproteolyse wurden 8,33% der Aktivität eines 0,1 n NaOH-Extraktes und 8,0% der Aktivität eines Milchsäureextraktes aus ^{14}C-Huminsäure frei. Anschließende radiosäulenchromatographische AS-Trennung erbrachte den Beweis, daß die AS der analysierten Huminsäuren zumindest teilweise in Peptid- bzw. Amidbindung vorliegen. — Im Vergleich zur Hydrolyse mit 5 n HCl allein setzte zusätzliche HF-Behandlung von Huminsäurepräparaten einen bis zu 10 % höheren Anteil frei. Die Art der Bindung dieses Anteils an dem silicatischen Bodenkomplex wird erörtert.
K. Koepke. 333.

Dutt, Gordon R. und Low, Philip F.; Lafayette, Ind., Purdue Univ., Agric. Exp. Stat. Relationship between the activation energies for deuterium oxide diffusion and exchangeable ion conductance in clay systems. **(Beziehungen zwischen den Aktivierungsenergien zur Deuteriumoxyd-Diffusion und zum Leitvermögen austauschbarer Ionen in Tonsystemen.)** Soil Sci. **93** (1962) Nr. 3. S. 195–203. — 5 Abb., 3 Tab., 10 Lit.
Über die Messung der Diffusionskoeffizienten bei Diffusion von D_2O durch Li-, Na- und K-Ton-Säulen bei verschiedenen Temperaturen (15, 25, 35 °C) ließen sich durch Auftragung von log D (Diffusionskoeffizient) gegen 1/T (T = Temperatur) die Aktivierungsenergien des D_2O in den verschieden beladenen Tonpasten ermitteln. Die Aktivierungsenergien betrugen für den Li-Ton = 4,9 kcal/Mol und sowohl für den Na- als auch K-Ton = 4,0 kcal/Mol, woraus — im Vergleich mit der Aktivierungsenergie der D_2O-Diffusion in reinem H_2O (= 4,6 cal/Mol) — folgt, daß das Li-Ton-D_2O viskoser als normales H_2O ist (also mehr Energie zur D_2O-Diffusion in den Zwischenräumen des Li-Tones nötig ist), sich jedoch weniger viskos als normales Wasser in den beiden anderen Tonen (Na-, K-) verhält. — Über die Messung der spez. Leitfähigkeit in den Li-, Na-, K-Tonen bei ebenfalls verschiedenen Temperaturen ließen sich analog auch die Aktivierungsenergien für die Bewegung dieser Ionen bestimmen. Es zeigte sich ein ganz gleichsinniges Verhalten der Li- bzw. Na- und K-Ionen (Li höhere Energie als Na und K erfordernd). Daraus geht hervor, daß die Ionenbewegung mit der des Wassers gekoppelt ist. (Die Wanderung eines austauschbaren Ions in einem angelegten elektrischen Feld wird bestimmt durch die von einem Gleichgewicht zum anderen springenden Wassermoleküle, wobei die Struktur des H_2O in den mit verschiedenen Ionen beladenen Tonen unterschiedlich sein muß.).
H. E. Freytag. 335.

De, S. K.; Allahabad, Uttar Pradesh, Univ., Chem. Lab. Adsorption of phosphate ion by homoionic Indian montmorillonites. **(Adsorption des Phosphations durch gleichartig mit Ionen belegte indische Montmorillonite.)** J. Indian Soc. Soil Sci. **9** (1961) Nr. 3. S. 169–177. — 1 Abb., 7 Tab., 24 Lit.
Ein mit NH_4^+, Na^+, K^+ bzw. Li^+ belegter Bentonit adsorbierte aus Lösungen von H_3PO_4, $NH_4H_2PO_4$, $(NH_4)_2HPO_4$ und $(NH_4)_3PO_4$ in Abhängigkeit vom Kationenbelag in der folgenden Reihe abnehmende P_2O_5-Mengen: $NH_4 > Na > K > Li$. In der gleichen Reihenfolge wurden bei der Sättigung des Bentonits mit den 4 Kationen zunehmende Mengen an Al^{3+}, Ca^{2+} und Mg^{2+} ausgetauscht. Weiterhin wird aus der Tatsache, daß bei der Behandlung des Tonminerals mit Phosphatlösungen geringere Si^{4+}-Mengen in die flüssige Phase übergegangen waren als bei Behandlung mit dest. Wasser vom gleichen pH, auf eine wesentliche Rolle des Si^{4+} bei der Phosphatadsorption geschlossen. Mit dem pH-Wert der Phosphatlösung nahm dieselbe zu. Die Adsorptionsisotherme folgte nicht der Freundlichschen Gleichung, sondern die Kurven verliefen in allen Fällen S-förmig. K. Koepke. 335.

Paliwal, K. V.; New Delhi, Indian Agric. Res. Inst. A statistical examination of the suitability of some of the ion exchange equations in respect of some clay minerals and oxides in systems containing calcium, magnesium and potassium. **(Eine statistische Prüfung der Eignung von einigen der Ionenaustauschgleichungen unter Berücksichtigung von einigen Tonmineralen und Oxyden in Calcium, Magnesium und Kalium enthaltenden Systemen.)** J. Indian Soc. Soil Sci. **9** (1961) Nr. 3. S. 205–214. — 6 Tab., 13 Lit.
Die Eignung der empirischen Gleichungen von Kerr, Vanselow, Krishnamoorthy und Overstreet, Gapon und einer weiteren auf der Grundlage des Donnangleichgewichtes zur theoretischen Darstellung der Ionenverteilung zwischen Austauschkomplex und der damit im Gleichgewicht stehenden Lösung wurde unter Verwendung von Kaolinit, Illit, Indianait, Bentonit, Chlorit, Attapulgit, Vermiculit, Siliziumdioxyd und Eisenhydroxyd in Ca-, Mg- und K- enthaltenden Systemen überprüft. Es zeigte sich, daß die Gleichgewichtskonstanten der beiden letztgenannten Gleichungen, insbes. in der von Gapon, in allen Fällen die geringsten Abweichungen aufwiesen. Bes. gute Übereinstimmung mit den experimentell ermittelten Werten erhielt Vf. mit Hilfe einer neuen Gleichung: (Grad der Kaliumsättigung) D.K.S. = c_1 (K.A.R.)m_1, in welcher K.A.R. = Kaliumadsorption aus der Gleichgewichtslösung und m und c Proportionalitätskonstanten darstellen.
V. Koepke. 335.

Musierowicz, Arkadiusz. **Próchnica gleb.** (Der Humus der Böden.) Warszawa: Państw. Wydaw. Roln. i Leśne. 1960. (87 S.) 8°. (1962 A 817)

D. Bodenphysik

Pizer, N. H. Soil structure in farming. **(Bodenstruktur im Ackerbau.)** J. Roy. agric. Soc. England **122** (1961) S. 7–25. — 12 Lit.
Der Boden ist ein labiles Material. Seine Eigenschaften, bes. in phys. Hinsicht, ändern sich unter dem Einfluß der Witterung und der Bewirtschaftung. Als Beispiel wird die mit einem starken Wasserdefizit behaftete Periode 1957–59 angeführt. Mit einfacher Untersuchungsausrüstung kann der Berater viele Eigenschaften des Bodens an Ort und Stelle einschätzen. Entspr. Hinweise auf die qualitative und quantitative Fixierung der einzelnen Strukturelemente sind kurz angeführt. Ausgehend von einer allgemeinen Beschreibung der Bodentypen werden praktische Hinweise gegeben, die sich je nach dem gegebenen Schwerpunkt mit Dränage-, Bearbeitungs- oder Pflanzenbaufragen befassen. So werden z. B. bei den kalkarmen schweren Lehmböden und bei den marinen Alluviumböden die Verschlämmungsneigung, bei den Lößlehmböden die Krümelstabilität und bei den grundwasserbeeinflußten Böden die Entwässerungsfrage vornehmlich erörtert. Zu jedem Bodentyp finden sich praxisnahe Angaben über Tiefe und Art des Pflügens. Abschließend wird nochmals betont, daß nur eine profilmäßige Betrachtung des Bodens eine reale Einschätzung der Strukturverhältnisse gestattet.
D. Ebert. 344.

Koloskova, A. V. und Ščukina, G. N. (Koloskowa, A .W. und Stschukina, G. N.) Fiziko-chimičeskie svojstva vodopročnych agregatov raznogo razmera. **(Physikalisch-chemische Eigenschaften wasserbeständiger Aggregate verschiedener Abmessung.)** Naučn. dokl. vysš. školy. Biol. n. **1961** Nr. 1. S. 198–202. — Aus: Referativnyj žurnal. Biologija, Moskva **1962** Nr. 1. D 84. S. 11.
Folgende Werte ermittelten Vff. für 2–3-mm-Aggregate gewöhnlicher Schwarzerdeböden aus der 0–20-cm-Bodenschicht: Humus 7,34%, spez. Gew. 2,28 g/cm³, Vol.-Gew. 1,33 g/cm³, Porosität 45,48%; für die 0,5–1-mm-Aggregate: 7,83%, 2,37 g/cm³, 1,50 g/cm³, 38,11%; für die $<$ 0,25-mm-Aggregate: 8,34%, 2,27 g/cm³. Für 2–3-mm-Aggregate des A_1-Horizontes wurden folgende Werte festgestellt: 5,97%, 2,37 g/cm³, 1,36 g/cm³, 45,16%;

für 1–0,5-mm-Aggregate: 6,42%, 2,42 g/cm³, 1,40 g/cm³, 42,74%; für < 0,25-mm-Aggregate: 6,65%, 2,34 g/cm³. Je größer die Aggregate der podsolierten und gewöhnlichen Schwarzerdeböden waren, um so geringer war der Humusgehalt. Der Tongehalt erhöhte sich mit abnehmender Aggregatgröße, ebenfalls das spez. Gew. mit Ausnahme der < 0,25-mm-Aggregate. Das Vol.-Gew. stieg, die Porosität verminderte sich mit abnehmender Aggregatgröße.
übersetzt v. E. Fröhmcke. 344.

Kačinskij, N. A. (Katschinski, N. A.) Priroda mechaničeskoj pročnosti i vodopročnosti počvennoj struktury v svjazi s ee genezisom. **(Die Natur der mechanischen und der Wasserstabilität der Bodenstruktur im Zusammenhang mit ihrer Genesis.)** Sbornik trudov po agronomičeskoj fizike. Agrofizičeskij naučno-issledovatel'skij institut, Moskva **8** (1960) S. 111–120. — 5 Abb., 59 Lit. 344.

Abrosimova, L. N. (Abrossimowa, L. N.) Vlijanie iskusstvennoj struktury na vodno-fizičeskie uslovija v počve i urožaj rastenij. **(Einfluß der künstlichen Struktur auf hydro-physikalische Bedingungen im Boden und den Ertrag der Pflanzen.)** Bjulleteń naučno-techničeskoj informacii po agronomičeskoj fizike. Agrofizičeskij naučno-issledovatel'skij institut, Leningrad **1960** Nr. 7. S. 21–27. — 4 Abb., 5 Tab., 11 Lit. 344.

Dugain, F.; Hann, Dakar, Centre de Pédol. Observations sur certains caractères physiques de la fertilité des sols de bananeraies. **(Beobachtungen über bestimmte physikalische Eigenschaften, die die Bodenfruchtbarkeit von Bananenböden bestimmen.)** Bull. Assoc. franç., Étude Sol **1961** Spec. Nr. S. 145–149. — 2 Tab.
Es konnte u. a. festgestellt werden, daß die pflanzenverfügbare Bodenfeuchte (Vol.-%) — mit nur 2 Ausnahmen — stets größer war als der halbe Wert der Gesamtporosität. In der Zeitspanne von März bis Nov. sank die Bodenfeuchte nie unter 40 Vol.-% ab. Bez. der Bodenluft wird zwischen Mikroporosität (Poren von 10–200 μm) und Makroporosität (> 200 μm) unterschieden. Korrelationen zwischen verschiedenen Bodenfaktoren werden in Hinblick auf die Bodenfruchtbarkeit näher beschrieben und diskutiert.
P. Schäfer. 346.

Panfilov, V. P. (Panfilow, W. P.); Nowosibirsk, Biol. Inst. der Sibir. Abt. der Akad. der Wiss. der UdSSR. K voprosu o dostupnosti rastenijam počvennoj vlagi. **(Nutzbarkeit der Bodenfeuchtigkeit durch die Pflanzen.)** Izvestija Sibirskogo otdelenija Akademii nauk SSSR, Novosibirsk **1962** Nr. 2. S. 90–96. — 2 Abb., 1 Tab., 13 Lit.
Von 1953–58 wurden im Altaigebiet auf leichten kastanienfarbigen Böden Beregnungsversuche zur Feststellung der opt. Bodenfeuchtigkeit für landwirtsch. Kulturen (Sommerweizen) durchgeführt. — Die Ergebnisse der Vegetations- und Feldversuche zeigen, daß der opt. Feuchtigkeitsgehalt auf genannten Böden bei 50–100% der Feldkapazität liegt, deren untere Grenze somit höher ist als die des permanenten Welkepunktes und niedriger als die Feuchtigkeitsgrenze, bei der die Kapillarbindungen unterbrochen werden (70% der Feldkapazität). Eine Senkung des Feuchtigkeitsgehaltes unter die zuletzt genannte Grenze ist möglich, da auf leichten kastanienfarbigen Böden die Wasserverfügbarkeit für die Pflanzen ausreichend hoch bleibt.
W. Görtler. 346.

Pisek, Arthur und Heizmann, Kurt; Innsbruck, Univ., Bot. Inst. **Messungen von Bodenwassergehalt und Welkungsprozentsatz mit der Gipsblockmethode.** Ber. dtsch. bot. Ges. **74** (1962) Nr, 10. S. 465–478. — 6 Abb., 1 Tab., 26 Lit.
Zur Kennzeichnung der Wasserverhältnisse im Wurzelbereich von Individuen der Waldvegetation verwendeten Vff. die von Bouyoucos und Mick

(1940, 1954) entwickelte Gipsblockmethode, indem sie unter Fichte und Buche den Feuchtegang im Bodenprofil, gestaffelt nach 15, 50 und 80 cm tief gelegenen Meßstellen jeweils unter der Krone und knapp außerhalb der Krone, bestimmten. – Der Feuchtegang im Bodenbereich der oberen Meßstellen läßt unter der Krone aller Bäume klar die Abfolge wiederholter niederschlagsreicher und niederschlagsarmer Wetterperioden erkennen, während die unter der Baumkrone in 50–80 cm Tiefe sowie auch die außerhalb der Krone gemessenen Feuchtigkeitsgehalte deutliche bodenbedingte Unterschiede aufweisen. Mit Hilfe dieses technischen Verfahrens versucht man schließlich noch denjenigen Feuchtegehalt des Bodens zu erfassen, bei dem einige krautige Wildpflanzen zu welken bzw. Schaden leiden beginnen.
W. Prager. 346.

Swartzendruber, Dale; Lafayette, Ind., Purdue Univ., Agric Exp. Stat. Modification of Darcy's law for the flow of water in soils. **(Modifikation des Darcyschen Gesetzes zur Betimmung des Wasserdurchflusses in Böden.)** Soil Sci. **93** (1962) Nr. 1. S. 22–29. – 6 Abb., 2 Tab., 17 Lit.
Zur Bestimmung des Durchflusses in tonhaltigem, porösem Medium wird eine modifizierte Gleichung vorgeschlagen, die das Darcysche Gesetz als Spezialfall einschließt. Die Gleichung hat folgendes Aussehen: $v = M \left[i - J\left(1 - e^{-\frac{i}{J}}\right)\right]$ wobei M und J Konstanten und i das hydraulische Gefälle darstellen.
P. Stoß. 346.

Wesseling, J.; Wageningen, Netherlands, Inst. of Land and Water Management Res. Some solutions of the steady state diffusion of carbon dioxide through soils. **(Einige Erklärungen zum Problem der ständigen Diffundierbarkeit des Kohlendioxyds durch Böden.)** Netherl. J. agric. Sci. **10** (1962) Nr. 2. S. 109–117. – 4 Abb., 2 Tab., 18 Lit.
Gestützt auf die Arbeiten von Buckingham (1904), wonach die Luftverhältnisse im Boden in erster Linie durch Diffusionsvorgänge und in sehr viel geringerem Maße durch hydrodynamische Strömungen beeinflußt sind, demonstriert Vf. die schrittweise Auflösung der allgemeinen Diffusionsgleichung unter der Annahme, daß die Beziehung D/Da (= Verhältnis—Koeffizient für die Diffusion im Boden und in der Luft) zur Fraktion der luftgefüllten Hohlräume p durch den linearen Ausdruck D/Da = 0,9 p – 0,1 nach van Uven (1946) definiert werden kann. Die Berechnung der CO_2-Produktion im Boden erfolgt in Anlehnung an van Duin (1956). Zur mathematischen Erfassung der Luftverhältnisse unter den Bedingungen einer künstlichen Beregnung wird der Feuchtegehalt im gesamten Profil als eine der Feldkapazität entspr. Konstante betrachtet; und für den Fall eines Verzichts auf künstliche Wasserzufuhr gibt Vf. noch einige Hinweise für die Abnahme des Luftgehaltes in der 1. und 2. Potenz der Profiltiefe. Die Ermittlung der CO_2-Konzentration wird schließlich an Hand einiger Diagramme erläutert.
W. Prager. 346.

Pojasov, N. P. (Pojassow, N. P.) Diffuzija uglekislogo gaza v počve. **(Die Diffusion von CO_2 im Boden.)** Sbornik trudov po agronomičeskoj fizike. Agrofizičeskij naučno-issledovatel'skij institut, Moskva 8 (1960) S. 190–209. – 11 Abb., 4 Tab., 11 Lit. 346.

Potter, J. G. **Soil temperature records at eight localities in Canada 1959–1960.** Ottawa: Canada Dept. of agriculture. 1962. (31 S.) 4°. (1962 B 131)

E. Bodenbiologie

Poschenrieder, H. und Leuthold, R.; München, Bayr. Landesanst. für Landeskult. und Moorwirtsch. **Vergleichende faunistische und mikrobiologische Untersuchungen in den Böden von Reisach.** Bayer. landwirtsch. Jb. **39** (1962) Nr. 2. S. 237–243. – 3 Abb., 7 Lit.

Auf den zum Einzugsgebiet des Münchner Leitungswassers gehörenden Reisacher Wiesen (Pararendzina-Braunerde), die in den letzten 50 Jahren ohne jegliche Düngung blieben, wurde eine entspr. Fläche in 5 Parzellen zu je 1000 m² geteilt. 2 Parzellen blieben ungedüngt, die restlichen erhielten 75 kg eines mineral-org. Bodenverbesserungsmittels („Wichtel") bzw. 20 m³ Kompost oder 50 kg Nitrophoska. Die vergleichenden mikrobiol. Untersuchungen ergaben zwischen „ungedüngt" und der mit „Wichtel" gedüngten Parzelle, daß sowohl Pilze und Bakterien als auch Kleintiere einem jahreszeitlichen Wechsel unterworfen sind. Die Düngung verursachte im Vergleich zu „ungedüngt" eine Depression, die zuerst von den Kleintieren, dann von den Bakterien und zuletzt von den Pilzen überwunden wurde. Kleintier- und Bakterienzahlen in der gedüngten Parzelle stiegen dann infolge der verbesserten phys. und chem. Verhältnisse im Boden (Düngung, abgestorbene Mikrobenzellen, verstärkter Abbau org. Subst.) steil an.

K. E. Lindner. 350.

Pathak, A. N., Shankar, Hari und Awasthi, K. S.; Kanpur, Uttar Pradesh, Government Agric. Coll. Effect of some pesticides on available nutrients and soil microflora. **(Wirkung von einigen Schädlingsbekämpfungsmitteln auf die verfügbaren Nährstoffe und die Bodenmikroflora.)** J. Indian Soc. Soil Sci. **9** (1961) Nr. 3. S. 197–200. – 1 Tab., 13 Lit.

Nach 45täg. Bebrütung war die Anzahl der Bakterien und Pilze bei Zusatz von DDT, Chlordan, Benzolhexachlorid bzw. Aldrin zum Boden in Gaben entspr. 50 bzw. 100 lb./acre höher als im Kontrollboden. N-Fixierung und Nitrifikation wurden in keinem Falle gehemmt. Der Gehalt an verfügbarem P lag in den mit Schädlingsbekämpfungsmitteln versetzten Bodenproben ein wenig höher als im unbehandelten Boden, was auf die Stimulation der Mikroorganismenaktivität zurückgeführt wird.

V. Koepke. 350.

Rangaswami, G. und Ramalingam, M.; South Arcot, Madras, Annamalai Univ., Microbiol. Lab. The influence of microorganisms in soil aggregation. **(Der Einfluß von Mikroorganismen auf die Aggregation des Bodens.)** J. Indian Soc. Soil Sci. **9** (1961) Nr. 3. S. 191–192. – 1 Tab., 8 Lit.

Bei 15tägiger Bebrütung eines sterilisierten Tonbodens (62,5% Ton, 2,5% Schluff, 1,04% org. Subst.) mit Saccharose und einer Nährsalzlösung trat als Folge der Beimpfung mit Bakterienkulturen eine um 8–16% gesteigerte Bildung von wasserstabilen Aggregaten im Vergleich zum unbeimpften Boden ein. Beimpfung mit *Bac. mycoides* war wirksamer als mit *Streptomyces* und *Aspergillus*. Mischkulturen der genannten Mikroben waren nicht so wirksam wie Reinkulturen, obgleich keine gegenseitige Hemmung festgestellt werden konnte. V. Koepke. 350.

Zvjagincev, D. G. (Swjaginzew, D. G.); Moskau, Lomonossow-Univ. K voprosu ob adsorbcii mikroorganizmov počvennymi časticami. **(Zur Frage der Adsorption von Mikroorganismen durch Bodenteilchen.)** Počvovedenie, Moskva **1962** Nr. 2. S. 19–25. – 2 Abb., 23 Lit. Zus. in Engl.

Das Studium der Adsorption von Bakterien durch Bodenpartikel erfolgte durch direkte mikroskopische Untersuchung (Auflichtmikroskop mit Fluorescenzeinrichtung). Es wurde festgestellt, daß bei künstlicher Einbringung von Zellen in den Boden 3 Prozesse stattfinden können: 1. Adsorption von Zellen an der Oberfläche von Bodenteilchen (am häufigsten), 2. Aggregatbildung durch Bakterien und Bodenteilchen und 3. Sorption kleinster Bodenpartikel durch Bakterien. Im Fall 1 ordneten sich die Bakterien in konzentrischen Kreisen um die Partikel an. Diese Erscheinung konnte auch an Kationiten (Ionenaustauscherharzen) beobachtet werden, während sich die Zellkonz. in der Nähe von Anionitteilchen nicht erhöhte. Auch bewegliche Bakterien wurden durch Bodenpartikel adsorbiert und verloren nicht ihre Beweglichkeit. Die im Boden selbst vorhandenen Mikroorganismen waren in der Hauptsache an der Oberfläche der Bodenpartikel sorbiert. Nicht alle Bodenpartikel wurden gleichmäßig stark mit Bakterien belegt. Bakterien waren auch in der Lage, sich in geringem Umfang vom Adsorbens zu lösen. Die Zahl der sorbierten Zellen wuchs nahezu proportional mit der Oberfläche der Partikel. Eine starke Desorption der Bakterien wurde mit Natriumpyrophosphat erreicht. Seine desorbierende Wirkung nahm ab mit steigendem Ca-Gehalt. H. Winkler. 350.

Vasideva, R. S., Singh, G. P. und Iyengar, M.R.S.; New Delhi, Indian Agric. Res. Inst., Div. of Mycol. and Plant Pathol. Biological activity of bulbiformin in soil. **(Biologische Aktivität von Bulbiformin im Boden.)** Ann. appl. Biol. **50** (1962) Nr. 1. S. 113–119. – 4 Abb., 8 Lit.
Bac. subtilis ist zur Bildung des antibiotisch wirkenden Bulbiformins im Boden befähigt. Im sterilen Boden wird bei Zusatz von Asparaginsäure, Asparagin, Dextrose oder verschiedenen Wurzelrückständen die Bulbiforminbildung gesteigert. Bei Vorhandensein von Wurzelrückständen bleibt eine genügend hohe Konz. über mehrere Wochen erhalten. Unter den für die Antibioticaproduktion günstigen Bedingungen bewirkt eine Impfung mit *Bac. subtilis* eine deutliche Verringerung der durch *Fusarium udum* verursachten „Welkekrankheit" an *Cajanus cajan* L. Millsp. K. E. Lindner. 350.

Beršova, O. I. und Kozlova, I. A. (Berschowa, O. I. und Koslowa, I. A.); Mikrobiol. Inst. der Akad. der Wiss. der Ukrain.SSR. Obrazovanie vitaminov nekotorymi rizosfernymi mikroorganizmami i vlijanie na nego mikroėlementov. Soobščenie I. **(Vitaminbildung durch einige Mikroorganismen der Rhizosphäre und ihre Beeinflussung. 1. Mitt.)** Mikrobiologičeskij žurnal, Kiev **24** (1962) Nr. 2. S. 30–34. – 3 Tab., 6 Lit. Orig.: ukrain., Ausz.: russ., engl.
Vff. prüften den Einfluß von Spurenelementen (Mo, B, Mn, Zn, S, Co) auf die Bildung von Vitaminen (Vitamin B_1, B_{12} und Nicotinsäure) durch Mikroorganismen, die aus der Rhizosphäre von Kartoffeln und Mais isoliert wurden. Mo, Zn und Mn förderten, wenn sie dem Nährsubstrat zugefügt wurden, die Vitaminbildung stark. B bewirkte eine erhöhte Synthese von Nicotinsäure, und Co beeinflußte die Bildung von Vitamin B_{12} günstig.
H. Winkler. 350.

Andrejuk, E. I. und Vladimirova, E. V. (Andrejuk, Je. I. und Wladimirowa, Je. W.); Mikrobiol. Inst. der Akad. der Wiss. der Ukrain.SSR. Vlijanie nekotorych aktinomicetov na rizosfernye bakterii pšenicy. Soobščenie I. **(Der Einfluß einiger Actinomyceten auf Bakterien der Rhizosphäre des Weizens. 1. Mitt.)** Mikrobiologičeskij žurnal, Kiev **24** (1962) Nr. 2. S. 22–29. – 4 Abb., 4 Tab., 12 Lit. Orig.: ukrain., Ausz.: russ., engl.
Unter 76 geprüften Actinomycetenstämmen verschiedener Arten wurden sowohl hemmende als auch fördernde gefunden. Etwa die Hälfte der Stämme förderte das Wachstum von sporenbildenden Bakterien, wie *Bac. megaterium*, *Bac. mesentericus* und *Bac. mycoides*, sowie von nicht sporenbildenden, wie *Pseudomonas sinuosa* und *Ps. fluorescens*. *Mycobacterium* und *Bac. oligonitrofillus* wurden von der Mehrzahl der Aktinomyceten unterdrückt. 21% der Aktinomycetenstämme stimulierten, und 16% unterdrückten *Azotobacter*, während 55% *A.* nicht beeinflußten. Die verschiedenen Stämme und Arten unterschieden sich nach dem Grad ihrer antibiotischen oder stimulierenden Wirkung. H. Winkler. 350.

Pate, J. S. und Dart, P. J.; Sydney, Univ., Bot. Dep. Nodulation studies in legumes. IV. The influence of inoculum strain and time of application of ammonium nitrate on symbiotic response. **(Untersuchungen über die Knöllchenbildung der Leguminosen. 4. Mitt. Der Einfluß des Impfstammes und der**

Applikationszeit des Ammoniumnitrates auf die symbiotische Reaktion.) Plant and Soil [The Hague] **15** (1961) Nr. 4. S. 329–346. — 3 Abb., 5 Tab., 28 Lit. 3. Mitt. vgl. LZ. Abt. II **5** (1960) Nr. 8. S. 1821.

Untersuchungen über die Wirkung von mineral. N auf die Symbiose von *Vicia atropurpurea, Vicia sativa, Vigna sinensis* und *Medicago tribuloides* in Sandkultur ergaben, daß einige Bakterienstämme bei niedrigen N-Mengen die Knöllchenzahl, die N-Bindung und das Wachstum unterschiedlich stimulierten. Höhere N-Mengen hemmten allgemein die Symbiose. Andere Stämme beschränkten die Symbiose bei jeder zugeführten N-Menge. Die bei Sommeraussaat von *Vigna sinensis* zugeführte geringe Menge an Ammoniumnitrat begünstigte die spätere Symbiose. Bei Herbstaussaat trat dieser Effekt nicht auf. Am empfindlichsten gegen Ammonnitrat schien die Symbiose dieser Pflanze z. Z. der Entfaltung der ersten Blätter, was sich in geringem Wachstum und in der Unterfunktion der Knöllchen äußerte. An günstigsten wirkte der anorg. N, wenn er bei Erscheinen der ersten Knöllchen (an den Primärwurzeln) verabfolgt wurde. Die Gesamt-N-Bindung stieg dann um 50%.

K. E. Lindner. 350.

Dinčev, D. (Dintschew, D.); Sofia, Zentr. Forsch.-Inst. für Bodenkunde und Agrotechn. „Nikola Puschkarow". Razprostranenie i virulentnost na ljucernovite grudkovi bakterii v počvite na Bŭlgarija. **(Verbreitung und Virulenz der Luzerneknöllchenbakterien in den Böden Bulgariens.)** Izvestija na Centralnija naučnoizsledovatelski institut po počvoznanie i agrotechnika „Nikola Puškarov", Sofija **1** (1961) S. 29–54. — 5 Abb., 2 Tab., 37 Lit. Zus. in Russ., Engl.

Es wurde festgestellt, daß die Knöllchenbakterien der Luzerne in allen Böden Bulgariens vorkommen. In Nordbulgarien wurden die höchsten *Rhizobium*-Zahlen in Carbonatböden, typischen und schwach ausgelaugten Tschernosemen, alluvialen und diluvialen Wiesenböden gefunden, in Südbulgarien in alluvialen Wiesenböden des Mariza-Flußtales sowie in zimtfarbigen Wiesenböden. Die geringsten *Rh.*-Zahlen waren in den ausgelaugten und podsolierten zimtfarbigen Waldböden, weiterhin in ausgelaugten Tschernosem-Smolnitza-Böden vorhanden, die in der Ebene Thraziens und in Südwestbulgarien verbreitet sind. Dem Gehalte an Knöllchenbakterien nach nehmen die Tschernosem-Smolnitza-Böden Südostbulgariens eine Mittelstellung ein. Die größte Knöllchenbakterienmenge wurde unter 2jährigen Luzernebeständen festgestellt. Der Gehalt an Knöllchenbakterien in von Grünland entnommenen Bodenproben war beträchtlich. Auch die eingerichtete Fruchtfolge beeinflußte den Gehalt an Knöllchenbakterien und deren Virulenz.

E. Kolarowa. 352.

Karásek, Rudolf und Martinec, Theodor; Jáchymov, ZÚNZ JD n.p.-Ústav pro Hyg. Práce a Prevenci Cohrob z Povolání pri ZÚNZ; Brno, Přírodovědecká Fak. Univ. J. Ev. Purkyně, Katedra Mikrobiol. O vlivu extraktů z motýlokvětých rostlin na hlízkové bakterie. **(Einfluß von Leguminosenextrakten auf die Knöllchenbakterien.)** Sborník českoslov. Akad. zemědělských Věd, rostlinná Výroba **8(35)** (1962) Nr. 3. S. 437-446. — 4 Abb., 2 Tab., 11 Lit. Zus. in Russ., Dtsch.

Als Versuchsobjekte dienten verschiedene Sorten von Soja, Erbse, Gartenbohne, Ackerbohne sowie Lupine, als Testorganismen *Rhizobium japonicum* (Spezialstamm für Soja) und ein mit 99/125 bezeichneter Stamm von *Rh. japonicum*. — Die Extraktion der Versuchspflanzen erfolgte teils mit 0,85%iger NaCl-Lösung, teils mit 96%igem Äthylalkohol 24 Std. lang bei Zimmertemperatur im Dunklen. Die gewonnenen Extrakte wurden mit Hilfe von 24 Std. alten *Rh.-japonicum*-Kulturen getestet. Die Leguminosenextrakte stimulierten das Wachstum der pflanzenspez. Rhizobien. J. Špinka. 352.

Panosjan, A. K., Arutjunjan, R. Š., Avetisjan, N. A. und Zacharjan, S. V. (Panosjan, A. K., Arutjunjan, R. Sch., Awetisjan, N. A. und Sacharjan, S. W.); Mikrobiol. Inst. der Akad. der Wiss. der Armen.SSR. K voprosu o vzaimootnošenijach azotobakterov i drugich počvennych mikroorganizmov. **(Zur Frage der gegenseitigen Beziehungen zwischen Azotobacter und anderen Mikroorganismen des Bodens.)** Izvestija Akademii nauk Armjanskoj SSR. Biologičeskie nauki, Erevan **15** (1962) Nr. 2. S. 13–24. — 5 Abb., 6 Tab., 10 Lit. Orig.: russ., Ausz.: armen.

Durch Verpflanzen von Agarstückchen auf Agarplatten und mit dem Filterpapierblättchen-Test wurde nachgewiesen, daß eine Reihe von Bodenmikroorganismen (mehrere Stämme von *Bac. megaterium*, *Bac. subtilis*, *Pseudomonas*, *Bacterium radiobacter*, *Actinomyces griseus*, *A. violaceus*, *A. globisporus*) fähig ist, die Entwicklung von *Azotobacter* zu verbessern. Versuche, bei denen die Entwicklung von *A. chroococcum* in sterilisiertem Boden und Flüssigkeitskulturen mit und ohne Zusatz dieser Organismen verfolgt wurde, führten zu ähnlichen Ergebnissen. Teilweise äußerte sich die Wirkung dieser Organismen nicht nur in einer schnelleren *A.*-Vermehrung, sondern auch in einer intensiveren N-Bindung oder nur in dieser. In Vegetationsversuchen mit So-Weizen, Mais und Zuckerrüben wurden durch *A.* allein geringere Ertragszunahmen erzielt als durch gemeinsame Anwendung mit *A.*-fördernden „Aktivatoren", die z. T. aber auch ohne *A.* die Erträge beträchtlich erhöhten. Auch Feldversuche, die auf einem kastanienfarbigen Boden und auf einer Braunerde durchgeführt wurden, bestätigten diese Ergebnisse. — Aus den Befunden ergibt sich, daß Mikroorganismen, die *A.* begleiten, *A.*-stimulierende Substanzen ausscheiden, die keinesfalls Nährstoffe darstellen. Die Stoffwechselprodukte dieser „Aktivatoren" beeinflussen gleichfalls günstig den Ertrag von höheren Pflanzen.

H. Winkler. 352.

Okuda, Azuma, Yamaguchi, Masuro und Kobayashi, Michiharu; Kyoto, Univ., Fac. of Agric. Nitrogen-fixing microorganisms in paddy soils. VII. Products in mixed culture of Rhodopseudomonas capsulatus with Azotobacter vinelandii. **(Stickstoffbindende Mikroorganismen in Reisböden. 7. Mitt. Produkte in Mischkultur von Rhodopseudomonas capsulatus mit Azotobacter vinelandii.)** Soil Sci. Plant Nutrit. [Tokyo] **7** (1961) Nr. 3. S. 115–118. — 2 Abb., 1 Tab., 4 Lit. Orig.: engl. 6. Mitt. vgl. LZ. Abt. II **6** (1961) Nr. 11. S. 2597.

In allen Kulturmedien (Basis: van Niels Grundmedium) von *Rhodopseudomonas capsulatus* (I) — auch in Mischkultur mit *Azotobacter vinelandii* (**II**) — wurden die Aminosäuren Leucin, Phenylalanin und Glutaminsäure während der 40täg. Kultur bes. reichlich gebildet. In **II**-Medien waren nach 10 Tagen nur sehr wenig Tyrosin, Glycin und Glutaminsäure vorhanden. Homoserin konnte nur in den Kulturen von **I** und seinen Mischkulturen nachgewiesen werden; in mit **II** beimpften Medien trat γ-Aminobuttersäure auf. Bez. der Zucker wurde in Kulturen und Mischkulturen von **I** D-Desoxyribose gefunden, aber nicht in Kulturen von **II**. Eine vollständige Trennung der Zucker auf papierchromatographischem Wege konnte nicht erreicht werden. Eine Symbiose beider Bakterien erscheint möglich.

W. Schulze. 352.

Okuda, Azuma, Yamaguchi, Masuro, Kobayashi, Michiharu und Katayama, Tadashi; Kyoto, Univ., Fac. of Agric. Nitrogen-fixing microorganisms in paddy soils. VIII. Nitrogen fixation in mixed culture of photosynthetic bacteria (Rhodopseudomonas capsulatus species) with other heterotrophic bacteria. **(Stickstoffbindende Mikroorganismen in Reisböden. 8. Mitt. Stickstofffixierung in Mischkultur photosynthetischer Bakterien [Rhodopseudomonas capsulatus species] mit anderen heterotrophen Bakterien.)** Soil Sci. Plant Nutrit. [Tokyo] **7** (1961) Nr. 4. S. 146–151. — 6 Abb., 1 Tab., 4 Lit. Orig.: engl. 7. Mitt. vgl. vorst. Ref.

Die N-Fixierung einer Mischkultur (van Niels Grundmedium) von *Rhodopseudomonas capsulatus* (**I**) mit *Clostridium butyricum* (**II**) war der den einzelnen Komponenten gegenüber kaum erhöht. **I** allein verbrauchte wenig Glucose und produzierte wenig flüchtige Fettsäuren im Vergleich zu **II** und *Azotobacter vinelandii* (**III**). In Mischkultur von **I** mit **III** wurde mehr Glucose verbraucht und die Fettsäurebildung gefördert, mit **II** dagegen wurde diese vor allem durch den Hefezusatz beeinflußt. Offenbar liegt eine Symbiose zwischen **I** und **III** vor, zwischen **I** und **II** wahrscheinlich weder Symbiose noch Antagonismus. **I** gedieh als anaerobes Bacterium mit **III** auch unter aeroben Verhältnissen. Für die gegenseitige Beeinflussung werden Kontaktphänomene in der Nähe der Zellwände der Bakterien angenommen. W. Schulze. 352.

Okuda, Azuma und Kobayashi, Michiharu; Kyoto, Univ., Fac. of Agric. Nitrogen-fixing microorganisms in paddy soils. IX. Products in the mixed culture of Rhodopseudomonas capsulatus with Azotobacter vinelandii. **(Stickstoffbindende Mikroorganismen in Reisböden. 9. Mitt. Substanzen in den Mischkulturen von Rhodopseudomonas capsulatus mit Azotobacter vinelandii.)** Soil Sci. Plant Nutrit. [Tokyo] 8 (1962) Nr. 1. S. 1–6. — Orig.: engl. 8. Mitt. vgl. vorst. Ref.
Rhodopseudomonas capsulatus und *Azotobacter* erzeugten in Mischkulturen sehr viel Schleim (40täg. Bebrütung), der bes. an den Außenwänden der Zellen abgelagert wurde. Die Schleimsubstanzen stabilisierten die Hydrogenase von *Rh. capsulatus*, die O_2-empfindlich ist. Auf diese Weise dürfte die N-Bindung gefördert werden. Bis zum 10. Tage produzierten sowohl die Reinkulturen als auch die Mischkultur sehr geringe Polysaccharidmengen (*A.* < *Rh.* bzw. Mischkultur). Die von *A.* stammenden Polysaccharidsubstanzen waren, verglichen mit den der *Rh.-capsulatus-* und Mischkultur, relativ dünnflüssig, wahrscheinlich infolge des geringen Molekulargewichtes. Mischkultur enthielt nach 40täg. Bebrütungszeit viel mehr dünnflüssige Komponenten als nach 10tägiger. Man nimmt an, daß die von *Rh. capsulatus* ausgeschiedenen Polysaccharidsubstanzen von extrazellulär wirkenden *A.*-Enzymen in Substanzen mit niedrigem Molekulargewicht überführt werden. W. Kleeberg. 352.

Fedorov, M. V. und Kalininskaja, T. A. (Fjodorow, M. W. und Kalininskaja, T. A.); Moskau, Inst. für Mikrobiol. der Akad. der Wiss. der UdSSR; Landwirtsch. Timirjasew-Akad. Otnošenie azotfiksirujuščej mikrobakterii (Mycobacterium sp. 301) k različnym istočnikam ugleroda i dopilnitel'nym faktoram rosta. **(Das Verhalten des stickstoffbindenden Mycobacteriums sp. 301 zu verschiedenen Kohlenstoffquellen und zusätzlichen Wachstumsfaktoren.)** Mikrobiologija, Moskva **30** (1961) Nr. 5. S. 833–840. — 7 Tab., 4 Lit. Zus. in Engl.
Aus einem Rasenpodsolboden wurde das dem *Mycobacterium flavus* verwandte N-bindende *Mycobact.* 301 isoliert, das sich auf N-freien Medien nur in Gegenwart anderer Bakterien (*Bact. coli*, *Pseudomonas fluorescens*) entwickelt. Es wurde festgestellt, daß das auxotrophe *Mycobact.* 301 zu seinem Wachstum ergänzende Wachstumssubstanzen benötigt. Hierfür eignete sich Hefeautolysat, durch dessen Zusatz zum Medium bis zu 10 mg N/g der C-Quelle fixiert wurden. Wegen des Fehlens der entspr. Fermentsysteme ist *Mycobact.* 301 allein nicht in der Lage, Kohlenwasserstoffe als C-Quelle zu verwerten. Es entwickelt sich jedoch gut, wenn Säuren an Stelle der Kohlenwasserstoffe geboten werden. H. Winkler. 352.

Barley, K. P. Adelaide, South Australia, Waite Agric. Res. Inst. The abundance of earthworms in agricultural land and their possible significance in agriculture. **(Der Regenwurmbesatz der landwirtschaftlichen Kulturflächen und seine mögliche Bedeutung für die Landwirtschaft.)** Advances Agronomy **13** (1961) S. 249–268. — 1 Abb., 1 Tab., 86 Lit.

Eine Literaturübersicht, die unsere heutigen Kenntnisse über die Regenwurmfauna des Ackerbodens vermittelt und welche die mögliche Bedeutung des Regenwurmes für die Bodenfruchtbarkeit würdigt, wird gegeben. Für Australien sind vor allem *Allolobophora caliginosa* und *chlorotica*, ferner *Lumbricus*-Arten von Bedeutung. Entwicklung und Vermehrung werden von Bodenart, Gehalt an org. Bestandteilen, Feuchtigkeitsgehalt und Kulturart beeinflußt. Der Nutzen der Regenwurmfauna für die Bodenfruchtbarkeit und die Strukturverbesserung steht außer Zweifel. Auf Grasland waren nach Ansiedelung von *A. caliginosa* Ertragssteigerungen um 100% erzielt worden. Durch die Tiere wird auch eine gründliche Durchmischung des Bodens, bes. mit Kalk und org. Material, erreicht. R. Fritzsche. 352.

Choudhuri, D. K.; Calcutta, Univ., Coll. of Sci., Dep. of Zool., Entomol. Lab. Effect of soil structure on collembola. **(Einfluß der Bodenstruktur auf Collembolen.)** Sci. and Cult. [Calcutta] **27** (1961) Nr. 10. S. 494–495. — 2 Tab., 5 Lit.

Vf. siedelte in Modellversuchen *Onychiurus fimatus*, *O. parthenogeneticus* und *O. imperfectus* in Lehm (**I**), Ton (**II**), sandigem Lehm (**III**) und reinem Sand (**IV**) an und prüfte nach 10 Tagen die durch die Bodenstruktur bedingte Beschädigung der den Tieren aufliegenden Wachsschicht. Als Ursache der Beschädigung werden bei **I** und **II** Absorption und bei **III** und **IV** mechanische Abschürfung genannt. Die Überlebensrate bei 70% rel. Luftfeuchte zeigte, daß die Tiere aus **I** und **II** weit weniger widerstandsfähig waren als die aus **III** und **IV**. H. Unger. 352.

Witkamp, Martin und Drift, J. van der ; Arnhem, Netherlands, Inst. for Biol. Field Res. Breakdown of forest litter in relation to environmental factors. **(Zersetzung von Waldstreu in Abhängigkeit von den Umweltfaktoren.)** Plant and Soil [The Hague] **15** (1961) Nr. 4. S. 295–311. — 19 Abb., 10 Lit.

Die abfallenden Laubmengen waren auf 2 benachbarten Standorten (kalkreicher Mullboden, pH 7,2 [**I**]; Rohhumusboden, pH 3,3 [**II**]) unter einem 6,5 bis 10,5 m hohen Bestand von Eichen mit Birken, Erlen und Pappeln etwa gleich. Das C/N-Verhältnis der frischen Laubstreu lag allerdings auf **I** bei 27,8 und auf **II** bei 33,2. Auf **I** setzte der Laubfall etwas früher ein als auf **II**. Die jährlichen Schwankungen in der Anzahl der Mikroorganismen, der Zersetzungsraten und der CO_2-Bildung verliefen auf beiden Standorten gleichsinnig, jedoch war die Höhe der Ausschläge unterschiedlich. Während im Rohhumus die Pilze vorherrschten, war die Anzahl der Bakterien und Aktinomyceten im Mull höher. Am letztgenannten Standort waren gleichzeitig Schnecken, Regenwürmer, Tausendfüßler, Isopoden und Insektenlarven zahlreicher vertreten. Durch deren Tätigkeit verlief die Streuzersetzung schnell und war im wesentlichen im Frühsommer des folgenden Jahres bis auf wenige, schwerzersetzbare Reste abgeschlossen. Dies geschah hauptsächlich mechanisch, und es wurde nur wenig CO_2 gebildet. Die Streu von **II** wurde dagegen nur zu einem Teil im folgenden Jahr abgebaut, so daß eine Anreicherung eintrat. Der Abbau von eingebrachter Cellulose erfolgte auf beiden Standorten gleich schnell, dagegen wurde verholztes Material auf **I** stärker angegriffen als auf **II**. V. Koepke. 354.

Unger, H. **Die cellulolytische Aktivität im Boden abwasserbehandelten Grünlandes auf einem Ackerstandort (Mittelhausen 1959).** Z. landwirtsch. Versuchs- u. Untersuchungswes. 8 (1962) Nr. 1/2. S. 186–194. — 3 Abb., 2 Tab., 8 Lit.

Die Untersuchungen über den Einfluß gestaffelter Abwassergaben, org. Düngung und verschiedener Bodentiefe auf die cellulolytische Aktivität mit Hilfe einer quantitativen Messung des Watteabbaus in 2 Eingrabeperioden des Jahres 1959 ergaben, daß reichliche Abwassergaben bei den Apr.- und Juni-Eingrabungen einen signifikanten Mehrabbau verursachten. Die Eingrabetiefe von 5 cm ergab höhere Abbauwerte, bes. bei der Aprileingrabung, als die von 10 cm. Die Wirkung der org. Düngung auf den Celluloseabbau blieb fraglich. K. E. Lindner. 354.

Handley, W. R. C.; Oxford, Univ., Imperial Forestry Inst., Dep. of Forestry. Further evidence for the importance of residual leaf protein complexes in litter decomposition and the supply of nitrogen for plant growth. **(Weiteres Beweismaterial für die Bedeutung von Komplexen der Blattproteinrückstände bei der Streuzersetzung und die Lieferung von Stickstoff für das Pflanzenwachstum.)** Plant and Soil [The Hague] **15** (1961) Nr. 1. S. 37–73. — 2 Abb., 9 Tab., 43 Lit.
In Gefäßversuchen mit Quarzsand wurde die Verfügbarkeit des N in Komplexen von Casein mit wäßrigen Blattextrakten von *Calluna vulgaris, Circaea lutetiana* bzw. *Chamaenerion angustifolium* untersucht. Das Wachstum von Birkensämlingen und die N-Aufnahme waren durch Zusatz von *Calluna*-Caseinat in etwa gleicher Weise gefördert worden wie durch *Calluna*-Rohhumus und waren wesentlich schlechter als bei Zusatz von reinem Casein. Die Pflänzchen mit *Chamaenerion*-Caseinat zeigten dagegen im Vergleich zu den Caseinpflanzen nur ein geringes Zurückbleiben, und *Circaea*-Caseinat hatte sogar eine stärkere Förderung von Wachstum und N-Aufnahme zur Folge als Casein. Der Einfluß der Blattextrakte auf die Umsetzung von Proteinkomplexen des Streumaterials, auf die Verdaulichkeit der Blätter und auf Bodenbildungsprozesse wird an Hand von Lit. diskutiert. K. Koepke. 356.

Goring, Cleve A. I.; Seal Beach, Calif., Dow Chem. Co., Western Div. Control of nitrification by 2-chloro-6-(trichloro-methyl) pyridine. **(Steuerung der Nitrifikation durch 2-Chlor-6-[trichlormethyl]pyridin.)** Soil Sci. **93** (1962) Nr. 3. S. 211–218. — 8 Tab., 3 Lit.
Nach langem Suchen wurde jetzt im 2-Chlor-6-(trichlormethyl)pyridin (**I**) ein spez., stark toxisch auf die Ammonium zu Nitrit umsetzenden Organismen wirkender Stoff gefunden. Eine nur schwache Beeinflussung wird auf Organismen oder Enzyme der Harnstoff → Ammoniak-Umsetzung und der Nitrit → Nitrat-Umsetzung sowie auf die hauptsächlichsten Pilz- und Bakterienpopulationen und die Sämlinge verschiedenster Kulturpflanzen ausgeübt. **I** wird in feuchten Böden sehr stark von der org. Komponente sorbiert, jedoch kaum durch die Tonfraktion. Das bis zur 6wöchigen Hemmung der Nitrifikation erforderliche Konzentrationsminimum liegt zwischen 0,05–20 ppm. Wahrscheinlich tötet **I** die für die erste Phase der Nitrifikation verantwortlichen Organismen ab. Nach Unwirksamwerden des Stoffes wird die zur Wiederermöglichung einer Nitritbildung benötigte Zeitdauer vom pH-Wert, der org. Subst. und der Temperatur des Bodens bestimmt. H. E. Freytag. 356.

Kravcov, P. V. (Krawzow, P. W.) Vlijanie ėlektričestva na razvitie nitrificirujuščich bakterij, intensivnost' nitrifikacii i nakoplenie nitratov v počve. **(Einfluß der Elektrizität auf die Entwicklung nitrifizierender Bakterien, die Intensität der Nitrifikation und die Speicherung der Nitrate im Boden.)** Bjulleteń Central'noj genetičeskoj laboratorii imeni I. V. Mičurina, Mičurinsk **1960** Nr. 9/10. S. 65–69. — 2 Abb., 4 Tab. 356.

Birch, H. F.; Kikuyu, Kenya, East African Agric. and Forestry Res. Organization. Phosphorus transformations during plant decomposition. **(Phosphorumwandlungen während der Pflanzenzersetzung.)** Plant and Soil [The Hague] **15** (1961) Nr. 4. S. 347–366. – 6 Abb., 4 Tab., 14 Lit.
Während des Abbaues der org. Subst. von 5 Gräserarten im Bebrütungsversuch wurden aus anorg. Pflanzen-P schnell org. P-Verbindungen durch Mikroorganismen synthetisiert. Mit Erschöpfung der leicht zersetzbaren C-Quellen und Rückgang der mikrobiellen Aktivität trat anschließend wieder Dephosphorylierung ein, und zwar beim Abbau von jungem Pflanzenmaterial schneller als

bei ausgereiften Pflanzen. Mineralisierung von org. Pflanzen-P wurde innerhalb von 3 Mon. in keinem Falle festgestellt. Der Dephosphorylierung von Mikroben-P unterlagen zuerst die durch Säure zersetzbaren (in kochender n H_2SO_4) und später die säurestabilen Formen. Da jedoch gleichzeitig mit der Dephosphorylierung eine Resynthese einherging, waren beide P-Formen nebeneinander vorhanden. Ihr Verhältnis zueinander war von der Zersetzbarkeit der org. Subst. abhängig. Abtöten der Mikroorganismen in den bebrüteten Proben mit Chloroformdämpfen im Stadium der intensiven Zersetzung hatte eine rasche enzymatische Dephosphorylierung zur Folge. Es konnten Enzymsysteme für die Dephosphorylierung von säureinstabilen und von säurestabilen Formen sowie für die Umwandlung von säurestabilen in säureinstabile Formen unterschieden werden. V. Koepke. 358.

Krasil'nikov, N. A. **Soil microorganisms and higher plants.** Moscow: Academy of Sciences of the UdSSR. 1958. (474 S. m. 100 Abb. u. 138 Tab.) 8°. Die vorliegende 1961 veröffentlichte Übersetzung aus dem Russischen behandelt die Beziehungen zwischen Bodenmikroorganismen und höheren Pflanzen. Die dargelegten Probleme interessieren nicht nur den Bodenkundler, Mikrobiologen und Pflanzenphysiologen, sondern auch den Phytopathologen und den Agronomen. Der Teil I des Werkes, Grundlagen der Mikroorganismen und ihre Klassifikation, befaßt sich u.a. auch mit der Frage der Variabilität. In die Klassifikation wurden Aktinomyceten, Bakterien und Phagen einbezogen. In Teil II wird der Boden als Standort der Mikroorganismen beschrieben, darauf aufbauend, behandeln die Teile III und IV die biol. Faktoren der Bodenfruchtbarkeit und die Beziehungen zwischen Mikroorganismen und Pflanzen. Den Abschluß des Werkes bildet ein 64 Seiten umfassendes Literaturverzeichnis. W. Kleeberg.

F. Bodensystematik und Bodengenese

Pekatoros, L. G.; Odessa, Zweigstelle des Ukrain. Staatl. Inst. für Projektier. der Wasserwirtsch. der Kolchosen und Sowchosen. Vtoričnoe zasolenie počv levoberežnych pojm i del'ty reki Dunaj na territorii Ukrainy. **(Sekundäre Versalzung der am linken Ufer liegenden Auenböden und des Donau-Deltas auf ukrainischem Gebiet.)** Počvovedenie, Moskva **1961** Nr. 2. S. 26–36. – 11 Tab., 1 Lit. Zus. in Engl.
Wegen des Fehlens der natürlichen Dränage und infolge der geringen Höhenlage neigen die untersuchten Böden am Unterlauf der Donau zu einer sekundären Versalzung. Am Oberlauf besteht diese Gefahr nicht. Während am Unterlauf die versalzten Böden vornehmlich NaCl enthalten, tritt am Oberlauf $CaSO_4$ in stärkerem Maße auf. Nach dem gegebenen Komplex der natürlichen Bedingungen werden die Böden 5 Gebieten zugeordnet, die sich durch ihre meliorativen Eigenschaften unterscheiden. H. Winkler. 362.

Werner, J.; Freiberg/Br., Geol. Landesamt. **Gips-Ausblühungen an Bodenaufschlußwänden.** Z. Pflanzenernähr., Düng., Bodenkunde **97(142)** (1962) Nr. 1. S. 3–9. – 2 Abb., 6 Lit.
An Hand mikroskop., röntgenograph. und chem. Untersuchungsergebnisse führt Vf. den Nachweis, daß die weißen, keine HCl-Reaktion aufweisenden Ausblühungen an den Profilwänden von 6 verschiedenen Bodenbildungen aus ziemlich reinem Gips bestehen. Diese Gipskonz. könnte, da eine $CaSO_4$-Anreicherung durch Düngung ausscheidet, teils aus feinverteiltem Pyrit, teils aus pyritreichen Lias- und Doggerschichten sowie aus benachbartem Gipskeuper hervorgegangen sein. Darüber hinaus hat vermutlich auch der bodenbiol. S-Kreislauf große Bedeutung für die SO_4-Bildung im Boden.
W. Prager. 362.

Lieberoth, I.; Eberswalde, Inst. für Bodenkunde der Dtsch. Akad. der Landwirtsch.-Wiss. zu Berlin. **Über den Einfluß der Ackerkultur auf die Bodenentwicklung im sächsischen Lößgebiet.** Albrecht-Thaer-Arch. **6** (1962) Nr. 1. S. 3–30. – 8 Abb., 7 Tab., 36 Lit.
Im nordsächsischen Lößgebiet wurden 3 verschiedene Standorte ausgewählt, die die Möglichkeit boten, 2 typische Fahlerden (Sols lessivés) und einen typischen Pseudoglei unter Wald mit Jung- und Altackerböden der benach-

barten Fluren zu vergleichen. Makro- und mikromorphologische Untersuchungsbefunde erbrachten zusammen mit den Ergebnissen von chem. und phys. Analysenmethoden Beweise dafür, daß die deutlichsten Unterschiede dieser Böden in den A-Horizonten, speziell in den Ap-Horizonten der Ackerböden gegenüber den A_h-Horizonten der Waldböden, zu finden sind. Der Einfluß der Ackerkultur begünstigt im Untersuchungsgebiet die Ausbildung der Parabraunerde (Sol brun lessivé). Für die Klassifikation landwirtsch. genutzter Böden empfiehlt Vf. ebenfalls die Berücksichtigung genetischer Grundsätze.
W. Prager. 362.

Schuylenborgh, J. van; Wageningen, Netherlands, Agric. Univ., Dep. of Regional Pedol., Mineral. and Geol. On soil genesis in temperate humid climate. I. Some soil groups in the Netherlands. **(Über die Bodenentwicklung im gemäßigten humiden Klima. 1. Mitt. Einige Bodentypen aus den Niederlanden.)** Netherl. J. agric. Sci. **10** (1962) Nr. 2. S. 127–144. — 1 Abb., 4 Tab., 41 Lit.
Der Begriff der Bodenentwicklung läßt sich zusammenfassend vor allem als ein Verlagerungsprozeß von anorg. und/oder org. Substanzen charakterisieren. Unter den Bodenbestandteilen, die im Verlaufe der pedogenetischen Vorgänge am stärksten der Verlagerung ausgesetzt sind, steht die org. Subst. weitaus an erster Stelle. Zur Klärung dieser Zusammenhänge untersuchte Vf. unter Bevorzugung chem. und phys. Methoden Podsole, Parabraunerden, oligotrophe Braunerden, Semipodsole und Gleie. Wenn man von denjenigen Perkolaten, die mit dem Sickerwasser verlorengehen, absieht, so erweist sich der Bodenbildungsprozeß insbes. als eine Funktion der beteiligten org. Säuren. Verfrachtungsvorgänge und Ausfällungsreaktionen vollziehen sich dann in enger Abhängigkeit von der Menge der gebildeten org. Säuren und von der Beschaffenheit des Ausgangsgesteins. Da die Einwirkung der org. Säuren auf das Ausgangsgestein von dem zeitlichen Kontakt beider Substanzen beeinflußt wird, so ergibt sich wiederum dessen Abhängigkeit von der Niederschlagsmenge, von der Durchlässigkeit des Ausgangsgesteins sowie von der Lage des Grundwasserspiegels. W. Prager. 362.

Klinge, Hans; Plön, Holstein, Max-Planck-Ges., Hydrobiol. Anst. **Beiträge zur Kenntnis tropischer Böden. IV. Über Gesamthumus und Stickstoff in Böden El Salvadors/Zentralamerika.** Z. Pflanzenernähr., Düng., Bodenkunde **97(142)** (1962) Nr. 1. S. 40–51. — 3 Tab., 36 Lit. 3. Mitt. vgl. LZ. Abt. II **6** (1961) Nr. 6. S. 1356.
Die untersuchten Böden stammen aus 7 Standortsgruppen El Salvadors und liegen in Höhen zwischen 5 und 2320 m über NN. Die weitgehende, auch durch die Analysenbefunde bestätigte Einheitlichkeit der org. Bodensubstanz entspricht der allgemeinen Verbreitung des Mulls, der trotz des Einflusses unterschiedlicher Bodenbildungen und Vegetationsdecken die vorherrschende Humusform dieses Gebietes darstellt. Mit zunehmender Höhe über NN verringern sich die Gehalte an Gesamt-C und Gesamt-N, während gleichzeitig die Gehalte an NH_3- und NO_3-N ansteigen. Beim Absinken der Reaktion gestaltet sich das C_t/N_t-Verhältnis weiter. Auf Grund der engen Zusammenhänge zwischen Bodenreaktion und Nitrifikation lassen auch die Nitratgehalte mit steigender Höhe über NN eine deutliche Abnahme erkennen.
W. Prager. 362.

Klinge, Hans; Plön, Holstein, Max-Planck-Ges., Hydrobiol. Anst. **Beiträge zur Kenntnis tropischer Böden. V. Über Gesamtkohlenstoff und Stickstoff in Böden des brasilianischen Amazonasgebietes.** Z. Pflanzenernähr., Düng., Bodenkunde **97(142)** (1962) Nr. 2. S. 106–118. — 3 Tab., 39 Lit. 4. Mitt. vgl. vorst. Ref.
Die untersuchten Böden entwickelten sich meist aus granitischen Gesteinen des archaischen Grundkomplexes bzw. aus den daraus hervorgegangenen ter-

tiären Sanden und Lehmen. In Höhen zwischen 10 und 160 m über NN gelegen, läßt sich die Bodendecke in folgende 3 Standorttypen gliedern: Böden des nicht überschwemmbaren, grundwasserfernen Regenhochwaldes, Böden des vernäßten, lichten Waldes des Rio-Negro-Gebietes, Böden der Gebüschformationen. Alle Unterschiede in den mitgeteilten Analysenergebnissen sind in erster Linie bedingt durch den standorttypischen Einfluß der natürlichen Pflanzenformation. Die Braunlehme des Regenhochwaldes zeichnen sich durch Mullbildung aus. Sie weisen trotz des niedrigen pH-Wertes geringe Humusmengen mit ziemlich günstigem C/N-Verhältnis auf, und außerdem wirkt die saure Reaktion hemmend auf die Nitrifikation. Die Podsole des lichten Waldes verfügen infolge ungünstiger Umsetzungsbedingungen über Rohhumusauflagen mit weitem C/N-Verhältnis. Die Nitrifikation ist hier wesentlich stärker gehemmt als im Regenhochwald. Die Podsole und Braunlehme der Gebüschformationen weisen Humusgehalte auf, die denjenigen der Hochwaldböden ähnlich sind. Bei saurer bis stark saurer Reaktion sind die erhaltenen Nitrifikationswerte jedoch günstiger als in den Böden der Waldstandorte zu beurteilen.

W. Prager. 362.

Simonneau, P.; Alger, Serv. des Études Sci. Appliquées à l'Hydraulique, Sect. Agrol. Les phénomènes temporaires de salinisation des sols irrigués en Algérie et au Sahara. **(Die temporären Versalzungserscheinungen von bewässerten Böden in Algerien und in der Sahara.)** Ann. agronom. **12** (1961) Nr. 6. S. 561 bis 571. — 2 Abb. Zus. in Russ., Engl., Dtsch.

In den neu angelegten Bewässerungsgebieten Algeriens und der Sahara zeigen sich die ersten Versalzungserscheinungen an Böden in der Nähe der Bewässerungskanäle als Folge der Erhöhung des Grundwasserspiegels, die zu einer Anreicherung der im Wasser gelösten Salze führt. An den Kanalböschungen in Algerien (Solontschak) blühen Salze aus, und es entwickeln sich Halophyten. In der nördlichen und zentralen Sahara sind die Böden sehr durchlässig, so daß hier trotz Verwendung von Wasser das bis zu 7 g NaCl je 1 enthält die genannten Erscheinungen kaum auftreten. Dagegen ist Versalzung in der westlichen Sahara am Erscheinen von *Suaeda fruticosa* zu erkennen. Die im Teilbezirk im Februar oder März auftretenden „Salzflecken" (1–2 g Cl^-/kg wasserfreien Bodens) verzögern das Wachstum der Pflanzen, bei höherem Cl^--Gehalt (3–4 g/kg) verschwinden die Kulturpflanzen. In der Sahara erscheinen Salzflecken etwa 3 Mon. nach Bewässerung. Durch Abdichten der Kanäle, Dränage, sorgfältige Nivellierung und Anbau salzresistenter Pflanzen (Luzerne, Baumwolle, Steinklee) können Versalzungen wirksam bekämpft werden.

W. Schulze. 362.

Kundler, P.; Eberswalde, Inst. für Forstl. Bodenkunde und Standortslehre der Humboldt-Univ. Berlin. **Zur Systematik der Übergangsbildungen zwischen Braunerden und Podsolen.** Albrecht-Thaer-Arch. **6** (1962) Nr. 2. S. 111–117. — 6 Abb., 8 Lit.

Im norddeutschen Tiefland entwickelten sich aus silicatreichen pleistozänen Sanden (Silicatanteil > 15%) unter mesotropher Laubwald-Vegatation Bodenbildungen, die Vf. als durchschlämmte Braunerden bezeichnet, während im gleichen Gebiet auf schwach bis mäßig silicathaltigen Sanden (Silicatanteil etwa 9–13%) unter Kiefernwäldern mit Beerenkraut- oder Heidevegetation vor allem typische mäßige Podsole verbreitet sind. Daneben kommen zwischen diesen Hauptformen noch Übergangsbildungen mit morphologisch, chemisch, mineralogisch und ökologisch klar definierbaren Unterscheidungsmerkmalen vor. Es handelt sich dabei um Bodenbildungen, die von Kubiena (1953) bereits zum selbständigen Typ der Semipodsole zusammengefaßt worden waren, vom Vf. jedoch unter Hinweis auf den hier im Vergleich zu den typischen Podsolen mächtiger ausgebildeten, braunen Bsv-Horizont als „Braunpodsole" gekennzeichnet werden.

W. Prager. 364.

Brzesowsky, W. J.; Cameroon's Development Corporation. Podsolic and hydromorphic soils on a coastal plain in the Cameroon Republic. **(Podsolige und hydromorphe Böden aus einer Küstenniederung der Republik Kamerun.)** Netherl. J. agric. Sci. **10** (1962) Nr. 2. S. 145–153. — 1 Abb., 3 Tab., 20 Lit.
Begrenzt von den Flüssen Mungo und Essoasso, erreicht die Tiko-Niederung eine durchschnittliche Höhenlage von 18–48 m über NN. Bei der landwirtsch. Erschließung dieses Gebietes wurde ein umfangreiches Dränsystem zur Entwässerung der niedrig gelegenen Standorte eingerichtet. Die hier zu findenden, ziemlich einheitlich feintexturierten, pleistozänen Sedimente waren bereits im Tertiär intensiven Verwitterungs- und Auswaschungsprozessen ausgesetzt, so daß die heutigen Reaktionsverhältnisse dieser Ausgangsmaterialien allgemein durch eine starke Versauerung gekennzeichnet sind. Außerdem läßt das vom Vf. kartographisch fixierte Bodenmosaik des Untersuchungsgebietes erkennen, daß allein schon geringfügige Abweichungen des Mikroreliefs zur Ausprägung der markantesten Unterscheidungsmerkmale zwischen den hier anzutreffenden Lokalformen der Bodenbildung beigetragen haben. Auf diese Weise finden sich stark marmorierte und vernäßte Gleie oder Pseudogleie mit podsoligen Eigenschaften vorwiegend in den Senken der Niederung, während die Erhebungen hauptsächlich dunkelbraune bis gelblich-braune, gut entwässerte Parabraunerden tragen. Die pedogenetische Sequenz zeichnet sich darüber hinaus durch charakteristische Übergangsbildungen aus.
W. Prager. 364.

Vaculík, Rudolf. Zkulturňování drnopodzolových půd v oblasti permských pískovců. I. Morfologie, chemické složení a stupeň nasycenosti půdy. **(Kultivierung der Rasenpodsolböden in Permsandsteingebieten. I. Mitt. Morphologie, chemische Zusammensetzung und Sättigungsgrad.)** Sborník českoslov. Akad. zemědělských Věd, rostlinná Výroba **8(35)** (1962) Nr. 2. S. 163–178. — 4 Tab., 6 Lit. Zus. in Russ., Dtsch.
Rasenpodsolböden des Permsandsteingebietes von Boršov wurden untersucht, um festzustellen, wie die über 100 Jahre andauernde Kultivierung die Böden beeinflußte. Der Tongehalt der Böden nahm zu, und es entstanden Sandton- bis Tonböden. Weiterhin verbesserte sich die wasserstabile Struktur der Böden und der Anteil an bivalenten Elementen (Mg und vor allem Ca) und damit der pH-Wert. Auch der Gehalt an P_2O_5 und K_2O stieg an, während der Gehalt an Fe und Al zurückging. Die Mächtigkeit des A_2-Horizontes der Wiesenböden verringerte sich. Die Wiesenböden nehmen zwischen den Wald- und Ackerböden eine mittlere Kultivierungsstufe ein. P. Bartoš. 364.

Aderichin, P. G. Ob unifikacii sistematiki i nomenklatury počv Central'no-černozemnych oblastej. **(Vereinheitlichung der Systematik und der Nomenklatur der Böden in den Zentralen Schwarzerdegebieten.)** Počvovedenie, Moskva **1962** Nr. 2. S. 1–6. — 1 Tab.
Ein Schema der Nomenklatur der Bodentypen, die im zentralen Tschernosemgebiet der SU vorkommen, wird veröffentlicht. In dem Schema werden die wichtigsten Unterscheidungsmerkmale zur Abgrenzung der einzelnen Bodentypen und -untertypen gegeben. Weiterhin wurde die Nomenklatur zur näheren Charakterisierung der Textur, des Grades der Erosion, der Grundwasserverhältnisse, des Versalzungsgrades, der Humusverhältnisse, der Tiefenlage des versalzten Horizontes und des Kulturzustandes für die in Frage kommenden Bodentypen dargestellt. H. Winkler. 368.

Hebert, J.; Lion, Stat., Agronomique de l'Aisne. Possibilites et difficultes d'utilisation d'une carte des sols a grande echelle. **(Möglichkeiten und Schwierigkeiten bei der Verwendung einer Bodenkarte mit großem Maßstab.)** Bull. Assoc. franç. Étude Sol **1961** Nr. 9. S. 325–333.
Die bekannten pedologischen Karten werden vom Vf. als unzureichend angesehen, da sie ausschl. auf den Faktoren Muttergestein und dem Grad der

Bodenbildung (-entwicklung) basieren. Eine Verbesserung solcher Karten erscheint möglich, wenn sie durch Angaben über die Bodentextur ergänzt werden. Bodenkarten mit großem Maßstab werden auf Grund ihrer Darstellung in folgende 3 Gruppen eingeteilt: Karte der oberflächlich sichtbaren Eigenschaften (Laon-Frankreich), morphopedologische Karte (Belgien) und konventionelle Karteneinheiten (USA-Terminologie). Um bei zukünftigen Bodenaufnahmen die Kartengenauigkeit zu erhöhen, werden gefordert: a) Festlegung der Karteneinheiten im Gelände und b) Probeentnahmen aller 20 m² bei einem Maßstab 1:20000. An Hand verschiedener Klassifizierungssysteme wird gezeigt, daß es notwendig ist, Bodentextur und Wasserversorgung der Böden in den Bodenkarten zu berücksichtigen. P. Schäfer. 368.

Buringh, P., Steur, G. G. L. und Vink, A. P. A.; Arnhem, Netherlands, Reclamation and Land Development Soc.; Bennekom, Soil Survey Inst.; Delft, Int. Training Centre for Aerial Survey. Some techniques and methods of soil survey in the Netherlands. **(Einige Regeln und Methoden der bodenkundlichen Landesaufnahme in den Niederlanden.)** Netherl. J. agric. Sci. **10** (1962) Nr. 2. S. 157–172. – 8 Abb., 23 Lit.
Die Unterscheidung der gefundenen Bodenbildungen erfolgt nach den Grundsätzen einer taxonomischen Bodenklassifikation, die nach dem in den Niederlanden gebräuchlichen System in den höheren Kategorien 5 Bodenklassen umfaßt. Trotzdem hat es sich bei den bodenkundlichen Kartierungsarbeiten als sehr zweckmäßig erwiesen, die aufzunehmenden Böden als Bodenkartierungseinheiten, die zu Bodenassoziationen zusammengefaßt werden können, unter Verwendung bes. Farben, Symbole und Bezeichnungen zu charakterisieren und für ihre systematische Einordnung ein spezielles Klassifikationsschema zu benutzen. Jede Bodenkartierungseinheit wird dann beurteilt nach Maßgabe ihrer Charakteristika, Eigenschaften und Qualitäten. Nach der listenmäßigen Erfassung der vorliegenden Bodenkartierungseinheiten erfolgt dann deren genaue Abgrenzung im Gelände nach den Ergebnissen der Feldbeobachtungen. Die gute Lesbarkeit der daraus hervorgehenden Bodenkarten läßt es schließlich ratsam erscheinen, den endgültigen Maßstab so groß zu wählen, daß die grundlegenden Kartierungseinheiten eine Flächenausdehnung von ca. 0,25 cm² nicht unterschreiten. W. Prager. 368.

Platonenko, M. A. ; Omsk, Landwirtschaftl. Kirow-Inst. Osobennosti otobraženija počvennogo pokrova na aërosnimkach v Zapadnoj Sibiri. **(Besonderheiten der Luftaufnahmen der Bodendecke im westlichen Sibirien.)** Počvovedenie, Moskva **1962** Nr. 2. S. 42–50. — 4 Abb., 2 Tab. Zus. in Engl.
Der Vergleich der auf Luftaufnahmen durch verschiedene Farbschattierungen (schwarz-weiß) gegebenen Unterschiede mit den natürlichen Gegebenheiten zeigte, daß die Farbtönung nahezu keine Schlüsse auf die Ausbildung des Mikroreliefs zuläßt. Bodenunterschiede heben sich deutlicher ab als das Relief, obwohl bei genetisch verwandten Böden die Trennung auf Grund der Farbtiefe nicht sicher erfolgen kann. Für die Unterschiede in der Farbtönung der Luftaufnahme ist in erster Linie die Vegetation verantwortlich, die von der Qualität des Bodens und dessen Humusgehalt abhängt. Es spielen weniger morphologische Merkmale als die Bestandesdichte eine Rolle. Der Vergleich eines untersuchten topoökologischen Profils mit der entspr. Luftaufnahme ergab jedoch eine gute Übereinstimmung der Bodenunterschiede mit den Farbtönungen. Es werden Möglichkeiten zur Verbesserung der Herstellung und Auswertung von Luftaufnahmen diskutiert. H. Winkler. 368.

Mückenhausen, E. **Entstehung, Eigenschaften und Systematik der Böden der Bundesrepublik Deutschland.** Frankfurt am Main: DLG-Verlags-GmbH. 1961. (160 S. m. 14 Abb. u. 60 Farbtaf.) 30 × 21,5 cm. DM 66,20. Der Deutschen Bodenkundlichen Gesellschaft wurde 1952 auf der Tagung in Bad Kreuznach vom Vf. der erste Entwurf einer Systematik der Böden der DBR vorgelegt. Aus diesem Anlaß wählte die DBR eine Kommission für Bodensystematik (E. Mückenhausen, F. Heinrich, W. Laatsch, F. Vogel als Vorsitzender) und gab ihr den Auftrag, den vorgelegten Entwurf, insbes. den bodensystematischen Teil, weiter zu entwickeln. Das Ergebnis dieser Arbeit wird im vorliegenden Werk veröffentlicht, das folgende Hauptkapitel enthält: 1. Allgemeine Grundzüge der Entstehung der Böden, 2. Grundsätzliches zur Bodensystematik, 3. Die wichtigsten Bodenklassifikationen der Vergangenheit und Gegenwart, 4. Leitende Grundsätze für eine Systematik der Böden der DBR, 5. Entstehung, Eigenschaften und vorläufige Gliederung der Böden der DBR (46 Bodentypen, 153 Subtypen), 6. Zusammenstellung der bodensystematischen Kategorien: Abteilungen, Klassen, Typen und Subtypen. Der Text wird ergänzt durch die farbigen Abb. von 60 Bodenprofilen mit Beschreibungen und Analysenergebnissen. W. Kleeberg.

Salinity problems in the arid zones. Proceedings of the Teheran Symposium. Paris: United Nations Educational Scientific and Cultural Organization. 1961. (395 S. m. Abb. u. Tab.) 27,5 × 21,5 cm = Arid Zone Research XIV. $ 10,50. Vertrieb für Deutschland: München, R. Oldenbourg Verl. Das von der UNESCO organisierte Symposium über die Probleme der Versalzung in den ariden Zonen wurden in der Zeit vom 11.–15. Okt. 1958 in Teheran abgehalten. 83 Spezialisten aus 20 Ländern nahmen daran teil, u.a. aus den USA und der UdSSR. Mit dem vorliegenden Werk werden die auf diesem Symposium gehaltenen Vorträge in franz. oder engl. Sprache veröffentlicht. Das Buch gliedert sich in 4 Hauptkapitel: I. Hydrologie im Hinblick auf die Versalzung (13 Arbeiten), II. Die Physiologie von Pflanze und Tier in Beziehung zum Verbrauch an Salzwasser (12 Arbeiten), III. Bewässerung mit salzhaltigem Wasser und die Salzböden (16 Arbeiten), IV. Demineralisation des Salzwassers (11 Arbeiten). Jede Einzelabhandlung schließt mit einer Zus. in engl. bzw. franz. Sprache, mit der geführten Diskussion und den entspr. Quellenangaben. W. Kleeberg.

Musierowicz, A. **Gleby i regiony przyrodnicze Serbii, Chorwacji, Slowenii oraz Bosni-Hercegowiny.** (Böden und natürliche Regionen Serbiens, Kroatiens, Sloweniens sowie von Bosnien-Herzogowina.) Warszawa: Panstw. wyd. Rolnicze i Leśne. 1962. (49 S.) 8°. (1962 A 731)

G. Bodenuntersuchung

Dupuis, M.; Arras, Stat. Agronomique. Directives pour l'étude des sols sur le terrain et au laboratoire. IV. **(Anweisungen für die Untersuchung von Böden im Gelände und im Laboratorium. 4. Mitt.)** Bull. Assoc. franç. Étude Sol **1962** Nr. 3. S. 127–168. — 15 Abb. 3. Mitt. vgl. LZ. Abt. II **7** (1962) Nr. 11. S. 2923.

Die Bodenuntersuchung soll sich nicht nur auf die Prüfung des Bodens an Ort und Stelle und auf das Laboratorium beschränken, sondern auch alle Faktoren der Landschaft, wie Relief, Klima, Muttergestein, Vegetationsdecke und Wasserhaushalt, berücksichtigen. Die morphologischen Geländeformen und die Eigenschaften des Muttergesteins werden ausführlich beschrieben. Bei der Beurteilung des Geländereliefs, der Hangneigungen, des Wasserabflusses an der Oberfläche und der natürlichen Dränage des Bodens werden weitgehend die Einteilungen aus dem Soil Survey Manual (Washington 1951) benutzt. B. Große. 370.

Watanabe, F. S. und Olsen, S. R.; Fort Collins, Colorado Agric. Exp. Stat. Colorimetric determination of phosphorus in water extracts of soil. **(Colorimetrische Phosphorbestimmung in Wasserextrakten aus Böden.)** Soil Sci. **93** (1962) Nr. 3. S. 183–188. — 7 Tab., 17 Lit.

Vff. vergleichen die Ergebnisse der P-Bestimmungsmethoden nach Dickmann und Bray (vgl. Ind. Engng. Chem., analyt. Edit. **12** [1946] S. 665. [**I**]), nach Truog und Meyer (vgl. Ind. Engng. Chem., analyt. Edit. **1** [1929] S. 136. [**II**]) und nach Pons und Guthrie (vgl. Ind. Engng. Chem., analyt. Edit. **18** [1946] S. 184. [**III**]). **I** und **II** sind für rel. geringe P-Konz. ($<$ 0,4ppm) ungeeignet und ergeben — im Vergleich zu den mit der Isobutylalkohol-Methode (**III**) ermittelten — geringere P-Werte. Letztere hat den Vorzug der Abtrennung des P-Molybdatkomplexes und von möglicherweise störenden Ionen vor der Reduktion mit $SnCl_2$. H. E. Freytag. 372.

Reyes, Edilberto D.; Univ. of Philippines, Centr. Exp. Stat. An evaluation of some methods for characterizing the potassium status of some Philippine soils. **(Eine Einschätzung einiger Methoden zur Charakterisierung des Kaliumzustandes einiger Böden der Philippinen.)** Philippine Agriculturist **45** (1961) Nr. 7. S. 354–364. — 2 Abb., 3 Tab., 15 Lit.

Die Verfügbarkeit von K in einigen Böden wurde durch K-Aufnahme von Ipil-ipil (*Leucaena glauca* L.) und Extraktion mit neutralem n NH_4-acetat (Boden: Flüssigkeit = 1:10), kochender 0,5 n, 1,0 n und 2,0 n HNO_3 (10 g Boden: 100 ml Lösung) sowie durch kontinuierliche Perkolation mit 0,01 n HCl (10 l auf 10 g Boden, gemischt mit Sand, Adsorption des K an Amberlite IR-120, Desorption nach Durchlauf des 2., 5. und 10. Liters durch Elution mit 100 ml n HCl) gemessen. Ausgehend von der statistischen Analyse des Ertrages an Tr.-Subst. der Pflanzen, wurden die Böden willkürlich in 3 Klassen eingeteilt. Die K-Aufnahme der Pflanzen und der Ertrag an Tr.-Subst. wiesen keine Übereinstimmung auf. Zwischen der K-Aufnahme und der aus den Bodenproben extrahierten K-Menge bestanden stark gesicherte Beziehungen, wobei die Perkolationsmethode die beste Korrelation aufwies ($r = 0{,}988$). P. Stoß. 372.

Alešin, S. N. und Boldyrev, A. I. (Aljoschin, S. N. und Boldyrew, A. I.); Moskau, Landwirtsch. Timirjasew-Akad. Opredelenie pogloščennogo natrija v počvach pri pomošči natrij-stekljannogo ėlektroda. **(Bestimmung des sorbierten Natriums mittels Natrium-Glaselektrode.)** Počvovedenie, Moskva **1962** Nr. 1. S. 114–121. — 2 Abb., 7 Tab., 16 Lit.

Vff. stellten eine Na-Glaselektrode her, indem sie eine in einer Kugel endende Glaselektrode mit n Na_2SO_4-Lösung füllten und bis zum Auftreten eines unlöslichen Niederschlags Hg_2SO_4 einbrachten. In diese Lösung wurde eine amalgamierte Pt-Elektrode eingetaucht. Die Messung erfolgte durch ein Potentiometer. Es konnte nachgewiesen werden, daß in einer n $BaCl_2$-Lösung die Meßwerte für Na-Konz. zwischen 0,001 n und n auf einer Gerade liegen. Die Bestimmung des sorbierten Na im Boden erfolgte nach einer modifizierten Methode von Puri (Ammoniumcarbonatmethode). Dabei wurde der Boden wiederholt mit einer 0,5 n Lösung von $(NH_4)_2CO_3$ gewaschen, das Filtrat eingedampft und in n $BaCl_2$-Lösung aufgenommen, dann mit einer geeichten Na-Glaselektrode gemessen. Die an verschiedenen Bodentypen vorgenommenen Messungen zeigten eine gute Übereinstimmung mit den Werten, die mit dem Flammenphotometer erhalten wurden. Weiterhin bestimmte man das sorbierte Na unter Anwendung von $BaCl_2$, indem der Boden direkt mit einer n Lösung ausgeschüttelt wurde. Die Messung erfolgte im Filtrat. Auch mit dieser Methode wurden genügend genaue Werte erzielt. H. Winkler. 372.

Shickluna, J. C. A comparison of weighed and volume measurements of soil for determining exchangeable soil potassium and calcium. **(Ein Vergleich der Gewichts- und Volumenmessungen von Boden zur Bestimmung von austauschbarem Kalium und Calcium des Bodens.)** Michigan State Univ., agric. Exp. Stat., quart. Bull. **44** (1962) Nr. 3. S. 534–540. — 2 Tab.

Die sich bei der Bestimmung von austauschbarem K und Ca im Boden durch Volumenbestimmung der Proben gegenüber der konventionellen Gewichtsbestimmung ergebenden Unterschiede wurden untersucht. Bei der Volumenbestimmung verwendete man einen kalibrierten Löffel mit einem Fassungsvermögen von 2,5 g Lehmboden. Die Bodenproben wurden 1 Min. mit 20 ml neutralem n-NH_4-acetat geschüttelt und dann filtriert. Anschließend erfolgte die flammenphotometrische K- und Ca-Bestimmung. — Für Routineanalysen liegt die Genauigkeit der K- und Ca-Bestimmung in der gleichen Größenordnung. Bei fein texturiertem Boden ergibt sich mit der Gewichtsmethode eine etwas größere Genauigkeit, die aber den beträchtlich höheren Zeitaufwand gegenüber der Volumenbestimmung nicht rechtfertigt. P. Stoß. 372.

Golden, Laron E.; Louisiana, Agric. Exp. Stat. Effect of temperature of extractant on P, K, Ca, and Mg removed from different soil types. **(Wirkung der Extraktionstemperatur auf den P-, K-, Ca- und Mg-Auszug aus verschiedenen Bodentypen.)** Soil Sci. **93** (1962) Nr. 3. S. 154–160. — 9 Abb., 1 Tab., 13 Lit.

Für stufenweise höher temperierte Extraktionslösungen (10, 15–35 °C) wurden die aus verschiedenen Böden (und zwischen 4—8, 14—18, 24—28 in. variierten Tiefen) jeweils beseitigten Mengen (P mit 0,1 n HCl + 0,03 n NH_4F; K, Ca, Mg mit 0,1 n HCl) bestimmt und gegen die Temperatur aufgetragen. Während die K-Kurven in allen Fällen hoch signifikant positive Steigungen zeigten, waren sie für Ca, Mg und P bei einigen Böden und Boden-Lösung-Mischungsverhältnissen negativ, oder zeigte sich die Extraktionsausbeute von der Temperatur unabhängig. Vff. weisen deshalb auf die Notwendigkeit zur Standardisierung von Bedingungen und Verfahren hin. H. E. Freytag. 372.

Riņķis, G.; Biol. Inst. der Akad. der Wiss. der Lett. SSR. Kolorimetričeskoe opredelenie kal'cija i magnija v počvach i rastenijach. **(Colorimetrische Bestimmung von Calcium und Mangan in Böden und Pflanzen.)** Izvestija Akademii nauk Latvijskoj SSR, Riga **1961** Nr. 9. S. 91–99. — 3 Abb., 3 Tab., 3 Lit. Orig.: russ.
Das zu untersuchende aufgeschlossene Material (Boden, Pflanze) wird mit HCl behandelt, wobei u. a. Ca und Mn in Lösung gehen. Zur Abscheidung der störenden Sesquioxyde wird die saure Lösung auf pH 5,0 gebracht, danach werden die ausfallenden Sesquioxyde abfiltriert. Die weitere Trennung von Mn und Ca basiert auf der unterschiedlichen Fähigkeit beider Elemente, Phosphate zu bilden. Durch Zugabe von Na_2HPO_4 zum Filtrat fällt Ca bei pH 7 aus. Nach erneuter Filtration wird Mn durch Hinzufügen von NH_3 als $MnHPO_4$ abgetrennt. Der Mn- bzw. Ca-Gehalt der Niederschläge wird indirekt durch colorimetrische Bestimmung des P nach der Molybdänblau-Methode ermittelt. Im Vergleich zu den Standardmethoden wurden genügend genaue Ergebnisse mit der beschriebenen Methode erzielt. H. Winkler. 372.

Gramms, G. und Kagelmann, K. **Eine kombinierte komplexometrische Titrationsmethode zur serienmäßigen Bestimmung des Eisens und Calciums aus dem gleichen Bodenauszug.** Z. landwirtsch. Versuchs- u. Untersuchungswes. 8 (1962) Nr. 1/2. S. 141–148. — 7 Tab., 7 Lit. Zus. in Russ., Engl.
20 g lufttrockener Boden werden 3 Std. mit 40 ml 10%iger HCl auf dem Wasserbad behandelt. Nach Erkalten wird auf 100 ml aufgefüllt und filtriert. Für die Fe- und Ca-Bestimmung werden je 10 ml entnommen und auf 50 ml verdünnt. Evtl. vorhandenes Fe^{II} wird in der zur Ca-Bestimmung vorgesehenen Lösung aufoxydiert, die Fällung erfolgt mit NH_3 unter Zusatz von NH_4Cl. Während der Filtration des Niederschlages wird die 2. Probe (Fe-Bestimmung) aufoxydiert (Ammoniumpersulfat), kurz aufgekocht und nach Kühlung auf 40 °C bei pH 3,0 sofort unter Zusatz von 0,2–0,5 g Glykokoll und 0,2 g Salicylsäure mit 0,1 mol. Chelaplex III (Na_2-EDTA) titriert. 1 ml 0,1 mol. Chelaplex III entspricht 5,585 mg Fe. Danach wird die Ca-Lösung mit 4 n NaOH auf pH 12 eingestellt, mit 0,1 g Murexid-Gemisch (1 T Murexid + 100 T NaCl) versetzt und mit 0,1 mol. Chelaplex III bis zum Umschlag von rot nach violett titriert. 1 ml 0,1 mol. Chelaplex III entspricht 4,008 mg Ca. Mit den vorgeschlagenen Methoden lassen sich gegenüber den konventionellen bei gleicher Genauigkeit der Werte beträchtliche Material- und Zeiteinsparungen erreichen. P. Stoß. 372.

Reddy, K. G. und Mehta, B. V.; Anand, Inst. of Agric. Investigation on the determination of available cobalt in soils of Kaira District in Gujarat. **(Untersuchung über die Bestimmung des verfügbaren Kobalts in Böden des Kaira-Distriktes in Gujarat.)** Indian J. agric. Sci. **31** (1961) Nr. 4. S. 261–265. — 1 Abb., 2 Tab., 9 Lit.
Mit 21 verschiedenen Böden wurden Untersuchungen über geeignete Extraktionsmethoden zur Bestimmung des verfügbaren Co-Anteils durchgeführt. Als Extraktionsmittel dienten 0,1 n HCl, 2,5%ige CH_3COOH (pH 2,5), 2,5%ige CH_3COOH (pH 4,5) und n NH_4CH_3COO. Die Werte wurden mit der Co-Aufnahme durch Hirse (Gefäßversuch) verglichen. Mit abnehmender Aci-

dität der Extraktionsmittel nahm die extrahierte Co-Menge ab. Im Vergleich mit der Co-Aufnahme durch Hirsepflanzen brachte die Extraktion mit 2,5 %iger CH_3COOH (pH 2,5) die besten Ergebnisse ($r = +0{,}7347$).
O. Knabe. 372.

Abarbarčuk, I. L., Kosticyna, K. P. und Skobec, E. M. (Abarbartschuk, I. L., Kostizyna, K. P. und Skobez, Je. M.); Ukrain. Akad. der Landwirtsch.-Wiss. Poljarografičeskoe opredelenie obmennogo aljuminija v počvach. **(Polarographische Bestimmung des austauschbaren Aluminiums in den Ackerkrumen.)** Počvovedenie, Moskva **1962** Nr. 2. S. 114–116. — 4 Abb., 1 Tab., 9 Lit.

40 g gut zerkleinerter und gesiebter Boden (1 mm) werden 1 Std. mit 100 ml n KCl-Lösung geschüttelt und abfiltriert. In einem 100-ml-Meßkolben wird 0,1 g „Superchrom garnet" (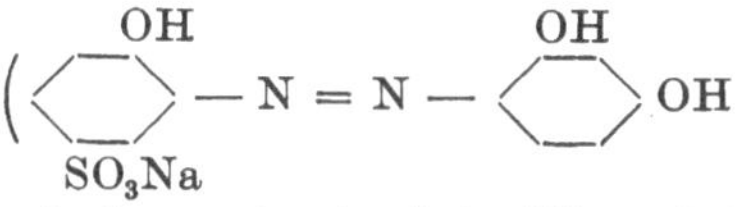) bei 60 °C mit Acetatpuffer von pH 4,6 aufgelöst, mit 10 ml 0,5%iger Gelatinelösung versetzt, und nach Abkühlen füllt man mit Acetatpuffer zur Marke auf. Zur polarographischen Bestimmung werden 10 ml dieser Lösung je nach dem zu erwartenden Al-Gehalt mit 1–10 ml Bodenauszug versetzt. Die Aufnahme der Polarogramme erfolgt mit einem SGM-8-Gerät bei einer Tropfengeschwindigkeit von 1 Tropfen Hg/sec (3 g Hg/min). Zur Auswertung der Polarogramme können Standardlösungen oder einfacher eine Eichkurve herangezogen werden. Die Methode ist schnell und liefert reproduzierbare Werte. Anwesenheit von Zn^{2+}, Mn^{2+}, Ca^{2+}, Mg^{2+} und H^+ stört nicht, dagegen muß Fe^{3+} am besten durch Fällung mit K_4 $[Fe(CN)_6]$ vorher entfernt werden. Die Al-Bestimmung kann dann am Filtrat ohne Schwierigkeit durchgeführt werden.
P. Stoß. 372.

Krupskij, N. K., Aleksandrova, A. M. und Stecenko, M. V. (Krupski, N. K., Alexandrowa, A. M. und Stezenko, M. W.); Ukrain. Bodenkundl. Forsch.-Inst. Opredelenie iona chlora v mutnych i okrašennych počvennych vytjažkach. **(Bestimmung des Chlorions in trüben und gefärbten Bodenauszügen.)** Počvovedenie, Moskva **1962** Nr. 2. S. 109–113. — 2 Abb., 1 Tab., 19 Lit. Zus. in Engl.

Zur Cl-Bestimmung in gefärbten und trüben Bodenauszügen wird ein potentiometrisches Verfahren vorgeschlagen. Die verwendete Meßkette hat folgendes Aussehen: Ag-AgCl/Analysenlösung/Agar-Agar-Lösung mit KNO_3/gesättigte KCl-Lösung/Hg-Hg_2Cl_2. Die Bestimmung wird an 10 ml Bodenauszug, die mit 0,5 ml 2 n H_2SO_4 angesäuert werden, mit 0,002 n $AgNO_3$ aus einer Mikrobürette durchgeführt. Der Äquivalenzpunkt wird entweder graphisch durch Kurventitration oder durch Bestimmung von $\frac{\Delta E}{\Delta V}$ ermittelt. Die Cl-Bestimmung kann auch durch mercurimetrische Titration erfolgen. Für klare und ungefärbte Extrakte wird ein gemischter Indikator, bestehend aus Diphenylcarbazon **(I)** und β-Dinitrophenol **(II)**, empfohlen. Bei leicht gelb gefärbten Extrakten wird anstelle von **II** besser Bromphenolblau **(III)** verwendet (0,5 g **I** + 0,05 g **III** in 100 ml Äthanol). Bei intensiv gefärbten und/oder trüben Extrakten werden 10 ml mit 10 ml H_2O verdünnt und nacheinander mit einigen Tropfen einer 1%igen alkohol. **I**-Lösung, gegebenenfalls mit etwas 0,2 n HNO_3 bis zur Gelbfärbung und mit ca. 5 ml Benzol versetzt (Schichtdicke $> 0{,}5$ cm). Die Mischung wird gut geschüttelt und mit 0,01 n $Hg(NO_3)_2$ titriert, bis die Färbung der Benzolschicht von gelb über rosa nach blauviolett umschlägt.
P. Stoß. 372.

Feodoroff, A.; Versailles, Lab. de Techn. Cult. Evaluation de la stabilité structurale d'un sol (indice S). Nouvelles normes d'emploi pour l'appareil à tamiser. **(Schätzung der Strukturfestigkeit des Bodens [S-Index]. Neue Anwendungsformen der Absiebapparatur.)** Bull. Assoc. franç. Étude Sol **1961** Spec. Nr. S. 6–15. — 3 Abb., 3 Lit.
Für die ursprünglich von Hand durchgeführte Methode zur Bestimmung des S-Indexes (Bewertung der Strukturstabilität des Bodens) wurde ein Gerät konstruiert. Mit dieser näher beschriebenen und dargestellten Apparatur können folgende Untersuchungen vorgenommen werden: A + L % (Ton + Schluff) = %—Anteil an Feinerde $< 20\ \mu m$ in der Suspension ohne Dispergierungsmittel; $A_a\%$ = %-Anteil der stabilen Aggregate ($> 0{,}2$ mm) nach Alkoholvorbehandlung; $A_b\%$ = %-Anteil der stabilen Aggregate ($> 0{,}2$ mm) nach Vorbehandlung mit Benzol; $A_0\%$ = %- Anteil der stabilen Aggregate ($> 0{,}2$ mm) ohne Vorbehandlung und SG % = Grobsandanteile ($> 0{,}2$ mm). Für den S-Index ergibt sich folgende Gleichung:

$$S = \frac{(A + L)\,\%}{\frac{A_a\,\% + A_b\,\% + A_0\,\%}{3} - 0{,}9\,SG\,\%}.$$

Die mittels mechanischer Siebung erzielten Ergebnisse sind mit denen von Hand erhaltenen vergleichbar. P. Schäfer. 374.

Antipov-Karataev, I. N. und Kellerman, V. V. (Antipow-Karatajew, I. N. und Kellerman, W. W.); Akad. der Wiss. der Tadshik. SSR. Počvennyj agregat i ego kolloidno-chimičeskij analiz. **(Das Bodenaggregat und seine kolloidchemische Analyse.)** Sbornik trudov po agronomičeskoj fizike. Agrofizičeskij naučno-issledovatel'skij institut, Moskva 8 (1960) S. 121–130. — 12 Abb., 3 Tab. 374.

Selivanov, A. P. (Seliwanow, A. P.) K voprosu izučenija vodopročnych agregatov v počve. **(Untersuchung wasserstabiler Aggregate im Boden.)** Sbornik trudov po agronomičeskoj fizike. Agrofizičeskij naučno-issledovatel'skij institut, Moskva 8 (1960) S. 179–189. — 6 Tab., 9 Lit. 374.

Heinonen, R.; Helsinki, Univ., Dep. of Agric. Chem. On the pre-treatment of samples of heavy clay soil for the determinations by the pressure membrane apparatus. **(Über die Vorbehandlung von Proben schweren Tonbodens für Bestimmungen mit dem Membrandruckapparat.)** Maataloustieteellinen Aikakauskirja [J. sci. agric. Soc. Finland] **33** (1961) Nr. 3. S. 153–158. — 4 Abb., 1 Tab., 2 Lit.
Der für die Untersuchungen angewandte Tonboden enthielt 66% Ton im Oberboden und 81% im Unterboden. An lufttrockenen Proben wurde die Wirkung unterschiedlichen Mahlens gegenüber naturfeuchtem Boden an der Beziehung Druck–Wassergehalt des Bodens mit Hilfe eines Membrandruckapparates ermittelt. Bei gleichem Druck enthält fein gemahlener Boden — bes. < 1 mm — einen höheren Anteil an Wasser als grob gemahlener. Der lufttrockene Unterboden war nicht so schnell zu dispergieren, um einen Vergleich mit ungestörtem feuchtem Boden durchzuführen. Solche Proben, bis zu 2 mm gemahlen, sollten 3 Wochen vor der eigentlichen Untersuchung eingeweicht werden. Wenn direkte Bestimmungen ausgeführt werden sollen, genügt bei Oberböden Mahlen bis 0,6 mm, um ihn gut anfeuchten zu können.
W. Schulze 374.

Bonneau, M.; Nancy, École Nat. des Eaux de Forêts, Lab. de Pedol. Evaluation au laboratoire de la capacité au champ en fonction de la texture. **(Schätzung der Feldkapazität im Laboratorium in bezug auf die Bodentextur.)** Bull. Assoc. franç. Étude Sol **1961** Spec. Nr. S. 16–26. — 1 Abb., 3 Tab., 6 Lit.

Bei der Feldkapazität als Ausdruck des max. Wasserhaltevermögens handelt es sich um einen theoretischen Wert von großer praktischer Bedeutung. Da die Ermittlung im Freiland schwierig ist (wechselnde Witterungsverhältnisse), wurden geeignete Labormethoden entwickelt. Die Korngrößenzusammensetzung (Textur) beeinflußt die Wahl der Untersuchungsmethode. Vf. prüfte Waldböden und charakterisierte sie nach ihren Anteilen an Sand, Ton und Schluff. Im Labor wurde die Feldkapazität unter verschiedenen Versuchsbedingungen (Zentrifugierung von 360 und 1000 g Boden bei Saugdrücken von 10, 15 und 25 cm Hg) ermittelt. Der Methodenvergleich wird mit Hilfe eines Dreiecksschemas durchgeführt, mit dem Ziel, in Abhängigkeit von der Bodenart jeweils die besten Näherungswerte für die Feldkapazität zu erhalten.
P. Schäfer. 374.

Vetterlein, E.; Eberswalde, Inst. für Bodenkunde der Dtsch. Akad. der Landwirtsch.-Wiss. zu Berlin. **Ergebnisse und Untersuchungen über die Wasserbewegung in Böden mit Hilfe des Vakuumkapillarimeters.** Albrecht-Thaer-Arch. **6** (1962) Nr. 2. S. 118–127. — 10 Abb., 2 Tab., 6 Lit.

Zur Bestimmung der Wasserbewegung in ungesättigten Böden innerhalb des Saugspannungsbereiches von 0 bis ca. 1 atm bediente sich Vf. eines abgewandelten Vakuumkapillarimeters nach Sekera (1938), dessen Aufbau im Prinzip einer von Richards (1931) entwickelten Apparatur zur Messung der kapillaren Wasserleitfähigkeit entspricht. Die damit erzielten Ergebnisse ermöglichen zunächst eine Gruppierung der Bodenarten hinsichtlich ihrer Wasserbewegung im ungesättigten Bereich und liefern außerdem Hinweise dafür, daß die Erscheinung eines „Kapillarrisses" ausschl. in Sandböden am deutlichsten zu beobachten ist. Bei Profiluntersuchungen erwies sich die Wasserbewegung im ungesättigten Bereich als eine horizontabhängige Variable.
W. Prager. 374.

Perrier, Eugene R. und Johnston, William R.; Davis, Univ. of California. Distribution of thermal neutrons in a soil-water system. **(Verteilung von thermischen Neutronen in einem Boden-Wasser-System.)** Soil Sci. **93** (1962) Nr. 2. S. 104-112. — 8 Abb., 2 Tab., 13 Lit.

Da über die Verteilung der thermischen (rel. langsamen) Neutronen im Bodensystem (bei Anwendung des Neutronenmeßgerätes zur Bodenfeuchtigkeitsbestimmung) wenig bekannt ist, wurden die Intensitätsverteilungen der thermischen Neutronen als Funktion des Bodenfeuchtigkeitsgehaltes in der Umgebung der Strahlungsquelle mit einem BF_3-Rohr gemessen. — Mit abnehmendem Bodenfeuchtigkeitsgehalt verringert sich die Neutronendichte in der Nähe der Quelle, da mit größerer Neutronengeschwindigkeit, insbes. bei niedrigem H_2O-Gehalt, schon eine größere Strecke zurückgelegt ist, ehe eine Wechselwirkung mit den H-Kernen erfolgt. Abgesehen davon läßt sich für jeden H_2O-Gehalt (als Parameter) die Kurve $Ipm = f$(Entfernung) als halblogarithmische Funktion darstellen. — Eine oder mehrere feuchte Zwischenschichten ließen in Nähe des nasseren Bodens Störungen in der Verteilung der thermischen Neutronen auftreten. Messungen dieser Zwischenwirkung bei Verwendung eines Bodens und eines H_2O-Zylinders zeigten als Störungsursache einen Albedo-Effekt (Rückstreuung durch Oberfläche bzw. Grenzschicht).
H. E. Freytag. 374.

Letey, J., Osborn, J. und Pelishek, R. E.; Los Angeles, Univ. of California. Measurement of liquid-solid contact angles in soil and sand. **(Messung des Kontaktwinkels zwischen flüssiger und fester Phase in Boden und Sand.)** Soil Sci. **93** (1962) Nr. 3. S. 149–153. — 1 Abb., 3 Tab., 6 Lit.

Unter Annahme des Vorliegens von zylinderförmigen Poren läßt sich, ausgehend von der Poiseuilleschen Näherung $Q = \frac{\pi r^4 P}{8 L \mu}$ (Q = Durchflußvolumen, P = treibender Druck, r = Kapillarradius, μ = Lösungsviskosität,

L = Kapillarlänge) bzw. mit $P = P_c + P_g = \frac{2\gamma\cos\Theta}{r} + \varrho g h$ (P_c = Kapillarkomponente, γ = Oberflächenspannung, Θ = gesuchter Kontaktwinkel zwischen flüssiger und fester Phase, P_g = Gravitationskomponente, ϱ = Dichte der Lösung, g = Gravitationskonstante, h = Kapillaranstieg), $Q = \frac{\pi r^3 (\varrho r g h + 2\gamma\cos\Theta)}{8 L \mu}$ errechnen. Durch Division von Q mit dem Kapillarquerschnitt ($r^2 \pi$) ergibt sich für eine Kapillare Q' bzw. für die Wassereintrittsrate an der Oberfläche schließlich $Q' \cdot C$ [C = gesamte Porosität] = $Q'' = \frac{C \cdot r (\varrho r g h + 2\gamma\cos\Theta)}{8 L \mu}$ **(I)**. **I** gilt nicht für Sandsäulen. (Hier ist im Gleichgewicht $P_c = P_g$, woraus sich die Gleichung $h = \frac{2\gamma\cos\Theta}{\varrho g r}$ **[II]** aus **I** ableiten läßt.) – Da Äthanol, wie gefunden, mit allen Bodenmaterialien den gleichen Kontaktwinkel ($\approx O$) ergibt, läßt sich über die Infiltration mit Äthanol in beiden Fällen aus **I** und **II** zunächst das schwer bestimmbare r errechnen, das dann selbst zur Auflösung der Gleichungen nach dem gesuchten Θ bei anderen Säulenpackungsmitteln dienen kann. Es ergab sich u. a., daß mit Krilium behandelter Boden weniger benetzbar war (bes. hoher Kontaktwinkel) und 7,25%iges Äthanol (erwartungsgemäß) den Boden mit geringerem Θ benetzte als Wasser. H. E. Freytag. 374.

Klute, A. und Gardner, W. R.; Univ. of Illinois; Riverside, Calif., U. S. Salinity Lab. Tensiometer response time. **(Tensiometer-Reaktionszeit.)** Soil Sci. **93** (1962) Nr. 3. S. 204–207. – 3 Abb., 1 Tab., 3 Lit.

Ausgehend von der Differentialgleichung des Wasserflusses durch die Tensiometerzelle wird gezeigt, wie die der Bodensaugspannungsänderung – infolge jeweils erst erforderlicher Gleichgewichtseinstellung (H_2O-Nachfluß bzw. -ausgleich durch Zellporen) – ungleich träge folgende Druckanzeige bzw. die bei kontinuierlicher Beobachtung dadurch eintretende zeitliche Verschiebung im Kurvenverlauf korrigiert werden kann. So würden z. B. bei einer Reaktionszeit von 2 Min. für ein Tensiometer bei 0 mb Initialstellung (z. Z. $t = 0$) zur definitiven Anzeige von 500 mb Bodensaugspannung > 12,4 Min. erforderlich sein (nach 9,4 Min. = 495 mb, nach 12 Min. = 499 mb). H. E. Freytag. 374.

Wilcox, J. C.; Summerland, Brit. Columbia, Canada Dep. of Agric. Note on effects of shielding Bellani plates on rate of evaporation. **(Bemerkung über die Einflüsse des Abschirmens der Bellani-Platten auf die Evaporationsrate.)** Canad. J. Plant Sci. **42** (1962) Nr. 2. S. 400–401. – 1 Abb., 2 Tab., 2 Lit.

Abschirmung der Bellani-Platten mit transparenten Schutzscheiben gegen den Regen bewirkt abweichende Werte von nicht geschützten Platten nicht nur an Regentagen, sondern auch an regenlosen Tagen, und es werden am abgedeckten Gerät stets höhere Werte gemessen. Diese Frage wurde mit 6 Evaporimetern näher untersucht, von denen 3 mit runden Fensterglasscheiben (0,125 in. dickes Glas, 9 in. ∅, 3 in. über der Plattenoberfläche) ausgestattet waren. Das Glas wirkte etwas lichtdämpfend. Die bedeckten Platten zeigten im Mittel an Regentagen um 10%, an regenlosen Tagen um 5,4% höhere Werte an. An Tagen mit stärkeren Niederschlägen waren die Unterschiede bes. groß. Die Differenzen zwischen geschützten Geräten sind für Regen- und regenlose Tage signifikant. Ebenso sind die Werte zwischen Regen- und regenlosen Tagen gesichert unterschiedlich. W. Stenz. 374.

H. Bodenfruchtbarkeit

Veršinin, P. V. (Werschinin, P. W.) Travy i plodorodie počvy. **(Gräser und Bodenfruchtbarkeit.)** Sbornik trudov po agronomičeskoj fizike. Agrofizičeskij naučno-issledovatel'skij institut, Moskva 8 (1960) S. 161–169. – 3 Tab. 380.

Nieschlag, F. **Der fruchtbare Boden.** Erhaltung und Mehrung der Bodenfruchtbarkeit als Voraussetzung für den Betriebserfolg. Frankfurt/Main: DLG-Verlag. 1961. (125 S. m. Abb. u. Tab.) 8°. DM 8,80. Mit diesem Buch wendet sich der Autor in erster Linie an den Praktiker, dem die Hauptaufgabe zufällt, die Fruchtbarkeit der Böden zu erhalten und zu mehren. Das Problem wird jedoch so umfassend behandelt, daß auch der Wissenschaftler und andere Kreise eingehend über den komplexen Charakter der Bodenfruchtbarkeit (BF) unterrichtet werden. Das Stoffgebiet wird wie folgt gegliedert: Einleitung (BF ist nicht gleich Ertragsfähigkeit), A. Die Beurteilung der Fruchtbarkeit der Böden (Einteilung nach der Schwere, der Korngröße und der „alten Kraft"; Beurteilung nach der Anbauverbreitung der Kulturpflanzen; Ansprache nach der Verbreitung der Wildpflanzen, der chem. Zusammensetzung, der biol. Belebtheit, dem Wasser- und Lufthaushalt sowie der bodenkundl. Einteilung; Tiefgründigkeit – BF), B. Untersuchungsmöglichkeiten über den Stand der BF (Korngröße, Tonminerale, Humusstoffe, Bodenstruktur, Wasser- und Lufthaushalt, Bodenreaktion, pflanzenaufnehmbare Nährstoffe, Biologie, Zeigerpflanzen), C. Zusammenhänge zwischen BF und allgemeinen Verhältnissen (Klima, Tierhaltung, Nutzungsgewohnheiten, Bodenbearbeitung, Düngungsgewohnheiten, Fruchtfolgen, Landeskultur, Wirtschaftlichkeit); Schlußfolgerungen. – Am Schluß des Buches führt Vf. Literatur über das behandelte Problem auf. W. Kleeberg.

Truszkowska, Regina. **Gleba i jej żyzność.** (Der Boden und seine Fruchtbarkeit.) Wyd. 2. Warszawa: Państw. Wyd. Roln. i Leśne. 1962. (53 S.) 8°. (DA 1393)

IV. BODENBEARBEITUNG

A. Allgemeine Literatur, Berichte, Statistiken u. a.

Rauhe, K. und Kunze, A.; Müncheberg/Mark, Inst. für Acker- und Pflanzenbau der Dtsch. Akad. der Landwirtsch.-Wiss. zu Berlin. **Der Einfluß verschiedener Bodenbearbeitungsmethoden auf den Wasserhaushalt und die Nährstoffverhältnisse in Boden und Pflanze.** Albrecht-Thaer-Arch. **6** (1962) Nr. 4. S. 251–268. – 10 Abb., 8 Tab., 7 Lit.

Es werden die Ergebnisse der seit 1954 auf lehmigem Sand in Müncheberg/Mark laufenden Untersuchungen des Wasserhaushaltes und der Bodenstruktur sowie der Nährstoffverhältnisse in Boden und Pflanze im 7. Versuchsjahr besprochen. Bei Vollwendung mit Unterbodenlockerung war eine bessere Ausnutzung der Feuchtigkeit aus den Unterbodenschichten zu beobachten als bei der Malzew-Variante. Herbstbearbeitung führte zu einem ca. 25% höheren Speicherungsvermögen während des Winters. Nach Anwendung von Zweischichtarbeit, Malzew-Variante und flacher Bearbeitung im Frühjahr wurden in 25–30 cm Tiefe eine stärkere Verdichtung und ein Absinken der pH-Werte festgestellt. Die Pflanzen hatten nach Vollwendung mit und ohne Unterbodenlockerung im Herbst am meisten N aufgenommen, nach Zweischichtarbeit und Malzew-Variante dagegen am wenigsten N. Bei P_2O_5 traten bis zu 23%ige Unterschiede in der N-Aufnahme nach den einzelnen Bearbeitungsverfahren auf, K_2O und CaO wurden ebenfalls sehr unterschiedlich aufgenommen, bei Mg traten dagegen kaum Unterschiede auf.
W. Fleischmann. 401.

B. Ziel und Methoden der Bodenbearbeitung

Frese, Helmut; Völkenrode, Inst. für Bodenbearb. **Zur Situation der Forschung auf dem Gebiet der Bodenbearbeitung.** Kühn-Arch. **76** (1962) Nr. 1/2. Theodor-Roemer-Gedenkschr. S. 19–25.

Zu den wichtigsten Forschungsaufgaben der Zukunft gehören Fragen der Erhaltung der Bodenfruchtbarkeit, die zweckmäßigste Form der Bodenbearbeitung und damit in Zusammenhang stehend die zunehmende rein mechanische Belastung der Böden. Erfolgversprechende Ansätze wurden u. a. bei der Erforschung der Ursachen der Strukturbildung der Böden (Dünnschliffverfahren), der Bestimmung der Wasserbilanz im Boden, der Wechselwirkung zwischen Pflanzenwachstum und Kulturmaßnahmen und der Wirkungsweise verschiedener Bodenbearbeitungsgeräte gemacht. Gefordert werden eine klare Begriffsbestimmung und methodisch vergleichbare Untersuchungen, um eine Zersplitterung und Doppelgleisigkeit in der Forschung auf dem Gebiet der Bodenbearbeitung zu vermeiden. H. Pätzold. 420.

C. Spezielle Fragen der Bodenbearbeitung

Roo, H. C. de; New Haven. Deep tillage and root growth. A study of tobacco growing in sandy loam soil. **(Die Beeinflussung des Wurzelwachstums durch tiefe Bodenbearbeitung.)** Connecticut agric. Exp. Stat., Bull. **1961** Nr. 644. S. 1–48. — 19 Abb., 10 Tab.

Die Versuche wurden im Connecticut-Tal auf sandigem Lehm, der sich für den Tabakanbau besonders eignet, angelegt. Dieser Boden, der sich in einem schlechten Strukturzustand befindet, bewirkt bei normaler Bodenbearbeitung durch Bildung eines Verdichtungshorizontes (Pflugsohle) eine flache Wurzelausbreitung der Tabakplanzen. Bei der Versuchsanlage wurden die Parzellen von Hand und maschinell bearbeitet. Es wurden folgende Ergebnisse erzielt: 1. von Hand bearbeitet: durch Brechen der Pflugsohle drangen die Wurzeln tief in den Boden ein. Die Wurzelausbildung war sowohl in der Krume als auch im Unterboden reichlich. Durch die Vergrößerung der Wurzelmasse wuchsen stärkere Tabakpflanzen heran. Die Handelsqualität der getrockneten Tabakblätter wurde kaum beeinflußt. 2. maschinell bearbeitet: durch Zerbrechen der Pflugsohle wurde der Ernteertrag um 8%, durch gleichzeitige Tiefdüngung um 24% gegenüber normal gepflügt erhöht. Eine Vermischung der Krume mit dem Unterboden beeinflußte die Blattproduktion nicht. Tiefdüngung oder die Einbringung des Düngers zur Hälfte in die Krume und zur Hälfte in den Unterboden verbesserte, obwohl nicht signifikant, die Qualität des Tabaks. Tiefe Bodenbearbeitung im Frühjahr brachte die besten Erfolge. Die Durchwurzelung war weniger gleichförmig als auf den von Hand bearbeiteten Parzellen. Tiefes Pflügen verlangte große Mengen Düngemittel, besonders CaO und P_2O_5. — Vf. empfiehlt eine mittlere Pflugtiefe (12–15 in. ≈ 30–38 cm), da die Kosten der Tiefbearbeitung des Bodens mit der Tiefe zunehmen und die Pflugsohle bereits bei einer mittleren Pflugtiefe zerstört wird. Auch ein jährlicher Wechsel der Pflugtiefe wirkt der Pflugsohlenbildung entgegen. H. Masche. 445.

Hussmann, C., Wolkowitz, H. und Pahlke, K.; Berlin, Inst. für Kulturtechn. und Grünlandwirtsch. **Untersuchungen über die Auswirkung der Untergrundlockerung und -düngung auf ton- und schluffreichen Marschböden.** Z. Kulturrechn. **8** (1962) Nr. 4. S. 226–246. — 5 Abb., 7 Tab., 40 Lit.

Bei den in den Jahren 1956–61 in der Hadtstedter und Struckumer Marsch bei Husum auf Knick- und knickähnlichen Böden durchgeführten Versuchen und bodenphysikal. Untersuchungen wurde ein Untergrundlockerungspflug eingesetzt, der es ermöglichen sollte, in einem Arbeitsgang bis ca. 20 cm Tiefe zu pflügen und die anschließenden Schichten des Unterbodens in etwa 10–45 cm Tiefe zu lockern und gleichzeitig mit Mineraldüngern zu versorgen. Hierbei ergab sich insges. gesehen kein nachweisbarer und gesicherter Erfolg der Maßnahmen, weder in Hinsicht auf die Strukturverbesserung des Bodens, noch auf die Ertragsgestaltung. Bei Untergrundlockerung ohne zusätzliche Düngung ergaben sich häufig leichte Ertragsdepressionen. Eine positive Veränderung der Porenraumverhältnisse in den untergrundgelockerten Schichten war nicht nachzuweisen. E. v. Wangenheim. 445.

Cocov, I. (Zozow, I.) Izsledvanija vŭrchu obrabotkata na počvata v ovoštnite gradini s kultivator KSV-2,5. **(Untersuchungen über die Bodenbearbeitung in den Obstanlagen mit dem Grubber KSV-2,5.)** Izvestija na Centralnija naučnoizsledovatelski institut po ovoštarstvo – gara Kostinbrod, Sofija **1** (1961) S. 91–104. — 2 Abb., 8 Tab. Zus. in Russ., Dtsch.

In verschiedenen Landesteilen wurde die Bearbeitung des offenen Bodens in Pflaumen-, Aprikosen-, Sauerkirsch- und Pfirsichanlagen von 1956–57 untersucht. Mit dem Grubber „KSV-2,5" können junge und alte Hochstammanlagen mit Pyramidenkronen erfolgreich bearbeitet werden, wobei die Bearbeitung 98,4–99,3% des offenen Bodens erfassen kann. Es bleiben dabei nur etwa

60 cm breite oder 1 m^2 große Reststücke unbearbeitet. Um eine vollständige Bodenbearbeitung auch in Obstanlagen mit breit- und tiefliegenden Baumkronen zu ermöglichen, wird die Zusammenkoppelung zweier Kultivatoren vorgeschlagen. Es wird ferner der Vorschlag gemacht, nach der Bau- und Arbeitsweise des KSV-Kultivators einen Anbaukultivator zum 30–40 PS Schlepper, eigens für den Obstbau, zu entwickeln, der eine seitwärts liegende, bewegliche, automatische Sektion, eine Arbeitsbreite von 250, 400 und 500 cm besitzt und mit Geräten zum Bodengrubbern, Bodenkrümeln sowie zum Zusammenpflügen von Bewässerungsfurchen versehen sein soll. M. Stoilow. 455.

Ustinova, A. V. (Ustinowa, A. W.) Vlijanie sposobob vspaški zasolennych počv del'ty reki Volgi na povyšenie ich plodorodija. **(Einfluß der Bearbeitungsverfahren bei den versalzten Böden des Wolgadeltas auf die Erhöhung der Bodenfruchtbarkeit.)** Trudy Instituta počvovedenija. Akademija nauk Kazachskoj SSR, Alma-Ata 12 (1961) S. 182–185. — 1 Tab. Orig.: russ.
Im Verlauf von 6 Jahren wurden folgende Bodenbearbeitungsarten untersucht: 1) normales Pflügen auf 20–22 cm (Kontrolle); 2) Pflügen auf 30–32 cm mit Schollenwendung; 3) Tiefpflügen auf 40–42 cm; 4) Pflügen auf 20–22 cm mit Untergrundlockerung auf 15–20 cm; 5) Pflügen auf 35–40 cm ohne Schollenwendung. Die Salzgehaltverminderung in den ersten 2 Jahren der Untersuchung zeigte einen unterschiedlichen Charakter im Bodenprofil und erfaßte verschiedene Bodenschichtstärken: bei Bearbeitung nach 1) 25–30 cm; 2) bis 40 cm; 3) bis 60 cm; 4) u. 5) 80–100 cm. Die wasserphysikal. Eigenschaften waren am günstigsten auf der 4. u. 5. Versuchsvariante, und dementsprechend wurden auf ihnen die höchsten Erträge erzielt. Die Versuche zeigen, daß unter den Bedingungen in der Wolga-Achtuba-Aue das Pflügen ohne Schollenwendung oder das Pflügen mit Untergrundlockerung auf 35–40 cm bei normalem Pflügen in den folgenden 2–3 Jahren am zweckmäßigsten sind.
W. Görtler. 475.

Sapožkov, N. A. (Saposhkow, N. A.) O biologičeskoj osnove glubokoj obrabotki dernovo-podzolistych počv. **(Über die biologische Grundlage tiefer Bearbeitung von Podsol-Rasen-Böden.)** Tr. In-ta mikrobiol. AN SSSR **1960** Nr. 7. S. 59–67. — Aus: Referativnyj žurnal. Biologija, Moskva **1961** Nr. 13. G 228. S. 26.
Eine Arbeit des Landwirtschaftl. Instituts für die Nordwestgebiete in Leningrad. Eine 40 cm tiefe Grube wurde sorgfältig mit durchmischter und gesiebter Erde angefüllt, die streifenweise der Ackerkrume entnommen war. Eine Hälfte der Versuchsparzelle wurde mit Klee und Weizen angesät, die andere Hälfte blieb unbesät. Im Laufe von 3 Jahren wurde die Parzelle nur oberflächlich gelockert. Während dieser Zeit differenzierte sich die ursprünglich gleichartige Bodenschicht, ihre einzelnen Teile unterschieden sich deutlich in der Fruchtbarkeit. Am fruchtbarsten war der Horizont von 0–10 cm, am wenigsten fruchtbar der von 30–40 cm, was sich aus der geschwächten Wirksamkeit der Mikroflora erklärt. Für die Erhaltung der Bodenfruchtbarkeit ist es notwendig, regelmäßig die Ackerkrume in ihrer ganzen Tiefe zu wenden. Die größte Wurzelmasse von Gräsern findet sich in einer Tiefe von 0–10 cm. Versuche mit Isotopen zeigten den großen Anteil des Horizonts von 10–20 cm an der Pflanzenernährung, besonders in der zweiten Hälfte der Vegetationszeit.
übersetzt v. K. Lill. 475.

Pusztai, A. A talajmüvelés hatása a talaj nedvességtartalmára és hömérsékletére. **(Die Einwirkung der Bodenbearbeitung auf Bodenfruchtbarkeit und Bodentemperatur.)** Magyar tudományos Akad. mezögazdasági Kutató Intézete Jubileumi tudományos Konf., Martonvásár [Jubiläums-Symposium landwirtsch. Forsch.-Inst. ung. Akad. Wiss., Martonvásár] **1959** (hrsg. 1961) S. 293 –306. — Aus: Ung. Agrar.-Rdsch. **1962** Nr. 2.

Die Wirkung der im Sommer vorgenommenen Bodenbearbeitung auf Steppenboden von gutem Wasserhaushalt mit Vorfrucht Wickhafergemenge für Grünfutter wurde in 4 Prüfgliedern untersucht: 1. nach der Räumung des Feldes durch die Vorfrucht wurde sofort 18 bis 20 cm tief gepflügt, 2. 3- bis 5maliges Scheibeneggen in Längs- und Querrichtung, 3. nach der Schälfurche wurde mit dem Pflug ohne Streichblech 30 bis 35 cm tief gepflügt, 4. Stoppelschälen mit der Scheibenegge, worauf Mitte August die 18 bis 20 cm tiefe Schälfurche folgt. Lt. 5jähriger Bodenfeuchtigkeitsuntersuchungen war die Bodenfeuchtigkeit eher von der Witterung als von der Bodenbearbeitung abhängig. In Tiefen von 20 bis 30 und 50 cm enthielt der nach 1. bearbeitete Boden mehr Feuchtigkeit als bei 2. Vf. untersuchte ferner den Entwicklungsgang des Feuchtigkeitsgehaltes im verunkrauteten, unkrautfreien, jedoch nicht bearbeiteten und im Boden, der in verschiedenen Tiefen bearbeitet wurde. Den durchgeführten Mikroparzellenversuchen zufolge sind es in erster Reihe die Unkrautpflanzen, die im Sommer an der Bodenfeuchtigkeit zehren. Durch die tiefere Bodenbearbeitung wird die Feuchtigkeit der tieferen Bodenschichten besser bewahrt. In denselben Versuchen wurden auch Bodentemperaturmessungen mit Wärmewiderständen vorgenommen, aus denen hervorgeht, daß bei hoher Bodenfeuchtigkeit die Lockerung der Bodenoberfläche die Bodentemperatur erhöht, während der trockene Boden, der gehackt wird, sich unter die Temperatur des unbehandelten abkühlt. Der Temperaturunterschied ist in den oberen Bodenschichten am höchsten (2 bis 3 °C), während er in der Tiefe allmählich abnimmt. 475.

Mákos, József und *Vodnyánszky, József.* **Et egyirányu tárcsa kezelési utasitása.** (Scheibenegge ET.) 7. kiádas. Budapest. 1962. (41 S.) 8°. (1962 A 754)

V. BODENMELIORATION UND BODENSCHUTZ

B. Bodenmelioration

Anonym. Enkele aspecten ten aanzien van het machinaal graven en verruimen van sloten. **(Einige Aspekte des maschinellen Anlegens und Erweiterns von Gräben.)** Inst. Landbouwtechn. Rationalisatie, Wageningen, Gestencilde Meded. **1962** Nr. 1. S. 1–21. – 34 Abb., 7 Tab.

Für das Ausbaggern von kleinen Gräben wird je m^3 mehr Zeit benötigt als für das Anlegen breiterer Gräben. Untersuchungen haben ergeben, daß, abhängig von den Umständen und der Größe des Baggers, die besten Leistungen beim Anlegen von Gräben mit 5–8 m^3/m Inhalt erzielt werden. Da das Vollenden der Böschungen beim Baggereinsatz vornehmlich durch Handarbeit geschehen muß, werden für diesen Arbeitsgang immer noch 20–30% der Gesamtarbeitskosten benötigt. Es werden folgende Maschinentypen auf ihre Eignung für das Anlegen und Räumen von Gräben im Hinblick auf geringen Handarbeitsaufwand untersucht: Graben- und Grüppenfräsen, hydraulische Kräne, selbstfahrend und auf Kettenschleppern, Dränmaschinen mit Grabkette oder Grabrad, Grabenpflüge, Böschungsgeräte. M. Lüpnitz. 520.

Schmitz, Wolfgang; Karlsruhe, Landesstelle für Gewässerkunde und Wasserwirtsch. Plan. von Baden-Württemberg. **Die Überwachung der Gewässergüte in den USA – neue Wege und Methoden.** Dtsch. gewässerkundl. Mitt. **6** (1962) Nr. 3. S. 49–54. – 4 Abb., 10 Lit.

In dem vorliegenden Bericht werden die Anstrengungen geschildert, die im letzten Jahre in den USA auf dem Gebiet der Gütekontrolle der Gewässer unternommen worden sind. Eine wichtige Institution zur Überwachung der Wassergüte ist das bundesstaatliche Gütekontrollnetz des Robert A. Taft Sanitary Engineering Center des U. S. Public Health Service mit seinen 75 Untersuchungsstationen an allen größeren Flußläufen der USA. Das Centralinstitut in Cincinnati (Ohio) dient der Forschung, Ausbildung und Beratung bei che-

mischen, physikalischen, biologischen und technischen Problemen. Es werden Fragen des Zustandes der Luft und des Wassers, der radioaktiven Strahlung der Abfallstoffe und der Nahrungsmittel bearbeitet. – Im Überwachungssystem des ORSANCO wird speziell das Ohio-Einzugsgebiet überwacht. Hierfür wurde das sogenannte ORSANCO-Robot-Monitor-System aufgebaut, eine Einrichtung zur automatischen Ermittlung chemischer und physikalischer Größen, die automatisch einer Zentralstelle übermittelt werden.
D. Nehring. 525.

Werff, H. J. van der; Goes, Cultuurtechn. Dienst. Ontwatering van ingesloten laagten. **(Die Entwässerung eingeschlossener Niederungen.)** Landbouwvoorlichting **19** (1962) Nr. 5. S. 226–233. – 7 Abb., 1 Tab.
In Flurbereinigungsgebieten sind oftmals kleinere und größere Parzellen vorhanden, die von Wasser eingeschlossen sind. Die Folge sind häufig großer Wasserüberschuß und Strukturzerstörung des Bodens. An Hand von Versuchsobjekten wird in solchen Fällen eine Spezialdränung empfohlen, deren Anlage für kleinere Landwirtschaftsbetriebe möglich ist. Vf. warnt vor der Aufstellung von Normen und empfiehlt die Lösung des Problems (Abführung großer Wassermengen in möglichst kurzer Zeit) von Fall zu Fall.
E. M. Ardelt. 5300.

Kramer, D. und Taeger, H.; Berlin, Inst. für Wasserwirtsch. **Arbeitsrichtlinien zur Unterhaltung von Dränanlagen.** Dtsch. Landwirtsch. **13** (1962) Nr. 7. S. 351–353. – 2 Abb.
Grundlage der Unterhaltung und Pflege der Dräne ist die ordnungsgemäße Instandsetzung der Vorfluter. Der verstärkte Einsatz von Maschinen hierbei erfordert eine dauerhafte Kennzeichnung der Dränausläufe zur Vermeidung von Zerstörungen. Formstücke aus Beton, die gleichzeitig Froschklappen und Stabgitter enthalten und mindestens 1 m lang sind, bilden einen wirksamen Schutz gegen Beschädigungen und verhindern gleichzeitig bei Niedrigwasser einen übermäßigen Luftzutritt und damit starke Verlockerung. Die Dränflächen sollten zumindest in jedem Frühjahr eingehend besichtigt werden, um die Wirkung der Dränungen zu überprüfen. Nasse Stellen, die Störungen vermuten lassen, sind zu markieren und die Ursachen möglichst bald zu beseitigen. Bäume und Sträucher sind von Dränflächen zu entfernen, da sie leicht Verstopfungen der Rohre durch Wurzeln verursachen. Wegunterführungen sind bes. zu beachten. Die Beseitigung von Störungen kann durch Drahtdurchzug, Spülung oder Aufgrabung erfolgen. E. v. Wangenheim. 530.

Evans, D. D. und Ashcroft, Gaylen; Corvallis, Oregon Agric. Exp. Stat. Tile drainage for layered soil. **(Der Ziegeldrän im mehrhorizontigen Boden.)** Proc. Soil Sci. Soc. America **25** (1961) Nr. 2. S. 142–145. – 9 Abb., 2 Tab., 3 Lit.
Zum Studium des Einflusses einer 30 cm mächtigen Stauschicht auf die Wasserabzugsleistung von Ziegeldränsystemen variierten die Vff. die Tiefenlage dieser Stauschicht im Profil, die relative Durchlässigkeit der zur Stauschicht gehörenden Bodensubstanz sowie die Dräntiefe. Den Untersuchungsergebnissen ist u. a. zu entnehmen, daß zwischen der Durchflußspende des Ziegeldräns und der jeweiligen Dräntiefe eine annähernd lineare Beziehung bestand, wenn das Verhältnis der relativen Durchlässigkeit in der Stauschicht zu der des umgebenden, nichtstauenden Bodenbereiches 1:10 betrug. Erweiterte sich dieses Verhältnis auf 1:100 und 1:1000, so ließ die Durchflußspende stets eine nur sehr geringe Abhängigkeit von der Dräntiefe erkennen. Die Aufzeichnung und Verrechnung der Meßwerte erfolgte mit Hilfe eines automatischen Auswertegerätes. W. Prager. 530.

Newrzella, B. **Die Bewässerung der Sandböden.** Z. Landeskult. **2** (1961) Nr. 4. S. 350–364. – 7 Abb., 8 Tab., 9 Lit.

Entscheidender Wachstumsfaktor bei der angestrebten Produktivitätssteigerung der Futterflächen ist das Wasser, das jedoch in seinem natürl. Dargebot häufig begrenzt ist. Es ist daher dringend erforderlich, die ertragssteigernden Reserven in den Abwässern zu mobilisieren, wobei nach entsprechender Aufbereitung auch der verstärkte Einsatz von Grubenwässern in Frage kommt. In der Perspektive könnten in der DDR ca. 250000 ha weiträumige Bewässerungsflächen mit Abwasser „versorgt" werden, was einem Mehrertrag von ca. 4 Mill. GE entspräche. Voraussetzung ist allerdings für die Zukunft der Bewässerung die Mechanisierung bei der Verteilung der Wassermengen (z. B. mechanisierte Verlegung der oberirdischen Rohrleitungen). Die Ertragsleistungen in Abwassergebieten werden mitgeteilt, ferner wird auf die zweckmäßige Eingliederung der Abwässer in die Landwirtsch. bei verschiedenen Varianten eingegangen. W. Fleischmann. 535.

Bočev, Bogdan V. (Botschew, Bogdan W.); Sofia, Zentr. Forsch.-Inst. für Hydrotechn. und Meliorat. Vlijanie orošenija na produktivnost' gibridnych pokolenij ozimoj pšenicy. **(Einfluß der Bewässerung auf die Produktivität der Hybridgenerationen von Winterweizen.)** Agrobiologija, Moskva **1962** Nr. 1. S. 32–36. – 2 Tab.

Für die Untersuchungen wurden die Sorten 'Nr. 301' (zu Tr. vulgare var. erythospermum) und 'Jubiläum I' (zu Tr. vulgare var. ferrugineum) verwendet, die sich wesentlich unterscheiden, sowohl in ihren morpholog. Merkmalen als auch in ihren biolog. und wirtschaftl. Eigenschaften. Vor der Hybridisierung wurden beide Sorten drei Jahre bei und ohne Bewässerung unter sonst gleichen Bedingungen gezüchtet. Die Hybr. wurde 1957 vorgenommen: ♂-Sorte 'Nr. 301' ♀-Sorte 'Jubiläum I'. 1958 bis 60 wurden die 1., 2., und 3. Hybridengeneration (HG) gezüchtet; für beide Varianten der Eltern wurden folgende 4 Varianten der HG angelegt: 1) alle 3 HG ohne Bewässerung (Kontrolle); 2) alle 3 HG bei Bewässerung; 3) 1. HG ohne, 2. und 3. HG bei Bewässerung; 4) 1. HG bei, 2. und 3. HG ohne Bewässerung. Die Züchtung der Ausgangssorten bei Bewässerung und hoher Nährstoffversorg. wirkt sich positiv auf die Herausbildung der Produktionseigenschaften der HG aus. Die systematische Züchtung der HG bei Bewässerung und hoher Nährstoffversorgung hat einen entscheidenden Einfluß auf den Charakter und die Richtung des vorbildenden Prozesses: schafft Hybridformen, die sich durch hohe Produktionsmöglichkeiten und gute Korneigenschaften auszeichnen. Eine große Bedeutung hat die Züchtung der 1. HG, weil durch sie die Richtung des formbildenden Prozesses der folgenden HG bestimmt wird. W. Görtler. 535.

Farský, Imrich; Bratislava, Výskumný Ústav Závlahového Hospodárstva; Českoslov. Akad. Pôdohospodárskych Vied. Zavlažovanie jarných obilnín. **(Bewässerung der Kulturen von Sommergetreide.)** Pol'nohospodárstvo 8 (1961) Nr. 11. S. 837–848. – 6 Abb., 4 Tab., 10 Lit. Zus. in Russ., Engl.

Bei Sommergerste und Hafer verfolgte man die geeignetsten Wasserhaushaltsverhältnisse durch Versuche dreierlei Art: durch einen Gefäßversuch, einen lysimetrischen und einen Feldversuch. Beim Gefäßversuch wies die Variante den höchsten Ertrag auf, die vom Vegetationsbeginn an bis zur Milchreife genügend Wasser zur Verfügung hatte. Der lysimetrische Versuch hat die enge Abhängigkeit des Wasserverbrauches von den meteorologischen Bedingungen bestätigt. Auf Grund der Feldversuche wurde in der Donauniederung der Wasserverbrauch von Sommergetreide wie folgt ausgedrückt (in idealen Niederschlägen): Apr. 82 mm, Mai 84 mm, Juni 95 mm, Juli (erste Hälfte) 43 mm. Die beim lysimetrischen Versuch festgestellte Abhängigkeit des Wasserverbrauches und der ergänzenden Sättigung wurde durch den Feldversuch überprüft. Es zeigte sich, daß das Sommergetreide von der Dreiblattphase an bis zur Bestäubung gegen Wassermangel empfindlich ist. Eine während dieser Zeitspanne herrschende Dürre kann den Ertrag um 40–50% senken. Während der Keim-

und Auflaufzeit sind die Sommergetreidearten gegen die Dürre weniger empfindlich, so daß man mit der Bewässerung von Sommergetreide von Hälfte April bis Ende Mai zu rechnen hat. Die während dieser Zeitspanne vorzunehmende Bewässerung steigert den Ertrag und bedeutet keine Erhöhung der Investitionsbelastung des Bewässerungsobjektes, da – die Luzerne ausgenommen – gleichzeitig keine weiteren Feldfrüchte bewässert werden.
P. Bartoš. 535.

Jandov, D. (Jandow, D.) Konturi na navlanžjavane na izluženija černozem. **(Konturen der Durchfeuchtung des ausgelaugten Tschernosems.)** Naučni trudove. CNII po chidrotechnika i melioracii, Sofija 7 (1961) S. 245–256. – 5 Abb., 3 Tab., 10 Lit. Zus. in Russ., Engl.
Bei Versuchen zur Ermittlung der Konturen der Durchfeuchtung bei der Furchenberieselung auf ausgelaugtem, auf rotbraunem Lehm entwickeltem, Tschernosem wurden Anschwämmplätze mit Reihenabständen von 75 cm bei Wassergaben von 400, 600 und 800 m³/ha angelegt. Die Versuche wurden in 2 Serien ausgeführt: bei einer Vorbewässerungsbodenfeuchtigkeit von 82% und einer solchen von 70%. 24 Stunden nach der Bewässerung wurden in der Furchenmitte in Abständen von 10 cm Bodenproben entnommen, um den Grad und die Konturen der Durchfeuchtung zu ermitteln. Festgestellt wurde, daß die Aussaat von Hackkulturen bei Reihenabständen von 100–110 cm erfolgen kann, ohne daß es erforderlich wäre, in jeder Zwischenreihe 2 Berieselungsfurchen laufen zu lassen. Durch Anwendung der Bandsaat, bei einer Gesamtbreite der Reihen und des Lichtschachtes von 100–110 cm, wird die Bewässerung von Kulturen mit kleineren Zwischenreihenabständen (von 50 bis 60 cm) ebenfalls ermöglicht. Wenn die Wässerung im Jungstadium der Pflanzen vorgenommen wird, so ist der tätige Bodenhorizont mit einer Mächtigkeit von 40 cm zu nehmen und die Wassergabe auf 80 cm Bodenschicht zu berechnen. M. Miltschew. 535.

Morhaus, G. H.; Velp, Netherlands. Sprinkling or irrigation? **(Beregnung oder Berieselung?)** Netherl. J. agric. Sci. **10** (1962) Nr. 2. S. 101–108.
In dieser Arbeit wird durch Berechnungen die Wirtschaftlichkeit der beiden Systeme gegenübergestellt. Als Kriterium dienten 1. die Größe der mit der gleichen Wassermenge zu beregnenden oder zu berieselnden Ackerfläche, 2. die Profitverhältnisse bei der Beregnung (a) bzw. Berieselung (b). Es wurde festgestellt, daß die Wasserverluste mitunter bis zu 50% betragen. Sie setzen sich zusammen aus: Versickerung in der Hauptzuleitung und in den Nebenzuleitungen, Verdunstung, Versickerung in das Grundwasser auf dem Feld und ungenutztem Oberflächenabfluß. Grundsätzlich sind hier die Gesamtverluste bei a geringer als bei b, und es kann mit der gleichen Wassermenge bei a eine größere Ackerfläche bewässert werden als bei b. Unter der Voraussetzung, daß die sonstigen Produktionskosten und für die Ernte erzielten Preise je Flächeneinheit gleich sind, kann bei a ein größerer Profit erzielt werden als bei b, trotzdem die Aufwendungen für die Bewässerung selbst bei a erheblich höher sind als bei b. E. v. Wangenheim. 535.

Schuster, Gisela. **Biochemische Abbaumöglichkeiten von schwer angreifbaren Inhaltsstoffen industrieller Abwässer.** Wiss. Z. Karl-Marx-Univ. Leipzig, math.-naturwiss. R. **11** (1962) Nr. 1. S. 179–185. – 2 Abb., 2 Tab., 12 Lit.
Die Konzentration toxischer Abwässer und die Anpassung der die Reinigung bewirkenden Organismen an die im einzelnen durch Testversuche festzustellende günstigste Konzentration sind die Grundlagen erfolgreicher biologischer Reinigung. An Beispielen: Tbc-Heilstättenabwässer, Schwelwasser (enthaltend Phenole, Fettsäuren, Cyanammonium u. a.) und Abwasser eines Holzverkohlungswerkes (enthaltend Schwefel- und Essigsäure) wird das erklärt. Die Abwässer der Chemiefaserbetriebe werden durch Neutralisation und Flockung gereinigt. Es wird versucht, die danach noch verbleibenden, stark organisch

belasteten Abwässer einer biologischen Reinigung zuzuführen, um bisher eintretende, schädliche Vorfluterbelastungen zu vermeiden. – Eingehend werden Versuche zur Reinigung von stark sauren Nitriersäuren, bestehend aus Schwefel- und Salpetersäure, die im sogenannten Waschwasser eines Sprengstoffwerkes enthalten sind, näher dargelegt. Mit Hilfe des Ciliat Paramecium caudatum wurden Teste zur Ermittlung der letalen Dosis bei neutral eingestelltem, verschieden verdünntem Waschwasser durchgeführt, um die optimalen Reinigungsvoraussetzungen zu ermitteln. Dem gleichen Zwecke dienten Versuche der Waschwasserreinigung in einem gut belüfteten Laborbelebungsbecken, die eine 35%ige Verringerung des BSBW ergaben. – Weitgehende Verdünnung der Abwasserstoffe geht Hand in Hand mit einem weitgehenden Abbau derselben. M. Pankrath. 535.

Bringmann, G. und Kühn, Renate; Berlin, Inst. für Wasser-, Boden- und Lufthyg. **Biomassentiter und Saprobien - eine hydrobiologische Vergleichsanalyse an Nieder-Rhein, Fulda und Havel.** Int. Rev. ges. Hydrobiol. **47** (1962) Nr. 1. S. 123–145. — 8 Abb., 6 Tab., 5 Lit.
Vff. untersuchten den Zustand der Flüsse auf ökolog. Wege über das Saprobiensystem und auf physiolog. Wege durch die Biomassentiter für *Escherichia coli* und *Scenedesmus quadricauda.* Die Ergebnisse werden in Abhängigkeit von Wasserführung, Temperatur und chem. Werten dargestellt und verglichen. Die — allerdings nur auf das Plankton bezogenen — ökolog. Ergebnisse geben die Abwasserbelastung und den Trophiegrad des Flusses in seinen Schwankungen nicht so gut wieder wie die Biomassentiter. Der *Escherichia*-Test zeigt gute Parallelität mit dem NH_4-Gehalt, der *Scenedesmus*test mit dem Gehalt an anorg. Stickstoff im Wasser. Die Werte beider Titer sind umgekehrt proportional der Wasserführung und der Temperatur. W. v. Tümpling. 535.

Krüger, W. **Bodenbehandlung der Abwässer der kohleveredelnden Industrie.** Wiss. Z. Karl-Marx-Univ. Leipzig, math.-naturwiss. R. **11** (1962) Nr. 1. S. 173 bis 178. — 2 Abb., 5 Tab., 16 Lit.
Nach 1jährigen Versuchen wird die Bodenbehandlung der Abwässer der kohleveredelnden Industrie nach Vorreinigung als geeignet betrachtet. — Zur Vorreinigung der Abwässer dienen Entphenolung, Ammoniakabtrieb, Verdünnung und künstlich-biologische Reinigung entweder zusammen oder auch in Einzelkombinationen. Zur Verdünnung wird Kühl-, Betriebs- oder Frischwasser genommen. — Statt Vernichtung von Inhaltsstoffen (Phenole) erfolgt jetzt deren Rückgewinnung. Restphenole können auch durch biologische Verfahren (Turmtropfkörper, Magdeburger P-Verfahren) beseitigt werden. Dabei werden die mineralischen Bestandteile des Abwassers nur unwesentlich vermindert und eutrophieren daher den Vorfluter. Beregnungseinzelgaben bringen bis zu 60 mm einen befriedigenden Reinigungserfolg. Die Tendenz einer abnehmenden Reinigung bei erhöhter Belastung ist allgemein zu erkennen. Dabei werden 80–90% der organischen und anorganischen Schmutzstoffe in der Tiefe von 0 bis 25 cm, d. h. in der Krume, und in dem Bereiche von 25–50 cm nur noch rund 8% zurückgehalten. Im Winter wurde bis zu -5°C beregnet. — Mit zunehmender Abwasserkonzentration steigen sowohl die Keimzahlen als auch die CO_2-Produktion deutlich an. Die toxische Grenzkonzentration für Bodenbakterien liegt über 1 500 mg/l Gesamt-Phenole. — Die Dauer der erhöhten bodenbiologischen Aktivität beträgt 2 bis 28 Tage und hängt von der Abwasserkonzentration ab. Nach jeder wiederholten Bodenbehandlung tritt ein erneutes Ansteigen der Gesamtkeimzahlen ein. Aus der Korrelation zwischen Keimzahl im Boden und Phenolgehalt wird auf einen überwiegend biologischen Abbau der Phenole im Boden geschlossen. Umgekehrt kann aus dieser Beziehung die Dauer des Phenolabbaues ermittelt werden. — Auf die Möglichkeit des rein chemischen Phenolabbaues sowie der Umwandlung der Phenole in Humussäuren im Boden wird verwiesen. M. Pankrath. 535.

Ostrom, Thomas R., West, Charles R. und Shafer, James J.; Washington, Army Inst. of Res. Investigation of a sewage sump on the greenland icecap. **(Untersuchungen über einen Abwasserteich auf der Eisdecke Grönlands.)** J. Water Pollut. Control Federat. **34** (1962) Nr. 1. S. 56–62. — 11 Abb., 1 Tab., 2 Lit.
Das Untersuchungsprojekt in der Nähe eines Versorgungslagers einer US-Radarstation bei Thule auf Grönland sollte dazu dienen, das Ausmaß und die seitl. Bewegung flüssiger Abfälle in einem Abwasserteich zwecks Abschätzung des Mindest-Sicherheitsabstandes zwischen Abwasserteichen und Wasserversorgungsanlagen zu bestimmen. Die Untersuchungsunterlagen wurden mit Hilfe großer Radialbohrer alle 20 ft. (bis zu einem max. Abstand von 100 ft. vom Mittelpunkt des Teiches) gewonnen und in einem transportablen Labor analytisch verarbeitet. In einer Tab. sind neben der jeweiligen Bohrlochtiefe der spez. Widerstand (Ohm cm bei 70 °F), der Coligehalt (Anzahl/100 ml), der Nitrit-N-Gehalt (mg/l) und besondere Bohrmerkmale (Geruch usw.) erfaßt. Hervorstechendes Ergebnis ist, daß das verschmutzte Eisvolumen fast doppelt so groß war wie das des abgelagerten Abwassers und daß die verschmutzte Zone genau abgegrenzt war und eine plankonvexe Form hatte.
W. Fleischmann. 535.

Baumann, E., Lück, E. und Simon, W. **Gärtnerische und landwirtschaftliche Versuche über die Verwendung nährstoffreicher, phenolhaltiger Industrieabwässer bei der Rekultivierung kulturfeindlicher Tertiärkippen.** Z. Landeskult. **2** (1961) Nr. 4. S. 326–349. — 5 Abb., 17 Tab., 16 Lit.
Gefäß- und Feldversuche auf Kippenboden sollten die Möglichkeiten der Verwendung der bei der Braunkohlenverkokung in großen Mengen anfallenden, mit Nährstoffen angereicherten phenolhaltigen Abwässer (Bioschlamm) in Landwirtsch. und Gartenbau prüfen. Der Pflanzenwuchs verhielt sich in Abhängigkeit von der verabfolgten Menge, vom Anwendungszeitpunkt und von der Pflanzenart sehr unterschiedlich. Die bisherigen Ergebnisse lassen den Schluß zu, daß die Anwendung von Bioschlamm bei der landwirtsch. Wiedernutzbarmachung planierter Kippen erfolgreich sein kann, unsicher erscheint der Einsatz vorläufig noch in Gemüsekulturen. Weitere Versuche im Hinblick auf die Ermittlung der Verträglichkeit und des Einflusses auf die Bodeneigenschaften sind erforderlich. W. Fleischmann. 545.

Anonym. Werkzaamheden in de ruilverkaveling „Het Koningsdiep". **(Arbeiten in dem Flurbereinigungsprojekt „Het Koningsdiep".)** Inst. Landbouwtechn. Rationalisatie, Wageningen, Gestencilde Meded. **1962** Nr. 3. Rapp. Afd. Mechanisatie Cultuurtechn. Nr. 28. S. 1–16. – 7 Abb., 7 Tab.
Das Projekt umfaßte das Verbreitern und Vertiefen von „De Drait" mit den dazu notwendigen Bodenbewegungen. Eingesetzt wurden Bagger, Bulldozer und Schlepper mit Anhänge-Dumper. Da der Wasserstand der „De Drait" in Zukunft höher sein wird, mußten an beiden Seiten Dämme sowie Parallelkanäle, die untereinander verbunden sind, angelegt werden. Um den Transport der ausgebaggerten Erde auf ein Minimum zu beschränken, wurden die Dämme größer angelegt als notwendig. Sie werden nach dem Aufbringen einer Humusschicht als Gründland genutzt. Alle Arbeiten wurden durch Zeitstudien erfaßt. Ausführliche Tab. geben Auskunft über Arbeitszeit, -leistung und -kosten der eingesetzten Maschinen. M. Lüpnitz. 560.

C. Bodenabtrag und Bodenschutz

Šikula, N. K. (Schikula, N. K.) Vodno-fizičeskie svojstva ėrodirovannych počv Donbassa. **(Wasserhaushalt und physikalische Eigenschaften der erodierten Böden des Donezbeckens.)** Počvovedenie, Moskva **1962** Nr. 2. S. 99–104. – 7 Tab., 4 Lit.
Der Rückgang der Bodenfruchtbarkeit erodierter Schwarzerden des Donez beckens wird hauptsächlich durch eine Verschlechterung der physikal. Boden-

eigenschaften hervorgerufen: Abnahme der Feldkapazität in der Ackerkrume von 34,4% (in nicht erodierten Böden) auf 29,9% (in stark erodierten Böden), im Unterboden von 34,6 auf 23,4%; geringere Wasserdurchlässigkeit, schlechteres Eindringen der Winterfeuchtigkeit, Verschlechterung des Strukturzustandes. In der durchwurzelten Bodenschicht (1 m Tiefe) stehen den Pflanzen auf schwach erodierten Böden 6%, auf mittel erodierten 21% und auf stark erodierten 39% weniger Wasser zur Verfügung als auf nicht erodierten Böden.
Ch. Bachmann. 570.

Surmač, G. P. (Surmatsch, G. P.) K izučeniju vodnoj ėrozii v Kujbyševskom zavolž'e. **(Zur Untersuchung der Wassererosion im Wolgagebiet bei Kuibyschew.)** Počvovedenie, Moskva **1962** Nr. 2. S. 78–86. -- 4 Tab., 10 Lit.
180–200 Jahre Ackerbau führten in diesem Gebiet dazu, daß etwa 400–500 m^3/ha fruchtbarer Ackerboden durch Wassererosion abgetragen wurden. Die Arbeit enthält Angaben über den Einfluß der Wassererosion auf Krumenmächtigkeit, Humusgehalt und chemische Eigenschaften erodierter Böden.
Ch. Bachmann. 570.

Todorov, R. und Peev, B. (Todorow, R. und Peew, B.); Sofia, Höheres Landwirtsch. Inst. „Georgi Dimitrow", Landwirtsch. Fak. Vŭrchu protivoerozionnite melioracii vŭv obrabotvaemite zemi vŭv NR Bŭlgarija. **(Über die erosionsbekämpfenden Meliorationen an der LNF [Landwirtschaftlichen Nutzfläche] in der VR Bulgarien.)** Naučni trudove. Visš selskostopanski institut „Georgi Dimitrov". Agronomičeski fakultet, Sofija **9** (1961) S. 129–160. — 16 Abb., 27 Lit. Zus. in Russ., Dtsch.
Vff. haben die Maßnahmen zur Bekämpfung der Bodenerosion in 13 Bezirken untersucht. Zur Behebung der bei der Durchführung einzelner Erosionsbekämpfungsmaßnahmen festgestellten Mängel werden Vorschläge gemacht und Empfehlungen gegeben. Darüber hinaus wird ein Verfahren zur dauernden erosionsbekämpfenden Festigung der Hanglagen durch Auspflügen von zwei-, drei- und mehrfachen, an den Höhenschichtlinien liegenden Konturfurchen empfohlen, was die Schaffung von zusammengepflügten, bandartigen, quer zum Hang verlaufenden Konturfurchen(-Terrassen), nach einem vorbestimmten Typ, darstellt. Die Terrassen werden nach einer in Bulgarien angewandten Klassifikation wie folgt eingeteilt: Hochrain-, Auspflug-Konturfurchen- und Aushub-Aufschutt-Terassen. M. Miltschew. 580.

Todorow, T., Palašev, I., Dragonov, D. und Kločkov, B. (Todorow, T., Palaschew, T., Draganow, D. und Klotschkow, B.); Sofia, Höheres Landwirtsch. Inst. „Georgi Dimitrow", Landwirtsch. Fak. Vŭrchu problema za agrolesomelioraciite v Jugoiztočna Bŭlgarija. Krupni dŭržavni zaštitni gorski pojasi i nasaždenija. **(Über das Problem der landwirtschaftlich-forstlichen Meliorationen in Südostbulgarien. Großangelegte staatliche Waldschutzstreifen und flurschützende Gehölzpflanzungen.)** Naučni trudove. Visš selskostopanski institut „Georgi Dimitrov". Agronomičeski fakultet, Sofija **9** (1961) S. 161–185. — 7 Abb. Zus. in Russ., Engl.
Von der Notwendigkeit der rationellsten Ausnutzung der Gewässer in Südost-Bulgarien ausgehend, empfehlen Vff. die Errichtung eines geschlossenen Systems von Waldschutzstreifen und flurschützenden Gehölzpflanzungen, die sich durch besondere Wirksamkeit auszeichnen sollen. Als Grundlage wird die Anlage eines Wasserscheide-Hauptschutzstreifens empfohlen. Außer diesem Schutzstreifen werden noch folgende Verbauungsmaßnahmen vorgesehen: die Schaffung von Uferbefestigungs- und Uferberichtigungswaldschutzstreifen, die Anpflanzung von Wegewald- und Obstgehölzschutzstreifen, die Anlage von flurschützenden Waldstreifen für die Nutzflächen der LPG und VEG sowie die Umgestaltung und Verbesserung der bestehenden natürlichen Waldbestände auf den Höhenzügen, Vorgebirgen und an den Flußläufen. Im Zusammenhang mit der Schaffung dieser Schutzpflanzungen werden Hinweise in

bezug auf ihre Breite, ihren Aufbau, Artzusammensetzung der Gehölze sowie hinsichtlich der Bodenvorbereitung gegeben. M. Miltschew. 580.

McCalla, T. M. und Army, T. J.; Lincoln, Nebr., U. S. Dep. of Agric., A. R. S., Soil and Water Conserv. Div. Stubble mulch farming. **(Stoppelmulchwirtschaft.)** Advances Agronomy **13** (1961) S. 125–196. — 10 Abb., 43 Tab., 123 Lit.

In eingehenden Untersuchungen wurden die Auswirkungen des Stoppelmulchverfahrens auf Winderosion, Infiltration, Wassererosion, Bodenfeuchtigkeit und -temperatur, physikal. und chem. Bodeneigenschaften, Bodenbiologie, Unkrautwuchs und Ernteerträge festgestellt sowie Vergleiche zwischen Mulchen (I) und Schwarzpflügen (II) gezogen. Die Hauptfunktion der beim Mulchen an der Oberfläche verbleibenden Ernterückstände ist das Brechen der Angriffsgewalt des Windes und der Schutz des Bodens vor ihm. Weiterhin wird die Infiltration begünstigt (bei I = 1,68 in./Std., bei II = 0,47 in.). Der jährliche Oberflächenabfluß betrug in Nebraska bei I = 0,70 in., bei II = 2,09 in. Der Bodenwasservorrat stellte sich für 6 ft. Tiefe bei I auf 7,1 in., bei II auf 6,0 in. Die Bodentemperaturen waren bei I tiefer im Frühjahr und Frühsommer, aber höher im Herbst und Winter. Die Schwankungen der Bodentemp. in 3 in. Tiefe betrugen im Aug./Sept. bei I = 12 bzw. 8°, bei II = 19 bzw. 14 °F. Auffallend war die verstärkte Regenwurmtätigkeit bei zunehmenden Mulchmengen: ohne Mulch = 13000 Würmer/acre, bei 2 t/acre Mulch = 103000 Würmer, bei 4 t = 169000, bei 8 t = 263000 Würmer. Ein ernstes Problem ist die Unkrautverbreitung. Bei kontinuierlichem Weizenanbau wurden bei I = 254 lb./acre und bei II = 45 lb. Unkräuter festgestellt.

E. v. Wangenheim. 585.

Anonym. **Zur Limnologie der Speicherseen und Flußstaue.** Wasser u. Abwasser [Wien] **1961** S. 1-312. (73 Abb., 21 Tab., 171 Lit.) Auf ihrem Fortbildungskursus 1961 hatte die Bundesanst. für Wasserbiologie und Abwasserforschung das Generalthema „Zur Limnologie der Speicherseen und Flußstaue" gewählt. Die hier gehaltenen Vorträge sind in vorliegendem Band zusammengefaßt, sie zeigen, wie in einem hochzivilisierten Lande die Wasserwirtschaft in steigendem Maße eine Schlüsselposition einnimmt und den Fragen der Wassergüte bzw. Wasserverunreinigung zunehmende Beachtung bezeigt wird. Aus der Fülle des gebotenen Materials seien einige für den Gewässerschutz bes. bedeutungsvolle Themen herausgegriffen: „Untersuchungen über die Einwirkung von Stauhaltungen auf die natürliche Selbstreinigung", „Gewässerschutzprobleme an Staugewässern in der Schweiz", ‚Registrier- und Meßeinrichtungen für die Gewässerüberwachung" und "Verunreinigung von Staugewässern".

E. v. Wangenheim.

Juva, Karel. **Meliorace.** (Melioration.) Praha: Státní Zeměd. Naklad. 1962. (352 S.) 8°. (1962 A 970)

Knopfli, Walter. **Natur- und Landschaftsschutz im schweizerischen Mittelland und seine Zielsetzung.** 2. erw. Aufl. Zürich: Buchdr. d. Neuen Züricher Zeitung. 1960. (61 S. m. 12 Abb.) 8°. (1962 A 654)

Livečka, Urban und *Hampl.* **Tézba a využití rybničního bahna.** (Gewinnung und Nutzung von Teichschlamm). Praha: Státní Zeměd. Naklad. 1962. (180 S.) 8°. (1962 A 983)

Miklavžič, Jože. **Melioracija in konverzija gozdow na ratišćni, gojitveni in gospidarski osnovi razložena na treh praktičnih primerih.** (Melioration und Waldumwandlung.) Ljubljana. 1961. (289 S. m. 12 Kt.) 8° = Strokovna in znanstvena dela. 6. (SR 1726, 6)

Agrotehnica diferntiată a culturuiler irigate. (Die verschiedenartige Agrotechnik der bewässertenKulturen.) București: Ed. Agro-silvica. 1961. (72 S.) 8°. (1962 A 922)

Öntözési és rizstermesztési kutató intézet szarvas. Gyakorlati öntözéses gazdálkodás. (Praktische Bewässerungswirtschaft.) Szarvas. 1962. (77 S.) 8°. (1962 A 755)

Ökologische Untersuchungen in der subalpinen Stufe zum Zwecke der Hochlagenaufforstung. T.1. Eine Gemeinschaftsarb. d. Forschungsstelle f. Lawinenvorbeugg., Innsbruck. Hrsg. v. d. Forstl. Bundesversuchsanst. Mariabrunn in Schönbrunn. Wien: Österreich. Agrarverl. 1961. (431 S. m. Abb.) 8°. (Z 733)

VI. PFLANZENERNÄHRUNG UND DÜNGUNG

B. Pflanzenernährung

Welte, E. und Trolldenier, G.; Büntehof, Hannover, Landwirtsch. Forsch.-Anst. **Der Einfluß der Bodenmikroorganismen auf Trockensubstanzbildung und Aschegehalt in Nährlösung wachsender Pflanzen.** Arch. Mikrobiol. **43** (1962) Nr. 2. S. 138–147. — 3 Abb., 2 Tab., 22 Lit.

Sterilisierte Samen von Rotklee (*Trifolium pratense*) und Sonnenblumen (*Helianthus annuus*) entwickelten sich bei sterilem Wachstum in Wasserkulturen (verschiedene Nährlösungen) zu Pflanzen mit größerem Wurzelnetz und geringerem Oberteil als sterilisierte Samen in nichtsterilen Wasserkulturen. Die Rhizosphärenflora verringerte also das Wurzelwachstum und förderte das Sproßwachstum (größeres Sproß/Wurzel-Verhältnis). Der Einfluß der Rhizosphärenflora war bei Rotklee (hohe Organismenzahl in der Rhizosphäre) größer als bei der Sonnenblume. Der Mineralstoffgehalt steriler Pflanzen war erhöht. Die Wirkungen der Mikroorganismen werden auf mikrobiell gebildete Wuchsstoffe zurückgeführt. H. Kretschmer. 620.

Niemann, Richard H.; Riverside, Calif., U.S. Dep. of Agric., A.R.S., Soil and Water Conserv Res. Div., U.S. Salinity Lab. Some effects of sodium chloride on growth, photosynthesis, and respiration of twelve crop plants. **(Einige Einflüsse von Natriumchlorid auf Wachstum, Photosynthese und Respiration von zwölf Kulturpflanzen.)** Bot. Gaz. **123** (1962) Nr. 4. S. 279–285. – 7 Tab., 14 Lit.

Auf Versalzung des Bodens reagieren alle Pflanzen gewöhnlich mit Wachstumshemmung. Na^+ und Cl^- sind am meisten in versalzten Böden zu finden. Manche Pflanzen sind empfindlich gegenüber diesen Ionen, während andere nicht auf eine bes. Zusammensetzung des Salzüberschusses reagieren. Kulturpflanzen sind verschieden stark tolerant gegen Versalzung. In den Versuchen wurden Kulturarten aus 6 Familien in Nährlösung (Gefäße mit Kies) gezogen, wobei durch NaCl-Zusatz der osmotische Druck auf 1, 2, 3 bzw. 4 atm eingestellt wurde. – Einige Arten reagierten auf erhöhten osm. Druck mit verstärktem Wachstum (Frischsubst.), z. B. Rübe und Spinat (*Chenopodiaceae*), andere mit starken Einbußen, z. B. Kopfkohl, und Erbsen starben bei 3 und 4 atm sogar ab. Entsprechend sank die Photosyntheseleistung bei manchen Arten kaum ab, bei einigen stieg sie sogar an (Salat, Pfeffer, Bohne), bei Erbse sank sie ab, möglicherweise aber nicht wegen osmotischer, sondern wegen Temperatureinflüssen. Zwischen Salztoleranz und Photosyntheseleistung ergab sich keine Korrelation. Die Respiration der Blätter wurde i. allg. bei toleranten und nicht toleranten Arten erhöht. Die Sukkulenz der Blätter nahm zu. Das Wasser/Tr.-Subst.-Verhältnis war bei Spinat und Rüben am höchsten. Die möglichen Ursachen der Wachstumsdepression werden im Zusammenhang mit Stoffwechselfragen erörtert. W. Stenz. 625.

Surrey, Kenneth und Gordon, Solon A.; Argonne, Div. of Biol. and Med. Res. Influence of light on phosphate metabolism in lettuce seed: Spectral response red, far-red interaction. **(Einfluß des Lichtes auf den Phosphatstoffwechsel in Salatsamen: Beeinflussung durch Wechselwirkung zwischen rotem und nahem ultrarotem Spektralbereich.)** Plant Physiol. **37** (1962) Nr. 3. S. 327–332. – 8 Abb., 11 Lit.

Der Einfluß von Licht verschiedener Wellenlänge auf die Phosphataufnahme und Esterbildung während der Keimung wurde an Salatsamen unter Verwendung von $H_3{}^{32}PO_4$ untersucht. Im Vergleich mit nichtbehandeltem Samen trat im roten Bereich (550–650 nm) eine Erhöhung, im nahezu ultraroten (700 bis 750 nm) und im blauen Bereich eine Verminderung des ^{32}P-Gehaltes ein; ultraviolettes Licht hatte keinen Einfluß. Der Phosphatstoffwechsel während der Keimung wurde bei ständiger Bestrahlung mit Rotlicht beschleunigt, mit nahem Ultrarot vermindert. Bei wiederholter Wechselbestrahlung mit rotem und nahe-ultrarotem Licht wurde dieser Effekt ebenfalls beobachtet, unabhängig von der angewandten Anfangsbestrahlung. Zwischen Phosphatstoffwechsel und Keimung bestanden enge Beziehungen, die durch die Wirkungen von monochromatischem Licht erheblich beeinflußt wurden.
O. Knabe. 625.

Ross, Cleon W., Wiebe, Hermann H. und Miller, Gene W.; Logan, Utah State Univ., Dep. of Bot. Effect of fluoride on glucose catabolism in plant

leaves. **(Einfluß von Fluorid auf den Glukoseabbau in Blättern.)** Plant Physiol. **37** (1962) Nr. 3. S. 305–309. – 1 Abb., 2 Tab., 23 Lit.
Der Einfluß einer Fluoridschädigung auf den Verlauf des Glukoseabbaues wurde an normalen und geschädigten Blättern von *Polygonum orientale* L. und *Chenopodium murale* L. untersucht. Dazu wurden abgeschnittene Blätter in F-Lösung gestellt und Blätter an den Pflanzen mit HF begast. Ausgestochene Flächen dieser Blätter wurden im Vakuum entweder mit Glukose-1-^{14}C, -6-^{14}C oder -2-^{14}C behandelt, danach in Warburg-Flaschen überführt und die O_2-Absorption und $^{14}CO_2$-Produktion ermittelt. Die fluoridgeschädigten Blätter respirierten wesentlich stärker als normale. Die $^{14}CO_2$-Produktion aus Glukose-1-^{14}C stieg gegenüber Glukose-6-^{14}C erheblich an, das C_6/C_1-Verhältnis nahm ab. Diese Abnahme wird auf eine Hemmung der Enolase zurückgeführt. Die Abnahme des C_6/C_1-Verhältnisses und ein C_6/C_2-Verhältnis < 1 in den fluoridgeschädigten Blättern deuten auf einen Glukoseabbau auf glykolytischem Wege und über den Pentosezyklus hin. O. Knabe. 625.

Russel, R. Scott; Letcombe Regis, Wantage, Berks., Agric. Res. Council, Radiobiol. Lab. Some aspects of plant nutrition. **(Einige Aspekte der Pflanzenernährung.)** Agrochimica [Pisa] **6** (1962) Nr. 2. S. 103–126. – 51 Lit.
Die gegenwärtigen Theorien über die Nährstoffaufnahme der Pflanzen, die einen eigens für die Konzentrationsarbeit eingerichteten, allgemeingültigen Aufnahmemechanismus in den Vordergrund stellen, sind nach Ansicht des Vf. im ganzen (Anionenatmung) oder doch in Punkten (carrier-Theorien) anfechtbar. Er äußert den Gedanken, daß die Ionenaufnahme (bzw. -abgabe) ursprünglich doch wohl nur die Folge verschiedener Stoffwechselprozesse (Proteinumsatz) gewesen wäre, daß sie das zumindest teilweise auch heute noch sei, daß andererseits aber in Umkehr dieser Rangfolge nunmehr auch verschiedene Teilprozesse des Stoffwechsels ganz und gar im Dienst des Stofftransportes stünden. Das würde nämlich bedeuten, daß für den beobachteten Stofftransport sehr verschiedene Mechanismen in Frage kämen. Vf. äußert sich außerdem zu dem Problem, ob und wo in der Pflanze bzw. deren Zelle Barrieren für den passiven Stofftransport bestehen und inwieweit bei der Ionensorption im AFS eine Selektivität besteht. J. Garz. 630.

Barber, Stanley A.; Lafayette, Ind., Purdue Univ., Agric. Exp. Stat. A diffusion and mass-flow concept of soil nutrient availability. **(Eine auf Diffusion und Nährstoff-Transport beruhende Vorstellung über die Verfügbarkeit von Nährstoffen des Bodens.)** Soil Sci. **93** (1962) Nr. 1. S. 39–49. – 3 Abb., 1 Tab., 51 Lit.
Die Heranbringung der Nährstoffe durch den Boden zur Wurzeloberfläche wird diskutiert. In die Betrachtungen wurden 2 Prozesse einbezogen, nämlich Nährstofftransport mit dem durch die Pflanzen absorbierten Wasser und Diffusion. Welcher Prozeß für die Verfügbarkeit eines Nährstoffes bestimmend ist, hängt von der Nährstoffkonz. des zur Wurzel fließenden H_2O, der Menge des durch die Pflanze aufgenommenen H_2O (wodurch die Fließgeschwindigkeit des H_2O bestimmt wird) und der Geschwindigkeit der Nährstoffaufnahme durch die Pflanzenwurzel ab. Der Nährstofftransport wird dann zum bestimmenden Faktor der Verfügbarkeit eines Nährstoffes, wenn den Wurzeln mit dem H_2O-Strom mehr Nährstoffe zugeführt werden als diese absorbieren können. Diffusion hat dabei nur insofern Bedeutung, als dadurch die Nährstoffkonz. an der Wurzeloberfläche durch Rückdiffusion in den Boden verringert wird. Als Hauptfaktor für die Verfügbarkeit tritt Diffusion dann auf, wenn durch den H_2O-Strom nur eine geringe Nährstoffmenge herangebracht wird. Die Absorption durch die Pflanzenwurzel ruft ein Konz.-Gefälle hervor, wodurch die Nährstoffe zur Wurzel diffundieren. Die Größe des Konz.-Gefälles und des Diffusionskoeffizienten wird durch Bodenfaktoren beeinflußt, die damit auch die Ge-

schwindigkeit, mit der die Nährstoffe die Pflanzenwurzel erreichen, und die Verfügbarkeit beeinflussen. P. Stoß. 630.

Olsen, S. R., Kemper, W. D. und Jackson, R. D.; Ft. Collins, Colorado Agric. Exp. Stat.; U.S. Dep. of Agric., A.R.S., Soil and Water Conserv. Res. Div. Phosphate diffusion to plant roots. **(Phosphatdiffusion zu Pflanzenwurzeln.)** Proc. Soil Sci. Soc. America **26** (1962) Nr. 3. S. 222–227. – 6 Abb., 3 Tab., 16 Lit.

Vff. entwickeln eine Diffusionsgleichung für P in der Bodenlösung unter Berücksichtigung des Einflusses des Pflanzenentzuges auf das Verhältnis von P in der Lösung zum P der festen Phase sowie der Porosität des Systems und der Wechselwirkung der Ionen. Die Differentialgleichung ist der für die Wärmeleitung analog. Als Ergebnis der Auswertung wird festgestellt, daß durch Diffusion ausreichend P für die Ernährung von Pflanzen zu den Wurzeloberflächen gelangt und daß der Transport durch Bodenwasserbewegung nebensächlich zu sein scheint. Die Diffusionsgeschwindigkeit kann in Sandböden eher aufnahmebegrenzender Faktor sein als in Tonböden, da die Nachlieferung in den ersteren geringer ist. K. Koepke. 630.

Williams, D. E. und Vlamis, James; Berkeley, Univ. of California, Dep. of Soils and Plant Nutrit. Differential cation & anion absorption as affected by climate. **(Einfluß des Klimas auf unterschiedliche Kationen- und Anionenabsorption.)** Plant Physiol. **37** (1962) Nr. 2. S. 198–202. – 5 Abb., 2 Tab., 13 Lit.

Die Kationen- und Anionenaufnahme durch Gerstenpflanzen aus Nährlösungen wurde bei unterschiedlichen Temperatur- und Lichtverhältnissen untersucht. Durch Herabsetzung der Temperatur nahm die Kationen- und Anionenabsorption als Folge verminderter Stoffwechselaktivität ab. Die NO_3-Absorption wurde besonders stark durch Temperaturunterschiede beeinflußt; bei 13 °C war keine NO_3-Absorption festzustellen. Es wird angenommen, daß das zur Nitratreduktion notwendige Reduktase-Enzym und die Synthese org. N-Verbindungen bes. temperaturabhängig sind. Durch Temperaturabfall wurde der pH-Wert der Kulturlösung erniedrigt. O. Knabe. 630.

Marschner, Horst; Stuttgart-Hohenheim, Landwirtsch. Hochschule, Inst. für Pflanzenernährungslehre und Bodenbiol. **Die Aufnahme von Cäsium und dessen Verteilung in der Pflanze.** Arb. landwirtsch. Hochschule Hohenheim **11** (1962) S. 1–80. – 18 Abb., 16 Tab., 94 Lit.

Am Beispiel der Cs-Aufnahme werden kurzfristig an isolierten Gerstewurzeln unter stark variierten Bedingungen und andererseits in langfristigen Vegetationsversuchen die nach jetziger Auffassung im Verlaufe der Ionenaufnahme wirkenden beiden Phasen [stoffwechselunabhängige 1. Phase (Diffusion der Ionen in einem Teil des Wurzelgewebes bzw. Austauschadsorptionen bei Kationen) und stoffwechselabhängige 2. Phase mit spezifischen Bedingungen der Ionen im Sinne des „Träger“-Mechanismus und ihre danach einsetzende Akkumulation] verfolgt. Aus den mit Cs gemachten Beobachtungen ergibt sich allg. für die Ionenaufnahme durch die Pflanzen und ihren Weitertransport folgendes Bild: Nach Diffusion in den AFS bzw. nach Austauschadsorption der Kationen [1. Phase nur in kurzfristigen Versuchen bei 0 °C ungestört von spezifischen, stoffwechselabhängigen Aufnahmeprozessen erfaßbar; dabei Konkurrenz der Kationen um die vorwiegend an den Zellwänden lokalisierten Austauschorte mit stärkster Verdrängungswirkung des Cs innerhalb der Alkalireihe ($Li < Na < K < Rb < Cs < Mg < Ca < Sr$)] gelangen diese in das Cytoplasma und werden dort (in der 2. Phase) an Träger mit hoher Ionenspezifität gebunden, welche auch die Akkumulation in die Vakuolen der Wurzelzellen vermitteln [Temperatureinfluß der Ionenaufnahme zeigte sich sowohl in Q_{10}-Werten > 2 für Cs als auch in starker Hemmung der Cs-Aufnahme bei Gegenwart des Stoffwechselgiftes (2,4-DNP); überdies war die Cs-Akkumulation in den stark stoffwechselaktiven Wurzelspitzen (1,5 cm) um 50% höher als in den Basalzonen (1,5–3 cm hinter der Spitze)]. Die Akkumulation in den Wurzelzellen konkurriert mit dem Ionentransport durch das Cytoplasma (Symplasma im Sinne von Arisz) zu den Gefäßen. Waren neben Cs noch andere Ionen anwesend, so erhöhte sich (durch verstärkte Trägerbildung oder höheren Umsatz, wie z. B. bei Anwesenheit von Ca oder Mg) bzw. verringerte sich die Cs-Aufnahme (durch Konkurrenz um die Trägerbindung, wie z. B. bei K- oder Rb-Anwesenheit). Die hohe K-Affinität zum gemeinsamen Trägersystem bewirkt eine rel. Anreicherung des Cs im Cytoplasma (Verdrängung des Cs durch K bei Akkumulation in den Vakuolen) und dadurch einen verstärkten Cs-Transport zu den Gefäßen. Nach Absättigung der Wurzeln mit K verstärkt sich jedoch der K-Transport zu den Sprossen, und Cs wird zurückgedrängt. Die bevorzugte K-Akkumulation beim Transport im Stengel äußert sich in einer nach oben zunehmenden Cs-Anreicherung im Saftstrom (insbes. bei weitem Cs/K-Verhältnis, bei dem dann auch die bevorzugte K-Aufnahme zurücktritt) entsprechend mit der Länge des Transportweges (Erklärungsmöglichkeit für das Auftreten erster Cs-Schadsymptome an den Rändern jüngerer Blätter). Bei weitem Cs/K-Verhältnis (1: > 100) und langfristigen Versuchen verschiebt sich infolge anfänglich dominierender K-Akkumulation in den Vakuolen das Verhältnis im Cytoplasma stark zugunsten von Cs (nachträglich verstärkte Cs-Akkumulation, Verteilungsfaktoren etwa = 1). Einer verstärkten Rückdiffusion des Cs in die Außenlösung wirkt dann der Transpirationsstrom entgegen (bei gehemmter Transpiration wird nicht nur der Cs-Gehalt der Sprosse, sondern auch der der Wurzeln vermindert). — Die Ergebnisse erbrachten überdies auch Hinweise zur Frage der Verseuchung der Pflanzen mit radioaktivem ^{137}Cs. Da sich bei langfristigen Versuchen Verteilungsfaktoren von nahezu = 1 ergeben (K rel. Cs nur sehr wenig bevorzugt aus Bodenlösung aufgenommen), würde z. B. eine Verdopplung des verfügbaren K im Boden die Cs-Aufnahme nicht mehr als nur auf etwa die Hälfte vermindern (da hierzu mehrere 100 kg K/ha nötig wären, erscheint diese Maßnahme wenig effektiv bezüglich einer Herabsetzung der ^{137}Cs-Aufnahme). Zusätzlich wird sich mit stärkerem Wachstum (längere Transportwege) die ^{137}Cs-Anreicherung bes. in den Samen und Früchten erhöhen. Die Verlagerung des direkt auf die Blattspreiten gelangenden „fallout-Cs" in diese Organe wird jedoch, rel. zum K gesehen, geringer sein. H. E. Freytag. 630.

Jensen, Gustav; Copenhagen, Roy. Veterin. and Agric. Coll. Lab. of Plant Physiol. Active and passive components in ion uptake processes. Experiments with intact and excised tomato root systems. **(Aktive und passive Komponenten bei Ionenaufnahmeprozessen. Untersuchungen mit intakten und abgeschnittenen Tomatenwurzelsystemen.)** Physiol. Plantarum [Copenhagen] 15 (1962) Nr. 2. S. 363–368. — 1 Abb., 2 Tab., 8 Lit.
Mit 6–8 Wochen alten, in Nährlösungen kultivierten Tomatenpflanzen wurde die durch aktive und passive Vorgänge bedingte NO_3-Aufnahme und die Respirationsrate des Wurzelsystems untersucht. Die Messungen erfolgten in kurzen Intervallen zunächst an intakten und dann an abgeschnittenen Wurzelsystemen von gleichen Pflanzen (Ausschaltung des Transpirationsstromes). Die NO_3-Aufnahme der abgeschnittenen war gegenüber den intakten Wurzelsystemen erheblich verringert, die Respirationsrate blieb jedoch unverändert. Vf. folgert, daß unter den gegebenen Versuchsbedingungen die passiv aufgenommene NO_3-Menge etwa 75% der Gesamt-NO_3-Aufnahme beträgt.
O. Knabe. 630.

Higinbotham, N., Pratt, Michael J. und Foster, R. J.; Pullman, Washington State Univ., Dep. of Bot. Effects of calcium, indoleacetic acid, & distance from stem apex on potassium & rubidium absorption by excised

segments of etiolated pea epicotyl. **(Einflüsse von Calcium, Indolylessigsäure und Entfernung der Stengelspitzen auf die Kalium- und Rubidium-Absorption durch ausgeschnittene Segmente aus etioliertem Erbsenepikotyl.)** Plant Physiol. **37** (1962) Nr. 2. S. 203–214. – 20 Abb., 3 Tab., 25 Lit.
Der Einfluß einer Zelldifferenzierung, von Ca, IAA und der Wechselwirkung dieser Faktoren auf die K-Aufnahme aus KCl-Lösungen wurde unter Verwendung von ^{86}Rb an ausgeschnittenen Segmenten (0,5, 1 oder 2 cm) von etioliertem Erbsenepikotyl untersucht. Die Aufnahmeprozesse wurden auf Austausch und Anhäufung im AFS bezogen. In 2 cm langen Stengelsegmenten wurde die K-Aufnahme in Gegenwart von Ca erhöht. In der Stengelspitze wurde sie durch Ca gehemmt, durch IAA, 2.4-Dichlorphenoxyessigsäure mit Ca beschleunigt. Die Förderung der K-(Rb)-Aufnahme durch IAA schien von der Gegenwart des Ca abhängig zu sein. Bei bestimmter KCl-Konz. ergab sich für die K-Aufnahme eine optimale $CaCl_2$-Konz., Abweichungen von dieser Konz. führten zur Depression der K-Aufnahme. Durch Sr wurde die K-Aufnahme erhöht, durch Ba, Mg, Mn, Fe, Al und Na gehemmt. Das Ca/Mg-Verhältnis hatte nur geringen Einfluß auf die K-Aufnahme. IAA in Verbindung mit Mg rief starke Depressionen in der K-Aufnahme hervor.
O. Knabe. 630.

Bourget, S. J. und Carson, R. B.; Ontario, Ottawa, Dep. of Agric. Effect of soil moisture stress on yield, water-use efficiency and mineral composition of oats and alfalfa grown at two fertility levels. **(Einfluß von Bodenfeuchtigkeitsdruck auf Ertrag, Wasserverwertung und die mineralische Zusammensetzung von Hafer und Luzerne, die bei zwei Düngungsstufen gewachsen waren.)** Canad. J. Soil Sci. 42 (1962) Nr. 1. S. 7–12. – 2 Tab., 18 Lit.
Die Feuchtigkeitsvarianten waren 100, 75, 50, 25 und fast 0% der verfügbaren Bodenfeuchtigkeit. Die verabreichte Düngung betrug 6–20–20 für Hafer und 0–20–20 für Luzerne (lb./acre). Als Vergleich diente eine ungedüngte Kontrolle. Der Ertrag wurde bei Hafer durch Ermittlung des Stroh- und Korngewichtes festgestellt; bei Luzerne wurden 2 Schnitte durchgeführt, und zwar wenn 75% der Pflanzen blühten. Sowohl bei Luzerne als auch bei Hafer sank der Ertrag mit abnehmender Bodenfeuchtigkeit. Die Unterschiede waren bei den gedüngten Varianten im Vergleich zu den Kontrollen größer. Die Wasserverwertung war auf den gedüngten Böden ebenfalls besser. Die mineral. Zusammensetzung (Gehalt an N, P, K, Ca und Mg) variierte bei verschiedenen Feuchtigkeiten wenig, nur P sank mit der Feuchtigkeit bei der ungedüngten Kontrolle von Hafer. J. Frommhold. 640.

Nehring, K. und Borchmann, W. **Mineralstoffgehalt in Futterstoffen.** Forsch.- u. Entwickl.-Stelle Rostock, Institut für landwirtschaftliches Versuchs- und Untersuchungswesen. Plan-Nr. 170125 h/1–07/6.
Vff. führten Feld- und Gefäßversuche durch, um den Einfluß des Witterungsverlaufes, der Düngung und des Bodens auf die Mineralstoffaufnahme zu ermitteln. Mit Erhöhung des Wassergehaltes (30, 60 und 100% der WK) stiegen die Erträge bei allen Versuchspflanzen an. Höhere Wassergaben verminderten den Gehalt an K, Ca und N in der Pflanze, und erhöhten den P- sowie (meist) den Mg-Gehalt. Das Ca/P-Verhältnis war bei reichlicher Wasserzufuhr eng, bei geringer dagegen weit. Die Bodenart übte einen im einzelnen noch nicht geklärten Einfluß auf die Mikronährstoffaufnahme der Pflanze aus, zu einer Ertragssteigerung kam es durch Co, Cu und Mn nicht. Untersuchungen an 1735 Heuproben ergaben, daß der Mn-, Cu- und Co-Gehalt der meisten Proben noch unzureichend war. Durch Thomasphosphat ist eine Verbesserung des Grünlandes in bezug auf den Mikronährstoffgehalt zu erreichen. 645.

Riga, Arthur J. und Bukovac, Martin J.; East Lansing, State Univ. Distribution du ^{32}P, du ^{45}Ca et du ^{65}Zn chez le haricot (Phaseolus vulgaris L.)

après absorption radiculaire. Redistribution de ces éléments au cours de la germination de la graine et du développement de la jeune plantule. **(Verteilung von ^{32}P, ^{45}Ca und ^{65}Zn bei der Bohne [Phaseolus vulgaris L.] nach Aufnahme durch die Wurzel. Neuverteilung dieser Elemente im Laufe der Keimung des Samens und der Entwicklung der jungen Pflanze.)** Bull. Inst. agronom. Stat. Rech. Gembloux **29** (1961) Nr. 2. S. 165–196. — 7 Abb., 9 Tab., 43 Lit. Zus. in Russ., Engl., Niederl., Dtsch.

In Gefäßversuchen gezogene Bohnenpflanzen wurden im Stadium der Blüte mit ^{32}P als H_3PO_4, ^{45}Ca und ^{65}Zn (beides als Chlorid) — je 50 μc entspr. — versetzt. Die Pflanzen wurden in Sproß, Blätter, unreife und reifende Hülsen und Samen geteilt. Die Samen wurden zur Keimung gebracht und Samenhülle, Kotyledonen und Rest des Embryos getrennt untersucht. Während bei P und Zn die höchsten Konz. in den aktiv wachsenden Pflanzenteilen (bes. in Samen) gefunden wurden, war Ca vor allem in älteren Geweben (Blättern) vorhanden. Von den in den Samen enthaltenen Elementen wurden 97% des P, 84% des Zn und 24% des Ca in den Kotyledonen gefunden. Ca war zu 74% in den Samenschalen vorhanden. Bezieht man aber auf das Trockengewicht der Pflanzenteile, dann wird für P und Zn der größte Teil in Epikotyl+Hypokotyl+Wurzel gefunden. Die Mobilität der untersuchten Elemente beim Auskeimen war unterschiedlich: nach 6tägiger Keimung waren aus den Kotyledonen 30% des P, 14% des Ca und 54% des Zn ausgewandert. In Hypokotyl und Keimwurzel wanderte bei allen untersuchten Elementen der größere, in das Epikotyl der kleinere Teil. W. Schulze. 645.

Brzesowksy, W. J. und Biesen, J. van; Cameroon Republic, Cameroons Development Corporation. Foliar analysis in experimentally grown Lacatan bananas in relation to leaf production and bunch weight. **(Die Blattanalyse und ihre Beziehung zur Blätterproduktion sowie zum Gewicht der Bananenbündel von Lacatanbananen in Vegetationsversuchen.)** Netherl. J. agric. Sci. **10** (1962) Nr. 2. S. 118–126.

Folgender Düngungsversuch wurde zu Bananen angelegt: 1N-1P-1K, 1N-1P-2K, 1N-1P-3K, 2N-1P-1K, 2N-1P-2K und 2N-1P-3K (1N = 3,4 dt/ha $(NH_4)_2SO_4$; 1 P = 4,5 dt/ha Superphosphat und 1 K = 3,4 dt/ha 50%iges Kalisalz) und Blatt- sowie Bananenbündelgewicht ermittelt und in Beziehung zum Blattgehalt an N, P, K, Ca und Mg gesetzt. Bei 1 N wurde das Blattgewicht durch steigende K-Gaben nicht verändert; bei 2 N nahm es mit steigenden K-Gaben um 5 bzw. 8% zu. Das Gewicht der Bananenbündel wurde bereits bei 1 N durch steigende K-Gaben erhöht, die 3-K-Düngung erhöhte aber erst bei 2 N das Gewicht gegenüber 2 K. Der K-Gehalt der Blätter wurde durch 2 und 3 K gegenüber 1 K um 0,2 bis etwa 1,0% K erhöht. Diese Erhöhung bewirkte vor allem in der Trockenperiode, in der der K-Gehalt der jungen Blätter allg. zurückging, daß der K-Gehalt in den besser mit K versorgten Pflanzen noch über dem unteren Schwellenwert lag und der H_2O-Haushalt dieser Pflanzen besser war. Durch steigende K-Gaben wurde der Mg-Gehalt der Blätter etwas reduziert, so daß sich das K/Mg-Verhältnis von 14,8 auf 16,6 bzw. 17,6 erhöhte. Der P-Gehalt wurde durch die Düngung kaum, aber durch die Vegetationszeit beeinflußt und schwankte zwischen 0,22–0,36%. Der Ca-Gehalt war ebenfalls weniger von der angewandten Düngung, als vielmehr von der Jahreszeit abhängig. W. Bergmann. 645.

Teel, Merle R.; Lafayette, Ind., Purdue Univ., Agric. Exp. Stat. Nitrogen-potassium relationships and biochemical intermediates in grass herbage. **(Stickstoff-Kalium-Beziehungen und biochemische Zwischenprodukte in Gras-Grünmasse.)** Soil Sci. **93** (1962) Nr. 1. S. 50–55. — 1 Abb., 3 Tab., 24 Lit.

Der Einfluß von N- (NH_4NO_3) und K-Düngung (KCl) auf den Gehalt von Maleinsäure und N-Fraktionen wurde an Gemeinem Knaulgras (*D. glomerata*) untersucht. Bei niedrigem K-Regime trat merkliche Akkumulation von Maleinsäure und lösl. N-Verbindungen auf, während bei optimalem K-Regime eine starke Zunahme der Proteinsynthese von Abnahme des Maleinsäuregehalts und der lösl. N-Verbindungen begleitet war. Die Ergebnisse lassen darauf schließen, daß für Gemeines Knaulgras ein kritisches K-Niveau zu bestehen scheint. Es wird auf eine mögliche Beziehung zwischen Gehalt an lösl. N und Qualität der Grünmasse hingewiesen. P. Stoß. 645.

Fujimori, Nobushiro, Yoshioka, Shinichi und Miyazaki, Naomi. Nutrio-physiological study of the rice plant on peat soil. II. Characteristics of peat soils, considered from experiments of three nutrient elements. **(Ernährungsphysiologische Untersuchung der Reispflanze auf Torfboden. 2. Mitt. Eigenschaften von Torfböden unter Berücksichtigung eines Versuches mit drei Nährstoffen.)** Res. Bull. Hokkaido nat. agric. Exp. Stat. **1962** Nr. 77. S. 48–55. – 4 Abb., 4 Tab., 4 Lit. Orig.: jap., Ausz.: engl. 1. Mitt. vgl. LZ. Abt. II 7 (1962) Nr. 8. S. 2124.
In 1951–1960 durchgeführten Versuchen waren die Reiserträge auf melioriertem Torfboden infolge schlechter Kornausbildung gering. Aufbringen von Mineralboden wirkte günstig auf Ertragssicherheit, Korn/Stroh-Verhältnis und Spelzenanteil, vermochte aber nicht das Litergewicht zu erhöhen und den Anteil unreifer Körner zu vermindern. Die Pflanzen absorbierten einseitig hohe N-Mengen. Im Düngungsversuch hatte P den stärksten Einfluß auf die Ertragsbildung. Torfboden auf Ton wies günstigere Eigenschaften auf. Hier enthielten die Pflanzen hohe N-, P- und K-Mengen und reagierten kaum auf die Düngung. Auf allen Torfbodenvarianten war die Pflanzensubstanz im Vergleich zu Mineralbodenpflanzen Si-arm. K. Koepke. 645.

Gopalachari, N. C.; Benares, India, Hindu Univ. Studies on spangle formation in bidi tobacco (Nicotiana tabacum L.): 2. Effect of variations in nitrogen, phosphorus, and potassium concentration on spangle formation. **(Untersuchungen über die Fleckenbildung bei Bidi-Tabak [Nicotiana tabacum L.]. 2. Mitt. Wirkung unterschiedlicher Stickstoff-, Phosphor- und Kalium-Konzentration auf die Fleckenbildung.)** Soil Sci. **93** (1962) Nr. 3. S. 208–210. – 2 Tab., 14 Lit. 1. Mitt. vgl. LZ. Abt. II 7 (1962) Nr. 12. S. 3246.
Die unter bestimmten Bedingungen entstehenden rotbraunen Blattnekrosen der Interkostalfelder werden als 'spangles', 'drought-spot', 'weatherfleck', 'red-rust' oder 'concentric spotting' bezeichnet. Sie treten nur bei geköpften Pflanzen auf. Vf. weist nach, daß zwischen der Fleckenbildung und dem Kohlenhydrat/N-Verhältnis eine negative Korrelation besteht. N-Überschuß, K- und P-Mangel bewirken niedriges C/N-Verhältnis und fördern die Fleckenbildung. Zwecks Steigerung des Ertrages und Verbesserung der Qualität von Bidi-Tabak werden hohe K-Gaben neben angemessenen N- und P-Gaben empfohlen. J. Merker. 645.

Shalhevet, J. und Zwerman, P. J.; Cornell Univ. Nitrogen response of corn under variable conditions of drainage — a lysimeter study. **(Reaktion des Maises auf Stickstoff unter variierten Drainagebedingungen — eine Lysimeterstudie.)** Soil Sci. **93** (1962) Nr. 3. S. 172–182. — 6 Abb., 3 Tab., 16 Lit.
Vff. versuchen, die Auswirkung des eintretenden N-Mangels bei Mais und die evtl. durch N-Düngung erreichbare Minderung der infolge mangelhaften Gasaustausches auftretenden Schädigung der Pflanzen auf schlecht drainierten Böden mit Hilfe von Lysimetern zu erfassen. Durch Zufuhr von Nitrat zu einem ständig unter Wassersättigung gehaltenen Boden (lima silt loam) ließ sich der Kornertrag erhöhen; er erreichte jedoch nicht den der Pflanzen, die auf gut entwässertem Boden gewachsen waren. NO_3 stellte — unter gleichen Bedingungen (kontinuierliche Wassersättigung) — eine bessere N-Quelle als NH_4 dar (schnellere Aufnahme und Assimilation), während sich unter normalen Verhältnissen keine Unterschiede zwischen beiden N-Formen

ergaben. In allen Fällen aber korrelierten die in den Stengeln gefundenen N-Mengen positiv mit dem Ertrag. H. E. Freytag. 654.

Samotus, Boguslaw und Schwimmer, Sigmund; Albany, Calif., U.S. Dep. of Agric., Western Utilization Res. and Development Div. Phytic acid as a phosphorus reservoir in the developing potato tuber. **(Phytinsäure als ein Phosphor-Reservoir in der sich entwickelnden Kartoffelknolle.)** Nature [London] **194** (1962) Nr. 4828. S. 578–579. — 1 Tab., 6 Lit.
Untersuchungen an 2 Kartoffelsorten ergaben, daß die heranwachsenden Knollen von einem bestimmten Entwicklungsstadium an feststellbare Mengen an Phytin-Phosphorsäure enthalten. Der Gehalt an Phytin-P stieg bis zum Entwicklungsabschluß hin auf etwa 15 mg P/100 g bzw. 20–25% des Ges.-P-Gehaltes an. Während einer 6wöchigen Lagerungsperiode nach der Ernte bei verschiedenen Temperaturen trat eine Änderung im Phytingehalt nicht ein. J. Garz. 656.

McKell, Cyrus M., Wilson, Alma W. und Williams, William A.; Davis, Calif., Univ., U. S. Dep. of Agric., Crops Res. Div. Effect ot temperature on phosphorus utilization by native and introduced legumes. **(Wirkung der Temperatur auf die Phosphorausnutzung durch einheimische und eingeführte Leguminosen.)** Agronomy J. **54** (1962) Nr. 2. S. 109–113. — 4 Abb., 3 Tab., 15 Lit.
Um auf den range-Flächen auch während der kälteren Jahreszeit zu einem nutzbaren Pflanzenwuchs zu kommen, wurden an 8 in Frage kommenden Leguminosen Untersuchungen über die Abhängigkeit der P-Aufnahme von der Temperatur vorgenommen. Die Pflanzen wurden dazu in Klimakammern bei 50, 60 und 70 °F und 3fach gestaffeltem P-Angebot kultiviert und anschließend auf die mannigfachen Beziehungen zwischen Pflanzenart, Temperatur, Düngung, Sproß- und Wurzelwachstum, P-Gehalt und P-Entzug hin untersucht. *Trifolium subterraneum* und *T. incarnatum* wurden bei entsprechender P-Versorgung durch kalte Temperaturen (50 °F) weniger im Wachstum gehemmt als die übrigen Leguminosen. J. Garz. 656.

Pallas, J. E. und Williams, G. G.; Athens, Ga., Univ., School of Forestry; U. S. Dep. of Agric., A.R.S., Soil and Water Conserv. Res. Div. Foliar absorption and translocation of P^{32} and 2,4-dichlorophenoxy-acetic acid as affected by soil-moisture tension. **(Absorption durch das Blatt und Translokation von ^{32}P und 2.4-Dichlorphenoxyessigsäure in Abhängigkeit von der Tension des Bodenwassers.)** Bot. Gaz. **123** (1962) Nr. 3. S. 175–180. — 8 Abb., 1 Tab., 24 Lit.
Die Aufnahme der 2.4-Dichlorphenoxyessigsäure ist bei Bohnenpflanzen unabhängig vom Wassergehalt des Bodens, ihre Verlagerung innerhalb der Pflanze wird durch Vorhandensein leicht aufnehmbaren Bodenwassers aber gefördert. Bei P wird nicht nur der Transport, sondern auch die Aufnahme durch einen hohen Wassergehalt in beträchtlichem Maße gefördert. Die Unterschiede in der Tension des Bodenwassers lagen zwischen 0,33 und 4 atm. J. Garz. 656.

Davide, Jorge G. The availability of phosphorus to rice grown under flooded conditions as evaluated by isotope dilution technique. **(Die Verfügbarkeit von Phosphor für Reis bei Überstauungskultur nach Bestimmung durch Isotopenverdünnungstechnik.)** Philippine Agriculturist **45** (1961) Nr. 1/2. S. 48–56. — 1 Abb., 4 Tab., 1 Lit.
Im Sandkulturversuch wurde die Ausnutzung von Ca-, Al- und Fe-Phosphaten durch Reis bei durchlüftetem und überstautem Boden untersucht, und zwar nach der herkömmlichen Methode als auch durch Ermittlung des A-Wertes. Bei Überstauung des Bodens wurden ein höherer Ertrag sowie eine höhere P-Aufnahme festgestellt. Die Steigerung der P-Aufnahme erreichte beim Fe-

Phosphat trotz eines Zusatzes von leicht abbaubarer org. Substanz, der nach Angaben in der Lit. zur Reduktion des Fe^{+++} und damit zur Auflösung des Fe-Phosphates hätte führen sollen, kein größeres Ausmaß als beim Al-Phosphat.
J. Garz. 656.

Johansson, O.; Uppsala, Schweden, Königl. Landwirtsch. Hochschule Ultuna. **Über die Schwefelversorgung der landwirtschaftlichen Kulturen in Schweden.** Landwirtsch. Forsch. **15** (1962) Nr. 1. S. 1–6. – 3 Tab., 11 Lit. Zus. in Engl., Franz.
Auf schwed. Böden angebaute Pflanzen leiden bald unter S-Mangel, wenn den Böden keine S-haltigen Düngemittel zugeführt werden. Ausnahmen bilden die Gyttja-Böden. – 20 kg S werden jährlich durch Handelsdüngemittel, 5 kg durch Niederschläge den schwed. Böden/ha zugeführt. Direkt absorbieren Böden bzw. Pflanzen etwa 5–6 mal mehr S, als die Niederschläge enthalten. Die Getreidearten entziehen dem Boden etwa < 10–30 kg/ha S. Ausgewaschen werden jährlich 23 kg/ha S. Die S-Versorgung der Böden erscheint in dieser Bilanz gesichert, ist jedoch kritisch, weil es sich bei der S-Absorption aus der Luft um einen reversiblen Prozeß handelt. Nicht genügend bekannt ist, in welcher Weise die S-Abgabe des Bodens an die Luft erfolgt. – Der S-Gehalt der Luft dient zur Beurteilung des S-Zustandes der Böden. Schweden – nicht England und Zentraleuropa – ist auf den S der Düngemittel angewiesen.
W. Kleeberg. 658.

Dutt, A. K. Sulphur deficiency of jute. **(Schwefelmangel der Jute.)** Trop. Agric. **39** (1962) Nr. 1. S. 73–76. – 1 Abb., 1 Tab., 4 Lit.
Durch S-Mangel verursachte Chlorose an Jutepflanzen konnte durch Düngung oder Blattspritzung mit S-haltigen Verbindungen (Cu-, Zn- oder NH_4-Sulfat) beseitigt werden. Die Chlorose trat auf S-armen Böden bzw. durch verminderte S-Verfügbarkeit in Trockenzeiten auf. Die Empfindlichkeit von 2 Jutearten gegenüber S-Mangel war unterschiedlich. O. Knabe. 658.

Hoffmann, W. E.; Kiel, Univ., Inst. für Pflanzenernähr. und Bodenkunde. **Der Einfluß einiger Bodeneigenschaften auf die Magnesium-Versorgung der Kartoffel.** Landwirtsch. Forsch. **15** (1962) Nr. 1. S. 34–41. – 3 Tab., 14 Lit. Zus. in Engl., Franz.
Von 320 Kartoffelfeldern wurden 1957 und 1958 Bodenproben aus 0–20 cm Tiefe und Pflanzenproben (die 3 untersten Kartoffelblätter) entnommen und untersucht (Pflanzensubstanz: Mg [Fällung als $MgNH_4PO_4$, colorimetrische P-Bestimmung, Umrechnung auf Mg mittels Eichkurve], K und Ca [flammenphotometrisch], N [Kjeldahl]; Boden: 0,025 n $CaCl_2$-lösl. Mg [Schachtschabel], nachlieferbares Mg [0,05 n HCl-lösl. Mg minus $CaCl_2$-lösl. Mg], austauschbares K [Extraktion mit n NH_4-Acetat], Austauschkapazität [Riehm und Ulrich], org. Subst. [nasse Verbrennung]), Fraktion < 6 μm [H_2O_2-Vorbehandlung, Na_2CO_3-Dispergierung, Pipettmethode]. – Die Mg-Versorgung der Kartoffel konnte am besten durch den Gehalt des Bodens an $CaCl_2$-lösl. Mg charakterisiert werden, wie Korrelationsrechnungen zeigten. Wurden außerdem die Werte der anderen untersuchten Bodeneigenschaften mit einbezogen, so verbesserte sich r bzw. R nur wenig. Im feuchten Jahr 1958 bildeten jedoch die Werte an austauschbarem K eine Ausnahme.
W. Kleeberg. 660.

Neales, T. F. und Hinde, R. W.; Victoria, Univ. of Melbourne, Bot. Dep. A test of the calcium-boron interaction hypothesis using the growth of the bean radicle. **(Ein Test zur Hypothese der Calcium-Bor-Wechselwirkung am Wachstum von Bohnenkeimwurzeln.)** Physiol. Plantarum [Copenhagen] **15** (1962) Nr. 2. S. 217–228. – 4 Abb., 7 Tab., 18 Lit.
Die Hypothese einer Ca-B-Wechselwirkung im Stoffwechsel wurde am Längenwachstum und Ca-Gehalt (H_2O-lösl.) von Bohnenkeimwurzeln bei

variierter Ca- und B-Konz. in kompletten Nährlösungen untersucht. Bei einer 10^{-3} und 10^{-4} mol. Ca-Konz. war das Längenwachstum am günstigsten. Eine Zufuhr von H_3BO_3 bei nicht ausreichender Ca-Konz. führte zu keiner Verbesserung des Wurzelwachstums. Durch B-Mangel wurde die Ca-Aufnahme der Wurzeln nicht verändert. Gleichfalls trat durch eine 200fache Erhöhung der B-Konz. keine Veränderung des Ca-Gehaltes der Wurzeln ein. Vff. folgern aus diesen Versuchen, daß ein Beweis für eine Ca-B-Wechselwirkung im Stoffwechsel von Bohnenkeimwurzeln nicht vorliegt. O. Knabe. 660.

Beaton, J. D., Gough, Neville A. und Rowles, C. A.; Vancouver, Univ. of Brit. Columbia, Dep. of Soil Sci. The influence of base saturation and fertility treatments on yield and cation composition of crops grown on two British Columbia soils high in organic matter. II. Red clover. **(Der Einfluß von Basensättigung und Düngung auf Ertrag und Kationenzusammensetzung von auf zwei Böden von British Columbien mit hohem Gehalt an organischer Substanz gewachsenen Kulturpflanzen. 2. Mitt. Rotklee.)** Empire J. exp. Agric. **30** (1962) Nr. 117. S. 49–56. — 2 Abb., 16 Lit. 1 Mitt. vgl. LZ. Abt. II **7** (1962) Nr. 3. S. 692.
Rotkleepflanzen wurden nach Beseitigung von Rückständen (Wurzeln, Spreu) der vorher stehenden Haferpflanzen (die Fruchtfolgerotationen enthalten dort oft die Folge Hafer–Rotklee) auf die gleichen Gefäße mit den beiden extensivsten Bodentypen des Pitt Meadow-Gebietes (Alouette silt loam [I] und Pitt silty loam [II]) gebracht, um im Versuch weitere Informationen über die Kalkbedürftigkeit und den Fruchtbarkeitszustand dieser Böden zu gewinnen. — Der Rotklee-Ertrag erhöhte sich mit steigender Basensättigung auf beiden Böden, ebenso der Ca-Gehalt in den Pflanzen; bei **II** jedoch sank signifikant das Gewebe-K; Mg blieb unbeeinflußt. +N wirkte auf beiden Böden nur wenig auf den Mg- und K-Gehalt im Pflanzengewebe, insbes. jedoch für **I** stark ertragserhöhend; +P brachte auf **I** und **II** höhere Erträge, beeinflußte jedoch nicht den Ca-, Mg- und K-Gehalt des Klees. Auf K-Zusatz reagierte **I** mit starker Ertragserhöhung; der Mg- und K-Gehalt der Pflanzen wurde auch hier nicht verändert — jedoch resultierte auf K-Zusatz bei **II** eine Abnahme des Ca-Gehaltes. H. E. Freytag. 660.

Dhein, A. und Ahrens, E.; Bonn, Univ., Inst. für Pflanzenbau. **Einfluß von Kulturmaßnahmen auf den Spurenelementgehalt des Wiesenheues.** Z. Acker- u. Pflanzenbau **114** (1962) Nr. 4. S. 387–412. — 15 Tab., 19 Lit.
Der Cu-, Mn-, Mo- und B-Gehalt von Wiesenheu wurde unter dem Einfluß von Schnittzeit und -häufigkeit sowie org. und mineral. Düngung direkt infolge Änderung des Gehaltes der einzelnen Pflanzen und indirekt durch Änderung der Bestandeszusammensetzung verändert. Die späteren Schnitte wiesen einen höheren Gehalt an den genannten Elementen auf als die ersten. Größere Schnitthäufigkeit führte zur Erhöhung des Gehaltes an Cu und bes. an B, während der Gehalt an Mo und Mn sich verringerte. Durch die Düngung (PK, NPK, Stallmist, Jauche, Kompost und Kombinationen dieser Varianten) wurde der Cu-Gehalt des Heues nur wenig verändert; der Mo-Gehalt wurde um 10–40% erhöht, ausgenommen die Variante NPK, bei der eine Senkung eintrat; der Mn-Gehalt wurde durch PK und NPK um 11 bzw. 21% gesteigert, durch Jauche, Stallmist und Kompost um 6, 21 bzw. 31% vermindert; der B-Gehalt nahm bei Düngung mit Stallmist, Stallm.+PK, Kompost, PK sowie Jauche+PCa um 8–25% zu und bei Düngung mit NPK, NPK+Stallm., Jauche und Kompost +NPKCa um 2–11% ab. K. Koepke. 665.

Hodgson, J. F., Leach jun., R. M. und Allaway, W. H.; Ithaca, U. S. Plant, Soil and Nutrit. Lab. Micronutrients in soils and plants in relation to animal nutrition. **(Mikronährstoffe in Böden und Pflanzen in Beziehung zur Tierernährung.)** J. Agric. Food Chem. **10** (1962) Nr. 3. S. 171–174.

In einer Literaturübersicht werden allgemeine Fragen und Beziehungen in der Mikronährstoffversorgung von Böden, Pflanzen und Tieren diskutiert. Es werden Angaben über den Gehalt in Böden, Mangelböden, Gehalt in verschiedenen Pflanzenarten, Auftreten und Beseitigung von Mangelerscheinungen bei Tieren und Höhe und Form der Düngung für die Elemente Cu, Zn, Fe, Mn, Co, Se, J, Mo und B gemacht. O. Knabe. 665.

Berger, Kermit C.; Madison, Univ. of Wisconsin, Soils Dep. Micronutrient deficiencies in the United States. **(Mikronährstoffmängel in den Vereinigten Staaten.)** J. Agric. Food Chem. **10** (1962) Nr. 3. S. 178–181. – 10 Abb., 2 Tab.
Es wird ein Überblick gegeben über die Verbreitung des Mikronährstoffmangels in den 50 Staaten der USA. Bei einer oder mehr Kulturarten herrscht Mangel an B in 41 Staaten, Cu in 13, Fe in 25, Mn in 25, Mo in 21 und Zn in 30 Staaten. B-Mangel tritt bes. stark bei Luzerne und Rüben, Zn- und Mo-Mangel bei Mais auf. Die Gebiete mit Mikronährstoffmangel sind enger begrenzt und nicht so ausgedehnt wie die Flächen mit N-, P- und K-Mangel. Es werden Mangelsymptome beschrieben, Hinweise auf Form und Höhe einer Mikronährstoffdüngung gegeben und vor kombinierter Anwendung der Mikronährstoffe zur Bodendüngung, wegen der Gefahr toxischer Mengen, gewarnt. O. Knabe. 665.

Haghiri, F.; Wooster, Ohio Agric. Exp. Stat. Sr^{90}, Zr^{95}, and Cs^{137} accumulation in corn plants as influenced by soil temperature. **(Einfluß der Bodentemperatur auf die ^{90}Sr-, ^{95}Zr- und ^{137}Cs-Speicherung in Maispflanzen.)** Agronomy J. **54** (1962) Nr. 3. S. 278–279. – 1 Abb., 2 Lit.
In Gefäßen befindlicher, mit Maispflanzen bestandener (17 Tage nach dem Auflaufen) Boden wurde in Wasserbädern auf eine Temperatur von 50°, 60°, 70° und 80 °F gebracht und die Speicherung von zugefügtem, 'trägerfreiem' ^{90}Sr, ^{95}Zr und ^{137}Cs nach 2tägiger Versuchsdauer untersucht. Die unterschiedliche Bodentemperatur hatte keinen Einfluß auf die Trockenmasseproduktion, jedoch wurde die Speicherung von ^{90}Sr und ^{137}Cs beeinflußt. Die ^{90}Sr-Speicherung war bei 70 °F signifikant höher als bei 80° und 50 °F. Die höchste ^{137}Cs-Aktivität wurde ebenfalls bei 70 °F ermittelt, sie nahm in der Folge 80°, 60°, 50°F ab. Die ^{95}Zr-Aufnahme war während der Versuchsdauer sehr gering und nicht meßbar. O. Knabe. 665.

Trolldenier, G. und Marckwordt, U.; Büntehof, Hannover, Landwirtsch. Forsch.-Anst. **Untersuchungen über den Einfluß der Bodenmikroorganismen auf die Rubidium- und Calciumaufnahme in Nährlösung wachsender Pflanzen.** Arch. Mikrobiol. **43** (1962) Nr. 2. S. 148–151. – 2 Abb., 1 Tab., 7 Lit.
In Nährlösung steril angezogene Rotkleepflanzen nahmen im Verlauf von 72 Std. mehr ^{86}Rb auf als mit Bodenmikroorganismen beimpfte Pflanzen. Die Rb-Aufnahme stieg geradlinig mit der Zeit an und lag in Wurzeln (**I**) höher als in Sprossen (**II**) (**I** steril 2,8, **I** nicht steril 2,2; **II** steril 1,3, **II** nicht steril 0,9 μval ^{86}Rb/100 g Tr.-Subst.). Auch bei der ^{45}Ca-Aufnahme lagen die sterilen höher als die nicht sterilen Pflanzen und in beiden Fällen wiederum **I** höher als **II**. Jedoch stieg insgesamt die aufgenommene Ca-Menge nicht so geradlinig mit der Zeit an wie die Rb-Aufnahme. H. Kretschmer. 665.

Lamm, C. G. und Maury, M.; Copenhagen. Denmark, TU. The influence of the rate of plant growth on the uptake of manganese from soil and fertilizer. **(Der Einfluß der Pflanzenwachstumsrate auf die Manganaufnahme aus Boden und Düngemitteln.)** Acta Agric. scand. **12** (1962) Nr. 1/2. S. 9–15. – 1 Abb., 4 Tab., 4 Lit.
Im Gefäßversuch wurde der Einfluß einer Düngung mit $^{54}MnSO_4$ und steigenden NH_4NO_3-Mengen auf die spezifische Mn-Aktivität von Weidelgras (4 Schnitte) untersucht. Mit steigender N-Düngung (vermehrtes Pflanzenwachstum) nahm die spezifische Aktivität des durch die Pflanzen aufgenommenen

Mn ab, d. h., es fand ein Isotopenaustausch (Isotopenverdünnung) zwischen Dünger-^{54}Mn und Boden-Mn in sorbierte und lösl. Mn-Formen statt, der durch eine Abnahme des D-Wertes (= spez. Aktivität des Pflanzen-Mn in % der spez. Aktivität des Dünger-Mn) oder durch Erhöhung des L-Wertes

$$\left(L = \text{Dünger-Mn.} \times \frac{\text{spez. Aktivität Dünger-Mn}}{\text{spez. Aktivität Pflanzen-Mn}} - 1\right)$$

gekennzeichnet ist. Vff. weisen auf die Problematik des Isotopenaustausches hin und erläutern die Ergebnisse unter der Voraussetzung, daß zwischen Dünger-Mn und Boden-Mn gleichbleibende Bedingungen bestehen. O. Knabe. 665.

Brown, J. C. und Tiffin, L. O.; Beltsville, U.S. Dep. of Agric. Properties of chelates and their use in crop production. **(Eigenschaften der Chelate und ihre Anwendung in der Pflanzenproduktion.)** J. Agric. Food Chem. **10** (1962) Nr. 3. S. 192–195. — 4 Abb., 3 Tab., 32 Lit.
Durch synthetische Chelatbildner kann festgelegtes Fe aus dem Boden extrahiert oder als Fe-Chelat pflanzenverfügbar gehalten werden. Das Aufnahmevermögen der Pflanzen für Fe aus den Fe-Chelaten hängt von der Art und Konz. der Chelatbildner, der Fe-Konz. und der Pflanzenart ab. Bei der Fe-Aufnahme konkurrieren die Wurzeln und die Chelatbildner um das Fe der Nährlösung. Teilweise findet eine selektive Fe-Aufnahme aus dem Chelat statt. Die scheinbare Stabilität der einzelnen Fe-Chelate ist unterschiedlich. O. Knabe. 665.

Toit, J. J. du; Pretoria. 'N molibdeentekort by mielies. **(Molybdänmangel bei Mais.)** South African J. agric. Sci. **5** (1962) Nr. 1. S. 127–132. — 3 Tab. Zus. in Engl., Franz.
Die Ursache von Mangelerscheinungen bei Mais (vertrocknete Spitzen, verkümmertes Wachstum) wurde in einem Feldversuch untersucht. Dazu wurde das Maissaatgut 8 Std. in Lösungen mit Mn, Zn, Fe, B, Mo und Cu, die einzeln und kombiniert in einer Konz. von 0,01% zugesetzt wurden, eingeweicht. Wuchshöhe und Kornertrag wurden durch die Behandlung mit Mo signifikant erhöht. Mn und Zn führten zu Depressionen, die anderen Elemente hatten keinen Einfluß. O. Knabe. 665.

Bowen, H. J. M. und Cawse, P. A.; Wantage, Atomic Energy Res. Establishment. Interference by tungsten with uptake of molybdenum by plants. **(Beeinflussung der Molybdänaufnahme von Pflanzen durch Wolfram.)** Nature [London] **194** (1962) Nr. 4826. S. 399–400. — 2 Tab., 11 Lit.
Die Untersuchungen wurden mit Tomatenpflanzen in Sandkulturen bei gesteigerten Mo- und W-Konz. ($<$ 0,001, 0,019 und 0,19 ppm Mo kombiniert mit 0,19 ppm W und $<$ 0,001, 0,0019, 0,019 und 0,19 ppm W kombiniert mit 0,19 ppm Mo) durchgeführt. Die übrigen Nährstoffe wurden durch komplette Nährlösungen zugeführt. Wachstum und Fruchtansatz der Tomaten wurde durch das in weitem Bereich schwankende Mo/W-Verhältnis nicht beeinflußt. Es traten keine Mangel- oder Toxizitätssymptome auf. Die Mo-Aufnahme wurde durch W merklich herabgesetzt, bes. wenn die W-Konz. in der Nährlösung höher als die Mo-Konz. war. Die Untersuchungen zeigten, daß W für das Wachstum der Tomaten nicht notwendig ist. Mo kann jedoch teilweise, bes. wenn es in geringer Menge vorhanden ist, durch W ersetzt werden. O. Knabe. 665.

Welch, L. F. und Anderson, O. E.; Watkinsville, Ga., U. S. Dep. of Agric., A. R. S., Southern Piedmont Soil Conserv. Field Stat. Molybdenum content of peanut leaves and kernels as affected by soil pH and added molybdenum. **(Einfluß von Boden-pH-Wert und Molybdänzufuhr auf den Molybdängehalt von Erdnußblättern- und -kernen.)** Agronomy J. **54** (1962) Nr. 3. S. 215–217. — 2 Abb., 14 Lit.

In 2 Feldversuchen auf sandigen Lehmböden wurde der Einfluß des pH-Wertes und einer Mo-Zufuhr auf den Mo-Gehalt in Erdnußblättern und -kernen sowie auf den extrahierbaren Mo-Gehalt (nach Grigg) des Bodens untersucht. Der pH-Wert wurde durch entspr. $CaCO_3$-Gaben auf 5,2; 5,9 und 6,3 gebracht, Mo wurde als $Na_2MoO_4 \cdot 2\ H_2O$ in Gaben von 0, 4 und 8 oz./acre bei einer Pflanzenhöhe von etwa 7,5–12,5 cm auf die Reihen gespritzt. In beiden Versuchen erhöhte sich der Mo-Gehalt der Kerne, Blätter und Blattstiele sowohl durch steigende pH-Werte als auch durch Mo-Zufuhr. Der Mo-Gehalt war in den Kernen bedeutend höher als in Blättern und Blattstielen. Eine Erhöhung des extrahierbaren Mo-Anteils des Bodens durch Mo-Zufuhr (nach 2 Mon.) war nur bis zu einer Tiefe von 7,5 cm festzustellen. Der pH-Wert hatte auf den Mo-Gehalt des Bodens keinen Einfluß. O. Knabe. 665.

Balks, R.; Münster/Westf., Landwirtschaftskammer Westfalen-Lippe, Joseph-König-Inst. **Untersuchungen über den Kupfergehalt von Böden und Wiesenheu in Westfalen-Lippe.** Kali-Briefe, Fachgeb. 1 **6** (1962) Nr. 3. S. 1–4; Nr. 4. S. 1–3. — 2 Lit.

2782 Bodenproben des Gebietes Westfalen-Lippe wurden auf ihren Cu-Gehalt (Westerhoff) untersucht. 40% der untersuchten Sandböden hatten einen Cu-Gehalt $< 1{,}5$ ppm, die Lehmböden waren gut bis mittel versorgt. Aus dem gleichen Gebiet wurden 450 Wiesenheuproben des 1. Schnittes auf Cu untersucht. Die Werte schwankten von 1,9–24,0 ppm (⌀ 8,7). Der Anteil der Proben < 5 ppm betrug 10%, von 5—10 ppm 61%, von 11–15 ppm 24% und > 15 ppm 5%. Es wird auf die Bedeutung des Cu für die pflanzliche und tierische Produktion hingewiesen. O. Knabe. 665.

Yoshida, Shoichi, Ohnishi, Yoshiko und Kitagishi, Kakuzo; Tokyo, Nat. Inst. of Agric. Sci. Histochemistry of silicon in rice plant. II. Localization of silicon within rice tissues. **(Histochemie des Siliciums in der Reispflanze. 2. Mitt. Lokalisation von Silicium innerhalb der Gewebe von Reis.)** Soil Sci. Plant Nutrit. [Tokyo] 8 (1962) Nr. 1. S. 36–41. — 11 Abb., 6 Lit. Orig.: engl. 1. Mitt. vgl. nachst. Ref.

Mit Hilfe der in der 1. Mitt. beschriebenen Methode wurden verschiedene Teile der Reispflanze (Blattscheide, -spreite, Halm, Wurzel) in Hinblick auf die Si-Lokalisation untersucht. Deutlich konnte beobachtet werden, daß Beziehungen zwischen Si-Lokalisation und Transpirationssystem bestehen; Si wurde bes. in der Epidermis, im Xylem, Phloem und Sklerenchym akkumuliert. W. Kleeberg. 665.

Yoshida, Shoichi, Ohnishi, Yoshiko und Kitagishi, Kakuzo; Tokyo, Nat. Inst. of Agric. Sci. Histochemistry of silicon in rice plant. I. A new method for determining the localization of silicon within plant tissues. **(Histochemie des Siliciums in der Reispflanze. 1. Mitt. Eine neue Methode für die Bestimmung der Lokalisation von Silicium in Pflanzengeweben.)** Soil Sci. Plant Nutrit. [Tokyo] 8 (1962) Nr. 1. S. 30–35. — 11 Abb., 8 Lit. Orig.: engl.

Eine neue Methode wird beschrieben, mit der die Lokalisation von Si in pflanzlichen Geweben bestimmt werden kann. Diese Methode basiert auf der allg. bekannten Reaktion von Si mit HF. — Die pflanzlichen Gewebeschnitte werden zunächst fixiert (mit 70%igem Äthanol [**I**]), anschließend dehydratisiert in (75–90- und 100%igem **I**, mit jeder Konz.-Stufe jeweils 1 Nacht) und danach in Methylmethacrylat [**II**]-Harz eingebettet (Behandlung zunächst 1 Nacht mit **I**/**II**-Mischung 1:1, dann 3mal (3 Nächte) mit 100%iger **II**-Lösung). Die Polymerisation von **II** erfolgt (mit Hilfe von etwas Benzolperoxyd [0,3%]) bei 90 °C (10 Min.), später bei 40 °C (24 Std. und länger), 60 °C (3 Std.) und 80 °C (3 Std.). Nach dem Abkühlen wird der **II**-Block geschliffen, zuletzt mit Schmirgelpapier und Chromoxydsuspension. Die sich anschließende Behandlung mit 10–20 ml HF und einigen Tropfen konz. H_2SO_4 auf

einem kochenden Wasserbad ist nach 4–6 Min. abgeschlossen. Der mikroskopische Si-Nachweis kann nun im Dunkelfeld oder im Durchlicht erfolgen.
W. Kleeberg. 667.

Gerstenfeldt, Hildegard; Oldenburg/Oldbg., Landwirtsch. Untersuchungs- und Forsch.-Anst. **Zur absorptionsflammenphotometrischen Bestimmung von Zink in pflanzlichem und tierischem Material, Düngemitteln und Böden.** Landwirtsch. Forsch. **15** (1962) Nr. 1. S. 64–74. — 7 Tab., 14 Lit. Zus. in Engl., Franz.
Das Uvispek-Spektralphotometer H 700 und das Zusatzgerät zur atomaren Absorptionsmessung H 909 (Fa. Hilger und Watts, London) wurden für Zn-Bestimmung verwendet. Mit der adsorptionsflammenphotometrischen Methode können noch 0,1 ppm Zn nachgewiesen und 0,2–10 ppm Zn exakt gemessen werden. 10 ml Meßlösung genügen für eine Bestimmung, die direkt aus den Aufschlußlösungen erfolgt, so daß die bei üblichen Methoden erforderlichen umfangreichen Vorarbeiten entfallen. Die Ergebnisse sind befriedigend reproduzierbar und entsprechen den gestellten Anforderungen.
W. Kleeberg. 667.

Greweling, Thomas; Ithaca, N. Y., Cornell Univ., Agronomy Dep. An extraction procedure for the determination of total calcium, magnesium, and potassium in plant tissue. **(Ein Extraktionsverfahren zur Bestimmung von Gesamt-Calcium, -Magnesium und -Kalium in Pflanzengewebe.)** J. agric. Food Chem. **10** (1962) Nr. 2. S. 138–140. — 2 Tab., 8 Lit.
0,4 g getrocknetes und zerkleinertes (20 mesh) Pflanzenmaterial werden zur Ausschaltung von Störungen durch Anionen in einem 125 ml-Erlenmeyer-Kolben 30 Min. mit 80 ml 0,1 mol.-EDTA-Lösung geschüttelt. Der Extrakt kann nach entspr. Verdünnung zur flammenphotometrischen Bestimmung der gewünschten Elemente verwendet werden. Bei Ca empfiehlt sich Extraktion mit NH_4-EDTA dann, wenn die Zeit zur vollständigen Extraktion kurz gehalten werden kann, andernfalls ist Na-EDTA vorzuziehen, wobei die Ergebnisse zu hohen Werten neigen. Mg wird durch NH_4- und Na-EDTA gleich leicht extrahiert, wobei auch hier bei letzterem leicht höhere Werte erhalten werden. Für K kommt praktisch nur NH_4-EDTA in Betracht, wobei zur evtl. notwendigen Bestimmung aus Na-EDTA-Extrakten geeignete Verdünnungen empfohlen werden. Die nach dem Extraktionsverfahren erhaltenen Werte stimmen gut mit den durch Flammenphotometrie und chem. Analysen erhaltenen überein.
P. Stoß. 667.

Schouwenburg, J. Ch. van und Walinga, I.; Wageningen, Netherlands, Agric. State Univ., Lab. of Soil and Fertilizers. Determination of micro quantities of magnesium. **(Bestimmung von Mikromengen an Magnesium.)** Netherl. J.agric. Sci. **10** (1962) Nr. 2. S. 154–156. — 5 Lit.
Es werden zunächst die Schwierigkeiten besprochen, die durch störende Ionen, wie z. B. Cu, Ni, Zn, Fe, Al, Mn und Co, bei der Bestimmung kleinster Mg-Mengen auftreten können. Durch entsprechende Maskierung und Extraktion der störenden Ionen gelang es jedoch, diese Schwierigkeiten auszuschalten. Etwa 25 ml oder auch weniger der neutralen zu untersuchenden Lösung, die bis 20 μg Mg enthalten kann, wird in einem Scheidetrichter mit 10 ml Tartrat-Natriumnitratlösung, 10 ml Borsäurepuffer und 5 ml 2%iger Na-Diäthyldithiocarbamatlösung (täglich frisch ansetzen) versetzt, mit 25 ml Chloroform ausgeschüttelt und die org. Phase verworfen. Nach erneuter Ausschüttelung mit 10 ml Chloroform und Verwerfen der org. Phase werden anschließend 10 ml einer KOH-Triäthanolaminlösung und 1 ml n Butylamin sowie 10 ml 8-Hydroxychinolin-Chloroformlösung zugefügt, nach Zugabe einer Messerspitze Na_2SO_4 geschüttelt und nach Abtrennung die Extinktion der org. Phase im Vergleich zu Standardlösungen gemessen. W. Bergmann. 667.

Behrens, W. U.; Hannover, Kali-Chemie AG, Landwirtsch. Versuchsstat. **Die Anreicherung des Bodens durch Phosphatdüngung und ihr Nachweis mit verschiedenen Bodenuntersuchungsmethoden.** Z. Pflanzenernähr., Düng., Bodenkunde **96(141)** (1962) Nr. 1. S. 35–45. — 4 Tab., 12 Lit.
In Zylinder-, Gefäß- und Feldversuchen mit verschiedenen Böden und mit Verwendung verschiedener P-Düngemittelformen konnten die Ergebnisse anderer Autoren bestätigt werden, wonach die Lactatlösung nach Egner-Riehm bes. in sauren und neutralen Böden erhebliche Mengen von Phosphorit und Apatit löst. Da diese Fraktion für die Pflanzen nicht verfügbar ist, führt die mit Hilfe dieser Methode vorgenommene Untersuchung von Apatit enthaltenden Böden zu einer fehlerhaften Einschätzung der P-Versorgung. Die Fluoridlösung nach Bray I (0,025 n HCl + 0,03 n NH_4F) und insbes. die Natriumbicarbonatlösung nach Olsen (0,5 mol. $NaHCO_3$, pH 8,5) entsprechen dem Lösungsvermögen der Pflanzenwurzeln in höherem Maße. An Al gebundenes Phosphat wird mit allen 3 Methoden entsprechend der physiol. Wirkung richtig bewertet. K. Koepke. 667.

Broeshart, H. und Redlich, G. C.; Gargenville, Seine-et-Oise, Syndikat pour L'Amélioration des Sols et des Cult. Mise au point concernant l'application de l'analyse foliaire à la culture des tomates. **(Beitrag zur Anwendung der Blattanalyse beim Anbau von Tomaten.)** Ann. agronom. **12** (1961) Nr. 5. S. 549–560. — 2 Abb., 5 Tab., 21 Lit. Zus. in Russ., Engl.
Auf Tomaten kann nach Ergebnissen verschiedener Autoren die Blattanalyse in folgender Weise angewandt werden: 1. Der Schnelltest (mehrere Probenahmen), bei dem der Pflanzensaft unmittelbar nach der Probenahme mit 2%iger Essigsäure extrahiert wird. Veränderungen der chem. Zusammensetzung erscheinen als Funktion klimatischer Faktoren während eines bestimmten Entwicklungsstadiums der Pflanze bzw. zeigen die Verfügbarkeit der Nährstoffe an. Die Interpretation gründet sich auf „kritische Werte". 2. Die Analyse getrockneter Blätter von gleichem physiol. Alter (1–2 Probenahmen) bei bestimmter Entwicklung der Pflanze. Zur Beurteilung werden die erhaltenen Werte mit der „normalen" Zusammensetzung eines Blattes von bekanntem physiol. Alter verglichen (3. Blatt von oben). Aus den Abweichungen kann auf Mangel an Pflanzennährstoffen geschlossen werden. I. allg. führt N-Mangel zu einer Verkleinerung des N/P-Verhältnisses und umgekehrt. Mangel an K, Mg oder K + Mg kann aus Vergleichsdiagrammen an der Entfernung vom optimalen Bereich erkannt werden.
W. Schulze. 667.

Reuszer, H. W.; Lafayette, Ind., Purdue Univ., Agric. Exp. Stat. Axenic techniques in the determination of root functions and the interrelationships of microorganisms and plant roots. **(Axenische Verfahren bei der Bestimmung der Wurzelfunktionen und der Wechselbeziehungen zwischen Mikroorganismen und Pflanzenwurzeln.)** Soil Sci. **93** (1962) Nr. 1. S. 56–61. — 1 Tab., 19 Lit.
In Auswertung der Literatur wird über Pflanzenwachstumsversuche mit 'axenischer' Arbeitsweise (das Adjektiv 'axenisch' bezeichnet einen lebenden Organismus, der mit Ausnahme des durch das eigene Protoplasma erzeugten Lebens frei ist von irgendeiner nachweisbaren Form von Leben, (vgl. Lobund Rept. **1949** Nr. 2. S. 151.; Univ. of Notre Dame, Ind.) berichtet. Die Ergebnisse zeigen, daß in den Pflanzenwurzeln Exoenzyme vorhanden sind, die gewisse org. P-Verbindungen dephosphorylieren können. Die Bedeutung der Enzyme für die Pflanzenernährung wurde nicht untersucht. Es wurde weiterhin gefunden, daß Mikroorganismen Verfärbung der Pflanzen und Verringerung der H_2O-Aufnahme durch in Nährlösungen wachsende intakte Wurzeln hervorrufen können. Die Respiration von 'nicht axenischen' Wurzelsystemen war wesentlich höher als bei 'axenischen' Systemen. Bei der Diskussion der Ergebnisse wird betont, daß die gegenwärtige Kenntnis des Einflusses von Mikro-

populationen an Wurzeln auf das Pflanzenwachstum begrenzt ist. Das Auffinden von Verbindungen, die selektiv auf die Mikroorganismen einwirken, liefert die Möglichkeit zur Beeinflussung der an den Wurzeln befindlichen Mikroorganismen. Ob eine solche Kontrolle wünschenswert ist, kann nach dem derzeitigen Stand der Kenntnis nicht festgelegt werden. P. Stoß. 667.

Mikroèlementy v SSSR. (Spurenelemente in der UdSSR.) Hrsg.: Akad. nauk Latvijskoj SSR. Inst. biologii. Riga: Akad. nauk Latvijskoj SSR. 1961. 8° = Bjulleteń Vsesojuzn. koordinacionnoj komissii po mikroèlementam. Nr. 1. (ZA 4043)

C. Düngemittel, ihre Gewinnung und Anwendung

Lynd, J.Q., Reed, R.M., Tucker, B.B. und Micka, J.J.; Oklahoma State Univ., Dep. of Agronomy. Soil and crop factors for fertilizer recommendations. **(Düngungsempfehlungen auf Grund von Boden- und Ertragsfaktoren.)** Oklahoma State Univ., Extens. Serv., Bull. **1958** Nr. B-511. S. 1–14. — 10 Tab.
Es werden allg. Hinweise zur Düngung, wie Zeitpunkt und Methoden der Düngung, Zusammensetzung der Düngemittel und des Stallmistes gegeben. Die Entnahme von Bodenproben wird beschrieben und Grenzzahlen für P_2O_5 und K_2O angegeben. Unter Berücksichtigung der Bodenuntersuchungsergebnisse werden für mehrere Fruchtarten Düngungsempfehlungen (N, P_2O_5, K_2O) gemacht. Die Höhe der Kalkgaben wird in Abhängigkeit von Bodenart und pH-Wert angegeben. O. Knabe. 671.

Jahn-Deesbach, W.; Berlin, Humboldt-Univ., Inst. für Acker- und Pflanzenbau. **Der Einfluß unterschiedlicher Düngungsmaßnahmen auf Boden und Pflanze im langjährigen Nährstoffmangelversuch in Thyrow bei Berlin.** Z. Acker- u. Pflanzenbau **114** (1962) Nr. 2. S. 121–156. — 3 Abb., 30 Tab., 20 Lit. Zus. in Engl.
Untersuchungen an den Erträgen (Kartoffeln und Gerste) und Boden des 1937 auf Thyrower Sandboden angelegten Dauerdüngungsversuches werden beschrieben. — Im Vergleich zu den Erträgen der Vergleichsparzelle NPKCa ist besonders bei N- und K-Mangel ein starker Abfall festzustellen, während sich die Unterlassung der P-Düngung bisher noch nicht so stark auswirkte. Auf den nicht gekalkten Parzellen trat durch den starken Abfall der pH-Werte (bis pH 4,0) vor allem bei Gerste ein starker Ertragsrückgang ein. Die zusätzliche org. Düngung hatte Mehrerträge von 12% zur Folge. — In Bodenuntersuchungen bis zu 1 m Tiefe war der Einfluß der unterschiedlichen Düngung bei P, K und Ca deutlich zu erkennen. Die org. Düngung hatte einen geringeren Abfall der pH-Werte und höhere Nährstoffgehalte, vor allem an Mg, zur Folge. Neben den Hauptnährstoffen wurden die Gehalte an Mn, Cu, Fe und Al im Boden bestimmt. — Die C-Gehalte lagen auf den organisch gedüngten Parzellen bis zu 72% höher als bei rein mineralischer Düngung, doch hat auch die NPK-Gabe eine Zunahme der C-Gehalte gegenüber den Mangelparzellen bewirkt. Alle gekalkten Parzellen wiesen einen etwas niedrigeren C-Gehalt als die ungekalkten auf, doch zeigten Humusqualitätsuntersuchungen, daß auf den sauren Böden wesentlich mehr Nichthuminstoffe vorhanden waren. Die T-Werte wiesen eine starke Abhängigkeit vom C-Gehalt (besonders von C_h) auf. H. Ansorge. 671a.

Rauhe, K. und Koepke, V.; Müncheberg, Inst. für Acker- und Pflanzenbau der Dtsch. Akad. der Landwirtsch.-Wiss. zu Berlin. **Die Bedeutung der organischen Düngung im Stickstoffkreislauf des Ackerbodens.** Albrecht-Thaer-Arch. **6** (1962) Nr. 3. S. 177–193. — 7 Abb., 6 Tab., 18 Lit. Zus. in Russ., Engl.
An Hand der Ergebnisse von 2 Dauerversuchen auf anlehmigem Sandboden mit unterschiedlicher org. und mineral. Düngung und unter Auswertung der Ergebnisse mehrerer langjähriger Dauerdüngungsversuche wurden N-Bilanzen aufgestellt. — Die Tr.-Subst.-Erträge von Mais und Winterroggen wurden

am stärksten durch die kombinierte org.-mineral. Düngung gesteigert. Hierbei stieg der N-Entzug stärker als der Tr.-Subst.-Ertrag an. Es konnte eine bessere N-Ausnutzung bei gleichzeitiger org. und mineral. Düngung beobachtet werden. Aufgestellte Bilanzen zeigten, daß hierbei der Mais den entzogenen N etwa zu $^1/_3$ aus dem Boden, zu $^1/_3$ aus der org. und zu $^1/_3$ aus der mineral. Düngung entnahm. — An Hand der Ergebnisse von Dauerdüngungsversuchen (Halle, Woburn, Thyrow) wurde festgestellt, daß das jährliche N-Defizit durch alleinige Mineraldüngung nicht gedeckt werden kann, sondern daß auf diesen Parzellen eine laufende Abnahme des N-Vorrats im Boden und hiermit parallel ein Ertragsrückgang eintritt. Durch Stallmistdüngung, bes. kombiniert mit Mineraldüngung, wird dagegen der N-Vorrat im Boden erhalten bzw. erhöht.
H. Ansorge. 671a.

Harper, Horace J. The effect of lime and various fertilizers on winter barley in a rotation with sweet clover. **(Die Wirkung von Kalk und verschiedenen Düngemitteln auf Wintergerste in einer Rotation mit Steinklee.)** Oklahoma State Univ., Extens. Serv. Bull. **1960** Nr. B-559. S. 1–12. — 6 Tab., 1 Lit.
Auf einem P-armen Lehmboden hatte die alleinige Anwendung von Rohphosphat (120 lb./acre P_2O_5) kaum einen Einfluß auf die Ertragsbildung bei Wintergerste. Durch die Einbringung von Steinkleerückständen (ca. 2 t/acre) wurde dessen Wirksamkeit dagegen erheblich gesteigert, und es wurde im Vergleich zur Kontrolle ohne Rohphosphat eine 57%ige Ertragssteigerung erzielt. Stallmistgaben beeinflußten die Rohphosphatwirkung gleichsinnig. Bei einer Reihenweite von 18 cm lagen die Gerstenerträge höher als bei einer solchen von 35 cm. V. Koepke. 671a.

Harper, Horace J. Experiments on fertilization of cotton, alone and in rotations and with green manure crops, on three Central Oklahoma soils, 1927–1958. **(Versuche über Düngung von Baumwolle, allein und in Fruchtfolgen und mit Gründüngungspflanzen, auf drei Böden von Zentral-Oklahoma, 1927–1958.)** Oklahoma State Univ., Extens. Serv., Bull. **1960** Nr. B-569. S. 1–27. — 2 Abb., 15 Tab., 1 Lit.
Auf 3 dürregefährdeten Standorten mit P-armen Boden hatten mäßige Superphosphatgaben signifikante Mehrerträge bei Baumwolle zur Folge, während N und K unwirksam blieben. 3jährliche Einschaltung von Leguminosen in Baumwollmonokultur beeinflußte die Baumwollerträge der folgenden beiden Jahre günstig, während Winterzwischenfrucht-Gründüngung die Erträge verminderte. V. Koepke. 671a.

Yadav, J. S. P. und Agarwal, R. R.; Kanpur, Uttar Pradesh, Dep. of Agric. A comparative study on the effectiveness of gypsum and dhaincha (Sesbania aculeata) in the reclamation of a saline-alkali soil. **(Eine vergleichende Untersuchung der Wirksamkeit von Gips und Dhaincha [Sesbania aculeata] bei der Verbesserung eines Salzalkalibodens.)** J. Indian Soc. Soil Sci. **9** (1961) Nr. 3. S. 151–156. — 4 Tab., 17 Lit.
Eine Gabe von 7,5 t/ha Gips bewirkte in einem Salzalkaliboden einen pH-Abfall von 10,2 auf 8,6. Gleichzeitig ging die Na-Sättigung des Austauschkomplexes von 51,9% auf 5,4% im 1. Jahr und 4,8% im 2. Jahr zurück. Die elektrische Leitfähigkeit des Bodenextraktes sank von 18,99 Milliohm^{-1}/cm auf 3,57 bzw. 1,65 Milliohm^{-1}/cm. Die Einbringung eines 8 Wochen alten Bestandes von *Sesbania aculeata* als Gründüngung zusätzlich zur Gipsgabe hatte eine weitere Verbesserung der oben genannten Merkmale zur Folge. Sie führte weiterhin zu einer Anreicherung des Bodens mit org. Subst. und N und steigerte die Reis- und Alexandrinerklee-Erträge im Vergleich zur alleinigen Gipsdüngung in beiden Versuchsjahren beträchtlich. V. Koepke. 671a.

Lehne, I. und Koepke, V.; Müncheberg, Inst. für Acker- und Pflanzenbau der Dtsch. Akad. der Landwirtsch.-Wiss. zu Berlin. **Die Wirkung einer Mag-**

nesiumdüngung magnesiumarmer Sandböden in Abhängigkeit von Kalk- und Kaligaben. Albrecht-Thaer-Arch. **6** (1962) Nr. 3. S. 194—207.
Die Wirkung einer Mg-Düngung verschiedener Mg-armer Sandböden in Abhängigkeit von einer CaO- und K_2O-Düngung auf den Ertrag und die Nährstoffaufnahme von Hafer wurde in Gefäßversuchen untersucht. Es wurden dabei folgende Ergebnisse erzielt: 1. Auf den ausreichend mit CaO versorgten Versuchsböden (pH um 6,0) war bei NPK-Volldüngung durch Zugabe von CaO und Mg keine wesentliche Ertragserhöhung und nur eine geringe Erhöhung der Mg-Aufnahme festzustellen. 2. Eine Mg-Düngung der sauren Versuchsböden führte in stärkerem Maße als eine Kalkung zur Steigerung der Tr.-Subst.-Erträge. 3. Durch eine Mg-Gabe wurden die Kornerträge stärker erhöht als die Stroherträge. 4. Eine gemeinsame CaO- und Mg-Düngung steigerte die Aufnahme der Mg-Mengen. 5. Die K_2O-Düngung verminderte den Mg-Gehalt von Korn und Stroh und führte bei Mg-Mangel zu einer K_2O-Anreicherung in der Pflanze. 6. Die durch die K_2O-Düngung bewirkte Erweiterung des K/Mg-Verhältnisses in der Pflanze führte zur verstärkten Ausprägung von Mg-Mangelsymptomen, wenn kein Mg gegeben wurde.
H. Masche. 671b.

Hübner, R.; Bad Hersfeld, Staatl. Lehr- und Versuchsanst. für Grünlandwirtsch. Eichhof. **Stickstoff- und Phosphorsäure-Auswirkungen auf das Ernteprodukt von Silomais.** Landwirtsch. Forsch. **15** (1962) Nr. 1. S. 15–34. — 5 Abb., 5 Tab., 21 Lit. Zus. in Engl., Franz.
Feldversuche wurden 1957–59 an 3 verschiedenen Versuchsorten (Bad Hersfeld, Darmstadt, Ostholstein) angelegt. Versuchspflanzen waren 3 Silomaissorten bzw. -hybriden ('Gelber Badischer Landmais', 'Kingscroast KC_3' und 'Pioneer 388'), die mit bis zu 280 kg/ha N und bis zu 300 kg/ha P_2O_5 gedüngt wurden (Grunddüngung 160 bzw. 180 kg/ha K_2O). Obwohl die Böden gleichmäßig mit P versorgt waren, wirkten die P-Düngemittelgaben in Schleswig-Holstein deutlicher als in Süddeutschland. Gleiches konnte auch für N festgestellt werden. N-Gaben erhöhten die Grün- und Trockenmasseerträge, den Trockenkolbenertrag und den Gehalt an Rohprotein in der Trockenmasse. In einem trockenen Jahr stieg der Trockenkolbenertrag nur bei niedrigen N-Gaben (bis zu 80–120 kg/ha). P-Gaben erhöhten den Grünmasseertrag (bes. bei der früheren Sorte und in einem trockenen Jahr) und den Trockenkolbenertrag. Der Stärke- und Invertzuckergehalt stieg nur bei niedrigen P-Gaben (bis zu 120 kg/ha P_2O_5). W. Kleeberg. 671b.

Shimagami, Hideo und Kushizaki, Mitsuo. Responses of spring wheat for the various rates of fertilizer application. **(Reaktionen von Sommerweizen auf verschiedene Intensitäten der Düngemittelanwendung.)** Res. Bull. Hokkaido nat. agric. Exp. Stat. **1962** Nr. 77. S. 15–23. — 3 Abb., 5 Tab., 7 Lit. Orig.: jap.; Ausz.: engl.
Der Ertrag von Sommerweizen wurde durch N-, P- und K-Gaben bis jeweils 80 kg/ha gesteigert. Höhere Gaben brachten keine Mehrerträge. Der Gehalt an diesen Elementen in der Pflanzensubstanz stieg mit der Düngemittelgabe, während die Ca- und Mg-Aufnahme bei zunehmenden K-Gaben gehemmt war. Bei optimaler Düngung wurden 47,2% des N, 12,5% des P und 58% des K der Düngemittel ausgenutzt. Davon waren in den Ähren zur Reifezeit 56, 71 bzw 13% enthalten. K. Koepke. 671b.

Briones, A. A., Davide, J. G. und Galvez, N. L.; Univ. of the Philippines, Centr. Exp. Stat. Response of rice to fertilization in the seedbeds. **(Reaktion von Reis auf Düngung im Saatbett.)** Philippine Agriculturist **45** (1961) Nr. 7. S. 343–353. — 7 Tab., 8 Lit.
Der Einfluß der Düngung des Saatbetts, nach 2 Methoden vorbereitet, auf Wachstum und Ertrag von ins Feld umgesetzten Sämlingen wurde untersucht. Eine Beeinflussung der Wachstumscharakteristiken und des Strohertrages

konnte dabei nicht festgestellt werden. Der Ertrag der Körner stieg hingegen bei Düngemittelbehandlung stark an und konnte auf N- und K-Zugabe zurückgeführt werden. Ein Vergleich der beiden Methoden der Saatbettbereitung ergab, daß mit der 'Dapog-Methode' (Aussaat von 24 Std. vorher mit H_2O behandeltem Reis in auf Bananenblätter gebreiteten Schlamm) die größeren Erträge erzielt wurden. P. Stoß. 671b.

Felizardo, B. C., Galvez, N. L. und Davide, P. S. Response of citrus to fertilization. **(Reaktion von Citrus auf Düngung.)** Philippine Agriculturist **45** (1961) Nr. 3. S. 95–102. — 3 Abb., 2 Tab., 7 Lit.
Jeder der 5 Jahre alten Bäume erhielt 0, 625, 1250 bzw. 2500 g Ammoniumsulfat und 0, 210, 420 bzw. 840 g KCl in allen möglichen Kombinationen. Im Ergebnis zeigte sich vor allem starke N-Wirkung, die entspr. N-Mangel des Bodens (Tonboden) anzeigte. Die Bäume brachten nach N-Düngung wesentlich höhere Erträge als die Kontrolle und hatten satt-dunkelgrün gefärbtes Laub. N allein war wirkungsvoller als Volldüngung. Volldüngung + Kalk (nur 1 Variante) war der N-Düngung allein jedoch etwas überlegen. Auch aus Afrika liegen Ergebnisse vor, nach denen N stark, P und K dagegen nur schwach wirksam waren. Obgleich die Bäume in den 6 Versuchsjahren auf P- und K-Düngung nicht reagierten, müssen beide Nährstoffe regelmäßig verabreicht werden, damit die bei stärkerer N-Düngung eintretende starke Inanspruchnahme der Bodennährstoffe nicht zu P- und K-Mangel führt. W. Stenz. 671b.

Bhangoo, M. S., Altman, F. G. und Karon, M. L. Investigations on the Giant Cavendish banana. I. Effect of nitrogen, phosphorus and potassium on fruit yield in relation to nutrient content of soil and leaf tissue in Honduras. **(Untersuchungen mit der 'Giant-Cavendish'-Banane. 1. Mitt. Einfluß von Stickstoff, Phosphor und Kalium auf den Fruchtertrag in Beziehung zum Nährstoffgehalt des Bodens und des Blattgewebes in Honduras.)** Trop. Agric. **39** (1962) Nr. 3. S. 189–201. — 7 Tab., 20 Lit.
Auf 2 Farmen mit sandigem bis sandig-tonigem Boden wurden in $3^1/_2$jährigen Versuchen Bananen mit 0, 200, 350 bzw. 650 lb./acre N als Harnstoff, 0 bzw. 160 lb./acre P_2O_5 als 20%igem Superphosphat und 0, 180 bzw. 450 lb./acre K_2O als K_2SO_4 in verschiedenen Kombinationen gedüngt. In der Folge wurden dann die morphol. Eigenschaften der Pflanzen, Mineralstoffgehalt der Blätter sowie die Ertragsmerkmale bonitiert. — Hohe N-Gaben allein bewirkten bereits Ertragssteigerungen, aber Kombinationen mit hohen K- und P-Gaben führten zu den höchsten Erträgen und zum höchsten Anteil an marktfähigen Fruchtbündeln. P und K wirkten auf den Ertrag nur in Verbindung mit N steigernd. Die höchsten Erträge ergaben sich bei 350-160-180 lb./acre, wobei auch die Qualitätsmerkmale optimal waren (z. B. Anteil marktfähiger Bündel 95%). Der Gehalt an K in den Blättern sank bei alleiniger N-Düngung etwas ab, der an Ca stieg an. Bei P waren die Schwankungen im Gehalt der Blätter tendenzlos. Der N-Gehalt stieg bei den höchsten N-Gaben etwas an. Der Mg-Gehalt nahm allg. bei Düngung mit NPK zu. Der Gehalt an Nährstoffen in den Blättern korrelierte gut mit dem des Bodens. W. Stenz. 671b.

Bhangoo, M. S. und Karon, M. L. Investigations on the Giant Cavendish banana. II. Effect of minor elements and dolomitic lime on fruit yield. **(Untersuchungen mit der 'Giant-Cavendish'-Banane. 2. Mitt. Einfluß von Spurenelementen und dolomitischem Kalk auf den Fruchtertrag.)** Trop. Agric. **39** (1962) Nr. 3. S. 203–210. — 2 Tab., 13 Lit. 1. Mitt. vgl. vorst. Ref.
Unter den in der 1. Mitt. beschriebenen Verhältnissen wurden Bananenstauden mit 5 lb./acre $FeSO_4$, 4 lb. Borax, 1,5 lb./acre Ammoniummolybdat und 40 lb./acre Mn-Zn-Mischung gedüngt, wobei die Menge in 4 gleich hohen Gaben pro Jahr verabreicht wurde. Die Spurenelemente wurden einzeln und kom-

biniert sowie stets in Verbindung mit einer Grunddüngung verabreicht. 2 Varianten erhielten außerdem Dolomit. Bei Verabreichung der Spurenelemente einzeln brachte nur Mo signifikante Ertragszunahmen. Kalkung + Grunddüngung + alle Spurenelemente sowie Kalkung + Grunddüngung ohne Spurenelemente bewirkten etwa gleich hohe Erträge und führten zu den höchsten, stets signifikanten Leistungssteigerungen. Die Variante mit Spurenelementen brachte aber den weitaus höchsten Anteil marktfähiger Bündel. Den geringsten Marktanteil lieferten die Kontrolle (ohne jede Düngung) und die mit Fe allein und mit Mn + Zn allein gedüngten Parzellen.
W. Stenz. 671b.

Sen, S.; New Delhi, Indian Agric. Res. Inst. Comparative value of farmyard manure prepared by different methods. **(Relativer Wert des nach verschiedenen Methoden bereiteten Stallmistes.)** J. Indian Soc. Soil Sci. **9** (1961) Nr. 3. S. 179–185. – 7 Tab., 1 Lit.
In 3jährigen Versuchen war kein Unterschied in der Wirkung von verschieden gelagertem Rindermist (in oberirdischen Haufen, in offenen Gruben bzw. in schmalen Gräben bei Bedeckung mit einer Erdschicht sofort nach dem Einlagern) auf die Erträge von Mais und Weizen vorhanden, wenn die Mistgaben gleiche N-Mengen enthielten (40, 80 bzw. 120 lb./acre). Der N-Gehalt des Mistes war bei Lagerung in oberirdischen Haufen am geringsten und in Gräben am höchsten. V. Koepke. 673.

Köhnlein, J. und Fense, H.; Kiel, Bundesforsch.-Anst. für Milchwirtsch.; Univ., Inst. für Pflanzenbau. **Über die Wirkung des Stallmist-Stickstoffs auf die Ertragsbildung.** Z. Acker- u. Pflanzenbau **114** (1962) Nr. 2. S. 105–120. – 8 Tab., 7 Lit. Zus. in Engl.
1953–60 wurden je ein Dauerdüngungsversuch auf mesotropher Braunerde und auf Heidepodsol durchgeführt, um die Wirkung des Stallmist-N im Vergleich zu der von Mineraldünger zu untersuchen. – Auf der Braunerde lag die N-Ausnutzung des Stallmistes im Anwendungsjahr beim Anbau von Hackfrüchten im Vergleich zur Ausnutzung des Mineraldünger-N zwischen 25 und 40%, während die Nachwirkung bei Getreide etwa die Wirkung von 10 kg mineral. N aufwies. Auf dem Podsolboden lag die Wirkung des Stallmist-N im Anwendungsjahr beim Anbau von Hackfrüchten zwischen 55 und 69% und beim Hafer nur bei 22% einer gleich hohen KAS-Gabe. Die N-Nachwirkung war etwa die gleiche wie in dem Versuch auf der Braunerde. – Untersuchungen über die Veränderungen des C- und N-Gehaltes im Boden ließen einen Anstieg des C-Gehaltes auf den Stallmistparzellen erkennen. H. Ansorge. 673.

Sinha, S. B. und Sharma, H. G.; Gwalior, Madhya Pradesh, Coll. of Agric. Mineralisation of nitrogen in organic manures in Gwalior soil. **(Mineralisation des Stickstoffs von organischen Düngemitteln im Boden von Gwalior.)** J. Indian Soc. Soil Sci. **9** (1961) Nr. 3. S. 201–204. – 1 Tab., 6 Lit.
Bei Zusätzen entspr. 30 mg N/100 g Boden erfolgte die Mineralisation des org. N von Stallmist langsamer als die von Gründüngungspflanzen (*Crotolaria juncea*) und von Kompost. Am raschesten wurde der N von Erdnußkuchen mineralisiert. V. Koepke. 673.

Ike, Morishige und Sakai, Hiroshi. Studies on the effects of organic matter application in Tokachi volcanic ash land. III. On the effects of various amendments on the effectiveness of manure application. **(Untersuchungen über die Wirkungen der Anwendung organischer Substanz auf Vulkanascheboden in Tokachi. 3. Mitt. Über die Wirkungen von verschiedenen Zusätzen auf die Wirksamkeit der Düngemittelanwendung.)** Res. Bull. Hokkaido nat. agric. Exp. Stat. **1962** Nr. 77. S. 34–39. – 2 Abb., 7 Tab., 8 Lit. Orig.: jap.; Ausz.: engl. 2. Mitt. vgl. LZ. Abt. II **6** (1961) Nr. 7. S. 1638.

Zur Verminderung der Abbaugeschwindigkeit von Stallmist in Vulkanascheboden wurde dieser vor der Einbringung mit Ca-Silikat, Bentonit, $CaSO_4$ bzw. $CaCO_3$ gemischt. In Versuchen mit Hafer bewirkte $CaCO_3$ im Vergleich zu Stallmist ohne Zusatz eine Ertragssteigerung im 1. Jahr, aber Mindererträge in den folgenden beiden Jahren. Ca-Silikat führte zu Mehrerträgen im 2. Jahr, Bentonitzusatz im 2. und bes. im 3. Jahr, und $CaSO_4$-Zusatz hatte in allen 3 Versuchsjahren Mehrerträge zur Folge. Die Beeinflussung der Stallmistzersetzung durch die obigen Zusätze, wie sie sich in der Ertragsbildung widerspiegelte, konnte gleichsinnig auch in Laboratoriumsversuchen beobachtet werden. K. Koepke. 673.

Burkhardt, H.; Bernburg, Hochschule für Landwirtsch. **Zur Stickstoffdüngung der Zuckerrüben.** Albrecht-Thaer-Arch. **6** (1962) Nr. 3. S. 208–220. — 3 Abb., 5 Tab., 20 Lit. Zus. in Russ., Engl.
In mehrjährigen Gefäß- und Feldversuchen auf Lehm- und Sandboden wurden die günstigste Höhe und Form der N-Düngung zu Zuckerrüben bei unterschiedlichen PK-Gaben überprüft. — Die N-Steigerungen hatten bis zu 120 kg/ha gesicherte Mehrerträge an Rüben, Zucker, Blatt und Rohprotein zur Folge, während eine weitere Erhöhung bis auf 160 kg/ha N nur noch die Blatt- und Rohproteinerträge steigerte. Die erhöhten N-Gaben kamen erst bei verstärkter PK-Düngung voll zur Wirkung. — Eine Gabe von 120 kg/ha N, 90 kg/ha P_2O_5 und 160–200 kg/ha K_2O wird als günstigste Volldüngung für Zuckerrüben empfohlen. — Bei der Untersuchung der N-Formen konnten keine größeren Unterschiede in der Ertragswirkung von Ammonsulfat und Kalkstickstoff festgestellt werden. Die Spritzung mit einer Natronsalpeterlösung (60 kg/ha N) nach dem Vereinzeln der Rüben hat neben einer guten Düngewirkung eine selektive Unkrautbekämpfung bewirkt. H. Ansorge. 680.

Buchner, A. und Pehl, P.; Ludwigshafen/Rh., BASF, Landwirtsch. Versuchsstat. Limburgerhof. **Das Wechselspiel zwischen Düngung und Beregnung zu Zuckerrüben.** Zucker **15** (1962) Nr. 12. S. 315–318. — 8 Tab. Zus. in Engl., Franz.
In 6jährigen Beregnungsversuchen zu Zuckerrüben auf leichtem Boden bei guter org. Grunddüngung wurden unterschiedliche N-Gaben geprüft. Bei Beobachtung von Welkeerscheinungen in den Mon. Mai–Sept. erfolgten Regengaben von 20–25 mm je nach Bedarf. Dadurch konnten bei Rüben, unabhängig von der N-Düngung, etwa 200 dt/ha Mehrerträge gegenüber unberegneten Flächen erzielt werden. Die Ertragssteigerung durch 120 kg/ha N betrug sowohl auf den beregneten als auch auf den unberegneten Flächen 60 dt/ha Rüben. Die Blatterträge wurden durch N-Düngung + Beregnung stärker gehoben als die Rübenerträge. Bez. der Zucker- und Aschegehalte der Rüben zeigte sich, daß diese Werte in Jahren mit wiederholten sichtbaren Welkeerscheinungen (Trockenjahre) auf den beregneten Flächen günstiger waren. In Jahren mit feucht-kalter Witterung scheinen die Verhältnisse anders zu liegen.
L. Bachmann. 680.

Sørensen, Chresten; Copenhagen, Roy. Veterin. and Agric. Coll., Lab. of Agric. Chem.; Dep. of Soil Fertility and Plant Nutrit. The influence of nutrition on the nitrogenous constituents of plants. III. Nitrate tests and yield structure of fodder sugar beet leaves. **(Der Einfluß der Ernährung auf die stickstoffhaltigen Bestandteile der Pflanzen. 3. Mitt. Nitrat-Tests und Ertragsstruktur der Blätter von Futterzuckerrüben.)** Acta Agric. scand. **12** (1962) Nr. 1/2. S. 106 bis 124. — 4 Abb., 13 Tab., 20 Lit. 2. Mitt. vgl. LZ. Abt. II **5** (1960) Nr. 12. S. 2884.
Blätter von Futterzuckerrüben-Beständen (2 Sorten), die z. T. Nitratgaben bis zu 600 kg N/ha erhalten hatten, wurden in 3 verschiedenen Jahren während der Sommermonate wiederholt auf ihr Tr.-Gewicht, ihren Wasser-, Ges.-N- und Nitrat-N-Gehalt untersucht, und zwar getrennt nach äußeren, mittleren

und inneren Blättern, sowie nach Stielen und Spreiten. — Der von den Pflanzen aufgenommene, noch nicht assimilierte Nitrat-N wird hauptsächlich in den Stielen der älteren Blätter deponiert, obwohl die äußeren Blätter insgesamt N-ärmer sind als die inneren Blätter (s. a. 2. Mitt.). An dem Nitratgehalt der äußeren Blätter lassen sich Unterschiede im N-Versorgungsgrad der Futterrüben deswegen am sichersten ablesen. J. Garz. 680.

Brensing, O. H. und Harper, H. J.; Oklahoma State Univ., Dep. of Agronomy. Nitrogen fertilization of corn with supplemental irrigation. **(Stickstoffdüngung zu Mais mit zusätzlicher Bewässerung.)** Oklahoma State Univ., Extens. Serv., Bull. **1960** Nr. B-557. S. 1–16. — 3 Abb., 8 Tab., 1 Lit.
Im Mittel von 16 Versuchen mit bewässertem Mais, die an 5 dürregefährdeten Standorten 1947–53 durchgeführt wurden, waren zur Erzeugung von 1 bu. Korn-Mehrertrag bei einer N-Gabe von 60 lb./acre 1,7 lb. N erforderlich und bei Anwendung von 90 lb. N/acre 2,2 lb. Höhere N-Düngung brachte keine Mehrerträge. Zur Erzielung optimaler Ernten waren normalerweise Bestände mit über 10000 Pflanzen/acre erforderlich. V. Koepke. 680.

Lehne, I. und Koepke, V.; Müncheberg, Inst. für Acker- und Pflanzenbau der Dtsch. Akad. der Landwirtsch.-Wiss. zu Berlin. **Die Wirkung verschiedener Stickstofformen auf magnesiumarmem Sandboden.** Albrecht-Thaer-Arch. 6 (1962) Nr. 4. S. 269–276. — 2 Abb., 2 Tab., 12 Lit. Zus. in Russ., Engl.
Der Einfluß von Nitrat- und Ammoniumdüngung auf den Ertrag und die Mg- und Ca-Aufnahme von Hafer wurde in einem Gefäßversuch mit Mg-armem, saurem Sandboden überprüft. — Bei Unterlassung von Mg- und Ca-Düngungen war der Hafferertrag bei der Düngung mit Ammoniumsalzen nur halb so hoch wie bei Nitrat bzw. Ammonnitrat. Durch Ca-Gaben wurden diese durch die N-Form bedingten Unterschiede z. T. und durch Mg-Gaben vollständig ausgeglichen. — Auch die aufgenommenen Mg- und Ca-Mengen waren bei den Nitratgaben wesentlich höher als bei den Ammoniumgaben. Die Mg-Düngung hatte bei allen Varianten eine starke Zunahme der Mg-Gehalte und bei der Ammoniumreihe auch der Ca-Gehalte zur Folge. Die Zugabe von Kalk bewirkte bei allen N-Formen eine Steigerung der Ca-Gehalte, wenn nicht gleichzeitig Mg verabreicht wurde. Der Mg-Gehalt wurde durch die Ca-Gaben bei Nitraternährung vermindert, bei Ammoniumernährung dagegen erhoht.
H. Ansorge. 680.

Knoch, G.; Berlin, Dtsch. Akad. der Landwirtsch.-Wiss. **Weidedüngungsversuche mit Stickstoff bei gleich hohen Gesamtgaben mit zeitlich unterschiedlicher Verteilung.** Z. landwirtsch. Versuchs- u. Untersuchungswes. 8 (1962) Nr. 1/2. S. 107–115. — 2 Abb., 7 Tab., 8 Lit. Zus. in Russ., Engl.
1957–60 wurden insgesamt 30 Weidedüngungsversuche gestreut über das gesamte Gebiet der DDR mit unterschiedlich verteilten N-Gaben durchgeführt. — Im Mittel aller Versuche hat die unterschiedliche Verteilung der N-Düngung zu den einzelnen Nutzungen nur einen geringen Einfluß auf die Höhe des Gesamtgraserträges ausgeübt. — Aufteilungen der Versuche nach den Bodenarten ließen erkennen, daß auf den Standorten der Flußauen die Frühjahrs-N-Gaben etwas höhere Gesamterträge zur Folge hatten als die N-Düngung zu den späteren Nutzungen. Auf den Niederungsmoor- und Mineralböden hatte dagegen die Verteilung der N-Gaben keine größeren Unterschiede bewirkt. — Bei der Untersuchung des zeitlichen Futteranfalles wurden bei den Varianten mit der N-Düngung im Frühjahr sehr hohe Graserträge bei der 1. und 2. Nutzung erzielt, während in den Varianten mit späteren N-Gaben ein wesentlich ausgeglichenerer Futteranfall vorhanden war.
H. Ansorge. 680.

Seeger, J. R.; Yangambi, INEAC, Div. d'Agrol. Effets d'une fumure azotée sur la nodulation et le rendement de l'arachide. **(Wirkungen einer Stickstoff-**

düngung auf die Knöllchenbildung und den Ertrag bei Erdnuß.) Bull. Inst. agronom. Stat. Rech. Gembloux **29** (1961) Nr. 2. S. 197–218. – 7 Abb., 13 Tab., 22 Lit. Zus. in Engl.
An 2 Versuchsfeldern in Yangambi (Kongo) wurde die Wirkung von $NaNO_3$ auf die symbiotische N-Bindung bei Erdnuß geprüft. Wenn eine natürliche Knöllchenbildung stattfindet, wird die Zahl der Knöllchen, der N-Gehalt der Blätter und der Ertrag an Kernen von einer N-Düngung – Gaben von 100–800 kg $NaNO_3$/ha – nicht beeinflußt. Auf neu in Kultur genommenem Boden war die Knöllchenbildung zu vernachlässigen, sie konnte durch Impfung erzielt werden und wurde durch zunehmendes N-Angebot immer stärker unterdrückt. Nur die geringe Gabe von 125 kg $NaNO_3$/ha hatte eine positive Wirkung. N-Düngung steigerte bei nicht geimpften Pflanzen die Tr.-Subst.-Erträge und den N-Gehalt beträchtlich, auch die Erträge an Kernen nahmen zu. Dagegen hatten N-Gaben bei geimpften Pflanzen praktisch keinen Einfluß. Die Impfung entsprach einer Düngung von etwa 600 kg $NaNO_3$/ha, mit zusätzlichen N-Gaben wurde ein positiver Einfluß auf den N-Gehalt und ein negativer auf den Ölgehalt der Kerne erzielt. Bei nicht geimpften Pflanzen nahm mit zunehmendem N-Angebot der N-Gehalt der Kerne ab und der Ölgehalt zu, ein überraschendes Ergebnis, für das eine Erklärung nicht gegeben werden konnte. W. Schulze. 680.

Kinra, K. L., Foth, H. D. und Davis, J. F.; East Lansing, Mich., Agric. Exp. Stat. Effect of ordinary superphosphate on emergence of oats and wheat. **(Wirkung gewöhnlichen Superphosphats auf das Auflaufen von Hafer und Weizen.)** Agronomy J. **54** (1962) Nr. 2. S. 180–181. – 1 Tab.
Zu erheblichen Auflaufschäden bei Getreide kommt es, wenn Superphosphat durch gemeinsame bandförmige Ausbringung mit dem Saatgut in Kontakt kommt. Vermutlich geht die Schädigung vor allem von lösl. Fluoriden, weniger von der Acidität des Superphosphates aus. J. Garz. 682.

Michael, B.; Stuttgart-Hohenheim. **Einfluß gestaffelter P-Düngung auf die Eiweißzusammensetzung des Weizenkornes bei unterschiedlicher N-Versorgung der Pflanzen.** Phosphorsäure **22** (1962) Nr. 1/2. S. 1–6. – 3 Tab., 7 Lit.
In einem Gefäßversuch wurden verschieden hohe N- und P-Düngung miteinander kombiniert. Durch bessere P-Versorgung ergab sich ein um rund 10% höherer Kornertrag sowohl bei normaler als auch bei zusätzlicher (z. Z. der Blüte) N-Düngung. Diese Ertragssteigerung wurde bei normaler N-Düngung durch Erhöhung der Kornzahl, bei zusätzlicher N-Spätdüngung aber auch durch höheres 1000-Korngewicht hervorgerufen. Die hohe Wirkung der N-Spätdüngung auf den Ertrag an Rohprotein im Korn kam bei ausreichender P-Versorgung am besten zur Geltung. Auf die Eiweißfraktionen im Korn war nur die Höhe der N- und nicht die der P-Gabe von Einfluß.
W. Laube. 682.

Beaton, J. D. und Gough, Neville A.; Vancouver, Brit. Columbia, Univ., Dep. of Soil Sci. The influence of soil moisture regime and phosphorus source on the response of alfalfa to phosphorus. **(Der Einfluß des Bodenfeuchte-Haushaltes und der Phosphorsäurequelle auf die Reaktion von Luzerne auf Phosphor.)** Proc. Soil Sci. Soc. America **26** (1962) Nr. 3. S. 265–270. – 4 Abb., 1 Tab., 29 Lit.
Die Luzerneerträge lagen in Gefäßversuchen mit einem sandigen und einem tonigen Lehmboden in der Klimakammer am höchsten, wenn der Wassergehalt innerhalb des Saugdruckbereiches von 0,2–2,0 bar lag. Vorübergehende Austrocknung bis auf 6 bar führte zu Mindererträgen. Der P-Gehalt und die P-Aufnahme der Pflanzen waren im Bereich von 0,2–0,4 und 0,2–2,0 bar höher als bei 0,2–0,8 und 0,2–6,0 bar. Im Gehalt an extrahierbarem P (mit $NaHCO_3$) waren als Folge unterschiedlicher Wasserversorgung keine sig-

nifikanten Unterschiede erkennbar. Die geprüften P-Düngemittelarten ($NH_4H_2PO_4$; $Ca(H_2PO_4)_2 \cdot H_2O$; $CaHPO_4$; $Ca(PO_3)_2$; Hydroxylapatit) hatten keine signifikant unterschiedliche Wirkung auf Ertrag, P-Aufnahme und Menge an extrahierbarem P im Boden, lediglich der Hydroxylapatit war in der Tendenz etwas schlechter als die übrigen. Die Wechselwirkung zwischen Feuchtegehalt und P-Quellen wurde graphisch dargestellt.

K. Koepke. 682.

Strobl, G.; Nürnberg. **Wirkungen der Phosphatdüngung auf der Wiese in einem 30jährigen Düngungsversuch.** Phosphorsäure 22 (1962) Nr. 1/2. S. 7–27. — 4 Abb., 17 Tab., 6 Lit.

Es wird nachgewiesen, daß eine NPK-Düngung (60 kg P_2O_5/ha/Jahr als Thomasphosphat) gegenüber einer NK-Düngung über 30 Jahre lang ihren ertragssteigernden Einfluß (Mehrertrag rd. 32 dt Heu/ha oder 90%) nicht verlor. Durchgehend 60 kg P_2O_5/ha/Jahr waren von gleicher Wirkung wie 5 Jahre lang 120 kg und 5 Jahre lang 0 kg. Durch die P-Düngung wurde der P-Gehalt des Heus fast verdoppelt, der Rohproteingehalt leicht erhöht und der Rohproteinertrag ebenfalls fast verdoppelt. Auch auf den Gehalt an pflanzenaufnehmbarem P im Boden und auf die Durchwurzelungstiefe übte die P-Düngung einen eindeutig positiven Einfluß aus. W. Laube. 682.

Gericke, S.; Essen-Bredeney. **Wirkung der Thomasphosphatdüngung auf den Kobaltgehalt von Wiesenheu.** Phosphorsäure 22 (1962) Nr. 1/2. S. 48–60. — 1 Abb., 11 Tab., 12 Lit.

Eine Auswertung der Co-Gehaltsbestimmung in rund 2000 Heuproben ergab stark streuende Werte bei einem durchschnittlichen Gehalt von 0,14 mg Co/kg Heu-Tr.-S. Etwa 30% der Proben zeigten Gehalte unter 0,07 mg/kg. Diese Grenze wird als notwendiger Mindestgehalt eines Heues angesehen. Der Co-Gehalt von Thomasphosphat (im Durchschnitt 3,3 mg/kg) bewirkte in 23 Düngungsversuchen (4 dt Thomasphosphat/ha) eine Zunahme des Co-Gehaltes im Wiesenheu (1. Schnitt), wobei diese Zunahme bei den Heuproben mit normalerweise niedrigem Co-Gehalt am höchsten war. Der 2. Schnitt blieb im Co-Gehalt durch die Thomasphosphatgabe unbeeinflußt. Die Ausnutzung des Co im Thomasphosphat betrug im Mittel 28%. Der Co-Entzug im Heu wird bei einem Heuertrag von 80 dt/ha durch 5–6 dt/ha Thomasphosphat ausgeglichen. W. Laube. 682.

Atanasiu, H.; Gießen. **Die Wirkung der Spurenelemente im Thomasphosphat.** Phosphorsäure 22 (1962) Nr. 1/2. S. 28–47. — 12 Tab., 42 Lit.

In einer allg. Betrachtung von Analysen- und Versuchsergebnissen wird nachgewiesen, daß durch das Thomasphosphat bedeutende Mengen an Ca, Mn, Mg, V, Cr, Ti, Cu, B und Co in pflanzenaufnehmbarer Form in den Boden gebracht werden. Insbes. die Versorgung mit Mn und Cu kann durch regelmäßige Thomasphosphatdüngung in der für ein gesundes Pflanzenwachstum notwendigen Höhe gewährleistet werden. Auch an der Verhinderung von Mangelkrankheiten der Tiere ist eine kontinuierliche Anwendung von Thomasphosphat als P-Dünger entscheidend beteiligt, wobei der Co-Gehalt des Thomasphosphates die größte Rolle spielt. W. Laube. 682.

Bridger, G. L., Salutsky, Murrell L. und Starostka, R. W.; Clarksville, Washington Res. Center. Metal ammonium phosphates as fertilizers. **(Metallammoniumphosphate als Düngemittel.)** J. Agric. Food Chem. **10** (1962) Nr. 3. S. 181–188. – 5 Abb., 6 Tab., 18 Lit.

Metallammoniumphosphatverbindungen sind in Wasser und Bodenlösungen nur schwach lösl., sie sind langsamwirkende N-, P- und Spurenelementdüngemittel (Mg, Fe, Zn, Mn, Cu, Co, Mo) und werden als Boden- und Blattdünger angewandt. Bei geeigneter Granulation kann die Aufwandmenge wesentlich höher als bei üblichen Düngemitteln sein ohne Gefahr einer toxischen Wirkung.

In pulverisierter Form können diese Verbindungen auch in höheren Mengen ohne Verbrennungsgefahr zur Blattdüngung verwandt werden.
O. Knabe. 682.

Holden, E. R., Page, N. R. und Wear, J. I.; Beltsville, U. S. Dep. of Agric., A. R. S. Properties and use of micronutrient glasses in crop production. **(Eigenschaften und Anwendung von Mikronährstoffgläsern in der Pflanzenproduktion.)** J. Agric. Food Chem. **10** (1962) Nr. 3. S. 188–192. – 5 Abb., 3 Tab., 30 Lit.
Geeignete Mikronährstoffgläser sind eine stetig fließende Nährstoffquelle, sie können den Nährstoffgehalt der Pflanzen wesentlich beeinflussen und gleichen jahreszeitliche Schwankungen aus. Neben B-Gläsern mit einem B-Gehalt von 2,0–6,3% finden Mehrnährstoffgläser mit einem Gehalt von 2,0–2,8% B, 3,9–12,9% Fe, 4,9–18,6% Mn, 2,0% Cu, 4% Zn und 0,13% Mo Verwendung. Durch 16std. Behandeln der Glasarten mit 0,44 mol. NH_4CH_3COO kann die Löslichkeit der einzelnen Elemente ermittelt werden. O. Knabe. 689.

Holden, E. R. und Bontoyan, W. R.; Beltsville, U. S. Dep. of Agric., A. R. S. Reactivity of boron in glasses in aqueous solutions. **(Reaktionsfähigkeit von Borgläsern in wäßrigen Lösungen.)** J. Assoc. off. agric. Chemists **45** (1962) Nr. 2. S. 455–463. – 5 Abb., 4 Tab., 9 Lit.
Der lösl. B-Anteil von 4 verschiedenen, vermahlenen Borsilikatgläsern betrug bei Behandlung mit H_2O (48 Std. bei 25 °C) 1–4%; H_2O (4 Std. bei 100 °C) 3–9%; 0,05 mol. $NaHCO_3$, pH 9,4 (4 Std. bei 100 °C) 12–22%; 0,44 mol. CH_3COONH_4, pH 4,0 (16 Std. bei 25 °C) 28–60%. Die B-Löslichkeit der einzelnen Glasarten war unterschiedlich, sie wurde durch höhere Mahlfeinheit erhöht. Zwischen diesen Ergebnissen und der B-Aufnahme aus den Borgläsern durch Luzerne bestanden enge Beziehungen. Die aus den Gläsern durch CH_3COONH_4 extrahierbare B-Menge nahm mit steigendem pH-Wert ab. Die Extraktion mit $NaHCO_3$ erschien als die günstigste Methode zur Ermittlung der B-Freimachung aus Borgläsern. O. Knabe. 689.

Ebert, Dieter. **Die Düngerwirtschaft.** Leitfaden für den landwirtschaftlichen Großbetrieb. Berlin: VEB Deutscher Landwirtschaftsverlag. 1961. (196 S. m. 32 Abb. u. 48 Tab.) 8°. DM 6,–. Mit dem vorliegenden Buch vermittelt der Autor nicht nur naturwissenschaftliche Erkenntnisse auf dem Gebiet der Düngung, sondern versucht gleichzeitig, Düngungsmaßnahmen und Gesamtökonomik des sozial. landwirtsch. Großbetriebes miteinander sinnvoll zu verbinden. In dieser Hinsicht unterscheidet sich diese neue Düngungslehre von früheren Veröffentlichungen. Das Buch gliedert sich wie folgt: a) die Düngung in volks- und betriebswirtsch. Sicht, b) Aufbereitung und Anwendung wirtschaftseigener Dünger, c) Behandlung der Mineraldünger, d) die Aufstellung des Düngungsplanes (u. a. Auswertung der Nährstoffkarten), e) spezielle Düngungsmaßnahmen (Kalkung, Mikronährstoffe, Gründüngung), f) Anbauverhältnis, Fruchtfolge und Düngungsplan, g) Düngungsbeispiele (für LPG im Schwarzerdegebiet, mit Sandböden, im Vorgebirge). – Bes. werden die wirtschaftseigenen Düngemittel (Kapitel b), die bei richtigem Einsatz die Fruchtbarkeit der Böden äußerst günstig beeinflussen, behandelt. Am Schluß des Buches befinden sich Literatur- und Abbildungsnachweise. W. Kleeberg.

Židkie azotnye udobrenija i ich primenenie. Sbornik perevodov iz inostrannoj periodičeskoj literatury. (Flüssige Stickstoffdüngemittel und deren Anwendung.) Moskva: Sel'chozgiz. 1961. (438 S.) 8°. (1962 A 178)

VII. PFLANZENBAU AUF DEM ACKER

B. Fruchtwechsel und Fruchtfolgen

Świętochowski, B. und Gonet, Z. Zakład Uprawy Roli i Płodozmianów I.U.N.G. we Wrocławiu. Przyczynek do poznania ilości i składu resztek pożniwnych żyta, koszonego w różnych terminach. **(Ein Beitrag zur Kenntnis der Menge und der Zusammensetzung der Ernterückstände des Roggens nach Ernte zu verschiedenen Zeiten.)** Prace Inst. Uprawy, Nawożenia Gleboznawstwa, Pamiętnik Puławski **1961** Nr. 1. S. 143–152. – 3 Abb., 4 Tab., 8 Lit. Zus. in Russ., Engl.

Die Untersuchungen wurden im Jahre 1948 auf einem sandigen Boden durchgeführt. Der Roggen wurden in 8 verschiedenen phänol. Entwicklungsphasen vom Ährenschieben bis zur Vollreife gemäht. Bodenproben wurden mit Stahlzylindern genommen und in diesen die Ernterückstände bestimmt. Die Untersuchungen zeigten, daß der Roggen in Abhängigkeit vom Wetter und der Entwicklungsphase 35–77 dt/ha Ernterückstände hinterläßt. Die größte Menge von Ernterückständen wurde beim Roggen z.Z. der Kornbildung (erste Junidekade) festgestellt. Dieser Zeitraum ist charakterisiert durch niedrige Temperaturen und geringe Niederschläge. Der höchste Nährstoffgehalt (N, P, K) in den Ernterückständen wurde z.Z. des Ährenschiebens und der Bildung des 2. Halmknotens gefunden. Auf Grund dieser Ergebnisse empfehlen die Vff. den Roggen als Winterzwischenfrucht für die leichten Böden und erodierten Gebirgsgegenden. J. Gastoł. 716.

Franke, G.; Halle/S., Martin-Luther-Univ. Halle-Wittenberg, Inst. für Acker- und Pflanzenbau. **Untersuchungen zur Frage der Verträglichkeit bei Getreide mit Hilfe der Anwelkmethode.** Albrecht-Thaer-Arch. **6** (1962) Nr. 3. S. 239–244. – 6 Tab., 11 Lit.

Die Versuche waren so angelegt, daß alle möglichen Folgekombinationen von Wi-Gerste, Wi-Roggen, Wi-Weizen, Hafer, So-Weizen und So-Gerste geprüft werden konnten. Die Transpirationsbestimmungen erfolgten im Raum bei ca. 20 °C an vollturgescenten Pflanzen. Es traten keine signifikanten Unterschiede zwischen den ermittelten Werten der rel. Transpiration auf. Eine Gegenüberstellung mit den Kornerträgen ergab nicht immer die geforderte Relation. Die gute Vorfruchteigenschaft von Wi-Roggen kam jedoch in einer niedrigen rel. Transpiration zum Ausdruck I. Frommhold. 716.

Gŭrbučev, I. (Gârbutschew, I.) Sŭdovi opiti s reduvane na različni polski kulturi. **(Gefäßversuche mit zeitlicher Aufeinanderfolge verschiedener Feldkulturen.)** Izvestija na Dobrudžanskija selskostopanski naučnoizsledovatelski institut, Tolbuchin **1** (1961) S. 5–14. – 4 Abb., 6 Tab., 6 Lit. Zus. in Russ., Engl.

In Mitscherlichgefäßen wurden 1959 und 1960 Vegetationsversuche angestellt, wobei im ersten Versuchsjahr 10 Kulturen ausgesät und z.Z. der vollen Blüte (für Grünmasse) abgeerntet wurden. Nach Aberntung der ersten 10 Kulturen wurden die gleichen Gefäße für die Aussaat von 4 Kulturen, Weizen, Hafer, Wicke und Mais, benutzt, wobei der Hälfte der Gefäße die Wurzelrückstände der vorher darin aufgezogenen Pflanzen belassen wurden. Nach der Aberntung der 4 Kulturen (ebenfalls in voller Blüte) wurde Weizen der Sorte 'Nr. 301' für Körnernutzung ausgesät. Die höchste Bodenfruchtbarkeit für die nachfolgenden Kulturen schufen die annuellen Leguminosen, gefolgt von den Hackfrüchten, dem Getreide und den ausdauernden Leguminosen. Die höchsten Weizenerträge wurden nach Belassung der Wurzelrückstände nach Hackfrüchten (198 g) erzielt. An 2. Stelle standen die Weizenerträge nach einjährigen Leguminosen (175 g). Bei der Variante ohne Wurzelrückstände erzielte man die höchsten Weizenerträge nach einjährigen Leguminosen (1982 g), gefolgt von denen nach Getreide und Hackfrüchten.
M. Stoilow. 716.

Jandov, D. und Ilijčev, Ch. (Jandow, D. und Ilijtschew, Ch.) Izsledvane sŭstava na trevnite smeski i vlijanieto im vŭrchu njakoi počveni pokasateli pri polivni uslovija. **(Untersuchung der Kleegrasgemischzusammensetzung und ihr Einfluß auf einige Bodeneigenschaften unter Bewässerungsverhältnissen.)** Naučni trudove. CNII po chidrotechnika i melioracii, Sofija **7** (1961) S. 212–244. – 11 Tab., 14 Lit. Zus. in Russ., Engl.

Ermittlung der geeignetsten Zusammensetzung von Kleegrasgemischen unter Bewässerung auf ausgelaugten Tschernosemböden im Bewässerungsgebiet des Rossiza-Flusses war das Ziel der Vff. in vorliegender Arbeit. Geprüft wurden

24 Kombinationen. Die 3jähr. Untersuchungen ergaben, daß unter den Leguminosen die Luzerne bei Bewässerung den besseren Partner abgibt, während der Klee mehr für die kühleren Höhenlagen geeignet ist. Ertragsmäßig zeigte sich die Esparsette schwächer, weshalb sie nicht empfohlen wird. Als die geeignetsten unter den Gräsern stellten sich Knaulgras, Glatthafer und Wiesenschwingel heraus. Die Blanksaaten der Leguminosen bringen niedrigere Erträge als die Gemische mit Gräsern. Größte Zunahme an wasserbeständigen Bodenaggregaten erzielt man im 3. Nutzungsjahr der Gemenge bei der Kombination Luzerne + Glatthafer, Esparsette + Glatthafer und Klee + Wiesenschwingel. M. Miltschew. 716.

Peive, J. V.; Ministerrat der Lett. SSR. Uluččat' strukturu posevnych ploščadej. **(Die Verbesserung des Anbauverhältnisses.)** Zemledelie, Moskva **24** (1962) Nr. 5. S. 7–11. – 2 Abb.

In der Lettischen SSR müssen die Folgen des Trawopolnaja-Systems schnell überwunden werden. Kleegras wird weniger und nur dort angebaut, wo hohe Erträge zu erwarten sind. Die Erhöhung der Bodenfruchtbarkeit erfolgt vorrangig über eine stärkere Anwendung mineral. und org. Dünger sowie Anbau großkörniger Leguminosen. Zur Sicherung der Futterproduktion soll $^1/_3$ des Ackerlandes mit Mais, Futterzuckerrüben, Ackerbohnen, Erbsen oder Lupinen bestellt werden. Als Vorfrucht zu Faserlein ist Klee durch Hackfrüchte zu ersetzen. R. Schlenker. 718.

Zacharov, S. S. (Sacharow, S. S.) Vlijanie polevych i kormovych sevooborotov na uslovija plodorodija počvy. **(Einfluß der Feld- und Futterfruchtfolgen auf die Bodenfruchtbarkeit.)** Trudy Belorusskoj sel'skochozjajstvennoj akademii, Gorki **32** (1960) Nr. 2. S. 35–47. – 9 Tab., 8 Lit. 718.

Stepanov, V. N., Bolobolova, V. M., Lisova, A. V. und Vasil'eva, D. V. (Stepanow, W. N., Bolobolowa, W. M., Lissowa, A. W. und Wassiljewa, D.W.) Produktivnost' sevooborotov zerno-kartofel'noj specializacii v central'nych rajonach nečernozemnoj polosy. **(Leistung der Getreide-Fruchtfolge in den Zentralgebieten der Nichtschwarzerdezone.)** Izvestija Timirjazevskoj sel'skochozjajstvennoj akademii, Moskva **1961** Nr. 3. S. 7–22. – 11 Tab., 7 Lit. Zus. in Engl.

Die experimentellen Untersuchungen an Getreide-Kartoffel-Fruchtfolgen mit ein- und zweijähriger Nutzung der Scholle mehrjähriger Gräser zeigen die große Bedeutung der Gräser bei der Erhöhung der Bodenfruchtbarkeit und der Erträge aller Kulturen. Nach Angaben der Feldbauversuchsstation der Timirjasew-Akademie (1952–60) können bei richtigem Kulturwechsel innerhalb der Fruchtfolge und bei systematischer Düngung (10 t Stalldung, 20 kg N, 40 kg P_2O_5, 25 kg K_2O/ha) in den Zentralgebieten der Nichtschwarzerdezone 15–16 dt Getreide, 40–45 dt Kartoffeln, 11–12 dt Heu und 20–25 dt Stroh geerntet werden. Die Produktivität der Fruchtfolgen wird bestimmt durch den Anteil ertragreicher Kulturen in ihnen. Für die Zentralgebiete der Nichtschwarzerdezone ist dies von den Getreidearten der Wi-Weizen, der hohe Erträge (28–30 dt und mehr) nach Mais, Frühkartoffeln, ein- und 2jähr. Scholle mehrjähriger Gräser und wiederholter Aussaat bringt. Die zweite wichtige Gruppe bilden die Hackfrüchte Kartoffel und Mais. Betreffend der Nutzungsdauer mehrjähriger Gräser zeigten die Ergebnisse der 1. Fruchtfolgerotation keinen Vorteil 2maliger Grasansaat bei einjähr. Nutzung gegenüber der gebräuchlichen 2jährigen Nutzung bei einmaliger Aussaat.
W. Görtler. 718.

Mihályfalvy, I. Rizses vetésforgók szántóföldi növényei. **(Die Ackerkulturen der Reis-Fruchtfolgen.)** Növénytermelés [Pflanzenbau] **10** (1961) Nr. 4. S. 289–302. – Aus: Ung. Agrar-Rdsch. **1962** Nr. 3.

Der im ungarischen Reisbau beobachtete Ertragsrückgang in den letzten Jahren wird vor allem auf den Anbau als Monokultur zurückgeführt. Gegen die dadurch entstehende Verunkrautung und Verarmung des Bodens hilft das Einführen von Fruchtfolgen. Bei der Prüfung von 10 verschiedenen Fruchtfolgen mit 5–7 Gliedern und 38–60% Reisanteil wurden verschiedene Kleearten, Wicken u.a. Leguminosen sowie Nichtleguminosen und Gemenge angebaut. Die meisten Kulturarten konnten nach Reis erfolgreich angebaut werden; nur Sojabohnen und Futterrüben waren nicht gut als Nachfrüchte geeignet. Bestimmte agronomische Faktoren müssen dabei berücksichtigt werden (Bewässerung, Düngung, Saatzeit u.a.), um den Erfolg zu sichern. Kleegras und Rotklee waren im Anbau nach Reis immer erfolgreich und brachten den höchsten Geldertrag. 718.

Zacharčenko, I. G., Piroženko, G. S. und Suchobrus, S. V. (Sachartschenko, I. G., Piroshenko, G. S. und Suchobrus, S. W.); Mironowka, Versuchsstat. des Ukrain. Forsch.-Inst. für Ackerbau. O vlijanii bessmennych kul'tur na plodorodie počvy. **(Über den Einfluß von Monokulturen auf die Bodenfruchtbarkeit.)** Počvovedenie, Moskva **1962** Nr. 7. S. 10–18. — 5 Tab., 18 Lit. Zus. in Engl.
30jähr. Versuchsergebnisse der o.g. Versuchsstation auf mächtigem, schwach ausgelaugtem, lehmigem Tschernosemboden zeigen, daß die Erträge von Wiweizen, Zuckerrüben und Mais sowohl auf den ungedüngten Parzellen als auch bei systematischer Düngung in der Fruchtfolge bedeutend höher sind als bei Anbau in Monokultur. Wi-Weizen und Zuckerrüben reagieren auf Fruchtfolgemaßnahmen sogar stärker als auf die Düngung. Die Wi-Weizenerträge wurden durch den Einfluß der Fruchtfolge um 61,2–90,8%, durch den Einfluß der Düngung um 28,8–52,5% gesteigert, die Zuckerrübenerträge entsprechend um 105–120,3% und 34,3–44,3%, die Maiserträge um 8,7–3,2% und 28,9–22,4%. Hackfruchtmonokultur führte auf den ungedüngten und den mit NPK gedüngten Parzellen zur Humusabnahme im Boden. Durch systematische Stallmistdüngung (60 dt/ha jährlich) wurden Humus- und N-Gehalt des Bodens bei Hackfruchtmonokultur gehalten, bei Getreidemonokultur und in der Fruchtfolge dagegen gesteigert. Ch. Bachmann. 718.

C. Saat- und Pflanzgut

Sójka, E.; Olsztyn, Katedra Fizjol. Roślin WSR. Badania nad fizjologią i biochemią rozwijającego się ziarna żyta. III. Wpływ dojrzałości ziarna siewnego na plonowanie roślin oraz ich odporność na suszę i niskie temperatury. **(Untersuchung der Physiologie und Biochemie des sich entwickelnden Roggenkorns. 3. Mitt. Einfluß der Reife des Saatmaterials auf den Pflanzenertrag sowie die Widerstandsfähigkeit gegen Dürre und tiefe Temperaturen.)** Hodowla Roślin Aklimatyzacja Nasiennictwo **6** (1962) Nr. 1. S. 1–19. — 1 Abb., 10 Tab., 31 Lit. Zus. in Russ., Engl.
Der Reifegrad der Körner hat deutlichen Einfluß auf Wachstum, Entwicklung und Ertragsfähigkeit der sich aus diesen Körnern entwickelnden Pflanzen. Vollreife Körner bringen in dieser Hinsicht die besten Pflanzen. Sie enthalten reichlich Vorratsstoffe. Die Widerstandsfähigkeit gegen Dürre wird stark vom Reifegrad des Saatgutes beeinflußt. Pflanzen aus vollreifen Körnern hatten die größte Dürreresistenz. Das Ausmaß der Auswinterung wird dagegen kaum vom Reifegrad des Saatgutes beeinflußt. Wichtig für die physiol. Eigenschaften der Körner und für die ontogenetische Entwicklung der Pflanzen ist die Methode der Lagerung des Saatgutes. W. Święcicki. 720.

Clark, B. E. und Page, H. L.; Geneva, N. Y., Cornell Univ. The quality and labeling of seeds in New York as revealed by sampling and testing in 1961. **(Die Qualität und Kennzeichnung des Saatgutes in New York, gezeigt an Hand der Probenahme und Untersuchung im Jahre 1961.)** New York State agric. Exp. Stat., Bull. **1962** Nr. 793. S. 1–44. — 15 Tab.

Im Jahre 1961 wurden im Staate New York 4445 Proben von dem zum Verkauf angebotenen Saatgut untersucht. Von diesen Proben waren 285 Samenstreifen, Samenrollen und ähnliche neuartige Verpackungen, die durch Vegetationsversuche im Gewächshaus geprüft wurden. Die 4260 Saatgutproben in der herkömmlichen Verpackung setzten sich wie folgt zusammen: 209 Gräser, 355 Grasmischungen, 588 Feldsaaten (Getreide, Hülsenfrüchte, Kleearten und sonstige Futterpflanzen), 1681 Gemüse und 1427 Blumen. Die Grasmischungen enthielten häufig ungeeignete Gräser. Bei 69% der Grassaatgutproben waren die Qualitätseigenschaften richtig und vollständig angegeben und stimmten mit den amtlichen Untersuchungsergebnissen überein. Die entsprechenden Prozentzahlen betragen bei Grasmischungen nur 57%, Feldsaaten 84%, Gemüse 95%, Blumen 88%. Die Samenstreifen usw. enthielten meist Gemüse- und Blumensamen, z. T. mit Nährstoffzugabe; nur $^2/_3$ von ihnen entsprachen den Anforderungen. Die Ursache für das schlechte Wachstum der Pflanzen war häufig eine zu hohe oder unausgeglichene Nährstoffdosierung.

C. Tittel. 725.

Golik, M. G. und Festa, N. Ja.; Unions-Inst. für das Fernstudium der Nahrungsmittelind. Sravnitel'naja ocenka metodov opredelenija vschožesti semjan. **(Vergleichende Bewertung der Methoden der Bestimmung der Keimfähigkeit des Saatgutes.)** Kukuruza, Moskva 7 (1962) Nr. 3. S. 25–28. — 5 Abb., 4 Tab.

Folgende Methoden zur Prüfung von Maissaatgut werden geprüft: a) Keimung auf geglühtem Sand, b) auf Filtrierpapier 7 Tage bei 6–8 °C, danach bei 20 bis 23 °C, c) in Keimgefäßen mit Erde 7 Tage bei 8–10 °C, dann bei 18 bis 22 °C, d) auf Filtrierpapier mit Erdunterlage 4 Tage bei 6–8 °C, dann bei 20–23 °C, e) in Kästen mit Erde 14–16 Tage bei 13 °C. Die WK betrug stets 60%. Maschinenaufbereitetes Saatgut hat oft geringe Verletzungen, ohne daß der Keimling beschädigt ist. Das führt zu Differenzen bei der Keimfähigkeitsbestimmung nach verschiedenen Methoden. Der Feldkeimfähigkeit am nächsten kommen die nach Methode c erzielten Ergebnisse. a und b geben zu hohe Werte. Technisch am günstigsten ist Methode d. Hier sind die verschimmelten und sonstwie beschädigten Körner am leichtesten zu erkennen (Rolle aus Filtrierpapier mit Erde).

L. Rang. 725.

Lovato, Attilio; Bologna, Univ., Ist. Agronomia Gen. e Coltivazioni Erbacee. La valutazione dei germogli normali ed anormali in prove di germinazione di „semi" di Cichorium intybus L. e C. endivia L. **(Die Bewertung normaler und anormaler Keimlinge bei Keimversuchen mit Saatgut von Cichorium intybus L. und C. endivia L.)** Ann. Sperimentaz. agrar. [N. S.] **15** (1961) Nr. 1. S. 179–189. — 4 Abb., 2 Tab., 3 Lit. Zus. in Engl.

Nach einleitenden Bemerkungen über die Bedeutung und die Art der Bewertung von normalen und anormalen Keimlingen bei der Keimfähigkeitsuntersuchung beschreibt Vf. die zur Kennzeichnung der Keimlingstypen von *Cichorium intybus* und *C. endivia* angewendete Methode. Die in Keimversuchen erhaltenen Keimlinge wurden in Erde gepflanzt, um die weitere Entwicklung der Pflanzen zu beobachten. Weiterhin wurden die Ergebnisse der Keimprüfung im Laboratorium mit den im Gewächshaus in Erde erhaltenen verglichen. Eine Beschreibung der charakteristischen Merkmale normaler und anormaler Keimlingstypen beider Arten wird gegeben.

C. Tittel. 725.

Lindner, H. und Lindner, Hildegard. **Über Ursachen und Ausmaß von Differenzen zwischen Keimfähigkeit und Feldaufgang von Pisum sativum L. Ein Beitrag zum „Triebkraft"-Problem.** Z. landwirtsch. Versuchs- u. Untersuchungswes. 8 (1962) Nr. 1/2. S. 121–126. — 3 Abb., 1 Tab., 8 Lit. Zus. in Russ., Engl.

Unter Triebkraft wird die Fähigkeit des Saatgutes verstanden, unter „erschwerten Bedingungen" beim Feldaufgang leistungsfähige Pflanzen zu entwickeln.

Die üblichen Teste nach Hiltner und Derlitzki stellen aber für Erbsen keine erschwerten Bedingungen dar. Die erschwerten Bedingungen sind meistens als Komplex wirksam. Es treten daher häufig erhebliche Differenzen zwischen den labormäßigen Triebkraftwerten und dem tatsächlichen Feldaufgang auf. Im untersuchten Falle konnten die „hemmenden Faktoren" durch Sterilisation des Bodens beseitigt werden. E. Koch/Bendeleben. 725.

Wrazidlo, W.; Jena, Inst. für Landwirtsch. Versuchs- und Untersuchungswes. **Torf als Kultursubstrat zur Anzucht von Augenstecklingspflanzen.** Z. landwirtsch. Versuchs- u. Untersuchungswes. 8 (1962) Nr. 1/2. S. 133–140. – 3 Abb., 3 Tab., 18 Lit. Zus. in Russ., Engl.
Die bisherige Tontopfkultur in der Augenstecklingsprüfung führte gelegentlich zu Borüberschußschäden. Demgegenüber bewirkte ein aus dem Zierpflanzenbau bekanntes, hier als Torfkultur bezeichnetes Verfahren zur Anzucht von Augenstecklingen, auch im Vergleich zur Kieskultur, arbeitswirtsch. und finanzielle Vorteile sowie besseres Keimlingswachstum bei gleich guter Erkennbarkeit der Krankheitssymptome. R. Burghausen. 725.

Kramer, H. A. und Decker, R. W.; Beltsville, Md., U. S. Dep. of Agric., Market Quality Res. Div.; Hyattsville, Md., Agric. Speciality Co. Electronic seed counter. **(Elektronischer Samenzähler.)** Agric. Engng. **43** (1962) Nr. 6. S. 346–348. — 4 Abb., 2 Lit.
Vff. berichten über Aufgaben und Konstruktion eines neu entwickelten Samenzählers für Erdnüsse. Der Samenzähler ist auch für große Baumsamen, große Bohnen und andere Samen ähnlicher Größe geeignet. Die elektronische Zähleinrichtung besteht im wesentlichen aus einem Blechbehälter, einer Lichtstrahl-Quelle, einer Fotozelle, Transistor-Verstärkern und Zählwerken. Die praktische Prüfung hat ergeben, daß auf 10000 Zählungen nur eine Fehlzählung kommt. Waren bei der früher üblichen Handzählung max. etwa 3 Erdnüsse/s zählbar, so werden mit der elektronischen Zähleinrichtung 4,9–6,3 Erdnüsse/s gezählt (von extra groß bis Größe Nr. 1 — das entspricht einer Samenzahl pro 0,453 kg von 504–533). K.-H. Schulte. 725.

Železnjak, E. A., Fajncimer, R. Z. und Golenko, V. F. (Shelesnjak, Je. A., Fainzimer, R. S. und Golenko, W. F.); Krasnodar, Unions-Inst. für Getreideforsch., Versuchslab. Novye zaščitnye pokrytija semjan. **(Neue Schutzüberzüge für die Samen.)** Kukuruza, Moskva **7** (1962) Nr. **3**. S. 52–54. — 2 Abb., 3 Tab.
Nach Prüfung von filmbildenden Subst. werden 2 Gemische zum Schutz der Maiskörner gegen die Boden-Mikroflora vorgeschlagen: a) Sulfit-Alkohol-Schlempe 0,5 kg, Äthylenglykol 0,015 l, TMTD 0,940 kg, Wasser 5 l je t Saatgut; b) Polyvinylalkohol (mit 5–20% Acetylgruppen) 2,5 kg, Äthylenglykol 0,015 l, TMTD 0,940 kg, Wasser 5 l je t Saatgut. Die Qualität der Behandlung mit a kann leicht und schnell im UV-Licht kontrolliert werden. Die bedeckten Samen fluorescieren gelb, die nichtbedeckten Samen hellblau. Die Häutchen erhöhen die Keimenergie, erhalten die hohe Keimfähigkeit und verhindern vollständig das Verschimmeln der Körner bei niedrigeren Temperaturen. L. Rang. 726.

Mokrievič, G. und Ignatovič, G. (Mokrijewitsch, G. und Ignatowitsch, G.) Obrabotka semjan cinkovymi preparatami. **(Behandlung des Maissaatgutes mit Zinkpräparaten.)** Kukuruza, Moskva **7** (1962) Nr. 5. S. 21–23. — 5 Abb.
In 5jährigen Laboratoriumsversuchen (1957–61) und in 3jährigen Produktionsversuchen (1959–61) auf den stark carbonathaltigen Böden des Gebietes Rostow stiegen durch Bepudern des Maissaatgutes mit den Zinkpräparaten Nr. 6, 7, 8, mit 50%igem Zineb (dem Zinksalz der Äthylen- bis-dithiocarbamidsäure) und mit 50%igem Ziram (dem Zinksalz der Methylen-bis-dithiocarbamidsäure) in Mengen von 6,5–7,5 kg je t Saatgut die Feldkeimfähigkeit

des Maissaatgutes um 10–40% und die Erträge im Durchschnitt um 10–25%, in einzelnen Produktionsversuchen sogar um 45–60%. Die Polyspurendüngemittel enthalten außer Zn noch Al, Mn, Cu, Ti, Pb, Ni, Cr, Ag, d. h. die überwiegende Mehrheit der im Maiskorn vorhandenen Spurenelemente. Nach den Ergebnissen ist die Behandlung des Maissaatgutes mit diesen Zinkpräparaten wirksam und ökonomisch vorteilhaft. L. Rang. 726.

Kalašnikov, K. (Kalaschnikow, K.); Puschkin, Gebiet Leningrad, Unions-Inst. für Pflanzenschutz. Kombinirovannye protraviteli. **(Kombinierte Beizmittel.)** Kukuruza, Moskva 7 (1962) Nr. 4. S. 59–60.
Vf. untersuchte, ob bei fabrikmäßigem Beizen des Maissaatgutes Behandlung gegen Pilzerkrankungen und gegen Schädlinge in einem Arbeitsgang vereinigt werden können. Bei (zentralisierter) Behandlung mit den kombinierten Präparaten TMTD + γ-Hexachlorcyclohexan oder TMTD + Heptachlor stiegen (bes. bei Zusatz von Spurenelementen — Cu, Zn, Mn) die Maiserträge stark an, und die Arbeitsbedingungen beim Maisanbau wurden leichter.
L. Rang. 726.

Zubarev, M. (Subarew, M.); Brjansk, RSFSR, Landwirtsch. Versuchsstat. Opyt obrabotki semjan parafinom. **(Versuch zur Paraffinierung des Saatgutes.)** Kukuruza, Moskva 7 (1962) Nr. 4. S. 34–35. — 1 Tab.
Bei einer um 14 Tage früheren Saatzeit als der seit vielen Jahren üblichen (8.–18. Mai) war die Lufttemperatur +1 °C, die Bodentemperatur (in 5 cm Tiefe) + 3,8 °C. Die paraffinierten Körner gingen nach 28–30 Tagen auf, d. h. um 8 Tage früher als am 8. Mai gesätes Saatgut. Alle Sorten hatten dabei höhere Feldkeimfähigkeit. Die geringsten Verluste waren bei kältebeständigen Sorten und Hybriden zu verzeichnen. Bei sehr wärmeliebenden Sorten ('WIR-42', 'WIR-25') hilft Paraffinieren nicht, da man diese Sorten nicht in kalten Boden säen darf. Alle anderen Sorten und Hybriden gaben bei Paraffinierung beträchtliche Grünmassen- und Kolbenmehrerträge. Die höchsten Erträge an trockenen Körnern gaben die Hybride 'Bukowinski-3' und die Sorte 'Woronoshskaja-80'. L. Rang. 726.

Sachautdinov, B. M. und Antonova, M. P. (Sachautdinow, B. M. und Antonowa, M. P.); Ufa, RSFSR, Baschkir. Forsch.-Inst. für Landwirtsch. Posev probuždennymi semenami. **(Die Aussaat von in Keimstimmung gebrachten Zuckerrübensaatgutes.)** Sacharnaja svekla, Moskva 7 (1962) Nr. 4. S. 34–35.
Die Knäuel werden in einer gewichtsmäßig gleichen Wassermenge eingeweicht, nach Erwärmung auf 27 °C umgeschaufelt und an der Luft getrocknet. Bei so behandeltem Saatgut erfolgt der Aufgang der Saat 4–5 Tage früher und wesentlich kräftiger. Die Rübenerträge erreichten in Versuchen 465–570 dt/ha und lagen um 35–70 dt/ha über der Kontrolle. Ebenfalls günstige Resultate (Ertragssteigerung und höherer Zuckergehalt) wurden durch 6–8std. Einweichen des Saatgutes in einer 0,02%igen Borsäurelösung erzielt.
G. Jury. 726.

Štereva, R. (Schterewa, R.) Vlijanieto na granuliranija superfosfat vŭrchu kŭlnjaemostta na njakoi trevni semena. **(Einfluß des granulierten Superphosphats auf die Keimfähigkeit der Samen einiger Futterpflanzen.)** Izvestija na Dobrudžanskija selskostopanski naučnoizsledovatelski institut, Tolbuchin 1 (1961) S. 101–114. — 6 Abb., 6 Tab., 14 Lit. Zus. in Russ., Engl.
Saatgut von Luzerne, Esparsette, Wehrloser Trespe, Knaulgras und Rotschwingel wurde z. T. mit reinem granuliertem Superphosphat, z. T. mit einem Gemisch aus Stalldung und granuliertem Superphosphat vermengt. Die Samen wurden 10, 24, 72 und 120 Std. lang in den Mischungen gehalten, wobei ein Teil der Samen trocken belassen, der andere dagegen täglich angefeuchtet wurde. Das trockene Superphosphat wie auch Gemische mit trockenem Stall-

dung hatten auf die Keimfähigkeit der Samen keinen wesentlichen Einfluß. Bei den Versuchsvarianten mit dem feuchten Superphosphat wurde die Keimfähigkeit merklich beeinträchtigt. Je nach Grasart und der Zeitdauer, in der die Samen mit dem Superphosphat in Berührung standen, variierte diese Minderung der Keimfähigkeit zwischen 10 und 30%. Schroff nahm die Keimfähigkeit bei Knaulgras und Rotschwingel ab. Wenn die Samen bis zu 24 Std. lang mit trockenem Superphosphat in Berührung standen, wurde ihre Keimfähigkeit nicht beeinträchtigt. M. Stoilow. 726.

Bawolski, St.; Zakład Fizjol. Roślin I.U.N.G. w Puławach. Wpływ nagrzewania słonecznego na kiełkowanie nasion esparcety. **(Der Einfluß der Sonnenwärme auf das Keimen des Esparsettesamens.)** Prace Inst. Uprawa, Nawożenia Gleboznawstwa, Pamiętnik Puławski **1961** Nr. 1. S. 193–206. — 5 Abb., 1 Tab., 6 Lit. Zus. in Russ., Engl.
Samen der Esparsettearten *Onobrychis viciaefolia*, *O. transcaucasiuca* und *O. arenaria* wurden in verschiedenen Stadien der physiol. Reife geerntet und sofort danach, 7 Tage danach sowie nach 1jähr. Lagerung angekeimt. Beim 2. und 3. Termin wurde das Saatgut teilweise 7 Tage lang im Gewächshaus durch die Sonnenwärme auf 27–35 °C erwärmt. Am Anfang der Gelbreife geernteter, normal in der Garbe getrockeneter Samen war in der Keimfähigkeit gleich reifem Samen. Samen von *O. viciaefolia* und *O. transcaucasica* keimte unmittelbar nach der Ernte in normalem Ausmaß. Normal getrocknete Samen von *O. arenaria* keimten schlechter als sofort nach der Ernte. *O. arenaria* hatte den höchsten Anteil hartschaliger Samen, *O. transcaucasica* den geringsten. Die Erwärmung frisch geernteten Saatgutes wirkte nachteilig.
Z. Zimniak. 726.

Schmidt, G. Nagy hömérséklet hatása a pázsitfüvek csirázására és hööptimumuk vizsgálata. **(Der Einfluß hoher Temperaturen auf die Keimung der echten Gräser und die optimale Wärme.)** Agrobotanica [Tápiószele, Ungarn] **1960** Nr. 2. S. 125–138. — Aus: Ung. Agrar-Rdsch. **1962** Nr. 3.
Die optimale Keimtemperatur beträgt bei den meisten untersuchten Grasarten 25 °C, bei *Poa pratensis* und *Agropyron cristatum* 20 °C, *Bromus catharticus* keimte bei allen Temperaturen mit gleicher Energie und zum gleichen Prozentsatz. Meist genügen zur Keimung 14–16 Tage, *Beckmannia cruciformis* und *Poa pratensis* benötigen jedoch 25 Tage. Das Max. der Keimtemperatur beträgt 34 °C, bei 40 °C keimte keine einzige der geprüften Grasarten. 5tägige Wärmebehandlung bei 40 °C wirkte stimulierend bei *Festuca pseudovina*, *Beckmannia cruciformis*, *Lolium perenne* und *Festuca pratensis*. Bei *Festuca pseudovina* erwies sich selbst eine 25tägige Wärmebehandlung als vorteilhaft, während bei den anderen Grasarten die Keimfähigkeit in umgekehrtem Verhältnis zur Verlängerung der Periode der Wärmebehandlung abnahm. 5tägige Wärmebehandlung erhöhte die Keimschnelligkeit bei *Festuca pseudovina*, *Festuca pratensis*, *Dactylis glomerata*, *Arrhenatherum elatius*, *Agropyron cristatum*, 10 Tägige Wärmebehandlung bei *Beckmannia* und *Alopecurus*, während bei den anderen Grasarten die Keimenergie eine Beeinträchtigung erfuhr. Unter dem Einfluß einer 15tägigen Wärmebehandlung nahm die Keimschnelligkeit bei allen Grasarten allmählich ab; 20tägige Wärmebehandlung führte, mit Ausnahme von *Lolium*, zu mangelhafter Keimung. 726.

Craiciu, Eufrosina. Influenţa diferitelor tratamente aplicate seminţei de dud înainte de semănat. **(Der Einfluß verschiedener Behandlungen auf den Maulbeersamen vor der Aussaat.)** Stat. centr. Cercetări Sericicult. Apicult., Lucrări ştiinţ. 2 (1960) S. 117–122. — 5 Tab.
Die Behandlung diente zur Verkürzung der Keimruhe und zur Förderung der Keimung und des Wachstums der Setzlinge. Durch die Aussaat gekeimten Samens erfolgte der Aufgang um 10–13 Tage früher. Die Maulbeersetzlinge

sind aber von geringer Qualität und können folglich nicht auf den Feldern angepflanzt, sondern nur für Hecken gebraucht werden. Aus einem weiteren Versuch geht hervor, daß durch Behandlung des Maulbeersamens mit β-Indolylessigsäurelösung (1:2500) Aufgang und Entwicklung gefördert werden und daß auf diese Weise Setzlinge guter und sehr guter Qualität erhalten werden, und zwar abhängig von den Klimaverhältnissen des betr. Jahres. Durch Behandlung des Saatgutes mit 2.4-D werden zweitklassige Setzlinge erlangt, während durch Behandlung mit Spurenelementen (Mg, Mo) Setzlinge 2. und 3. Qualität erzielt werden. Weitere Maßnahmen sollen in weiteren Versuchen geprüft werden. M. Casan. 726.

Nosov, A. K. und Zurnadži, A. V. (Nossow, A. K. und Surnadshi, A. W.); Inst. für Bot. der Akad. der Wiss. der Turkmen.SSR; Baumwollsamenstat. des Min. für Landwirtsch. der Turkmen.SSR. Vlijanie predposevnogo vozdejstvija ponižennych temperatur na razvitie tonkovoloknistogo chlopčatnika. **(Einfluß niedriger Temperaturen vor der Aussaat auf die Entwicklung der feinfaserigen Baumwolle.)** Chlopkovodstvo, Moskva **11** (1961) Nr. 12. S. 41–43. — 2 Tab.

Vff. beschreiben ausführlich eine Methode, bei der nach dem Vorquellen Baumwollsaatgut von feinfaserigen Sorten 8–12 Tage lang Wechseltemperaturen zwischen 2–5 (18 Std./Tag) und 25–30 °C (6 Std./Tag) ausgesetzt wurde. Durch diese Behandlung setzten Bestockung und Blühen 3–4 Tage eher ein, während aber die Zahl der gekeimten Pflanzen im Vergleich zur unbehandelten Kontrolle um 10–18% niedriger lag. Der Baumwollertrag wurde jedoch durch dieses Verfahren signifikant erhöht. H. Winkler. 726.

Campbell, J. S., Chukwueke, V. O., Teriba, F. A. und Ho-A-Shu, H. V. S.; Trinidad, Univ. Coll. of the West Indies, Fac. of Agric., Imperial Coll. of Trop. Agric. Some physiological investigations into the White Lisbon yam (Dioscorea alata L.). I. The breakage of the rest period in tubers by chemical means. **(Einige physiologische Forschungen an der 'White-Lisbon'-Yamswurzel [Discorea alata L.]. 1. Mitt. Brechung der Keimruhe der Knollen durch chemische Mittel.)** Empire J. exp. Agric. **30** (1962) Nr. 118. S. 108–114. — 9 Abb., 1 Tab., 16 Lit.

In 10 Versuchen wurden Lösungen von 3-Indolylessigsäure (1, 2, 3%ig), Na-2.4-D (1, 2, 4, 8%ig), CaC_2 (0,16; 0,32; 0,63; 1,25%ig) und Äthylenchlorhydrin (1, 2, 4, 8%ig) in ihrer Wirkung auf die Keimruhe von Yamswurzeln geprüft. Die Keimruhe währt normalerweise 4–4½ Monate. Tauchen der Knollen in Lösung von Äthylenchlorhydrin war wirksam, und der Erfolg (% aufgegangener Pflanzen) war um so höher, je höher die Konz. der Lösung war. Bei Verwendung nur des Kronenteils der Knollen war der Anteil austreibender Pflanzen höher als bei Verwendung nur des Nabelteils oder ganzer Knollen. Von Einfluß war auch der Behandlungstermin. Behandlung unmittelbar nach der Ernte im Apr. war wirkungsvoller als diejenige unmittelbar nach Ernte im Jan. oder Anfang März. Je später die Behandlung erfolgte, um so geringer waren die zur Brechung der Keimruhe nötigen Konz. an Äthylenchlorhydrin. W. Stenz. 726.

Torev, At. (Torew, At.) Njakoi izsledvanija vŭrchu kartofite, sŭchraneni po različen način prez zimnija i proletno-letenija period, vŭv vrŭzka sŭs zapazvaneto im za ljatno zasaždane. **(Einige Untersuchungen an unterschiedlich über den Winter und die Frühjahr-Sommerperiode gelagerten, für die Sommerpflanzung vorgesehenen Kartoffeln.)** Naučni trudove. Visš. selskostopanski institut „Vasil Kolarov", Plovdiv **10** (1961) S. 7–22. — 4 Abb., 9 Tab., 16 Lit. Zus. in Russ., Dtsch.

Untersucht wurde der Einfluß unterschiedlicher Lagerungsbedingungen bei Kartoffelknollen (in Erdmieten, ungerodet in der Erde und in Grubenmieten) auf Atmung, Peroxydase- und Katalase-Aktivität sowie auf den Ertrag der aus derart aufbewahrten Knollen hervorgegangenen Pflanzen. Die Temperaturverhältnisse waren bei den unterschiedlichen Lagerungsarten verschieden. Die höchste Temperatur wurde in den Grabenmieten, die niedrigste im Feldbestand gemessen. Die hohe Temperatur in den Grabenmieten steigerte die Atmungsintensität sowie die Katalase- und Peroxydaseaktivität, während die ungerodet im Feldbestand überwinternden Knollen im Vergleich zur Kontrolle (Erdmiete) niedrigere Werte aufwiesen. Die gleichen Gesetzmäßigkeiten waren auch bei den Pflanzen feststellbar, die aus derart gelagertem Pflanzgut hervorgegangen sind. Aus im Feldbestand belassenenen als Pflanzgut verwendeten Kartoffeln hervorgegangenen Pflanzen erzielte man im Vergleich zur Kontrolle um 24,9% höhere, aus Grabenmietenkartoffelpflanzgut herangewachsenen um 27,6% geringere Knollenerträge. St. Waklinowa. 727.

Barton, Lela V. **Seed preservation and longevity.** London; New York: Leonard Hill [Books] Interscience Publishers Inc. 1961. (XVIII, 216 S. m. Abb., Tab. u. Lit.-Verz.) 8°. = Plant Science Monographs. Ed. by Nicholas Polunin. 50 s. In den ersten 10 Kapiteln werden Fragen der Langlebigkeit behandelt, und zwar im 1. Kapitel zunächst geschichtliche Fragen („Mumienweizen" aus Ägypten) und Berichte über alte Samen, danach Lebensdauer von Samen im Boden, die Langlebigkeit beeinflussende Faktoren (Feuchtigkeit, Temperatur, Licht, Gaszusammensetzung, Vererbung, Samenschale, Keimruhe, Einfluß der den Samen umhüllenden Fruchtgewebe). In den Kap. 7—10 werden dann verschiedene Gruppen von Nutzpflanzen (Gemüse, Getreide, Gräser, Ölsaaten, Forstpflanzen, Wasserpflanzen) im Zusammenhang mit der Langlebigkeit der Samen behandelt. Im 11. Kap. werden die Einflüsse der Verpackung von Sämereien dargestellt. In den weiteren Kapiteln folgen dann Methoden zum Testen der Lebensfähigkeit, Ausführungen über Pflanzen aus alten Samen (durch die lange Lagerung bedingte Veränderungen an den aus alten Samen erwachsenden Pflanzen), mutmaßliche Ursachen des Absterbens der Samen und schließlich im letzten Kap. praktische Schlußfolgerungen. Außer einem Sachverzeichnis finden sich auf 32 Seiten reiche Literaturnachweise. W. Stenz.

D. Saat und Pflege

Galkin, V. I. (Galkin W. I.) Posev punktirnoj sejalkoj. **(Die Aussaat mit der Einzelkornsämaschine.)** Sacharnaja svekla, Moskva 7 (1962) Nr. 3. S. 44–46. 1 Abb., 2 Tab.
Das Einzelkorn-Gleichstandssaatverfahren erfordert für das Vereinzeln keine Handarbeit mehr und ist damit am wirtschaftlichsten. Die kombinierte Drill-Kultivator-Dünger-Maschine SKRN-12 gewährleistet eine einwandfreie Aussaat. In Abhängigkeit von der Kalibrierung des Saatgutes und der Lochscheiben läßt sich die Saatmenge von 18,9 kg bis auf 4 kg/ha vermindern (Tabelle). Bei der Saatgutfraktion 5–6 mm erreicht man im günstigsten Fall je lfm. 13 Pflanzstellen. Die Düngermengen lassen sich ebenfalls exakt einstellen. G. Jury. 732.

Kretinin, T. N. Mnogosemjannoj — novuju technologiju. **(Die neue Anbautechnologie bei polygermem Saatgut.)** Sacharnaja svekla, Moskva 7 (1962) Nr. 2. S. 22-26.
Vf. gibt einen Bericht über die reale Möglichkeit und die Vorteile der Anwendung der neuen Anbautechnologie (Einzelknäuelaussaat, verminderte Aussaatmenge) bei polygermem Zuckerrübensaatgut. Durch die hohe Feldkeimfähigkeit und den niedrigen Anteil (unter 15%) an Nestern, die 3 und mehr Pflanzen aufweisen, ist das Verziehen nicht erforderlich. Im Durchschnitt wird damit ein Pflanzenbestand von 80000/ha erzielt. Die Serienproduktion der verbesserten Einzelkornsämaschine SKRN-12 soll beschleunigt aufgenommen werden. G. Jury. 732.

Černous, I. P. und Lysenko, F. E. (Tschernous, I. P. und Lyssenko, F. Je.); Kornin, Gebiet Shitomir, Ukrain.SSR, Zuckerkombinat. Prjamougol'nognezdovoj sposob vysraščivanija matočnoj svekly. **(Das Rechtecknestanbauverfahren bei Stecklingen.)** Sacharnaja svekla, Moskva 7 (1962) Nr. 4. S. 39–40. — 1 Abb., 1 Tab.

Das Rechteckverfahren für die Stecklingsanzucht bringt bei gleichem Vermehrungsfaktor durch den Wegfall des Vereinzelns gegenüber den normalen Anbauverfahren eine wesentliche Arbeitsersparnis in der Pflegekampagne (von durchschnittlich 37,1 AKTg/ha auf 16,0 AKTg). Der Rübenanteil beträgt hierbei mit einem Einzelgewicht bis 100 g 1,5%, 100–300 g 26,2%, 300–500 g 63,3% und 500–700 g 9%. G. Jury. 732.

Šutenko, I. A. (Schutenko, I. A.); Perwomaiskoje, Rayon Nowokubanskaja, Gebiet Krasnodar, Pflanzenzucht-Versuchsstat. Sroki poseva matočnoj svekly bezvysadočnoj kul'tury. **(Aussaattermine bei feldüberwinternden Stecklingen.)** Sacharnaja svekla, Moskva 7 (1962) Nr. 5. S. 32–35. — 3 Abb., 4 Tab.

Vf. berichtet über mehrjährige Versuche über Eintreten der Entwicklungsphasen, Samenträgerhöhe sowie Samenertrag in Abhängigkeit vom Saattermin (Apr., Mai, Juni, Juli, Aug.) der Stecklinge. Als Kontrolle diente die normale Pflanzung von Mietenstecklingen. Im Durchschnitt von 3 Jahren waren die Samenerträge mit 17,7 dt/ha bei der Augustsaat am höchsten. Im nachfolgenden Fabrikrübenbau zeigten sich die in der Variante Feldüberwinterung erzeugten Saatgutpartien ertragsüberlegen. G. Jury. 735.

Astadžov, N. und Kazakova, K. (Astadshow, N. und Kasakowa, K.) Vlijanie na broja na okopavanijata vŭrchu dobiva ot carevicata i posledejstvieto im na pšenicata. **(Einfluß der Häufigkeit des Hackens auf den Maisertrag und ihre Nachwirkung auf den Weizen.)** Izvestija na Dobrudžanskija selskostopanski naučnoizsledovatelski institut, Tolbuchin 1 (1961) S. 299–312. —8 Tab., 8 Lit. Zus. in Russ., Engl.

Bestände der Maissorte 'Toschewska podobrena' wurden in 6jährigen Versuchen 2-, 3- oder 4 × gehackt. 3- und bes. 4maliges Hacken führte im Vergleich zum 2maligen zu starker Unkrautdezimierung (im Mittel auf 1/4), zur Steigerung der Bodenfeuchtigkeit um 2% für die ganze Vegetationsperiode sowie zur Erhöhung des Maisertrages um 11,2–20% und des Weizenertrages um 5,6–12,6%. Das Reineinkommen aus beiden Kulturen war bei 3maligem Hacken um 560, bei 4maligem um 1070 Lewa/ha höher als bei 2maligem. M. Stoilow. 738.

Koptev, A. I., Gortlevskij, A. A. und Kočkin, E. A. (Koptew, A. I. Gortlewski, A. A. und Kotschkin, Je. A.); Rayon Ust-Labinskaja, Region Krasnodar, Kolchos „Rodina". O novych priemach uchoda za posevami. **(Über neue Pflegemaßnahmen der Zuckerrübenbestände.)** Sacharnaja svekla, Moskva 7 (1962) Nr. 2. S. 26–28.

Vff. berichten über einen Produktionsversuch (197 ha) über die wirtsch. Auswirkungen (Ertrag, Arbeitsaufwand, Selbstkosten und Reineinnahmen je ha) der Einzelkornaussaat von monokarpen Zuckerrüben bei Behandlung mit Na-Trichloracetat vor dem Aufgang. Statt des Verhackens und Verziehens (Kontrolle) wurde 1 bzw. 2mal geeggt. Vff. untersuchen den Wirkungsgrad (Unkrautvernichtung) der einzelnen Eggentypen sowie der Herbicidanwendung. Bei 2maligem Eggen wurden mit 0,56 Rbl. Selbstkosten je dt Rüben und 291,6 Rbl. Reineinnahmen je ha die besten Resultate erreicht. G. Jury. 738.

E. Ernte und Ernteverfahren

Kuznecov, T. A. und Pavlenko, Ju. E. (Kusnezow, T. A. und Pawlenko, Ju. Je.); Gebiet Woronesh, Forsch.-Inst. der RSFSR, für Zuckerrüben und Zucker. Soveršenstvovat' uborku matočnoj svekly. **(Die Vervollkommnung der Zuckerrübenstecklingsernte.)** Sacharnaja svekla, Moskva 7 (1962) Nr. 7. S. 13–14. — 2 Abb., 1 Tab.

Die restlose Entfernung der Blattreste vor der Einlagerung der Mutterrüben ist sehr arbeitsaufwendig. Versuche ergaben, daß Rüben mit 4–5 cm langen

Blattstielresten im Frühjahr mit 92% sogar einen höheren Anteil an pflanzfähigen Rüben ergaben als die von Hand nachgereinigten Rüben (91,1%). Zur Ernte sind deshalb die Rübenkombines SKEM-3, SKEM-3 G und KS-3 geeignet. Vf. gibt Hinweise für die richtige Einstellung der Vollerntemaschinen. G. Jury. 746.

Lampeter, W., Schieblich, J. und Rabes, Fr. **Wie können Verluste bei der Futterpflanzensamenernte verhindert werden?** Dtsch. Landwirtsch. **13** (1962) Nr. 7. S. 340–344.
Vff. geben „der landwirtschaftlichen Praxis Hinweise auf die z. Z. zweckmäßigsten sowie möglichen Ernteverfahren bei der Saatguterzeugung von Futterpflanzen (Gräser und Kleearten)". Die Anwendungsmöglichkeiten, die Vor- und Nachteile des Mäh-, Schwad- und Hockendrusches werden unter Bezug auf bes. deutliche Beispiele geschildert. Vorhandene bzw. notwendige technische Zusatzausrüstungen (Trocknungsmöglichkeiten, Schwadmäher und -verleger, Schlegelhäcksler) werden kurz besprochen. Es werden Hinweise für die sachgemäße Einstellung der Dreschmaschinen sowie für z. Z. in der Praxis anwendbare Defoliationsmaßnahmen gegeben. Durch Mähdrusch werden am günstigsten geerntet: Wehrlose Trespe, Rohrglanzgras, Wiesenfuchsschwanz, Roggentrespe, Kanariengras. Schwaddrusch wird bes. empfohlen für die Ernte von Knaulgras, Wiesen- und Sumpfrispe, Rotschwingel, Luzerne, Rotklee, Schwedenklee, Inkarnatklee, Gelbklee. Vorwiegend Hockendrusch findet Anwendung bei Glatthafer. Für Weißklee wird der Einsatz des Schlegelhäckslers bzw. der Köpfmaschine TK 3 erprobt. Weißer Steinklee sollte durch Feld- oder Scheunendrusch geerntet werden. A. Meinel. 752.

Maléř, Josef. **Velkovýrobní technologie sklízne obilovin.** (Die Technologie der Getreideernte in der Großproduktion.) Praha: Listovka Minist. Zeměd. Lesního a vodního. 1962. (15 S.) 4° = Komplexní mechanizací ke zprumyslnění zemědělske velkovyroby. 5. (SR 2924. 5)
Rauscher, M. **Harvesting and storage of grain maize.** Geneva: U.N. Economic comm. for Europe 1958. (59 S. m. 4 Abb.) 4°. (1962 B 170)
Rauscher, M. **Harvesting and storage of the more common cereals.** Geneva: U.N. Economic comm. or Europe. 1957. (66 S. m. 3 S. Anh.) 4°. (1962 B 169)

F. Konservierung und Lagerung des Erntegutes

Bakker-Arkema, Fred W., Hall, Carl W. und Benne, E. J.; Michigan State Univ., Dep. of Agric. Engng. and Biochem. Equilibrium moisture content of alfalfa. **(Gleichgewichts-Feuchtigkeitsgehalt von Luzerne.)** Michigan State Univ., agric. Exp. Stat., quart. Bull. **44** (1962) Nr. 3. S. 492–496. — 3 Abb., 6 Lit.
Luzerne wurde vor der Blüte, zu Beginn der Blüte, in der Vollblüte und im reifen Zustand geschnitten. Die Pflanzen wurden unmittelbar nach dem Schnitt auf 10% Wassergehalt getrocknet und bei Temperaturen von 40, 60, 80, 100 und 120 °F sowie rel. Luftfeuchtigkeit bis zu 100% so lange gehalten, bis sich ein Gleichgewicht mit der umgebenden Atmosphäre eingestellt hatte, d.h. bis der Wassergehalt des Trockengutes konstant blieb. Der sich einstellende Feuchtigkeitsgehalt ist vom Entwicklungszustand der Luzernepflanzen abhängig. Er nimmt mit fortschreitender Entwicklung ab. Die Lufttemperatur und der sich ergebende Wassergehalt korrelieren negativ miteinander. Der erreichte Feuchtigkeitsgehalt ist höher, wenn sich das Gleichgewicht mit der umgebenden Atmosphäre durch Abgabe, als wenn er sich durch Aufnahme von Wasser einstellt. W. Franzke. 756.

Johnson, W. H., Henson jun., W. H., Hassler, F. J. und Watkins, R. W.; Raleigh, North Carolina State Coll.; U.S. Dep. of Agric., A.R.S. Agric. Engng. Res. Div., Farm Electrification Res. Branch. Bulk curing of Bright leaf tobacco. **(Bündel-Trocknung von Bright-Tabak.)** Agric. Engng. **41** (1960) Nr. 8. S. 511–515. — 5 Abb., 1 Schema.

Das in den Jahren 1955–57 labormäßig erprobte und ab 1958 in die Praxis eingeführte Verfahren zur künstlichen Trocknung von Tabakbündeln (sog. „bulks“) zwischen 2 Latten in einer geeigneten Trocknungskammer gestattet eine weitgehende Mechanisierung des Arbeitsvorganges sowie eine Kopplung mit der mechanischen Blatternte. Der Arbeitsvorgang wird im einzelnen dargelegt. Die Latten sind 6 ft. (1,83 m) lang und 16 in. (406 mm) breit (mit Tabak ausgefüllter Zwischenraum zwischen Deck- und Grundlatte) und fassen 120 lb. (54,4 kg) Grünblatt. In einer Kammer von 10 × 12 × 6½ ft. (3,05 × 3,66 × 1,98 m) Größe können 28 „bulk“-Latten untergebracht werden; damit kann die 6fache Menge Tabak getrocknet werden im Vergleich zur üblichen Heißlufttrocknung (330 Stäbe). Abschließend werden die Trocknungsbedingungen (Temperatur und rel. Luftfeuchtigkeit) während der Vergilbung, Fixierung, Blattspreiten- und Rippentrocknung beschrieben.
J. Merker. 756.

Lancaster, R. J. und NcMaughton, Mary. Effects of initial consolidation on silage. **(Die Wirkung der Anfangsverdichtung auf die Silage.)** New Zealand J. agric. Res. **4** (1961) Nr. 5/6. S. 504–515. — 9 Tab., 13 Lit.
In 3 verschiedenen Stadien der Entwicklung wurde ein Grasgemisch einer Milchviehweide geerntet und sofort bei 3 verschiedenen Stufen der Verdichtung in kleine Versuchssilos einsiliert. Die beste Gärung, charakterisiert durch geringen Verlust an Tr.-Subst. und durch hohe Verdaulichkeit, wurde bei starker Verdichtung des Futterstocks und geringem Alter des Weidegemisches erreicht. E. Koch/Bendeleben. 758.

Scholz, Bernhard; Bonn, Inst. für Landwirtsch. Bot. **Atmungsverluste bei Weizen in Abhängigkeit von Temperatur, Lagerzeit und Wassergehalt.** Landtechn. Forsch. **12** (1962) Nr. 2. S. 48–52. — 4 Abb., 3 Tab., 22 Lit. Zus. in Engl., Franz., Span.
Um Getreide in Kaltbelüftungsanlagen langsam, also mit möglichst geringem Aufwand, trocknen zu können, ist es wichtig, den Verlauf des Verlustanstiegs und die Verderbensgrenzen zu kennen. Zur Feststellung der Atmungsverluste wurden Lagerungsversuche bei 3 Temperaturen (10, 20, 30 °C), verschiedener Kornfeuchtigkeit (18, 22, 26%) und Lagerzeiten von 1–20 Tagen durchgeführt und dabei die Atmung (CO_2- und O_2-Messung, Berechnung der Kohlenhydratverluste) Schimmelbildung (Bonituren) und Keimschnelligkeit (Keimproben) festgestellt. Die Atmungsintensität steigt mit der Temperatur und der Kornfeuchtigkeit stark an, bleibt aber, wenn kein Verderben eintritt, unter gleichbleibenden Bedingungen etwa kontant (Tr.-Subst.-Verlust bis zur Verderbensgrenze ca. 1%). Schimmelbefall (meist nach 5–20 Tagen) läßt die Verluste auf Grund der Pilzatmung jedoch stark ansteigen (bis auf 6% nach15 Tagen bei 30 °C und 26% Kornfeuchte) und führt zu einem Rückgang der Keimfähigkeit und vor allem der Keimschnelligkeit. Die Trocknung ist daher bei mehr als 22% Wassergehalt des Korns innerhalb von 10 Tagen, bei geringerer Feuchtigkeit in 6 Tagen durchzuführen. V. Ehrenpfordt. 759.

Drachovská, Miroslava, Schmidt, Luboš und Vorlíčková, Božena. Rozdíly ve skladovatelnosti řepných sort. **(Unterschiede in der Lagerungsfähigkeit verschiedener Zuckerrübensorten.)** Listy Cukrovarnické **77** (1961) Nr. 12. S. 265–271. — 6 Tab., 5 Lit. Zus. in Russ., Dtsch.
Im Laufe der Jahre 1956–59 wurden die täglichen Verluste an Digestionszucker, Digestion und Gewicht bei 5 tschechoslowakischen ('DA', 'DV', 'DN', 'Z' und 'DC') und einigen ausländischen Sorten auf verschiedenen Standorten ermittelt. Die niedrigsten Verluste wiesen die E-Typen auf. Die Reihenfolge der täglichen Durchschnittsverluste an Digestionszucker und an Zuckergehalt stimmte überein. Die kleinsten Lagerungsverluste hatte 'DA' mit einer Digestion von 17,35% (täglicher Verlust an Digestionszucker 0,096, an Digestion 0,0167 und an Gewicht 0,251 g), die Verluste waren am größten bei 'DC' mit

18,10% Digestion (täglicher Durchschnittsverlust an Digestionszucker 0,160, Digestion 0,0295 und Gewicht 0,225 g). Die Angaben zeigen, daß in der Kampagne die Verarbeitung von Z-Sorten gegenüber den E-Sorten mit Vorrang zu erfolgen hat. Die Unterschiede in den täglichen Gewichtsverlusten eignen sich als Verlustkennziffern einzelner Sorten nicht, da sie bedeutend niedriger sind als die täglichen Zuckergehaltsverluste. Die ausländischen Sorten wiesen zum größten Teil höhere Lagerungsverluste auf als die tschechoslowakischen.
P. Bartoš. 759.

Bilowacki, Jacek. **Suszarnictwo pasz zielonych.** (Die Grünfuttertrocknung.) Warszawa: Państw. Wydaw. Roln. i Leśne. 1962. (68 S.) 8°. (DA 1992)
Stepanov, M. A. **Harvesting and conservation of green fodder in dry regions.** Geneva: United Nations. Economic comm. for Europe. 1958. (27 S.) 4°. (1962 B 168)

G. Versuchswesen

Rampton, H. H. und Petersen, Roger G.; Corvallis, Oregon State Coll., Agric. Exp. Stat.; A.R.S., Crops Res. Div. Relative efficiency of plot sizes and numbers of replications as indicated by yields of orchardgrass seed in a uniformity test. **(Relativer Wirkungsgrad von Parzellengrößen und Wiederholungsanzahlen, gezeigt anhand von Erträgen von Knaulgrassamen in einem Gleichmäßigkeitstest.)** Agronomy J. **54** (1962) Nr. 3. S. 247–249. — 1 Abb., 3 Tab., 6 Lit.
Bei der Samenproduktion von Gräsern und Hülsenfrüchten benötigt man Schätzungen über die zu erwartenden Erträge. In entspr. Experimenten spielen Parzellengrößen, Anzahl der Wiederholungen und entstehende Kosten eine große Rolle. Vff. geben zunächst einen Überblick über die bereits von anderen Autoren veröffentlichten Ergebnisse von Feldversuchen und beschreiben dann ihre im Jahre 1958 mit Knaulgras durchgeführten Untersuchungen. Dabei schätzen sie die optimale Parzellengröße einmal für den Fall, daß die Gesamtkosten bei einer gegebenen Varianz zum Minimum werden und zum andern für den Fall, daß bei vorgegebenen Kosten die Varianz zu einem Minimum wird. Es zeigt sich, daß bei gegebener Gesamtfläche die Ertragsschätzungen um so besser werden, je kleiner die einzelne Parzelle und je größer die Anzahl der Wiederholungen ist. Der Nutzen der Genauigkeit und die entstehenden Kosten müssen in Einklang gebracht werden. G. Reißig. 761.

Voss, Regis und Pesek, John. Generalization of yield equations in two variables: III. Application of yield data from 30 initial fertility levels. **(Verallgemeinerung von Ertragsgleichungen in zwei Variablen: 3. Mitt. Anwendung von Ertragsdaten aus 30 Anfangs-Düngungsstufen.)** Agronomy J. **54** (1962) Nr. 3. S. 267–271. — 2 Abb., 5 Tab., 6 Lit. 2. Mitt. vgl. LZ. Abt. II **5** (1960) Nr. 7. S. 1619.
Bei Ertragsuntersuchungen mit Hilfe von Gleichungen sind bisher immer nur sehr wenige Faktoren berücksichtigt worden. Vff. stellen sich die Aufgabe, die anfänglichen Bodenbedingungen, d. h. bes. den vorhandenen N- und P-Gehalt, zu berücksichtigen. Die Bodenbeschaffenheit wird durch die Zugabe von N und P verändert. Die Gesamtmengen an N und P werden mit N_T und P_T bezeichnet. Vff. behandeln die verallgemeinerte Ertragsgleichung $E(Y) = B_0 + B_1 N_T + B_2 P_T + B_3 N_T^2 + B_4 P_T^2 + B_5 N_T P_T$. Sie wenden ihre theoretischen Überlegungen auf Untersuchungen vom Iowa State Univ. Soil Testing Lab. an und kommen zu einer guten Übereinstimmung.
G. Reißig. 761.

Ebert, D.; Leipzig, Inst. für Landwirtsch. Versuchs- und Untersuchungswes. der Dtsch. Akad. der Landwirtsch.-Wiss. zu Berlin. **Sorten- und Herkunftsprüfungen im Gefäßversuch?** Albrecht-Thaer-Arch. **6** (1962) Nr. 4. S. 287–293. — 5 Tab.
Um die Möglichkeit einer Erhöhung der Genauigkeit und Aussagekraft bei gleichzeitiger Erleichterung und Verbilligung der Versuchsdurchführung von

Sortenversuchen zu untersuchen, wurden Sorten- und Herkunftsprüfungen in Gefäßen durchgeführt. Als Versuchspflanzen fanden Sommergetreidesorten Verwendung, die in 8 Versuchsreihen mit 5 verschiedenen Böden geprüft wurden. Um die Versuchsbedingungen gleichartig zu gestalten, wurde die Methodik des „Sektorenversuches" entwickelt. Ein Gefäß wurde in 2–3 Sektoren mit je 7–12 Getreidepflanzen unterteilt. Ein Vergleich von Normalversuch mit Sektorenversuch gab Übereinstimmung. Die Fehlerstreuung erhöhte sich beim Sektorenversuch, so daß hier mehr Wiederholungen angelegt werden mußten. Im direkten Vergleich mit Feldversuchen war nur in 58% der Fälle eine Übereinstimmung zwischen Feld- und Gefäßversuchsergebnis erzielt worden. Es ist nicht zweckmäßig, die Sortenprüfungen in Gefäßversuchen durchzuführen, da keine praxisnahe Sortenbeurteilung möglich ist. Der Gefäßversuch ist jedoch geeignet zur grundsätzlichen Klärung von Sortenproblemen und Herkunftseinflüssen. P. Hahn. 765.

Drachovská, Miroslava und Schmidt, Luboš. Hodnocení řepných sort podle pokusů ve vegetačních nádobách. **(Bewertung der Zuckerrübensorten nach Gefäßversuchsergebnissen.)** Listy Cukrovarnické **77** (1961) Nr. 10. S. 217–224. — 15 Tab., 4 Lit. Zus. in Russ., Dtsch.
5 Zuckerrübensorten wurden 3 Jahre lang in Gefäßversuchen geprüft. Nach dem Vereinzeln blieb in jedem Gefäß nur die stärkste Rübenpflanze erhalten. Bei sämtlichen Wurzeln wurden Gewicht, Digestion, Asche (konduktometrisch) bestimmt und Raffinade- sowie Melasseertrag, MB-Faktor und in der Rübe enthaltener Zucker errechnet. Die Ergebnisse stimmten bei 30 Wiederholungen mit dem Feldversuch überein. Die Gefäßprüfungen eignen sich bes. gut für die Prüfung bestimmter biol. und vor allem phytopathol. Faktoren. Über die geprüften Sorten werden Angaben gemacht. Die Blatternte ließ sich bei den Gefäßversuchen nicht verläßlich ermitteln, da die Beschädigung durch pathogene Faktoren höher war als in Feldversuchen. Auf Grund dieser Ergebnisse werden die Gefäßversuche als verhältnismäßig billiges Verfahren zur orientierungsweisen Bewertung empfohlen. P. Bartoš. 765.

Gisborne, J. H.; Rustington, Sussex, England, Glasshouse Crops Res. Inst. Computing templates for confounded experimental layouts. **(Rechenschablonen für vermengte Versuchsanlagen.)** Trop. Agric. **39** (1962) Nr. 2. S. 141–145. — 3 Abb., 1 Tab.
Bei der Auswertung von Feldversuchen treten langwierige Rechnungen auf. Bes. die bei der Varianzanalyse erforderlichen Summationen sind sehr ermüdend. Schreibt man sich die einzelnen Summanden heraus, so können schon dabei leicht Fehler entstehen. Vf. hat daher Schablonen entwickelt, die auf die Zahlentafel aufgelegt werden und die Zahlen, die nicht mit addiert werden dürfen, verdecken. Für die verschiedenen Rechengänge werden verschiedene Schablonen benötigt. Vf. beschreibt seine Methode und gibt einige praktische Ratschläge. Solche Rechenhilfen sind nicht neu. Sie sind schon bei anderen Verfahren (Fourier-Analyse etc.) mit Erfolg angewandt worden. Der Zeitaufwand für die Herstellung der Schablonen lohnt sich vor allem dann, wenn entsprechende Rechnungen öfter durchgeführt werden müssen.
G. Reißig. 765.

Müller, K.-H. **Zur varianzanalytischen Auswertung mit absoluten oder relativen Beobachtungs- bzw. Meßwerten.** Z. landwirtsch. Versuchs- und Untersuchungswes. 8 (1962) Nr. 1/2. S. 116–120.
Ob Versuchs- oder Untersuchungsergebnisse mit Absolut- oder Relativzahlen auszuwerten sind, wird in der Regel schon durch die Fragestellung bestimmt. Steht dagegen nicht fest, ob zwischen den Varianten abs. oder rel. überhaupt Unterschiede oder irgend welche Gesetzmäßigkeiten zwischen Versuchsbedingungen und Ergebnissen bestehen, ist zuerst zu prüfen, ob die Variantendifferenzen mit den Leistungen der Positionen (Block, Ort, Jahr usw.) korre-

lieren oder nicht. Mit abs. Werten kann gearbeitet werden, wenn solche Korrelationen nicht bestehen, während Relativzahlen bei Vorhandensein einer Korrelation zwischen den abs. Leistungen der Position und den abs. Differenzen zwischen den Varianten Anwendung finden (Erläuterung an zwei Modellbeispielen). F. Ragaller. 768.

Derco, Mikuláš; Piešťany, Výskumný Ustav Rastlinnej Výroby; Pobočka Československ. Akad. Pôdohospodárskych Vied. Použitel'nosť metód vyrovnania úrody na štandardný poček jedíncov pri výskume okopanín. **(Verwendbarkeit der Methoden der Angleichung der Ernte auf eine Standardzahl von Pflanzen bei Versuchen mit Hackfrüchten.)** Pol' nohosphodárstov 8 (1961) Nr. 12. S. 927–934. — 4 Abb., 1 Tab., 7 Lit.

Bei Analysen von Versuchen mit verschiedenartiger Sonnenblumenaussaat, in denen die reduzierte Pflanzenzahl auf die Standardzahl umgerechnet wurde, stellte man fest, daß nicht alle in Anwendung stehenden Korrektionsmethoden für diesen Zweck geeignet sind. Einzelne Methoden lassen sich, ihren speziellen Eigenschaften entsprechend, zur Umrechnung der Ernte auf die Standardzahl der Einzelpflanzen verwenden, die die optimale Einzelpflanzenzahl je Flächeneinheit darstellt. Für die Korrektur von Feldversuchsergebnissen, deren Varianten durch voneinander abweichende Pflanzenzahlen je Flächeneinheit repräsentiert werden (verschieden große Standräume), eigenen sich die Methoden von Chmelař, Kudrjavcovaja und Roemer, und solche mathematischen Korrelationsmethoden, die konkrete Besonderheiten der gelichteten Bestände in Betracht ziehen (Methode von v. Sengbusch).

P. Bartoš. 768.

Rives, M.; Pont-de-la Maye/Gironde, Centre de Rech. Agronomiques du Sud-Ouest, Stat. de Rech. de Viticult. Sur l'analyse de la variance. II. L'additivité. **(Über die Varianzanalyse. 2. Mitt. Additivität.)** Ann. Amélioration Plantes **12** (1962) Nr. 1. S. 5–18. — 1 Abb., 11 Tab., 10 Lit. Zus. in Engl., Dtsch. 1. Mitt. vgl. LZ. Abt. II 7 (1962) Nr. 1. S. 128.

Die Varianzanalyse besitzt viele Anwendungsmöglichkeiten, wenn man die Grundlagen, auf denen sie basiert, beachtet. Es ist nicht unnütz, von Zeit zu Zeit zu prüfen, ob das Versuchsfeld ausreichende Homogenität besitzt, um als Versuchsfeld zu dienen, damit die der Analyse unterworfenen Werte entspr. Varianz aufweisen. Dies trifft um so mehr dann zu, wenn die Versuche in unbekannten Gebieten, mit neuen Arten und Behandlungen durchgeführt werden, deren Verhalten unbekannt ist und die Analyse der Werte Korrelationen erkennen läßt, deren Linearität wenig gesichert erscheint. Zu diesem Zweck werden der Tukey-Test über die Additivität in der Varianzanalyse an Hand eines Beispiels sowie die von Weiling entwickelte Vereinfachung des Verfahrens bei der Anwendung auf Random-Blocks dargelegt.

K. Schulz. 769.

Lochow, J. v. und *Schuster, W.* **Anlage und Auswertung von Feldversuchen.** Anleitung und Beispiele für die Praxis der Versuchsarbeit. Frankfurt/Main: DLG-Verlag. 1961. (132 S.) 8°. DM 10,80. Die Aussagekraft eines Versuches hängt wesentlich von der Anlage, welche die Möglichkeit der rechnerischen Auswertung und Interpretation schafft, ab. Vff. erläutern zunächst die Anlage von Feldversuchen, wobei verschiedene Anlagemethoden besprochen und entspr. Anlagepläne vorgelegt werden. Behandelt werden die Langparzellen-, Mitscherlich-, Lindhard- und Blockmethode sowie die Anlage mehrfaktorieller Versuche. Die im I. Teil angegebenen Methoden werden im II. Teil rechnerisch ausgewertet und die Ergebnisse gedeutet. Der III. Teil umfaßt ein Lit.-Verzeichnis sowie die für die Versuchsauswertung notwendigen Tab. und ein Sachregister. K. Schulz.

H. Pflanzen der gemäßigsten Zone

Alexander, Morris W. und Genter, C. F.; Holland; Blacksburg, Va., Virginia Agric. Exp. Stat. Production of corn and soybeans in alternate pairs of rows. **(Produktion von Mais und Sojabohnen in alternierenden Reihenpaaren.)** Agronomy J. 54 (1962) Nr. 3. S. 233–234. — 4 Tab., 3 Lit.

Eine späte ('U. S. 578') und eine 3 Wochen eher reifende Mais-Hybridsorte ('Ohio C 54') wurden im Reinbestand (36 in. Reihenabstand) sowie alternierend mit Sojabohnen ('Ogden'), und zwar 2 Reihen Sojabohnen (26 in. Abstand) und 2 Reihen Mais (36 in. Abstand) angebaut. Im Reinanbau wurden 10–15000 ('U. S. 578') bzw. 15–20000 Pflanzen gesetzt, im Mischanbau 10 bis 30000 bzw. 15–40000 Pflanzen/acre. — Bei Mischanbau waren die Erträge des Maises in allen 4 Versuchsjahren höher, wobei nur die mit Mais bestandene Fläche zugrundegelegt wurde (bei Mischanbau also nur die Hälfte der Gesamtfläche). Steigende Pflanzenzahl ließ die Erträge noch erheblich ansteigen. Im Mittel der 4 Jahre wurden bei Reinanbau von 'U. S. 578' 87,1 (10000 Pfl.) und 95,5 bu./acre (15000 Pfl.) geerntet, bei Mischanbau 101,6 (10000 Pfl.), 114,0 (15000), 117,4 (20000), 122,0 (22500 Pfl.) und 121,0 bu./acre (30000). Bei der anderen Maissorte sind die Tendenzen ähnlich. Mit steigender Pflanzenzahl nahm der Stengelbruch etwas zu. Die Erträge an Sojabohnen lagen unabhängig von der Pflanzdichte bei 30–33 bu./acre.

W. Stenz. 770.

Kiričenko, F. G. (Kiritschenko, F. G.); Lyssenko-Unions-Inst. für Pflanzenzücht. und Genetik. Sozdanie novych sortov ozimoj tverdoj pšenicy i osobennosti ee semenovodstva. **(Die Schaffung neuer Winterhartweizensorten und die Besonderheiten ihrer Saatguterzeugung.)** Selekcija i semenovodstvo, Moskva **27** (1962) Nr. 3. S. 42–46. — 2 Tab.
Die neue Wi-Hartweizensorte 'Nowomitschurinka' übertrifft mit 39,9 dt/ha (Mittel 1959–1961) wesentlich die Standardsorte 'Mitschurinka' (37,4 dt/ha). Sehr aussichtsreich sind auch die Stämme Nr. 138/59 und 106/58. Die Frostresistenz ist bei ihnen bedeutend größer. Die Neigung des Wi-Hartweizens zum offenen Abblühenn zwingt in der Vermehrung zur Isolierung vom Weichweizen. Die geringere Regenerationsfähigkeit des Hartweizens verlangt ferner eine um 10–15% höhere Saatgutmenge. Die optimale Saatzeit für die Steppenbedingungen der Ukraine liegt zwischen 10. und 20. September.

G. Jury. 773.

Rajki, S. Közönséges buzafajták tenyészideje és megváltoztatásának egyes modjai. **(Die Vegetationszeit der gewöhnlichen Weizensorten und einzelne Methoden ihrer Veränderung.)** Magyar tudományos Akad. mezögazdasági Kutató Intézete Jubileumi tudományos Konf., Martonvásár [Jubiliäums-Symposium landwirtsch. Forsch.- Inst. ung. Akad. Wiss., Martonvásár] **1959** (hrsg. 1961) S. 99–118. — Aus: Ung. Agrar-Rdsch. **1962** Nr. 3.
Anlaß zu den Untersuchungen war die Forderung, daß die Weizensorten hinsichtlich Licht- und Jarowisationsstadium an die Verhältnisse der Anbaugebiete angepaßt sein müssen. Zahlreiche Sorten wurden auf den Jarowisationsanspruch des Saatgutes untersucht, wobei verschiedene Jarowisationszeiten (0 °C), gestaffelt zu 2 bzw. 5 Tagen, angewandt wurden. Danach wurde die Zahl der schossenden Pflanzen für jede Sorte und Variante bestimmt. In weiteren Untersuchungen wurden Körner Mitte Okt. ausgesät und von den daraus erwachsenden Pflanzen ab Mitte Nov. wöchentlich je 5 Gefäße mit 10 Pflanzen in das Gewächshaus gebracht, wo sie bei 15–20 °C und ständiger Belichtung gehalten wurden. Zu diesem Termin sowie 15 und 45 Tage danach wurden die Vegetationskegel untersucht. 773.

Michajlov, G. und Karaivanov, A. (Michajlow, G. und Karainow, A.) Rezultati ot opiti za ustanovjavane na vzaimnata zavisimost meždu posevnija srok i posevnata norma i tjachnoto vlijanie vŭrchu dobiva pri pšenicite Nr. 301 i 3147. **(Ergebnisse von Versuchen zur Ermittlung der Wechselbeziehung zwischen Aussaatzeit und -menge und ihr Einfluß auf den Ertrag bei den Weizensorten 'Nr. 301' und 'Nr. 3147'.)** Izvestija na Dobružanskija selskostopanski naučnoiszeldovatelski institut, Tolbuchin **1** (1961) S. 43–54. — 7 Tab. Zus. in Russ., Engl.

Geprüft wurden 6 Aussaattermine von 25. Sept.–15. Nov. mit Zeitabständen von 10 Tagen, und folgenden Aussaatmengen: 300, 400, 500 und 600 Korn je m^2. Die Versuchsergebnisse zeigten, daß zwischen Saatzeit und Saatmenge eine Abhängigkeit besteht. Die optimale Aussatzeit liegt in der ersten Okt.-Hälfte mit 400 Körnern je m^2. Bei zeitiger Aussaat und günstiger Witterung kann die Saatmenge auf 350 Samen je m^2 herabgesetzt, bei späterer Aussaat, nach dem 15. Okt., muß die Menge dagegen auf 450–500 Samen/m^2 erhöht werden. Bei Aussaaten nach dem 25. Okt. nehmen hl-Gewicht und TKG des Erntegutes ab. Das Schossen noch im Herbst desselben Jahres setzte nur bei den ersten 3 Aussaatterminen ein. Die Vegetationsperiode der Pflanzen aus den Spätsaaten wird um 20–30 Tage verkürzt, so daß der Unterschied in der Erntebergung zwischen der ersten und der letzten Aussaat nur noch 6–8 Tage betrug.

M. Stoilow. 773.

Wilson, J. A. und Swanson, A. F. Effect of plant spacing on the development of winter wheat. **(Einfluß des Pflanzenabstandes auf die Entwicklung von Winterweizen.)** Agronomy J. 54 (1962) Nr. 4. S. 327–328. – 2 Tab., 5 Lit.

2 früh-, eine mittelfrüh- und eine spätreifende Sorte wurden in Stärken von 60, in manchen Versuchen von 48 lb./acre Ende Sept. ausgesät. Nach dem Aufgang wurde auf 1, 2, 3, 4, 5, 10 und 15 Pflanzen je 18 in. Reihenlänge (= 1 squ.-ft.) vereinzelt. Bei der Kontrolle standen 20 Pflanzen auf dieser Reihenlänge. Bei den frühen Sorten stiegen mit zunehmender Pflanzendichte Ährenzahl und Ertrag an. Volumengewicht und 100-Ährengewicht stiegen bis 5 Pflanzen/squ.-ft. an und wurden bei noch engeren Beständen wieder geringer. Das TKG wurde nicht signifikant beeinflußt. Bei allen 4 Sorten ergaben sich mit stärkerer Saatdichte höhere Pflanzenverluste bei der Überwinterung, sinkende Ährenzahl/Pflanze, geringere Ährenlänge, früheres Schossen, geringere Pflanzenhöhe, steigendes Volumengewicht und steigender Ertrag. Bei weniger als 20 Pflanzen/squ.-ft. ergaben sich stets Ertragsminderungen.

W. Stenz. 773.

Bočev, B. (Botschew, B.) Proučvane na polivnija režim na pšenicata vŭrchu kanelenite gorski počvi v Sofijskija napoitelen rajon. **(Untersuchungen des Bewässerungsregimes beim Weizen auf den zimtfarbigen Waldböden im Sofioter Bewässerungsgebiet.)** Naučni trudove. CNII po chidrotechnika i melioracii, Sofija 7 (1961) S. 5–28. – 8 Abb., 14 Tab., 11 Lit. Zus. in Russ., Engl.

Vf. erläutert die Auswirkung der Bewässerung im Sofioter Bewässerungsgebiet. Im Mittel von 4 Jahren und 4 Varianten bewirkte die Bewässerung beim Weizen eine 2–57%ige Ertragssteigerung. Herbstliche, vor oder nach der Aussaat verabreichte Vorratsbewässerung führte im Vergleich zur unbewässerten Kontrolle zu einer Steigerung der Jahresdurchschnittserträge um 665 kg/ha, in Trockenjahren bis 1490 kg/ha. Bei Böden mit kleiner WK ist auch eine Zusatzbewässerung z.Z. des Ährenschiebens erforderlich. Die Wassergaben für die Bewässerung vor oder nach der Saat liegen bei 600–800 m^3/ha, die zur Wachstumszeit bei 600/700 m^3/ha. Die Bewässerung während der Vegetationsperiode führt zur wesentlichen Verminderung der oberirdischen Masse, der Zahl der Blüten und zur Erhöhung des TKG, wirkt sich jedoch ungünstig auf die Standfestigkeit, Krankheitsresistenz und Kornqualität aus.

M. Miltschew. 773.

Allan, R. E., Vogel, O. A. und Peterson jun., C. J. Seedling emergence rate of fall-sown wheat and its association with plant height and coleoptile length. **(Stärke des Sämlingsaufganges von herbstgesätem Weizen und ihr Zusammenhang mit Pflanzenhöhe und Koleoptilenlänge.)** Agronomy J. 54 (1962) Nr. 4. S. 347–350. – 4 Tab., 6 Lit.

Die Versuche wurden mit mehreren halbverzwergten und normal großen Sorten und Stämmen bei 50 und 90 °F durchgeführt. Die Aussaattiefe betrug 3,5 in., wobei auf möglichst gleichmäßige Saat geachtet wurde. 1 Tag nach dem Aufgang begannen die Zählungen, wobei die Aufgangszahlen in Form eines Indexes festgehalten wurden (Zahl des 1. Tages × 4, des 2. × 3, des 3. × 2 und des 4. × 1, daraus Summe der Produkte). Die Koleoptilenlängen wurden in Gefäßversuchen in Dunkelkammern ermittelt. Die Auswertung erfolgte mit Varianzanalyse und dem multiplen Range-Test nach Duncan. Die Aufgangsindices korrelierten positiv mit der Koleoptilenlänge und mit der Pflanzenhöhe zur Reifezeit. Bei den Halbzwergformen waren die Korrelationskoeffizienten etwas niedriger. Lediglich bei der einen Halbzwerggruppe war die Relation der Koleoptilenlänge bei 50 °F zur Pflanzenhöhe nicht signifikant. Offenbar hängen Pflanzenhöhe und Koleoptilenlänge genetisch zusammen. Zwischen den Stämmen und Sorten innerhalb einer Gruppe gab es signifikante Differenzen, wobei Unterschiede in der Pflanzenhöhe solchen in der Koleoptilenlänge entsprachen. W. Stenz. 773.

Wilten, W. Opbrengsten, rassenstatistiek en raseigenschappen van zomergerst. **(Erträge, Sortenstatistik und -eigenschaften bei Sommergerste.)** Jaarboekje nat. Inst. Brouwgerst, Mout Bier **25** (1961) S. 87–93. – 1 Abb., 4 Tab. Zus. in Engl.
Die Sorte 'Balder' wurde mit 32 anderen, hauptsächlich neuen So-Gerstensorten verglichen. Als Grundlage dienten Anbau und Ernte des Jahres 1960 in den Niederlanden. Die Erträge von 'Balder' waren im Vergleich mit anderen Jahren verhältnismäßig niedrig. 'Gazelle', 'Bock' und 'Cambrinus' brachten die höchsten Kornerträge. Die Anbaufläche für Gerste war 1960 10% geringer als in den vorangegangenen 10 Jahren. Die Ursache liegt in einem verstärkten Weizenanbau. 55% der Gerstenanbaufläche wurde von 'Balder' eingenommen, im südwestlichen Braugerstengebiet erreichte diese Sorte sogar 92%. Im nord- und mittelniederländischen Gebiet (Lehmboden) lagen 'Herta' und 'Minerva' flächenmäßig an der Spitze. 'Delta' als Ersatz für 'Carlsberg II' wurde in diesem Gebiet ebenfalls viel angebaut, während auf Sandboden 'Herta' überwog. E. M. Ardelt. 777.

Enčev, Janko (Entschew, Janko.); Sofia, Höheres Landwirtsch.-Inst. „G. Dimitrow". Novi sortove pivovaren ečemik. **(Neue Braugerstensorten.)** Kooperativno zemedelie, Sofija **17** (1962) Nr. 1. S. 27–29. – 1 Abb., 5 Tab.
Beschrieben werden 2 neue Sorten – 'Sofija 26' und 'Sofija 59', von denen die erste aus der Kreuzung der Sorten 'Odeski 9' × Nutans 38/3', die zweite aus der Kreuzung der Sorten ('Odeski 18' × 'Krimski 17') × 'Odeski 9' hervorgegangen sind. M. Stoilow. 777.

Kreutz, E.; Weihenstephan, Agrikulturchem. Inst. der TH München. **Untersuchungen über Einfluß von Witterung und Boden auf Ertrag und Qualität der Braugerste.** Z. Acker- u. Pflanzenbau **114** (1962) Nr. 4. S. 341–374. – 5 Abb., 35 Tab., 25 Lit. Zus. in Engl.
An Hand der Ergebnisse von 25 Feldversuchen der Jahre 1957 und 58 in Bayern sowie Unterlagen der Landesbraugerstenschauen wird der Einfluß des Bodens (abschlämmbare Teile, org. Subst., pH-Wert, P- bzw. K-Gehalt) und der Witterung (Niederschläge und Temperaturen verschiedener Perioden, Sonnenscheindauer) auf Ertrag, Eiweißgehalt, TKM, Kornanteil > 2,8 mm, Spelzenanteil und Extraktgehalt untersucht. Weiterhin wurden Beziehungen zwischen Ertrag und Qualität getestet. Vf. benutzte hauptsächlich die Rangkorrelationsrechnung (r_s), da sie verhältnismäßig einfach ist (es wurden 3000 Korrelationen errechnet), sich für Wetter/Ertragsrechnungen eignet und im vorliegenden Fall mit der klassischen Korrelationsrechnung (r) sehr gut übereinstimmt. – Geringe Winterniederschläge und rel. trockenes Wetter vor der

Saat erwiesen sich wegen der zeitig möglichen Bestellung und damit langer Vegetationszeit als günstig für den Ertrag. Zwischen Aufgang und Schossen wirkt kühle und trockene Witterung positiv. Die gleichen Bedingungen führen i.a. auch zu geringem Eiweißgehalt. Für die TKM sind neben den für den Ertrag angeführten Erfordernissen hohe Sonnenscheindauer von der Saat bis zum Ährenschieben und anschließend ausreichende Niederschläge erforderlich. Ertrag und Eiweißgehalt reagieren gegenläufig, Ertrag und Extraktgehalt dagegen gleichartig. In den Versuchsjahren brachten Böden mit geringem Gehalt an abschlämmbaren Teilen und org. Subst. bessere Erträge. Demgegenüber sind die Korrelationen zwischen Ertrag und pH-Wert sowie P positiv. K ließ wegen der allg. guten Versorgung keine Wirkung erkennen. V. Ehrenpfordt. 777.

Šain, S. S. und Tret'jakov, N. N. (Schain, S. S. und Tretjakow, N. N.); Lugowaja, Gebiet Moskau, Williams-Unions-Inst. für Futtermittel-Forsch. K posevu gotovit'sja s oseni. **(Die Mais-Aussat im Herbst vorbereiten.)** Kukuruza, Moskva **6** (1961) Nr. 9. S. 23–24.
Auf den wenig fruchtbaren Rasen-Podsolböden des Nichtschwarzerdegürtels kann der Mais früh (am 5. Mai, gleichzeitig mit Wickhafer, bei t = 8 – 10 °C mit 4–5 cm Saattiefe) nach einmaligem Grubbern ausgesät werden, wenn der Boden schon im Herbst bei der Bodenbearbeitung org. und mineral. gedüngt wurde. Dadurch erhält man hohe Erträge. L. Rang. 782.

Vŭlčanov, Dimitŭr, Dobreva-Vŭlčanova, Ivanka und Kanev, Stojan. (Wâltschanow, Dimitâr, Dobrewa-Wâltschanowa, Iwanka und Kanew, Stojan.); Stara Sagora, Bulgarien, Inst. für Tierzuchtforsch. Prinos kŭm vŭprosa za pribirane na carevicata za zŭrno. **(Beitrag zur Frage der Einbringung des Körnermaises.)** Izvestija na Centralnija naučnoizsledovatelski institut po životnovŭdstvo „Georgi Dimitrov" – Kostinbrod, Sofija **12** (1961) S. 37–49. – 9 Tab., 2 Lit. Zus. in Russ., Engl.
In 4jährigen, mit Bewässerung durchgeführten Versuchen wurde Körnermais der Sorte 'Slaten konski sâb' teils in der Wachsreife (Kolbenmais zur Korngewinnung, Rest zur Einsäuerung) teils in der Vollreife (Korn- und Strohgewinnung) geerntet und die Verdaulichkeit der erhaltenen Futtermittel in Verdauungsversuchen mit je 3 Hammeln bestimmt. 1 kg Korn enthielt bei Ernte in der Wachsreife und Trocknung in der Sonne 1,34 FE mit 84,6 g verd. Protein und bei Ernte in der Vollreife 1,36 FE mit 83 g verd. Protein; 1 kg Silage aus in der Wachsreife geerntetem Mais ohne Kolben enthielt 0,19 FE mit 5,1 g verd. Protein und 1 kg Maisstroh 0,34 FE mit 4,7 g verd. Protein. Die mittleren Erträge betrugen bei getrennter Ernte in der Wachsreife 61,2 dt/ha Korn und 190,6 dt/ha Restmais oder insgesamt 11820 FE mit 623 kg verd. Protein, bei Ernte in der Vollreife 63,2 dt/ha Korn und 35,9 dt/ha Stroh, oder insgesamt 9791 FE mit 562,9 kg verd. Protein. N. Platikanow. 782.

Colville, W. L.; Nebraska, Univ. Influence of rate and method of planting on several components of irrigated corn yields. **(Einfluß von Saatstärke und -methode auf verschiedene Ertragskomponenten bei bewässertem Mais.)** Agronomy J. **54** (1962) Nr. 4. S. 297–300. – 3 Abb., 1 Tab., 2 Lit.
Variiert wurden Pflanzdichte (12000, 16000, 20000, 24000, 28000 Pflanzen/acre) und damit verbunden die Standweiten (40, 20 in. Abstand in der Reihe, teils Nestverfahren, teils gedrillt auf 5,7; 6,7; 8,0; 10,0; 13,3 in.). Mit zunehmender Pflanzendichte stiegen Kornfeuchtigkeitsgehalt, Zahl abgebrochener Kolben, dagegen sanken Kolben-∅, TKG, Kolbenzahl/100 Pflanzen, Kolbengewicht, Kolbenlänge und Rohproteingehalt des Kornes. Pollenstäuben, Narbenschieben (Ermittlung des Datums, an dem die Narbenfäden ½ in. aus den Kolbenhüllen traten), erstes Pollenstäuben und Erscheinen der ersten ♂ Blütenstände traten um so später ein, je höher die Bestandesdichte war.

Nestsaat bewirkte gegenüber Drillsaat geringeren Wassergehalt der Körner, geringeres TKG, weniger Kolben/Pflanze und mehr Kolbenbruch. Bei den anderen Faktoren war die Saatmethode von geringerem Einfluß.

W. Stenz. 782.

Ugŭrčinski, S. (Ugârtschinski, S.) Meždueredovi i vŭtreredovi razstojanija na carevicata pri polivni uslovija. **(Abstände zwischen und in den Reihen beim Mais unter Bewässerungsbedingungen.)** Izvestija na Centralnija naučnoizsledovatelski institut po chidrotechnika i melioracii, Sofija 1 (1961) S. 183–195. – 5 Abb., 9 Tab., 7 Lit. Zus. in Russ., Engl.

Geprüft wurden unterschiedliche Reihenweiten und Abstände in den Reihen mit 24700–40800 Pflanzen/ha. Bei 'Slaten sâb' und den Doppelhybriden 'Ohio C-92' und 'Wisconsin 641-AA' wurden Höchsterträge bei mindestens 35000 Pflanzen/ha erzielt. Mit Abständen von 75 × 75 cm und 80 × 80 cm mit je 2 Pflanzen im Horst nach dem Quadratnestpflanzverfahren sowie mit der Bandsaat mit Lichtschacht 120 cm, Reihenabständen von 50 cm und Pflanzweiten von 40 cm mit 1 oder 2 Pflanzen im Nest wurden gute Erfolge erzielt. Die Bandsaat erwies sich als die geeignetste Methode im Hinblick auf die Mechanisierung der Bodenbearbeitung, für das Anlegen der Bewässerungsfurchen und für die Schaffung günstiger Entwicklungsbedingungen für die Nachfrucht.

M. Stoilow. 782.

Koedžikov, Ch. und Božidarevič, A. (Koedshikow, Ch. und Boshidarewitsch, A.) Korenovata sistema i agrotechnikata na carevicata. **(Wurzelsystem und Agrotechnik beim Mais.)** Meždunarodno selskostopansko spisanie, Sofija 5 (1961) Nr. 5. S. 118–125. – 2 Abb., 3 Tab.

Beschrieben sind die Primär- und Sekundärwurzeln einer Landsorte und dreier Doppellinien-Maishybriden, wobei auf den Zusammenhang zwischen Boden und Wurzelsystementwicklung hingewiesen wird. Auf den Tschernosemböden mit stark humoser Krume und Untergrund entwickelt sich das Wurzelsystem vorwiegend in die Tiefe, während es sich auf ausgelaugten Wald- und Tschernosem Smolnitza-Böden mehr in der oberen Bodenschicht ausbreitet. Auf geringen Böden ist das Sproß-Wurzel-Gewichtsverhältnis geringer als auf fruchtbaren Böden. Die Besonderheiten des Zuwachses und der Ausbreitung des Wurzelsystems müssen bei der Durchführung bestimmter agrotechnischer Maßnahmen, wie Bodenbearbeitung, Düngung, Bewässerung u.a.m., mit berücksichtigt werden. Es wird empfohlen, beim Anbau unter Trockenverhältnissen die Hacke beim Mais flacher auszuführen und überhaupt weniger zu hacken, da dabei das Wurzelsystem stark beschädigt wird, ohne daß eine Möglichkeit zur Wiederherstellung besteht. Unter feuchten Verhältnissen wird das beschädigte Wurzelsystem wieder hergestellt und dabei sein Gewicht im Vergleich zu dem unbehackten Feldstück um das 2- bis 3fache gesteigert.

M. Stoilow. 782.

Karadžov, K. (Karadshow, K.) Ikonomičeska ocenka na zŭrneno-bobovite furažni kulturi pri nepolivni uslovija. **(Wirtschaftliche Bewertung der Futterhülsenfrüchte zur Körnernutzung ohne Bewässerung.)** Izvestija na Centralnija naučnoizsledovatelski institut po furažite— Pleven, Sofija 1 (1961) S. 155 bis 184. – 2 Abb., 10 Tab., 24 Lit. Zus. in Russ., Engl.

In exakten Feldversuchen und im praktischen Anbau wurden So-Erbse, So-Wicke, Sojabohne, Ackerbohne, Buschbohne, Kichererbse und Saatplatterbse vergleichend geprüft. Die niedrigsten Produktionskosten je 100 kg Korn hatte die Erbsensorte 'Ramonski', für die Nebenprodukte (Stroh) dagegen die Erbsensorte 'Tolbuchin 1'. Die Selbstkosten für 100 kg verd. Eiweiß, waren am niedrigsten bei der Sojabohne, für 100 FE bei den Versuchen im Institut bei der Erbsensorte 'Ramonski', unter Produktionsverhältnissen bei der Sojabohne. Die höchsten Kornerträge lieferten die Ackerbohne (25,7 dt/ha) und die Sojabohne (22,6 dt/ha). Am aussichtsreichsten vom wirtsch., agrotechn. und futtertechn. Standpunkt sind Sojabohne (Sorte 'Staroukrainska'), Ackerbohne (großkörnige Landsorte) und Erbse (Sorten 'Tolbuchin 1' und 'Ramonski'). M. Stoilow. 790.

Sarkizov, M. (Sarkisow, M.) Sravnitelno sortovo izpitvane na fasula pri polivni uslovija v Južna Bŭlgarija. **(Vergleichende Sortenprüfung der Bohne unter Bewässerungsverhältnissen in Südbulgarien.)** Naučni trudove. CNII po chidrotechnika i melioracii, Sofija 7 (1961) S. 113–126. – 10 Tab., 4 Lit. Zus. in Russ., Engl.
Im Vergleich mit der Sorte 'Nr. 186' als Kontrolle wurden 10 Bohnensorten geprüft. Als die geeignetsten unter Bewässerungsverhältnissen haben sich die Sorten 'Nr. 1026', 'Nr. 186' und 'Nr. 1028' erwiesen. 'Nr. 186' hatte die größten Samen, 'Nr. 1026' war am frühesten reif. In der Resistenz gegen Bakterienwelke wurden unter den untersuchten Sorten keine bes. Unterschiede beobachtet. Hinsichtlich der Geschmackseigenschaften erwies sich die Sorte 'Nr. 186' als die beste. Zufolge der großen Empfindlichkeit der Bohnen einsetzender Trockenheit gegenüber wirkte sich Bewässerung bes. günstig aus. Es wird empfohlen, dem Bohnenanbau größere Bewässerungsflächen vorzubehalten. M. Stoilow. 795.

Sarkizov, M. (Sarkisow, M.) Način na zasjavane na fasula pri polivni uslovija. **(Buschbohnen-Saatverfahren unter Bewässerung.)** Naučni trudove. CNII po chidrotechnika i melioracii, Sofija 7 (1961) S. 99–112. – 10 Tab., 5 Lit. Zus. in Russ., Engl.
Untersucht wurden unterschiedliche Abstände zwischen und in den Reihen mit 260000–500000 Pflanzen je ha. Bei Anbau zur Körnernutzung brachte die Reihensaat mit Abständen von 55–60 cm die höchsten Erträge und die Mechanisierung der Pflegearbeiten war am besten möglich. Auf ebenen Flächen ohne Gefälle empfiehlt Vf. die zweireihige Bandsaat mit Abständen von 60×25 cm. Die Bandsaat bietet außerdem bessere Voraussetzungen zur Bewässerung. Überstieg die Pflanzenzahl je ha 350000, so wurde ein Ertragsrückgang beobachtet. Auch teilweises Ausdünnen der Bestände führte zu keiner Besserung der Erträge. M. Stoilow. 795.

Sănduleac, Eugen. Contribuţii la studiul polenizării entomofile a florii soarelui. **(Beiträge zum Studium der Insektenbestäubung bei Sonnenblume.)** Staţ. centr. Cercetări Sericicult. Apicult., Lucrări ştiinţ. 2 (1960) S. 209–214. – 5 Tab., Zus. in Russ., Engl., Franz., Dtsch.
In exakten Versuchen wurden folgende Varianten geprüft: a) in Mullgaze isolierte Blütenköpfe, b) Handbestäubung (4 ×), c) Bienenbestäubung, d) Bienen- + Handbestäubung (4×). Variante c führte zum besten Ansatz. (99 g Körner je Blütenkopf; TKG 84,5 g; Ansatz 89,8%; 30,70 ± 1,4 dt/ha), die erste Variante erbrachte die schlechtesten Ergebnisse (37,4; 59,4; 19,8; 840 ± 0,5). Variante c lag zwischen beiden, während bei Variante d ähnliche Ergebnisse wie bei c erzielt wurden. Ergänzende Handbestäubung bringt also keine Vorteile. Der Anteil der Bienen unter den anfliegenden Insekten betrug 52,3–92,6%, der Bestäubungsanteil 92%. I. Barac. 820.

Zimmermann, Hans-Georg; Bernburg, Inst. für Pflanzenzücht. Une nouvelle plante oléagineuse de printemps Crambe abyssinica Hochst. **(Eine neue Sommerölfrucht, Crambe abyssinica Hochst.)** Oléagineux 17 (1962) Nr. 6. S. 527–530. – 4 Abb., 3 Tab., 7 Lit.
Der hohe Ölgehalt und die Eignung zur Kulturpflanze der zur Familie der *Cruciferae* gehörenden *Crambe abyssinica* Hochst. wurden 1932 in der Sowjetunion entdeckt. Vf. bespricht seine in Bernburg gemachten Versuche, die die Eignung für die intensive Landwirtschaft im gemäßigten Klima Mitteleuropas bewiesen. Fruchtbarer Boden (Schwarzerde) und gute N-Düngung sind für einen befriedigenden Erfolg notwendig, auf die Wahl einer geeigneten

Vorfrucht ist Wert zu legen. Der Ertrag an Körnern (12% Feuchtigkeit) betrug bis zu 27 dt/ha, der Ölgehalt (ebenfalls bei 12% Feuchtigkeit) 34–36%. Beim Vergleich mit anderen Sommerölfrüchten schnitt *Crambe abyssinica* sehr gut ab. E. M. Ardelt. 827.

Görlitz, H.; Berlin, Dtsch. Akad. der Landwirtsch.-Wiss., Sekt. Landwirtsch. Versuchs- und Untersuchungswes. **Ergebnisse der Kartoffelsortenversuche 1957 bis 1960.** Z. landwirtsch. Versuchs- u. Untersuchungswes. **7** (1961) Nr. 6. S. 514–530. – 4 Abb., 13 Tab., 7 Lit. Zus. in Russ., Engl.
An 5 Versuchsorten der DDR wurden mit 29 Kartoffelsorten Versuche vorwiegend zur Ermittlung der Leistungsfähigkeit durchgeführt. Von den 7 frühen Sorten zeichneten sich zum ersten Erntetermin (Mitte Juli) die Sorten 'Amsel', 'Vera' und 'Frühmölle' mit höchsten Erträgen an Marktware aus. In der mittelfrühen Reifegruppe waren unter allen Anbaubedingungen die neuen Sorten 'Drossel', 'Meise', 'Fink' und 'Spika' den älteren Sorten im Ertrag überlegen. Im Stärkeertrag (resultierend aus Knollenertrag und Stärkegehalt) standen 'Meise', 'Fink' und 'Spika', an allen Standorten sowie 'Frühnudel' und 'Mittelfrühe' mit Standortunterschieden an der Spitze des Sortiments. Die höchsten Knollenerträge der mittelspäten und späten Sorten brachten 'Mira', 'Merkur' und 'Argo' und die höchsten Stärkeerträge 'Mira' (sehr hoher Knollenertrag, guter Stärkegehalt) und 'Capella' (guter Knollenertrag und sehr hoher Stärkegehalt). Auf den Böden der Börde und der mitteldeutschen Ackerebene wiesen alle mittelfrühen sowie mittelspäten und späten Sorten den höchsten und auf den leichtesten Böden alle mittelfrühen Sorten den niedrigsten Stärkegehalt auf. Auf Grund einjähriger Versuche ließ sich erkennen, daß schon im ersten Nachbau eine wesentliche Verschiebung der Ertragsrelationen zugunsten der abbauwiderstandsfähigen Sorten auftrat. E. Wittenberg. 832.

Schmidt, K.; Jena, Inst. für Landwirtsch. Versuchs- und Untersuchungswes. **Ergebnisse mehrjähriger Kartoffelnachbauversuche in Thüringen.** Z. landwirtsch. Versuchs- u. Untersuchungswes. **8** (1962) Nr. 1/2. S. 71–81. – 6 Tab., 5 Lit. Zus. in Russ., Engl.
Je 2 mittelfrühe und 2 späte Sorten unterschiedlicher Virusresistenz wurden aus einheitlichem Ausgangsmaterial an verschiedenen Orten Thüringens angebaut und 1958–60 im Nachbau geprüft. Der Anbaustandort beeinflußte Virusbesatz und Ertrag des Folgejahres. Neben einer signifikanten negativen Korrelation zwischen Ertrag und Virusbesatz zeigte sich ein nicht virusbedingter Standorteinfluß (Herkunftswert). Virusresistente Sorten reagierten auf Umwelteinflüsse weniger stark; sie sollten daher in abbaugefährdeten Lagen angebaut werden. R. Burghausen. 832.

Ljašenko, E. G. (Ljaschenko, Je. G.) Izmenenija v sortovom rajonirovanii svekly an 1962 god. **(Die Änderungen in der Sortenrayonierung 1962.)** Sacharnaja svekla, Moskva **7** (1962) Nr. 7. S. 20–23. – 1 Tab.
Vf. gibt eine Übersicht der 1961 in Prüfung befindlichen Zuckerrübensorten und -Hybriden nach den Züchtungsstationen und dem flächenmäßigen Anteil. Vf. behandelt umfassend Veränderungen in den einzelnen Republiken und Gebieten. Stark verbreitet sind die monokarpe Hybride 'Jaltuschkowski' und die bereits 1961 mit einem Anteil von 10,4% verbreitete Sorte 'Jaltuschkowskaja Monokarpe'. Letztere wurde für 35 Republiken, Kreise und Gebiete rayoniert. G. Jury. 834.

Kiss, T. und Iványi, I. Az 1960. évi nagyüzemi cukorrépa fajtaösszehasonlitó kisérlet. **(Großflächenversuche mit Zuckerrübensorten 1960.)** Cukoripar [Zuckerindustrie] **14** (1961) Nr. 8. S. 223–227. – Aus: Ung. Agrar-Rdsch. **1962** Nr. 2.
In 62 Versuchen wurden 2 diploide und 4 polyploide Sorten verglichen. 40 Versuche waren auswertbar. Berücksichtigt wurden dabei org. und mineral.

Düngung, Termin der Aussaat, des Vereinzelns, der Ernte und die Niederschlagsmenge. Der Einfluß der 6 Faktoren wurde mittels Regressionsanalyse geprüft. Positive Gestaltung aller Faktoren führte zur Erhöhung des Ertrages. Die geringere Keimzahl bei den polyploiden Sorten machte sich nach dem Verziehen gegenüber den diploiden nicht bemerkbar. Polyploide wurden weniger stark von *Cercospora* befallen als diploide Sorten. Die Erträge der diploiden Sorten lagen bei 200,3 und 209,5 dt/kat. Joch, die der polyploiden bei 216,7; 214,6; 213,9 und 221,0 (SD 5% 10,9). Die Digestion lag für alle Sorten zwischen 17,24 und 17,72, der Zuckerertrag bei 27,95–31,51 dt/kat. Joch. Die 4 polyploiden waren den diploiden Sorten überlegen. 834.

Zana, J. Belföldi és külföldi cukorrépafajták tulajdonságainak vizsgálata 1960-ban. **(Die Prüfung der Eigenschaften ungarischer und ausländischer Zuckerrübensorten 1960.)** Cukoripar [Zuckerindustrie] **14** (1961) Nr. 12. S. 327–335. – Aus: Ung. Agrar-Rdsch. **1962** Nr. 3.
8 ungarische und 28 ausländische Sorten und Hybriden wurden geprüft (18 poly-, 18 diploide) auf Zuckerertrag, Wurzel- und Blattertrag (mit Köpfen), Zucker-, Asche- (konduktometrisch), schädl. N-Gehalt, Schnittwiderstand und Resistenz gegen *Cercospora*. Der „Zucker im Sack" wurde nach der Formel $C_h = r\,\frac{p - 1{,}61\,h + 2{,}35}{100}$ ermittelt. (r = Wurzelertrag, p = Zuckergehalt, h = Aschegehalt). Höchste Zuckererträge brachten vor allem die polyploiden Sorten. Die Leistungen der E- und Polysorten variierten nicht stark. Die bei den N- und Z-Formen auftretenden Unterschiede waren vereinzelt signifikant, doch betrafen die Differenzen auf den verschiedenen Versuchsstationen nicht die gleichen Sorten. Die Polysorten hatten meist höheren Zuckergehalt als die N-Typen. Innerhalb der Zuchtrichtungen fanden sich keine größeren Sortenunterschiede. Im Wurzelertrag glichen sich die E- und Polytypen. Bei allen Typen entsprachen die Erträge den bekannten Relationen. Hervorragenden Ertrag unter den E-Typen brachten 'Kleinwanzlebener E' und 'R-06'. Den höchsten Blattertrag brachten die *Cercospora*-resistenten Typen und die ungarischen Polysorten. Der Aschegehalt war bes. bei den Z-Typen (bes. den polnischen) niedrig, bei den E-Typen am höchsten. Im Gehalt an schädl. N und im Schnittwiderstand ergaben sich keine nennenswerten Differenzen. 834.

Ličev, B. (Litschew, B.) Proučvane na njakoi sortove zacharno cveklo v rajona na Rosiškata napoitelna sistema. **(Untersuchung einiger Zuckerrübensorten im Gebiet des Bewässerungssystems des Rossiza-Flusses.)** Izvestija na Centralnija naučnoizsledovatelski institut po chidrotechnika i melioracii, Sofija **1** (1961) S. 57–66. – 3 Abb., 5 Tab., 13 Lit. Zus. in Russ., Engl.
Geprüft wurden die Sorten 'OEZ', 'OEN', 'D 1', 'R-632', 'R-06', 'R-931', 'P-232', 'C-242/53' und 'K-91'. Die ersten drei sind bulgarische, die folgenden 4 sowjetische und die letzten 2 ungarische Sorten. Die höchsten Rüben- und Zuckererträge brachte die Sorte 'Beta C-242/53'. Sie übertraf ertragsmäßig die in Bulgarien rayonierte Sorte 'OEZ' um 17,7% und nach dem Zuckerertrag um 16,7% je ha. Dem Zuckerertrage nach an 2. Stelle stand 'Beta K-91', an 3. 'OEZ'. Der durch *Cercospora* angerichtete Schaden bei den ungarischen Sorten schwankte zwischen 40–50% und erreichte bei den bulgarischen und sowjetischen Sorten 100%. M. Stoilow. 834.

Ljašenko, E. (Ljaschenko, Je.) Perspektivnye sorta i gibridy sacharnoj svekly. **(Perspektivsorten und Zuckerrübenhybriden.)** Kolchoznoe proizvodstvo, Moskva **22** (1962) Nr. 5. S. 33–35. – 2 Abb.
Die einkeimige Zuckerrübensorte 'Jaltuschkowskaja' ist z.Z. am meisten verbreitet. Zusammen mit der Sorte 'Belozerkowskaja' diente sie als Grundlage für die Züchtung von weiteren 8 einkeimigen Zuckerrübensorten, die sich

z.Z. in der staatlichen Prüfung befinden. Da als Mangel den einkeimigen Sorten niedrige Erträge der Samenträger und geringes abs. Knäuelgewicht anhaftet, griff man zwecks Aufbesserung zur Hybridisation mit mehrkeimigen Sorten. Der größten Beliebtheit erfreut sich hierbei die 'Jaltuschkowsker Hybride', die aus den Sorten 'Jaltuschkowskaja' und 'Ramonskaja 06' entstanden ist. Die Einkeimigkeit dieser Sorte beträgt 75–80%, und hinsichtlich Leistung übertrifft sie nicht nur die einkeimigen, sondern auch die mehrkeimige Komponente. E. Kahn. 834.

Drachovská, M. Zpráva o sortovních pokusech s cukrovkovými semeny v roce 1960. **(Bericht über Sortenversuche mit Zuckerrübensamen im Jahre 1960.)** Listy Cukrovarnické 77 (1961) Nr. 11. Beil. S. 1–16. — 16 Tab., 11 Lit. Zus. in Russ., Dtsch.
Im Jahre 1960 wurden 30 in verschiedenen Gebieten der ČSSR durchgeführte Sortenversuche ausgewertet, wobei 5 heimische Sorten ('DA', 'DV', 'DN', 'DC' und 'Z') als Versuchsobjekte dienten. Außerdem überprüfte man auf 6 Standorten die ausländischen Sorten 'R 06 Běl.', 'V 038' (UdSSR), 'KW E', 'KW M' (DDR) 'BP 1' ,'BP 3' (Ungarn), 'IHAR PM' 'IHAR P' (Polen), und ,M PA' (Dänemark). Auf 4 Standorten prüfte man auch *Cercospora*-resistente Sorten; auf 2 slowakischen Standorten prüfte man Neuzüchtungen aus Bučany und Čiki. Im Durchschnitt sämtlicher Versuche war die Sorte 'Dobrovická (DV)' die beste, und zwar sowohl in bezug auf den Wurzel- als auch auf den Polarisationszucker- und Raffinadeertrag. Im Durchschnitt der Jahre 1956–59 war jedoch der Raffinadeertrag bei 'DV' um 2,9% niedriger als bei 'DA'. Hinsichtlich des Polarisationszucker- und Raffinadeertrages erwies sich 'Beta Poly 1' als die beste Sorte, die gegen *Cercospora* die stärkere Resistenz zeigte. Bessere Ergebnisse als der Durchschnitt der tschechoslowakischen Sorten erzielten die DDR-Sorten 'Kleinwanzlebener E' und 'Kleinwanzlebener Multa', und zwar in den Böhmischen Ländern. P. Bartoš. 834.

Cook, R. L., Davis, J. F. und Frakes, M. G. 1958–60 production practices of Michigan sugar beet growers. **(Die in den Jahren 1958–60 von den Zuckerrübenanbauern in Michigan angewandten Anbauverfahren.)** Michigan State Univ., agric. Exp. Stat., quart. Bull. 44 (1962) Nr. 3. S. 404–429. — 27 Tab.
In den Jahren 1958–60 wurden im Staate Michigan von 8500 Zuckerrübenfeldern zahlreiche Einzelheiten der getroffenen Anbaumaßnahmen erfaßt und über Lochkarten einheitlich ausgewertet. Vff. stellen die unterschiedlichen Bedingungen (Bodenverhältnisse, Meliorationen) sowie die getroffenen Maßnahmen (Pflugtermin, Pflugtiefe, Saatbettvorbereitung, Düngung, Saat- und Erntetermin) nach sachlichen Gesichtspunkten differenziert — mit Angaben über deren Umfang — dar und stellen diesen jeweils die erzielten Erträge gegenüber. Als beste Vorfrucht bewährten sich Bohnen. Ausreichende Drainage erwies sich als bedeutungsvolle Voraussetzung für erfolgreichen Rübenbau. 10–12 in. tiefes Pflügen im Herbst ermöglichte gegenüber Frühjahrspflugfurche etwa 10 Tage frühere Aussaat. Diese mußte bis 15. Mai abgeschlossen sein. Ohne Herbstfurche war im Frühjahr ausschließliches Arbeiten mit Grubber besser als Pflügen. Hohe Düngergaben führten zu hohen Erträgen, aber auch rel. geringe Düngermengen (< 40 lb./acre N, < 50 lb. P_2O_5, < 50 lb. K_2O) ergaben etwa 85% des Höchstertrages. Abschließend werden mehrere Wechselbeziehungen erörtert. G. Senff. 834.

Kašjančuk, A. D. (Kasjantschuk, A.D.); Forsch.-Inst. der RSFSR für Zuckerrüben und Zucker. O vozdelyvanii svekly bez zatrat ručnogo truda. **(Zuckerrübenanbau ohne Handarbeitsaufwand.)** Sacharnaja svekla, Moskva 7 (1962) Nr. 3. S. 26–30. — 2 Abb., 6 Tab.
Vf. berichtet über 3jährige vergleichende Anbauversuche mit polygermem und monokarpem Saatgut hinsichtlich Ertrag und Arbeitsaufwand. In Ab-

hängigkeit von der Aussaatmenge und der Kalibrierung werden die Bestandesdichte je ha, die Pflanzenzahl je Nest und das Rübengewicht der Einzelpflanzen geprüft. Bei Aussaat mit der Einzelkornsaatmaschine werden auch bei polygermem Saatgut (10 bzw. 15 kg je ha) durch die im Nest dicht (2–4 cm) beieinander stehenden Rüben keine nachteiligen Auswirkungen auf Ertrag und Zuckergehalt beobachtet. Die maschinelle Ernte ist gesichert. Der Arbeitsaufwand läßt sich dadurch auch bei Anwendung von polygermem Saatgut auf 40 min je dt Rüben vermindern. G. Jury. 834.

Safarov, T. K. (Safarow, T. K.); Aserbaidshan. Landwirtsch. Inst. O požnivnych posevach sacharnoj svekly v Azerbajdžanskoj SSR. **(Zuckerrüben als Zwischenfrucht in der Aserbaidshanischen SSR.)** Zemledelie, Moskva 24 (1962) Nr. 5. S. 43–45. – 2 Tab.
Die Boden- und Klimabedingungen erlauben die Aussaat von Zuckerrüben nach Wi-Gerste. Von 4 Aussaatzeiten (15. Juni, 1. Juli, 15. Juli, 1. Aug.) führte die erste zu hohen Erträgen von 534 dt/ha Rüben und 396 dt Blatt. Später gesäte Rüben ergaben geringere Erträge und niedrigeren Zuckergehalt. R. Schlenker. 834.

Kaštanova, Z. N. (Kaschtanowa, S. N.); Raman, Gebiet Woronesh, Forsch.-Inst. der RSFSR für Zuckerrüben und Zucker. O vlijanii gustoty nasaždenija na kačestvo svekly. **(Über den Einfluß der Pflanzenbestandesdichte auf die Rübenqualität.)** Sacharnaja svekla, Moskva 7 (1962) Nr. 2. S. 28–29.
Vf. berichtet über den Einfluß der Anbauverfahren (gewöhnliches Verfahren, Quadratnest-, Quadratverband) und den damit verbundenen Bestandesdichten (104000, 90000 bzw. 48000 Pflanzen je ha) bei den Sorten 'Ramonskaja 06' (polygerm, 7jähriger Durchschnitt) und 'Belozerkowskaja' (monokarp, 2jähriger Durchschnitt) auf Ertrag, Zuckergehalt und chem. Zusammensetzung des Rübenkörpers. Die Versuche wurden auf mäßig podsolierter Schwarzerde durchgeführt. Für eine hohe Qualität ist ein Mindestbestand je ha von 70–80000 Pflanzen notwendig. G. Jury. 834.

Zana, J. Kisérlet az egyelési idö és mód hatásának vizsgálatára monogerm és polygerm répafajtákkal kapcsolatban. **(Versuche über Zeitpunkt und Methode des Vereinzelns bei monogermen und polygermen Rübensorten.)** Cukoripari Kutatóintézet, Közleményei [Mitt. Forsch. Inst. Zuckerind.] **5** (1960) Nr. 1/2. S. 6. – Aus: Ung. Agrar-Rdsch. **1961** Nr. 3.
Saatgut einer monogermen, einer tetraploiden und einer diploiden Sorte (Keimfähigkeit 67, 63 bzw. 78%; Keimzahl/Knäuel 1,02; 1,58; 1,97) wurde normal bzw. auf 4 cm Einzelabstand ausgesät und vereinzelt, als das 1. Laubblattpaar erschien sowie 14 und 24 Tage später. Mit Verzögerung des Vereinzelns sanken Wurzelertrag, Gehalt an nutzbarem Zucker und Ertrag an Köpfen + Blatt, wobei aber die technol. Eigenschaften der Rüben nicht verändert wurden. Paarweises Stehenlassen der Pflanzen in größeren Abständen war ebenfalls ungünstig gegenüber Einzelstand. Die Monogermsorte war gegenüber Verzögerung des Vereinzelns weniger empfindlich, gemessen am Wurzel- und Blattertrag, als die tetra-, bes. aber die diploide Sorte. 834.

Barmington, R. D. Planter tests and seed preparation using monogerm-sugar beet seed. **(Sämaschinentests und Saatgutbereitung bei Verwendung monogermen Zuckerrübensaatgutes.)** J. Amer. Soc. Sugar Beet Technologists **11** (1961) Nr. 6. S. 469–481. – 6 Abb., 2 Tab., 2 Lit.
Vf. berichtet über Prüfungen von sieben verschiedenen Einzelkornsägeräten und unterschiedlich aufbereitetem Zuckerrübensaatgut. Die Maschinenfabrikate lieferten nahezu die gleichen Feldaufgangsergebnisse, unterschieden sich jedoch hinsichtlich Zellenfüllungen mit Saatgut und damit in der Zahl der Doppel- und Mehrfachbelegungen auf den Pflanzenstellen. Bei pilliertem Saatgut war der Feldaufgang etwas schlechter, die Zellenfüllungen sowie der Einzelpflanzenaufgang aber besser als bei normal kalibriertem Saatgut. –

Ein Vergleich verschiedener Saatgutkaliber und Zellenbohrungen in der Säscheibe führte zu dem Ergebnis, daß die Mechanisierung des Zuckerrübenanbaues durch Abstimmung von Einzelkornsägerät und kalibriertem Saatgut wesentlich gefördert werden kann. L. Bachmann. 834.

Rjabuško, P. D. (Rjabuschko, P. D.) Osobennosti vyraščivanija semjan odnosemjannoj svekly. **(Besonderheiten bei der Samenvermehrung monokarper Zuckerrüben.)** Sacharnaja svekla, Moskva **7** (1962) Nr. 7. S. 9–10. — 3 Tab.
Versuchsergebnisse wiesen als optimale Aussaatnorm für Stecklinge 15 kg/ha nach. Der Auspflanzungskoeffizient beträgt hierbei 5,0 bei 330 dt/ha Ertrag. Für einen gleichmäßigen Bestand (110–120000 Pflanzen je ha) sind die Saat- und Pflegemaßnahmen von besonderer Wichtigkeit. Bei den Samenträgerbeständen ist eine ausreichende Isolierung von polygermen Rübensamenträgern zu sichern. Mit Stecklingen von 500–600 bis 1200–1300 g Gewicht wurden die höchsten Saatguterträge erzielt. Jedoch wurden aus Saatgut von kleinen Samenträgerrüben (50–75 g) im Fabrikrübenbau gleiche Wurzelerträge (bis 200–300 g) bei wesentlich höherem Zuckergehalt (bis 0,4%) erreicht. G. Jury. 834.

Jusubov, A. M. und Borisova, K. I. (Jussubow, A. M. und Borissowa, K.I.); Unions-Forsch.-Inst. für Zuckerrüben und Zucker, Lab. für Pflanzenphysiol. Stimuljatory rosta. **(Wachstumsstimulatoren.)** Sacharnaja svekla, Moskva 7(1962) Nr. 3. S. 37.
Zuckerrübensamenträger wurden während der Hauptblüte in der 1. Versuchsvariante mit 0,001% Gibberellinsäure (2. Behandlung 17 Tage danach) und in der 2. Versuchsvariante mit Heteroauxin (0,001%ig) behandelt. Größe und Gewicht der Knäuel wurden dadurch erheblich erhöht. Der Anteil in der Fraktion 3,5–4 mm stieg von 56% (Kontrolle) auf 71% (Heteroauxin) und 75% (Gibberellin), die TKM von 18,4 g (Kontrolle) auf 18,8 (Heteroauxin) und 19,2 (Gibberellin). Außerdem erhöhte sich in beiden Versuchsvarianten die Ausfallfestigkeit. G. Jury. 834.

Graf, A.; Wien, Bundesanst. für Pflanzenbau und Samenprüf. **Ergebnisse der Futterrüben-Versuche 1961.** Mitt. Versuchsergebn. Bundesanst. Pflanzenbau u. Samenprüf. Wien **1961** Nr. 97. S. 1–21. — 1 Abb., 18 Tab.
Vf. teilt die Ergebnisse der Futterrübensortenversuche des Jahres 1961 und mehrjährige Zusammenfassungen der Sortenversuche österreichischer Versuchsstationen mit. Geprüft wurden 28 Sorten verschiedener Qualitätstypen. Die höchsten Erträge an Tr.-Subst. brachten Rüben mit mehr als 15% Tr.-Subst. Sorten mit hohen Erträgen an Tr.-Subst. zeichneten sich oft auch durch hohe Blatterträge aus. L. Bachmann. 834.

Kovačev, V. (Kowatschew, W.) Rezultati ot zavŭršeni poiti s krŭmno cveklo v KOS „Obrazcov čiflik", Russe. **(Ergebnisse von Futterrübenversuchen in der Versuchsstation „Obraszow tschiflik" bei Russe.)** Izvestija na Dobrudžanskija selstkostopanski naučnoizsledovatelski institut — Tolbuchin, Sofija **1** (1961) S. 133–149. — 3 Abb., 6 Tab., 18 Lit. Zus. in Russ., Engl.
Die Untersuchungen dienten zur Ermittlung des günstigsten Standraumes für Runkelrüben (zur Wurzelkörper- und Samennutzung angebaut), Prüfung der Lagerfähigkeit der verschiedenen Sorten sowie zum Sortenvergleich. Die geeignetsten Anbauweisen waren Quadratnestpflanzverfahren mit Abständen von 45/45 und 50/50 cm mit 2 Pflanzen im Horst und der Reihenanbau mit Reihenabständen und Pflanzweiten von 45 × 25 und 50 × 25 cm. Der günstigste Pflanzverband für die Samenrüben ist 60 × 60 cm. Die ertragreichste unter den untersuchten Sorten war 'Beta rosa', die trotz des niedrigen Tr.-Subst.-Gehaltes der Sorte 'Eckendorfer Gelbe' ertragsmäßig überlegen war. Unter den Halbzuckerrübensorten erwies sich die Sorte 'Bartoschewo' als am geeignetsten. M. Stoilow. 834.

Hartmann, F.; Wien, Österreich, Faserforsch.-Inst. **Ergebnisse von Faserlein-Sortenprüfungen 1951–1960.** Bodenkultur [Wien] Ausg. A **12** (1961) Nr. 4. S. 315–327. — 10 Tab., 5 Lit.

In 9jährigen Sortenversuchen in Kerschbaum, Mühlviertel, wurden 32 Faserleinsorten aus Holland, Belgien, Schweden, England, N-Irland, Nordamerika, Deutschland und Österreich geprüft. Die besten durchschnittlichen Ertragsleistungen erbrachten die holländischen Sorten 'Wiera', 'Madonna', 'Diana', 'Solido' und 'Noblesse'. Die holländische Sorte 'Konkurrent', durch mehr als 2 Jahrzehnte eine der verbreitetsten Sorten, ist auch für das Mühlviertel bedeutungslos geworden. Die belgische Sorte 'Regenbogen' lag in den Faserleistungen unter den holländischen Sorten. Sie hatte aber den höchsten Samenertrag, war standfest, frühreif und etwas kürzer im Stroh. Einen höheren Samenertrag hatte ebenfalls die deutsche Sorte 'Mathis Edel', sie erreichte jedoch 'Wiera' im Stroh- und Faserertrag nicht. Die Sorten aus England und N-Irland waren mit Ausnahme von 'Liral Monarch' zu wenig standfest. Die amerikanische Sorte 'Cascade' war sehr spät und sehr lageranfällig. Die schwedischen Sorten hatten bei hohen Fasererträgen eine lange Vegetationszeit und etwas gröberes Stroh. Aus den Sortenprüfungen sowie aus weiteren Versuchen im alpinen Raum ergab sich, daß in den höheren Lein-Anbaulagen Österreichs gute bis sehr gute Ertragsleistungen bei guter Faserqualität möglich sind. L. Rath. 846.

Jankulov, J. (Jankulow, J.) Proučvane vŭrchu vŭzmožnostite za preodoljavane bavnoto i neravnomerno pokŭlnvane na semenata na beladonata (Atropa belladonna L.). **(Untersuchungen über die Möglichkeiten zur Behebung der langsamen und unregelmäßigen Keimung der Samen der Schwarzen Tollkirsche [Atropa belladonna L.].)** Izvestija na Centralnija naučnoizsledovatelski institut po rastenievŭdstvo, Sofija **11** (1961) S. 93–114. — 2 Abb., 13 Tab., 36 Lit. Zus. in Russ., Dtsch.

Zur Beschleunigung der Keimung von Samen der Schwarzen Tollkirsche wurden die aus der Fachliteratur bekannten und in der Praxis benutzten Methoden untersucht, und zwar das Einquellen der Samen in Wasser oder in Lösungen von KCl oder Hydrochinon, die Skarifikation, die Stratifikation, Kalt-Naß-Behandlung mit NaOH- oder KOH-Lösungen, mit H_3PO_4-, HCl-, H_2SO_4- und NH_4NO_3-Lösungen. Dabei wurde festgestellt, daß die Ursache der langsamen und ungleichmäßigen Keimung auf die Hartschaligkeit der Samen und das Vorhandensein von Stoffen zurückzuführen ist, die die Nabelöffnung verlegen. Von bester Wirkung unter den 12 untersuchten Verfahren war die Stratifikation der vorher mit KOH behandelten Samen. Im Vergleich zu den nur stratifizierten Samen wurde die Keimung durch das letzte Verfahren 1,26mal, und im Vergleich zu den unbehandelten, trockenen Samen 3,13mal beschleunigt. Bei diesem Behandlungsverfahren bewährte sich am besten 3std. Einweichen in 1,5%iger KOH und darauffolgende 45tägige Stratifikation. St. Waklinowa. 852.

Komlóssy, Gy. Anyarozs [Claviceps purpurea] Fr. [Tul.] fertözési kisérletek rozsfajtákkal. **(Infektionsversuche mit Mutterkorn [Claviceps purpurea] Fr. [Tul.] bei Roggensorten.)** Agrobotanica [Tápiószele, Ungarn] **1961** Nr. 2. S. 95–115. — Aus: Ung. Agrar-Rdsch. **1962** Nr. 3.

An 22 Roggensorten wurde die Empfindlichkeit gegenüber Mutterkorn getestet durch künstliche Infektion. Zur Bonitur dienten die sekundäre Infektion an Haupt- und Nebenhalmen sowie Anzahl, Gewicht und Ausfallen der Sklerotien. Für die Mutterkornerzeugung schienen sich einige Sorten, wie 'Wjatkamoskowskaja' (UdSSR), 'Tetraploider Mutterkornroggen' (DDR), 'Kazimierski' (Polen), 'Fleischmann' (Ungarn) und 'Brucker Harrach', besser zu eignen als andere. 852.

Ampova, G. (Ampowa, G.) Proučvane vlijanieto na podornicata vŭrchu razvitieto na tjutjuna. **(Untersuchung des Einflusses des unbearbeiteten Untergrundes auf die Tabakentwicklung.)** Izvestija an Centralnija naučnoizsledovatelski institut po tjutjuna — Plovdiv, Sofija **1** (1961) S. 197–209. — 5 Abb., 7 Tab., 5 Lit. Zus. in Russ., Engl.
Untersucht wurden 4 Untergrundtypen, und zwar kiesiger, lehmiger, sandiger und lehmig-sandiger Untergrund. Um den Einfluß der Ackerkrume von dem des Untergrundes auseinanderzuhalten, wurde von jeder Fläche die Erde der oberen, 25 cm mächtigen Bodenschicht ausgehoben. Auf die derart freigewordene Untergrundfläche wurde nun die aus den anderen 25 cm mächtigen Ackerkrumen ausgehobene Erde aufgeschüttet, so daß jeder Untergrund mit jeder Krume kombiniert war. Die Ackerkrume hatte Einfluß auf die Tabakentwicklung im Jugendstadium, während gegen Vegetationsende die Unterschiede in der Entwicklung der Tabakpflanzen unter dem Einfluß des Untergrundes, unter den einzelnen Ackerkrumen allmählich kleiner wurden. Während Pflanzenhöhe, Blattgröße und Hektarerträge des Tabaks sowohl von der Ackerkrume als auch von dem Untergrund abhängen, wird die Tabakqualität vorwiegend durch den Untergrund bedingt. Der Kiesuntergrund (Skelettboden) lieferte die beste, der sandige dagegen die geringste Tabakqualität. M. Stoilow. 855.

Vartanjan, A., Manolov, A., Perfanov, G., Kolev, D., Miljančev, J., Gŭlŭbov, S. und Kostjanev, S. (Wartanjan, A., Manolow, A., Perfanow, G., Kolew, D., Miljantschew, J., Gâlâbow, S. und Kostjanew, S.) Vlijanie na prolětnata obrabotka na počvata vŭrchu razvitieto, dobiva i kačestvoto na tjutjuna. **(Einfluß der Bodenbearbeitung im Frühjahr auf die Entwicklung, den Ertrag und die Güte des Tabaks.)** Izvestija na Centralnija naučnoizsledovatelski institut po tjutjuna — Plovdiv, Sofija **1** (1961) S. 73–113. — 1 Abb., 29 Tab., 12 Lit. Zus. in Russ., Engl.
Geprüft wurde der Einfluß einmaliger und mehrmaliger Bodenbearbeitung im Frühjahr durch Einsatz verschiedener Bodenbearbeitungsgeräte (Pflug, Grubber und Holzpflug) mit und ohne vorheriger Herbstfurche. Die Versuche wurden auf unterschiedlichen Bodentypen angestellt. Auf alluvialen Wiesenböden bewirkte mehrmalige Bearbeitung im Frühjahr unabhängig von den angewandten Geräten Steigerung der Tabakerträge. Dreimaliges Pflügen im Frühjahr führte zum besten Erfolg. Höchste Tabakerträge und beste Qualität auf alluvial-divialen, lehmig-sandigen Böden erzielte man durch 3maliges Pflügen im Frühjahr, unabhängig davon, ob tiefe Herbstfurche gezogen war oder nicht. Tiefes Herbstpflügen mit Vorschäler war nur bei Vorfrüchten mit geschlossenem Pflanzenbestand von guter Wirkung. Wirtschaftlich am vorteilhaftesten auf schwach podsolierten bis stark ausgelaugten zimtfarbigen Waldböden war Bodenvorbereitung im Frühjahr durch einmaliges Pflügen und mehrmalige tiefe Lockerung mit dem Grubber. Die mehrmaligen Bodenbearbeitungen im Frühjahr werden auch für die Böden des Gebietes Dshebel angeraten. Bei 3- bis 4maliger Bodenbearbeitung im Frühjahr verliert sich die Auswirkung der Herbstfurche, die dann als überflüssig erscheint. Zu besten Ergebnissen führte einmaliges Pflügen im Frühjahr mit nachfolgenden 2–3 Grubberstrichen. M. Stoilow. 855.

Fetvadžiev, G., Donev, N. und Janakieva, E. (Fetwadshiew, G., Donew, N. und Janakiewa, E.) Vŭrchu njakoi vŭprosi na vzaimootnošenieto meždu orientalski tjutjun i vodata. **(Über einige Fragen der Wechselbeziehung zwischen orientalischem Tabak und dem Wasser.)** Izvestija na Centralnija naučnoizsledovatelski institut po tjutjuna — Plovdiv, Sofija **1** (1961) S. 51–72. — 16 Tab., 23 Lit. Zus. in Russ., Engl.
Mit der Tabaksorte 'Kosarsko 541' wurden in Feld- und Gefäßversuchen die Auswirkung der Konz. der Lösung auf die ontogenetische Entwicklung des

Tabaks, der Spannungszustand des Gewebes und das Wasserdefizit, die Dynamik der Wachstums- und Entwicklungsvorgänge unter dem Einfluß des Wasserhaushaltes sowie dessen Auswirkung auf die chem. Zusammensetzung der technisch reifen Blätter untersucht. Als besondere Eigenschaften des orientalischen Tabaks zur Anpassung an einsetzende Trockenperiode werden angeführt: hoher Welkepunkt, Zurückhaltung der Wachstumsvorgänge und die kurze kritische Entwicklungsperiode. Das Ausmaß des Wasserdefizites hat wesentlichen Einfluß auf Ertrag und Güte des Tabaks. Die Blätter der optimal bewässerten Tabakpflanzen enthalten mehr Kohlenhydrate und Rohasche, dagegen weniger Eiweiß, Gesamt-N und Nicotin als die der unbewässerten Pflanzen. Ferner wird betont, daß die Tabakpflanzen in den einzelnen Entwicklungsstadien gegenüber der Trockenheit unterschiedliches Verhalten zeigen. M. Stoilow. 855.

Donev, N. (Donew, N.) Biologično, agrotechničesko i technologičesko proučvane na kŭršene sŭcvetieto na tjutjuna i vlijanieto mu vŭrchu dobiva i kačestvoto na rekoltata. **(Biologische, agrotechnische und technologisch-chemische Untersuchung des Entgipfelns der Tabakpflanzen und seines Einflusses auf Ernteertrag und Erntequalität.)** Izvestija na Centralnija naučnoizsledovatelski institut po tjutjuna — Plovdiv, Sofija **1** (1961) S. 5-49. — 12 Abb., 32 Tab., 28 Lit. Zus. in Russ., Engl.

Untersucht wurde das Verhalten verschiedener Tabaksorten dem Entgipfeln gegenüber, der Einfluß der Bodenverhältnisse auf die Auswirkung des Entgipfelns, der Einfluß von Zeitpunkt und der Art des Entgipfelns sowie der der Jungtriebbildung und Jungtriebpflege nach dem Köpfen auf Ertrag und Güte des Tabaks. Durch das Entgipfeln wird die Blattanzahl verringert, aber die Größe der Blätter, bes. des Obergutes, gesteigert. Bei zeitigem Entgipfeln waren die eingetretenen Veränderungen in bezug auf Blattgröße am stärksten; das Gewicht der Hauptader des Blattes nahm um 14-15% zu, wodurch die Blätter gröber waren. Unter dem Einfluß des Köpfens wurden Veränderungen im anatomischen Aufbau der Blätter (Zunahme des Palisaden- und Schwammgewebes, Bildung von größeren Interzellularen u.a.m.) beobachtet. Als Folge des Entgipfelns und Entgeizens nahm die Gesamtmasse des Wurzelsystems um 10-16% zu. Unter dem Einfluß des Entgeizens stieg die Blatttrockenmasse um 2-3%, die Blattdichte um 15-25% an. Das Vergilben der Blätter beim Trocknen ging langsamer und gleichmäßiger vor sich, der Gehalt an Nicotin und Kohlenhydraten stieg um 25-40%, die durch die Scheckigkeit verursachten Schäden wurden im Mittel um 20-30% verringert. Je nach den meteorol. Verhältnissen erhöhte sich bei den verschiedenen Sorten der Ertrag um 5-25% und die Qualität um 10-30%. Das Belassen von Geiztrieben nach dem Entgipfeln mindert den Ertrag an Hauptgut sowie dessen Qualität. Es wird darauf hingewiesen, daß das Entgipfeln mit anschließendem Entgeizen eine wirtsch. vorteilhafte Pflegemaßnahme ist, die für alle Tabakanbaugebiete empfohlen wird. M. Stoilow. 855.

Simon, W., Eich, D. und Werner, K.; Müncheberg, Inst. für Acker- und Pflanzenbau der Dtsch. Akad. der Landwirtsch.-Wiss. zu Berlin. **Klee- und Kleegras-Ertrags- und -Vorfruchtprüfungen im Erzgebirge. Teil 1: Nutzungsdauer, Klee, Kleegemenge und Kleegras.** Albrecht-Thaer-Arch. **6** (1962) Nr. 4. S. 294-306. — 8 Tab., 2 Lit., Zus. in Russ., Engl.

In der Versuchsstation Hohenfichte, Kreis Flöha, Erzgebirge, wurden im Rahmen von Fruchtfolgeversuchen 1952-60 o.a. Fragen untersucht. Die Versuche liefen auf flachgründigen Gneis- und Granitverwitterungsböden, die nährstoffversorgt und rel. fruchtbar sind. Es ergab sich jedoch, daß die Erträge weniger von Bodenart und -zustand, als vielmehr von der Niederschlagshöhe und -verteilung beeinflußt wurden. In 17 Jahren wurden ⌀ jährliche Niederschläge von 837,2 mm und für die Vegetationszeit von Apr. bis einschließlich Okt. etwa 550 mm ermittelt. Bei der Frage: „ein- oder mehrjähr. Kleegras ?“ wurden im 7 jähr. Durchschnitt von 1 jähr. Kleegras 570 dt/ha Grünmasse mit 108 dt/ha Trockenmasse geerntet. Die Erträge bei 2 jährigem Kleegras waren fast gleich, fielen jedoch im 2. Nutzungsjahr auf 65 bzw. 78% ab. Auch weitere Versuche ergaben bei 1 jähr. Gemengen höhere Leistungen, und zwar auch im Hinblick auf die Erträge der Fruchtfolge und die Bodenfruchtbarkeit. Als Vorteile des 2 jähr. Kleegrases werden u. a. etwas geringere Saat- und Bestellungskosten, arbeitswirtsch. günstige Ackerweide und Silage im 2. Jahr angeführt. Sind Kartoffeln, Futterrüben und Mais mit höheren Nährstoffleistungen anbausicher, wird 1 jähr. Kleegrasbau bevorzugt, während andererseits und bei hohem Anteil des Kleegrases an der Ackerfläche 2 jähr. Kleegras empfohlen wird. Bei der Frage: „Klee oder Kleegemenge ?“ wurde durch zwei Versuche mit verschiedenen Rot-, Schweden- und Weißkleegemengen ermittelt, daß sämtliche Gemenge höhere Erträge gegenüber reinem Rotklee brachten. An der Spitze lag das Gemenge aller 3 Kleearten mit 491 dt/ha Grünmasse und 116,6 dt/ha Trockenmasse gegenüber 411 bzw, 76,9 dt/ha Rotklee. Bei der Lösung der Frage: „Klee oder Kleegras ?“ konnte auf dem o.a. Standort ermittelt werden, daß das 1 jähr. Rotklee-Weidelgrasgemenge gleiche Grün-, jedoch um 13% höhere Trockenmasseerträge brachte als reiner Rotklee. Bei 1 jähr. Rot-, Schwedenklee und Welschem Weidelgrasgemenge lagen die Trockenmasseerträge sogar um rd. 23% höher, was auf den höheren Tr.-Subst.-Gehalt der Gräser zurückzuführen ist. Die große Verdrängungskraft des Weidelgrases trat deutlich in Erscheinung. Die Leistung des Rotklees war größer als die des Schwedenklees. Bei 2 jähr. Gemengen wurde festgestellt, daß die Leistungen von Klee und Kleegras beim 1. Schnitt ungefähr gleich sind, während bei den weiteren Schnitten die Gemenge höhere Leistungen ergeben. Bei hohen Grasanteilen über 20% gehen jedoch die Erträge stark zurück. Die höchsten Erträge brachten 1 jähr. Gemenge mit Rotklee als Hauptbestandsbildner. C. Freyer. 860.

Sănduleac, Eugen. Date orientative despre fosirea amestecurilor furajeremelifere în vederea alcătuirii şi organizării rentabile ale conveierului melifer. **(Orientierungsdaten über die Anwendung einer Mischung von Futter- und Bienenweidepflanzen zur Schaffung und Organisierung einer rentablen Bienenweide.)** Staţ. centr. Cercetări Sericicult. Apicult., Lucrări ştiinţ. **1** (1959) S. 121 bis 125. — 1 Tab.
Bei der Prüfung verschiedener Futterpflanzengemische aus Phacelia, Wicke und Senf im Vergleich zu reiner Phacelia ergab sich, daß die Gemische von den Bienen stärker beflogen wurden als der Reinbestand (um 50%). Der Grünmasse-Ertrag war bei dem Wicke-Phacelia-Gemisch am höchsten. Auch ein Gemisch aus Wicke + 2 kg Senf + 2 kg Phacelia bewährte sich gut und wird empfohlen. I. Barac. 860.

Jelinowska, A. und Bawolski, St.; Zakład Uprawy Roli i Płodozmianów T.U.N.G. we Wrocławiu; Zakład Fizjol. Roślin IUNG w Puławach. Porównanie plonowania wieloletnich roślin motylkowych w warunkach doświadczeń polowych. **(Ein Vergleich der Erträge mehrjähriger Futterpflanzen in Feldversuchen.)** Prace Inst. Uprawy, Nawożenia Gleboznawstwa, Pamiętnik Puławski **1961** Nr. 1. S. 113–141. — 17 Tab. Zus. in Russ., Engl.
In den Jahren 1953–58 wurden in Feldversuchen auf 3 Bodentypen Rotklee, Saat- und Bastardluzerne, Hornklee, Esparsette und Weißer Steinklee leistungsmäßig verglichen. Im Ansaatjahr (Ansaat ohne Deckfrucht) gaben Rotklee und Weißer Steinklee die höchsten Erträge. Im ersten Nutzungsjahr wurden auf leichten und mittleren Böden die höchsten Erträge beim Anbau der Saat- und Bastardluzerne erzielt. Danach folgten Rot- und Hornklee. Auf schweren Böden gab der Rotklee im ersten Nutzungsjahr gleich hohe Erträge wie die Luzerne, zuweilen höhere. Im 2. Nutzungsjahr gaben Saat-

und Bastardluzerne auf allen Bodentypen die höchsten Erträge. An 2. Stelle standen Rot- und Hornklee. Die in Puławy durchgeführten Versuche zeigten, daß auch die mehrschürige Esparsette *Onobrychis transcaucasica* Grosh. hohe Erträge gibt. Den höchsten Eiweißgehalt hatten Weißer Steinklee und Luzerne, etwas niedrigeren Rot- und Hornklee. Der höchste Rohfasergehalt wurde bei Luzerne und einigen Esparsettearten festgestellt. Den niedrigsten Gehalt an Tr.-Subst. hatte der Hornklee. W. Roszak. 863.

Świętochowski, B.; Zakład Uprawy Roli i Płodozmianów we Wrocławiu. Pora koszenia lucerny mieszańcowej oraz jej miejsce w taśmie zielonej. **(Die Mähzeit der Bastardluzerne und ihr Platz im grünen Fließband.)** Prace Inst. Uprawy, Nawożenia Gleboznawstwa, Pamiętnik Puławski **1961** Nr. 1. S. 207 bis 221. – 10 Tab. Zus. in Russ., Engl.
In 8jährigen Versuchen wurde die Schnittzeit für den 1., vorletzten und letzten Schnitt untersucht. Der Schnitt erfolgte jeweils a) vor dem Knospenansatz, b) zum Knospenansatz, c) zu Beginn der Blüte, d) während der Vollblüte, e) zu Beginn und f) während des Hülsenansatzes. Für den 1. Schnitt waren die Stadien b und c am ertragsreichsten, und zwar unabhängig von der Zahl der Schnitte im Jahr. Für den vorletzten Schnitt war bei 3 Schnitten im Jahr Stadium d am günstigsten, bei 4 Schnitten c und d, ebenso für den letzten von 4 Schnitten. Zu frühe und zu späte Mahd des 1. Schnittes wirkte nachteilig auf die Ausdauer des Bestandes. Beim vorletzten und letzten Schnitt war es in dieser Hinsicht dagegen gleichgültig, in welchem Stadium gemäht wurde. Die höchsten Heuerträge gingen mit den höchsten Proteinerträgen parallel. Weitere Ergebnisse betreffen den Ertragsanteil der einzelnen Schnitte am Gesamtjahresvertrag und die Länge der einzuhaltenden Ruhepausen. W. Roszak. 863.

Bakó, J. und Nagy, Z. A lucerna optimális kaszálási ideje. **(Die optimale Schnittzeit der Luzerne.)** Növénytermelés [Pflanzenbau] **10** (1961) Nr. 4. S. 303–314. – Aus: Ung. Agrar-Rdsch. **1962** Nr. 3.
Nach Fütterungsversuchen an Milchkühen ist der frühe Schnitt zu Beginn des Knospens für die Milchproduktion am günstigsten. Der Fettgehalt der Milch wird durch das Alter des Futters nicht nennenswert beeinflußt. Während des Knospens ist der Eiweißgehalt der Luzerne am höchsten. Zu Beginn der Blüte ist er um 8, in der Vollblüte um 14–15% geringer. Der Rohfasergehalt erhöht sich um 14 bzw. 34%. In der Vollblüte übersteigt der Rohfasergehalt 30% der Tr.-Subst. Der Gesamtmasseertrag nimmt jedoch zu. Verfütterung grüner Luzerne bringt überflüssigen Eiweißverbrauch. Besser ist daher Trocknung mit geringsten Verlusten und Verfütterung im Winter. 863.

Cowett, Everett R. und Sprague, Milton A.; New Brunswick, State Univ., Dep. of Farm Crops. Factors affecting tillering in alfalfa. **(Das Bestocken bei Luzerne beeinflussende Faktoren.)** Agronomy J. **54** (1962) Nr. 4. S. 294–297. – 9 Tab., 12 Lit.
Untersucht wurde der Einfluß von a) Bodenfeuchtigkeit (10, 3, ½ atm.), b) Lichtintensität (25, 50, 75, 100% des vollen Sonnenlichtes), c) Temperatur (Tag/Nacht 75–60 und 90–75 °F), d) mineral. Ernährung (Nährlösung mit 140 bzw. 21 ppm N, 62 bzw. 0,92 ppm P, 156 bzw. 23 ppm K), e) Wachstumsregulatoren (TJBS, NES), f) Photoperiode(10 bzw. 16 Std. Licht), g) Schnitthöhe (1, 2, 3 in.), h) Reifestadium (9 vegetative Stadien zum Schnitt) und i) Bestandesdichte (1, 4, 8 Pflanzen je squ.-in.). – Die Faktoren a, b, c, d und g beeinflußten Knospen- und Stengelentwicklung insofern, als sie Lebenskraft und Wachstum der Pflanzen überhaupt beeinflußten. Die Anzahl der Knospen und Triebe stieg an durch Behandlung mit Trijodbenzoesäure (Hemmstoff) und sank unter dem Einfluß der NES (Wuchsstoff). Im ersten Fall sanken dennoch die Erträge ab. Lange Photoperioden förderten Bestockung und Er-

trag. Hoher Schnitt und Schnitt in geeigneten Stadien wirkte ebenfalls steigernd für Triebzahl und Ertrag. Den stärksten Einfluß unter allen Faktoren auf die Stengelzahl hatte i. Bei großer Pflanzweite nahm die Stengelzahl pro Pflanze stark zu, wobei dennoch der Ertrag pro Flächeneinheit geringer war als bei hoher Pflanzendichte. Der kritischste Faktor für die Bildung von Stengeln ist die Lebenskraft der Pflanze unter dem Einfluß des Energie- und Kohlenhydrathaushaltes in Wurzel und Krone. W. Stenz. 863.

Maslinkov, M. (Maslinkow, M.); Plowdiw, Bulgarien, Höheres Landwirtsch. Inst. „W. Kolarow". Vlijanie na kŭršeneto na vŭrcha i sledvaštija podrast (v osnovata na stŭblata, ostaveni za osemenjavane) na ljucernata vŭrchu količestvoto na plodnite elementi. **(Einfluß des Entspitzens des Hauptstengels und des Nachwuchses [zur Befruchtung am Stengelfuß belassen] der Luzerne auf die Menge der Fruchtelemente.)** Naučni trudove. Visš selskostopanski institut „Vasil Kolarov", Plovdiv **10** (1961) S. 75–80. – 2 Abb., 6 Tab., 76 Lit. Zus. in Russ., Dtsch.
In den 1955–57 angestellten Untersuchungen wurde festgestellt, daß nach Abbrechen der Stengelspitzen etwa eine Woche vor der Knospenbildung wesentliche Veränderungen in Zahl und Lage der Fruchtelemente eintreten. Die Zahl der Blütenstände des Hauptstengels nahmen um 18,8% ab, stattdessen wurde eine bedeutende Zunahme der Blütenstände der Verzweigungen, bes. 2. und 3. Ordnung, beobachtet. Als Folge des Entspitzens vermehrte sich die Gesamtzahl der Blütenstände um 42,1%, die der fruchttragenden um 38,8%. Die Hülsenzahl je Stengel nahm um 42,3%, die Zahl der Samen in den Hülsen um 14,8% zu. Das Entspitzen des Nachwuchses hatte eine unbedeutende Steigerung bei einigen Ertragskomponenten zur Folge, und zwar bei den Gesamtblütenständen um 14%, bei den fruchttragenden dagegen um 9,64%, bei den Hülsen um 11,9% und bei den Samen/Hülse um 8,9%.
M. Stoilow. 863.

Bentgsson, Anders und Persson, Per-Johan. Sortförsök med rödklöver i västra Svealand. **(Sortenversuche mit Rotklee in Westsvealand.)** Kungl. Lantbrukshögskolan Satens Lantbruksförsök, Satens Jordbruksförsök, Medd. **1962** Nr. 128. S. 1–30. – 8 Abb., 8 Tab., 17 Lit. Zus. in Engl.
In den Jahren 1945–61 wurden in den westlichen Gebieten Mittelschwedens Grünertragsprüfungen mit verschiedenen Sorten durchgeführt. Geprüft wurden mehrere Landsorten, hauptsächlich aus diesen Gebieten, und einige Zuchtsorten aus Süd- und Ostschweden. Von den Landsorten erwiesen sich 'Skultuna', 'Ultuna' und 'Vagge' als ertragreich und anbauwürdig für dieses Gebiet. Die tetraploide Sorte 'Ulva' war immer am ertragreichsten und erwies sich als sehr beständig in ihren Leistungen. Der Saatgutmangel erlaubt aber noch keinen allg. Anbau dieser Sorte. In Gebieten mit günstigem Klima ist der Anbau der mittelspäten Sorte 'Hermes' zu empfehlen und bes. dann, wenn Nachmahd erfolgen soll. K. Schulz. 863.

Bawolski, S.; Zakład Fizjol. Roślin I.U.N.G. w Puławach. Wpływ terminu koszenia pierwszego pokosu na plon nasion koniczyny czerwonej. **(Der Einfluß der Mähzeit des ersten Schnittes auf die Samenerträge des Rotklees.)** Prace Inst. Uprawa, Nawożenia Gleboznawstwa. Pamiętnik Puławski **1961** Nr. 1. S. 169–178. – 5 Tab., 4 Lit. Zus. in Russ., Engl.
Der 1. Schnitt erfolgte a) bei Bildung von 2–3 Sproßinternodien, b) beim Erscheinen der ersten Blütenköpfe, c) beim Blühen der ersten Köpfe und d) bei 20–30% blühenden Blütenköpfen. Die höchsten Heuerträge beim 1. Schnitt und die höchsten Samenerträge beim 2. Schnitt ergaben sich bei Mahd des 1. Schnittes im Stadium c. Die Samenerträge hängen von der Samenzahl/Köpfchen ab. Die Blütenzahl/Köpfchen hatte kaum darauf Einfluß.
J. Gastoł. 863.

Bellmann, K.; Groß-Lüsewitz. Inst. für Pflanzenzücht. der Dtsch. Akad. der Landwirtsch.-Wiss. zu Berlin. **Untersuchungen über die Stoffproduktion bei diploidem und tetraploidem Rotklee (Trifolium pratense L.).** Züchter 32 (1962) Nr. 2. S. 80–90. – 10 Abb., 4 Tab., 55 Lit.
An 2 tetraploiden Rotkleestämmen und der Sorte 'Lembkes Rotklee' (diploid) wurde in Gefäßversuchen die Abhängigkeit des Ertrages von Umwelteinflüssen untersucht. Bei hoher Wasserversorgung ergaben sich bei beiden Valenzstufen Ertragsdifferenzen von 60–70% und bei Trockenkultur von 40–50%, die auf Änderungen der Temperatur sowie der rel. Luft- und Bodenfeuchte zurückgeführt werden konnten. Die höchsten Grünmasseerträge wurden bei beiden Valenzstufen dann erzielt, wenn sehr gute Wasserversorgung mit geringer rel. Luftfeuchte zusammenfiel. Die Polyploiden besitzen höhere Temperaturansprüche als die Diploiden. Änderungen von Temperatur sowie rel. Luft- und Bodenfeuchte erwiesen sich bei den 4n-Stämmen bes. während des Schossens als sehr wirksam auf die Grünmasseleistung. Die Relativerträge der 4n-Stämme stiegen bei hoher Wasserversorgung mit abnehmender rel. Luftfeuchte und zunehmender Temperatur; bei Trockenkultur trat das Gegenteil ein. Eine erhöhte Trockenmasseproduktion ist bei den Polyploiden nur in der Jugend zu verzeichnen. Die Stoffproduktion der 4n-Stämme unterscheidet sich bei Feuchtkultur kaum von derjenigen des 2n-Rotklees; bei Trockenkultur war die Stoffproduktion der polyploiden Stämme sogar um 18% geringer als bei 'Lembkes Rotklee'. Die Gesamtblattfläche der 4n-Stämme ist nur bei Feuchtkultur größer, bei Trockenkultur kleiner als bei 'Lembkes Rotklee'. Das gleiche trifft für Assimilationsleistung und Wasserverbrauch zu. Die Stomatazahl der Polyploiden ist vermindert, die Stomata sind aber länger und breiter. Vf. empfiehlt Selektion auf kleinzellige Gigasformen.
J. Schieblich. 863.

Bader, K. L. und Anderson, S. R.; Ohio State Univ., Agric. Exp. Stat. Seed yields of birdsfoot trefoil, Lotus corniculatus L., as affected by preharvest clipping combined with control of injurious insects. **(Samenerträge von Hornklee unter dem Einfluß vorheriger Mahd in Kombination mit der Bekämpfung von Schadinsekten.)** Agronomy J. 54 (1962) Nr. 4. S. 306–309. – 2 Tab., 17 Lit.
Im Gegensatz zu unberührten Beständen brachten solche Samenträgerbestände, denen ein Futterschnitt im Frühjahr oder Sommer vorangegangen war, stets geringere Samenerträge, wobei dieser nachteilige Einfluß um so stärker war, je später der Grünschnitt erfolgte. Sorte 'Empire' war 'Viking' im Samenertrag stets überlegen. Grünschnitt nach dem 1. Juni ließ die folgenden Samenerträge unabhängig von der Schädlingsbekämpfung auf 0 absinken. Die Bekämpfung bestimmter Schädlinge zu bestimmten Zeiten wirkte stets stark steigernd auf die Samenerträge bzw. führte überhaupt erst zu nennenswerten Erträgen. Die Bekämpfung von *Philaneus spumarius* mit BHC Ende Apr. war wirksamer als die Bekämpfung von *Empoasca fabae* mit Methoxychlor Ende Juni. Die höchsten Erträge ergaben sich bei kombinierter Bekämpfung beider Schädlinge. W. Stenz. 863.

Kalajdžieva, S. (Kalajdshiewa, S.) Sravnitelno izpitvane na zimni i proletni formi grach i fij. **(Vergleichende Prüfung von Winter- und Sommersorten von Erbse und Wicke.)** Izvestija na Centralnija naučnoizsledovatelski institut po furažite – Pleven, Sofija 1 (1961) S. 5–18. – 4 Abb., 8 Tab., 10 Lit. Zus. in Russ., Engl.
5 Winterwicken-, 1 Wintererbsen-, 1 Sommererbsen- und 1 Sommerwickensorte wurden 1956–60 auf Winterfestigkeit, Erntetermin, Ertragsleistung und chem. Zusammensetzung der Pflanzen z.Z. des Schnittes geprüft. Die höchste Winterhärte wies die Zottelwicke auf, die den Winter am besten und ohne Schaden zu nehmen überstand, gefolgt von der Wi-Futtererbse 'Plowdiwski

podobren'. Den höchsten Grünmasseertrag (213,6 dt/ha = 41,4 dt/ha Tr.-Subst.) lieferte die Wi-Erbse, den höchsten Kornertrag (21,4 dt/ha) dagegen die So-Erbse. In bezug auf Grünmasse übertraf die Wi-Erbse die So-Erbse um 20%, in bezug auf Tr.-Subst. um12%. Den höchsten Eiweißgehalt (14,7%) z.Z. des Schnittes hatte die Zottelwicke, gefolgt von So-Wicke (13,7%). Den höchsten Carotingehalt (33 mg/kg Trockenheu) hatte die Wi-Futtererbse. M. Stoilow. 863.

Tołłoczko, W.; Zespół Badawczy Roślin Strączekowych I.U.N.G. w Bydgoszcy. Uprawa wyki kosmatej na nasiona. **(Der Anbau der Zottelwicke zur Samengewinnung.)** Prace Inst. Uprawy, Nawożenia Gleboznawstwa, Pamiętnik Puławski **1961** Nr. 1. S. 97–111. — 4 Abb., 4 Tab., 8 Lit. Zus. in Russ., Engl.
Beim gemeinsamen Anbau mit Roggen wird das Mischungsverhältnis von der Bodenqualität bestimmt sowie von der Vorfrucht (bei guten Verhältnissen 10–15 kg/ha Zottelwicke + 100–130 kg Roggen, bei schlechteren Verhältnissen 15–20 kg Wicke). Zu hoher Wickenanteil führt zum Lagern und zu Ertragsminderungen. Die Aussaatzeit soll dem frühesten Termin der Roggenaussaat entsprechen. Bei verspäteter Aussaat entwickelt sich die Wicke zu wenig. S. Kowalski. 863.

Kaufhold, W. **Bericht über die Ergebnisse der Versuche zur „Saatgutgewinnung von Zottelwicken" 1958/60.** Z. landwirtsch. Versuchs- u. Untersuchungswes. 8 (1962) Nr. 1/2. S. 82–89. — 7 Tab., 9 Lit. Zus. in Russ., Engl.
In den Jahren 1958–60 wurden insgesamt 60 Versuche zur Anbaumethode bei der Zottelwickensaatgutgewinnung in Roggen und Raps ausgewertet. Die Varianten waren: a) 130 kg Roggen und 5 kg Zottelwicken je ha; b) 130 kg Roggen und 15 kg Zottelwicken; c) 6 kg Raps und 60 kg Zottelwicken und d) 6 kg Raps und 60 kg Zottelwicken bei zwischenreihiger Aussaat. Die gemeinsame Aussaat von Raps und Zottelwicken war am erfolgreichsten und kann empfohlen werden. Im Anbau mit Raps erhöhten sich die Wickenerträge mit steigender Ackerzahl, während das mit Beisaat zu Roggen umgekehrt war. Vom LVU Rostock wurde die Frühjahrsaussaat gemeinsam mit So-Weizen versucht. Wie bei Beisaat zu Roggen stieg der Wickenertrag mit Erhöhung des Wickenanteils bei der Aussaat. Die Frühjahrsaussaat kann aber nur als Notmaßnahme betrachtet werden. E. Koch/Bendeleben. 863.

Mrkvica, Miroslav; Rožnov, Stanice; Ústřední Kontrolní a Zkušební Ústav Zemědělský. Odrůdy trav na Slovensku. **(Grassorten in der Slowakei.)** Pol'nohospodárstvo 8 (1961) Nr. 11. S. 867–871. — 3 Tab.
Von Wiesenlieschgras, Welschem und Deutschem Weidelgras, Rot- und Wiesenschwingel, Sumpf-, Wiesen- und Hainrispe, Glatthafer, Wiesenfuchsschwanz, Knaulgras, Wehrloser Trespe, Goldhafer und Kammgras werden zahlreiche Sorten beschrieben. P. Bartos. 864.

Peers, A. W. und Jones, R. J.; Kenya, Dep. of Agric.; Brisbane, Australia, C. S. I. R. O. Div. of Trop. Pasture. Establishment of grass leys by undergrowing to cereals. **(Die Einrichtung von Feldgrasschlägen durch Untersaat in Getreide.)** East African agric. Forestry J. 27 (1962) Nr. 3. S. 145–149. — 6 Tab., 3 Lit.
Ein Gemisch von 10 lb./acre Knaulgras und 5 lb./acre Welschem Weidelgras wurde breitwürfig blank angesät sowie in Weizen und Hafer (je 7 und 14 in. Reihenentfernung) untergesät. Die Grunddüngung bestand aus 1,5 cwt./acre Superphosphat und 1,5 cwt./acre Ammoniumsulfat. Der Versuchsort lag in Kenya in 7800 ft. Höhe auf P-armem Lehmboden. Die Grasuntersaat unterdrückte das Unkraut im Getreide. Knaulgras entwickelte sich in der Mischung stärker als Welsches Weidelgras. Die Untersaaten waren den Blanksaaten im Ertrag nicht unterlegen. Die Kopfdüngung mit P und N wirkte positiv auf das Wachstum der Gräser. Weizen erwies sich als die bessere Überfrucht. Der Feldgrasbau kann für Kenya empfohlen werden. J. Schieblich. 864.

Evans, Gwilym; Aberystwyth, Welsh Plant Breeding Stat. Seed rates of grasses for seed production. II. Bred varieties of tall fescue, meadow fescue, cocksfoot (hay type), and Phalaris hybrid. **(Saatmengen für Gräser zur Saatguterzeugung. 2. Mitt. Zuchtsorten von Rohrschwingel, Knaulgras [Heutyp] und Phalaris-Hybride.)** Empire J. exp. Agric. **30** (1962) Nr. 119. S. 181–191. — 9 Tab., 5 Lit. 1. Mitt. vgl. LZ. Abt. II **5** (1960) Nr. 10. S. 2404.
Alle Gräser wurden auf 30 in. gedrillt. Die Varianten waren: a) Einzelpflanzung alle 12 in. sowie Aussaatmengen von b) 1, c) 5 (Standard) und d) 50 lb./acre. Außerdem wurden verschieden hohe N-Mengen verabreicht. Steigende Pflanzdichte bewirkte bei allen 4 Arten Abnahme der Anzahl fruchtbarer Halme und damit der Kornerträge. Entsprechend stieg die Anzahl steriler Halme an. Bei dünner Saat und bei N-Düngung trat das Schossen eher ein. Die in dieser Hinsicht durch verschieden starke Saat bedingten Unterschiede wurden durch die N-Düngung etwas ausgeglichen. Mit zunehmendem Alter der Bestände verringerten sich alle Unterschiede etwas. Diese Einregulierung dauerte je nach Grasart verschieden lange. Bei Rohrschwingel blieben die Unterschiede am längsten bestehen. W. Stenz. 864.

Steikhardt, Hg. **Bericht über die Versuche mit Silomais und Futterrüben in Haupt- und Zweitfruchtstellung.** Z. landwirtsch.Versuchs- u. Untersuchungswes. 8 (1962) Nr. 1/2. S. 44–60. — 15 Tab. Zus. in Russ., Engl.
In den Jahren 1957–60 wurden 71 Versuche zum Leistungsvergleich Silomais-Futterrüben in Haupt- und Zweitfruchtstellung durchgeführt. Die Zweitfrüchte standen in der Regel nach Petkuser Roggen (Futterschnitt). Die verwendeten Sorten waren beim Mais 'WIR 25' oder 'Schindelmeiser' und bei Rüben 'Altenburger Tonne' oder 'Rote Walze'. Zur Düngung wurden fast einheitlich 80 kg/ha N, 54 P_2O_5 und 120 K_2O verwandt. Stallmist wurde nicht gegeben. Das Gelingen der Zweitfrucht hing wesentlich vom Termin der Bestellung ab. Der Leistungsvergleich fiel in den verschiedenen Produktionszonen der DDR unterschiedlich aus. Im Mittel aller Versuche brachten beide Kulturen nach Futterroggen 30% geringere Tr.-Subst.- und Rohproteinerträge als in Hauptfruchtstellung. Der vorher geerntete Futterroggen konnte das gut ausgleichen. Im Norden und im Vorgebirge brachten Mais und Roggen zusammen keine wesentlich höheren Erträge als in Hauptfruchtstellung. Die Zweitfruchtrüben bewährten sich in Übergangs- und Vorgebirgslagen. Im Norden der DDR und in den Übergangslagen waren die Futterrüben dem Mais überlegen. E. Koch/Bendeleben. 864.

Fudulov, D. und Pasev, L. (Fudulow, D. und Passew, L.) Opiti sŭs zacharna metla za zelena masa. **(Versuche mit Zuckerhirse zur Grünmassenutzung.)** Izvestija na Dobrudžanskija selskostopanski naučnoizsledovatelski institut — Tolbuchin, Sofija **1** (1961) S. 115–131. — 12 Tab., 27 Lit. Zus. in Russ., Engl.
Untersucht wurden folgende Fragen: vergleichende Prüfung von Zuckerhirse, Futtermais und Sudangras; Ermittlung des günstigsten Zeitpunktes der Ernte bei Zuckerhirse zur Grünfütterung; Feststellung der geeignetsten Sorte und Möglichkeiten des Anbaues als Zweitfrucht-Futterpflanze. Die Zuckerhirse war viel leistungsfähiger als Mais oder Sudangras. Im 3jähr. Durchschnitt lieferte die Zuckerhirse 147,5 dt/ha mehr Grünmasse als Futtermais und 154,3 dt/ha mehr als Sudangras. Unter den geprüften Sorten erwies sich als die geeignetste die Sorte 'Mestna ot selo Ptschelarewo'. Dem Grünmasseertrag nach steht sie den Sorten 'Sofija-71' und 'Jantar kubanski' gleich, in bezug auf Beblätterung, Proteingehalt und Nachwuchsvermögen ist sie ihnen überlegen. Der Schnitt der Zuckerhirse soll im Stadium vor dem Rispenschieben erfolgen. Auch als Zweitfruchtkultur war die Zuckerhirse leistungsfähiger als Futtermais und Sudangras. M. Stoilow. 864.

Dimitrov, S. (Dimitrow, S.) Dosegašni rezultati ot zasjavaneto na zachartata metla za silaž. **(Bisherige Ergebnisse aus dem Anbau von Sorghum vul-**

gare var. saccharatum [L.] Pers. zum Einsäuern.) Izvestija na Centralnija naučnoizsledovatelski institut po furažite — Pleven, Sofija **1** (1961) S. 37–50. — 7 Tab., 16 Lit. Zus. in Russ., Engl.

Mit der Zuckerhirsensorte 'Sofija-71' wurden 1956–59 diesbezügliche Versuche ausgeführt. Der Anbau erfolgte als Haupt- oder Stoppelfrucht, mit und ohne Bewässerung. Als Standard diente dabei die Maissorte 'Slaten konski sâb'. Auch der Vorfruchtwert des Zuckersorghums für Gerste wurde geprüft. Als Hauptfrucht angebaut, lieferte Zuckerhirse einen Durchschnittsertrag an Grünmasse von 430,5 dt/ha oder um 104,5 dt/ha mehr als der Mais. Als Stoppelfrucht übertraf die Hirse den Mais an Grünmasse unter Bewässerung um 108,2 dt/ha, und ohne Bewässerung um 76,0 dt/ha. Als Hauptkultur angebaut, lieferte Zuckerhirse 3776 FE, 75 kg verd. Eiweiß, 19 kg Ca und 4 kg P je ha mehr als der Mais. Bei Anbau mit Bewässerung als Stoppelfrucht war die Hirse ebenfalls überlegen, während unter trockenen Verhältnissen beim Mais 41,3 kg verd. Eiweiß und 2 kg P je ha mehr erzielt wurden. Das aus Zuckerhirse bereitete Gärfutter wird von den Tieren gut aufgenommen. Im Vorfruchtwert für Wi-Gerste bestanden zwischen beiden Kulturen keine wesentlichen Unterschiede. M. Stoilow. 864.

Bengtsson, Ander und Lustig, Hans. Försök med grönfoderväxter i södra och mellersta Sverige. I. Artförsök med kalväxter. II. Försök med höstraps. **(Versuche mit Grünfutterpflanzen in Süd- und Mittelschweden. 1. Mitt. Versuche mit Brassica-Arten. 2. Mitt. Versuche mit Winterraps.)** Kungl. Lantbrukshögskolan Statens Lantbruksförsök, Statens Jordbruksförsök, Medd. **1962** Nr. 127. S. 1–78. — 28 Abb., 29 Tab., 32 Lit. Zus. in Engl.

Von 1954–60 wurden in Süd-, Mittel- und Ostschweden Sortenversuche mit verschiedenen Futterpflanzen durchgeführt. Standard war Hafer-Erbsen-Wickgemenge in Serie I, in der Wi- und So-Raps, Wi- und So-Rübsen und Markstammkohl sowie Sareptasenf u. a. *Brassica*-Arten geprüft wurden. Alle Versuche wurden im Frühjahr angelegt und dann geschnitten, wenn es für die betreffende Pflanzenart oder Sorte am günstigsten war. Der Ertragsunterschied zwischen den verschiedenen Arten war im großen und ganzen in allen Gebieten gleich. So-Raps brachte ungefähr 32% niedrigere Tr.-Subst.-Erträge als Leguminosengrünfutter und ungefähr 15% weniger als Wi-Raps, der ebenfalls weniger als die Leguminosen brachte. Wi-Rübsen brachten etwa 15% geringere Erträge als Wi-Raps, Markstammkohl höhere als Wi-Raps. Die Sareptasenfsorte 'Fiskeby' ist vielversprechend und So-Raps im Tr.-Subst.-Ertrag überlegen. In Versuchsserie II wurden Wi-Rapssorten aus ganz Europa geprüft. Die Sorten waren sich bei frühem Schnitt fast alle gleich. Bei spätem Schnitt brachte 'Early Giant' im Mittel von 28 Versuchen 17% mehr als 'Matador'. Weitere Versuche mit Wi-Raps betrafen die Saatstärke, den Reihenabstand, die N-Düngung, Mischanbau mit Weidelgras sowie Pflegeversuche. K. Schulz. 864.

Craiciu, Eufrosina. Hibridul de dud Orşova 6. **(Die Maulbeerhybride „Orşova 6".)** Staţ. centr. Cercetări Sericicult. Apicult., Lucrări ştiinţ. 2 (1960) S. 101–112. — 4 Abb., 14 Tab. 864.

Niţescu, A. Epoca optimă de semănat în vederea scurtării timpului de producere a puieţilor de dud în regiunea Bucureşti. **(Die bestmögliche Aussaatzeit für die Verkürzung der Erzeugungsperiode von Maulbeersetzlingen in der Region Bukarest.)** Staţ. centr. Cercetări Sericicult. Apicult., Lucrări ştiinţ. 2 (1960). S. 89–90. – 3 Tab.

Die beste Aussaatzeit hinsichtlich Entwicklung der Setzlinge bis zur Pfropffähigkeit war die erste Hälfte des April. Sommer- und Herbstaussaat sind für das Gebiet ungünstig. Bei Aprilaussaat erhält man normale Setzlinge noch im gleichen Jahr, und die Produktionskosten sind um 40% geringer. M. Casan. 864.

Świętochowski, B. und Jelinowska, A.; Zakład Uprawy Roli i Płodozmianów I.U.N.G. we Wroławiu. Pora siewu i użytkowania jesiennego pokosu mieszanek ozimych. **(Die Saatzeit und die Erntezeit des Herbstschnittes bei Gemengen als Winterzwischenfrüchte.)** Prace Inst. Uprawy, Nawożenia Gleboznawstwa, Pamiętnik Puławski **1961** Nr. 1. S. 41–59. — 7 Tab. Zus. in Russ., Engl.

Gemische von a) Roggen + Zottelwicke (100 + 60 kg/ha), b) Roggen + Zottelwicke + Inkarnatklee (60 + 40 + 20) und c) Welschem + Deutschem Weidelgras + Zottelwicke + Inkarnatklee (10 + 10 + 40 + 20) wurden Ende Juli bzw. in der 2. Aug.-Hälfte ausgesät. Neben der Ernte im Frühjahr erfolgte bei den früher gesäten Beständen eine Nutzung im Sept. bzw. Okt. Gemisch b war am ertragssichersten. Gemisch c gab starke Ertragsschwankungen, a brachte die geringsten Erträge. Der frühere Saattermin führte in Südpolen zu erhöhten Erträgen. Die Reaktion aller Gemenge auf Saat- und Erntezeit war gleichsinnig. Die Erträge nachfolgender Kartoffeln blieben davon unbeeinflußt. S. Kowalski. 866.

Świętochowski, B. und Jelinowska, A.; Zakład Uprawy Roli i Płodozmianów I.U.N.G. we Wrocławiu. Próby jesiennego spasania mieszanek ozimych. **(Untersuchung über das Abweiden der Winterzwischenfrüchte im Herbst.)** Prace Inst. Uprawy, Nawożenia Gleboznawstwa, Pamiętnik Puławski **1961** Nr. 1. S. 89–95. — 3 Tab. Zus. in Russ., Engl.

Gemische von Roggen + Zottelwicke (100 + 40 kg/ha), Roggen + Zottelwicke + Inkarnatklee (60 + 40 + 20), Welschem Weidelgras + Deutschem Weidelgras + Zottelwicke + Inkarnatklee (10 + 10 + 40 + 20) wurden Ende Juli bzw. 3–4 Wochen später ausgesät. Nach der späteren (normalen) Saatzeit erfolgte die Ernte im Frühjahr, nach der früheren zusätzliche Mahd oder Abweidung im Herbst. Abweidung im Herbst minderte die Frühjahrserträge bei früher Aussaat nicht, wenn der Acker beim Abweiden nicht zu feucht war. Zwischen den Versuchsorten traten starke Schwankungen in der bot. Zusammensetzung der Gemische auf. Die Nutzungsart war hierauf weniger von Einfluß. S. Kowalski. 866.

Georgieva, T. (Georgiewa, T.) Formi za uplŭtneno izpolzuvane na zemjata sŭs sledžŭtveni kulturi pri polivni uslovija. **(Formen der voll ausgelasteten Bodenausnutzung mit Stoppelkulturen unter Bewässerungsverhältnissen.)** Izvestija na Centralnija naučnoizsledovatelski institut po chidrotechnika i melioracii, Sofija 1 (1961) S. 41–55. — 10 Abb., 10 Lit. Zus. in Russ., Engl.

Im Laufe von 7 Jahren wurden Versuche zur Ermittlung der geeignetsten Stoppelkulturen und Kombinationen verschiedener Haupt- und Zweitkulturen im Hinblick auf die Verbesserung der Futtererzeugung angestellt. Als Hauptkulturen wurden vor allem Wi-Gerste, Wicken- und Erbsengemenge sowie Hafer, als Zweitkulturen Sudangras, Futtermais, Futterrüben und Markstammkohl u. a. m., als Kontrolle Grasgemisch angebaut. Höchste Erträge an FE lieferte die Kombination Wi-Gerste(Haupt-)-Futtermais (Zweitkultur) mit 11,720 kg oder 57% mehr im Vergleich zum Grasgemisch. Ertragsmäßig an 2. Stelle standen Erbsengemisch (Sommererbse und Hafer) und Mais mit 34% mehr als der Standard. Den 3. Platz nahmen Hafer zur Körnernutzung und als Stoppelsaat sowie Silogemenge (Mais + Sonnenblumen), den 4. Wi-Erbse zur Grünfütterung und anschließend Futterrüben aus Anzucht ein. Die Stoppelfrucht muß sofort nach Aberntung der Vorfrucht ausgesät werden. Die Wassergaben für die verschiedenen Kombinationen betrugen 180–360 mm. M. Stoilow. 868.

Chalikov, A. (Chalikow, A.); Taschkent, Inst. für Tierzuchtforsch. der Usbek.SSR. Požnivnye posevy džugary i kukuruzy pri orošenii v Uzbekskoj SSR. **(Mohrenhirse und Mais als Zwischenfrüchte bei Bewässerung in der**

Usbekischen SSR.) Zemledelie, Moskva **24** (1962) Nr. 5. S. 40–43. — 2 Abb., 4 Tab.

In 2jähr. Versuchen wurde die Nachfruchteignung verschiedener Sorten von Mohrenhirse u. Mais nach Futter- und Körnerroggen geprüft. Roggen brachte bei Bewässerung 300–350 dt/ha Grünmasse oder 27–29 dt/ha Kornertrag. Von Mohrenhirse u. Mais lieferten frühe Sorten 300–350 dt/ha, mittelfrühe 500–800 dt/ha und späte 700–930 dt/ha Silomasse. R. Schlenker. 869.

Bajai, Jenö und *Barabás, Zoltán.* **A takarmánycirkok nemesítése és termesztése.** (Züchtung und Anbau der Futterhirse.) Budapest: Országos Mezögazdasági Könyvtar és ... 1962. (121 S.) 8°. (1962 A 752)
Chmielecki, W. **Zboza w gospodarstwach chłopskich.** (Das Getreide in Bauernwirtschaften.) Warszawa: Panstw. wyd. Rolnicze i Leśnc. 1962. (194 S.) 8°. (1962 A 728)
Fuelessy, Emil. **A korszerü takarmánygazdálkodás feladatai az állami gazdaságokban.** (Aufgaben der modernen Futterwirtschaft in den Staatsgütern). Budapest: Kézirat gyanant. 1961. (36 S.) 8°. (DA 1371)
Unter der Red. v. *Kulik, M. S.* **Uslovija vodosnabženija zernovych kul'tur v stepnych rajonach severnoj poloviny Kazachstana i v Kulunde.** (Die Bedingungen der Wasserversorgung bei Getreidepflanzen in den Steppen der nördlichen Hälfte Kasachstans und in der Kulunda-Steppe.) Hrsg.: Glavnoe upravlenie gidrometeorologič. služby pri sovete minist. SSSR. Moskva: Gimiz. 1960. (159 S.) 4°. (1962 B 33)
Manczel, Jenoe. **Szarvasmarhatenyésztésünk és takarmánytermelésünk helyzete és tájbeli eltérései.** (Lage und regionale Abweichungen in der ungarischen Rindviehzucht und im Futterbau.) Budapest: Akad. Kiado. 1962. (111 S.) 8°. (DA 1365)
Stănescu, Iancu. **Organizarea conveierului verde pe bază de porumb.** (Die Organisation des grünen Fließbandes auf Maisbasis.) Bucureşti: Ed. Agro-silvică. 1961. (25 S.) 8°. (DA 1398)
Experienţe cu perumbul dublu hibrid 1961. (Versuche mit Maisdoppelhybriden 1961.) Bucureşti: Ed. Agro-silvică. 1962. (219 S.) 8°. (1962 A 920)

I. Pflanzen der Subtropen und Tropen

Ligon, L. L. Characteristics of cowpea varieties (Vigna sinensis). **(Charakteristika von Kuhbohnensorten [Vigna sinensis].)** Oklahoma State Univ., Extens. Serv., Bull. **1958** Nr. B — 518. S. 1–47. 871.

Kalajdžiev, I. (Kalajdshiew, I. Sravnitelno izpitvane na njakoi sŭvetski i amerikanski sortove zŭrneno sorgo. **(Vergleichende Prüfung einiger sowjetischer und amerikanischer Körner-Sorghum-Sorten.)** Izvestija na Centralnija naučnoizsledovatelski institut po furažite — Pleven, Sofija **1** (1961) S. 19 bis 36. — 9 Tab., 6 Lit. Zus. in Russ., Engl.

3 sowjetische, 3 amerikanische und 2 bulgarische *Sorghum*-Sorten wurden im Laufe von 4 Jahren (1957–60) vergleichend geprüft, wobei als Kontrolle die Maissorte 'Slaten konski sâb' benutzt wurde. Die Prüfung bezog sich auf den Ertrag an Korn, Stroh, Grün- und Trockenmasse sowie auf die chem. Zusammensetzung von Korn, Stengeln und Grünmasse. Bei 13% Wassergehalt im Korn lieferte die amerikanische Hybride 'Nr. 778' einen Höchstertrag an Korn von 4312 kg/ha, oder um 37% mehr als der Mais. Der chem. Zusammensetzung nach ähnelt das *Sorghum*-Korn dem Maiskorn. Bei den einzelnen Sorten wurden ebenfalls keine erheblichen Unterschiede festgestellt. Im Grün- und Trockenmasse-Ertrag stehen alle untersuchten *Sorghum*-Sorten mit Ausnahme von 'Sofija-71' hinter dem Mais zurück. 'Sofija-71' lieferte um 25% Grünmasse und um 7,7% Trockenmasse mehr als der Mais 'Slaten konski sâb'. Die 3 amerikanischen Hybriden erwiesen sich als geeignet für die mechanisierte Ernte. M. Stoilow. 873.

Adams, John E.; Temple, Tex., U.S. Dep. of Agric., A.R.S., Soil and Water Conserv. Res. Div., Southern Plains Branch. Effect of soil temperature on grain sorghum growth and yield. **(Die Wirkung der Bodentemperatur auf Wachstum und Ertrag von Körnersorghum.)** Agronomy J. **54** (1962) Nr. 3. S. 257–261. — 6 Abb., 3 Tab., 16 Lit.

Durch verschiedene Art der Bodenbedeckung wurde die Bodentemperatur beeinflußt. Folgende Varianten wurden verglichen: a) Kontrolle = unbedeck-

ter Boden; b) vollständige Bedeckung mit transparenter Folie mit Löchern von 1 in. ∅ in 3 in. Abstand; c) Bedeckung der Reihen mit 36 in. breiten Streifen transparenter Folie, die ca. 3 in. Boden zwischen den Reihen freiließen; d) wie b, aber mit schwarzer Folie und e) wie c, schwarze Folie. Die Temperaturen in 1, 3, 6 und 12 in. Bodentiefe wurden um 8, 11, 14 und 16h abgelesen. — Die Bodentemperaturen waren am niedrigsten bei a, nahmen über d, e, c zu und waren bei b am höchsten (direkte Absorption der eingestrahlten Wärme durch den Boden; bei d und e teilweise Absorption durch die Folie, bei a Wegführung der Wärme durch Wind und Ausstrahlung). Die Bodentemperaturen spiegelten sich stark im Wachstum der als Versuchspflanze benutzten *Sorghum*-Hirse wider. Die Pflanzen von b waren am kräftigsten. In der genannten Reihenfolge nahmen Pflanzenhöhe, Bestockung, Korn- und Grünmasseleistung sowie Entwicklung zu. Bes. drastisch waren die Unterschiede im Trockengewicht am 13. Mai (g/Pflanze): 4,9; 8,4; 8,6; 17,4 bzw. 24,0. Der Wassergehalt im Korn (als Maß für die Reife) war in der Reihenfolge genau umgekehrt. Im N- und P-Gehalt der Grünmasse und des Korns bestanden keine signifikanten, temperaturbedingten Unterschiede.
W. Stenz. 873.

Campbell, J. S., Chukwueke, V. O., Teriba, F. A. und Ho-A-Shu, H. V. S.; Trinidad, Univ. Coll. of the West Indies, Fac. of Agric., Imperial Coll. of Trop. Agric. Some physiological investigations into the White Lisbon yam (Dioscorea alata L.). II. Growth period and out-of-season production. **(Einige physiologische Forschungen an der "White-Lisbon"-Yamswurzel [Dioscorea alata L.]. 2. Mitt. Wachstumsperiode und Produktion außerhalb der Saison.)** Empire J. exp. Agric. **30** (1962) Nr. 119. S. 232–238. — 1 Abb., 4 Tab., 5 Lit. 1. Mitt. vgl. LZ. Abt. II 8 (1962) Nr. 2. S. 400.
Normalerweise ist die Vegetationszeit für die Yamswurzel zwischen Mai/Juni und Dez./Jan. (Regenzeit). Durch Behandlung mit Wuchsstoffen (vgl. 1. Mitt.) kann die Keimruhe der Knollen unterbrochen werden, wodurch der Anbau außerhalb der Saison möglich wird (und bessere Preise erzielt werden). In Versuchen ergab die Pflanzung von Knollen mit unterbrochener Keimruhe im Jan.–Juni Speiseknollen nach 7 ½–8 Monaten. Wichtig ist dabei die Wasserzufuhr (auf Trinidad pro Woche 3–4 in. in den Mon. Jan.–Apr.). Künstliche Reifebeschleunigung mit einem Hormonpräparat war nicht günstig, da Ertrag und Qualität der Knollen litten. Auch wenn nur mittlere Erträge erzielt werden, ist die Methode wirtschaftl. von Vorteil. Weitere Versuche unter Produktionsbedingungen sollen folgen. W. Stenz. 876.

Konišev, P., Conev, C. und Zlatev, G. (Konischew, P., Zonew, Z. und Slatew, G.) Ustanovjavane na podchodjašti sortove pamuk za polivni uslovija v rajona na Sadovskata opitna stancija. **(Ermittlung geeigneter Baumwollsorten für den Bewässerungsackerbau im Bereich der Versuchsstation Sadowo.)** Izvestija na Centralnija naučnoizsledovatelski institut po rastenievŭdstvo, Sofija **11** (1961) S. 63–76. — 4 Abb., 3 Tab., 7 Lit. Zus. in Russ., Engl.
Die 1955–59 mit 11 einheimischen und sowjetischen Baumwollsorten durchgeführten Versuche dienten der Feststellung der Blühcharakteristik, des Anteils an erhalten gebliebenen und abgefallenen Kapseln, des Rohbaumwollertrages und der Faserlänge. Aus den Ergebnissen werden Empfehlungen für den Anbau abgeleitet. M. Stoilow. 878.

Bruce, R. R. und Shipp, C. D. Cotton fruiting as affected by soil moisture regime. **(Der Einfluß der Bodenfeuchtigkeit auf das Fruchten von Baumwolle.)** Agronomy J. **54** (1962) Nr. 1. S. 15–18. — 6 Abb., 3 Tab., 8 Lit.
Für die Untersuchungen wurden kleine, vor Regen geschützte Parzellen benutzt. Die Menge des zur Bewässerung verabreichten Wassers wurde genau erfaßt. Die Spannung der Bodenfeuchtigkeit betrug A = 0,16–0,33, B =

0,34–0,60 atm. Der Fruchtertrag von Baumwollpflanzen, die nach Ausbildung der ersten Frucht 6 Wochen unter A und 2 Wochen unter B aufwuchsen, war nicht signifikant niedriger als derjenige von Pflanzen, die während der 8 Wochen unter A aufwuchsen. Wuchsen die Pflanzen 8 Wochen nach Ausbildung der ersten Frucht unter B auf, wurde das Fruchten der Baumwolle signifikant verringert, die Fasererzeugung jedoch je in. verabreichten Wassers vermehrt. L. Rath. 878.

Christov, G. (Christow, G.) Način za zasjavane na pamuk vŭrchu livadnokaneleni počvi pri polivni uslovija v rajona na chidromeliorativnata stancija Stara Zagora. **(Saatverfahren bei Baumwolle unter Bewässerungsverhältnissen auf zimtfarbigen Wiesenböden im Gebiet der Hydromeliorationsstation Stara Sagora.)** Izvestija na Centralnija naučnoizsledovatelski institut po chidrotechnika i melioracii, Sofija **1** (1961) S. 141–153. — 3 Abb., 8 Tab., 9 Lit. Zus. in Russ., Engl.

Geprüft wurden unterschiedliche Reihenweiten und Abstände in den Reihen mit 81600–119000 Stauden/ha. Höchste Rohbaumwoll- und Fasererträge brachten die dreireihige Bandsaat mit Abständen von 45/45/65 × 16 cm und die Reihensaat mit Standweiten von 65 × 15 und 55 × 18 cm bei entspr. Pflanzenzahlen von 119000, 102205 und 101000. Ertragsmäßig an 2. Stelle standen die Varianten nach dem Quadratnestpflanzverfahren bei Entfernungen von 60 × 60 cm und durchschnittlich 4,5 Stauden je Horst oder 55 × 55 cm mit je 3 Pflanzen im Nest. Der Verband von 65 × 15 cm (Reihensaat) ermöglicht die erfolgreiche mechanisierte Bodenbearbeitung in einer Richtung sowie die Ausführung tiefer und geeigneter Berieselungsfurchen. Zur kreuzweisen Bearbeitung wird auch die Quadratnestaussaat empfohlen. M. Stoilow. 878.

Zlatev, G. (Slatew, G.) Izsledvanija vŭrchu edrinata na kutijkite i dŭlžinata na vlaknoto po različnite plodni mesta na pamukovoto rastenie i metodika za ustanovjavaneto im pri sortovite i agrotechničeski opiti s pamuka. **(Untersuchungen über die Größe der Samenkapseln und die Faserlänge an den verschiedenen Fruchtansatzstellen der Baumwollpflanze und über die Methodik zu ihrer Feststellung bei Sorten- und agrotechnischen Versuchen mit Baumwolle.)** Izvestija na Centralnija naučnoizsledovatelski institut po rastenievŭdstvo, Sofija **11** (1961) S. 115–130. — 6 Abb., 3 Tab., 6 Lit. Zus. in Russ., Engl.

In den 1954–57 an 8 Baumwollsorten durchgeführten Untersuchungen wurde festgestellt, daß die Größe der Samenkapseln an den verschiedenen Fruchtansatzstellen mit der Höhe bis zum 4.–6. Sympodialzweig allmählich zunimmt und sich danach wieder verringert. Die vom Hauptstengel entfernteren Samenkapseln ein und desselben Blütenzweiges sind kleiner. Diese Gesetzmäßigkeit wird wenig durch die Klimaverhältnisse und die Wasserversorgung der Pflanze beeinflußt. Die Faserlänge stellt eine labilere Kenngröße dar, die von der Wasserversorgung der Pflanze während der Blüte abhängig ist. Die höher und an der Peripherie sitzenden Samenkapseln haben längere Fasern. Es wird empfohlen, die Faserlänge sowie die Größe der Samenkapseln nicht wie bisher nach einer Durchschnittsprobe von den mittleren Samenkapseln (erste Fruchtansatzstelle am zweiten Blütenzweig) zu bestimmen, sondern sich zu diesem Zweck der von den Textillaboratorien angewandten Methode zu bedienen, wonach die Bestimmung nach der Stapel- und der modalen Länge der entkörnten Baumwolle aus den Samenkapseln aller Fruchtansatzstellen der Pflanze vorgenommen wird. Diese Methode liefert eine genauere Charakteristik der einzelnen Sorten. M. Stoilow. 878.

Silvestre, P. Monographie des recherches conduites à Bambey sur l'arachide. **(Monographie der Forschungsarbeiten an der Erdnuß in Bambey.)** Agronom. trop. **16** (1962) Nr. 6. S. 623–738. — 32 Abb., 46 Tab., 166 Lit. Zus. in Engl., Span.

In den Kapiteln Botanik (I), Milieu (II), Sortenverbesserung (III), Fortschritte der Anbaumethodik (IV), Krankheiten und Schädlinge (V), Lagerung (VI) und Verbreitung der Erkenntnisse (VII) werden die Ergebnisse der seit 1924 durchgeführten Forschungsarbeiten zusammengestellt. I. Für Zwecke und aus Resultaten der Züchtung wurde ein botan. Klassifizierungsschema aufgestellt, das auf Unterschieden der Keimruhe, des Wuchstyps, der Schalenfarbe und Hülsenform basiert. Demnächst sollen dabei auch neuere Untersuchungen der Zusammenhänge zwischen Wuchstyp und Verzweigung, Blüte und Befruchtung, Blühen und Ökologie, Anpassung an verschiedene Klimate sowie bakterielle Symbiose berücksichtigt werden. II. Die Böden Westafrikas, die für den Erdnußanbau genutzt werden, sind stark sandig, sehr kalkhaltig und zeigen bei Anwendung einer 4schlägigen Fruchtfolge bis auf ein geringes Absinken des Tonanteils keine Qualitätsverschlechterungen. III. Neue, genetisch reine Sorten wurden aus Lokalherkünften ausgelesen bzw. durch Kreuzungen oder Bestrahlung geschaffen. Mit ihnen können die Erträge im Gebiet von Westafrika um 20–45% gesteigert werden. IV. Optimale jährliche Mineraldüngermengen sind für alle Bezirke bekannt, wichtiger erscheint es aber, die Düngung beim Anbau in einer Fruchtfolge und bes. die möglichst günstige Verwendung der Rohphosphate Senegals zu erforschen. Nach bisherigen Ergebnissen kann bei ausreichenden Niederschlägen $^1/_3$ der P-Düngung in Form von Tricalciumphosphaten gegeben werden. Durch eine 4jährige Fruchtfolge (Gründüngung-Erdnuß-Hirse-Erdnuß) stieg der Ertrag gegenüber der Rotation Brache-Erdnuß-Hirse um 50%. V. Zahlreiche Krankheiten und Schädlinge wurden untersucht und Bekämpfungsmittel geprüft. Die Saatgutinkrustierung mit Dieldrin und Thiram wird empfohlen, da diese Kombination beim Auflauf und während der Jugendentwicklung wirksam ist. Zur Bekämpfung der Rosettenkrankheit (Virose) hat die Resistenzzüchtung begonnen. VII. Z.Z. werden in Westafrika ca. 70% der Anbaufläche mit anerkanntem Saatgut bestellt und in Senegal etwa 20% inkrustiert. Demgegenüber werden nur 3% des Ackers mineral. gedüngt, und bisher werden nur vereinzelt Fruchtfolgen eingehalten. V. Ehrenpfordt. 880.

Davis, T. A.; Calcutta, India, Indian Statistical Inst., Biometric Res. Unit. Asymmetry and yield in Cocos nucifera L. **(Asymmetrie und Ertrag bei Cocos nucifera L.)** Experientia [Basel] **18** (1962) Nr. 7. S. 321–322. — 1 Tab., 1 Lit.

Die Blätter von *Cocos nucifera* sind links- oder rechtsdrehend angeordnet. Auszählungen von 3028 und 13842 Palmen ergaben 52,05 bzw. 52,90% linksdrehende Pflanzen, also ein leichtes Überwiegen der Linksdreher. Diese Eigenschaft ist nicht genetisch bedingt, wie Kreuzungsversuche ergaben. Die Ermittlung der Nußzahlen pro Palme ergab signifikant höhere Werte für die rechtsdrehenden (70 Nüsse pro Jahr im Mittel bei gesunden Palmen) gegenüber den linksdrehenden Palmen (58 Nüsse). Auch bei Krankheitsbefall blieb dieser Unterschied im gleichen Ausmaß bestehen. W. Stenz. 880.

Davis, T. A.,; Calcutta, Indian Statistical Inst. Rejuvenation of coconut palms. **(Verjüngung von Kokospalmen.)** Wld. Crops **14** (1962) Nr. 8. S. 256–259. 283. — 6 Abb., 20 Lit.

Nur ein geringer Teil der Kokospalmen bringt hohe Erträge. Solche Palmen möglichst lange zu erhalten, ist für den Anbau und bes. für die Züchtung von großer Bedeutung. Die Verjüngung erfolgt so, daß man am Stamm in der gewünschten Höhe einen Kasten anbringt (3×3×3 ft.). Innerhalb des Kastens werden am Stamm die äußeren Schichten entfernt. Danach wird der Kasten mit grobem Flußsand oder einem Gemisch aus Sand und Kokosfaserstaub (bessere Wasserhaltefähigkeit) gefüllt. Die Oberfläche wird mit feuchtem Sacktuch bedeckt. Danach muß der Kasteninhalt ständig feucht gehalten werden (Wegen der großen Höhe am besten durch eine Zuleitung). Wuchs stoffanwendung ist nicht nötig. I. allg. sind nach einem Jahr genügend Wurzeln gebildet. Dann wird die Palme unterhalb des Kastens gekappt und erneut eingepflanzt. W. Stenz. 880.

Cavalan, P. Expérimentation sur les plantes et cultures fourragères. Station agronomique de Loudima (République du Congo) 1957–1960. **(Futterpflanzenversuche der Landwirtschaftlichen Versuchsstation Loudima [Republik Kongo] in den Jahren 1957–1960.)** Agronom. trop. **17** (1962) Nr. 2/3. S. 158–165. — 2 Tab., 2 Lit. Zus. in Engl., Span.
Es wurden eingeführte Leguminosen (*Stylosanthes gracilis* HBK, *Centrosema pubescens* Benth) und Gramineen (*Pennisetum purpureum* Schumach., *Rottboellia exaltata* L. f., *Sorghum arundinaceum* [Willd.] Stapf, *Hyparrhenia* sp., *Melinis minutiflora* Beauv.) sowie einheimische Gramineen (*Rynchelytrum repens* [Willd.] C.E. Hubbard, *Paspalum virgatum* L., *Chloris gayana* Kunth, *Tripsacum laxum* Nash und *Saccharum officinarum* L., Sorte 'Uba') in Anbauversuchen geprüft und festgestellt, welche Pflanzen sich allein oder im Gemenge für die Bedingungen des Niari-Tals eignen. Mit Hilfe der Aussaat von *Stylosanthes* ist es vor allem möglich, natürliche Weiden zu verbessern. Die besprochenen Versuche sollen einen Weg zur Intensivierung der extensiven Viehhaltung und zur Verbesserung des Ackerbaus (bisher hauptsächlich Erdnußanbau als Monokultur) zeigen. E. M. Ardelt. 885.

Bogdanov, I. (Bogdanow, I.) Prinos kŭm proučvane na maslinovoto i dafinovoto rastenie u nas. **(Beitrag zur Untersuchung des in Bulgarien in Kultur stehenden Öl- und Lorbeerbaumes.)** Izvestija na Centralnija naučnoizsledovatelski institut po ovoštarstvo — gara Kostinbrod, Sofija **1** (1961) S. 201–218. — 7 Abb., 1 Tab. Zus. in Russ., Dtsch.
Die Untersuchungen wurden 1952–58 durchgeführt. Ein kurzer geschichtlicher Rückblick gibt Aufschluß über Einführung und Anbau dieser Kulturen durch Privatpersonen und öffentliche Organisationen. Ein Teil der aus Italien, der UdSSR, Albanien und Griechenland eingeführten, im Gebiet von Petritsch gepflanzten Öl- und Lorbeerjungpflanzen entwickelte sich gut und begann zu fruchten. Bei Temperaturen unter –14 bis –15 °C wurden die Pflanzen verschieden stark geschädigt. Es wurde festgestellt, daß zur Einführung der Ölkultur in Bulgarien die Akklimatisation nötig ist. Die Standort- und Klimaverhältnisse im Gebiet von Petritsch-Sandanski sind für den intensiven erwerbsmäßigen Anbau des Loorbeerbaumes im Freien geeignet. Wenn auch bei Temperatursenkungen auf –12 bis –13 °C und darunter einige Formen des Lorbeerbaumes Frostschäden nehmen, kann dies, da der Lorbeerbaum hauptsächlich zur Blattnutzung angebaut wird und bei Teilschäden starkes Regenerationsvermögen besitzt, kein Hindernis für den Anbau in Bulgarien sein.
M. Stoilow. 887.

Baarschers, W. H., Horn, D. H. S. und Rehm, S.; Pretoria, South African Council for Sci. and Ind. Res., Nat. Chem. Res. Lab.; Dep. of Agric., Techn. Serv., Div. of Horticult. The cultivation of some essential oil plants in South Africa. **(Der Anbau einiger ätherisches Öl enthaltender Pflanzen in Südafrika.)** South African J. agric. Sci. **5** (1962) Nr. 1. S. 67–77. — 1 Abb., 8 Tab., 6 Lit. Zus. in Franz., Niederl.
Unter Berücksichtigung der wirtschaftl. Verhältnisse wurden die Anbaumöglichkeiten folgender Pflanzen in Südafrika untersucht: *Mentha spicata*, *Mentha arvensis*, *Mentha piperita*, *Lavandula officinalis*, *Pelargonium roseum*, *Salvia sclarea*, *Rosa damascena* und *Ocimum basilicum*. Die Untersuchungen wurden vorwiegend auf der Versuchsstation für Gartenbau Pretoria in Roodeplaat, ungefähr 17 Meilen nordöstlich Pretorias, vorgenommen. *Mentha spicata* litt sehr unter Rostschäden (*Puccinia menthae*) und schied deshalb für den Anbau aus. *Mentha arvensis* wuchs anfangs zufriedenstellend, zeigte später ebenfalls Rostbefall und lieferte ätherisches Öl mit ungewöhnlich hohem

Menthongehalt. *Mentha piperita* wurde in den letzten Jahren durch die rote Spinne stark geschädigt. Düngungsversuche mit N als Ammoniumsulfat führten zwar zu aufrechterem Wuchs der Pflanze, hatten jedoch nur geringen Einfluß auf Blattertrag und Ölausbeute. Das aus solchen Pflanzen gewonnene Öl hatte einen wenig angenehmen Geschmack, was auf den hohen Menthofurangehalt zurückgeführt werden kann. *Lavandula officinalis* gedieh in Roodeplaat nicht, wohl aber in Mbabane, das ein kühleres und feuchteres Klima hat. Das gewonnene Öl war von guter Qualität. Das aus *Pelargonium roseum* hergestellte Öl besaß abnorme physikal. und chem. Eigenschaften. *Salvia sclarea* ist empfindlich gegen Nematoden und braucht fruchtbaren Boden und Bewässerung. *Rosa damascena* lieferte einen sehr geringen Ertrag an Blüten, aus denen kein Öl erhalten werden konnte. *Ocimum basilicum* gedieh bei Bewässerung üppig, lieferte bei einem Großansatz jedoch außerordentlich wenig ätherisches Öl. Zusammenfassend wird gesagt, daß in Südafrika gegenwärtig nur der Anbau von *Pelargonium roseum* und *Lavandula officinalis* Aussicht auf Erfolg hat. G. Loßner. 887.

Prasad, Ayodhya; Kanpur, Government Agric. Coll., Dep. of Horticult. A note on the vegetative propagation of medicinal plants. **(Eine Bemerkung über die vegetative Vermehrung von Medizinalpflanzen.)** Current Sci. [Bangalore] **31** (1962) Nr. 5. S. 202–203. — 1 Tab.
An *Helicteres isora* L. und *Nerium odorum* L. wurden die Möglichkeiten der vegetativen Vermehrung unter Verwendung von Indolylessigsäure (IES), Indolylbuttersäure (IBS) und α-Naphthylessigsäure (NES) untersucht. Die Stecklinge wurden 6, 9 bzw. 12 Std. in Lösungen von 25, 50 bzw. 75 ppm getaucht. Bei *H. isora* wurden durch die Behandlung 50–68% Bewurzelung erzielt (Kontrolle 46%), wobei 25 ppm bei 6 Std. Behandlungsdauer am günstigsten waren. NES war den beiden anderen Wuchsstoffen leicht überlegen. Die Zeitdauer bis zur Bewurzelung sank durch die Behandlung von 34 (Kontrolle) auf minimal 23 Tage (NES, 25 ppm, 6 Std.). Für *N. odorum* ergaben sich die gleichen Tendenzen, nur waren hier die Werte insgesamt höher (68% Bewurzelungserfolg bei der Kontrolle, 80–96% nach Behandlung, Höchstwert 96% bei Behandlung mit NES, 25 ppm, 6 Std. getaucht).
W. Stenz. 887.

Serafimov, S. (Serafimow, S.) Proučvane vŭrchu otgleždaneto na čaja (Thea sinensis L.) vŭv Bŭlgarija. **(Untersuchungen über den Anbau von Thea sinensis L. in Bulgarien.)** Izvestija na Centralnija naučnoizsledovatelski institut po ovoštarstvo — gara Kostinbrod, Sofija **1** (1961) S. 177–200. — 15 Abb., 21 Tab. Zus. in Russ., Dtsch.
An den Teeanpflanzungen in Kosti und Pomorie, Bezirk Burgas, wurden 1953–60 Beobachtungen über die Wüchsigkeit und den Einfluß der Kälte, Trockenheit und Wirkung des Mulchens angestellt. Weder das Auftreten von Trockenperioden noch Temperatursenkungen minderten den wirtsch. Nutzen, hauptsächlich dank des großen Regenerationsvermögens der Teesträucher. Auf gemulchten Bodenflächen wiesen die Teepflanzen einen Jahreszuwachs von 29,0 cm auf, auf nicht gemulchten 24,3 cm. Aus den Ermittlungen ergibt sich die Schlußfolgerung, daß die Boden- und Klimaverhältnisse im Weleka-Flußtal für den Tee-Anbau günstig sind. Die Pflanzen erreichten normale Ausmaße und lieferten zur Blattnutzung geeignete Sommertriebe. Vf. ist der Ansicht, daß die Einführung und Ausweitung der Teekultur in Bulgarien im Produktionsmaßstab ausschließlich von wirtsch. Vorausetzungen abhängig ist. M. Stoilow. 890.

Cibes, Héctor R. und Gandía, Héctor; Río Piedras, Univ., Phytopathol. and Bot. Dep.; Agronomy and Horticult. Dep. Effect of BOH on flowering of pineapple. **(Der Einfluß von BOH auf das Blühen der Ananas.)** J. Agric. Univ. Puerto Rico **46** (1962) Nr. 1. S. 65–67.

Nach Erreichung des entspr. Alters können Ananaspflanzen 10–15 mal im Jahr blühen. Durch Anwendung von CaC_2-Lösung im Herbst wird jedoch das Blühen bes. gefördert und die Blühzahl auf 3–4 beschränkt. Noch weitere Beschränkung des Blühens würde noch vorteilhafter für den Ertrag sein. Im Hinblick darauf wurde das neue Mittel β-Hydroxyäthylhydrazin (BOH) in 0,06- oder 0,12%iger Lösung ausprobiert, und zwar wurden 50 ml Lösung in das Zentrum der Pflanze gegeben (im späten Sept.). 48 Tage danach blühten bereits alle Pflanzen gleichmäßig, die unbehandelten blühten zu dieser Zeit noch nicht, sondern viel später, die mit CaC_2 behandelten blühten ebenfalls später, die mit Herbiciden behandelten zu 40% und erreichten die Vollblüte erst im Febr. Das frühe, gleichmäßige Blühen als Folge der Behandlung mit BOH äußerte sich entsprechend in Fruchtentwicklung und Reifung. Die Früchte wurden ab Anfang Febr. binnen 1 Mon. geerntet, während die Ernte bei den mit CaC_2 behandelten und bei den unbehandelten Pflanzen sich von Anfang Febr. bis Ende Juni hinzog. Ein weiterer Versuch mit 1728 Pflanzen zeigte ebenfalls großen Erfolg der Behandlung mit BOH. W. Stenz. 896.

Hord, H. H. V. und Spell, D. P.; La Ceiba, Honduras, Standard Fruit Co., Dep. of Res. Temperature as a basis for forecasting banana production. **(Temperatur als Basis zur Vorhersage der Bananenernte.)** Trop. Agric. **39** (1962) Nr. 3. S. 219–223. — 3 Abb., 2 Lit.

Die Bananenernte erfolgte über das ganze Jahr, wobei aber beträchtliche Schwankungen des Ertrages von Monat zu Monat auftreten. Genaue Leistungsvorhersagen bei der Bananenerzeugung sind wichtig wegen der Verderblichkeit der Früchte, zur Bestimmung des günstigsten Erntezeitpunktes und für die Bereitstellung des nötigen Schiffsraumes zur rechten Zeit. Bei der Untersuchung der die Reifezeit bestimmenden Faktoren ergab sich eine hohe Korrelation zwischen der Zahl der Tage vom Erscheinen des Blütenstandes bis zur Ernte und der mittleren Temperatur während dieser Zeit ($r = -0{,}9337$). Auch zur Sonnenscheindauer ergab sich eine Beziehung ($r = -0{,}5372$). Bisher wurde die Fingerdicke und dann die Füllung bestimmter Früchte am Bündel zur Bestimmung des Erntezeitpunktes benutzt. Zwischen diesen Eigenschaften und Witterungs- sowie Ernährungsfaktoren bestanden ebenfalls hohe Korrelationen. Aus diesen Ergebnissen wird ein Vorhersagesystem abgeleitet, dem Probezählungen der Blütenstände in genügend kurzen Abständen, die mittleren Temperaturen und ein auf Erfahrungen beruhender Verlustfaktor zugrundeliegen. W. Stenz. 897.

Hasselo, H. N.; Ekone, Southern Cameroons, Cameroons Development Corporation, Res. Div. An evaluation of the circumference of the pseudostem as a growth index for the Gros Michel banana. **(Messung des Umfanges des Scheinstammes als Wachstumsindex für 'Gros-Michel'-Bananen.)** Trop. Agric. **39** (1962) Nr. 1. S. 57–63. — 2 Abb., 4 Tab., 10 Lit.

An Bananenstauden eines Düngungsversuches wurde in 3 ft. Höhe über dem Boden der Umfang des Scheinstammes z. Z. des Hervortretens der Infloreszenz gemessen. Die gewonnenen Werte wurden zu den Ertragsmerkmalen in Beziehung gesetzt. — In allen 9 Versuchen (an verschiedenen Standorten) ergaben sich signifikante Beziehungen (r-Werte teilweise über 0,9) zwischen Stammumfang und Fruchtbündelgewicht. Die Umweltfaktoren hatten darauf wenig Einfluß. In älteren Plantagen nahmen Stammumfang und Fruchtbündelgewicht wieder ab. Das Ausmaß der Beziehung kann durch den Regressionskoeffizienten ausgedrückt werden. Hier machen sich Einflüsse der Düngung, des Bodens, der die Photosynthese beeinflussenden Faktoren sowie von Krankheiten und Schädlingen modifizierend bemerkbar. W. Stenz. 897.

Kundu, B. C., Basak, K. C. und *Sarcar, P. B.* **Jute in India.** Calcutta: The Indian central jute committee. 1959. (395 S. m. Abb.) 5°. (1962 B 113)

Simmonds, N. W. **Bananas.** 2 nd. impr. London: Longman. 1960. (XVI, 466 S.) 8°. (1962 A 597)

VIII. GRÜNLAND

B. Wiesen

Speidel, B.; Bad Hersfeld, Staatl. Lehr- und Versuchsanst. für Grünlandwirtsch. und Futterbau. **Untersuchungen über den Einfluß der Basensättigung des Bodens und der Artenkombination auf den Ertrag von Dauerwiesen.** Z. Acker- und Pflanzenbau **114** (1962) Nr. 3. S. 295–310. — 2 Abb., 1 Tab., 17 Lit.

Die mitgeteilten Untersuchungsergebnisse basieren auf der Auswertung von 56 zehnjährigen Wiesendüngungsversuchen in Hessen-Nassau und Kurhessen. Bei den ausgesuchten Grünlandstandorten handelt es sich um zweischürige Mähwiesen, die jeweils in die beiden Versuchsglieder „ungedüngt" und „PK-gedüngt" (90 kg/ha P_2O_5 und 120 kg/ha K_2O) unterteilt waren. Die Vegetationsaufnahme und die Entnahme der Bodenproben erfolgten vor dem 1. Schnitt. Die Versuche wurden nach pflanzensoziologischen Grundsätzen in 15 verschiedene Serien mit möglichst homogener Artenzusammensetzung gegliedert. Jede Serie zeichnet sich durch gesetzmäßige Beziehungen aus, die sich zwischen dem Grad der Basensättigung des Bodens und der Höhe des Heuertrages einstellen. Diese Zusammenhänge kamen auf den ungedüngten Teilstücken deutlicher als auf den gedüngten zum Ausdruck.

W. Prager. 920.

Balázs, F. A mütrágyázás hatása a vörös csenkesz gyep összetételére. **(Der Einfluß der Mineraldüngung auf die Zusammensetzung der Rotschwingelrasen.)** Növénytermelés [Pflanzenbau] **10** (1961) Nr. 4. S. 315–334. — Aus: Ung. Agrar-Rdsch. **1962** Nr. 3.

Der gangbarste und kürzeste Weg der Verbesserung der natürlichen Rasenflächen führt über die Mineraldüngung mit hohen Stickstoffgaben. Unter dem Rasen ist die mengenmäßige Entwicklung des Wurzelsystems so stark, daß zu seiner Humifikation der im Boden enthaltene Stickstoff nur selten ausreicht. Bei den sog. Halbkulturrasen, Wiesen und Mähwiesen liegt eigentlich eine beständige Pentosanwirkung vor, die nur mit regelmäßigem N-Ersatz ausgeglichen werden kann. Unterbleibt dies, so tritt infolge Stickstoffmangels ein allmählicher Verfall des Rasens ein. Die Stickstoffgaben sind dem Wurzelsystem des Rasens gemäß zu bemessen, um ein entspr. C:N-Verhältnis herbeizuführen. Die mit Mineraldüngung erzeugten bot. Veränderungen bedeuten keineswegs einfach quantitative Veränderungen, sondern schon innerhalb von 1 bis 2 Jahren kann auch eine qualitative Veränderung nachgewiesen werden. Die Veränderung der Ausdehnung des für den Verfall des Rasens verantwortlichen C:N-Verhältnisses bietet einer regressiven Sukzession Einhalt. 925.

Borgh, J. P. van den und Elberse, W. Th.; Wageningen, Inst. of Biol. and Chem. Res. Competition between Lolium perenne L. and Anthoxanthum odoratum L. at two levels of phosphate and potash. **(Konkurrenz zwischen Lolium perenne und Anthoxanthum odoratum bei zwei Phosphat- und Kalistufen.)** J. Ecology **50** (1962) Nr. 1. S. 87–95.

In Gefäße verklonte Pflanzen von *Lolium perenne* und *Anthoxanthum odoratum* (mit wechselnden Anteilen pro Gefäß) wurden in monatl. Abständen geschnitten (insgesamt 3 Schnitte). Die stärker mit NPK gedüngte Serie zeigte eine zunehmende Verdrängung des Ruchgrases durch das Weidelgras (als Kriterium diente die Triebzahl pro Gefäß) bis zum 2. Schnitt, dann wurde das Weidelgras durch Virus stark geschädigt, und es trat eine entgegengesetzte Tendenz auf. Bei der schwach gedüngten Serie setzte sich das Ruchgras von Beginn an stärker durch. — Die Versuche werden biostatistisch ausgiebig kommentiert.

H. Pätzold. 925.

Snaydon, R. W. und Bradshaw, A. D.; Bangor, Univ. Coll. of North Wales. The performance and survival of contrasting natural populations of white

clover when planted into an upland Festuca/Agrostis sward. **(Leistungsvermögen und Lebensdauer unterschiedlicher natürlicher Populationen von Weißklee bei Auspflanzung in Festuca-Agrostis-Berggrünland.)** J. Brit. Grassland Soc. **17** (1962) Nr. 2. S. 113–118. – 5 Tab., 21 Lit.
Auf zwei Höhenstandorte (800 resp. 1100 ft., pH: 4,5–4,9, 0,47 m val Ca, 0,61 mg P_2O_5) wurden angezogene Einzelpflanzen von Weißklee 5 verschiedener Standorte (Höhenlage 350–3000 ft., pH: 5,15–8,7, unterschiedliche Nährstoffversorgung) im Frühjahr 1958 im lat. Quadrat (5 Wiederholungen) ausgepflanzt und bis Mitte 1960 beobachtet. Ermittelt wurden die Mortalität der Pflanzen und die Blattanzahl/Einzelpflanze. Beide Versuchsflächen wurden beweidet. Nach Ablauf zweier Jahre waren noch 19–25% der von den „sauren" Standorten stammenden Herkünfte am Leben, die auch in den Vorjahren einen höheren Blattanteil aufgewiesen hatten. Die auf nährstoffreichen Standorten überlegenen Herkünfte kalkreicher Lagen versagten. Die Forderung nach Züchtung anspruchsloser Weißkleesorten für Höhenlagen wird erhoben und eine Prüfung neuer Stämme unter den Bedingungen einer konkurrierenden Grasnarbe vorgeschlagen. H. Pätzold. 925.

Schweighart, Oskar; München, Bayer. Landesanst. für Landeskult. und Moorwirtsch. **Trockenhold — düngerfliehend?** Bayer. landwirtsch. Jb. **39** (1962) Nr. 2. S. 244–247. – 2 Tab., 6 Lit.
Auf Grund der von Ellenberg angegebenen ökolog. Zahlenwerte wird eine Aufgliederung der wichtigen Grünlandpflanzen nach den möglichen Kombinationen der Feuchtigkeits- und Düngemittelansprüche vorgenommen. Trockenholde Pflanzen (F-Zahl 1 bis 2,5) des Dauergrünlandes fehlen im Bereich eutropher Standorte (N-Zahl 4 bis 5). Möglicherweise hängt dies mit einer noch unbekannten Verknüpfung des physiol. Verhaltens dieser Pflanzen gegenüber Nährstoffmangel und Trockenheit des Bodens zusammen. Gleiche Pflanzenarten werden einmal als Anzeiger für Nährstoffmangel, das andere Mal für Trockenheit benutzt. Vf. empfiehlt auf Grund der Tatsache, daß diese Pflanzen gut gedüngte Böden fliehen und somit Trugschlüsse bei der Ermittlung der standörtlichen Wasserverhältnisse auftreten, zur Bewertung der Bodenwasserversorgung möglichst ungedüngte oder schwach gedüngte Grünlandflächen auszusuchen. K. E. Lindner. 940.

Hunt, I. V.; Auchincruive, Ayr, West of Scotland Agric. Coll. Productivity, persistence and response to nitrogen of Italian ryegrass varieties. **(Produktivität, Ausdauer und Stickstoffverwertung von 6 Sorten des Welschen Weidelgrases.)** J. Brit. Grassland Soc. **17** (1962) Nr. 2. S. 125–129. – 5 Tab., 7 Lit.
Die 6 englischen, dänischen, irischen und neuseeländischen Sorten wurden im Feldversuch (6 Wiederholungen) 3jährig bei jährlichen N-Gaben von 174–209 resp. 348–418 lb./acre geprüft. Jährlich wurden 5–6 Schnitte gewonnen. Alle Sorten zeigten einen Ertragsabfall vom 1. zum 3. Prüfjahr und eine gute N-Verwertung, auch bei der hohen Gabe. Als beste Sorte erwies sich 'short-rotation H_1-grass' (*Lolium perenne* × *L. italicum*) aus Neuseeland. Sie brachte bei der niederen N-Gabe vom 1. zum 3. Prüfjahr 10140, 9850 und 7150, bei der hohen N-Gabe analog 14290, 12960 und 9100 lb. Tr.-Subst./acre. Der höchste Proteinertrag wurde von 'New-Zealand' im 1. Prüfjahr mit 2030 lb./acre erzielt. Die N-Ausnutzung betrug bei 'New-Zealand' 1958: 91,7%, 1959: 79,3% und 1960: 57,9% bei einer jährlichen Zufuhr von 209 lb. N/acre; pro lb. N wurden im besten Falle 25,8 lb. Tr.-Subst. erzeugt.
H. Pätzold. 940.

C. Weiden

Zotov, A. A. (Sotow, A. A.); Lugowaja, Gebiet Moskau, Williams-Unions-Inst. für Futtermittelforsch. Remont vyrozdajuščichsja pastbišč. **(Die Verjüngung von abgenutzten Weiden.)** Vestnik sel'skochozjajstvennoj nauki,

Moskva 7 (1962) Nr. 6. S. 107–113. – 5 Abb., 2 Tab., 4 Lit. Zus. in Engl., Franz., Dtsch.
Das o.g. Inst. teilt mit: Nach Neuansaat einer Weide erzielte man ohne Düngung einen Heuertrag von 58,6 dt/ha, während vorher auch bei Volldüngung die Erträge nicht über 38 dt/ha lagen. Die Gräser sind somit in der Lage, gleich nach erfolgter Neuansaat die angereicherte Bodenfruchtbarkeit voll zu nutzen. Je nach der Art der Bodenbearbeitung wurden unterschiedliche Wirkungsgrade der Düngung erzielt. Nach einer P-K-Gabe bei 2maligem Fräsen betrug der der Ertrag 19,7 dt/ha und nach der Pflugfurche nur 14,5 dt. Bei einer Volldüngung $N_{60}P_{60}K_{60}$ war die Ausbeute an Trockenmasse je 1 kg N geringer nach 2maligem Fräsen (25 kg) als nach dem Pflügen (28 kg). Insgesamt wurde bei der Variante mit 2maligem Fräsen die höchste Düngerwirkung beobachtet und die geringste bei einmaligem Fräsen. E. Kahn. 950.

Campbell, A. G., Phillips, D. S. M. und O'Reilly, E. D.; Hamilton, Ruakura Animal Res. Stat. An electronic instrument for pasture yield estimation. **(Ein elektronisches Gerät zur Messung des Weideertrages.)** J. Brit. Grassland Soc. 17 (1962) Nr. 2. S. 89–100. – 6 Abb., 4 Tab., 1 Lit.
Als vorläufiger Bericht werden Erfahrungen zur Messung des Weideertrages im Bestand mitgeteilt, wofür ein Gerät mit 15 langen Elektronenstäben entwickelt wurde, die miteinander geschaltet aufrecht in den Bestand gesetzt werden. Die aufrecht wachsenden Pflanzen verursachen eine Änderung der Stromstärke, deren Schwankungen abgelesen und auf Grünmasse-, org. Masse bzw. Trockenmasse-Ertrag verrechnet werden können. 15 Versuchsmessungen ergaben eine relativ gute Übereinstimmung. Weitere Verbesserungen des Gerätes werden vorgeschlagen. Der Vorteil des Gerätes liegt in seiner Anwendungshäufigkeit und Schonung wachsender Pflanzen (wertvolles Zuchtmaterial). H. Pätzold. 950.

During, C. und McNaught, K. J. Effects of cow urine on growth of pasture and uptake of nutrients. **(Die Wirkung von Rindviehjauche auf das Wachstum des Weidegrases und die Aufnahme der Nährstoffe.)** New Zealand J. agric. Res. 4 (1961) Nr. 5/6. S. 591–605. – 9 Tab., 14 Lit.
Auf einer Dauerweide wurden Düngungsversuche mit Rindviehjauche und einem etwaigen Äquivalent von KCl durchgeführt. Es sollte die Nährstoffaufnahme und die sichtbare Wiedergewinnung der beiden Nährstoffe N und K im Futter ermittelt werden. Außerdem wurde die Wirkung auf den Ertrag festgehalten. Der Stickstoff in der Jauche wurde zu etwa 10% und das gegebene Kali etwa 20–30% im Futter wiedergewonnen. Die Jauche wirkte auf zwei Monate bezüglich der N-Konz. im Futter und des Futterertrages. Die Kaligaben drückten sich 2 Jahre signifikant in Ertrag und Kalikonz. aus. Hohe Jauche- und KCl-Gaben vermindern zwar die Konz. an Magnesium und Phosphor im Futter, wirken aber nicht auf die Aufnahme.
E. Koch/Bendeleben. 970.

Zürn, F.; Steinach bei Straubing, Ver. zur Förder. der Grünlandwirtsch. und des Feldfutterbaus, Lehr- und Forsch.-Inst. **Untersuchungen über die Nutzung von überschwemmungsfreien Flußtalwiesen in niederschlagsarmen Gebieten.** Bayer. landwirtsch. Jb. 39 (1962) Nr. 2. S. 219–236. – 18 Tab., 6 Lit.
Frühere Überschwemmungswiesen im Donautal wurden nach Beseitigung der Überschwemmungs- und Erosionsgefahr einer Nutzungsänderung unterzogen, die sich hauptsächlich auf Umbruch mit anschließendem Ackerbau erstreckte. Es zeigte sich, daß die Ackernutzung grundsätzlich möglich ist, da auch in den sehr nassen Jahren 1954–56 gute Getreide- und Hackfruchternten erzielt werden konnten. Hinsichtlich der Futtererzeugung ergeben sich als Erträge der Dauerwiesen 70–77 dt/ha Heu, als Erträge der Feldfutterflächen 100–119 dt/ha. Eine 4jährige Wechselwiese brachte in 4 Nutzungsjahren etwa 117 bzw.

92 dt und eine dreijährige Wechselwiese in 3 Nutzungsjahren 107 bzw. 87 dt Heu mehr als die Dauerwiese. Da dieser Mehrertrag wesentlich höher als der Jahresertrag der Dauerwiesen liegt, wird somit in 3–4 Jahren eine zusätzliche Ernte erzielt. Durch Anbau von 1jährigem Kleegras und 3jährigem Luzernegras kann auf 60 a der gleiche Ertrag wie auf 100 a Dauerwiese erzielt werden. Die weitere Bedeutung dieser Umstellung der Wiesennutzung wird besprochen. K. E. Lindner. 980.

Dabrowski, Wawrzyniec. **Slownik nazw roślin łakowo-pastwiskowych w układzie alfabetycznym (lacinski, polski rosyjski, niemiecki angielski, francuski, czeski).** (Wörterbuch der Wiesen und Weiden-Pflanzennamen in alphabetischer Reihenfolge [Latein., Poln., Russ., . .]) Warszawa: Panstw. wyd. rolnicz. 1961. (205 S.) 8° = Instytut melioracji i uzytkow zielenych. Biblioteczka „Wiadomosci imuz". Nr. 4. (SR 2913, 4)

Fabianowicz, Marta. **Bibiliografia polskich prac zakarskich za lata 1945–1956.** (Bibliographie der polnischen Arbeiten über Wiesenbau für die Jahre 1945–1956.) Warszawa: Panstw. wyd. rolnicze i leśne. 1960. (217 S.) 8°. (SR 2913, 2)

Pastwiska podgórskie i górskie Tatr polskich i Podhala. (Vorgebirgs- u. Gebirgsweiden der polnischen Tatra u. des Podhala.) Wrocław: Zaklad Narodowy im. Ossolinskich. 1960. (209 S. 4° = Pasterstwo Tatr polskich i Podhala. Tom 2. (1962 B 112, 2.3.)

Resmeriță, I. **Valorificarea pășunilor și fînetelor slab productive.** (Verbesserung ertragsschwacher Weiden und Wiesen.) București: Ed. Agro-silvică. 1961. (153 S.) 8°. (1962 A 923)

IX. GARTENBAU

A. Allgemeine Literatur, Berichte, Statistiken u. a.

Lichey, H.; Berlin, Humboldt-Univ., Inst. für Garten- und Landeskult. **Beitrag zur Geschichte des gärtnerischen Ausstellungswesens.** — Arch. Gartenbau **10** (1962) Nr. 5. S. 375–397. — 4 Abb., 11 Lit.

Einleitend wird der Funktionswechsel der Garten- und Parkanlagen um 1800 im Lichte sozialer und ökon. Veränderungen aufgezeigt. Vf. gibt dann einen Überblick über die Entwicklung des gärtnerischen Ausstellungswesens von den Anfängen in der ersten Hälfte des 19. Jh. über die internationale Blütezeit des gärtnerischen Ausstellungswesens am Ende des 19. Jh., den Einfluß des Monopolkapitalismus auf das Ausstellungswesen am Anfang des 20. Jh. und über die „Reichsgartenschauen" z. Z. des Faschismus bis zur Gegenwartsgeschichte des gärtnerischen Ausstellungswesens. Abschließend werden die gegenwärtig wichtigsten Erscheinungsformen an gärtnerischen Ausstellungen und die beginnende Trennung vom Kapitalismus und Sozialismus im gärtnerischen Ausstellungswesen aufgezeigt. Es wird festgestellt, daß eine wiss. Bearbeitung des gärtnerischen Ausstellungswesens notwendig ist. K. Krüger. 1001.

B. Allgemeiner Gartenbau

Lunt, H. A.; New Haven, Connecticut Agric. Exp. Stat. Improving nursery soil by addition of organic matter. **(Verbesserung von Gartenböden durch Zufuhr organischen Materials.)** Connecticut agric. Exp Stat., Circ. **1961** Nr. 219. S. 1–8. — 9 Tab., 2 Lit.

In 2 Gartenbaubetrieben, bei denen die Leistungsfähigkeit des Bodens durch Entnahme von Pflanzen mit Ballen erschöpft war, wurde organ. Düngung in verschiedener Höhe in Form von Kuhdung, Torf, Abwasserschlamm und Sägespänen jeweils in reiner Form sowie in unterschiedlichen Kombinationen gegeben. Es konnte allg. eine Verbesserung des Wachtums von Ziergehölzen erreicht werden. Bei der Anwendung von Abwasserschlamm ist zur Inaktivierung toxischer Substanzen eine Regulierung des pH-Wertes notwendig. Die organ. Düngung beeinflußte am deutlichsten den Gehalt des Bodens an C und N. Für die Auswahl der org. Dünger sind die Kosten wesentlicher als andere Eigenschaften. E. Baumann. 1040.

Fröhlich, H.; Großbeeren, Inst. für Gartenbau der Dtsch. Akad. der Landwirtsch.-Wiss. zu Berlin. **Fruchtfolgen in Betrieben mit Bewässerungsmöglichkeiten unter Berücksichtigung des Wasserbedarfs.** Dtsch. Gartenbau **9** (1962) Nr. 4. S. 97–103. – 5 Abb., 1 Tab., 7 Lit.
Ausgehend von der Feststellung, daß die meisten Gemüsearten einschl. der Frühkartoffel auf leichten Böden einer zusätzlichen Bewässerung bedürfen, werden Methodik der Berechnung des zeitlichen und mengenmäßigen Bedarfes an zusätzlichem Wasser beschrieben und Beispiele aufgeführt. Unter den klimatischen Bedingungen der DDR treten bei den Gemüserotationen in der 1. Juni-Hälfte sowie in der 2. Juli- und 1. Aug.-Hälfte bes. Bedarfsspitzen auf. In bezug auf die Planung der Bewässerungsfruchtfolgen werden Hinweise und Beispiele von Rotationen unterschiedlicher Artenzusammensetzungen aus LPG und GPG gegeben. Bewässerungsintensive Rotationen haben einen zusätzlichen Wasserbedarf von 150 mm/Jahr. Die Bereitstellung des zur Bewässerung notwendigen Wassers durch den Aufbau von Bewässerungszentren und die damit verbundene Konz. von mehreren Betrieben werden befürwortet. E. Wittenberg. 1052.

C. Gemüsebau

Fabig, F. **Die Züchtung von Gemüsesorten, die eine Mechanisierung der Ernte begünstigen.** Dtsch. Gartenbau **9** (1962) Nr. 7. S. 182–186.
Die mechanisierte Ernte großer Gemüseflächen setzt geeignete Sorten bei allen Gemüsearten voraus. Vf. fordert gemeinsame Aufstellung der Zuchtziele durch Techniker, Agrotechniker und Züchter zur Entwicklung der Mechanisierung der Ernte. Es wird zwischen vollmechanisierter und teilmechanisierter Ernte unterschieden. Für erstere werden Gemüseerbsen, Buschbohnen, Spinat, Möhren und Zwiebeln bes. genannt, für die 2. Ernteform Kopfsalat, Blumenkohl, Rosenkohl, Gurken, Buschtomaten. Die bei den Gemüsearten im Einzelnen an den Züchter und Techniker zu stellenden Aufgaben und Forderungen werden ausführlich dargestellt. Für eine mechanisierte Ernte sind bei allen Sorten gleichmäßige Reife, Druck- und Platzfestigkeit und lange Erntefähigkeit von den Pflanzenzüchtern zu verbessern. Weiterhin werden bei Gemüseerbsen Sorten des aufgelockerten *fasciata*-Types empfohlen. Buschbohnen müssen einen aufrechten, straffen Wuchs mit konz. in der Spitze sitzenden Hülsen haben, Spinatsorten weitgehend monözisch sein mit aufrecht gestelltem Blatt. Kürzere Möhren und Schwarzwurzeltypen werden für vorteilhafter gehalten. Bei Kopfkohl ist gleichmäßige Strunkhöhe und bei Blumenkohl sind hochstehende, die Blume schützende Blätter Voraussetzung. P. Hahn. 1120.

Osawa, T. Studies on the salt tolerance of vegetable crops in sand culture. IV. On the relative salt tolerance and the salt injury of vegetable crops with special reference to the mineral nutrition. **(Untersuchungen über die Salzverträglichkeit von Gemüsearten in Sandkultur. 4. Mitt. Über die relative Salzverträglichkeit und den Salzschaden von Gemüsearten unter besonderer Berücksichtigung der mineralischen Ernährung.)** J. Jap. Soc. horticult. Sci. **30** (1961) Nr. 3. S. 241–252. – 5 Abb., 8 Tab., 26 Lit. Orig.: jap., Ausz.: engl. 3. Mitt. vgl. LZ. Abt. II 8 (1963) Nr. 2. S. 446.
Bei 19 verschiedenen Gemüsearten wurde zur Hoagland-Lösung NaCl in Konz. von 1000–16000 ppm zugegeben. Das Trockengew. nahm mit steigendem Salzgehalt bei Fruchtgemüse ab, bei anderen Gemüsearten zeigten sich keine merkbaren Veränderungen bzw. stieg es leicht an vor allem in den Wurzeln der Wurzelgemüse. – Die Symptome der Salzschäden waren bei den einzelnen Gemüsearten verschieden. Sie wurden verursacht durch hohen osmotischen Druck der Nährlösung, durch Fehlen wichtiger Nährstoffe oder durch Toxizität durch übermäßige Anhäufung von Na oder Cl.

Mit steigendem Salzgehalt steigt der Gehalt an Na und Cl in den Blättern der meisten Gemüsearten linear an. Die salzverträglicheren Arten neigen zu größeren Anhäufungen in bezug auf den Na-Gehalt in den Blättern, während bei Cl diese Beziehung nicht gefunden wurde. Der Gehalt von Na und Cl in den Wurzeln steht nicht in Verbindung zur Salzverträglichkeit. – Der Gehalt an K, Ca und Mg in den Blättern steht in antagonistischer Beziehung zu Na. Verträgliche Pflanzen zeigen einen ziemlich hohen K-Gehalt und einen höheren Na + K-Gehalt in den Blättern bei NaCl-Behandlung als unverträgliche. Diese Beziehung wurde in den Wurzeln nicht gefunden. Die Gesamthöhe von Na, K, Ca und Mg in den Blättern steigt leicht mit steigendem Salzgehalt und steht in keiner Beziehung zur Salzverträglichkeit. Bei starker Salzbehandlung stieg der N-Gehalt in Spinatblättern, bei anderen Arten ist der Einfluß von NaCl auf den Gehalt an N und P nicht auffallend. Ein eindeutiger Effekt auf den Kohlenhydratgehalt der Blätter konnte nicht festgestellt werden, da der Einfluß bei jeder Gemüseart verschieden ist.

I. Förtsch. 1130.

Čižov, S. T. (Tschishow, S. T.) Raznokačestvennost' semjan na semennikach ovoščnych kul'tur. **(Die unterschiedliche Qualität der Samen an den Gemüsesamenträgern.)** Izvestija Timirjazevskoj sel'skochozjajstvennoj akademii, Moskva **1961** Nr. 3. S. 197–201. – 7 Tab., 9 Lit. Zus. in Engl.

Die Verschiedenheit der Samenqualität von Samenträgern ist bedingt durch eine starke Verzweigung der Samenträger, die Dauer der Blüte und Reife der Samen. Pflanzen mit einem großen Standraum verzweigen sich stark. Eine Verringerung des Pflanzabstandes führt zur Verminderung der Verzweigung und beseitigt zum großen Teil die Verschiedenheit der Samenqualität. Pflanzen auf kleinem Standraum entwickeln sich schneller, die Blütezeit beginnt und endet früher, die Vegetationsperiode verkürzt sich. Die Beeinflussung der Verzweigung von Samenträgern durch entspr. Bestandesdichte soll in jedem Fall nach dem ökon. Effekt beurteilt werden.

W. Görtler. 1130.

Nakamura, E. und Hattori, Y. On the seed-vernalization of the cabbages (Brassica oleracea spp.). II. Effects of a prolonged vernalization treatment and influence of gibberellin applied during vernalization. **(Über die Samenjarowisation bei Kohl [Brassica oleracea ssp.]. 2. Mitt. Wirkungen einer verlängerten Jarowisationsbehandlung und der Einfluß von Gibberellin während der Jarowisation.)** J. Jap. Soc. horticult. Sci. **30** (1961) Nr. 2. S. 167–170. – 3 Tab., 13 Lit. Orig.: jap., Ausz.: engl. 1. Mitt. vgl. LZ. Abt. II **7** (1962) Nr. 8. S. 2193.

Schwachgekeimte Samen von Kohl, Sorte 'Yoshin', wurden 20 und 40 Tage bei 1 $\pm$ 1 °C gehalten. Der Hälfte wurde während der Jarowisationsbehandlung Gibberellin zugefügt in einer Konz. von 5 ppm. Die Samen wurden am 20. März und 20. Apr. ausgesät. Eine beschleunigte Blütenentwicklung wurde durch die Jarowisation erreicht, aber zwischen der 20- und 40-Tage-Behandlung wurde keine signifikante Differenz im Jarowisationseffekt beobachtet. Gibberellin hatte keinen beschleunigenden Einfluß auf die Samenjarowisation.

I. Förtsch. 1131.

Osawa, T. Studies on the salt tolerance of vegetable crops in sand culture. III. On root vegetables. **(Untersuchungen über die Salzverträglichkeit von Gemüsearten in Sandkultur. 3. Mitt. Wurzelgemüse.)** J. Jap. Soc. horticult. Sci. **30** (1961) Nr. 2. S. 161–166. – 10 Tab., 5 Lit. Orig.: jap., Ausz.: engl. 2. Mitt. vgl. LZ. Abt. II **8** (1963) Nr. 1. S. 162.

Rettich, Speiserüben und Karotten wurden in Hoagland'scher Nährlösung in Sandkultur unter Zugabe von 1000, 2000, 4000, 8000 und 16000 ppm NaCl kultiviert. Mit ansteigender Konz. verzwergten die Pflanzen, die Zahl der Blätter und das Frischgew. der Pflanzen wurden reduziert. Bei Rettich wurde das Wachstum bei Konz. bis 4000 ppm nicht beeinflußt. Die Behandlung mit 1000 ppm hatte sogar einen günstigen Einfluß auf Wachstum und Ertrag. Bei einer Konz. von 16000 ppm starben Speiserüben und Karotten ab. Oberirdische Teile und Wurzeln wurden unterschiedlich beeinflußt. Bei Rettich wurden nach einer Behandlung mit 16000 ppm die jungen Blätter vorübergehend dunkelgrün, während ein ähnliches Symptom bei älteren Blättern schon bei Konz. von 1–8000 ppm beobachtet wurde. Mit dem Ansteigen der NaCl-Konz. in der Nährlösung stieg die Aufnahme von Na und Cl in den Blättern. Rettich, der weniger salzempfindlich ist, hatte eine höhere Na-Konz. als die beiden anderen Pflanzenarten. Na wurde i. allg. in größeren äquivalenten Mengen als Cl angehäuft. Antagonistische Beziehungen wurden zwischen Na und K, Ca, Mg gefunden, aber der Gesamtgehalt stieg mit erhöhter Salzkonz., ebenso der Gehalt an N in den Blättern. Der Gehalt an P in den Blättern stieg bei Rettich und Karotten. Die Veränderung des Gehaltes an N und P in den Blättern aber war ziemlich schwach im Vergleich zu den Kationen. Mit steigendem Salzgehalt sank der Gehalt an Kohlenhydraten in den Blättern bei Rettich merklich ab, bei den anderen Pflanzen nur wenig.

I. Förtsch. 1145.

Galjatina, T. P. und Megorskaja, O. M. Vyraščivanie ogurcov i pomidorov na vodnom pitatel'nom rastvore. **(Die Kultur von Gurken und Tomaten in Nährlösung.)** V sb.: Vyraščivanie ovoščej na iskusstv. pitatel'noj srede, Moskva **1960** S. 137–145. — Aus: Referativnyj žurnal. Biologija, Moskva **1961** Nr. 20. G 444. S. 51.

Aussaat und Pikieren der Sämlinge erfolgte in Sägespänen, die mit Nährlösung begossen wurden, Die Jungpflanzen kamen dann im Gewächshaus in Becken, die mit Kies bzw. *Sphagnum*-Moos gefüllt waren. Die Nährlösung wurde auf 23–25 °C vorgewärmt und 2–3mal tägl. angestaut. Der Gurkenertrag betrug im Mittel von 6 Jahren 29–39 kg/m², der Tomatenertrag 12–17 kg m². Auf *Sphagnum* war die Ernte um 3–39% höher als auf Kies. Die Gurkenkultur in fließender Lösung ergab keine positiven Resultate.

übersetzt v. D. Grafe. 1159.

Saito, T. Factors responsible for the sex expression of Japanese cucumber. X. Studies on the dark process. **(Für die Geschlechtsausprägung bei der Japanischen Gurke verantwortliche Faktoren. 10. Mitt. Studien über den Einfluß der Dunkelheit.)** J. Jap. Soc. horticult. Sci. **30** (1961) Nr. 1. S. 1–8. — 9 Abb., 8 Tab., 3 Lit. Orig.: jap., Aus.: engl.

Bei Kurztagbehandlung wurden bei der Japanischen Gurke (Kurztagpflanze) zuerst die ♂, dann die ⚥ und zuletzt die ♀ Blüten differenziert, offenbar unter dem Einfluß einer Substanz, die zuerst in niedrigen, dann in höheren Konz. wirksam war. Die Dunkelperiode muß 8–12 Std. betragen und mindestens 9 Wiederholungen umfassen, wenn ♀ Blüten differenziert werden sollen. Bei Langtag und hoher Temperatur wurden nur wenige ♂ Blüten gebildet (geringe Bildung der Blühsubstanz). Bei Verlängerung der Dunkelperiode bis zu 18 Std. und Vermehrung der Zahl der Zyklen wurde die Bildung ♀ Blüten gefördert. Ab 20 Std. Dunkelheit nahm die Bildung ♀ Blüten wieder ab. Blaulicht war wirkungslos, Rotlicht war wirksam. Der Einfluß der Tageslänge wurde durch die Temperatur modifiziert. Hohe Temperaturen hemmten die Bildung ♀ Blüten. Optimal waren 17 °C bei Nacht und 24 °C bei Tag. Bei Temperaturen über 32 °C wurden keine ♀ Blüten mehr gebildet. Unter 17 °C wurden dagegen auch unter Dauerlicht ♀ Blüten gebildet, es wurde keine Dunkelperiode mehr benötigt. Zu schwaches und zu starkes N-Angebot wirkten hemmend auf die Blütenbildung. W. Stenz. 1162.

Saito, T. und Ito, H. Factors responsible for the sex expression of Japanese cucumber. XI. Role of the leaves. **(Für die Geschlechtsausprägung bei der**

Japanischen Gurke verantwortliche Faktoren. 11. Mitt. Die Rolle der Blätter.) J. Jap. Soc. horticult. Sci. **30** (1961) Nr. 2. S. 137–146. – 6 Abb., 15 Tab., 3 Lit. Orig.: jap., Ausz.: engl. – 10. Mitt. vgl. vorst. Ref.
Die Induzierung ♀ Blüten stieg mit der Blattfläche und der Zahl der Blätter an. Bei Entblätterung der Pflanze unmittelbar nach Kurztagbehandlung (KT) wurden keine ♀ Blüten gebildet. Bei Entblätterung 2 Tage nach Ende der KT-Behandlung wurden dagegen ♀ Blüten gebildet. Man kann daher eine stoffliche Ursache als Stimulans annehmen. Ständige Entfernung der jüngsten Blätter bei der Entfaltung förderte zunächst die Bildung ♀ Blüten, später auch die ♂ an der Stengelbasis. Es scheint, daß die jüngsten Blätter hemmend auf die Blütenbildung wirken. Bei Temperaturen > 30 °C kam es jedoch zu keiner Blütenbildung, offenbar, weil dann die stimulierende Wirkung der alten Blätter ausgeschaltet wird. Das blühhemmende Prinzip bei KT wurde bei der 2triebigen Pflanze von dem einen, unter KT gehaltenen Trieb in den anderen, unter LT gehaltenen Trieb übertragen, so daß am LT-Trieb auch keine Blüten gebildet wurden. Das Blühstimulans veranlaßte in steigender Konz. zunächst die Bildung ♂, dann ⚥ und schließlich ♀ Blüten. Ältere Pflanzen reagierten empfindlicher auf die Photoperiode, offenbar wegen der größeren Blattzahl und der stärkeren Synthese des Blühstimulans. Die junge Pflanze enthält dagegen nur wenig blühstimulierende Substanz, weshalb zunächst vorwiegend ♂ Blüten gebildet wurden. Hemmung des Sproßwachstums durch Entspitzen und Entfernung der jungen Blätter förderte die Bildung ♀ Blüten. Ebenso wirkten KT und niedrige Temperaturen durch Hemmung des Sproßwachstums. Hier bestehen auch Wechselwirkungen mit dem Auxin. W. Stenz. 1162.

Preczner, G. A szedés gyorsaságának hatása az uborka remontáló képességére és termésmennyiségére. **(Einfluß der Häufigkeit des Pflückens auf Remontierungsfähigkeit und Ertragsmenge der Gurke.)** Debreceni mezögazdasági Akad. tudományos Évkönyve [Jb. landwirtsch.-wiss. Akad. Debrecen] **1960** (hrsg. 1961) S. 273–278. – Aus: Ung. Agrar.-Rdsch. **1962** Nr. 3.
Die Remontierungsfähigkeit kann bei der Gurke durch häufiges Pflücken gesteigert werden. Die Untersuchungsergebnisse zeigten, daß die Remontierungsfähigkeit der Sorte 'Delikateß' bei 2täg. Pflücken am größten ist. Dabei war die Stückzahl um 87% höher als bei 5täg. Pflücken. Der Gewichtsertrag war bei 2täg. Pflücken um 27% geringer als bei 5täg., bei der ersteren Methode war der Pflückzeitbedarf um 134% höher. Das 3täg. Pflücken erwies sich in bezug auf Durchschnittsgew. und Qualität als die geeignetste Methode. 1162.

Pčelarov, V. und Pčelarova, P. (Ptschelarow, W. und Ptschelarowa, P.); Sofia, Höheres Landwirtsch. Inst. „Georgi Dimitrow", Landwirtsch. Fak. Stopanski, technologičeski i vkusovi kačestva na njakoi naši i čuždi konservni sortove grach. **(Wirtschaftliche, technologische und Geschmackseigenschaften einiger einheimischer und fremdländischer Erbsensorten für Verwertungsindustrie.)** Naučni trudove. Visš selskostopanski institut „Georgi Dimitrow". Agronomičeski fakultet, Sofija **9** (1961) S. 243–268. – 23 Tab., 13 Lit. Zus. in Russ., Franz.
Die Erbsensorten 'Wunder von Amerika', 'Delikateß', 'Ranni mosgowoi Gk-14', 'Stambowy Gk-3' sowie 'Sofija 135' wurden untersucht. Durch sehr gute Geschmackseigenschaften, hohen Zuckergehalt (im Mittel 6,5%) und niedrigen Stärkegehalt (durchschnittl. 2,5%) zeichnet sich bes. die neue Erbsensorte 'Sofija 135' aus. Sie liefert den höchsten Prozentsatz an qualitativ erstklassigem Erntegut und nimmt im Sofioter Anbaugebiet ertragsmäßig den ersten Platz ein. Im Jahre 1957 belief sich ihr Gesamtertrag auf 60 dt/ha, davon 7,4% Güteklasse Extra, 82% Güteklasse I, während die diesbezüglichen Werte bei der Sorte 'Ranni mosgowoi Gk-14' bei 63 dt/ha

und 2,4 und 43,3% lagen. Die Sorte 'Sofija 135' ist kleinkörnig, die Sorte 'Stambowy' für eine mechanisierte Ernte geeignet. M. Stoilow. 1172.

Mildner, Erika. **Puffbohne — eine wertvolle Gemüseart.** Dtsch. Gartenbau **9** (1962) Nr. 7. S. 188–189.
Der Anbau der Puffbohnen soll in der DDR erweitert werden. Die Anbaubedingungen sind für diese Gemüseart günstig. Es sind hohe Grünpflück- und Samenerträge zu erzielen. Der Wertstoffgehalt der als Gemüse zu verwendenden grünen Körner ist hoch, bes. Eiweiß und N-freie Extraktstoffe sind genannt. Im Anbau ist als wertvolle Eigenschaft die Frühsaatverträglichkeit hervorzuheben. Die Keimung der Samen beginnt bei 3–4 °C Fröste bis – 4 °C werden vertragen. Für den Anbau in der DDR werden die Sorten 'Frühe Weißkeimige', 'Hangdown' und 'Dreifachweiße' empfohlen. In Sortenversuchen von 1955–60 wurden Ertragsleistungen und Eigenschaften der 3 genannten Sorten überprüft. 'Frühe Weißkeimige' brachte die höchsten Erträge bei früher Reife, zeigte aber nur Eignung für den Frischverbrauch. 'Hangdown' ist ebenfalls ertragreich, aber später reif und eignet sich für den Frischverbrauch. Die Ernteerträge der etwas niedriger bleibenden Sorte 'Dreifachweiße' waren geringer als bei den vorgenannten. 'Dreifachweiße' zeichnet sich durch hohe Qualität des Grünkorns und sehr gute Eignung für die Naßkonservierung aus. P. Hahn. 1174.

Madžarova, D. (Madsharowa, D.) Kŭm vŭprosa za vŭzdejstvieto s niska temperatura na nabŭbnali domateni semena i mladi rastenija i vlijanieto mu vŭrchu cvetoobrazuvaneto i narastvaneto na plodovete. **(Einwirkung niedriger Temperaturen auf angequollene Tomatensamen sowie Jungpflanzen und deren Einfluß auf Blütenbildung und Fruchtzuwachs.)** Izvestija na Centralnija naučnoizsledovatelski institut po rastenievŭdstvo, Sofija **11** (1961) S. 183–193. — 1 Abb., 4 Tab., 11 Lit. Zus. in Russ., Engl.
Der Einfluß der Abhärtung von Samen und Jungpflanzen auf Blütenbildung und Fruchtansatz sowie Fruchtzuwachs und -reife wurde untersucht. Die Versuche wurden mit den Tomatensorten 'Nr. 10 × Bison' (frühreif) und 'Rutgers' (spätreif) durchgeführt. Temperaturschwankungen (6 Std. 18 °C und 18 Std. – 2 °C 10 Tage) während der Keimungsperiode steigerten die Blütenanzahl und den Fruchtansatz der ersten Blütenstände, förderten den Fruchtzuwachs und beschleunigten die Fruchtreife. Darüber hinaus wurde festgestellt, daß die Einwirkung niedriger Temperaturen (2 Wochen 10–13 °C) auf Samen und Jungpflanzen die Kälteresistenz der Sorte 'Nr. 10 × Bison' erhöht. St. Waklinova. 1176.

Daskalov, Chr. und Popova, Dobra. (Daskalow, Chr. und Popova, Dobra.) Vlijanie na konserviraneto na razsada vŭrchu ranozrelostta i dobiva pri domatite i pipera, otgleždani pri oranžerijni uslovija. **(Einfluß einer Wachstumsverzögerung bei der Jungpflanzenzucht von Tomate und Paprika unter Glas.)** Selskostopanska misŭl, Sofija **6** (1961) Nr. 11. S. 687–690. – 2 Tab., 4 Lit.
Die sich im 4- und 5-Blattstadium befindlichen, pikierten Jungpflanzen wurden niedrigen Temperaturen (8–11,3 °C) und Trockenheit ausgesetzt. Die besten Ergebnisse wurden erzielt, wenn die Abhärtung und Wachstumsverzögerung nach dem Pikieren und der Bildung von 4 Laubblättern einsetzte. Im Vergleich zur Kontrolle (Index = 100) liegt der Frühreifeindex dieser Variante bei 809, während dieser der Variante Abhärtung und Wachstumsverzögerung unmittelbar nach dem Auflaufen nur 339 beträgt. Die Gesamterträge beider Varianten liegen entspr. bei 130 und 109. Die Kontrolle, deren Aussaat 45 Tage später erfolgte als die der ersten Versuchsvariante (5. Okt.), reifte 10 Tage später und brachte den gleichen Ertrag wie bei der Wachstumsverzögerung unmittelbar nach dem Aufgang. Während bei der Tomate unter dem Einfluß der Wachstumsverzögerung eine erhebliche Be-

schleunigung der Frühreife und Steigerung der Ertragsleistung erzielt wurde, waren diese Maßnahmen bei Paprika von keiner positiven Wirkung.
M. Stoilow. 1176.

Takahashi, T., Nakayama, M. und Arima, H. Studies on the coloration of tomato fruit. V. Comparative growth, yields and pigment contents of tomato varieties. **(Untersuchungen über die Färbung der Tomatenfrucht. 5. Mitt. Vergleich des Wachstums, der Erträge und des Pigmentgehaltes von Tomatensorten.)** J. Jap. Soc. horticult. Sci. **30** (1961) Nr. 1. S. 39–47. – 2 Abb., 13 Tab., 5 Lit. Orig.: jap., Ausz.: engl. 4. Mitt. vgl. LZ. Abt. II **6** (Sept. 1961) Nr. 9. S. 2192.
Die genannten Eigenschaften wurden im Zusammenhang mit der Sorteneignung zur Saftgewinnung untersucht. Mit steigender Höhe der Insertion der Blütentrauben nahm die Blütenzahl zu, der Fruchtansatz nahm ab. Einige Sorten hatten mehr Blüten als andere, 'Shugyoku' hatte den höchsten Fruchtansatz. Der Ertrag wird durch Zahl und Gew. der Früchte bestimmt. Die höchsten Erträge gaben 'Fukuju-Nigo' im Jahre 1958 und 'Oogata-Akafuku' im Jahre 1959. 'Shugyoku' hatte die höchste Fruchtzahl, aber die Einzelfrucht wog nur 50 g oder weniger, daher brachte diese Sorte die geringsten Erträge. – Bestimmt wurden ferner Tr.-Subst.-Gehalt, Viscosität und pH-Wert des Saftes sowie Festigkeit und Färbung der Früchte. Einige Sorten waren im Tr.-Subst.-Gehalt überlegen. Im pH-Wert waren die Schwankungen gering (pH 3,85–4,35). Bestimmte Unterschiede bestanden im Zucker- und Lycopingehalt, während Carotin- und Xanthophyllgehalt nicht variierten. W. Stenz. 1176.

Takahashi, T. und Nakayama, M. Studies on the coloration of tomato fruit. VI. The influence of hormone spray on the growth and pigment contents of fruits. **(Untersuchungen über die Färbung der Tomatenfrucht. 6. Mitt. Der Einfluß von Hormonspritzungen auf Wachstum und Pigmentgehalt der Früchte.)** J. Jap. Soc. horticult. Sci. **30** (1961) Nr. 2. S. 153–160. – 3 Abb., 12 Tab., 12 Lit. Orig.: jap., Ausz.: engl. 5. Mitt. vgl. vorst. Ref.
1950 wurden die Blüten der 1.–3. Traube der Sorte 'Aichi' mit 30 ppm p-Chlorphenoxyessigsäure (PCPA), 50 ppm Gibberellin, 50 ppm α-Naphthylessigsäure (NAA) und 10 ppm 2.4-Dichlorphenoxyessigsäure behandelt. Die behandelten Pflanzen waren größer als die unbehandelten, die Anzahl der Blätter war die gleiche. Die Anzahl der Blüten und Früchte stieg durch die Hormonspritzung nicht an, aber durch Gibberellin wurden die größten und durch 2.4-D die kleinsten Blütentrauben erzielt. Der Fruchtansatz war bei PCPA am höchsten. Die Fruchtentwicklung wurde mit Ausnahme bei Gibberellin beschleunigt. Die mit Gibberellin behandelten Früchte waren kleiner als die Kontrolle, ihre Entwicklung war gehemmt. Die Früchte der mit PCPA und 2.4-D behandelten Varianten waren samenlos. Der Ertrag war bei Gibberellinbehandlung höher als bei der Kontrolle, aber die Ernte erfolgte gegenüber PCPA, NAA und 2.4-D verzögert. Der Chlorophyllgehalt der Früchte sank durch die Behandlung mit PCPA, NAA und 2.4-D, während der Gehalt an Carotin, Lycopin und Xanthophyll im Vergleich zur Kontrolle anstieg. Durch die Gibberellinbehandlung sank der Chlorophyllgehalt langsamer, Carotin und Xanthophyll waren in geringerer Menge als in den Kontrollfrüchten vorhanden. Die Unterschiede im Zuckergehalt der behandelten und nicht behandelten Früchte waren nicht signifikant. Zucker- und Stärkegehalt stiegen mit zunehmender Fruchtreife. I. Förtsch. 1176.

Groenewegen, J. H.; Naaldwijk, Proefstat. voor de Groente-en Fruitteelt onder Glas. De tomaat en het kasklimaat. **(Die Tomate und das Gewächshausklima.)** Meded. Directeur Tuinbouw ['s-Gravenhage] **25** (1962) Nr. 6. S. 351–355. – 5 Abb., 2 Lit.

Die Reaktion der Tomate auf unterschiedliches Gewächshausklima wurde in verschiedenen Betrieben durch Messungen und Erhebungen untersucht. Verglichen wurden Kalt- und Warmhäuser (frühe Kultur). In Kalthäusern war das Klima (Temperaturverlauf bzw. Luftfeuchtigkeit) in den verschiedenen Betrieben naturgemäß fast gleich. Messungen in heizbaren Häusern zeigten je nach Qualität der Betriebe Klima- und damit auch Ertragsunterschiede. Bessere Erträge ergaben sich in den Betrieben, in denen die Nachttemperaturen deutlich niedriger als die Tagestemperaturen lagen, im Vergleich zu den Betrieben mit geringen Temperaturunterschieden zwischen Tag und Nacht. Messungen in Gewächshäusern unterschiedlicher Typen (altes Gewächshaus, Venlo-Block, 9,60 m breites Haus) ergaben mit kleinen Ausnahmen keine durch den Typ bedingten Klimaunterschiede (Temperatur, Luftfeuchtigkeit). Die einfallende Lichtmenge dagegen wird vom Typ bedingt, und es ergaben sich dadurch Unterschiede in bezug auf Zeitigkeit. In vertikaler Richtung sind bei ausgewachsenem Tomatenbestand die Lufttemperaturen über den Pflanzen höher als zwischen den Pflanzen, nachts kann sich das Verhältnis umkehren. B. Spender. 1176.

Byczkowski, Aleksy und Seidler, Maria. Działanie nawozowe przyorywanej masy łubinu trwałego i wyki ozimej na plon pomidorów. **(Die Düngewirkung untergepflügten Lupinen und Winterwicken auf den Tomatenertrag.)** Prace Inst. Uprawy, Nawożenia Gleboznawstwa, Pymiętnik Puławski **1961** Nr. 2. S. 37–48. – 3 Tab., 2 Abb., 2 Lit. Zus. in Russ., Engl.
Versuche zur Prüfung des Düngewertes von Lupine (*Lupinus polyphyllus*) und Winterwicke zu Tomate wurden durchgeführt, um einen Vergleich mit der Mineraldüngung zu erlangen. Auf Grund der Untersuchungen wurde folgendes festgestellt: 1. Die Grünmasse von Lupine und Winterwicke ist zur Düngung der Tomate geeignet, die Wirkung ähnelt entspr. Mineraldüngergaben. 2. Die Ernteüberreste von Winterwicke bewirkten, mit Mineraldüngern ergänzt, einen ähnlichen Tomatenertrag wie die untergepflügte vollständige Grünmasse der Zottelwicke. 3. Im 2. Jahr nach dem Unterpflügen ist die Wirkung der sich schnell zersetzenden org. Masse viel schwächer, erhöht den Tomatenertrag aber noch wesentlich. 4. Die mit Mineraldüngern erzielten Tomatenerträge gestalteten sich im Verhältnis zur Höhe der angewandten Menge. 5. Um den Ausfall an Tomatenjungpflanzen bei der Gründüngung zu vermeiden, muß die Grünmasse einige Tage vor dem Pflanzen der Tomate untergepflügt werden. J. Pragłowski. 1176.

Spender, Brigitte; Großbeeren, Inst. für Gartenbau der Dtsch. Akad. der Landwirtsch.-Wiss. zu Berlin. **Stutztomaten im frühen Anbau unter Glas.** Dtsch. Gartenbau **9** (1962) Nr. 5. S. 126–127. – 1 Abb., 1 Tab., 3 Lit.
Ergebnisse 2jähriger Versuche (1960/61) beim Anbau von Stutztomaten in einer Frühkultur unter Glas in 4 Varianten (Stutzen nach dem 9., 6. oder 4. Blütenstand und unterschiedliche Standweiten) zeigten, daß die Gesamterträge trotz höherer Pflanzenzahl/m² um so niedriger lagen, je früher die Pflanzen gestutzt wurden. Die früheren Erträge der Stutztomaten, die auf die erhöhte Pflanzenzahl/m² und nicht auf eine bessere Entwicklung der ersten Blütenstände zurückzuführen sind, waren nicht imstande, den durch den wesentlich niedrigeren Ertrag bedingten geringeren Gelderlös (bis zu 5,– DM/m²) auszugleichen. Das Stutzen der Tomaten wird daher bei der frühen Pflanzung nicht empfohlen. Inwieweit der Stutztomatenanbau im Gewächshaus zu späteren Pflanzterminen anzuraten ist, bedarf noch der endgültigen Klärung. E. Wittenberg. 1176.

Sawada, E., Yakuwa, T. und Iwaki, N. Studies on the botanical characteristics of asparagus. I. Correlation between the number of crown buds in autumn and the number of stalks produced in the following season. **(Untersuchungen über die botanischen Kennzeichen des Spargels. 1. Mitt. Die Be-**

ziehung zwischen der Zahl der Knospen im Herbst und der Zahl der Spargelpfeifen, die im folgenden Jahr gebildet werden.) J. Jap. Soc. horticult. Sci. 30 (1961) Nr. 2. S. 130–136. – 9 Abb., 9 Tab., 4 Lit. Orig.: jap., Ausz.: engl.

Die Untersuchungen wurden mit 3 Varianten durchgeführt. Die Ernte wurde 1. bis Ende Juni, 2. bis Ende Aug. ausgedehnt, 3. Kontrolle, es fand keine Ernte statt. Eine positive Korrelation zwischen der Zahl der Pfeifen und der Länge der Erntezeit wurde gefunden. Je länger die Ernte dauerte, desto größer war die Anzahl der Pfeifen. Die Anzahl der Knospen und Wurzeln, die im laufenden Jahr neu gebildet werden, nimmt mit der Länge der Erntezeit ab. Der Gehalt an Reservestoffen in den fleischigen Wurzeln war am höchsten bei der Kontrolle, am niedrigsten bei der 2. Variante.

I. Förtsch. 1190.

Ogawa, T. Studies on the seed production of onion. II. The relation between the development of seeds and their germinating ability. **(Untersuchungen über die Samenproduktion der Zwiebeln. 2. Mitt. Die Beziehung zwischen der Samenentwicklung und der Keimfähigkeit der Samen.)** J. Jap. Soc. horticult. Sci. 30 (1961) Nr. 4. S. 325–333. – 8 Abb., 5 Tab., 19 Lit. Orig.: jap., Ausz.: engl. 1. Mitt. vgl. LZ. Abt. II 8 (1963) Nr. 1. S. 163.

Vf. berichtet über die Entwicklung des Endosperms und des Embryos, das Ansteigen der Keimschnelligkeit sowie das spez. Gew. der Samen in bezug auf ihre Keimfähigkeit. Das Endosperm des Zwiebelsamens erreicht etwa 22 Tage nach der Blüte eine teigige Beschaffenheit, ist nach 40 Tagen vollständig entwickelt, der Embryo nach 25 Tagen. Eine Keimfähigkeit ist bei einigen Samenkörnern schon 15 Tage nach der Blüte vorhanden, am 25. Tag erreicht sie etwa 80%, sie steigt sehr schnell an, wenn das Endosperm seine teigige Beschaffenheit erhält. Die Keimschnelligkeit der Samen ist sehr groß, wenn das spez. Gew. 1,086 beträgt. Je niedriger das spez. Gew. ist, desto geringer ist die Keimschnelligkeit. Beträgt das spez. Gew. mindestens 1,034, ist der Embryo normal entwickelt. Ist das spez. Gew. geringer als 1,086, ist das Endosperm noch nicht voll entwickelt. I. Förtsch. 1197.

Ědel'štejn, V. und Muratova, E. (Edelstein, W. und Muratowa, Je.); Moskau, Lenin-Akad. der Landwirtsch.-Wiss. Novoe v agrotechnike luka sevka. **(Neue Agrotechnik bei der Steckzwiebelgewinnung.)** Kartofel' i ovošči, Moskva 7 (1962) Nr. 2. S. 36–38. – 2 Abb., 1 Tab.

Die Ergebnisse langjähriger Anbauversuche zur Steckzwiebelgewinnung unter Verwendung schützender Papierstreifen werden angeführt. Dieses Verfahren besteht darin, daß das Saatbett mit gelochten Papierstreifen überdeckt wird. In die einzelnen Löcher (8 mm Dmr.) werden jeweils 7–10 Samen gebracht, so daß sich 16–18 Mill. Pflanzen/ha befinden. Ein Muster einer Drillmaschine wurde entwickelt, mit der man die Papierstreifen auslegen und gleichzeitig die Aussaat mit pilliertem oder nicht pilliertem Saatgut vornehmen kann. Durch das Papier werden die auflaufenden Pflanzen gleichmäßig in den Reihen verteilt, Jäten und Hacken erübrigen sich. Zugleich übt das Papier eine Mulchwirkung aus, schützt den Boden vor Auswaschung, verhindert Krustenbildung und Verdunstung. Die Bodentemperatur unter dem Papier ist um 1–1,5 °C höher als neben demselben und hält sich auch gleichmäßiger. Die Pflanzen laufen 3–4 Tage früher auf, ihre Entwicklung verläuft intensiver und der Ertrag steigt um 20–25%. E. Kahn. 1197.

Stannek, G. **Neue Produktionsverfahren beim Zwiebelanbau.** Dtsch. Gartenbau 9 (1962) Nr. 4. S. 96–97; Nr. 5. S. 123–126. – 4 Abb., 5 Tab., 11 Lit.

Auf Grund von Ergebnissen einjähriger Versuche werden für die einzelnen Arbeitsvorgänge der Saatbettvorbereitung, Bestellung und Pflege im Zwiebelanbau vorläufige Empfehlungen mit ausführlichen Erläuterungen gegeben.

Ziel dieser Versuche war es, ein neues Produktionsverfahren zu entwickeln, das bei Beibehaltung gleich hoher Erträge den Arbeitszeitaufwand gegenüber dem bisher angewandten Verfahren wesentlich senkt. Die Unkrautbekämpfung, beginnend mit der Saatbettvorbereitung, nimmt entspr. ihrer Bedeutung im Zwiebelanbau einen großen Raum in vorliegender Arbeit ein. Sie besteht in einer sinnvollen Ergänzung von chem. (Chlorpropan, Hedolit, Kalkstickstoff) und mech. Pflegemaßahmen. E. Wittenberg. 1197.

Petiet, J.; Wageningen, Inst. voor de Veredeling van Tuinbouwgewassen. Rassenproeven met zilveruien. **(Sortenversuche mit Silberzwiebeln.)** Meded. Directeur Tuinbouw ['s-Gravenhage] **25** (1962) Nr. 5. S. 301–307. – 9 Tab.
Von 1957–58 wurden mit Silberzwiebeln verschiedener Herkunft (Italien, Spanien, Dänemark, USA) Eignungsprüfungen für niederländische Verhältnisse durchgeführt. Die insgesamt 12 geprüften Sorten wiesen unterschiedliche Eigenschaften, vor allem in bezug auf Zeitigkeit, auf. Frühe Sorten waren: 'Barbette', 'Königin' (Italien), 'Pompej', 'Vaugirard'; mittelfrühe: 'Königin' (Dänemark), 'de la Reine', 'Queen'; späte: 'Chrystal white wax'. Der Anbau von Sorten unterschiedlicher Zeitigkeit gibt die Möglichkeit, das Angebot auf längere Dauer auszudehnen. In zahlreichen Tab. sind weitere Eigenschaften charakterisiert. B. Spender. 1197.

Riber, Rasmussen C. Vergelijkende opbrengstproeven met verschillende methoden van enten (11). **(Ertragsprüfungen bei verschiedenen Impfmethoden. 11. Mitt.)** Champignoncultur (Horst, Niederlande) **5** (1961) Nr. 4. S. 99–102. – 1 Tab., 4 Lit.
Alle Prüfungen wurden mit fermentiertem, mit mineral. Dünger angereichertem Pferdemist durchgeführt. Die auf dem sog. „16-Tage-Kompost" erzielten Erträge lagen um etwa 40% höher als auf dem kurz kompostierten (7 Tage) Mist. Die bisher höchste Ernte (30,08 kg/m² in den ersten 21 Tagen) wurde auf 16-Tage-Kompost bei einer Beetstärke von 27 cm erreicht, wenn die gesamte Kompostmenge gespickt war. Der N-Gehalt des Mistes soll 1,5–2% des Trockengew. des Frischmistes betragen und kann durch Zufügen von org. N korrigiert werden. Vor Temperaturanstieg in den gespickten Beeten muß gewarnt werden, das beste Wachstum erfolgte bei 29–30 °C. R. Peschel. 1198.

Riber, Rasmussen C.; Copenhagen, Mushroom Res. Air in the growing room. **(Die Luft im Champignonkulturraum.)** MGA [Mushroom Growers' Assoc.] Bull. **1962** Nr. 150. S. 251–252. 257–260. 262–263. 265–270. 272–273.
Die Höhe des Ertrages beim Champignon ist u. a. abhängig von der Temperatur im Kulturraum, der Luftfeuchtigkeit, dem Wassergehalt der Deckerde, dem CO_2-Gehalt der Luft und der Geschwindigkeit der Luftzirkulation. Vf. gibt einen umfassenden Überblick über die bisher vorliegenden Kenntnisse über die Wirkung der einzelnen Faktoren sowie über deren Beziehungen zu einander. Es werden praktische Richtlinien für Luftaustausch und Bewässerung gegeben. So hat sich bei einem Luftfeuchtigkeitsgehalt von 80–85% ein 8maliger Frischluftwechsel und eine 12malige Zirkulation der Luft gut bewährt. Die Austrocknung der Deckschicht ist bei diesem Verfahren so hoch, daß tägl. gewässert werden muß. Neben diesen Faktoren gibt es noch klimatische Faktoren von außen, die den Champignonertrag beeinflussen. Zur Erkennung dieser Faktoren schlägt Vf. den Anbauern vor, wöchentlich eine Ertragsmeldung einzureichen, die kurzfristig bearbeitet wird. Den Anbauern wird dann mitgeteilt, ob ein Ertragsrückgang auf einen spez. Kulturfehler oder auf äußere Klimafaktoren zurückzuführen ist. K. Krüger. 1198.

Drake, M. G. Insulation for the mushroom grower. **(Isoliertechnik im Champignonanbau.)** MGA [Mushroom Growers' Assoc.] Bull. **1962** Nr. 147. S. 111–126.

Auf der Konferenz der Champignonanbauer Englands (Okt. 1961) wurden die Probleme der Wärmeisolierung bei Champignonspezialräumen diskutiert. Es werden die allg. phys. Grundlagen der Isoliertechnik besprochen und die spez. Forderungen des Champignonanbaues an die Isolierstoffe berücksichtigt. Zur Verminderung starker Wasserkondensation, bes. bei Pasteurisierungsräumen, werden anlagetechn. Möglichkeiten aufgezeigt. Die verschiedenen neuen Isoliermaterialien des Handels werden in ihren Eigenschaften bewertet und ihre praktischen Anwendungsmöglichkeiten, vor allem für Decken und Wände, erläutert. Ferner werden verschiedene Bauanleitungen und Beispiele ihrer Wirtschaftlichkeit gegeben. Abschließend wird dargelegt, wie vorhandene Bauten durch Isolierstoffe für den Champignonanbau nutzbar gemacht werden können. H. Erfurth. 1198.

Bedding, A. J. und Rothwell, J. B.; Fairfield, Exp. Stat. Report from Fairfield. **(Bericht aus Fairfield.)** MGA [Mushroom Growers' Assoc.] Bull. **1962** Nr. 151. S. 287–293. — 4 Abb., 4 Tab.
Einleitend wird eine allg. Beschreibung der Versuchsstation Fairfield gegeben. Die Hauptabteilung der Versuchsstation führt Versuche unter Glas auf einer Gewächshausfläche von rund 9000 m² durch. Eine kleinere Abteilung der Versuchsstation untersucht die verschiedenen Probleme der Champignonkultur. Die Versuche werden in 2 Spezialchampignonhäusern mit je einer Grundfläche von 80 m² durchgeführt. Die techn. Einrichtung dieser Spezialhäuser wird ausführlich beschrieben. Ferner wird die dort übliche Anbaumethodik der Champignonkultur eingehend erläutert. Die Versuche der letzten Jahre behandelten folgende Komplexe: 1. Versuche mit modernen Spickverfahren. In vergleichenden Ertragsversuchen wurde ermittelt, daß durch Körnerbrut höhere Erträge als durch Düngerbrut erzielt werden. Die Methode der Ausbringung der Körner hat nach diesen Versuchen keinen bes. Einfluß. 2. Versuche zur Deckerde. In verschiedenen Versuchen wurde überprüft, ob das Untermischen von durchlässigem Material in die Deckerde Einfluß auf die Ertragshöhe hat. Die Ergebnisse zeigten nur ungesicherte Ertragsunterschiede. 3. Pflanzenschutzversuche. In Zusammenarbeit mit dem Inst. für Glasshouse Crops wurden Versuche zur Ermittlung der Wirkung und der höchstzulässigen Konz. beim Untermischen von Insektiziden zur Deckerde durchgeführt. Die Versuchsergebnisse ergaben praktische Schlußfolgerung für die Beimischung von Insektiziden zur Deckerde. K. Krüger. 1198.

Mangazeev, Aleksandr Sergeevič. **Ovoščevodstvo v semiletke.** (Der Gemüsebau im Siebenjahrplan.) Moskva: Sel'chozgiz. 1959. (93 S.) 8°. (1962 A 256)

D. Obstbau

Bojkov, D. und Pavlova, Z. (Bojkow, D. und Pawlowa, S.) Razprostranenie na ovoštnite vidove v NR Bŭlgarija v zavisimost ot razpredelenieto na valežite. **(Verbreitung der Obstarten in Bulgarien in Abhängigkeit von der Niederschlagsverteilung.)** Izvestija na Centralnija naučnoizsledovatelski institut po ovoštarstvo — gara Kostinbrod, Sofija **1** (1961) S. 45–60. — 2 Abb., 4 Tab. Zus. in Russ., Dtsch.
In vorliegender Arbeit wird über die Niederschlagsverteilung in Bulgarien und die Sicherstellung der Wasserversorgung der Obstarten berichtet. Auf Grund dieser Ermittlungen werden die Hauptanbaugebiete in 4 Zonen mit unterschiedlichem Bodenfeuchtigkeitsgehalt eingeteilt. Das Kjustendiler und das Gebiet von Plowdiw liegen in einer Zone mit ungenügenden Niederschlägen, Trojan in einer mit ausreichenden, Gabrowo in einer Zone mit sehr reichlichen Niederschlägen. Die Hauptverbreitungsgebiete des Apfels liegen in Zonen, in denen der für diese Obstart optimale Niederschlag nicht erreicht wird, die Pflaume steht in Gebieten, wo sie auch ohne zusätzliche Bewässerung auskommt. Im Gebiet von Sliwen reichen die Niederschläge für den Pfirsich

aus, im Gebiet von Petritsch und Sandanski dagegen ist unbedingt eine zusätzliche Bewässerung notwendig. Da in den Hauptanbaugebieten der Aprikose ebenfalls zu geringe Niederschläge vorhanden sind, gehört die zusätzliche Bewässerung dieser Obstart dort zu den unentbehrlichen Kulturmaßnahmen. Z. Zankow. 1215.

Schaer, E.; Wädenswil, Eidg. Versuchsanst. **Vorläufige Ergebnisse aus der Sortenprüfung.** Schweiz. Z. Obst- u. Weinbau **71** (1962) Nr. 8. S. 183–186. — 1 Tab.
Über eine Gruppe von Sorten wird berichtet, die 1953 als Edelreiser direkt aus Amerika bezogen wurden und auf 1949 2jährig gepflanzte Bäume der Sorte 'Boskoop' (EM II) veredelt wurden. Dabei handelt es sich um die Sorten: 'Beacon', 'Chestnut', 'Davay', 'Idared', 'Monroe', 'Spartan', 'Oriole', 'Fireside', 'Idajon', 'Kendall', 'Lakeland', 'Redwell', 'Secor' und 'Webster'. Auf Grund der vorliegenden Ergebnisse werden 'Idared' und 'Spartan' einer eingehenden weiteren Prüfung unterzogen. E. Wittenberg. 1218.

Ipat'ev, A. N. (Ipatjew, A. N.) O klassifikacii sortov jabloni. **(Klassifizierung von Apfelsorten.)** Trudy Belorusskoj sel'skochozjajstvennoj akademii, Gorki **32** (1960) Nr. 2. S. 124–131. — 2 Lit. 1218.

Moruju, Gh. und Cvasnîi, D. Soiuri de măr şi păr bune pentru zona subcarpatică meridională. **(Geeignete Apfel- und Birnensorten für die südliche subkarpatische Zone.)** Inst. Cercetări horti-viticole [Bucureşti], Lucrări ştiinţ. **1959/60** (hrsg. 1961) S. 379–387. — 2 Tab., 16 Lit. Zus. in Russ., Franz.
Zwecks Verbesserung des Obstsortimentes in der südlichen subkarpatischen Zone wurden vergleichende Untersuchungen über Apfel- und Birnensorten in 1951 spez. dafür gegr. Anlagen durchgeführt. Von den 24 geprüften Apfelsorten zeichneten sich durch hohe Ertragsfähigkeit, Qualität und Transportfestigkeit die Sorten 'Klarapfel', 'Landsberger' und 'Sovari' aus. Außerdem bewährte sich auch die Sorte 'Maschanzker', die zur Verwertung empfehlenswert ist. Von den Birnen sind folgende Sorten empfehlenswert: 'Williams', 'Boscs' und 'Paris'. Empfehlenswert ist auch die 'Pastorenbirne', die sich als sehr ertragsfähig, lagerfest und zur Verarbeitung geeignet erwies.
N. Burloi. 1218.

Moruju, Gh., Rădulescu, C. und Nica, St. Hibrizi valoroşi de măr, păr şi prun obţinuţi la staţiunea Voineşti. **(Wertvolle in der Versuchsstation Voineşti erzielte Apfel-, Birnen- und Pflaumenhybriden.)** Inst. Cercetări horti-viticole [Bucureşti], Lucrări ştiinţ. **1959/60** (hrsg. 1961) S. 367–378. — 1 Tab., 15 Lit. Zus. in Russ., Franz.
Durch Züchtung wurden neue, ertragreiche, krankheitsresistente und frostharte Apfel-, Birnen- und Pflaumensorten geschaffen. Durch Kreuzungen wurden folgende wurzelechte Hybriden erzielt: 'Golden Delicious × Călugăresc', 'Jonathan × Maschanzker', 'Călugăresc × Golden Delicious', 'Creţesc mare de Vîlcea × Wagener', 'Busuioace × Clapps Liebling', 'Negru × D'Agen', 'Tuleu gras × D'Agen', 'Tuleu gras × Prune Pêche'. Als beste Elternsorten erwiesen sich folgende: 'Golden Delicious' bei Äpfeln, 'Busuioace' bei Birnen und 'D'Agen', 'Anna Späth' und 'Althann' bei Pflaumen.
N. Burloi. 1218.

Schuppe, E.; Rethmar. **Neuere ausländische Erdbeersorten.** Rhein. Mschr. Gemüse-, Obst- u. Gartenbau **50** (1962) Nr. 4. S. 95–97. — 8 Abb.
Für den Versuchsanbau in der DBR empfiehlt Vf. folgende neuere ausländische Sorten: 'Siletz' (Oregon/USA), 'Talisman' (Auchincruive/Schottland), 'Redgauntlet' (Auchincruive/Schottland), 'Juspa' (Wageningen/Holland), 'Gorella' (Wageningen/Holland), 'Glasa' (Zaltbommel/Holland), 'Oranda' (Wageningen/Holland), 'Cambridge Late Pine' (England) und 'Cambridge

Vigour' (England). Die typischen Sorteneigenschaften und die bisherigen Prüfungsergebnisse werden beschrieben. E. Wittenberg. 1218.

Şuta, A., Isac, I. und Nica, Şt. Influenţa diferitelor sisteme de întreţinere a solului aşupra creşterii şi dezvoltarii pomilor tineri de prun, măr şi păr. **(Einfluß der verschiedenen Bodennutzungssysteme auf Wachstum und Entwicklung junger Pflaumen-, Apfel- und Birnbäume.)** Inst. Cercetări horti-viticole [Bucureşti], Lucrări ştiinţ. **1959/60** (hrsg. 1961) S. 423-438. — 8 Tab., 13 Lit. Zus. in Russ., Franz.
Zur Feststellung des günstigsten Bodennutzungssystems in jungen Apfel-, Birnen- und Pflaumenanlagen wurde in der Versuchsstation Voineşti 1954–59 ein Versuch durchgeführt. Als intensivstes Bodennutzungssystem, welches keinen negativen Einfluß auf Wachstum und Entwicklung der Bäume ausübte, erwies sich der Hackfruchtanbau (Mais, Kartoffeln, Ackerbohnen) mit zusätzlicher Düngung unter Berücksichtigung der Bodenfruchtbarkeit. Gute Ergebnisse wurden auch bei Unterkulturen von Beerenobst (Johannis- und Stachelbeeren), die im 2. Kulturjahr mit dem Ertrag einsetzten, erzielt. Die Leistungen nahmen im Laufe der Jahre von 1250 auf 8150 kg/ha im 5. Kulturjahr zu. Mehrjährige Gräser riefen ein geringeres Wachstum und eine verzögerte Entwicklung (46% gegenüber Schwarzbrache) und einen verspäteten Ertragsbeginn bei den Bäumen hervor. N. Burloi. 1220.

Bruchlej, M. A. (Bruchlei, M. A.) Vlijanie sposobov formirovanija krony na ugly otchoždenija osnovnych skeletnych vetvej. **(Der Einfluß der Maßnahmen zur Kronenbildung auf den Winkel der Leitäste.)** Sadovodstvo, Moskva **100** (1962) Nr. 4. S. 23–24. — 1 Tab.
Verschiedene Schnittarten werden angeführt und ihre jeweilige Auswirkung auf die Aststellung angegeben. Bei Neigung zu dichten Kronen wird als beste Schnittmaßnahme das Nicht-Stufensystem (entspr. unserer naturgemäßen Krone) empfohlen, um einen kräftigen Kronenaufbau mit großem Winkel der Leitäste zu erzielen. I. Lekve. 1222.

Gherghi, A. Calitatea recoltelor de mere din bazinul pomicol Bistriţa în perioada 1955–1958. **(Die Qualität der Äpfel im Obstanbaugebiet Bistriţa in den Jahren 1955–58.)** Inst. Cercetări horti-viticole [Bucuresti], Lucrari ştiinţ. **1959/60** (hrsg. 1961) S. 1161–166. — 4 Abb., 6 Lit. Zus. in Russ., Franz.
Von 1955–58 wurden die phys., chem. und organoleptischen Eigenschaften von 44 Apfelsorten untersucht. Die vorliegenden Ergebnisse bestätigen die Abhängigkeit der Obstqualität von den z. Z. des Wachstums und der Reife der Früchte bestehenden Boden- und Klimabedingungen. In den Jahren mit Temperaturen unter der Normaltemperatur des Gebietes und mit ausreichenden Niederschlägen weisen die Früchte einen verminderten Tr.-Subst.- und Zuckergehalt, aber einen höheren Säure- und Tannoidgehalt wie auch eine gute Lagerfähigkeit auf. Bei höheren Temperaturen gegenüber der Normaltemperatur des Gebietes und bei reduzierten Niederschlägen sind die erzielten Früchte von chem. und organoleptischen Standpunkten wertvoll, aber sie weisen eine geringere Lagerfähigkeit auf. A. Bottez. 1223.

Radu, I. F. und Lazăr, B. Valorificarea caiselor prin uscare. **(Verwertung der Aprikosen durch Trocknen.)** Grădina, Via Livada **10** (1961) Nr. 6. S. 51–55.
Aus ökon. Gründen empfiehlt es sich, die Aprikose z. T. durch Behandlung mit SO_2 und Trocknung zu verwerten. Das Schwefeln wird in Räumen oder Zellen (300 g Schwefelblüte/m³) durchgeführt. Die Trocknung in der Sonne (56 °C) dauert 3–4 Std. und danach im Schatten (38–40 °C) 7–8 Tage. Es wird einnochmaliges Schwefeln mit 200 g Schwefelblüte/m³ durchgeführt. A. Bottez. 1225.

Kotovič, I. N. (Kotowitsch, I. N.) Termičeskij režim plodovych derev́ev i ego regulirovanie. **(Die Temperaturverhältnisse der Obstbäume und ihre Regulierung.)** Sadovodstvo, Moskva **100** (1962) Nr. 4. S. 32–34. — 1 Abb., 4 Tab.
Temperaturmessungen wurden an Stamm, Ästen und Zweigen durchgeführt. In Tab. werden Werte angegeben, die vor, während und nach Sonnenstrahlung ermittelt wurden. Die Frostschädigung des Gewebes ist abhängig von Obstart und -sorte. Die Rolle der Sonnenstrahlung in bezug auf die Temperaturverhältnisse innerhalb des Baumes wird behandelt. Zur Verhütung großer Schäden wird das Weißen der Bäume auf der Sonnenseite empfohlen. I. Levke. 1230.

Jordan, Ernst. **Schutz der Obstblüte vor Frostgefahr.** Obstbau **81** (1962) Nr. 4. S. 64–68. — 4 Abb., 9 Tab.
Ausgehend von bisher ermittelten Werten über Blütezeiten, kritische Temperatur während der Obstblüte, Frostschäden in den verschiedenen Stadien der Blüte, Blütenfrostempfindlichkeit bei Obstarten und -sorten geht Vf. auf den Einfluß der Bodenpflege, auf den Entwicklungsstand der Blütenknospen und das Vermeiden von Blütenschäden durch Spätfröste ein. Hierbei wird eine fortlaufende Beheizung oder Beregnung vom Eintreten der Untertemperatur an empfohlen. Für die Geländeheizung werden betriebssichere Ölöfen vorgeschlagen. Das Aufstellen guter Schwachregnertypen für die Dauerberegnung während der Frostnächte ist jedoch bei ausreichender Wasserversorgung (30–37 m^3/ha/Std.) allen anderen Schutzmaßnahmen beachtlich überlegen. Die beste Düsenweite beträgt 4,2–5 mm bei einer Umlaufgeschwindigkeit der Stahlrohre von höchstens einer Min. Die mittlere Regenhöhe liegt bei etwa 3–3,5 mm/Std. Die Beregnung muß beginnen, sobald ein feuchtes Thermometer in Höhe der untersten Zweige auf $\pm$ 0 °C absinkt und kann beendet werden, wenn ein trockenes Thermometer in der gleichen Höhe außerhalb der Pflanzung bei 1,5 m/s Windgeschwindigkeit wieder auf $\pm$ 0 °C bzw. bei bewölktem Himmel auf 1 °C ansteigt. Wirtschaftliche Fragen werden kurz behandelt. E. Wittenberg. 1230.

Anonym. Nieuwe opvattingen over de snoei. **(Neue Auffassungen über den Schnitt.)** Fruitteelt **52** (1962) Nr. 12. S. 381. — 3 Abb.
Erzieht man an Drahtgerüsten die Bäume als abgeplattete Spindeln, dann bleibt in den ersten Jahren zwischen den Bäumen viel unausgenutzte Fläche. Es wird empfohlen, im ersten Jahr 2 Leitäste schräg im Winkel von 90° gegeneinander zu erziehen. Der Mittelast kann sich im Laufe des Jahres aus einem der beiden schräg gestellten Leitäste entwickeln. R. Schuricht. 1230.

Modoran, I. Contribuţii la studiul tăierilor de rodire la măr. **(Beitrag zum Studium des Schnittes bei Äpfeln.)** Inst. Cercetări horti-viticole [Bucureşti], Lucrări ştiinţ. **1959/60** (hrsg. 1961) S. 463–472. — 6 Tab., 26 Lit. Zus. in Russ., Franz.
Von 1954–59 wurden verschiedene Schnittsysteme bei den Apfelsorten 'Jonathan' und 'Champagnerrenette' untersucht. Versuchsfragen waren die beste Behandlung des Seitenholzes zwecks seiner Umwandlung in Fruchtholz sowie eine regelmäßige Fruchtbildung. Durch Ringeln der jungen Triebe ergab sich ein Mehrertrag von 148–279% bei 'Jonathan' und 57,6–73,3% bei 'Champagnerrenette'. Der Sommerschnitt führte zu größeren Leistungen als der Winterschnitt, bes. bei Anwendung des Ringelns. Während der Ertrag bei der Kontrolle zwischen 180 und 208% bei 'Jonathan' und zwischen 57 und 59% bei 'Champagnerrenette' schwankte, war durch den Sommerschnitt ein Mehrertrag von ca. 279% bei 'Jonathan' und 73% bei 'Champagnerrenette' zu verzeichnen. In beiden Fällen darf der Fruchtbehang pro m nicht mehr als 10–12 Früchte betragen. N. Burloi. 1230.

Verbovyj, K. A. (Werbowy, K. A.) Formirovanie i obrezka molodych plodovych derev̌ev. **(Kronenbildung und Schnitt junger Obstbäume.)** Sadovodstvo, Moskva **100** (1962) Nr. 4. S. 18–21. — 4 Abb.
Eine ausführliche Beschreibung der Schnittmaßnahmen bei Obstbäumen, die auf Versuchen in der Ukraine basiert, wird gegeben. Es wird betont, daß gute Kronen bei Apfel und Birne nicht in 2–3 Jahren erzielt werden können. Es wird ein Zeitraum bis zu 12 Jahren angegeben. Die beschriebenen Schnittschemata entsprechen unserem naturentfernten und naturnahen bzw. naturgemäßen Kronenbau, wobei letzterer empfohlen wird. I. Lekve. 1230.

Marle, G. S. van.; Zutphen, Rijkstuinbouwconsulentschap. Bodemmoeheid in de fruitteelt. **(Bodenmüdigkeit im Obstbau.)** Meded. Directeur Tuinbouw ['s-Gravenhage] **25** (1962) Nr. 2. S. 114–122. — 4 Tab.
Aus einer Erhebung in 233 Betrieben ging hervor, daß der Apfel im Nachbau nach Kernobst schlechter wächst als die Birne, der Apfel nach Steinobst aber besser wächst als nach Kernobst. Ein Einfluß der Wartedauer bis zur Neubepflanzung konnte nicht nachgewiesen werden. Die Unterlagen MM 104, 106 und 114 schneiden besser ab als EM IV und I. Em VII und XI scheinen etwas besser zu sein als EM IV und IX. Von den Sorten machen 'Golden Delicious' und 'Stark Earliest' einen günstigen Eindruck im Gegensatz zu 'James Grieve', 'Lombarts Calvill' und 'Cox' Orange'. Unter den Nematoden konnte ausschließl. durch *Pratylenchus penetrans* ein schädigender Einfluß nachgewiesen werden. Es gab in vielen Fällen aber auch dort Nachbauschäden, wo keine Nematoden gefunden wurden. R. Schuricht. 1230.

Kolesnikov, V. A. (Kolesnikow, W. A.) Metod „prob" i ego primenenie pri izučenii kornevoj sistemy plodovych i jagodnych rastenij. **(„Proben"-Methode und ihre Anwendung bei der Untersuchung des Wurzelsystems von Obst- und Beerenobstkulturen.)** Izvestija Timirjazevskoj sel'skochozjajstvennoj akademii, Moskva **1961** Nr. 4. S. 55–61. — 3 Abb., 3 Tab., 4 Lit.
Vf. beschreibt 2 Methoden zur Untersuchung des Wurzelsystems bei Obst- und Beerenobstgehölzen. Die „Proben"-Methode besteht in der Entnahme von Wurzelproben für die Bestimmung des Wurzelverlaufes und -wachstums im Laufe des Jahres. Einzelheiten dieser Methode sind im Text angegeben. Untersucht werden können Obst- und Beerenobstgewächse aller Altersstufen. Morphol. und biol. Besonderheiten des Wurzelsystems, die Reaktion der Wurzeln auf verschiedene Arten der Bodenbearbeitung, Düngung, Bewässerung und des Schnittes können untersucht werden. Die 2. Methode betrifft die Trennung der aktiven Saugwurzeln von den übrigen Wurzeln (Faserwurzeln) mit einem sehr geringen Zeit- und Arbeitsaufwand. Mit dieser Methode läßt sich sehr gut der Wachstumsrhythmus der Wurzeln beobachten.
H. Jank. 1230.

Modoran, I. Contribuţii la studiul influenţei îngrăşămintelor asupra formării şi creşterii rădăcinilor la măr, păr şi prun. **(Beitrag zum Einfluß der Düngemittel auf Bildung und Wachstum der Wurzeln bei Apfel-, Birnen- und Pflaumenbäumen.)** Inst. Cercetări horti-viticole [Bucureşti], Lucrări ştiinţ. **1959/60** (hrsg. 1961) S. 453–464. — 2 Abb., 3 Tab., 22 Lit. Zus. in Russ., Franz.
Zur Feststellung der Wirkung verschiedener Düngemittel auf Bildung und Wachstum der Wurzeln von Apfel-, Birn- und Pflaumenbäumen wurden 1954–59 Versuche durchgeführt. Sie führten zu folgenden Ergebnissen: Die größte Wurzelmenge (Gew.) wurde infolge der Düngung mit Fäkalien und NPK erzielt, wobei die Kontrolle um 234% bzw. 137% bei Äpfeln, 306% bzw. 291% bei Birnen und 147% bzw. 131% bei Pflaumen überschritten wurde. Die geringste Wurzelmenge wurde in den Versuchen mit P und PK erzielt, wobei die Kontrolle nur um 11–14% bei Äpfeln, 12–18% bei Birnen und 25–54% bei Pflaumen überschritten wurde. N. Burloi. 1230.

Karpenčuk, G. K. (Karpentschuk, G. K.); Uman, Ukrain.SSR, Landwirtsch. Inst. O sposobach vnesenija udobrenij v sadach. **(Über Düngungsmaßnahmen im Obstbau.)** Sadovodstvo, Moskva **100** (1962) Nr. 2. S. 24–26. — 2 Tab.
Bei Äpfeln wurden verschiedene Methoden der mineral. NPK-Düngung verglichen. Der Dünger wurde beim Pflügen, in Löchern rund um den Stamm, schichtweise in 2 m Entfernung vom Stamm in 15 cm Tiefe, in 3 m Entfernung vom Stamm in 25 cm Tiefe und 4 m entfernt in 38–40 cm Tiefe eingebracht. Bei den Versuchssorten 'Papirowka' und 'Weißer Calvill' hatte die schichtweise Einbringung die höchsten Erträge zur Folge. I. Levke. 1230.

Popova, N. E. (Popowa, N. Je.) Izučenie koncentracii udobrenij pri vnekornevoj podkormke rastenij v plodovom pitomnike. **(Untersuchungen der Düngerkonzentration bei der Blattdüngung in Obstbaumschulen.)** Sb. naučn. tr. Umanskij s.-ch. in-t **1960** Nr. 12. S. 175–181. — Aus: Referativnyj žurnal. Biologija, Moskva **1961** Nr. 23. G 666. S. 74.
Die Blattdüngung zu Apfel, Birne, *Prunus cerasifera* und Reben in der Baumschule brachte einen größeren Effekt als kleinere Gaben trockenen Düngers unmittelbar in den Boden eingebracht. Für die Blattdüngung von Apfelsämlingen war die beste Konz. der Nährlösung (NPK und PK) 1–3% und für 1- und 2jährige 3–5%. Bei Erhöhung der Konz. auf 7% verringerte sich das Triebwachstum. übersetzt v. W. Peitz. 1230.

Dumont, M. P. Lupin fertilization in the Western Province. **(Lupinendüngung in der Westprovinz.)** Deciduous Fruit Crower **12** (1962) Nr. 1. S. 18–21. — 6 Abb.
Die Lupine ist die leistungsstärkste Leguminose in den Westprovinzen der Südafrikanischen Union. 30–40 t/morgen und mehr Grünmasse werden erzielt. Düngungsversuche wurden 4 Jahre an mehreren Standorten in Obst- und Rebanlagen vorgenommen und bes. die Wirkung von K und Mg geprüft. Die Durchführung der Mineraldüngung in Obst- und Rebkulturen erfolgt im Herbst und im Frühjahr. Bei Deckfruchtanbau von Lupinen in Obst- und Rebkulturen ist die Herbstdüngung bes. wichtig, da sie ein sehr gutes Lupinenwachstum und auch günstige Auswirkungen auf die Leistung der Obstgehölze hat. Empfohlen werden 300–400 lb./morgen Superphosphat und 700–1000 lb./morgen K-Mg-Dünger. W. Blasse. 1230.

Delver, P.; Wilhelminadorp, Inst. voor Bodemvruchtbaarheid. Optimisme over de grasstrokencultuur. **(Günstige Aussichten für die Grasstreifenkultur.)** Fruitteelt **52** (1962) Nr. 8. S. 262–263. — 1 Abb.
In einem 5jährigen 'Golden Delicious'- und 'Cox'-Orange-Pippin'-Bestand auf EM XI (4 m Reihenabstand) wurden 3 verschiedene Bodenpflegeverfahren einander gegenübergestellt: ganzflächig offener Boden, offener Boden mit 2 m breiten Grasstreifen in der Arbeitsgasse und ganzflächige Grasuntersaat. Die 1960 und 61 ermittelten Erträge waren bei dem ständig offen gehaltenen Boden am höchsten und fielen bei Grasunterkulturen am stärksten ab. Die Grasstreifenunterkultur brachte nur eine etwas geringere Ertragsleistung gegenüber dem ganzflächig offen gehaltenen Boden. Eine etwa gleiche Relation lag bisher bei der vegetativen Leistung vor. 2 Grasgemische für unterschiedliche Feuchtigkeitsverhältnisse werden angegeben. Bei dem in bezug auf Feuchtigkeit anspruchsvolleren Gemisch liegt der Anteil an engl. Raygras 4mal höher als bei dem Gemisch, das für trockene Standorte empfohlen wird. W. Blasse. 1230.

Koch, V. V.; Brno. **Die Baumschulenproduktion in der ČSSR— Voraussetzung eines intensiven Obstanbaues.** Intensivobstbau 2 (1962) Nr. 1. S. 11–12. — 3 Abb.

Über eine der größten Baumschulen der ČSSR, der Victoriabaumschule in Želešice (Schöllschitz) bei Brno wird berichtet. In der 60 ha großen Baumschule werden vorrangig Aprikosen und Pfirsiche angezogen. Demgegenüber ist der Anteil an Äpfeln und Birnen sowie Kirschen gering. Bemerkenswert ist, daß 1961 250000 Okulationen mit einem Folioband ausgeführt wurden, was gegenüber dem bisher verwandten Bast höhere Anwachsergebnisse brachte. Bei Pfirsichen wird in der Baumschule bereits ein sogenannter „Kesselschnitt" vorgenommen, der die Voraussetzung für die Bildung einer regelmäßigen Baumkrone bildet. Bei Äpfeln (Viertel- und Niederstämmen), wird auf 'Antonowka' als Unterlage zurückgegriffen. Zur Unkrautbekämpfung findet Simazin Verwendung, das sich bisher gut bewährt hat.
W. Blasse. 1230.

Rybakov, A. A. und Žukova, A. P. (Rybakow, A. A. und Shukowa, A. P.) Priemy likvidacii periodičnosti plodonošenija. **(Maßnahmen zur Beseitigung der Alternanz.)** Sadovodstvo, Moskva **100** (1962) Nr. 6. S. 12–15. – 1 Abb., 5 Tab.
Über die Alternanz bei Äpfeln und Birnen gibt es verschiedene Theorien. Versuche zur Erzielung eines jährlichen Ertrages wurden bei den Sorten 'Rosmarin', 'Renet Simirenko', 'Kandil sinap' und 'Naliw bely' durchgeführt. Es wurden verschieden hohe N- und P-Mengen gegeben und die Schnittmaßnahmen variiert, wodurch der Fruchtansatz reguliert werden konnte. Die Spritzung mit dem Herbicid DNOK hatte ein Abfallen überflüssiger Blüten zur Folge.
I. Levke. 1231.

Neumann, U.; Rostock, Univ., Inst. für Acker- und Pflanzenbau, Abt. Obstbau. **Zum Verlauf der Blütenknospendifferenzierung beim Apfel in Abhängigkeit von Standort, Sorte und Unterlage.** Arch. Gartenbau **10** (1962) Nr. 1. S. 11–23. – 8 Abb., 3 Tab., 12 Lit. Zus. in Engl., Russ.
Untersuchungen über den Verlauf der Blütenknospendifferenzierung bei 9 Apfelsorten auf den Unterlagen EM IV und XI in den Jahren 1958–59 an mehreren Standorten in Sachsen, Mitteldeutschland und Mecklenburg zeigten, daß Beginn und Geschwindigkeit der Differenzierung vom jährlichen Witterungsverlauf, bes. der Temperatur und von der Sorte abhängig sind. Die Standortunterschiede sind im wesentlichen auf den Temperaturverlauf zurückzuführen, jedoch scheint auch die durch Bodenart und -pflege bedingte Wasserversorgung eine Rolle zu spielen. Die Differenzierung begann Ende Juni bis Anfang Juli, die Ausbildung der Fruchtblätter oder der Theken der Staubblätter erfolgte bis Nov. Voruntersuchungen am gleichen Material in den Jahren 1956–59 zeigten analoge Ergebnisse, wobei auch hier die genotypische Variabilität der Sorten den Differenzierungsverlauf stärker beeinflußte als Unterlagen- und Umweltfaktoren.
E. Wittenberg. 1232.

Cociu, V. und Gozob, T. Contribuţii la stabilirea polenizatorilor pentru soiurile de măr 'Wealthy', 'Recordul lui Fey' si 'McIntosh'. **(Beitrag zur Feststellung der Pollenspender für die Apfelsorten 'Wealthy', 'Fey's Record' und 'McIntosh'.)** Inst. Cercetări horti-viticole [Bucureşti], Lucrări ştiinţ. **1959/60** (hrsg. 1961) S. 399–409. – 5 Tab., 17 Lit. Zus. in Russ., Franz.
Die in Rumänien eingeführten Apfelsorten 'Wealthy', 'Fey's Record' und 'McIntosh' werden wegen ihrer guten Qualität auf weiten Flächen verbreitet. Daher wurden in der Versuchsstation Bilceşti, Kreis Muscel die besten Pollenspender dieser Sorten untersucht. Für die Sorte 'Fey's Record' sind die besten Pollenspender: 'Wealthy', 'Weißer Astrachan', 'Borowinka', 'Papirowka' und 'McIntosh', für die Sorte 'Wealthy', 'Papirowka', ‚Roz de Virginia', 'Klarapfel' und 'Nistret'; für die Sorte 'McIntosh': 'Papirowka', 'Weißer Astrachan', 'Klarapfel' und 'Fey's Record'.
N. Burloi. 1232.

Fetisov, G. G. und Perechodkin, L. P. (Fetissow, G. G. und Perechodkin L. P.).; Moskau, Bot. Garten der Univ. Vlijanie sortov-opylitelej na urožaj semennuju produktivnost' jabloni. **(Der Einfluß der Bestäubersorten auf den Ertrag und die Samenproduktion bei Äpfeln.)** Sadovodstvo, Moskva **100** (1962) Nr. 2. S. 22–24. – 4 Tab.

Bei Äpfeln wurden verschiedene Bestäubersorten verwendet, um ein höheres Fruchtgew. und eine größere Samenanzahl von guter Qualität für die Sämlingsanzucht zu gewinnen. Dabei wurden folgende Kreuzkombinationen als erfolgreich herausgestellt: 'Antonowka' × 'Anis polosaty', 'Kitaika saninskaja' 'Anis p.' × 'Antonowka', 'Kitaika s.' 'Anis aly' × 'Antonowka'.

I. Lekve. 1232.

Stoll, K.; Wädenswil, Eidg. Versuchsanst. **Um die Gelbfärbung der Apfelsorte 'Golden Delicious'** Schweiz. Z. Obst- u. Weinbau **71** (1962) Nr. 9. S. 212–215. – 2 Tab.

Vf. ermittelte in einjährigen Versuchen mit Hilfe des Farbtafelwerkes von Seguy Farbstufen als Kriterium für eine objektive Beurteilung der Gelbfärbung der Früchte im Herbst und prüfte die Farbaufhellung der Früchte in Beziehung zu den Lagertemperaturen. Er stellte fest, daß Früchte der gleichen Farbstufe, jedoch verschiedener Herkünfte sich nicht zur gleichen Gelbfärbung entwickelten. Entscheidend für die gute Ausfärbung der Früchte sind gute Belichtung innerhalb der Baumkrone und optimale Gestaltung der Boden-, Düngungs-, Schnitt- und Schädlingsbekämpfungsmaßnahmen sowie die Regulierung des Fruchtansatzes. Auch beeinflussen Unterlage, Pflückzeitpunkt und Lagerungstemperatur die Gelbfärbung der Früchte, die nicht nur eine äußere, sondern auch eine innere Qualität darstellt.

E. Wittenberg. 1232.

Matzner, F. **Über den Gehalt und die Verteilung des Vitamins C in Äpfeln.** Erwerbsobstbau **4** (1962) Nr. 2. S. 27–30. – 1 Abb., 5 Tab., 17 Lit.

Vf. untersuchte den Vitamin-C-Gehalt in Äpfeln in Abhängigkeit von der Verteilung in der Frucht (Schale, chlorophyllführende Zellschicht unter der Schale, äußere und innere Fleischschicht, Kerngehäuse ohne Kerne) und der Lichteinwirkung. Letztere bewirkt, daß der Vitamin-C-Gehalt starken Schwankungen unterworfen ist und damit Sortenunterschiede verwischen kann. Die höchsten Werte finden sich in der Schale, kleine Früchte mit erhöhtem Schalenanteil weisen deshalb bis zu 30% höhere Werte auf. Ferner liegen diese bei Früchten, die einer intensiveren Bestrahlung ausgesetzt waren, höher. Vf. schließt daraus, daß der Probenahme ein entscheidender Einfluß auf die Höhe der Vitamin-C-Werte zuzuschreiben ist.

H. Ackermann. 1232.

Sergeenko, V. M. (Sergejenko, W. M.) Sortovye različija v perekljućenii jabloni na ežegodnoe plodonošenie. **(Die Sortenunterschiede bei der Ausschaltung der Alternans des Apfels.)** V sb.: Eksperim. issled. v plodovych sadach Kryma, Kiev **1960** S. 26–33. – Aus: Referativnyj žurnal. Biologija, Moskva **1961** Nr. 20. G 560. S. 61–62.

Jährlich tragende Sorten besitzen eine hohe Aktivität der Blätter und ein gut entwickeltes Wurzelsystem mit großer Resorptionsfläche sowie einen weniger großen rel. N- und Feuchtigkeitsgehalt in den fruchttragenden Zweigen. Infolgedessen tritt eine geringere Verarmung anderer Teile des Baumes an N und Feuchtigkeit im Erntejahr ein. Diese Sorten besitzen außerdem eine große Anzahl Blüten, die in der Blühperiode abfallen. Diese Eigenschaften sind charakteristisch für die Sorte 'Napoleon', die auch bei mäßiger Ernährung jedes Jahr Früchte trägt. Bei anderen Sorten wird die jährliche Fruchtbildung durch Anwendung agrotechn. Maßnahmen erreicht: Sicherung der Feuchtigkeit für die Bäume, Zuführung von N-Dünger in einzelnen Vegetationsperioden und Schnitt unter Berücksichtigung der Eigenheiten dieser oder jener Sorte. übersetzt v. D. Grafe. 1232.

Murawski, H. und Mittelstädt, H.; Müncheberg, Mark, Inst. für Acker- und Pflanzenbau der Dtsch. Akad. der Landwirtsch.-Wiss. zu Berlin. **Beobachtungen über die Frosthärte der Apfelsorte 'Hibernal'.** Intensivobstbau 2 (1962) Nr. 1. S. 4–6. – 2 Abb., 1 Tab., 2 Lit.

In zeitlich gestaffelten Frostungsversuchen mit einer fahrbaren Tiefgefrieranlage wurden einjährige Veredelungen von 'Hibernal' und 'Croncels' im Winter Temperaturen bis zu –32 °C ausgesetzt. 'Hibernal' wies gegenüber 'Croncels' eine bessere Frostresistenz auf. Es wurde festgestellt, daß sich 'Hibernal' schnell Temperaturen unter 0 °C anpaßt und somit Temperaturstürze besser übersteht als 'Croncels'. 'Hibernal' ist ein Stammbildner, der günstig auf die Ertragsbildung wirkt und gegen Kragenfäule resistent ist. Seine geringen Mängel während der Anzucht in der Baumschule (geringe Triebleistung) wurden durch die ihm eigenen Vorteile aufgewogen.
W. Blasse. 1232.

Knapen, H., Wolwertz, M. R. und Sironval, C. De invloed van de snoeidatum op de latere groei bij appelaars. **(Der Einfluß des Rückschnitttermins auf den Neuwuchs bei Äpfeln.)** Fruitteelt 52 (1962) Nr. 11. S. 352–353. – 3 Abb.

Anfang Jan. und Anfang Apr. wurden einjährige Okulate von 'Cox' Orange Pippin' auf M IX auf ca. 40 cm zurückgeschnitten und die Austriebsreaktion der obersten Knospe geprüft. Der Triebzuwachs war bei Jan.-Rückschnitt gegen Ende der Vegetationsperiode mit 43 cm um 15 cm größer als bei Apr.-Rückschnitt. Die Austriebe (Jan.-Rückschnitt) waren auch an der Basis kräftiger entwickelt. Die möglichen Ursachen dieser Erscheinung werden erörtert. W. Blasse. 1232.

Dominick jun., B. A. und Stanton, B. F. Handling apples from tree to store (A progress report). **(Behandlung der Äpfel vom Baum bis zum Lager.)** New York State horticult. Soc., Proc. annu. Meeting Nr. 107 (1962) S. 63–67.

Vff. behandeln das Problem der Ernte, Lagerung und des Verkaufs von Tafeläpfeln unter dem Gesichtspunkt einer einheitlichen Methode des Pflückens und Verpackens. Empfohlen werden auf Grund einjähriger Versuche mit Äpfeln der Sorte 'McIntosh' zur Aufnahme des Erntegutes Kartons aus Wellpappe mit Außenmaßen von $9^1/_4 \times 12^1/_4 \times 7^3/_4$ in. (Inhalt 10 lb.). 4–6 dieser Kartons werden in einem Hauptbehälter mit Innenabmessungen von $37 \times 37 \times 24$ in. zusammengestellt. Das Sortieren der Äpfel erfolgt beim Pflücken. Die Früchte werden in den Behältern gelagert und bis zum Verkauf darin aufbewahrt, so daß Beschädigungen weitgehend ausgeschlossen sind.
E. Wittenberg. 1232.

Stevenson, C. D., Watkins, J. B. und Blake, J. R.; Queensland, Dep. of Agric. and Stock, Food Preservation Res. Lab. Controlled atmosphere storage of Queensland grown Granny Smith apples. **(Lagerung von 'Granny Smith'-Äpfeln unter kontrollierter Atmosphäre in Queensland.)** Queensland J. agric. Sci. 18 (1961) Nr. 4. S. 463–475. – 3 Tab., 14 Lit.

Umfangreiche 8jährige Versuche mit 'Granny Smith', die sich auch über Früchte von Bäumen unterschiedlichen Alters und von verschiedenen Ernteterminen erstreckten, zeigten, daß diese Sorte unter kontrollierter Atmosphäre lagerfähig ist. Am besten bewährte sich eine Lageratmosphäre mit 5% O_2, aber die hierfür erforderliche Luftwäsche ist sehr kostspielig. CO_2-Gehalt in der Lagerluft hatte keinen Einfluß auf die Fäulnis der Früchte, wirkte sich zwar günstig auf die Erhaltung ihrer Festigkeit aus, aber der Umfang der Schalenbräune nahm mit steigendem CO_2-Gehalt, bes. bei vor Mitte Apr. geernteten Früchten, deutlich zu. Nach Stevenson und Blake (1961) ist es jedoch möglich, auch bei Anwesenheit von CO_2 durch Verwendung bestimmter Mittel (Diphenylamin) die Schalenbräune zu hemmen. Bei einem Gemisch von 16% O_2 und 5% CO_2 zeigten sich dabei noch befriedigende Ergebnisse. Für Australien steht aber die Anerkennung eines solchen Mittels (in den USA ist die Verwendung von 6-Äthoxy-1.2-dihydro-2.2.4-trimethylchinolin gestattet) durch die Gesundheitsbehörden noch aus. W. Schuricht. 1232.

Dumitrache, I. Complexul de măsuri agrotehnice pentru livezile de măr pe rod din bazinele pimicole Bistriţene. **(Komplexe agrotechnische Maßnahmen für die Ertragsapfelanlagen des Obstanbaugebietes Bistriţa.)** Inst. Cercetări horti-viticole [Bucureşti], Lucrări ştiinţ. **1959/60** (hrsg. 1961) S. 483–491. – 5 Tab., 10 Lit. Zus. in Russ., Franz.
Für die Hügelzone Nordtranssylvaniens wurden komplexe agrotechn. Maßnahmen bei der Apfelsorte 'Jonathan' untersucht. Die 19–25jährigen Bäume standen auf Sämling. Ständige Schwarzbrache unter Anwendung von org.-mineral. Düngemitteln, zahlreichen Pflegearbeiten und sorgfältiger Krankheits- und Schädlingsbekämpfung brachten einen Ertrag von ungefähr 148–225 dt/ha und überschritten damit den der Kontrolle um 106 und 186 dt/ha. N. Burloi. 1232.

Karnatz, A. **Über den fördernden und hemmenden Einfluß des Frostes auf die Parthenokarpie.** Erwerbsobstbau 4 (1962) Nr. 2. S. 31–33. – 4 Abb., 2 Tab., 4 Lit.
Untersuchungen an Birnen der Sorte 'Trévoux' 1961 ergaben, daß sich von frostgeschädigten Blüten ein geringerer Prozentsatz zu vollwertigen Früchten entwickelt als von gesunden, eingetüteten Blüten. Die Frostwirkung beeinträchtigt nicht nur die parthenokarpe Fruchtbildung, sondern verringert auch die Zahl der samenhaltigen Früchte, deren Entwicklung die stärkste Konkurrenz für die Jungfernfrüchtigkeit darstellt. Eine direkte Förderung der Parthenokarpie durch frostinduzierte Aktivierung von Hormonen konnte nicht bestätigt werden. Parthenokarpe Früchte sind gegen Witterungseinflüsse empfindlicher als normale samenhaltige, was bes. für die Zeit vor und während des Früchtefalles im Juni gilt. Bei warmen, feuchten Witterungsverhältnissen können sich mehr parthenokarpe Früchte entwickeln als bei ungünstigen Witterungsbedingungen. W. Blasse. 1235.

Parnia, P. Comportarea unor soiuri autohtone de păr în şcoala de puieţi. **(Das Verhalten einiger Lokalbirnensorten in der Baumschule.)** Inst. Cercetări horti-viticole [Bucureşti], Lucrări ştiinţ. **1959/60** (hrsg. 1961) S. 493–500. – 4 Tab., 17 Lit. Zus. in Russ., Franz.
In der Praxis der Baumschulen der RVR verwendet man für die Birnen Wildbirnenunterlagen und für bestimmte Sorten auch Quittenunterlagen. Es wurde jedoch festgestellt, daß diese Unterlagen in der Baumschule wie auch im Feld nicht für alle Birnensorten ein befriedigendes Verhalten aufweisen. Um neue Birnenunterlagen zu finden, hat Vf. einige Lokalbirnensorten aus Nordmoldau studiert. Davon zeigten die Sorten: 'Harbuzeşti', 'Popeşti' und 'Alămîi' das beste Verhalten. Das Auflaufen der Sämlinge erfolgte zu 45% bei der Kontrolle (Wildbirnen), zu 51% bei der Sorte 'Harbuzeşti', 54% bei 'Popeşti' und zu 58% bei 'Postatele'. Der Sämlingsertrag war bei den Lokalsorten gegenüber der Kontrolle höher. Bei der Sorte 'Harbuzeşti' wurden 367625 Standardsämlinge/ha mit einem Nehrertrag von 44% gegenüber der Kontrolle erzielt. Das Wurzelsystem der Lokalsortenunterlagen ist verzweigt, was im Gegensatz zu den Wildbirnen, die eine einzige Pfahlwurzel bilden, besseres Anwachsen im ersten Kulturjahr in der Baumschule gewährleistet. N. Burloi. 1235.

Astachov, A. I. (Astachow, A. I.) Zimostojkost' cvetočnych poček višni i slivy. **(Die Frostresistenz der Blütenknospen von Kirschen und Pflaumen.)** Sadovodstvo, Moskva **100** (1962) Nr. 1. S. 14–16. – 2 Tab.
Aus dem Gebiet von Lipezk werden Beobachtungen zur Frostresistenz der Blütenknospen von zahlreichen Kirschen- und Pflaumensorten mitgeteilt.

Über Anzahl und Art der Knospenschädigungen werden Zahlen angeführt. Es wird festgestellt, daß die Hauszwetschen weniger resistent als die Kirschen sind und die Unterlage fast keinen Einfluß auf die Frostresistenz der Blütenknospen ausübt. I. Lekve. 1241.

Deist, J., Marais, P. G. und Niekerk, P. E. Le R. van.; Stellenbosch, Fruit Res. Inst. Seasonal absorption of phosphate by peaches and apricots. **(Die zeitliche Aufnahme von Phosphor bei Pfirsichen und Aprikosen.)** Deciduous Fruit Grower **12** (1962) Nr. 4. S. 85–88. – 4 Abb.
Um die Aufnahme von radioaktivem P durch 3–4 jährige Pfirsiche und Aprikosen am natürlichen Standort prüfen zu können, wurden Isotopenlösungen in starker Verdünnung zu verschiedenen Terminen in einen Graben neben die jungen Bäume gegeben (analog einer Furchenbewässerung). Die Wanderung und Anreicherung von P in den Geweben wurden mit Geigerzählern und Radiogrammen ermittelt. Im Winter erfolgte bei beiden Arten keine P-Aufnahme. Sie lag auch in der Periode bis zur Blüte in einem nicht meßbaren Bereich. Der in den Blüten und Knospen ermittelte P stammte aus den vorjährigen Reserven. Während der Hauptwachstumsperiode erfolgte eine intensive P-Aufnahme, die nach der Fruchternte abklingt. Die Aufnahme von P war bei Pfirsich und Aprikose unterschiedlich. Während im Aug. 1958 die Aprikose rel. mehr P in einer längeren Periode aufnahm als der Pfirsich, ergab sich bei Nov.-Applikation ein umgekehrtes Verhältnis. Es konnte außerdem ermittelt werden, daß die Phosphorsäure im Boden wenig wandert. Als agrotechn. günstiger Termin für die P-Düngung wird die Blütezeit von Pfirsich und Aprikose angesehen. W. Blasse. 1241.

Bisti, E. G. (Bisti, Je. G.) Ispol'zovanie karbonatnych černozemov pod kostočkovye kul'tury. **(Die Nutzung von Karbonat-Tschernosemböden für Steinobstkulturen.)** Sadovodstvo, Moskva **100** (1962) Nr. 3. S. 17–19. – 1 Abb., 2 Tab.
In Versuchen wurde festgestellt, inwieweit die stark karbonathaltigen (Kreide) Böden für den Anbau von Kirschen, Aprikose und Pflaume geeignet sind. In 30–40 cm Tiefe betrug der Karbonatgehalt 50–91,4%, der pH-Wert 7,6. Aprikose und Kirsche (Sorte 'Kentskaja') wachsen und tragen gut auf diesem Boden, während er für Pflaume weniger geeignet ist. I. Lekve. 1241.

Constantinescu, N., Prică, D. und Doneaud, A. Contribuţii la studiul cauzelor pieirii premature şi rodirii neregulate a caisului. **(Beitrag zur Frage der Ursachen des frühzeitigen Ertragsrückganges und der Alternanz bei Aprikosen.)** Inst. Cercetări horti-viticole [Bucureşti], Lucrări ştiinţ. **1959/60** (hrsg. 1961) S. 213–229. – 9 Abb., 6 Tab., 20 Lit. Zus. in Russ., Franz.
Die Analyse von ca. 360 verschieden alten Bäumen zeigte, daß die Hauptursachen des frühzeitigen Ertragsrückganges und der Alternanz bei Aprikosen Temperaturschwankungen bzw. Spätfröste, die im Spätwinter und am Anfang des Frühjahrs nach warmen Zeiträumen eintreten, und seltener strenge Fröste im Winter sind. Die untersuchte Sorte war 'Beste von Ungarn' auf Myrobalana-Sämling. Die Wirkung der großen Temperaturschwankungen äußert sich durch Wunden an den Stämmen und an der Basis der in der Regel nach Südwesten und Süden gerichteten Gerüstzweige wie auch durch Erfrieren der Blütenknospen. Zur Erzielung besserer Erfolge beim Aprikosenanbau im Becken Geoagiu werden Kopfveredlung der Bäume, Verwendung der Lokalsorten 'Prun galben', 'Gras de Becs' und 'Buburuz' als Sämlingsunterlagen und Anbau auf verhältnismäßig leichten und gut dränierten Böden empfohlen. N. Burloi. 1242.

Stefanov, N. (Stefanow, N.) Prinos kŭm ustanovjavane na najpodchodjašta podložka za kajsijata i visočinata na stŭbloto. **(Beitrag zur Feststellung der geeignetsten Aprikosen-Unterlage und Stammhöhe.)** Izvestija na Central-

nija naučnoizsledovatelski institut po ovoštarstvo — gara Kostinbrod, Sofija 1 (1961) S. 127–137. — 6 Abb., 9 Tab. Zus. in Russ., Dtsch.
Die Untersuchungen wurden 1957–60 durchgeführt, wobei als Unterlagen wurzelechte Hauszwetsche, Mandel und Aprikose (Kontrolle) geprüft wurden. Die Veredlungen wurden in unterschiedlicher Stammhöhe vorgenommen, 5; 55 und 110 cm über dem Erdboden. Den größten Zuwachs und ein gutes Anwachsen zeigten die Aprikosen auf Sämlingsunterlage, gefolgt von denen auf wurzelechter Hauszwetsche. Die Fruchtreife der Aprikose auf Mandel setzte um 10–12 Tage früher ein als auf Hauszwetsche und Aprikose. Die stärkste Frostempfindlichkeit zeigten die Hauszwetschenunterlagen. Bei einer Temperatur von —8 °C wurde hier der höchste Prozentsatz an erfrorenen Blütenknospen (48,6%) beobachtet. M. Stoilow. 1242.

Milanov, B. (Milanow, B.) Izsledvane vŭrchu srokovete i načinite na prisaždane na kajsijata. **(Untersuchungen über Veredlungszeiten und Veredlungsverfahren bei der Aprikose.)** Izvestija na Centralnija naučnoizsledovatelski institut po ovoštarstvo — gara Kostinbrod, Sofija **1** (1961) S. 139–148. — 3 Tab. Zus. in Russ., Dtsch.
Um einen hohen Anteil von wertvollem Aprikosenpflanzgut zu gewährleisten, wurde ein Veredlungsversuch mit den Unterlagen 'Marille', 'Gelbe Myrobalane' und 'Silistra-Aprikose' vorgenommen. Geprüft wurden 2 Verdedlungsverfahren in 2 Wiederholungen zu verschiedenen Zeitpunkten: Okulation mit schlafendem und treibendem Auge. Die Versuche zeigten, daß das beste Pflanzgut (80%iges Anwachsen) durch die Verwendung von 'Marillen'-Unterlagen und Okulation mit schlafendem Auge gewonnen werden kann. Die Unterlagen 'Silistra-Aprikose' und 'Gelbe Myrobalane' wie auch die Okulation mit treibendem Augen haben sich nicht bewährt. Z. Zankow. 1242.

Scaramuzzi, Franco; Pisa, Univ., Ist. di Coltivazioni Arboree. Situazione attuale e prospettive della coltura dell'albicocco in Italia. **(Die gegenwärtige Situation und Perspektive der Aprikosenkultur in Italien.)** Frutticoltura 24 (1962) Nr. 1. S. 17–35. — 35 Abb., 1 Tab. Zus. in Franz.
Der Anbau der Aprikose stieg in Italien von 1921 (rund 200000 ha) bis Anfang der 30er Jahre (rund 400000 ha) an. Daran schloß sich eine fallende Tendenz bis 1949 an, wobei der Bestand wieder um 200000 ha schwankte. In den letzten Jahren ist trotz steigender Tendenz eine starke Schwankung zu verzeichnen. Insgesamt lassen sich 18 Anbaugebiete kennzeichnen, von denen Campanien mit einer Produktion von ca. 33% der Gesamterzeugung die größte Bedeutung besitzt. Die geschlossenen Anlagen nehmen nur ca. 10% ein, bringen aber fast 50% der Produktion. Stark verbreitet ist die Mischkultur, wobei in den einzelnen Gebieten verschiedene Kulturen mit der Aprikose zusammengepflanzt werden. Neben Weinbau ist im Gebiet von Imola auch der Erdbeeranbau als Unterkultur vertreten. Während bei Mischkultur der Viertel- und Halbstamm vorherrschend ist, werden in den Intensivanlagen Niederstämme — als Palmetten formiert — bevorzugt. Die einzelnen Anbaugebiete werden charakterisiert und Sortenerfahrungen mitgeteilt. Die Früchte von 14 Sorten sind bildlich dargestellt. S. Kramer. 1242.

Karnatz, H. **Praktische Erfahrungen mit der Vermehrung der Kirschunterlage F 12/1.** Erwerbsobstbau **4** (1962) Nr. 2. S. 23–24. — 3 Abb., 4 Lit.
Im Mittel von 9 aufeinander folgenden Abrißernten sind nur $^1/_3$ der Abrisse von F 12/1 als aufschulfähig zu bezeichnen. Die Hälfte mußte verschult werden, der Rest von 18% war unbrauchbar. Der Prozentsatz aufschulfähiger Abrisse schwankt jährlich beträchtlich, als Hauptursache wird der Einfluß der Witterung auf die Bodentemperatur gesehen. Ältere, 9 jährige Mutterpflanzen waren jüngeren Mutterpflanzen, 1- und 3jährig, in dem Prozentsatz aufschulfähiger Abrisse deutlich unterlegen, in der Ausbeute je Mutterpflanze

und damit in der Flächenleistung aber erheblich besser. Spritzungen zu gestaffelten Zeitpunkten auf dem Boden, der zur Anhäufelung benutzt wird bzw. auf die Blätter ab Mitte Juni bis Ende Juli mit α-Naphthylessigsäure ergaben keine gesicherten Vorteile bei der Vermehrung. Neue, bereits in Großvermehrungen befindliche Klone weisen bessere Vermehrungseignung als F 12/1 auf. W. Blasse. 1245.

Petrov, Andrej A. (Petrow, Andrej A.); Plowdiw, Bulgarien, Höheres Landwirtsch. Inst. „W. Kolarow", Lehrstuhl für Obstbau. Vlijanie na dŭlžinata i sroka na sŭkraštavaneto na smesenite klončeta vŭrchu dobiva i izrastvaneto na klončetata-zamestnici pri praskovata. **(Einfluß von Stärke und Zeit des Rückschnittes der Zweige auf Ertrag und Triebbildung beim Pfirisch.)** Naučni trudove. Visš selskostopanski institut „Vasil Kolarov", Plovdiv **10** (1961) S. 67–74. — 4 Abb., 3 Tab., 6 Lit. Zus. in Russ., Franz.
Der Versuch wurde mit der Sorte 'Marygold' durchgeführt. An 5jährigen Bäumen mit 50–60 cm Stammhöhe und 3–4 Leitästen wurden 4 verschiedene Rückschnitte erprobt: 1. starker Rückschnitt auf 4–6 Fruchtaknospen 2. mittelstarker auf 8–10 Knospen, 3. schwacher auf 20–24 Knospen, 4. wie 3., aber nach der Ausbildung der Blätter. Dabei wurden folgende Ergebnisse erzielt: Der starke Rückschnitt bringt infolge der geringen Beastung des Obstbaumes einen geringen Ertrag, fördert aber die Ausbildung starker Triebe, der mittelstarke Schnitt führt zu den besten Ergebnissen in bezug auf Fruchtertrag, Fruchtqualität und Triebbildung. Er wurde als zweckmäßigster Rückschnitt empfohlen. Der schwache Rückschnitt bringt Höchsterträge, führt aber zu schwachen Trieben, der späte Rückschnitt mindert Ertrag und Fruchtqualität. Z. Zankow. 1248.

Ştefan, N., Cvasnîi, D. und Pîslaru, C. Stabilirea celor mai bune sisteme de formare a coroanelor la prun. **(Die Ermittlung der besten Kronenform bei Pflaumen.)** Inst. Cercetări horti-viticole [Bucureşti], Lucrări ştiinţ. **1959/60** (hrsg. 1961.) S. 411–422. — 2 Tab., 25 Lit. Zus. in Russ., Franz.
Ein Versuch über den Erziehungsschnitt bei den Pflaumensorten 'Tuleu gras', 'Anna Späth' und 'Italienische Zwetsche' wurde durchgeführt. Folgende Kronenformen wurden untersucht: aufgelockerte etagierte Pyramidenkrone (**I**), etagierte Pyramidenkorne mit 5 Leitästen (Gaucher) (**II**), kombinierte Krone (**III**), Pyramidenkrone ohne Etagen (Leader) (**IV**) und Naturkrone (**V**). In 3jährigen Untersuchungen wurden folgende Ergebnisse erzielt. Bei **IV** und **I** zeigte sich eine bessere Entwicklung gegenüber **II**. Der Zuwachs erhöhte sich auf 114–132% beim Stammumfang, 107–118% beim Kronendurchmesser und 122–130% in bezug auf die Höhe. Die Gerüstäste und der Mittelast sind bei **IV** kräftiger gegenüber der Kontrolle. Eine gute Fruchtholzentwicklung und reichere Erträge wurden ebenfalls bei **IV** gegenüber **I** und **II** erzielt.
N. Burloi. 1250.

Mitu, M. Contribuţii la studiul cresterii soiurilor de prun în cîmpul II şi III al pepinierei. **(Beitrag zum Studium des Wachstums einiger Pflaumensorten im zweiten und dritten Kulurjahr in der Baumschule.)** Inst. Cercetări horti-viticole [Bucureşti], Lucrări ştiinţ. **1959/60** (hrsg. 1961) S. 501–507. — 2 Tab., 6 Lit. Zus. in Russ., Franz.
Von 1956–57 wurde ein Versuch mit 66 Pflaumensorten in bezug auf Wachstum und Entwicklung der Bäume im 2. und 3. Kulturjahr in der Baumschule durchgeführt. Es wurde festgestellt, daß bei den Sorten 'Große Grüne Reneklode', 'Gelbe Reneklode', 'Coe's Godendrop', 'Simonii', 'Précoce favorite' und 'Roşior văratec', die im 2. Kulturjahr sehr schwach wachsen, die Bildung der Krone im 2. Kulturjahr nicht erfolgen kann. Die Sorten 'Belle de Liège', 'Belle de Louvain', 'Emma Leppermann', 'Schwarze Reneklode', 'Damme Aubert blanche' und 'Giant Plum' weisen einen starken Wuchs auf und bilden vorzeitige Triebe, wodurch die Kronenbildung im 2. Kulturjahr ermöglicht

wird. Bei den anderen untersuchten Sorten bildete sich die Krone im 3. Kulturjahr. N. Burloi. 1250.

Rădulescu, C., Cvasnîi, D. und Nica, St. Soiuri de prun bune pentru zona subcarpatică meridională. **(Geeignete Pflaumensorten für die südliche subkarpatische Zone.)** Inst. Cercetări horti-viticole [Bucureşti], Lucrări ştiinţ. **1959/60** (hrsg. 1961) S. 389–397. – 2 Abb., 1 Tab., 5 Lit. Zus. in Russ., Franz.
In der Versuchsstation Voineşti wurden von 1951–59 20 auf Kirschpflaumen veredelte Pflaumensorten untersucht. Es wurden bes. Frühzeitigkeit, Fruchtbarkeit, Ertragsfähigkeit, Qualität und Frostfestigkeit der Bäume untersucht. Die Sorten 'Tuleu gras' und 'Anna Späth' wurden bes. hervorgehoben. Die Sorten 'Ontario', 'Victoria', 'Oullins', 'Emma Leppermann' und 'Schöne aus Löwen' wurden, obwohl sehr ertragsfähig und großfrüchtig, wegen ihrer geringen Qualität und Transportfestigkeit nicht ins Sortiment aufgenommen. Die Sorten 'D'Agen' und 'Kirkes Pflaume' bewährten sich als Ergänzungssorten. Daneben empfiehlt es sich, die Sorten 'Montfort' und 'Timpurii de Aiud' wegen ihrer Ertragsfähigkeit, Frühzeitigkeit und Fruchtqualität in das Sortiment aufzunehmen. N. Burloi. 1250.

Forte, Vincenzo.' Aspetti e problemi della coltura del noce. **(Gesichtspunkte und Probleme der Walnußkultur.)** Frutticoltura **24** (1962) Nr. 3. S. 215–221. – 4 Abb., 1 Tab. 1255.

Schuppe, E. **Ergebnisse von Sortenprüfungen bei Stachelbeeren und Himbeeren.** Erwerbsobstbau **4** (1962) Nr. 2. S. 24–27. – 7 Abb., 1 Tab.
Bei Stachelbeeren haben sich von 147 in Registerpflanzungen und 25 in Wertprüfungen befindliche Sorten folgende als ertragreichste erwiesen: 'Rote Triumph', 'Lady Delamere', 'Weiße Neckertal', 'Grüne Kugel', 'Weiße Triumph', 'Hönings Früheste', 'Schmidts Erfolg', 'Rote Orleans', 'Mauks Frühe Sorte', 'Maiherzog', 'Lauffener Gelbe', 'Rote Preis Typ Goliath', 'California'. Von 166 Himbeersorten in Registerpflanzungen und 29 Sorten in 2 Wertprüfungen erwiesen sich folgende Sorten als wertvollste: 'Malling Landmark', 'Schönemann', 'Malling Promise', ,Andenken an Paul Camenzind', 'Stuttgart', 'Lloyd George', 'Winklers Sämling', 'Preußen' ('Romy' und 'Nordmark' 2mal tragend, für den Liebhaberobstbau). Die älteren Himbeersorten sind den Neuzüchtungen in bezug auf Gesundheit, Ertragsleistung und Fruchtgröße unterlegen und daher nicht mehr anbauwürdig. Zu jeder Sorte wird eine kurze Charakteristik gegeben. W. Blasse. 1257.

Bogdański, K., Wierzbicki, M., Bogdańska, H. und Ostrowska, I. Przydatność zamrażalnicza 30 odmian truskawek i malin. **(Die Gefriertauglichkeit von 30 Erdbeer- und Himbeersorten.)** Roczniki Nauk rolniczych, Ser. A **85** (1962) Nr. 3. S. 495–514. – 1 Abb., 17 Tab., 6 Lit.
Vff. prüften die Gefriertauglichkeit verschiedener Sorten durch organoleptische Beurteilung der Konsistenz frischer Erdbeeren nach dem Auftauen sowie den Ascorbinsäuregehalt in den Früchten, seinen Übergang in den die Früchte umgebenden zuckerhaltigen Sirup und den Gehalt der Früchte an Mikroorganismen vor und nach dem Frosten. Die besten Ergebnisse zeigten die Erdbeersorten 'Afrika', 'Climax', 'Cambridge Favourite', 'Purpuratka' und 'Ville de Paris', die Himbeersorten 'Llyod George', 'Rubin' und 'Andenken an Paul Camenzind'. Im Verlauf der 9monatigen Lagerung von 17 Erdbeersorten 1956/57 betrugen die Ascorbinsäureverluste durchschnittl. 1% tägl. Je höher die Sirupkonz. (40%–60%), um so besser blieb die Ascorbinsäure erhalten. Die Menge der Mikroorganismen verringerte sich im Lagerungsprozeß hauptsächlich in den ersten 3 Monaten. J. Pragowski. 1257.

Christova, J. (Christowa, J.) Vŭrchu obmjanata na veštestvata pri jagodata kato pokazatel za efekta na toreneto. **(Über den Stoffwechsel der**

Erdbeere als Anzeigewert für die Düngerwirkung.) Izvestija na Centralnija naučnoizsledovatelski institut po ovoštarstvo — gara Kostinbrod, Sofija **1** (1961) S. 19–33. — 7 Tab., 7 Lit. Zus. in Russ., Dtsch.
Durch Feststellung des Gehaltes an Gesamt-N sowie des Kohlenhydratgehaltes der K- und P-Menge in Blättern und Wurzeln von Erdbeerpflanzen der Sorte 'Madame Moutôt' wurden die Ursachen des Ertragsrückganges bei hohen Düngergaben untersucht. Aus den 2jährigen Untersuchungsergebnissen ging hervor, daß die Zunahme des Gesamt-N-Gehaltes in den Blättern und Wurzeln der auf Tschernosem-Smolnitza-Boden angebauten Erdbeeren in der Hauptsache auf Kosten des anorg. N erfolgt. Die Erhöhung der Düngergaben hatte eine Abnahme zur Folge. Die Blätter und Wurzeln der Pflanzen der ungedüngten Versuchsvariante hatten den höchsten P- und K-Gehalt, dieser ging bei hohen Düngergaben zurück. Eine hohe Konz. an Mineralsalzen verhindert also den normalen Ablauf der Stoffwechselvorgänge in den Erdbeerpflanzen.
St. Waklinowa. 1260.

Daskalov, P., Angelov, A. und Tanev, R. (Daskalow, P., Angelow, A. und Tanew, R.) Chimiko-technologičeska ocenka na njakoi jagodovi sortove. **(Chemisch-technologische Beurteilung einiger Erdbeersorten.)** Izvestija na Centralnija naučnoizsledovatelski institut po ovoštarstvo — gara Kostinbrod, Sofija **1** (1961) S. 157–175. — 1 Abb., 8 Tab. Zus. in Russ., Dtsch.
Von 1958–60 wurden 25 Erdbeersorten auf Reifezeit und Erntedauer, Qualität, Fruchtfärbung, chem. Zusammensetzung der Frucht untersucht sowie technologisch bewertet. Zur Verarbeitung zu Konfitüren und Kompott sind die Sorten 'Mieze Schindler', 'Ville de Paris', 'Senga', 'Machern', 'Germania', 'Eva Macherauch' und 'Späte von Leopoldshall' am geeignetsten. Zur Bereitung von Säften und Gelees eignen sich bes. 'Cambridge Early', 'Pinot', 'Senga', 'Ville de Paris', 'Mieze Schindler', 'Germania', 'Machern', 'Frühernte', 'Späte von Leopoldshall', 'Deutsch-Evern' und 'Eva Macherauch'. Die Ausweitung des Anbaues von 'Mieze Schindler', die gute Erträge liefert und für industrielle und häusliche Verwertung sehr geeignet ist, wird bes. empfohlen. Dagegen wird vorgeschlagen, die Verbreitung der Sorte 'Madame Moutôt' einzuschränken und diese Sorte nur für den Frischverbrauch zu verwenden.
M. Stoilow. 1260.

Sănduleac, Eugen und Baculinschi, Hermina. Date preliminare privind valoarea meliferă a zmeurului şi zburătoarei în munţii Buzăului. **(Vorläufige Daten über die Himbeere und den rauhhaarigen Schotenweiderich als Nektarspender im Gebirge von Buzău.)** Staţ. centr. Cercetări Sericicult. Apicult., Lucrări ştiinţ **1** (1959) S. 126–128. — 1 Tab.
Der Nektar wurde mit Hilfe von Kapillaren und durch Waschen der Blüten in dest. Wasser gewonnen. Der Zuckergehalt wurde bei dem durch Kapillaren gewonnenen Nektar refraktometrisch und bei dem durch Wasser entzogenen Nektar nach der Methode Hagedorn-Jensen bestimmt. Die Vff. haben festgestellt, daß im Jahre 1957 im Durchschnitt bei der Himbeerblüte die Zuckerproduktion in 24 Std. 1,410 mg mit einer Konz. von 30,15% beträgt und einem Honigertrag von 50 kg/ha entspricht. Unter gleichen Bedingungen wurde auch die Nektar- bzw. Zuckerproduktion des rauhhaarigen Schotenweiderichs, der in der Nachbarschaft der Himbeere wächst, bestimmt. Die durchschnittl. Zuckerproduktion pro Blüte in 24 Std. war: 0,723 mg, mit einer Konz. von 35,5%, was einem Honigertrag von 40 kg/ha entspricht. Die Vff. heben hervor, daß i. allg. der Schotenweiderich sehr schwach von den Bienen besucht wurde, eine Tatsache, die sich auch an der Verringerung des Honigertrages bei dem Kontrollvolk bemerkbar machte. I. Barac. 1262.

Goedegebure, L. und Ruissen, J. Frambozenrassenproef op de kleinfruitproeftuin te Kapelle. **(Himbeersortenprüfung auf dem Beerenobstversuchsfeld in Kapelle.)** Fruitteelt **52** (1962) Nr. 11. S. 349. — 1 Tab.

12 Sorten standen seit 1956 in der Beerenobstprüfstation im Vergleich. Nach 5 Ertragsjahren ergab sich folgende abnehmende Ertragsleistung in kg/acre: 'Malling Promise' 656, 'Malling Exploit' 593, 'Geneva 17861' 568, 'Malling Landmark' 509, 'Oregon 564' 502, 'Lloyd George NZ' 455, 'Malling Jewel' 383, 'Schönemann' 357, 'Rote Wädenswiler' 339, 'WK 7' 253, 'Preußen' 251, 'Malling Enterprise' 224. Die wichtigsten Sorten werden kurz charakterisiert. Für die Standortverhältnisse im Gebiet von Zeeland wird allein die Sorte 'Malling Promise' empfohlen. W. Blasse. 1262.

Op't Hoog, G. Th.; Hertogenbosch, Rijkstuinbouwconsulentschap. Ervaringen met enkele minder bekende zwartebessenrassen. **(Erfahrungen mit einigen wenig bekannten Schwarzen Johannisbeersorten.)** Fruitteelt **52** (1962) Nr. 11. S. 362–364. – 3 Abb., 6 Tab.

Das gegenwärtige SortimentSchwarzer Johannisbeeren in Holland besteht aus den Sorten 'Goliath', 'Roodknop', 'Wellington XXX' und 'Silvergieters Schwarze'. Daneben haben noch 'Baldwin Hilltopl' und 'Åkermans Bes' Bedeutung. Seit 1952 eingeleitete Sortenvergleichsprüfungen mit 18 Sorten führten nach 3 Ertragsjahren zur Herausstellung der Sorten 'Osmala' (Finnland) und 'Consort' (Kanada). Alle übrigen Sorten fielen gegenüber diesen stark ab. In einem 1956 angelegten Versuch mit 5 Sorten lag nach 4 Ertragsjahren 'Consort' überlegen an der Spitze. Sie brachte 134% Ertrag im Vergleich zu 'Goliath' = 100%, 'Osmala' = 80%, 'Crusader' = 74% und 'Coronet' = 47%. Auch im Geldertrag war 'Consort' allen Vergleichssorten überlegen. Die wichtigsten geprüften Sorten werden kurz charakterisiert.
W. Blasse. 1268.

Kuminov, E. P. (Kuminow, Je. P.); Minuszinsk, RSFSR, Versuchsstat. für Garten- und Melonenbau. Altajskij dikij kryžovnik i ego gibridnoe potomstvo. **(Die wilde Stachelbeere des Altai und ihre Hybriden.)** Sadovodstvo, Moskva **100** (1962) Nr. 1. S. 16–17. – 2 Abb.

Die wilde Stachelbeere, *Ribes aciculare* SM, ist in Sibirien weit verbreitet. Sie zeichnet sich durch Frost- und Mehltauresistenz aus und wird zur Kreuzung mit eur. und amer. Kultursorten verwendet. Es werden Hybriden beschrieben, die neben guten Fruchtqualitäten die Frost- und Mehltauresistenz der Wildform aufweisen. Sie sind für die Züchtung von Interesse. Als Sorten werden 'Perwenez Minussinska' und 'Muromez' genannt. I. Lekve. 1268.

Romisondo, Piero und Khalil, Wafik; Torino, Univ., Ist. di Coltivazioni Arboree. L' azione de alcune sostanze d'accrescimento sulla germinazione del polline di cultivar di Vitis vinifera. **(Die Wirkung verschiedener Wuchsstoffe auf die Pollenkeimung bei Sorten von Vitis vinifera.)** Frutticoltura **24** (1962) Nr. 1. S. 79–88. – 5 Abb., 6 Tab., 15 Lit. Zus. in Franz.

Ein Nährmedium (8% Saccharose + 2% Gelatine) wurde mit unterschiedlichen Konz. (0,1 , 1, 10, 25 und 50 ppm) verschiedener Wuchsstoffe (IAA; 2.4.5-T; 2.4.5-TP, Gibberellinsäure und K-Naphthylacetat) versetzt und darin Polle n der Sorten 'Bonarda', 'Freisa' und 'Corinto Nero' zur Keimung gebracht. Bei der letzten Sorte wurden wahrscheinlich auf Grund von Pollenanomalien keine Ergebnisse erzielt. Die Pollenkeimung nach 24 Std. (in%) und die Länge der Pollenschläuche standen nicht im Zusammenhang. Beide Sorten reagierten nicht einheitlich. Die steigenden Konz. ergaben keine gleichgerichtete Veränderung der Pollenkeimung. Das Längenwachstum der Pollenschläuche wurde bei 'Freisa' durch 10 ppm und bei 'Bonarda' durch 25 ppm Gibberellinsäure und 2.4.5-TP (1 und 25 ppm) am stärksten gesteigert.
S. Kramer. 1270.

Hiroyasu, T. Nutritional and physiological studies on grapevine. II. Seasonal changes in inorganic nutrient contents. **(Ernährungs- und physiologische Untersuchungen an der Weinrebe. 2. Mitt. Jahreszeitlicher Wechsel im Gehalt**

an anorganischen Nährstoffe.) J. Jap. Soc. horticult. Sci. **30** (1961) Nr. 2. S. 111–116. – 10 Tab., 24 Lit. Orig.: jap., Ausz.: engl. 1. Mitt. vgl. LZ. Abt. II 7 (1962) Nr. 8. S. 2209.
Blätter, Triebe und Beeren der Rebsorte 'Black Queen' wurden auf ihren Gehalt an N, P, K, Ca und Mg untersucht. Der Gehalt in den Blättern nahm mit fortschreitender Jahreszeit ab, mit Ausnahme von Ca. Der jahreszeitliche Wechsel in den Trieben und Wurzeln war ziemlich gering. Der höchste Nährstoffgehalt wurde in den Blättern gefunden. Je jünger die Triebe waren, desto höher war ihr Gehalt an Nährstoffen mit Ausnahme von Ca, das sich in älteren Trieben anhäufte. Der Gesamtgehalt aller Nährstoffe erreichte in der Rebe den Höhepunkt Ende Sept. Zu diesem Zeitpunkt betrug das Verhältnis der Nährsalze in den neugebildeten Organen (Blätter, Früchte, einjährige Triebe) zu den älteren Organen bei N 77:23, bei P 63:37, bei Mg 56:44, bei K 85:15 und bei Ca 70:30. Die Aufnahme von N, P und Mg war von Mai bis Juli am höchsten. Ca und K wurden in zunehmendem Maße von Mai bis Sept. aufgenommen. I. Förtsch. 1270.

Hiroyasu, T. Nutritional and physiological studies on grapevine. III. Seasonal changes in the contents of organic constituents. **(Ernährungs- und physiologische Untersuchungen an der Weinrebe. 3. Mitt. Jahreszeitliche Veränderungen im Gehalt organischer Bestandteile.)** J. Jap. Soc. horticult. Sci. **30** (1961) Nr. 3. S. 211–214. – 4 Tab., 6 Lit. Orig.: jap., Ausz.: engl. 2. Mitt. vgl. vorst. Ref.
Blätter, Triebe, Stamm, Wurzeln und Beeren der Rebsorte 'Black Queen' wurden von 1954–55 auf ihren Gehalt an Rohfaser, Rohprotein, löslichen Zuckern und Stärke untersucht. Rohfaser war bes. reichlich in Fruchttrieben, im Stamm und in den Wurzeln vorhanden, Rohprotein in den Blättern, Stärke im Stamm und in den Wurzeln. Der Gehalt an Rohfaser und -protein in den Beeren, Blättern und Fruchttrieben stieg mit dem Wachstum der Rebe an bis zur Samenhärte. Danach stieg der Gehalt an löslichen Zuckern und Stärke. In älteren Geweben des Stammes und der Wurzeln war der Gehalt an Rohfaser und Stärke in der Vegetationsperiode gering, z.Z. der Winterruhe dagegen hoch. Mit dem Gehalt an löslichen Zuckern verhielt es sich genau umgekehrt. I. Förtsch. 1270.

Daškevič, A. V. (Daschkewitsch, A. W.) O zimostojkosti sortov vinograda i novych gibridov i vozmožnosti rasširenija ploščadej neukryvnoj kul'tury. **(Die Winterfestigkeit von Weinsorten und Hybriden und die Möglichkeiten der Ausdehnung des Anbaues ohne Bodenabdeckungen.)** V sb.: Vopr. racional'n. vedenija vinogradarstva. Nr. 1. Rostov-na Donu, Rostovsk, un-t **1960** S. 132–138. – Aus: Referativnyj žurnal. Biologija, Moskva **1961** Nr. 23. G 756. S. 83.
Auf der Grundlage der Analyse des jährlichen Wachstumszyklus des wilden Amurweins, eur. Sorten und Hybriden aus eur. Sorten und dem Amurwein wurde festgestellt, daß bei letzteren die Vegetationsphase schneller verläuft, die Triebe intensiver wachsen und diese Sorten früher reifen als eur. Das Holz der Hybriden reifte auch besser aus und ist demzufolge besser auf die Überwinterung vorbereitet. Der frühe Knospenaustrieb der Hybriden führt häufig zu Schäden gegen Ende des Winters. In der Züchtung ist deshalb unbedingt zu erreichen, daß die Hybirden neben der kurzen Vegetationsperiode eine längere Ruhepause durchlaufen. Dadurch werden die Aussichten für den Anbau der Weinrebe ohne Abdeckung im Dongebiet verbessert.
übersetzt v. W. Peitz. 1270.

Mujdaba, F. und Simion, I. Plivitul portaltoiului în Dobrogea. **(Die Sommerbehandlung der Unterlage in der Dobrudsha.)** Grădina, Via Livada **10** (1961) Nr. 9. S. 32–34. – 1 Tab.
Die Untersuchungen wurden mit den Unterlagen 'Berlandieri × Riparia 5 BB' und 'Chasselas × Berlandieri 41 B' von 1957–59 durchgeführt. Der

Versuch umfaßte 5 Versuchsglieder. Bei der letzten Behandlung wurden 5, 7, 9, 11 bzw. 13 Schosse/Weinstock belassen. Nach der Ernte der Ruten ergab es sich, daß der günstigste Besatz für '41 B' 8–9 und für '5 BB' 10–11 Schosse/Weinstock ist, wobei ein Ertrag von 122733 bzw. 178166 Unterlagsreben/ha erzielt wurde. Wenn auch die Unterlage '5 BB' ertragsfähiger ist, eignet sich jedoch '41 B' für die kalkhaltigen, in der Dobrudsha befindlichen Hanglagen besser. L. Valeanu. 1270.

Alexandrescu, N., Stefănescu, Gh., Vladu, C. und Vladu, Ileana. Intrarea în producţie a plantaţiilor de portaltoi din anul al II-lea de la plantare. **(Ertragsbeginn der Rebunterlagen im zweiten Kulturjahr.)** Inst. Cercetări horti-viticole [Bucureşti], Lucrări ştiinţ. **1959/60** (hrsg. 1961) S. 673–681. — 5 Tab., 8 Lit. Zus. in Russ., Franz.

Die Untersuchungen zeigten, daß die Rebunterlagenbestände im 2. Kulturjahr Vermehrungsmaterial liefern können, wenn gewisse Erfordernisse berücksichtigt werden: Durchführung der Pflanzung mit bewurzelten Reben hoher Qualität, Einbringung von 3–4 kg Stallmist in die Pflanzgrube, Anwendung günstiger agrotechn. Maßnahmen, damit die Anzahl der Schosse 2–4/Stock und ihre Länge 2–3 m beträgt, Errichtung von Unterstützungspyramiden oder -spalieren am Ende des ersten Kulturjahres, wobei 1–2 Zapfen bleiben sollen, und Verabreichung von 20 t/ha Stallmist. Durch Anwendung dieser Verfahren wurde ein Ertrag von 75–80000 Unterlagsreben/ha bei 'Kober 5BB' erzielt. N. Alexandrescu. 1270.

Poenaru, I. und Duşchin, Vasilica. Cercetări privind rodirea timpurie a viilor tinere. **(Untersuchungen in bezug auf einen frühen Ertragsbeginn in jungen Weingärten.)** Inst. Cercetări horti-viticole [Bucureşti], Lucrări ştiinţ. **1959/60** (hrsg. 1961) S. 603–613. — 5 Abb., 3 Tab., 13 Lit. Zus. in Russ., Franz.

Um den Ertragsbeginn in jungen Weingärten zu verfrühen, empfiehlt es sich, beim Anpflanzen Trieb und Wurzel auf 10 cm einzukürzen, im 2. Kulturjahr einen langangeschnittenen einjährigen Trieb und im 3. Kulturjahr mehrere langangeschnittene einjährige Triebe, je nach der Kraft des Weinstockes, zu behalten. Mit diesem Verfahren und unter den Bedingungen einer fortgeschrittenen Bodenbearbeitung wurde bei der Sorte 'Merlot' in Odobeşti ein Ertrag von 18828–20000 kg/ha Trauben im 3. Kulturjahr erzielt.
I. Poenaru. 1270.

Poenaru, I., Baractaru, M., Condei, Gh. und Bucoveanu, T. Vigoarea butucului de viţă-criteriu just de stabilire a sarcinilor de rod. **(Die Lebenskraft des Weinstockes als richtiges Kriterium zur Feststellung des Eigenbehangs.)** Grădina, Via Livada **10** (1961) Nr. 2. S. 19–22. — 2 Abb., 2 Tab.

Als Weinstöcke mit niedriger Lebenskraft wurden solche mit durchschnittl. 100 Augen, als mittelkräftige Weinstöcke solche mit 200 Augen und als starke solche mit über 200 Augen bestimmt. Innerhalb jeder Gruppe wurden an jedem Weinstock 15, 30, 45, 60 und 75% der Gesamtaugenzahl gelassen. Es wurde festgestellt, daß bei 'Muscat Ottonel' der günstigste Behang für die Weinstöcke niedriger und mittlerer Lebenskraft 45% und für die kräftigen Weinstöcke 30% der Gesamtaugenzahl ist. Der Traubenertrag erhöhte sich mit der Zunahme des Behanges, steht jedoch nicht in direktem Verhältnis dazu. L. Valeanu. 1270.

Băjescu, N., Poenaru, I. und Podoleanu, N. Stabilirea sarcinii de rod în podgoria Murfatlar după vigoarea butucului. **(Feststellung des Eigenbehanges je nach der Kraft des Weinstockes in dem Weinberg Murfatlar.)** Inst. Cercetări horti-viticole [Bucureşti], Lucrări ştiinţ. **1959/60** (hrsg. 1961) S. 615 bis 626. — 6 Abb., 5 Tab., 16 Lit. Zus. in Russ., Franz.

Die von 1955–59 durchgeführten Untersuchungen wiesen darauf hin, daß der in Abhängigkeit von der Kraft des Weinstockes verschiedenartige Schnitt zur Ertragssteigerung beiträgt. Anhand der erzielten Ergebnisse empfiehlt es sich, bei der Sorte 'Riesling italien' 15–20% der vor dem Schnitt an den Trieben vorhandenen Gesamtaugenzahl bzw. 3–4 Tragruten mit je 8–10 Augen stehenzulassen. Dadurch wurden Erträge von ca. 6510–8724 kg/ha Trauben erzielt.
I. Poenaru. 1270.

Katarjan, T. G. und Potapov, N. S. (Katarjan, T. G. und Potapow, N. S.); Unions-Forsch.-Inst. für Weinbereit. und Weinbau „Magaratsch". Vlijanie klimatičeskich faktorov na prochoždenie faz vegetacii vinograda. **(Einfluß klimatischer Faktoren auf den Ablauf der Vegetationsphasen der Weinrebe.)** Vinodelie i vinogradarstvo SSSR, Moskva **21** (1961) Nr. 8. S. 26–31. — 5 Abb., 1 Tab.

13jährige Beobachtungen ergaben, daß hohe Lufttemperaturen auf Blüh- und Reifezeit verfrühend wirken. In gleicher Richtung wirkt unzureichende Bodenfeuchtigkeit. R. Schuricht. 1270.

Butănescu, Gh. und Negreanu, V. Influenţa îngrăşămintelor bacteriene în producerea viţelor altoite. **(Einfluß der Anreicherung des Bodens mit Bodenbakterien auf die Erzeugung von Pfropfreben.)** Grădina, Via Livada **10** (1961) Nr. 2. S. 22–26. — 1 Tab.

Von 1957–59 wurde die Verwendung der Bodenbakterien *Azotobacter chroococcum, Bacillus megaterium var. phosphaticus* untersucht. Diese wurden in einer Anzahl von 100,50 und 15 Md./40 kg Sägemehl zugesetzt und unter Beimischung von 0,6% Ammoniumnitrat, 0,4% K-Salz, 1,6% Superphosphat, 20% Harnstoff und Spurelementen, wie Zn, B und Mn, verwendet. Beim Auspflanzen wurden die Rebwurzeln mit Bodenbakterien behandelt, die zu einer besseren Kallusbildung beim Treiben (um 36–125%, ohne Düngemittel) gegenüber der Kontrolle beitrugen. Beim Auspflanzen (mit und ohne org. Düngemittel) war der Ertrag gegenüber der Kontrolle um 6–84% höher.
L. Valeanu. 1270.

Weiß, E.; Freiburg/Br., Staatl. Weinbauinst. **Frühjahrsbodenbearbeitung und Düngung.** Dtsch. Weinbau **17** (1962) Nr. 6. S. 185–186.

Bei der Bodenbearbeitung im Frühjahr wird der vor dem Winter an die Stockreihen gepflügte Erdbalken abgehäufelt, und der Boden in der Gassenmitte gleichzeitig eingeebnet und gelockert. Mit dieser Arbeit wird auch auflaufendes Unkraut zerstört. Da zur Beseitigung des Erddammes in den Reihen noch ein einwandfrei arbeitendes Gerät fehlt, ist hierfür noch die Handhacke erforderlich. Mit der Frühjahrsbodenbearbeitung wird die Humuszufuhr und Düngung mit K und P verbunden. N wird auf 2 Gaben verteilt, im Frühjahr und nach der Blüte. N-Überdüngung ist zu vermeiden. Bei im Vorjahr beobachteten Nährstoffmangelerscheinungen werden die entspr. Nährstoffe bis auf die doppelte Menge erhöht. K. Thiele. 1270.

Baltagi, B. und Văleanu, L. Influenţa ingrăşării şi irigaţiei asupra creşterii rădăcinilor la butaşi în şcola de viţe. **(Einfluß der Düngung und der Bewässerung auf das Wurzelwachstum der Reben in der Rebschule.)** Inst. Cercetări horti-viticole [Bucureşti], Lucrări ştiinţ. **1959/60** (hrsg. 1961) S. 637–649. — 11 Abb., 1 Tab., 14 Lit. Zus. in Russ., Franz.

Die Dynamik der Wurzelentwicklung und der Einfluß der agrotechn. Maßnahmen auf das Wurzelwachstum wurden untersucht. Es wurde festgestellt, daß die Wurzeln 30 Tage nach Pflanzung der Reben in der Rebschule gebildet werden. Düngemittel und Wuchsstoffe regen das Wachstum der Wurzeln an, während die Bewässerung das Triebwachstum fördert. Die Wurzeln wachsen im Okt. und Nov. weiter. Es wurde festgestellt, daß zwischen dem Wachstum der Wurzeln und dem Ertrag an Qualitätspfropfreben eine enge positive Beziehung besteht. I. Poenaru. 1270.

Braner, K.; Darmstadt, Landwirtsch. Untersuchungsamt und Versuchsanst. **Was leistet Flotal im Weinbau?** Dtsch. Weinbau **17** (1962) Nr. 2. S. 242. – 1 Tab.

Durch Anwendung des Bodenkrümelungsmittels Flotal zur Strukturverbesserung schwererWeinbergsböden ist in langjährigenVersuchen eine durchschnittl. Ertragssteigerung um 10% gegenüber nicht mit Flotal behandelten Böden erzielt worden. Das Mostgew. war nur wenig geringer, während der Säuregehalt unverändert blieb. Im Vergleich zu Schlacke waren die Erträge bei Flotalbehandlung gleich hoch, während die Mostqualität etwas verbessert war. Der Arbeits- und Kostenaufwand ist bei Flotal wesentlich geringer als bei Schlackeanwendung. Einer Aufbringung von 360 dt/ha Schlacke steht eine solche von 60 dt/ha Flotal gegenüber. K. Thiele. 1270.

Alexandrescu, I., Protopopescu, V. und Popa, C. Punerea în valoare prin terasare şi plantare cu viţă de vie a terenurilor cu soluri schelet situate pe pante mari din centrul Dobrogei. **(Die Verwertung der auf steilen Hängen in der mittleren Dobrudsha liegenden Gelände mit Skelettboden durch Terrassierung und Weinbau.)** Inst. Cercetări horti-viticole [Bucureşti], Lucrări ştiinţ. **1959/60** (hrsg. 1961) S. 41–52. – 2 Abb., 7 Tab., 9 Lit. Zus. in Russ., Franz.

In der mittleren Cobrudsha können durch Terrassierung günstige Bedingungen zum Anbau der Weinrebe geschaffen werden. Die Quantität und Qualität der Erträge nähert sich derjenigen auf südlichen Hängen. Die Plattformen der Terrassen sollen waagerecht sein oder eine sehr schwache Neigung aufweisen (unter 10%). P. Stanescu. 1270.

Magriso, Juda. (Magrisso, Juda.) Sravnitelno proučvane na lozjata, otgleždani na naklon i ravno mjasto pri južna ekspzicija na sklona. **(Vergleichende, Untersuchungen in Weinbergen bei südlicher Hangneigung und in ebenen Lagen.)** Lozarstvo i vinarstvo, Sofija **10** (1961) Nr. 4. S. 13–18. – 6 Tab., 4 Lit.

Wachstum, Ertragsleistung und Traubenqualität von Reben wurden beim Anbau auf Hängen mit 15° Neigung und in ebenen Lagen untersucht. Dabei wurden 2 Erziehungsarten angewendet: der gemischte Guyot mit einer Tragrebe, 3 Zapfen und mit 18 Augen und der Zapfenschnitt mit 10–12 Augen. Festgestellt wurde, daß beim Guyotschnitt die Reben in der Ebene einen höheren Prozentsatz an ausgetriebenen Augen aufweisen, während das beim Zapfenschnitt bei den Hangroben der Fall war. Beim Guyot war auch die Zahl der Sommertriebe in der Ebene höher. Das Wachstum der Reben in der Ebene war stärker als am Hang. Die Hangpflanzungen lieferten beim kurzen Rebschnitt 38% höhere Erträge. Die Reben in der Ebene brachten beim Guyot einen um 5% höheren Ertrag. Der Zuckergehalt bei beiden Erziehungsarten lag beim Hanganbau um 1,5–2,7% höher. M. Stoilow. 1270.

Oşlobeanu, M. und Mujdaba, F. Comportarea soiurilor de viţă roditoare din podgoria Murfatlar în condiţii de cultură pe teraso cu expoziţie nordică. **(Verhalten der tragenden Rebsorten im Weinberg Murfatlar unter den Bedingungen der nach Norden gerichteten Terrassenanlagen.)** Inst. Cercetări hortiviticole [Bucureşti], Lucrări ştiinţ. **1959/60** (hrsg. 1961) S. 549 bis 558. – 4 Abb., 1 Tab., 8 Lit. Zus. in Russ., Franz.

1958–59 wurden Versuche mit Rebsorten auf Terassen verschiedener Exposition und einer Neigung von 18–25% durchgeführt. Es wurde festgestellt, daß auf der nördlichen Terrasse das Wachstum der Weinstöcke, der Zucker- und Säuregehalt und der Traubenertrag sich gegenüber der südlichen Terrasse vermindern, während das Gew. von 100 Beeren und die Intensität der Beerenfarbe sich erhöhen. Da der Nachteil des Nordhanges gering ist, empfiehlt es sich, Weinberge auf nach Norden gerichteten Terrassen anzulegen.

L. Valeanu. 1270.

Alexandrescu, I. und Popa, C. Rolul perdelelor de protecţie în sporirea producţiei viticole. **(Die Rolle von Schutzstreifen bei der Ertragssteigerung im Weinbau.)** Grădina, Via Livada **10** (1961) Nr. 2. S. 26–30. – 3 Abb., 1 Tab.
1952 wurde unter Berücksichtigung der vorherrschenden Windrichtung und der Bodenerosion eine Versuchspflanzung von Schutzstreifen angelegt. Dafür wurden folgende Arten verwendet: *Eleagnus angustifolia, Acer tataricum, Quercus sessiliflora, Fraxinus, Robinia pseudoacacia, Ligustrum vulgare, Prunus myrobalana, Syringa vulgaris* und *Prunus mahaleb*. Die mittlere Höhe der Schutzstreifen betrug 8 m. Die durchgeführten Untersuchungen zeigten, daß ihr günstigster Einfluß sich bes. in den Jahren 1956, 58 und 59 äußerte, als der Schnee durch den Wind zerstreut und dadurch das Wachstum der Rebe gehindert wurde. Bis zu einem Abstand von 10 m gegenüber den Schutzstreifen nahm der Ertrag ab; zwischen 10 und 70 m erhöhte er sich um 644–1253 kg/ha. Die mittlere Ertragszunahme betrug 706 kg Trauben/ha. L. Valeanu. 1270.

Hillebrand, Walter; Bad Kreuznach, Lehr- und Versuchsanst. für Weinbau, Gartenbau und Landwirtsch.; Höhere Weinbauschule. **Grenzen und Möglichkeiten der Weitraumanlagen — Zusammengefaßte Erfahrungen aus Weinbaubetrieben an der Nahe.** Weinberg und Keller **9** (1962) Nr. 5. S. 143-158. — 4 Abb., 3 Tab.
Weitraumanlagen mit Hocherziehung liefern unter bestimmten Voraussetzungen die gleichen Erträge wie Normalanlagen. Die Qualität ist etwas geringer; dies kann aber durch spätere Lese ausgeglichen werden. Ein starker Anschnitt von Tragholz führt zu einem deutlichen Qualitätsabfall und soll daher unterbleiben. Rieselschäden treten in Weitraumpflanzungen kaum auf. Der Vollertrag setzt bei gutem Pflanzmaterial und sorgfältiger Aufzucht im 4.–5. Jahr ein. Die Frostfestigkeit der Stämme liegt höher als bei Stämmen mit mittelhoher Erziehung. Für Weitraumanlagen eignen sich bes. die Sorten 'Riesling', 'Müller-Thurgau', 'Traminer', 'Weißer Burgunder', 'Auxerrois' und 'Ruländer', während 'Silvaner', 'Grüner Veltliner' und 'Portugieser' nur bedingt brauchbar sind. Beim Rebschnitt hat sich gegenüber dem von Lenz-Moser empfohlenen Kordonschnitt mit Streckern und Zapfen der Bogrebenschnitt mit je 2 Bogreben auf beiden Ästen als zweckmäßiger erwiesen. Es dürfen je m^2 Bodenfläche nicht mehr Augen zum Anschnitt kommen als in Normalanlagen. In fruchtbaren Böden können bis zu 45 Augen/Stock bemessen werden. Die Laubarbeiten beschränken sich auf das Ausbrechen der Triebe und das Durchstecken von $^1/_3$ der Triebe durch die oberen Drahtpaare. Die erforderlichen Maßnahmen zur Bodenbearbeitung, Düngung und Schädlingsbekämpfung werden durch den Einsatz der Technik wesentlich erleichtert. Eine bes. Bedeutung besitzt die Gründüngung für Weitraumanlagen.
K. Thiele. 1270.

Rangelov, B. (Rangelow, B.) Po vŭprosa za rezitbata na sorta 'Červen misket'. **(Über den Rebschnitt der Sorte 'Tscherven misket'.)** Lozarstvo i vinarstvo, Sofija **10** (1961) Nr. 6. S. 28–30. – 2 Abb., 3 Tab.
9jährige Reben auf der Unterlage 'Chasselas × Berlandieri 41B' in 2 × 1,25 m Entfernung auf einem Gelände mit 5,5° Gefälle und südlicher Lage wurden untersucht. 2. Erziehungsschnittsysteme, der doppelte Guyot und der fächerartige Schnitt, mit gleicher Belastung von 28 Augen und einer Bogrebenlänge von 10 Augen wurden verglichen. Der doppelte Guyotschnitt gewährleistet einen höheren Einzelstockertrag (6,7 kg) und eine bessere Qualität (17,2% Zucker) im Vergleich zum fächerartigen, bei dem der Ertrag bei 5,3 kg und der Zuckergehalt bei 16,8% liegt. Der Prozentsatz der ausgetriebenen Sommertriebe ist beim Guyotschnitt höher, dieser der fruchttragenden Jungtriebe geringer. Das fächerartige System läßt sich langsamer und schwieriger erziehen, daher wird für die Praxis der doppelte Guyotschnitt empfohlen.
Z. Zankow. 1270.

Kondarev, M. und Cankov, B. (Kondarew, M. und Zankow, B.); Plowdiw, Bulgarien, Höheres Landwirtsch, Inst. „W. Kolarow". Proučvane na grŭcki sortove lozi. **(Untersuchung griechischer Rebsorten.)** Naučni trudove. Visš selskostopanski institut „Vasil Kolarov", Plovdiv **10** (1961) S. 51–66. — 21 Tab., 5 Lit. Zus. in Russ., Dtsch.
11 griechische Rebsorten wurden untersucht. Auf Grund 4jähriger phänologischer Beobachtungen und der ermittelten Traubenmenge und -qualität empfehlen Vff. als Grundlage weiterer Untersuchungen und zur Einführung in die Praxis folgende Sorten: 'Gdura Kondura', 'Kokinus', 'Ostrowka' und 'Tscherno ot Limnos'. Z. Zankow. 1270.

Romanov, I. I. (Romanow, I. I.) Moldau. Forsch.-Inst. für Garten-, Weinbau und Weinbereit. Sorta vinograda sovetskoj selekcii v gossortoispytanii Moldavii. **(Weinsorten sowjetischer Züchtung in der Sortenprüfung der Moldauischen Republik.)** Vinodelie i vinogradarstvo SSSR, Moskva **21** (1961) Nr. 8. S. 43–44.
Bei den Sortenprüfungen ergab sich, daß einige Sorten aus Mittelasien und Aserbaidshan für den Anbau in der Moldaurepublik geeignet sind.
R. Schuricht. 1270.

Prokopév, G. und *Maltabar, L.* **Vinogradarstvo Moldavii v semiletke.** (Weinbau in der Moldauischen SSR im Siebenjahrplan.) Kišinev: „Kartja Moldovenjaske". 1960. (78 S.) 8°. (1962 A 177)

E. Zierpflanzenbau

Hofman, N. C. und Neefjes, P. J. De recente ontwikkeling van de sierteelt in Nederland. **(Die gegenwärtige Entwicklung des Zierpflanzenbaues in den Niederlanden.)** Meded. Directeur Tuinbouw ['s-Gravenhage] **25** (1962) Nr. 6. S. 356–367. — 4 Abb., 5 Tab.
Von 1951–61 hat sich in Holland der Blumenzwiebelanbau von 7534 auf 10243 ha erhöht. $^2/_3$ der Anbaufläche liegen in Westfriesland und im Gebiet von Hilligom-Harlem-Sassenheim. Die Tulpe nimmt mit 3500 ha über $^1/_3$ der Anbaufläche ein, gefolgt von Gladiolen (2500 ha), Narzissen (1150 ha) und Hyazinthen (600 ha.) 60% aller Betriebe haben eine Fläche unter 0,5 ha. Die Anbaufläche von Baumschulerzeugnissen stieg von 1951–61 von 2770 auf 3000 ha. $^1/_5$ des Anbaues ist um Boskoop konz. Fast $^1/_4$ der Anbaufläche (22%) nehmen Ziersträucher ein, gefolgt von Busch- und Heckenpflanzen (18%), Obstgohölzen (12%), Parkbäumen (11%) und Rosen (10%). Die Anbaufläche für Obstgehölze ist in den letzten 10 Jahren auf fast die Hälfte zurückgegangen, die für Ziersträucher, Zierkoniferen und Rosen wurde beträchtlich erweitert. Der Unterglasanbau bei Zierpflanzen hat sich von 1951–61 von 300 auf 533 ha und der Freilandanbau von 876 auf 1031 ha erhöht. Über $^1/_3$ des Unterglasanbaues liegen in Aalsmeer und Umgebung. Der Unterglasanbau verteilt sich wie folgt: Nelken 121 ha (23%), Rosen 100 ha (19%), übrige Schnittblumen 122 ha (23%), Topfpflanzen 60 ha (11%). Die entspr. Werte für 1951 sind 59 ha (20%), 57 ha (19%), 50 ha (17%), 42 ha (14%). Die große Zahl der Kleinbetriebe ist für eine Rationalisierung der Erzeugung erschwerend.
W. Hiller. 1315.

Fritzsche, W.; Dresden-Pillnitz, Inst. für Gartenbau der Dtsch. Akad. der Landwirtsch.-Wiss. zu Berlin. **Arbeitszeitaufwand und Ertrag bei Edelnelken.** Dtsch. Gartenbau **9** (1962) Nr. 5. S. 127–129. — 3 Abb., 3 Tab., 2 Lit.
Der Arbeitszeitaufwand wurde in 3 Betrieben in jeweils 2 Kulturjahren ermittelt. Die Ergebnisse zeigten, daß sich der Arbeitszeitaufwand je Flächeneinheit vermindert, wenn sich die effektive Anbaufläche erhöht; diese Tendenz ist verallgemeinerungswürdig. Der Anteil der einzelnen Arbeitsarten (15) am Gesamtarbeitszeitaufwand wird angegeben. Die Arbeiten bei der Ernte

und Vermarktung machten 28%, beim Ausbrechen 23,7% und beim Verspannen 12,5% der gesamten Arbeitsstd. aus. Der durchschnittl. Ertrag lag bei 161,8 Blumen je m² Nutzfläche. E. Wittenberg. 1340.

Foerster, K.; Bornim. **Die vierzehn Idealfunkien in ihren vier Hauptfarbengruppen. Ein Vorschlag zur Namens-Klärung und Vereinfachung, zur bequemen Überschaubarkeit und zur Erleichterung der Gartenverwendung.** Dtsch. Gartenarchitektur **3** (1962) Nr. 2. S. 58–60. — 5 Abb.

Vf. setzt sich für eine gute Zusammenarbeit der Botaniker und Gärtner in der Namensgebung ein, damit einfache, aussagekräftige neue Namen zustande kommen. Ferner ist er der Ansicht, daß die bot. Namen, schon ihres häufigen Wechsels wegen, noch durch treffende, bequem aussprechbare und merkbare deutsche Namen ergänzt werden sollten. Er schlägt für jede Art also neben dem neuen bot. Namen auch einen deutschen Namen vor, der sich leicht in andere Sprachen übersetzen ließe. Der Laubfarbe nach teilt er die Funkien in 4 Hauptgruppen ein: 1. blaue Funkien mit 3 Arten, 2. goldgelbe Funkien, gelbe Grünrandfunkien, grüne Gelbrandfunkien mit 4 Arten, 3. grüne Funkien mit 4 Arten und 4. weißgrüne Funkien mit 3 Arten. Die einzelnen Arten werden näher beschrieben. Abschließend wird hervorgehoben, daß viele reizvolle Funkien in weiten Kreisen gar nicht genügend bekannt sind und wegen ihrer Anspruchslosigkeit bei der Gartengestaltung mehr verwendet werden sollten. U. Walter. 1345.

Loeser, Heinrich; Heidelberg, Staatl. Lehr- und Versuchsanst. für Gartenbau. **Gibboe-Versuche bei der Hortensiensorte 'Bodensee'.** Gartenwelt **62** (1962) Nr. 11. S. 224–225. — 3 Abb.

Im Dez. eingeräumte Hortensien wurden mit dem Wuchsstoffmittel „Gibboe" behandelt, als die Knospen 2–3 cm groß waren. Es wurden 3 Veruchsreihen angesetzt: A = 1mal behandelt, B = unbehandelt und C = 2mal behandelt. Im übrigen wurden die Pflanzen praxisüblich kultiviert. Bei den wiederholten Bonitierungen konnte bei den behandelten Pflanzen schon bald eine Verfrühung der Blüte festgestellt werden. Der Zeitgewinn liegt zwischen 6 und 12 Tagen. Aussehen und Haltbarkeit wurden nicht ungünstig beeinflußt. Ein großer Unterschied zwischen Reihe A und C konnte nicht festgestellt werden, letztere wiesen eine gleichmäßigere Blumenbildung auf. Vf. weist darauf hin, daß bei Einräumen im Nov. der „Gibboe"-Behandlung eine noch größere Bedeutung zukommen dürfte. U. Walter. 1355.

Kosugi, K. und Sano, Y. Studies on the blindness in gladiolus. IX. Effect of nitrogen application on the auxin content in gladiolus flower buds. **(Untersuchungen über die Blütenlosigkeit bei Gladiolen. 9. Mitt. Wirkung der N-Düngung auf den Auxingehalt von Gladiolen-Blütenknospen.)** J. Jap. Soc. horticult. Sci. **30** (1961) Nr. 3. S. 259–262. — Orig.: jap., Ausz.: engl. — 5 Abb., 2 Tab., 7 Lit. 8. Mitt. vgl. LZ. Abt. II 7 (1962) Nr. 9. S. 2484.

Kleine Zwiebeln (im Mittel 8,8 g) der Sorte 'Spotlight' wurden im Gewächshaus auf Sand herangezogen und mit N gedüngt bzw. N-frei gehalten. Bei der Kontrolle waren Pflanzenhöhe, Sproßgew. und Blütenbildung(%) geringer als bei N-Düngung, außerdem war die Blattfarbe hellgrün. Weiterhin war bei N-Mangel der N-Gehalt der Pflanzenmasse geringer (bezogen auf Tr.-Subst.) und ging nicht über ein bestimmtes Maximum hinaus, wogegen der N-Gehalt bei den gedüngten Pflanzen mit fortschreitender Vegetation sich ständig erhöhte. Im Auxingehalt der Knospen bestanden zwischen N-gedüngten und nicht gedüngten Pflanzen keine Unterschiede. Die anatomische Untersuchung ergab, daß die taube Knospe der N-Mangelpflanze in der gleichen Weise abstarb wie bei Kurztageinwirkung. Der Unterschied bestand lediglich darin, daß alle Knospen zugleich abstarben. Offenbar ist der N-Mangel selbst die Ursache für die Taubheit der Knospen. W. Stenz. 1360.

Fritzsche, W.; Berlin-Köpenick, Humboldt-Univ., Inst. für Zierpflanzenbau. **Kosten und Ertrag einer Tulpentreiberei.** Dtsch. Gartenbau **9** (1962) Nr. 4. S. 103–105. — 5 Abb., 4 Tab.
Die Arbeit enthält Ergebnisse der betriebswirtsch. Analyse einer Tulpentreiberei, denen 3 Kulturperioden zu Grunde liegen. Die Arbeiten des Einmietens und des Einräumens aus der Miete in das Haus benötigten 41% der gesamten Arbeitsstd., so daß empfohlen wird, das Einmieten und Einräumen durch die Einlagerung in geeigneten Räumen zu ersetzen. Der monatliche Flächenbedarf für 10000 Tulpenzwiebeln im Freiland und Gewächshaus ist angegeben. Der Außenumsatz betrug DM 161,72 /m². Die Selbstkosten beliefen sich auf DM 117,16 /m², so daß sich ein Reingewinn von DM 44,56/m² ergab.
E. Wittenberg. 1360.

Herklotz, Achim. **Organbildung und -entwicklung bei Maiglöckchen.** Gartenwelt **61** (1961) Nr. 21. S. 421.
Für den Ertrag an Blühkeimen beim Maiblumenanbau ist die Kenntnis der Organbildung wichtig. Da die Bildung des Blütenstandes bereits ein Jahr, bevor die Blüte äußerlich sichtbar wird, erfolgt, müssen pflanzenbauliche Maßnahmen zur Erhöhung der Ertragsrate an Blühkeimen bereits im Jahr vor der Nutzung getroffen werden. Spätere Maßnahmen wirken sich nicht mehr auf den Ertrag im laufenden Jahr, sondern im folgenden Jahr aus. Aus diesem Grund hat Vf. den zeitlichen Ablauf der Entwicklung des Blütenstandes, der Laub- und Hüllblätter in allen Einzelheiten behandelt. Auch auf den Einfluß niedriger Temperaturen auf die Aufhebung des Ruhezustandes und somit den Fortgang und Abschluß der Blütenbildung wird hingewiesen. G. Barich. 1360.

Rupprecht, H.; Berlin-Köpenick, Humboldt-Univ., Inst. für Zierpflanzenbau. **Stand und Perspektiven des Maiblumenanbaus in der DDR.** Dtsch. Gartenbau **9** (1962) Nr. 5. S. 129–133. — 5 Abb.
Vf. gibt einen Überblick über Größe und Entwicklung der Anbaugebiete für Maiblumen in der DDR und behandelt bes. das Wittenberger Anbaugebiet. Ferner berichtet er über Ergebnisse von Versuchen im Inst. und in der Praxis im Hinblick auf folgende Fragen: Einfluß des Entfernens der Nebenkeime oder Nebenknospen, der Richtung der Pflanzreihen, der Pflanzweite und der Pflanztiefe auf den Ertrag; Auswirkung von Bodenbedeckung und Beschattung auf Qualität und Quantität der Maiblumenkeime; Einfluß der Düngung auf Wuchsleistung und Treibqualität; Kulturzeit; chem. Unkrautbekämpfung; Kontrolltreibversuche bzw. Herkunftsprüfungen; Kühllagerung sog. Eiskeime und Einfluß von Witterung und Boden auf die Qualität der Keime.
E. Wittenberg. 1360.

Ihara, Y. und Tamari, K. Studies on the green wood grafting of horticultural plants. II. Shortening of nursery period by the use of green wood grafting. **(Untersuchungen über die „Grünveredlung" gärtnerischer Pflanzen. 2. Mitt. Die Verkürzung des Baumschulstadiums durch die Anwendung der „Grünveredlung".)** J. Ja. Soc. horticult. Sci. **30** (1961) Nr. 4. S. 361–365. — 2 Abb., 4 Tab., 7 Lit. Orig.: jap., Ausz.: engl.
Zwecks Verkürzung des Baumschulstadiums wurden einjährige Bäume von Pfirsich, Birne, Orange und Ahorn 1959/60 untersucht. Einjährige Pfirsichjungbäume waren von guter Qualität. Bei Ahorn und Orangen ist ein 2. Jahr nach der Veredlung unbedingt notwendig. — Anwachsergebnis und Trieblänge wurden bei Kombinationen von Unterlage und Reis in verschiedener Höhe untersucht. Die Reiser wurden von verschieden angeordneten Trieben entnommen. Zwischen dem Anwachsergebnis und der Veredlungsstelle an der Unterlage ergab sich keine Beziehung. Die Veredlung mit Reisern von Basistrieben zeigte ein schlechteres Anwachsergebnis als mit Reisern von Spitzentrieben. Der höchste Zuwachs wurde erzielt. wenn die Reiser am

unteren Teil der Unterlage veredelt wurden. — Der Feuchtigkeitsgehalt von Reis und Unterlage wurde in bezug auf das Anwachsergebnis bei Pfirsich, Ahorn und Camellie gemessen. Es ergaben sich keine Beziehungen zwischen Anwachsergebnis und verschiedenem Feuchtigkeitsgehalt bei Unterlage und Reis. I. Förtsch. 1380.

Wildon, Carrick E. und O'Rourke, F. L. S. Growth of 'Pink Peace' rose in potting mixtures containing arcillite. **(Das Wachstum der Rose 'Pink Peace' in Topferdegemischen, die „Arcillite" enthalten.)** Michigan State Univ., agric. Exp. Stat., quart. Bull. 44 (1962) Nr. 3. S. 497–499. — 1 Abb.
Es ist der Praxis bekannt und wurde auch durch Versuche erhärtet, daß Topfrosen in gut durchlüftetem Substrat besseren Wachstum zeigen; deshalb wird der Topferde ein körniges Substrat zugesetzt. Vff. berichten über die Wirkung von „Arcillite" als Durchlüftungsmaterial, einem techn. hergestellten, granulierten und kalzinierten Montmorillonit-Ton. Es wurden 2jährige Veredlungen der Teehybrid-Rose 'Pink Peace' auf *multiflora*-Unterlage als Testpflanze benutzt. Sie wurden in 10 verschiedenen Erdgemischen wie üblich kultiviert. Das Wachstum wurde mittels Trieblänge beurteilt, die in 3 Messungen am 25. Juni, 2. Aug. und 3. Okt. ermittelt wurde. Die Pflanzen, die in „Arcillite" enthaltenden Substraten kultiviert wurden, waren während der ganzen Kulturperiode allen anderen im Wachstum voraus. Es wird empfohlen, dieses Material der Topferde für Rosen beizumischen.
U. Walter. 1380.

Waibel, H.-K. und Schwarze, F.; Berlin, Tierpark. **Über die Vermehrung von Metasequoia glyptostroboides.** Dtsch. Gartenarchitektur 3 (1962) Nr. 2. S. 60. — 1 Abb.
Der Mammutbaum, der bis zu seiner Wiederentdeckung 1945 in China als ausgestorben galt, kann wirtschaftliche Bedeutung erlangen, da er sehr schnellwüchsig und frostresistent ist. Vff. versuchten die Vermehrung 1958 zunächst mit Kopfstecklingen, die ins Vermehrungsbeet gesteckt wurden. Es erfolgte eine gute Kallus-, aber spärliche Wurzelbildung, nach der Überwinterung waren die Stecklinge abgestorben. 1959 wurden im Juni Stecklinge von 20 cm Länge und 3–4 mm Stärke geschnitten, mit dem Wuchshormon „Wurzelfix" behandelt und in ein Torfmull-Sand-Gemisch 1:2 gesteckt. Sie wurden im Vermehrungsbeet bei ca. 25 °C in gespannter Luft aufgestellt. Im Sept. hatten die Pflanzen soviel Wurzeln gebildet, daß sie in ein Lauberde-Torf-Gemisch eingetopft werden konnten. Da die Wurzeln sehr leicht brechen, ist es ratsam, in Zukunft gleich in kleine Töpfe zu stecken. Die Überwinterung erfolgte mäßig feucht im Kalthaus. Im März zeigte sich der neue Austrieb, und im Mai konnte ins Freiland gepflanzt werden. U. Walter. 1380.

Menninger, Edwin A. Tabebuia — our best yard trees. **(Tabebuia — unsere besten Gartenbäume.)** Proc. Florida State horticult. Soc. 73 (1960, hrsg. 1961) S. 366–373. 1380.

X. PFLANZENZÜCHTUNG

A. Allgemeine Literatur, Berichte, Statistiken u.a.

Merfert, W.; Bernburg, Inst. für Pflanzenzücht. **Der Meinungsstreit in der modernen Genetik — eine Schule der Dialektik.** Dtsch. Landwirtsch. 13 (1962) Nr. 7. S. 331–333. — 14 Lit.
Die vorliegende Diskussion soll anregen, an der Entfaltung der Mitschurinschen Richtung in der biol. Wissenschaft schöpferisch mitzuwirken. Die Vorzüge der genetischen und Mitschurinschen Arbeitsweise werden herausgearbeitet. Das Umweltproblem wird aus der Sicht des Darwinismus, Neodarwinismus und schöpferischen Darwinismus beleuchtet. Die Vorstellungen der beiden genetischen Richtungen über die Träger der Vererbung, über

den Begriff „Vererbung" schließen sich an. Das feste Fundament des dialektischen Materialismus gestattet dem Mitschurinismus, „die experimentellen Lücken, an denen die klassische Genetik scheiterte, mit Hilfe dialektischer Konstruktionen zu überwinden". Die enge Verbindung mit der Produktionspraxis wird als weiterer Vorzug der Mitschurinschen Genetik herausgestellt. Die starke Depression bei der Propagierung Mitschurinscher Ideen gegen Ende der 50er Jahre müsse überwunden werden. G. Bandlow. 1515.

Wittmann, H. G.; Tübingen, Max-Planck-Inst. für Biol., Abt. Melchers. **Ansätze zur Entschlüsselung des genetischen Codes.** Naturwissenschaften 48 (1961) Nr. 24. S. 729–734. – 3 Abb., 23 Lit.

Die Erbsubstanz einfacher Organismen (z. B. Bakterien) sind Kettenmolekeln aus nur 4 verschiedenen, aber einigen 100 bis vielen 1000 Gliedern insgesamt. Die 4 Nucleotide unterscheiden sich durch die Basen Adenin, Guanin, Cytosin und Uracil im Falle der RNS, Thymin (= 5-Methyluracil) an Stelle des Uracils im Falle der DNS. Unter Berücksichtigung der Ergebnisse von Untersuchungen an chem. induzierten Mutanten des TMV und des Bakteriophagen T 4 und auch über die polynucleotidinduzierte Proteinsynthese kommt Vf. zu dem Schluß, daß der genetische Code mit Sicherheit nicht überlappend ist (1–3-, 4–6-Tripletts usw.). Damit ist jedes Nucleotid an der Determinierung nur einer einzigen Aminosäure beteiligt. Weiterhin ist sicher, daß der Code degeneriert ist, d. h. eine bestimmte Aminosäure wird von >1 Triplett determiniert. Es sind >20 (max. 64) Tripletts zur Aminosäuredeterminierung befähigt. Offenbar können Nucleotidgruppen ähnlicher Basenzusammensetzung dieselbe Aminosäure determinieren. Die Information wird von einem festen Startpunkt aus in bestimmten Nucleotidgruppen (wahrscheinlich Tripletts) entlang des RNS-Stranges abgelesen. K. Bellmann. 1515.

Kern, Hartmut; Köln-Vogelsang, Max-Planck-Inst. für Züchtungsforsch., Abt. Plasmavererb. **Biochemische Untersuchungen an verschiedenen Plasmotypen der Gattung Epilobium (Ein Beitrag zum Problem der Plasmavererbung). 1. Mitt. Untersuchungen an Blatteiweißstoffen.** Flora [Jena] **151** (1961) Nr. 2. S. 281–302. – 6 Abb., 30 Lit.

Mit Hilfe von vergleichenden elektrophoretischen und spektralphotometrischen Analysen von Eiweißpräparaten aus grünen *Epilobium*-Blättern wurde versucht, stoffliche Unterschiede zwischen verschiedenen Plasmotypen zu erfassen, die Rückschlüsse auf die zu fordernden plasmatischen Erbträger erlauben. Bisher lassen sich noch keine Beziehungen zwischen Plasmotyp und den Untersuchungsergebnissen erkennen. Es müssen deshalb in Zukunft definierbare Zellbestandteile isoliert und mit geeigneten Methoden analysiert werden. K. Bellmann. 1515.

Kern, Hartmut; Köln-Vogelsang, Max-Planck-Inst. für Züchtungsforsch., Abt. Plasmavererb. **Biochemische Untersuchungen an verschiedenen Plasmotypen der Gattung Epilobium (Ein Beitrag zum Problem der Plasmavererbung). 2. Mitt. Untersuchungen an Nucleinsäuren.** Flora [Jena] **151** (1961) Nr. 2. S. 303 bis 313. — 1 Abb., 16 Lit. 1. Mitt. vgl. vorst. Ref.

Vf. hat bei verschiedenen Plasmatypen von *Epilobium* qualitative Analysen der RNS in den Blättern auf spektralphotometrischem Wege vorgenommen. Das Adenin-Guanin-Verhältnis der Gesamt-RNS war unabhängig vom Plasmotyp rel. konstant. Nach Trennung der lichtmikroskopisch sichtbaren, bei 40 000 g sedimentierbaren Partikel („Plastiden"-Fraktion) von den unter diesen Bedingungen löslichen bzw. nicht sedimentierbaren Bestandteilen von Blatthomogenaten („TCE"-Fraktion) führte zu Präparaten, die sich hinsichtlich des Adenin-Guanin-Verhältnisses ihrer RNS von den Verhältnissen der Gesamt-RNS unterschieden: Bei der Plastidenfraktion betrug das Adenin-Guanin-Verhältnis 1:1,33, bei der „TCE"-Fraktion 1:1,54. Bei weiteren

Untersuchungen muß eine sehr starke Isolierung der einzelnen Ribonucleinsäuren vorgenommen werden, wobei der Schwerpunkt der Untersuchungen auf die Nucleinsäuren der Ribosomen und die der Fraktion der sog. „löslichen“ RNS zu legen ist. Allg. wird es schwer sein, vom Plasmon unabhängige Einflüsse zu isolieren. K. Bellmann. 1515.

Michaelis, P.; Köln-Vogelsang, Max-Planck-Inst. für Züchtungsforsch., Abt. Plasmavererb. **Genetische, entwicklungsgeschichtliche und zytologisches Untersuchungen zur Plasmavererbung. 1. Mitt. Über zufallsgemäße und einseitige Verteilung plasmatischer Erbträger während der Zellteilungen, zugleich ein Beitrag zur Analyse intraindividueller Scheckungsmuster.** Flora [Jena] **151** (1961) Nr. 2. S. 162–201. — 15 Abb., 10 Tab., 30 Lit.
Ebenso wie man aus der Analyse einer mendelnden Nachkommenschaft auf das Verhalten der chromosomalen Erbträger schließen kann, muß es in Zukunft möglich sein, Rückschlüsse auf die Plasmaumkombination innerhalb des Individuums aus den Zellmustern zu ziehen. Vf. bespricht die theoretischen Grundlagen für eine solche Musteranalyse. Er legt ein Modell einer Plastidenumkombination bei einer Vermehrung der Plastiden im Rhythmus der Zellteilung und bei gleichmäßiger, aber zufälliger Verteilung der Plastiden auf die Tochterzellen sowie bei einseitiger Wanderung der Plastiden dar. Fehlerquellen können Umkombinationen bei Plastidenkonkurrenz und mangelhafte Durchmischung sein. Diese Musteranalysen sind am leichtesten auf Blättern durchzuführen. Vf. gibt deshalb eine vorläufige Darstellung der im *Epilobium*-Blatt ablaufenden Zellteilungsvorgänge wieder und bespricht die Muster einer Reihe gescheckter Pflanzen, die z. T. durch Plastidenmutation und z. T. durch Mutation bzw. Umkombination anderer Plasmakomponenten entstanden. Aus dem Scheckungsmuster der Plastidenmutante 1955.4411.27 ist zu schließen, daß die mutierten Plastiden bei den meisten periklinalen Teilungen bevorzugt in die peripher gelegenen Tochterzellen wandern, bei antiklinen Teilungen aber mehr oder weniger zufällig verteilt werden.
K. Bellmann. 1515.

Hentrich, W.; Jena, Friedrich-Schiller-Univ., Inst. für Pflanzenzücht. **Über einen Fall genotypischer Veränderungen nach Embryosubstitution.** Z. Pflanzenzücht. 47 (1962) Nr. 2. S. 130–155. — 13 Abb., 11 Tab., 39 Lit. Zus. in Engl.
Von 1954–59 wurden Keimlingspfropfungen mit 19 Wi-Weizen, 21 So-Weizen- und 9 So-Gerstesorten bzw. -Varietäten, insgesamt 178 Kombinationen, durchgeführt. Von allen Kombinationen hat nur die Substitution Wi-Weizen 'St. Dornburg 412' als Embryo und So-Weizen 'Koga' als Endosperm zu Veränderungen geführt. Verglichen wurden 6 Varianten: 1. Sorte A: nicht substituierte Samen; 2. Sorte A: autotrope Substitution A/A; 3. Heterotrope Substitution A/B (Sorte A = Embryo, Sorte B = Endosperm); 4. Sorte B: nicht substituierte Samen; 5. Sorte B: autotrope Substitution B/B; 6. Heterotrope Substitution B/A (Sorte B = Embryo, Sorte A = Endosperm). Die Veränderungen traten in N_1 in Erscheinung. Von 150 Nachkommenschaften waren i. J. 1955 6,7% und i. J. 1956 von 77 23,4% verändert. Die veränderten Pflanzen spalteten nicht und hatten alle den gleichen Typ. Der neu entstandene Pflanzentyp (Wechselweizen) unterschied sich von der Ausgangsform 'St. 412' morphol. und physiol. in folgenden Merkmalen: Überwinterung, Ährenschieben und Reife, Blattbreite, Halmstärke, Ährenform, Zahl der Ähren/Pflanze und Korngew./Ähre. Durch Kreuzungen wurde die Veränderung des Genotyps nachgewiesen. Die Ergebnisse der Substitutionen konnten in den Folgejahren bis 1959 nicht reproduziert werden. Die Gründe hierfür werden erörtert. Die Ursachen für die erfolgreiche Veränderung des Genotyps nach Pfropfbastardierung konnten nicht angegeben werden.
K. Schulz. 1515.

Perkal, J. Un test probabilistique d'épistase et d',,overdomination". **(Ein Wahrscheinlichkeitstest für Epistasie und Überdominanz.)** Biometr. Z. **3** (1961) Nr. 4. S. 269–273.

Die Unterscheidung zwischen Epistasie und Überdominanz ist von großer züchterischer Bedeutung, da epistatische Effekte erblich sind, während man auf Überdominanz nicht selektieren kann. Vf. schlägt, um eine solche Unterscheidung zu ermöglichen, einen statistischen Test vor. Dieser Test wird am Beispiel der Hühnerzucht dargelegt. Laut Definition heißt eine Henne ,,gut", wenn ihre jährliche Legeleistung über dem Generationsmittel liegt. Unter der Hypothese H_0 (Überdominanz) ist die Wahrscheinlichkeit dafür, daß die Tochter einer guten Henne auch eine gute Henne ist, unabhängig vom Genotyp des Vaters $p = 0{,}5$. Die Zahlt t der guten Hennen in einer Familie folgt einer Binomialverteilung mit der Varianz $\sigma^2 = 1{,}25$. Unter der Hypothese H_e (Epistasie) hängt die Wahrscheinlichkeit, daß eine gute Henne eine gute Tochter hat, vom Genotyp des Hahnes ab und ist entweder 0, $1/4$, $1/2$ oder 1. Der Test besteht darin, mehrere Familien einer Henne zu untersuchen und die Varianz von t zu berechnen. Weicht diese wesentlich von 1,25 ab, so muß Epistasie angenommen werden. Zu diesem Test wurde ein Beispiel durchgerechnet. D. Rasch. 1515.

Mascarenhas, Joseph P. und Machlis, Leonard; Berkeley, Calif. The pollen-tube chemotropic factor from Antirrhinum majus: bioessay, extraction, and partial purification. **(Der chemotropische Pollenschlauchfaktor von Antirrhinum majus: Keimprüfung, Extraktion und teilweise Reinigung.)** Amer. J. Bot. **49** (1962) Nr. 5. S. 482–489. — 18 Abb., 2 Tab., 19 Lit.

Eine neue Methode für die quantitative Bestimmung von Pollenschlauch-Chemotropismus wird beschrieben. Dazu dienten Extrakte aus dem Gynaeceum von 4x *Antirrhinum majus* und sein Pollen. Die Anzahl der keimenden Pollenschläuche steigt mit zunehmender Konz. schnell an und erreicht bei 25 μl ihr Maximum (230 Pollenschläuche). Auch das Wachstum der Schläuche nimmt mit steigender Konz. des Extraktes bis zu 0,8 mm Länge bei 50 μl (Kontrolle 0,4 mm) zu. Die Schläuche wachsen einseitig in Richtung auf die Eiextrakte. *Narcirsus pseudonarcirsus* liefert ebenfalls chemotropische Extrakte. Viele geprüfte org. Substanzen, auch pflanzliche Wuchsstoffe, veranlassen keine Reaktion. Extraktionen der aktiven Substanzen sind nur nach Trennung vom Pollen durch eine Membran wirksam, da diese die aktive Komponente passieren läßt und Hemmstoffe zurückhält. In Form großer Moleküle ist die aktive Fraktion wenig beweglich, wohl aber nach Dissoziierung in Methanol. Auch andere Gewebe des Löwenmauls sind chemotropisch aktiv. G. Bandlow. 1520.

Arnold, Carl-Gerold; Erlangen-Nürnberg, Bot. Inst. **Zum Problem der selektiven Befruchtung.** Z. Bot. **50** (1962) Nr. 2. S. 113-127. — 1 Tab., 25 Lit.

Oenothera campylocalyx 50 ist mit *O. Hookeri* nicht kreuzbar, da beide Samenanlagen, *ck* und *cl*, die *Hookeri*-Pollenschläuche chem. nicht anziehen können. Dafür ist ein im *cl*-Komplex lokalisierter Faktor *H 50* verantwortlich. Er kann nur wirksam werden, wenn die *cl*- und *ck*-Komplexe von *O. campylocalyx* gekoppelt sind. Das trifft in der diploiden Phase zu. Der Faktor *H 50* wirkt im Sinne einer Prädetermination durch die genetische Konstitution der Embryosackmutterzelle. Bei *O. campylocalyx 57* ist der Faktor *H 50* zu *H 57* mutiert und macht dadurch eine Kreuzung mit *O. Hookeri* möglich. Es entstehen *ck* und *cl* · *h Hook*-Pflanzen in der üblichen genetischen Form. G. Bandlow. 1520.

Milovidov, P. **Unterscheidungsmerkmale zwischen einander ähnlichen Zellstrukturen in fixierten Präparaten.** Protoplasma [Wien] **55** (1962) Nr. 1. S. 114–128. — 29 Abb., 2 Tab., 56 Lit.

Verschiedene Zellstrukturen in fixierten Präparaten können unter bestimmten Bedingungen ähnliche Formen aufweisen. Einige dieser Zellstrukturen werden vom Vf. vergleichend gegenübergestellt und Verfahren gezeigt, die eine richtige Deutung erleichtern. Unter bestimmten Bedingungen können einerseits Chromosomen und andererseits Mitochondrien, Nucleoli, vakuläre Niederschläge (bes. nach Ergotoxin-Wirkung) und Mikroorganismen gleiche Gestalt aufweisen. Mitochondrien können zuweilen Bakterien, vakulären Niederschlägen (bes. nach Os-Fixierung), Lipoidtröpfchen sowie Chromatinteilchen (nach künstlicher Zerstäubung des Zellkerns durch Piperazinwirkung) ähneln. Proplastiden mit Stärkekörnern können mit Zellkernen verwechselt werden, die durch Austrocknung deformiert sind. Durch Piperazinwirkung veränderte Zellkerne weisen ähnliche Formen auf wie durch Zentrifugierung ausgeschleuderte Nucleoli und auch wie SAT-Chromosomen. Folgende Kriterien sollten nach Vf. u. a. bei der zytol. Bewertung berücksichtigt werden: Gestalt, Größe, Menge, Zahl, Lokalisierung, Teilungsart, Ursprung, phys. und physikochem. Eigenschaften, Veränderungen unter dem Einfluß verschiedener phys. und chem. Faktoren, Bewegungsart, submikroskopische Struktur, chem. Zusammensetzung (mikrochem. Reaktionen, Färbbarkeit, Löslichkeit u. a.), Entwicklungsstadium des Organismus sowie Gewebeart. L. Rösler. 1530.

Torrey, John G., Reinert, Jakob und Merkel, Nancy; Cambridge, Mass., Harvard Univ., Biol. Lab.; Berlin, Freie Univ., Pflanzenphysiol. Inst. Mitosis in suspension cultures of higher plant cells in a synthetic medium. **(Mitose in Suspensionskulturen bei Zellen von höheren Pflanzen in einem synthetischen Medium.)** Amer. J. Bot. **49** (1962) Nr. 4. S. 420–425. — 13 Abb., 1 Tab., 16 Lit.

In Zellsuspensionskulturen von Wurzelkallusgewebe von *Daucus carota*, *Convolvulus arvensis* und *Haplopappus gracilis* wurden in den ersten 2 Wochen Mitosen festgestellt. Am häufigsten waren Mitosen nach 7 Tagen, während es nach 3 Wochen offenbar keine Zellteilungen mehr gab, obwohl 4–6 Wochen nach Ansatz der Kultur eine Zunahme des Frischgewichtes und frei schwimmender Zellen ermittelt wurde. Am häufigsten waren die Zellteilungen bei Gewebeteilen, gelegentlich erfolgten sie auch bei Einzelzellen von jedem in der Kultur befindlichen Gewebe. Normale Mitosen wurden sowohl bei di- als auch bei polyploiden Zellen von allen 3 Arten beobachtet. Kern- und Chromosomenaberrationen wurden nur in geringem Umfang festgestellt.
K. Schulz. 1530.

Lau, E. **Über Kern- und Zellteilung in der Wurzelspitze der Küchenzwiebel (Allium cepa).** Mber. dtsch. Akad. Wiss. Berlin **3** (1961) Nr. 9. S. 480–488. — 19 Abb., 15 Lit.

Der Ablauf der Mitose wurde bei *Allium cepa* mit dem Doppelmikroskop untersucht. Die Untersuchungen erfolgten an Wurzelschnitten parallel zur Achse und nach Feulgen-Färbung. Es wurden Zellen mit 2 (?), 4, 8, 16 und 32 (?) Chromosomen gefunden. Vf. ist der Meinung, daß die während der Prophase in der Mitte eines Chromosoms sichtbare helle Linie (infolge Chromosomenverdoppelung) ein optisches Phänomen sei und als sog. „Becksche Linie“ aufgefaßt werden muß. Die Struktur der Spindel war in der Metaphase deutlich zu erkennen; die Spindelfasern konzentrierten sich an den Insertionsstellen. In Zellen mit geringer Chromosomenzahl waren die Chromosomen wesentlich substanzärmer als in solchen mit größerer Chromosomenzahl. Solche Unterschiede konnten auch in den Ruhekernen festgestellt werden. Auch die Bildung des Phragmoplasten und der Zellwand ließen sich gut verfolgen. Die Nucleolen zeigten deutliche Strukturen, die mit elektronenmikroskopischen Analysen in Einklang stehen. Das Doppelmikroskop ist für die Untersuchung gerade kontrastarmer und zarter Strukturen eine wertvolle Ergänzung. J. Endlich. 1530.

van't Hof, J. und Wilson, G. B.; Richland, Wash., Hanford Lab.; Biol. Lab.; East Lansing, Michigan State Univ., Dep. of Bot. and Plant Pathol. Studies on the control of mitotic activity: the effect of respiratory inhibitors on mitotic cycle time in the root meristem of Pisum sativum. **(Untersuchungen über die Kontrolle der Mitoseaktivität: Die Wirkung von Atmungshemmstoffen auf die Dauer des Mitosezyklus im Wurzelmeristem von Pisum sativum.)** Chromosoma [Berlin] **13** (1962) Nr. 1. S. 39–46. — 4 Abb., 1 Tab., 11 Lit.

Vff. haben folgende Substanzen geprüft: 2,4-Dinitrophenol (DNP), 2,4-Dichlorphenol (DCP), KCN und KF. Vor der Behandlung wurden die Keimwurzeln 30 Min. lang mit einer Colchicinlösung ($3{,}76 \cdot 10^{-4}$ mol.) behandelt, um einen Teil der Zellen in den tetraploiden Zustand zu überführen. Die tetraploiden Zellen teilen sich in bestimmten Zeitabständen synchron, so daß ihr Teilungsverhalten innerhalb des Gesamtmeristems nach der Behandlung mit den Hemmstoffen als Indikator für den Einfluß dieser Stoffe auf die Mitose gewertet werden kann. Die Einwirkung von DNP und DCP in der frühen Interphase verursacht eine Verzögerung im Eintritt der nachfolgenden Mitose sowie eine Verbesserung der Synchronisation. Dagegen wird sie verschlechtert, wenn die Behandlung in der späten Interphase erfolgt. Durch die Behandlung mit DNP, DCP oder Zyanid in der 5. Std. nach der Polyploidisierung trat eine Verkürzung der Zeit ein, die zwischen der 1. und der 2. Mitose liegt. Dieser Effekt wurde bei gleichzeitiger Gegenwart von Fluorid und Zyanid bzw. DNP verhindert. Vff. vermuten, daß die Verkürzung der Dauer eines Mitosezyklus die Folge günstiger Bedingungen für die Verstärkung einer anaeroben Glycolyse in der 5. Std. der Interphase ist. H. E. Fischer. 1530.

Kinzel, Helmut und Bolay, Erika; Wien, Univ., Pflanzenphysiol. Inst. **Über die diagnostische Bedeutung der Entmischungs- und Fällungsformen bei Vitalfärbung von Pflanzenzellen.** Protoplasma [Wien] **54** (1961) Nr. 2. S. 179–201. — 10 Abb., 30 Lit.

In Zellen mit sog. „vollen“ Zellsäften (diese enthalten Speicherstoffe der Flavon-Gerbstoff-Gruppe für basische Farbstoffe) tritt nach Vitalfärbung mit basischen Farbstoffen meistens eine Diffusfärbung auf. Die Entmischungserscheinungen der Diffusfärbung infolge Änderung des pH-Wertes des Zellsaftes durch Einwirkung von Ammoniak wurden im Blattgewebe (meist Oberepidermis) zahlreicher Pflanzenarten eingehend untersucht. In flavonhaltigen Zellsäften kam es in der Regel durch Einwirkung von Ammoniak zur Bildung von Entmischungskugeln bzw. -tröpfchen. Diese treten bei Vitalfärbung häufig auch spontan auf. Nach Entfernung des Ammoniaks verschwanden die Entmischungsprodukte wieder. Gerbstoffhaltige Vakuolen zeigten dagegen bei Diffusfärbung durch Zusatz von Ammoniak keine Entmischung. Eine spontane Entmischung nach Vitalfärbung erfolgt hier nur in Gestalt von Dendriten oder Krümeln. Die Diffusfärbung bei gerbstoffhaltigen Zellsäften muß daher einen anderen physikochem. Charakter haben als die Diffusfärbung flavonhaltiger Zellsäfte. Beide Formen der Diffusfärbung „voller“ Zellsäfte und die verschiedene Ausprägung der Entmischungs- und Fällungserscheinungen lassen sich zu einer lückenlosen Reihe ordnen. Mit Hilfe der verschiedenen Färbebilder können gewisse diagnostische Schlußfolgerungen auf die Art der Inhaltsstoffe der betreffenden Zellsäfte gezogen werden. J. Endlich. 1530.

Bergann, F. und Bergann, L.; Potsdam-Sanssouci, Pädagog. Hochschule, Botan. Inst. **Über Umschichtungen (Translokationen) an den Sproßscheiteln periklinaler Chimären.** Züchter **32** (1962) Nr. 2. S. 110–119. — 11 Abb., 18 Lit.

Neu aufgetretene Muster bei chimärisch konstituierten vegetativen Abkömmlingen des Zonalpelargoniums 'Madame Salleron' sind durch Umschichtungen („Transgressionen“) an den Sproßscheiteln entstanden. Damit sind zu den bisher bekannten histogenetischen Vorgängen am Sproßscheitel, den Perforationen und Reduplikationen, diese als 3. hinzugetreten. Vff. beschreiben 3 neue, durch „Translokation“ entstandene Formen. O. Schröck. 1530.

Vasek, Frank C.; Riverside, Univ. of California, Div. of Life Sci. „Multiple spindle“ — a meiotic irregularity in Clarkia exilis. **(„Multiple Spindel“ — eine meiotische Unregelmäßigkeit bei Clarkia exilis.)** Amer. J. Bot. **49** (1962) Nr. 5. S. 536–539. — 2 Abb., 2 Tab., 6 Lit.
Bei *Clarkia exilis* wurde eine meiotische Störung festgestellt, die „multiple Spindel“ genannt wird. Nach einer genetischen Analyse zeigte sich, daß sich diese Störung rezessiv vererbt. Pflanzen des mm-Genotyps besitzen in der Meiose an Stelle nur einer Spindel mehrere Spindeln, was zur Ausbildung von Mikronuclei führt. Die Folge ist eine schlechtere Pollenfertilität im Vergleich mit normalen Pflanzen. Dennoch sind mm-Pflanzen in einem beachtlichen %-Satz (etwa 15%) mindestens 7 Jahre lang in der natürlichen Population aufgetreten. Vf. schließt hieraus, daß diese Pflanzen möglicherweise Selektionsvorteile besitzen. Die Störung ist sehr verschieden stark ausgeprägt und der %-Satz schlechter Pollenkörner variiert beträchtlich, so daß es zu Überschneidungen mit normalen Pflanzen von schlechter Pollenfertilität kommt. Es werden weitere in der Lit. erwähnte Beispiele genannt, in denen meiotische Störungen monogen gesteuert werden. H. E. Fischer. 1530.

Baenziger, H. Supernumerary chromosomes in diploid and tetraploid forms of crested wheatgrass. **(Überzählige Chromosomen bei diploiden und tetraploiden Queckenformen.)** Canad. J. Bot. **40** (1962) Nr. 4. S. 549–561. — 15 Abb., 4 Tab., 29 Lit.
Bei 3 diploiden Queckenpopulationen (*Agropyron cristatum*) und 4 tetraploiden (*A. desertorum* und *A. imbricatum*) ist die Anzahl überzähliger Chromosomen (akzessorische oder B-Typ-Chromosomen) und ihr Verhalten bei der Kernteilung untersucht worden. Von den diploiden Formen hatte eine Population (Sorte 'Fairway‘) keine B-Chromosomen, während bis zu 95% Pflanzen der beiden anderen Populationen 1–4 Stück enthielten. Bei den Tetraploiden betrugen die entspr. Anteile 36,9–88,5%. Gerade Zahlen waren häufiger als ungerade. B-Chromosomen wurden im Stengelmeristem, in PMZ und in Primärwurzeln, nicht aber in Adventivwurzeln gefunden. Heterochromatin konnte in den B-Chromosomen nicht nachgewiesen werden. Sie verhielten sich bei Di- und Tetraploiden gleich und paarten sich untereinander bei geraden Zahlen zu Bivalenten, jedoch niemals zu Quadrivalenten. Eine Paarung zwischen B- und normalen (A-Typ)-Chromosomen konnte nicht beobachtet werden. Das Verhalten in den einzelnen Teilungsstadien und die Art der Übertragung werden ausführlich beschrieben. J. Spanier. 1530.

Kliphuis, E. Chromosome numbers of some annual Trifolium species, occurring in the Netherlands. **(Chromosomenzahlen von einigen einjährigen Trifolium-Arten, die in den Niederlanden vorkommen.)** Acta bot. neerl. **11** (1962) Nr. 1. S. 90–92. — 8 Abb., 4 Lit.
Im Sommer 1959 wurden in der Provinz Zeeland, die reich an *Trifolium*-Arten ist, Samen von *Trifolium* gesammelt und daraus Pflanzen gezogen, die im Bot. Garten der Univ. Utrecht ausgepflanzt wurden. In den Wurzelspitzen wurden folgende Chromosomenzahlen ermittelt: *T. ornithopodioides* L. $2n = 16$, *T. subterraneum* L. $2n = 16$, *T. arvense* L. $2n = 14$, *T. striatum* L. $2n = 14$, *T. scabrum* L. $2n = 10$, *T. dubium* Sibth. $2n = 28$, *T. micranthum* Viv. $2n = 16$ und *T. campestre* Schreb. $2n = 14$. Mit Ausnahme von *T. subterraneum* und *T. scabrum* deckten sich die Untersuchungsergebnisse mit den Chromosomenzahlen, die in der Lit. für diese Arten angegeben sind. Die bei diesen beiden Arten gefundenen Differenzen zwingen dazu, weitere Untersuchungen über die Zahl der Chromosomen dieser Arten vorzunehmen.
K. Schulz. 1530

Rick, Charles M. und **Khush**, Gurdev S.; Davis, Univ. of California. X-ray-induced deficiencies of chromosome 11 in the tomato. **(Durch Röntgenstrahlen induzierte Defizienzen von Chromosom 11 bei der Tomate.)** Genetics **46** (1961) Nr. 11. S. 1389–1393. — 8 Abb., 1 Tab., 8 Lit.

Mit Röntgendosen von 5, 10 und 20 kr bestrahlter Pollen normaler Tomaten wurde auf die Narben von Pflanzen der Koppelungsgruppe V mit den Markierungsgenen a_1 und hl gebracht. Nach Behandlung mit 5 kr enthielten in der Nachkommenschaft 1,9% aller Pflanzen je 1 oder beide Markierungsgene. Die Mutanten ließen sich nach den bekannten Merkmalen phänotypisch leicht klassifizieren. An Hand von Strukturanalysen der Pachytänchromosomen hatten 3 untersuchte Pflanzen der +/hl-Gruppe terminale Defizienzen und eine Pflanze eine interstitielle Defizienz im kurzen Arm eines Homologen von Chromosom 11. Den zytologisch identifizierten a_1/+-Pflanzen fehlte in einem Homologen von Chromosom 11 der achromatische Abschnitt des langen Armes. Von den a_1/hl-Pflanzen waren 1 haploid und 9 monosom. Das Univalent wurde immer als Chromosom 11 identifiziert. Diese Monosomen sind die ersten bekannten Fälle bei der Tomate. Das Gen a_1 liegt im achromatischen Abschnitt des langen Armes und hl entweder im achromatischen oder im chromatischen Abschnitt dicht an der Berührungsstelle der beiden Zonen des kurzen Armes von Chromosom 11. Damit konnte die Koppelungsgruppe V mit dem Chromosom 11 identifiziert werden. Das Auftreten der Monosomen im vorliegenden Material und die Lokalisation der induzierten Chromosomenbrüche werden diskutiert. J. Endlich. 1530.

Kimura, Motoo und **Kayano**, Hiroshi. The maintenance of supernumerary chromosomes in wild populations in Lilium callosum by preferential segregation. **(Die Beständigkeit von überzähligen Chromosomen in Wildpopulationen von Lilium callosum infolge bevorzugter Spaltung.)** Genetics **46** (1961) Nr. 12. S. 1699–1712. — 1 Abb., 9 Tab., 8 Lit.

Im Jahr 1956 konnte bei *Lilium callosum* von Kayano ein überzähliges B-Chromosom, als f_1 bezeichnet, gefunden und sein Verhalten während der Meiose analysiert werden. Um die Frequenz des Auftretens der f_1-Chromosomen erfassen zu können, wurden an 4 Orten Exemplare dieser Lilie gesammelt und ihre Chromosomenkonstitution bestimmt. Es wird versucht, mit Hilfe einer mathematischen Theorie den Mechanismus der Aufspaltung der f_1-Chromosomen in der Population aufzuklären. Der Einfluß der B-Chromosomen auf die Lebenserscheinungen der Pflanzen, in deren Chromosomensatz sie festgestellt wurden, ist meistens ungünstiger Art. E. Senger. 1530.

Asana, R. D.; New Delhi, Indian Agric. Res. Inst., Div. of Bot. Problems in measurement of drought resistance. **(Probleme bei der Messung der Dürrewiderstandsfähigkeit.)** Bull. Res. Council Israel, Sect. D **11D** (1962) Nr. 1. S. 52–54. — 1 Tab., 2 Lit.

Nach Levitt, Sullivan und Krull beruht die Adaption der Pflanzen an trockene Standorte auf ihrer Fähigkeit, auch unter ungünstigen Bedingungen zu wachsen und sich zu entwickeln. Die 1. Komponente wird dabei durch 2 Faktoren bedingt: Dürretoleranz und Umgehung der Dürre. Diese beiden Faktoren bedingen die Gesamtdürreresistenz, die ihren Ausdruck in der Überlebensfähigkeit findet. Auf Grund dieser Überlegungen wurde von Levitt u. a. eine Methode entwickelt, mit der die Dürreresistenz ermittelt werden soll. Dabei wird die benötigte Zeit gemessen, um 50% entwurzelter Pflanzen bei 30 °C und 15% rel. Luftfeuchtigkeit absterben zu lassen. An Hand von Weizenversuchen legt Vf. dar, daß die Ermittlung der Dürreresistenz so kompliziert ist, daß es durch Schnellmethoden nicht möglich ist, zu sicheren Schlüssen über diese Eigenschaften zu gelangen. Wie Vf. darlegt, ist der Ertrag von Weizen unter Dürrebedingungen hauptsächlich vom Ertrag des

Haupttriebes abhängig. Vf. schlägt deshalb vor, die Auslese dürreresistenter Weizensorten auf die Ertragsfähigkeit des Haupthalms aufzubauen.

K. Schulz. 1550.

Filov, A. I. (Filow, A. I.) Fasciirovanie na službu selekcii rastenij. **(Fasziation im Dienst der Pflanzenzüchtung.)** Trudy po prikladnoj botanike, genetike i selekcii. Vsesojuznyj institut rastenievodstva, Moskva — Leningrad **34** (1961) Nr. 2. S. 81–91. — 11 Abb., 21 Lit. Zus. in Engl.

Im Gegensatz zur Mehrzahl der ausländischen Autoren betrachtet Vf. die Fasziation nicht als Anomalie, sondern als gesetzmäßigen Prozeß, der eine große positive Rolle in der Umgestaltung der Natur spielt. Zu den Kulturpflanzen, die durch den Prozeß der Fasziation entstanden sind gehören: Mais, Sonnenblume, Tomate, großfrüchtige Erdbeere, einige Kohl-, Wurzelfrucht- und Kürbisformen u. a. Neben der Fasziation von Stengeln, Blättern und Wurzeln kommt der Fasziation von Blüten, Blütenständen und Früchten eine bes. Bedeutung zu. Als Ursachen der Fasziation gelten: 1. eine verstärkte Zellteilung der entsprechenden Organe, 2. Anhäufung von Nährstoffen um einzelne Strukturelemente der Pflanze, 3. plötzliche Wachstumsstockung des Stengels. Die züchterische Ausnutzung der Fasziation gestattet, Pflanzen mit größeren Speicherorganen (Blumenkohl), größeren Blättern (Luzerne), standfesten Stengeln (Erbsen) und größeren Früchten (Tomaten) zu bekommen.

W. Merfert. 1560.

Lein, Alfred; Schnega/Hann., Saatzucht Ferdinand Heine. **Gesichtspunkte und Methoden der Erhaltungszüchtung bei Selbstbefruchtern unter Berücksichtigung des Begriffes Sorte.** DLG-Pflanzenzuchtabt. Frankfurt/Main, Vortr. Pflanzenzüchter **1960** Nr. 6. S. 152–159.

Es wird der Versuch einer allgemeingültigen Definition des Begriffes Sorte unternommen und vom züchterischen Standpunkt unter Berücksichtigung des Saatgutgesetzes eingehend begründet. Ausgehend vom Kriterium der Beständigkeit wird die Sorte als geschlossener Formenkreis innerhalb einer Art, der in seiner Fortpflanzungs- oder Vermehrungsgemeinschaft ohne wesentliche selektive Eingriffe in seiner genetischen Zusammensetzung reproduzierbar ist, definiert. Im Vergleich zur beschreibenden Varietätensystematik und dem Versuch einer Chromosomenbotanik nach Darlington (genetische Analyse) wird betont, daß nicht die Sorte als Zuchtergebnis an sich, sondern gleichermaßen die Methodik des Zuchtaufbaues (Erhaltungszüchtung) Bestandteil einer umfassenden Bestimmung des Begriffes der Sorte sein muß. An Hand der genannten Kriterien, die den Begriff der Sorte beinhalten, werden die methodischen Gesichtspunkte der Erhaltungszüchtung erörtert. Mehrere angeführte Beispiele lassen die Problematik einer sowohl Selbst- als auch Fremdbefruchter einschließenden Definition des Sortenbegriffes in Zusammenhang mit den erhaltungszüchterischen Maßnahmen deutlich werden. Hiernach dürfte bei Selbstbefruchtern die Erhaltungszüchtung wesentlich durch das genetische Grundmaterial bestimmt sein, während bei Fremdbefruchtern der spez. Zuchtaufbau auf Grund der Heterogenität des Materials entscheidend ist.

H. D. Koch. 1560.

Le Roy, H. L. **Quantitative Vererbung und Züchtung.** Biometr. Z. **3** (1961) Nr. 4. S. 225–251.

Vf. beschäftigt sich nach einer Darst. einfacher Modelle der Populationsgenetik und der Voraussetzungen, die an die Elemente dieser Modelle üblicherweise gestellt werden, mit der künstlichen Selektion. Mit Hilfe der Formel für den Selektionserfolg ΔG/Generation, $\Delta G = b_{G.J} \cdot d_J \cdot i = d_{G.J} \cdot i$ (G = Zuchtwert; $J = G$ = geschätzter Zuchtwert), läßt sich die rel. Wirksamkeit verschiedener Selektionsmethoden vergleichen, wie es am Beispiel von Kurz- und Langtest in der Hühnerzucht demonstriert wurde. Für die Selektion nach einem Merkmal wurden Indizes angegeben, die die Eigenleistung des Individuums und/oder die Leistung seiner Verwandten berücksichtigen. Bez. der Selektion nach 2 Merkmalen wird der Fall, daß nur einem Merkmal, und der Fall, daß beiden Merkmalen wirtsch. Bedeutung zukommt, untersucht. Für beide Fälle werden verschiedene Indizes besprochen. Anschließend beschäftigt sich Vf. mit den Vergleichsmöglichkeiten zwischen mehreren Indizes und mit der optimalen Zahl der Nachkommen bei der Zuchtwertschätzung.

D. Rasch. 1562.

Hänsel, H.; Probstdorf, Niederösterreich, Saatzucht GmbH. **Untersuchungen über theoretische Häufigkeiten „erwünschter" und „brauchbarer" Genotypen bei 1–10 unabhängigen Spaltungseinheiten, in Hinblick auf die Effektivität der Auslese in einer bestimmten Filialgeneration.** Z. Pflanzenzücht. **46** (1961) Nr. 3. S. 265–284. — 6 Abb., 7 Tab., 14 Lit.

Unter einem „erwünschten" Genotyp versteht Vf. einen „brauchbaren" Genotyp in einer Kreuzungspopulation eines Selbstbefruchters, der in allen Genen bereits homozygot ist. Vf. zeigt zunächst in Tab. und Abb., in welchem Ausmaß der Anteil erwünschter und brauchbarer Genotypen bei 1–10 unabhängigen Loci zunimmt und weist nach, daß die Zunahme des Anteils erwünschter Genotypen innerhalb der brauchbaren Genotypen selbst bei Annahme von 10 Loci nach der F_5 wieder geringer wird. Bei Züchtung auf ein polygenes Merkmal oder einen durch viele Gene bedingten Merkmalskomplex (Kombination von Ertrag, Klebergehalt, Winterfestigkeit) sollte nach vorliegenden Überlegungen die Auslese aus der Kreuzungspopulation nicht vor F_3 und nicht nach F_5 –F_6 einsetzen. Soll neben der Auslese auf ein polygen bedingtes Merkmal gleichzeitig auf ein monogen rezessives ausgelesen werden, empfiehlt es sich, ebenfalls vorwiegend in F_3 oder F_4 mit der Auslese zu beginnen, da dort nicht nur die Rezessiven häufiger als in der F_2 sind, sondern in der F_3 auch unter den selektierten rezessiven Formen mit größerer Wahrscheinlichkeit für den Polygenkomplex homozygote oder annähernd homozygote Individuen sein werden. K. Bellmann. 1562.

Kopetz, L. M.; Wien, Hochschule für Bodenkult., Inst. für Pflanzenbau und Pflanzenzücht. **Zur Frage des Zeitpunktes der Rezessivenauslese bei der Kombinationszüchtung von Selbstbestäubern.** Z. Pflanzenzücht. **46** (1961) Nr. 3. S. 292–296. — 2 Lit.

Vf. hat das Verhalten von Kreuzungsnachkommenschaften von Selbstbefruchtern untersucht, bei denen die Rezessivenauslese in der F_2 vorgenommen und der F_2-Rest in der F_3 vermehrt wurde (1) und andererseits die Rezessivenauslese erst in der F_3 vorgenommen wurde (2). Handelt es sich um monogen bedingte Merkmale, gibt es zwischen Verfahren 1 und 2 keine Differenzen in der Auslesewirkung hinsichtlich Homozygotenzahl/Phänotypenklasse. Bei Selektion auf ein polygen bedingtes Merkmal ist dagegen Verfahren 2 überlegen. Die Effektivität ist $1{,}5^{r-1}$-fach gegenüber Verfahren 1, wenn r die Zahl der rezessiven Loci ist. K. Bellmann. 1563.

Chitrinskij, V. F. und Taran, L. D. (Chitrinski, W. F. und Taran, L. D.); Odessa, Unions-Inst. für Zücht. und Genetik. Biologičeskie osobennosti gibridov, polučennych bez kastracii cvetkov. **(Biologische Besonderheiten der ohne Kastration der Blüten erhaltenen Hybriden.)** Agrobiologija, Moskva **1961** Nr. **4**. S. 493–499. — 5 Tab.

Bei Erbse, Weizen und Tomate wurden die Bedingungen zum Erzielen von fertilen Hybriden innerhalb der Art und zwischen verschiedenen Arten untersucht und weiterhin die wirtsch.-biol. Besonderheiten derartiger Bastarde geprüft. Die Bestäubung nichtkastrierter Blüten wird als wirksame Methode zum Erzielen von Hybriden bezeichnet. Die größte Hybridenzahl haben Bestäubungen der zuerst angelegten Narben ergeben. In der F_2 einer Kreuzung innerhalb der Art wurden bei Erbse und Tomate Hybriden mit eindeutigem Bastardcharakter gefunden. Die meisten der durch diese Methode der Bestäubung erhaltenen Hybriden waren leistungsfähiger als die Bastarde, die auf herkömmliche Weise durch Bestäubung kastrierter Blüten entstanden sind. Vff. empfehlen deshalb dieses Verfahren für die Züchtung. H. Weber. 1563.

Nawrocki, Z. Schemat metody „Polycross" oraz wycena zdolności kojarzenia matek w zastosowaniu do roślin obcopylnych. **(Das Schema der „Polycross"-Methode sowie die Bestimmung der Kombinationseignung bei Fremdbefruchtern.)** Biul. Hodowli Roślin Nasiennictwa **1961** Nr. 5/6. S. 9–25. — 1 Tab.

Vf. legt methodische Einzelheiten der Polycrossmethode dar und bespricht bes. in Anlehnung an die von Fisher dargelegten populationsgenetischen Gesichtspunkte Methoden zur Bestimmung der Kombinationseignung.
W. Święcicki. 1563.

Wienhues, A.; Köln-Vogelsang, Max-Planck-Inst. für Züchtungsforsch. **Methoden und Ergebnisse der Art- und Gattungsbastardierung und ihre Bedeutung in der praktischen Züchtung.** DLG-Pflanzenzuchtabt. Frankfurt/Main, Vortr. Pflanzenzüchter **1960** Nr. 6. S. 13–26. — 5 Abb., 3 Tab.

Nach einleitenden Bemerkungen über die ohne größere Schwierigkeiten durchzuführenden Artbastardierungen bei Genomhomologie der Kreuzungspartner bzw. nach künstlicher Angleichung der Genomzahl der Valenzstufen bei vorliegender Autopolyploidie werden Probleme der Art- und Gattungsbastardierung bes. beim Weizen behandelt. — Die Einkreuzung von Resistenzfaktoren aus tetraploiden in hexaploide Formen wird durch den überzähligen Chromosomensatz des D-Genoms und teilweiser Nichthomologie des B-Genoms erschwert. — Die in vielen Fällen in Frage gestellte praktisch züchterische Ausnutzung von bekannten amphidiploiden Gattungsbastarden zwischen *Triticum aestivum* und *Secale, Haynaldia, Aegilops* sowie *Agropyron* (letztere im Hinblick auf Einkreuzung von Resistenzfaktoren) ist durch Fertilitätsschwierigkeiten oder zu starke negative Beeinflussung des Weizens durch das fremde Genom bedingt. Durch Zerlegen der Genome der Amphidiploiden in Einzelchromosomen auf dem Wege der Rückkreuzung des amphidiploiden Bastards mit dem Weizenelter können durch Addition von definierten Einzelchromosomen Formen gefunden werden, die dem Weizen in seinen Eigenschaften bereits sehr nahe kommen. Es werden weitere Möglichkeiten angeführt, um die Inkonstanz der durch Addition von Einzelchromosomen entstandenen Bastarde (im vorliegenden Fall Pflanzen mit 2 n = 44 Chromosomen) durch festen Einbau der einzulagernden Chromosomen in den Chromosomensatz des Weizens durch Substitution oder Translokation zu überwinden. Entsprechende Versuchsergebnisse werden mitgeteilt. H. D. Koch. 1563.

Lipaeva, L. I. (Lipajewa, L. I.) O prirode geterozisa u rastenij. **(Über die Natur der Heterosis bei Pflanzen.)** Bjulleteń Moskovskogo obščestva ispytatelej prirody. [N. S.] **132** (1961) Otdel biologičeskij **66** Nr. 5. S. 102–114. — 2 Tab., 37 Lit. Zus. in Engl.

Die Erscheinung des Luxurierens pflanzlicher Bastarde wird begrifflich definiert und unter dem Aspekt der Einwirkung äußerer Faktoren an Hand verschiedener Beispiele (*Ribes, Lycopersicon, Crepis* u. a.) untersucht. Die für die Heterosis in der F_1 verantwortlichen genetischen Faktoren werden besprochen sowie Stimulierungen (durch Pollen) erklärt. Heterosis wird als zweifaches Phänomen betrachtet: 1. als Veränderung der „Genbalance" der F_1, die die Entwicklung des Systems physiol. aktiver Substanzen kontrolliert und 2. als modifikatives Phänomen durch Pollenstimulierung.
G. Petzold. 1564.

Schnell, F. W.; Köln-Vogelsang, Max-Planck-Inst. für Züchtungsforsch. Some general formulations of linkage effects in inbreeding. **(Einige allgemeine Formulierungen des Koppelungseffektes bei Inzucht.)** Genetics **46** (1961) Nr. 8. S. 947–957. — 7 Lit.

Vf. legt einige Beziehungen dar, die für die Formulierung und Anwendung der erwünschten Verallgemeinerung des Inzuchtkoeffizienten notwendig sind. Durch Einführung neuer Klassen von Rekombinationswerten können für eine beliebige Zahl von Loci die Gametenhäufigkeiten als lineare Funktion der Rekombinationswerte betrachtet werden. Vf. gibt in diesem Zusammenhang eine komplementäre Serie von Parametern an, die als „Koppelungswerte" bezeichnet werden. Die Gametenhäufigkeiten und Koppelungswerte verwendet er für die Bestimmung der „Funktion der Inzucht", die Wrights Inzuchtkoeffizienten verallgemeinern. Die „Funktion der Inzucht" wird als die Wahrscheinlichkeit definiert, daß die 2 Gameten eines Individuums identisch sind, wenn man einen beliebigen Satz von Loci betrachtet. Ähnlich wird die vom Vf. vorgeschlagene „panmiktische Funktion" definiert. Die definierten Kategorien von Wahrscheinlichkeiten können bei der Ableitung der Kumulanten der Verteilung der Zahl von homozygoten Loci benutzt werden. Vf. gibt die Varianz dieser Verteilung in allg. Ausdrücken und für einige praktische Inzuchtbeispiele an. K. Bellmann. 1564.

Knuth, M. **Mutationen durch Röntgenbestrahlung auch bei Grünpflanzen möglich.** Dtsch. Gartenbau **9** (1962) Nr. 6. S. 162–164. — 4 Abb., 3 Lit.
Durch Mutationsauslösung im vegetativen und generativen Gewebe der Pflanzen treten Veränderungen bestimmter Merkmale in der Regel in einer Richtung ein, während die übrigen Sorten- und Stammeigentümlichkeiten erhalten bleiben. Der Züchtungsweg wird dadurch wesentlich verkürzt und Eigenschaften treten auf, die durch Kreuzungen allein nicht zu erreichen sind. Die Auslösung somatischer Mutationen ist bei vegetativ vermehrten Pflanzen bes. erfolgversprechend. Vf. berichtet über Röntgenbestrahlungen an *Hedera helix*. In Vorversuchen an 9 Varianten bei Dosen von 1–9 kr wurde die optimale Strahlendosis ermittelt, die für *H. helix* bei 4 kr liegt. In einem weiteren Versuch wurde der Einfluß der Mehrfachbestrahlung im Vergleich mit einmaliger Bestrahlung bei gleichen Dosiswerten geprüft. Als Ergebnis traten Chlorophylldefekte, Blattdeformationen und Stauchungen der Internodien auf. Aus den Stecklingen der bestrahlten Pflanzen konnte eine wertvolle Mutation (kleine, auf Grund von Chlorophylldefekten stark gezeichnete Blätter) ausgelesen werden. Sie entstammte einer Variante, die 7,5 kr in mehrfacher Bestrahlung von 5 · 1,5 kr erhalten hatte. Chr. Döhler. 1565.

Karapetjan, V. K. (Karapetjan, W. K.); Genet. Inst. der Akad. der Wiss. der UdSSR. Dejstvie ionizirujuščej radiacii na nasledstvennost' i žiznennost' nekotorych sortov pšenicy i rži. **(Wirkung ionisierender Strahlen auf Vererbung und Lebensfähigkeit einiger Roggen- und Weizensorten.)** Izvestija Akademii nauk SSSR, Serija biologičeskaja, Moskva **26** (1961) Nr. 5. S. 702–707. — 4 Tab. Zus. in Engl.
11 Weichweizensorten (9 Wi- und 2 So-Typen) sowie Wi-Roggen und Wildroggen wurden mit γ-Strahlen von ^{60}Co in verschiedenen Varianten bestrahlt: Weizen mit 16–30 kr, Roggen mit 18 und 20 kr; einmal frisch geerntete, lufttrockene Samen, zum anderen solche, die die Keimruhe beendet hatten. Außerdem wurde die X_2 erneut bestrahlt. In der X_1 und X_2 traten Mutanten der Ährenform, Fertilität, Wuchshöhe, Vegetationsdauer usw. auf. Bes. ausführlich wurden Keimfähigkeit und Winterfestigkeit bearbeitet. In diesen beiden letzteren Merkmalen bestand kein Unterschied zwischen ein -und zweimal bestrahltem Material. Die einzelnen Arten reagierten verschieden auf die gleiche Strahlendosis. Nichttermingemäße Aussaat (Spätherbst für So-Form) erhöht quantitativ und qualitativ die Mutationsrate. Mit steigender Strahlendosis nimmt die Depression in der X_1 zu. Samen, die sich noch im Zustand der Keimruhe befinden, sind deutlich widerstandsfähiger gegen hohe Strahlendosen als solche, die die Keimruhe beendet haben. U. Bandlow. 1565.

Sax, Karl und Sax, Hally J.; Oxford, Univ., School of Bot. Effects of X-rays on the ageing of seeds. **(Wirkungen von X-Strahlen auf das Altern der Samen.)** Nature [London] **194** (1962) Nr. 4827. S. 459–460. – 1 Abb., 1 Tab., 15 Lit.

Samen von *Allium cepa* aus dem Jahr 1960 wurden in 2 Partien geteilt und die eine Hälfte mit Röntgenstrahlen (1 kr) im Febr. 1961 behandelt, während die andere Hälfte zur Kontrolle unbestrahlt blieb. Anschließend wurden beide Partien bis zum 27. Apr. zur Beschleunigung des Alterns bei 42 °C gelagert. In Abständen wurden Proben entnommen und zum Keimen angesetzt. Die Wurzelspitzen der Keimlinge wurden auf Chromosomenaberrationen untersucht. Das künstliche Altern führte in den ersten 3 Wochen zu keiner Erhöhung der Chromosomenaberrationsrate. Danach stieg der Anteil defekter Chromosomen erheblich an. Die Zahl der Chromosomenaberrationen lag bei der bestrahlten Variante immer über der der unbestrahlten. Die Zahl der Chromosomenaberrationen war bei den Samen mit Keimverzug (2 Tage nach Einquellen) bei beiden Varianten gesichert höher gegenüber Samen ohne Keimverzug. Die Röntgenstrahlenbehandlung hatte keinen Einfluß auf die Keimfähigkeit. K. Schulz. 1565.

Südi, J. und Matolcsy, G.; Budapest, Hungary, Res. Inst. for Plant Protection. Colchicine-like action on plants of some amide derivatives of 3,5-dichlorophenooxyacetic acid. **(Colchicinähnliche Wirkung einiger Amid-Derivate der 3.5-Dichlorphenoxyessigsäure auf Pflanzen.)** Bot. Gaz. **123** (1962) Nr. 4. S. 265–272. – 4 Abb., 3 Tab., 24 Lit.

Einige N-alkylsubstituierte Amide der 3.5-D, und zwar N-Methyl-, N-Äthyl- und N-Butyl-3.5-Dichlorphenoxyacetamid verursachten an den meisten der untersuchten Pflanzenarten Schwellungen an verschiedenen Teilen der Sämlinge. Mit zunehmender Größe des Alkylrestes nahm die Wirksamkeit zu. Die zytol. Untersuchung der Wurzelspitzen ergab bei Butyl-3.5-D-amid eine ähnliche Rate an C-Mitosen wie Colchicin, während 3.5-D in dieser Hinsicht ohne Wirkung blieb. Der wirksame Konz.-Bereich schwankte je nach Substanz und Pflanzenart zwischen 0,1 und 1000 ppm. Wenn die Schwellungen fehlten, z. B. bei Zwiebel, waren auch keine C-Mitosen zu beobachten. Bei Gerste wurden dagegen durch Einwirkung von Butyl-3.5-D-amid polyploide Zellen bis 32 n beobachtet. Die Anschwellungen können als typische C-Tumoren angesehen werden. Die Wirkung dieser Stoffe ist selektiv, denn an einigen Arten wurden keine Schwellungen beobachtet. Die gefundene Wirkung ist der erste Fall der typischen Colchicinwirkung eines Chlorphenoxyessigsäurederivates. W. Stenz. 1566.

Nohe, Eduard. **Weitere Gesichtspunkte zum Horstsaatverfahren.** Saatgut-Wirtsch. **14** (1962) Nr. 3. S. 64–66. – 7 Abb., 3 Lit.

Bei Getreide ist es zweckmäßig, die Beete immer so breit anzulegen, daß 10 Horste in einer Querreihe stehen. Dieses Zehnersystem gewährt eine bessere Übersicht und läßt vor allem bei Selektionsarbeiten einen raschen Überblick über die Zahl ausgelesener Horste zu. Verbesserungen seitens einiger Zuchtbetriebe betreffen z. B. die Horstsaatkralle, bei der der kurze Griff durch einen langen Stiel ersetzt wurde, so daß das Rillenziehen für die Horste nicht mehr in gebückter Haltung zu erfolgen braucht. Bei der Selektion vor der Gelbreife werden die ausgelesenen Horste dadurch am besten gekennzeichnet, daß die Pflanzen der Horste jeweils mit einer farbigen Schnur zusammengebunden werden. Um die z. T. übermäßige Bestockung der Pflanzen einzuschränken, kann den Horstsaatbeeten nur z. Z. der Saat etwas N (aber nicht als Spätgabe) verabfolgt werden. Bes. vorteilhaft für den Züchtungserfolg ist das Horstsaatverfahren bei Rotklee, wie es die Praxis der Zuchtbetriebe im letzten Jahrzehnt gezeigt hat, denn die aus Einzelpflanzennachkommenschaften und Populationen hervorgehenden Einzelpflanzen unterliegen nicht noch zusätzlichen, modifizierenden Einflüssen, die das Umpflanzen von Rotklee sonst zwangsläufig mit sich bringt. Auch bei sehr kleinen Mengen an verfügbarem Zuchtsaatgut ist das Horstsaatverfahren zu empfehlen.

W. Fleischmann. 1600.

C. Spezielle Pflanzenzüchtung

Antoniani, Claudio; Bologna, Univ., Ist. di Agronomia Generale e Coltivazioni Erbacee. Il trapianto degli embrioni come mezzo per produrre „irbidi vegetativi" o per favorire incroci interspecifici e intergenerici nei cereali. **(Die Embryotransplantation als Methode zur Erzielung „vegetativer Hybriden" oder zur Erleichterung von Art- und Gattungskreuzungen bei Getreide.)** Ann. Sperimentaz. agrar. [N.S.] **15** (1961) Nr. 1. S. 207–222. – 8 Tab., 43 Lit. Zus. in Engl.

In 2jährigen Versuchen wurde die Erzielung vegetativer Hybriden durch Transplantation von *Triticum vulgare*-Embryonen (Sorte 'Mara') auf das Endosperm von *T. vulgare* ('0 10' und 'Rieti 11'), *T. polonicum*, *T. spelta* und *T. turgidum* sowie *Secale cereale* angestrebt. Die Nachkommen zeigten alle Eigenschaften des transplantierten Embryos. Die Untersuchung weiterer Generationen bestätigte die Uniformität der Nachkommenschaften. Unterschiede in der „F_1", in der Halmlänge und in der TKM werden als Veränderungen des Phänotyps als Folge der Transplantation angesehen. Vf. folgert aus den Ergebnissen, daß diese Methode bei diesen Arten unter italienischen Umweltverhältnissen die Herstellung von Bastarden im Sinne von Mitschurin und Lyssenko nicht ermöglicht. – In 3jährigen Versuchen, wobei die Sorte 'Mara' nach entspr. Transplantation mit *T. durum*, *T. turgidum*, *T. dicoccum*, *T. polonicum* und *S. cereale* gekreuzt wurde, hat Vf. keine eindeutigen Beweise für die Behauptung erbringen können, daß Kreuzungen verschiedener Arten und Gattungen über die vegetative Annäherung erleichtert würden. In einem Versuch wiesen die transplantierten Pflanzen mehr und bessere Ähren auf, wenn auch nicht signifikant, als die Kontrolle. In einem anderen Versuch wurde mit abs. Sicherheit festgestellt, daß durch die Transplantation die Kreuzbarkeit nicht verbessert wurde.

K. Schulz. 1710.

Pohjanheimo, Onni; Jokioinen, Finland, A.R.C., Dep. of Plant Breeding. A method for determining the resistance to snow mold (Fusarium nivale) in winter cereals especially at plant breeding stations. **(Eine Methode der Bestimmung der Resistenz gegenüber Schneeschimmel [Fusarium nivale] bei Wintergetreide, besonders an Pflanzenzuchtstationen.)** Valtion Maatalouskoetoiminnan, Julkaisuja [State agric. Res. Publ. Finland, Publ.] Nr. **194** (1962) S. 1–12. – 6 Abb., 16 Lit.

Vf. beschreibt eingehend eine Infektionsmethode (Kastenprüfung) zur Bestimmung der Schneeschimmelresistenz bei Wintergetreide. Sie gestattet eine kontinuierliche Infektion ohne Störung der natürlichen Resistenz der Pflanzen. Eine Übertragung dieser Methode auf Feldbedingungen ist möglich.

H. Schmalz. 1710.

Foard, Donald E. und Haber, Alan H.; Oak Ridge, Tenn., Oak Ridge Nat. Lab., Biol. Div. Use of growth characteristics in studies of morphologic relations. I. Similarities between epiblast and coleorhiza. **(Benutzung von Wuchsmerkmalen bei Untersuchungen morphologischer Beziehungen. 1. Mitt. Ähnlichkeiten zwischen Epiblast und Koleorrhiza.)** Amer. J. Bot. **49** (1962) Nr. 5. S. 520–523. – 5 Abb., 15 Lit.

Samen von *Triticum vulgare* wurden in Petrischalen zum Keimen gebracht und Epiblast (E.), Koleorrhiza (K.) und Blätter untersucht. Bisher besteht über den E. noch keine einheitliche Auffassung. Der E. wird von einigen Autoren als modifiziertes Blatt oder Blatteil, von anderen als Auswuchs von K. angesehen. Vff. kamen auf Grund ihrer Untersuchungen zu dem Schluß, daß der E. nicht blattähnlich ist, dagegen in engen Beziehungen zu K. steht. E. ist im ruhenden Samen etwa 0,29 mm lang und 0,61 mm breit. Etwa 1 Tag nach Keimbeginn stellt er das Wachstum ein und hat dann eine Länge von 0,53 mm und 1,41 mm Breite erreicht. Zellteilungen wurden weder bei E. noch bei K. bis zu 96 Std. nach Quellbeginn festgestellt. E. bildet gelegentlich Haare, die K.- oder Wurzelhaaren, aber nicht Haaren von Blättern entsprechen. Das Wachstum von Blättern ist durch Zunahme der Länge gegenüber der Breite gekennzeichnet. Bei E. ist das Verhältnis umgekehrt. Auf Wuchsstoffe reagiert E. ähnlich wie K., nicht aber wie Blätter im Wachstum. K. Schulz. 1712.

Rajki, E. A bibe különböző fejlödési állapotában történö megtermékenyülés vizsgálata a „Bánkuti 1201" – es buzán. **(Untersuchungen über die Befruchtung der Weizensorte ‚Bánkuti 1201' in verschiedenen Entwicklungsphasen der Narbe.)** Növénytermelés [Pflanzenbau] **10** (1961) Nr. 4. S. 335–344. – Aus: Ung. Agrar-Rdsch. **1962** Nr. 3.
Die Untersuchungen dienten dazu, etwas über Wirkung der Umweltbedingungen auf den Entwicklungsprozeß der Narben und Staubbeutel der Weizensorten 'B 1201' und 'F 481' zu erfahren. Die Narbe bleibt rel. lange befruchtungsfähig (je nach der Witterung 6–13 Tage). Bei Trockenheit ist der Blührhythmus des Weizens rascher als bei niederschlagreicher Witterung, da die einzelnen Entwicklungsphasen der Narbe dann rascher aufeinander folgen. Auch die Staubbeutel entwickeln sich – ähnlich wie die Narbe – bei Trockenheit rascher. Der Pollen bleibt nicht so lange befruchtungsfähig wie die Narbe. Der Samenansatz wird in der 4.–5. Entwicklungsphase der Narbe erreicht, da die Befruchtung in diesem Stadium durch die Witterung wenig beeinflußt wird. Bei Trockenheit ist eine frühere, bei regnerischem Wetter eine spätere Bestäubung vorteilhaft. Bei bestem Samenansatz ist auch das Durchschnittsgewicht der Weizenkörner am höchsten. – Durch verschiedene Arten offener Bestäubung wurde der Samenansatz nicht beeinflußt. 1712.

Latypov, A. Z. (Latypow, A. S.); Gorki, Gebiet Mogilew, Beloruss. Landwirtsch. Akad. O charaktere prevraščenija jarovych pšenič v ozimye. **(Die Umwandlung von Sommerweizen in Winterweizen.)** Agrobiologija, Moskva **26** (1961) Nr. 5. S. 689–696. – 7 Tab.
Die Eigenheit der Ausgangssorte übt einen wesentlichen Einfluß auf den Prozeß der Umwandlung von So-Weizen in Wi-Weizen aus. Die aus reinen Linien hervorgegangenen Sorten 'Milturum 0321' und 'Eritrospermum 0341' behalten nach Aussaat im Spätherbst die morphol. Merkmale der Ausgangssorte. Erst nach einer nochmaligen Aussaat im Herbst entstehen 9–10% neuer Abarten. Die Hybridsorte 'Moskowka' bildet dagegen bereits nach der ersten Herbstaussaat viele neue Formen. Zwischen der Bildung neuer Formen nach der 2. Herbstaussaat und der Ausbildung der Winterfestigkeit konnte ein Zusammenhang festgestellt werden. Die neuen Formen, die im Umwandlungsprozeß von So- in Wi-Sorten entstehen, bleiben nach weiteren Herbstaussaaten konstant. Man erzielt somit neue Erbanlagen, die hinsichtlich ihrer biol. und wirtsch. Merkmale von den Ausgangsformen abweichen. E. Kahn. 1712.

Zohary, Daniel und Feldman, Moshe; Jerusalem, Israel, Hebrew Univ., Dep. of Bot. Hybridization between Amphidiploids and the evolution of polyploids in the wheat (Aegilops-Triticum) group. **(Hybridisation zwischen Amphidiploiden und die Evolution von Polyploiden in der Weizen- [Aegilops-Triticum-] Gruppe.)** Evolution [Lancaster] **16** (1962) Nr. 1. S. 44–61. – 3 Abb. 19 Lit.

Auf Grund von Untersuchungen an Wildmaterial von *Aegilops variabilis*, *A. ovata* und an natürlichen Bastarden zwischen diesen beiden Arten und in geringerem Umfang noch anderen Arten, wird die Hypothese von Kihara, wonach die verschiedenen polyploiden Arten der *Aegilops-Triticum*-Gruppe sich unabhängig von einander entwickelt haben sollen, in Abrede gestellt. Die Auswertung der monographischen Erhebungen in der Gattung *Aegilops* lassen erkennen, daß die Diploiden ziemlich stark von einander abgegrenzt sind und bei den Tetraploiden die Artgrenzen oft undeutlich sind und deshalb genetische Beziehungen in bezug auf den Besitz eines gemeinsamen Genoms bestehen müssen. Das Vorhandensein derartiger Beziehungen wurde bei mehreren Tetraploiden und Bastarden der Sektion *Pleionathera* nachgewiesen. Vf. sind deshalb der Ansicht, daß auf die ursprüngliche Bildung von Amphidiploiden in vielen Fällen weitgreifende Bastardierungen folgen, so daß die meisten Tetraploiden durch Bastardierung entstanden sind. K. Schulz. 1712.

Klein, Enrique. **Über die Züchtung ertragsreicherer und qualitativ besserer Weizensorten während der letzten 40 Jahre in Argentinien.** DLG-Pflanzenzuchtabt. Frankfurt/Main, Vortr. Pflanzenzüchter **1960** Nr. 6. S. 58–68. — 1 Tab.

Bis zum 2. Jahrzehnt dieses Jahrhunderts trugen die in den verschiedenen Weizenzonen Argentiniens angebauten Weizen den Charakter von Landsorten mit nur geringer Ertragsfähigkeit. Unter Berücksichtigung der entscheidenden Zuchtziele berichtet Vf. über die Entwicklung von Hochzuchtsorten, die im wesentlichen das Ergebnis seiner eigenen züchterischen Arbeit sind. Zuchtmethodisch arbeitet Vf. nur mit fortgesetzter Individualauslese, die in der F_2 beginnend bis zur F_4 bzw. F_5 fortgeführt wird. Die Beurteilung des Zuchtmaterials durch Ertragsversuche wird erst mit dem Anbau auf großen bzw. größten Flächen endgültig abgeschlossen. Neben der erfolgreichen Züchtung auf höhere Ertragsfähigkeit, die zur schnellen Eliminierung der Landsorten führte, wurde seit 1930 der Verbesserung der Backqualität besondere Bedeutung beigemessen. Die Entwicklung der Methodik der Qualitätsuntersuchung wird eingehend behandelt. Heute setzt sich in Argentinien in Auswirkung dieser systematischen Arbeiten der Anbau zu 80% aus harten und 20% aus halbharten Weizen zusammen. Eine Aufstellung der in den Jahren 1958/59 angebauten Sorten, nach Anbauzonen geordnet, gibt Aufschluß über deren rel. Zusammensetzung an der gesamten Weizenanbaufläche.
H. D. Koch. 1712.

Hermsen, J. G. Th. Bastaard-necrose bij tarwe. **(Bastardnekrose bei Weizen.)** Diss. Landbouwhogeschool Wageningen **1962** 129 S. — 57 Abb., 41 Tab., 105 Lit. Zus. in Engl.

Vf. behandelt zunächst die genetische Ursache der Bastardletalität und die durch Bastardierung bedingte Schwachwüchsigkeit, um dann die Ergebnisse eigener Untersuchungen darzulegen. Ausgangsmaterial für die Untersuchungen waren 7 *Triticum*-Arten, meistens *T. aestivum*. Es wurden mehr als 3000 Kreuzungen vorgenommen, um die Nekrose (Verfärbungen der Blätter, die zum Absterben der Pflanze führen), Chlorose und den Zwergwuchs zu untersuchen. Es wurde nachgewiesen, daß die Bastard-Nekrose (Letalität) von 2 Komplementfaktoren, Ne_1 und Ne_2, die durch 3 Modifikatoren in ihrer Expressivität beeinflußt werden, abhängt. Durch diese genetische Basis wird der Dosiseffekt der Nekrose bedingt, die durch 3 Hypothesen von Vf. erklärt wird. Das Vorkommen von Nekrosegenen bei Weizenarten und -sorten wird angegeben. An Hand von Tab. kann Auftreten und Grad der Nekrose bei verschiedenen Kreuzungen vorausgesagt werden. Dadurch wird die Möglichkeit gegeben, Nekrose zu verhindern. Theoretisch besteht die Möglichkeit, von Nekrosegenen freie Mutanten durch Bestrahlung zu erhalten.
K. Schulz. 1712.

Pochard, E., Goujon, C. und Vergara, S.; Versailles, Centre Nat. de Rech. Agronomiques; Stat. Centr. de Génetique et d'Amélioration des Plantes. Influence de la température, de l'éclairement et du stade de la plante sur l'expression de la sensibilité à un biotype de rouille jaune de quelques variétés françaises de blé. **(Der Einfluß der Temperatur, der Belichtung und des Wachstumsstadiums der Pflanze auf die erkennbare Empfindlichkeit gegenüber einem Biotyp des Gelbrostes einiger französischer Weizensorten.)** Ann. Amélioration Plantes **12** (1962) Nr. 1. S. 45–58. — 7 Tab., 7 Lit. Zus. in Engl., Dtsch.
Die Reaktion von Weizenpflanzen auf eine Infektion mit Gelbrost (*Puccinia glumarum* Schm. Erikss. et Henn) hängt hauptsächlich von den Umweltfaktoren Temperatur und Licht und dem Wachstumsstadium der Pflanze ab. Die besprochenen Versuche hatten den Zweck, diese 3 Bedingungen bei 10 franz. Weizensorten von mittlerer Empfindlichkeit gegenüber Gelbrost zu untersuchen. 2 stark empfindliche amer. Sorten ('Little Club' und 'Purplestraw') wurden zum Vergleich herangezogen. Da die exakte Kontrolle von Licht und Temperatur im Gewächshaus verhältnismäßig schwierig ist, fand die künstliche Infektion der Weizenkeimlinge in der Klimakammer bei 10 °C und künstlicher Beleuchtung statt. Sehr alte oder stark angewelkte Keimlinge zeigten eine geringe Empfindlichkeit. Auf Grund der Versuche in der Klimakammer und Beobachtungen der Krankheitssymptome an infizierten Weizenpflanzen im Freiland war es möglich, 6 Empfindlichkeitsgruppen aufzustellen: 1. überempfindliche Sorten (Typ 'Heurtebise'); 2. tolerante Sorten (Typ 'Elite') 3. Sorten mit uneinheitlichen Reaktionen (Typ 'Capelle'). Die Reaktionen hängen von geringsten Schwankungen der Umweltfaktoren ab; 4. Sorten, die im Keimlingsstadium empfindlich, später (vom Schossen an) tolerant sind (Typ 'Bellevue'); 5. im Keimlingsstadium und während der Samenbildung empfindliche Sorten, die in den Zwischenstadien Toleranz zeigen (Typ ‚Little Club'); 6. während aller Stadien empfindliche Sorten (Typ 'Purplestraw'). E. M. Ardelt. 1712.

Tovia, Tana und Zohary, D.; Jerusalem, Hebrew Univ., Dep. of Bot. Natural hybridisation between Hordeum vulgare and H. spontaneum: Corroborative evidence from progeny tests and artificial hybrids. **(Natürliche Kreuzung zwischen Hordeum vulgare und H. spontaneum: Bestätigungsnachweis durch Nachkommenschaftsprüfungen und künstliche Bastarde.)** Bull. Res. Council Israel, Sect. D **11D** (1962) Nr. 1. S. 43–45. — 1 Tab., 3 Lit.
In früheren Veröffentlichungen von Vff. wurden Kreuzungen von 6zeiliger Kulturgerste, *Hordeum vulgare*, mit 2zeiliger Wildgerste, *H. spontaneum* beschrieben und gefolgert, daß die spindelbrüchige, 6zeilige Form, die als *H. agriocrithon* Åberg bezeichnet wird, nicht als echter Wildvorfahre der Kulturgerste angesehen werden kann, sondern mehr als sek. Abkömmling gelegentlicher, spontaner Bastardierungen zwischen *H. vulgare* und *H. spontaneum* zu betrachten wäre. Dieser Nachweis wird von Vff. an Hand von Nachkommenschaftsprüfungen von 41 Pflanzen, die in der Umgebung von Jerusalem gesammelt wurden, und mit Hilfe künstlicher Artbastardierungen von *H. vulgare*, Sorte 'Glacier', mit *H. spontaneum* i. J. 1958 erbracht. Außerdem bewiesen die Untersuchungen, daß die verschiedenen *H. agricorithon*-Formen u.a. intermediäre Typen in natürlichen Bastardpopulationen innerhalb von 2 Generationen bilden. K. Schulz. 1716.

Heslot, H., Ferrary, R., Lévy, R. und Monard, C.; Paris, Inst. Nat. d'Agronomie, Lab. de Génétique. Induction de mutations chez l'orge. Efficacité relative des rayons gamma, du sulfate d'éthyle, du méthane sulfonate d'éthyle et de quelques autres substances. **(Induktion und Mutationen bei Gerste. Relative Wirksamkeit von γ-Strahlen, Äthylsulfat, Äthylmethylsulfonat und einigen anderen Substanzen.)** Oléagineux **17** (1962) Nr. 6. S. 537–539. — 3 Tab., 4 Lit.

Die Mutationshäufigkeit variiert je nach verwendetem Agens sehr stark: 5% bei 25 kr γ-Strahlen, 40,5% bei Äthylmethylsulfonat. Einfache β-Chloräthylamine sind viel schwächer toxisch als zweifache. Alle aktiven Substanzen sind deutlich durch ihr Alkülierungsvermögen gekennzeichnet. Negative Ladungen des O-Radikals verhindern Beweglichkeit der CH_3- und C_2H_5-Gruppen und damit Mutagenität. Alle aktiven Stoffe reagieren empfindlich mit Phosphat- und NH_2-Gruppen der Purin- und Pyrinidinbasen. Die Versuche, verschiedene Sulfonate auf ein bestimmtes Mutationsspektrum (*albina*) zu testen, sind 2 Jahre lang uneinheitlich ausgefallen. Die chem. Substanzen Äthylsulfat und Äthylmethylsulfonat sind viel mutagener als die γ-Strahlen, aber letztere bei nur vegetativ vermehrbaren Pflanzen vorteilhafter zu verwenden.
G. Bandlow. 1716.

Golodkovskij, V. L. und Rašidov, T. R. (Golodkowski, W. L. und Raschidow, T. R.) Izbiratel'nost' opylenija podvida sacharnoj kukuruzy (Zea mays ssp. saccharata Sturt) po otnošeniju k drugim podvidam. **(Die Selektivität der Bestäubung bei der Subspecies Zuckermais [Zea mays ssp. saccharata Sturt.] im Verhältnis zu anderen Subspecies.)** V. sb.: Vopr. biol. i kraevoj med., Taškent **1960** S. 108–115. – 10 Lit. Aus: Referativnyj žurnal. Biologija, Moskva **1961** Nr. 20. G 415. S. 48.
Durch künstliche Bestäubung der Narben mit einem Pollengemisch, das zu gleichen Teilen aus Pollen der Vater- und Mutterform besteht und durch Ermittlung der Zahl der Körner mit Merkmalen der Vater- bzw. der Mutterpflanzen wurde festgestellt, daß die ssp. *saccharata* Nr. 90 aus Argentinien in physiol. und biochem. Hinsicht Kieselmais und gelbem Zahnmais Nr. 24 aus Jugoslawien nahesteht; die ssp. *saccharata* Nr. 90 aus Minnesota ist mit dem gelben Zahnmais aus Jugoslawien und dem weißen stärkehaltigen Mais Nr. 92 aus Afrika nahe verwandt. übersetzt v. D. Grafe. 1720.

Kovács, Ervin I. A koleoptil és mezokotil növekedeésének genetikai vizsgálata k koricán. **(Genetische Untersuchungen über das Wachstum der Koleoptile und des Mesokotyls bei Mais.)** Biol. Közlemények [Biol.Mitt.] **9** (1961) Nr. 2. S. 153–162. – Aus: Ung. Agrar-Rdsch. **1962** Nr. 3.
Embryonen von Samen einer ingezüchteten Linie wurden 4 Tage lang bei Licht und Dunkelheit steril kultiviert. Koleoptilen- (K.) und Mesokotyllänge (M.) sowie Gesamtsproßlänge sind quantitative Merkmale mit kontinuierlicher Variation. Das im Verhältnis zur Koleoptile erhöhte oder gehemmte Mesokotylwachstum (K./M.) variiert dagegen diskontinuierlich und zeigt eine 3:1-Spaltung. Die Verhältniszahl K./M. kann nach vorliegenden Ergebnissen unter der pleiotropen Einwirkung des subletalen Faktors des Albinismus bzw. dessen normalen Allels zustandekommen. Das Wachstum der Koleoptile steht in linearer, positiver Korrelation mit dem des Mesokotyls (r bei grünen Pflanzen = 0,832, r bei Albinomutanten = 0,689). Auch die Regression ist linear (b bei grünen Pflanzen = 1,379, b bei Albinomutanten = 0,550). Die Variabilität des K./M.-Verhältnisses hängt von dem Grade der korrelativen Beziehung ab. Das K./M.-Verhältnis ist vom Genotyp des Endosperms unabhängig. Bei anderen Maisformen wurden ähnliche Erscheinungen beobachtet. 1720.

Faludi, Béla und Faludi-Dániel, Ágnes. A szemtermés karotinoidképzési sajátosságainak öröklődése albino kukoricában. **(Die Vererbung des Carotinoidgehaltes des Korns von Albinomais.)** Biol. Közlemények [Biol. Mitt.] **9** (1961) Nr. 2. S. 129–133. – Aus: Ung. Agrar-Rdsch. **1962** Nr. 3.
Als Versuchsmaterial diente eine seit längerer Zeit ingezüchtete Maislinie, deren heterozygote Individuen nach Selbstung in einem Verhältnis von 3:1 in Körner mit tief orangegelbem bzw. hellem grünlichgelbem Endosperm spalteten. Der Embryo der tief orangegelben Körner war hellknochenfarbig,

während in den grünlichgelben Körnern der Farbton von Endosperm und Embryo gleich war. Aus den dunklen Körnern entwickelten sich normale Pflanzen, während aus hellen Körnern extrem lichtempfindliche, unter normalen Bedingungen vollkommen weiß werdende Albinokeimpflanzen mit photosynthetischer Leistung aufwuchsen. Zur Ermittlung des Erbganges der Carotinoidbildung hat Vf. Carotinoidauszüge von 3 verschiedenen Kornklassen untersucht: 1. orangegelbe Körner von (homozygoten) Pflanzen, deren Kolben nur orangegelbe Körner enthielten, 2. orangegelbe Körner von (heterozygoten) Pflanzen, deren Kolben 75% orangegelbe und 21% hell grünlichgelbe Körner besaßen, 3. hell grünlichgelbe Körner der unter 2. genannten Pflanzen. In den Körnern der normalen Pflanzen war hauptsächlich α-Carotin enthalten, während im Albinomais sich partiell gesättigte e- und d-Carotinoide entwickeln. Im untersuchten Stamm wird die Carotinoidsynthese mit der Erhöhung der Zahl der dominanten Faktoren nicht verändert, es zeigt sich also keine graduelle Dominanz. Die Unterschiede in der Carotinoidsynthese lassen sich bereits zu Beginn der Entwicklung der Körner erkennen und auch der Gang der Entwicklung während der Reife ist im normalen bzw. Albinomais verschieden. Im Endosperm und im Sporophyten ist der Gang der Synthese ähnlich.

1720.

Pamfil, C. Contribuţii la studiul hibrizilor dubli între linii consangvinizate de porumb. **(Beiträge zum Studium von Doppellinienhybriden bei Mais.)** Inst. agronom. „Dr. Petru Groza“ Cluj, Lucrări ştiinţ. **16** (1960) S. 45–54. — 5 Tab., 8 Lit. Zus. in Russ., Engl.

In 3jährigen Versuchen hat Vf. festgestellt, daß die F_1 von Doppelhybriden die verabreichten Düngermengen besser als die F_2- oder F_3-Generation verwertet. Die Doppellinienhybriden sind den Sortenhybriden deutlich überlegen. Der Grad der Heterosis in der F_1 ist von der genetischen Beschaffenheit der Linien und von den Anbaubedingungen abhängig. Bei den frühreifenden Hybriden ist die Ertragsdifferenz zwischen F_1 und den folgenden Generationen kleiner als bei den spätreifenden. Bei allen untersuchten Hybriden war unabhängig von der Düngung die F_2 und die F_3 4–6 Tage früher reif als die F_1.

V. Velican. 1720.

Gáspár, L. A heterózishatás fiziológiai jellemzése a kukoricában. **(Die physiologische Deutung des Heterosiseffektes bei Mais.)** Wiss. Konf. Jubiläum landwirtsch. Forsch.-Inst. Ung. Akad. Wiss., Martonvásár **1959** (hrsg. 1961) Nr. 8/10. S. 199–210. — Aus: Ung. Agrar-Rdsch. **1962** Nr. 1.

Die physiol. Reaktionen, die die Ursache für das Zustandekommen der Hybridwüchsigkeit sein können, werden einer eingehenden Analyse unterzogen. 6 Inzuchtlinien aus Martonvásár und deren Einfach- und Doppelhybriden wurden hinsichtlich Endosperm- und Embryonengewicht und Heterosisleistung untersucht. Danach gibt es einen sehr engen Zusammenhang zwischen der Heterosis im Ertrag und dem Endosperm-Embryo-Verhältnis. Dieser Zusammenhang kann aber durch mütterliche Effekte modifiziert sein. Untersuchungen über die Stoffproduktion an diesen Hybriden haben ergeben, daß die Bildung der Tr.-Subst. bei den Inzuchtlinien insofern unrationeller verläuft, als sie das Wasser ungünstiger als die Hybriden verwerten. Im Gegensatz dazu ist die Nährstoffspeicherung bzw. die aufgenommene Nährstoffmenge/Gewichtseinheit (Blutungssaftmethode) bei den Inzuchtlinien günstiger als bei den entsprechenden Hybriden. Vf. folgert daraus, daß die Inzuchtdepression nicht auf verminderte Nährstoffaufnahme und langsameren Transport zurückzuführen ist, sondern sich in der Art der Verwendung der zugeführten Nährstoffe äußert. Bei der Analyse der N-haltigen Substanzen in den Blättern wurde festgestellt, daß die Menge der Amide in den Hybriden wesentlich größer als in den jeweiligen Inzuchtlinien war. Assimilationsuntersuchungen zeigten, daß es von den 3 Einfachkreuzungen nur bei einer Hybridvigor gab. Es wurde weiterhin die Hill-Reaktion mit Hilfe von Redoxpotentialmessungen (Spikersche Methode) geprüft. In einem Fall wurde Heterosis beobachtet. Nach quantitativen Untersuchungen der Plastiden zeigte sich bei einer Hybride heterotiv. 1720.

Magoon, M. L. und Shambulingappa, K. G.; New Delhi, Indian Agric. Res. Inst., Div. of Bot. Cytological and morphological studies on some interspecific hybrids in Eu-Sorghums. **(Zytologische und morphologische Untersuchungen an einigen Bastarden zwischen Eu-Sorghum-Arten.)** Z. Vererbungslehre **93** (1962) Nr. 1. S. 14–24. – 12 Abb., 2 Tab., 22 Lit.
Die 4 *Sorghum*-Arten *S. verticilliflorum* S. *sudanense*, *S. saccharatum* und *S. vulgare* var. *durra* wurden mit der ♂-sterilen Sorte 'M. S. Kafir' bastardiert und Eltern und Artbastarde auf meßbare morphol. Merkmale (z. B. Pflanzenhöhe, Blattlänge) untersucht. Die Bastarde waren i. allg. intermediär, aber in einigen Fällen konnte auch Bastardwüchsigkeit festgestellt werden. Weiterhin wurde eine Analyse des Pachytäns, die sich oft als wertvolles Hilfsmittel für die Systematik erwiesen hatte, durchgeführt. Die Paarungen im Pachytän waren normal und vollständig. Es folgten ihnen in den späteren Stadien regelmäßige Meiosen, verbunden mit einer hohen Pollenfertilität und gutem Samenansatz. Nur bei den Hybriden von *S. verticilliflorum* und *S. sudanense*, die bereits dadurch aufgefallen waren, daß bei ihnen die Grannenlosigkeit des ♂-sterilen Elters eine dominante Wirkung zeigte, gab die Pachytänanalyse über sehr kleine, aber zytologisch doch erkennbare Unterschiede in der Chromosomenstruktur der Eltern Aufschluß. J. Spanier. 1722.

Šumkova, M. N. (Schumkowa, M. N.) Itogi raboty po selekcii prosa. **(Die Bilanz der Züchtungsarbeiten an Hirse.)** Tr. Tatarsk. resp. gos. s.-ch. opytn. st. **1961** Nr. 1. S. 105–120. – Aus: Referativnyj žurnal. Biologija, Moskva **1961** Nr. 20. G 426. S. 49.
Unter den Bedingungen der Tatarischen Republik kann der wirtsch. vorteilhafte Anbau von Hirse nur durch frühreifende Sorten mit einer Vegetationsperiode von max. 75–90 Tagen gewährleistet werden. Die Lokalsorten sind in ihren wirtsch. günstigen und biol. Eigenschaften gut ausgeglichen. Durch Auslese aus den lokalen Hirseformen wurden folgende Sorten selektiert: 'Kasanskoje 506', 'Kasanskoje 176' und 'Kasanskoje 430' und für 20 Gebiete und Republiken der UdSSR eingeteilt. Weiterhin wurden die synthetischen Sorten 'Kasanskoje 2', 'Kasanskoje 806' und 'Kasanskoje 61' mit hohem Ertrag und guter Kornqualität gezüchtet. übersetzt v. D. Grafe. 1722.

Swarup, Vishnu und Chaugale, D. S.; New Delhi, Indian Agric. Res. Inst. A preliminary study on resistance to stem-borer (Chilo zonellus Swinh.) infestation in Sorghum (Sorghum vulgare Pers.). **(Eine einleitende Studie über die Resistenz gegen Befall mit Stengelbohrer [Chilo zonellus Swinh.] bei Sorghum [Sorghum vulgare Pers.].)** Current Sci. [Bangalore] **31** (1962) Nr. 4. S. 163–164. – 1 Tab., 4 Lit.
Zur Ermittlung der Ursachen des unterschiedlichen Befalls von *Sorghum*-Sorten mit Stengelbohrer wurden Datum des Rispenschiebens (Zahl der Tage bis zum Erscheinen der Rispen) und Gehalt an Zucker und Blausäure (HCN) zu Beginn der Blüte geprüft und in Beziehung zum Befallsgrad, der zur Ernte ermittelt wurde, gesetzt. Die Korrelationskoeffizienten zwischen den Merkmalspaaren wurden für Phänotyp, Genotyp und Umwelt gesondert errechnet. Zwischen Stengelbohrerbefall einerseits und Datum des Rispenschiebens und Zuckergehalt andererseits war eine negative Korrelation bei allen 3 Gruppen, mit Ausnahme der für die Umwelt errechneten, vorhanden. Diese war positiv, jedoch nicht signifikant zum Datum des Rispenschiebens. Sorten, die spät sind und einen hohen Zuckergehalt haben, werden demnach weniger befallen als frühe und solche mit niedrigem Zuckergehalt. Zwischen Stengel-

bohrerbefall und HCN-Gehalt bestand keine Beziehung. Zuckergehalt und Datum des Rispenschiebens korrelierten positiv, Zucker- und HCN-Gehalt negativ miteinander. Der für den Phänotyp und den Genotyp errechnete Korrelationskoeffizient zwischen HCN-Gehalt und Datum des Rispenschiebens war negativ und der für die Umwelt errechnete positiv.

E. Forbriger. 1722.

Žebrak, Ė. A. (Shebrak, E. A.); Moskau, Bot. Hauptgarten der Akad. der Wiss. der UdSSR. Embriologičeskoe i gostochimičeskoe izučenie processa oplodotvorenija u diploidnoj i tetraploidnoj grečichi. **(Embryologische und histochemische Untersuchungen des Befruchtungsprozesses bei diploidem und tetraploidem Buchweizen.)** Bjulleteń Glavnogo botaničeskogo sada, Moskva **1961** Nr. 41. S. 73–79. – 1 Abb., 2 Tab., 8 Lit.

Der Befruchtungsprozeß verläuft bei diploidem und tetraploidem Buchweizen ähnlich. Das Wachstum der Pollenschläuche geht bei beiden Formen mit fast gleicher Geschwindigkeit vor sich. Die Wuchsgeschwindigkeit hängt jedoch von der Pollenart (eigener oder fremder Pollen), sowie von Temperatur und Luftfeuchtigkeit ab. Der tetraploide Buchweizen unterscheidet sich vom diploiden nicht nur durch eine längere Ruheperiode, sondern auch durch eine geringere Teilungsrate der befruchteten Eizelle. Die Samen der diploiden Form reifen nach etwa 24–26 Tagen, die der tetraploiden nach 36–40 Tagen aus. Histochem. Untersuchungen zeigten, daß bei legitimer Bestäubung der Zukker- und Fettstoffwechsel der wachsenden Pollenschläuche intensiver ist. Die Peroxydase- und Ascorbinsäureaktivität steigen ebenfalls an.

N. Meyer. 1729.

Lamprecht, Herbert; Landskrona, Saatzuchtanst. Weibullsholm. **Die Vererbung der rezessiv roten Testafarbe von Phaseolus, sowie Bemerkungen zur Manifestation und Symbolik von Testafarbgenen.** Agri Hortique Genetica [Landskrona] **19** (1961) Nr. 3/4. S. 344–359. – 3 Tab., 25 Lit.

Die Kreuzungen Nr . 677 (Linie 214,P × Linie 687), Nr. 675 (Linie 159,PCjRk × Linie 687, PcJrk) und Nr. 709 (Linie 174,PCjRRk × Linie 687, PcJrrk) zeigen, daß Rk ein Modifikationsgen ist und nicht als Farbgen bezeichnet werden kann. rk bewirkt in rezessiver Form zusammen mit dem Farbgen J eine Rotfärbung der Testa. Vorliegende Arbeit enthält neben diesen Ergebnissen eine Übersicht über die Wirkung von Grund-, Farb-, Modifikations- und Teilfarbigkeitsgenen bei der Testafärbung, die Erläuterung 5 verschiedener genotypischer Konstitutionen, die reinweiße Testa bedingen sowie eine kritische Besprechung der Symbole der die Testafarbe beeinflussenden Gene.

A. Meinel. 1734.

Lamprecht, Herbert; Landskrona, Saatzuchtanst. Weibullsholm. **Die Vererbung eines Phaseolus-Typus mit drei Kotyledonen, sowie über die Wirkung von drei neuen Genen.** Agri Hortique Genetica [Landskrona] **19** (1961) Nr. 3/4. S. 333–343. – 3 Abb., 5 Lit.

Die Kreuzung eines 3keimblättrigen Bohnentyps, der auch in Samen- und Hülsenform, Stamminternodien, Inflorescenzbau und Blattstellung vom normalen *Phaseolus*-Typ abweicht, mit der 2keimblättrigen Linie 130 ergab monogen rezessive Vererbung des Merkmals „3keimblättrig“ (Symbol *tri*). Weiterhin konnten 3 neue Gene nachgewiesen werden: *ilo* (für erhöhte Internodienzahl der Inflorescenzen, *ico* (für verkürzte Stamminternodien) und *Xsu* (für teilweise nach außen-unten gerichtete Blattstellung). Das Kreuzungsexperiment wies außerdem eine neue, 9. Koppelungsgruppe bei *P. vulgaris* nach: Tri—Aeq mit 38,9% Austausch,

A. Meinel. 1734.

Delčev, Il. (Deltschew, Il.) Plowdiw, Bulgarien, Höheres Landwirtsch. Inst. „W. Kolarow.“ Po metodite na prisaždane pri vegetativnata chibridizacija na fasula (Ph. vulgaris). **(Über die Pfropfungsverfahren bei der vegetativen**

Bohnenhybridisation [Ph. vulgaris].) Naučni trudove. Visš selskostopanski institut „Vasil Kolarov", Plovdiv **10** (1961) S. 29–50. – 4 Abb., 5 Tab., 40 Lit. Zus. in Russ., Dtsch.

Vorliegende Arbeit liefert einen Beitrag zu einigen methodischen und theoretischen Fragen der vegetativen Hybridisation (Entwicklung einer geeigneten Pfropfmethode; Auswahl geeigneter, nichtspaltender Ausgangsformen; Beobachtungen der Okulate in der „F_2"). Die Untersuchungen wurden an den Bohnensorten 'Tscher Starosagorski' und 'Nr. 186' vorgenommen.

St. Waklinowa. 1734.

Kroh, M.; Köln-Vogelsang, Max-Planck-Inst. für Züchtungsforsch. **Vergleichende Untersuchungen an Phaseolus coccineus-Selbstungen und Kreuzungen zwischen Ph. vulgaris und Ph. coccineus.** Z. Pflanzenzücht. **47** (1962) Nr. 3. S. 201–216. – 11 Abb., 5 Tab., 45 Lit.

4 *Phaseolus coccineus*-Klone zeigten nach Selbstung und Kreuzung mit *P. vulgaris* Fertilitätsunterschiede, die sicher durch verschiedene genetische Konstitutionen der Klone bedingt sind. Selbstungen und die Kreuzung *P. vulgaris* (♀) × *P. coccineus* (♂) haben etwa gleichen Fruchtansatz (29–61%), reziprok dagegen sehr herabgesetzten (5–7%). In dieser Kreuzungsrichtung treten u.a. auch Differenzierungsstörungen, bes. an den Kotyledonen und am Endosperm, auf. Bei Embryokultur entwickeln sich ihre F_1-Nachkommen ebenso normal wie diejenigen aus der reziproken Kreuzung. G. Bandlow. 1734.

Pavel, I. G. Linii noi de linte pentru boabe. **(Neue Linsenlinien.)** Studi Cercetări ştiinţ. [Iaşi], Biol. Ştiinţe agric. **11** (1960) Nr. 1. S. 125–131. – 1 Abb., 2 Tab., 12 Lit. Zus. in Russ., Franz.

In der Zuchtstation Jassyer sind nach 4 Jahren Zuchtarbeit an einer Lokalsorte aus dem östlichen Moldauer Gebiet Stämme entstanden, die ertragreicher, platzfester und widerstandsfähiger gegen tierische Schädlinge und Rost als die Landsorte sind. C. Sandu-Ville. 1738.

Koch, E. Mésztürö csillagfürt nemesitése. **(Die Züchtung einer kalkverträglichen Lupine.)** Agrobotanica [Tápiószele, Ungarn] **1960** Nr. 2. S. 59–60. – Aus: Ung. Agar-Rdsch. **1962** Nr. 3.

Im Landesinst. für Agrobotanik wurden 21 Lupinenarten und 150 Sorten aus den Hauptanbauländern auf ihre Kalkverträglichkeit getestet. Bei 4 Arten (*Lupinus varius* L., *L. barkerii* Lindl., *L. hartwegii* Lindl. und *L. hirsutus* L.) zeigte sich keine Chlorose. Mit diesen Arten wurde auf kalkhaltigem Sand des Donau-Theiss-Zwischenstromgebietes eine Leistungsprüfung (Samen, Grünmasse) vorgenommen. Aus dem Versuch geht hervor, daß *L. varius* L. auf einem Boden mit einem pH-Wert von 7,8 bei einem $CaCO_3$-Gehalt von 2,5 bis 3,2% im Verhältnis zu den anderen Lupinenarten eine vorzügliche Samenernte liefert. Auch als Stoppelsaat ergab *L. varius* L. die höchste Grünmasse (rel.: 267% gegenüber Versuchsmittel). – Mit den wichtigsten Lupinenarten wurden auch Mutationsversuche vorgenommen. Nach Bestrahlung des trockenen Saatgutes mit 20 kr γ-Strahlen fand Vf. mehrere Chlorophyllmutanten und zwergwüchsige Formen sowie 2 frühblühende Pflanzen der Art *L. varius* L. 1740.

Sebök, C., Márki, A. und Rusu, El.; Cluj. Contribuţii la studiul efectului razelor Roentgen asupra variabilităţii soiei. **(Beiträge zum Studium der Strahleneffekte bei Soja.)** Inst. agronom. „Dr. Petru Groza" Cluj, Lucrări ştiinţ. **17** (1961) S. 111–118. – 3 Tab., 7 Lit. Zus. in Russ., Engl.

Im Gegensatz zu anderen Autoren stellen Vff. fest, daß 12 kr für Soja noch nicht als kritische Dosis zu bezeichnen ist. Mutationshäufigkeit und Variabilität des Mutationsspektrums waren geringer als üblich. Vff. konnten auch keine ausgesprochene Letalität als primären Strahleneffekt in der X_1 feststellen. Auch die Mutationshäufigkeit in der X_2 stand in keiner Beziehung zu der angewandten Dosis. – Es wurden zahlreiche Mutationen der Pflanzenhöhe, der Verzweigungszahlen und der Anzahl fruchtbarer Hülsen beobachtet. Vff. haben eine bes. Chlorophyllmutation gefunden, die sie mit *alba maculata* bezeichnen. V. Velican. 1742.

Nyárady, A., Jula, F., Pázmány, D. und Illyes, G.; Cluj. Cercetări privind producţia de nectar şi biologia înfloritului la unele soiuri de floareasoarei. **(Untersuchungen über den Nektarertrag und Blütenbiologie bei einigen Sonnenblumensorten.)** Inst. agronom. „Dr. Petru Groza" Cluj, Lucrări ştiinţ. **17** (1961) S. 53–64. – 6 Abb., 6 Tab., Lit. Zus. in Russ., Engl.
Die Sorten 'Idanov 8281' und 'VNIIMK 8931' wurden auf ungedüngtem und mit P gedüngtem Boden (150 kg/ha Superphosphat) auf ihre Nektarproduktion untersucht. Dabei zeigte sich, daß im Durchschnitt die Nektarmenge durch die P-Düngung um 20–34% gesteigert war. Die Nektarmenge variierte von Sorte zu Sorte, von Pflanze zu Pflanze und von Blüte zu Blüte innerhalb eines Blütenstandes sehr stark . Die größte Nektarmenge (80%) wird offenbar in der „männlichen Phase der Blütezeit" gebildet, die aber nur max. 24 Std. dauert. Zur selben Zeit findet auch der intensivste Bienenbeflug statt. Die gebildete Nektarmenge steht in direktem Zusammenhang mit der Temperatur. V. Velican. 1758.

Márki, A., Sebök, C. und Lazány, A.; Cluj. Studiul efectului diferitelor doze de raze X asupra variabilităţii florii soarelui. **(Untersuchungen über den Effekt verschiedener X-Strahlendosen auf die Sonnenblumen.)** Inst. agronom. „Dr. Petru Groza" Cluj, Lucrări ştiinţ. **17** (1961) S. 119–128. – 4 Tab., 8 Lit. Zus. in Russ., Engl.
Die kritische Strahlendosis für die Sonnenblume liegt nach Angaben der Vff. bei 6 kr. Im allgemeinen steigt die Mutationshäufigkeit mit der Dosis proportional an. Die beobachteten Mutanten in der X_2 waren für die Züchtung meist unbrauchbar. V. Velican. 1758.

Pustovojt, V. S. (Pustowoit, W. S.); Krasnodar, Unions-Forsch.-Inst. für Ölpflanzen und Äther. Ölkult. Mežividovye ržavčinoustojčivye gibridy podsolnečnika. **(Rostwiderstandsfähige Artbastarde der Sonnenblume.)** Trudy soveščanija po otdalennoj gibridizacii rastenij i životnych. Sbornik dokladov. Otdalennaja gibridizacija rastenij, Moskva **1960** S. 376–378.
Zum Erhalten von rostwiderstandsfähigen Sonnenblumen wurden seit dem Jahr 1935 Kreuzungen mit dem widerstandsfähigen *Helianthus ruderalis* unternommen. Zunächst erfolgte Auslese der widerstandsfähigen Biotypen aus *H. ruderalis*, dann Kreuzung *H. ruderalis* × *H. cultus*. Nach Auslese in der F_1 auf Rostwiderstandsfähigkeit hat Vf. die widerstandsfähigen Hybriden mit Sonnenblumensorten wiederholt gekreuzt und anschließend erneut Auslese betrieben. Im Jahr 1954 war ein entspr. leistungsfähiges und brauchbares Zuchtmaterial erzielt worden. W. Roder. 1758.

Engel, K.-H. und Raeuber, A.; Groß-Lüsewitz, Inst. für Pflanzenzücht. der Dtsch. Akad. der Landwirtsch.-Wiss. zu Berlin. **Das allometrische Wachstum der Kartoffel. Ein Beitrag zur Festlegung von Wachstumsabschnitten.** Z. Pflanzenzücht. **47** (1962) Nr. 2. S. 114–119. – 2 Abb., 1 Tab., 7 Lit.
Auf der Grundlage der Angaben von Bertalanffy (1951) stellen Vff. durch Anwendung der Allometrie den Wachstumsverlauf der Kartoffelsorten 'Erstling', 'Olympia' und 'Mira' während verschiedener Jahre einem doppelt logarithmischen System dar. Es wurde hierbei die Zunahme der Trockenmasse von Blättern, Stengeln und Knollen während der Vegetationsperiode durch 4tägige Probenahmen ermittelt. Die biol. und statische Überprüfung der Untersuchungsdaten ließ für die Kartoffel folgende Wachstumsabschnitte erkennen und festlegen: Abschnitt 0 = Aufgang: Pflanzung bis Auflaufen, 1 = Jugend: Auflaufen bis Beginn des Knollenansatzes, 2 = Knollenansatz:

Beginn des Knollenansatzes bis Beginn der Blüte; 3 = Blüte: Beginn der Blüte bis Ende der Blüte; 4 = Reife: Ende Blüte bis Beerenreife; 5 = Alter: Beerenreife bis totales Absterben des Krautes. Die Allometriekonstanten, die etwas über die rel. Wachstumsgeschwindigkeit aussagen, stimmen unabhängig von Sorte und Jahr für die untersuchten Pflanzenteile und Wachstumsabschnitte jeweils weitgehend überein. D. Rothacker. 1772.

Rai, U. K.; Pusa, Dharbhanga, Bihar, Agric. Res. Inst. Cytogenetical studies in Solanum melongena L. IV. Pollen tube growth. **(Zytogenetische Studien bei Solanum melongena L. 4. Mitt. Das Pollenschlauchwachstum.)** Proc. nat. Acad. Sci., India, Sect. B **31** (1961) Nr. 1. S. 88–93. – 13 Abb., 1 Tab., 20 Lit. 3. Mitt. vgl. LZ. Abt. II **7** (1962) Nr. 9. S. 2514.
Werden Kultursorten von *Solanum melongena* mit der Wildform *S. melongena* var. *insanum* gekreuzt, so ist die Kreuzung nur erfolgreich, wenn *S. melongena* var. *insanum* als Vater benutzt wird. Zur Klärung dieser Frage führte Vf. reziproke Kreuzungen zwischen den Kultursorten 'Purple long' und 'White round' und der Wildform durch. Es konnten stets gleiche gute Resultate erzielt werden. Das Pollenschlauchwachstum wurde bei Verwenden von *S. melongena* var. *insanum* als Mutter durch Platzen der Schläuche stärker als bei der reziproken Kreuzung beeinträchtigt. Das Platzen wird offenbar durch einen Hemmstoff im Leitungsgewebe des Griffels bedingt.
F. Fabig. 1772.

Hawkes, J. G.; Birmingham, England, Univ. The origin of Solanum juzepczukii Buk. and S. curtilobum Juz. et Buk. **(Der Ursprung von Solanum juzepczukii Buk. und S. curtilobum Juz. et Buk.)** Z. Pflanzenzücht. **47** (1962) Nr. 1. S. 1–14. – 5 Abb., 2 Tab., 15 Lit.
Es wurde der Versuch unternommen, die Species *Solanum juzepczukii* (2n = 36 Chromosomen) und *S. curtilobum* (2n = 60 Chromosomen) synthetisch herzustellen und mit den natürlich vorkommenden Arten zu vergleichen. Nach diesen Untersuchungen ist es sehr wahrscheinlich, daß *S. juzepczukii* aus *S. acaule* × *S. stenotomum* und *S. curtilobum* aus der Vereinigung eines 3x Gameten von *S. juzepczukii* und einem 2x Gameten von *S. tuberosum* ssp. *andigena* entstanden ist. Die synthetischen Hybriden wurden einer eingehenden morphol. Analyse und Beschreibung sowie zytologischen Untersuchungen unterworfen. D. Rothacker. 1772.

Wangenheim, K.-H. von; Köln-Vogelsang, Max-Planck-Inst. für Züchtungsforsch. **Zur Kartoffelzüchtung auf diploider Stufe.** Z. Pflanzenzücht. **47** (1962) Nr. 2. S. 172–180. – 2 Tab., 21 Lit.
Es wird von der Tatasche ausgegangen, daß die Kartoffel (*Solanum tuberosum*) als autotetraploide Form aufzufassen ist, so daß selbst bei nur wenigen angenommenen Genen erst unter einer sehr großen Individuenzahl die gewünschten Genkombinationen gefunden werden können. An Hand ausgewählter Beispiele wird nachgewiesen, daß auf der diploiden Stufe die gewünschten Genkombinationen bereits bei einer entschieden geringeren Individuenzahl gefunden werden können. Dihaploide von *S. tuberosum* sowie deren Bastarde mit verschiedenen Wildarten weisen weitgehend regelmäßige Chromosomenpaarungen auf. Als Vorteile für die Züchtung auf diploider Stufe werden bes. herausgestellt: 1. Erleichterung der Kombination verschiedener Eigenschaften durch wesentlich kleinere und übersichtlichere Nachkommenschaften, 2. leichteres Erreichen von Homozygotie bei Zuchtklonen, 3. schnellere Elimination von unerwünschtem Genmaterial. Weiterhin werden Angaben über die Methode zur Herstellung von dihaploidem *S. tuberosum* gemacht und die Aussichten für die Züchtung auf diploider Stufe diskutiert.
D. Rothacker. 1772.

Schick, R. und Schick, E.; Groß-Lüsewitz, Inst. für Pflanzenzücht. der Dtsch. Akad. der Landwirtsch.-Wiss. zu Berlin. **Einige Besonderheiten bei der**

Vererbung der Phytophthora-Resistenz von Solanum stoloniferum und die sich daraus ergebende Möglichkeit zur Züchtung phytophthoraresistenter Kartoffelsorten. Züchter **31** (1961) Nr. 4. S. 180–183. – 6 Tab., 3 Lit.
Vff. berichten über 2 Gene des *Solanum stoloniferum* R_{6+0} und $s_{-(0+6)}$, die sich in das von Black, Mastenbroek, Mills und Peterson aufgestellte Schema der *Phytophthora*-Rassen und der die *Phytophthora*-Resistenz bedingenden Gene nicht einordnen lassen. Aus der Kombination des rezessiven $s_{-(0+6)}$ mit den dominanten Genen R_6 oder R_{6+0} entstehen vollwiderstandsfähige Pflanzen, die von keiner der bisher bekannten und auch von keiner der nach dem bisher verwendeten internat. Schema denkbaren Rassen der *P. infestans* befallen werden könnnen. Ch. Pfeffer. 1772.

Firbas, H. und Ross, H.; Köln-Vogelsang, Max-Planck-Inst. für Züchtungsforsch. **Züchtung auf Frostresistenz bei der Kartoffel. 2. Mitt. Über die Frostresistenz der Knolle und ihre Beziehung zur Frostresistenz des Laubes.** Z. Pflanzenzücht. **47** (1961) Nr. 1. S. 51–66. — 8 Abb., 6 Tab., 5 Lit. 1. Mitt. vgl. LZ. Abt. II **7** (1962) Nr. 3. S. 821.
Nachdem gleiche Vff. in der 1. Mitt. einen Überblick über die Frostresistenz des Laubes verschiedener *Solanum*-Species gaben, wird in vorliegenden Untersuchungen das Frostverhalten der Knolle geprüft. Die Frostung wurde an etwa gleichgroßen Knollen bei —5 °C 5 Std. lang in einer Kühlkammer an angefeuchteten Knollen, die etwa jede halbe Std. geschüttelt wurden, vorgenommen. Bonitiert wurde der Verfärbungsgrad der aufgeschnittenen Knolle 24 Std. nach der Frostung. Die Frostresistenz der Knolle war i.allg. größer als die des Laubes. Es wurden jedoch keine Beziehungen zwischen Laub- und Krautresistenz ermittelt. Von den geprüften Arten hatten die Knollen folgender Formen gute Frostresistenz: *Solanum sucrense* (EBS 1201), *S. hjertingii* (EBS 2031), *S. membranaceum* (EBS 1890), *S. polytrichon*, *S. acaule* (EBS 1781), *S. megistacrolobum* (EBS 1787), *S. boliviense* (EBS 1796). Mit Ausnahme von *S. hjertingii* und *S. polytrichon* wurden sämtliche Knollen während einer Frostnacht bei —5 °C in Töpfen mit Erde stark geschädigt. Während der Lagerungsperiode nimmt die Frostresistenz etwas zu. Keime zeigten eine bessere Resistenz als Knollen. D. Rothacker. 1773.

Curth, P.; Kleinwanzleben, Inst. für Pflanzenzücht. **Spezielle Untersuchungen zu Vernalisation und Photoperiodismus der Zuckerrübe.** Z. Pflanzenzücht. **47** (1962) Nr. 3. S. 254–276. — 22 Abb., 31 Lit.
Es wurden folgende Versuchsergebnisse erzielt: Das Temperaturoptimum für die Vernalisation liegt bei etwa +4 °C, dasjenige für den phototermischen Effekt bei +8 °C. Die größte photoperiodische Wirkung erzielt die Leuchtstoffröhren-Weißtype HNG 25/97. Alternierende Dauertag-Kurztag-Perioden führen zu einem deutlichen Summationserfolg, wobei die Blühinduktion bis zum Wechsel 3 Dauertage/3 Kurztage zunimmt. Zuckerrüben besitzen die Fähigkeit zu doppelter photoperiodischer Summation. Mitternächtlich gebotene Störlichtreize rufen den größten Blüherfolg hervor. Ein Teil der Ergebnisse wird zu den entsprechenden Hypothese von Junges, Bünning und Schmalz in Beziehung gesetzt. Auch Vf. gibt für einige Resultate eigene Deutungen. Die Bedeutung der Methoden der photothermischen Blühinduktion zur Beschleunigung der Generationenfolge und die gegebenen Möglichkeiten zur weiteren Klärung photoperiodischer Erscheinungen werden diskutiert. G. Bandlow. 1774.

Kostecki, J.; Lublin, Katedra Szczególowej Uprawy Roślin WSR. Wpływ samozapylenia na pewne cechy biologiczne buraka cukrowego w nastepnycn generacjach. **(Einfluß der Selbstbestäubung auf einige biologische Merkmale der Zuckerrübe in der folgenden Generation.)** Roczcniki Nauk rolniczych, Ser. A **84** (1961) Nr. 2. S. 263–293. — 7 Tab., 37 Lit. Zus. in Russ., Engl.

Hinsichtlich des Anteils an Schossern und nach Form und Farbe untypischen Rüben ist die Geschwisterbestäubung günstiger als strenge Selbstung zu beurteilen. Inzuchtdepressionen im Rüben- und Blattertrag wurden nicht beobachtet. W. Święcicki. 1774.

Gáspár, S. Beta poli 1 és 3-as fajta cukorrépa gomolyok citológiai elemzése. **(Zytologische Analyse von Zuckerrübenknäueln der Sorten Beta Poly 1 und 3.)** Cukoripar [Zuckerindustrie] **14** (1961) Nr. 10. S. 280–283. — Aus: Ung. Agrar-Rdsch. **1962** Nr. 3.
Im Staatl. Samenprüfamt wurden Untersuchungen zur Prüfung des Anteils di-, tri- und tetraploider Keime in den mono- und polykarpen Knäueln von 2 polyploiden Sorten ('Beta Poly 1' und 'Beta Poly3') vorgenommen. Unter den monokarpen Knäueln gibt es bei 'Beta Poly 1' 65,1%, bei 'Beta Poly 3' 75,0% Triploide. Die polykarpen Knäuel können bei beiden Sorten infolge selektiver Befruchtung innerhalb desselben Knäuels Keime verschiedenen Ploidiegrades enthalten. Gegenüber der Sorte 'Beta Poly 1' war bei 'Beta Poly 3' der Anteil an Triploiden höher, der Gehalt an Tetraploiden geringer. Unter den monokarpen Knäueln von ‚Beta.Poly 3' gab es 9,9%, unter den bikarpen 20,7% und den trikarpen 28,4% mehr rein triploide Knäuel als bei der Sorte 'Beta Poly1'. Da innerhalb je eines Knäuels Keime verschiedenen Ploidiegrades vorkommen können, ist es notwendig, bei der zytologischen Kontrolle anisoploider Zuckerrübensaatgutpartien die Valenzstufe jedes einzelnen lebensfähigen Keimes der zu prüfenden Probe zu bestimmen. 1774.

McWilliam, J. R. und Neal-Smith, C. A.; Canberra, C.S.I.R.O., Div. of Plant Ind. Tetraploid and hexaploid chromosome races of Phalaris arundinacea L. **(Tetraploide und hexaploide Formen bei Phalaris arundinacea L.)** Austral. J. Agric. Res. **13** (1962) Nr. 1. S. 1–9. — 5 Tab., 28 Lit.
Chromosomenzählungen ergaben, daß es bei *Phalaris arundinacea* eine tetraploide mit 2n = 28 und eine hexaploide Form mit 2n = 42 Chromosomen gibt. Die Tetraploiden kommen vorwiegend in der UdSSR, Nord- und Zentraleuropa sowie in Nordamerika vor, die Hexaploiden dagegen überwiegend in Portugal, Spanien und Oregon (USA). Beide Formen zeigen eine reguläre Meiosis, besitzen eine stabile Chromosomenzahl und sind voll fertil. Die hexaploide Form bastardiert im Freien mit der tetraploiden und auch mit *P. tuberosa*, jedoch sind die Bastarde steril. Diese Tatsache deutet darauf hin, daß die tetraploide Form allopolyploiden Ursprungs ist, und daß die tetra- und hexaploide Form 2 gleiche Genome besitzen. Unter australischen Verhältnissen weist die Tetraploide eine längere Wachstumszeit auf und ist ertragreicher. Die Hexaploide zeigt intermediären Charakter zwischen der tetraploiden *P. arundinacea* und *P. tuberosa*. J. Schieblich. 1780.

Heinrichs, D. H., Lawrence, T. und Morley, F. H. W.; Saskatchewan, Canada, Dep. of Agric., Exp. Farm; Canberra, Australia, C.S.I.R.O., Div. of Plant. Ind. Breeding for improvement of quantitative characters in Agropyron intermedium (Host.) Beauv. by the polycross method. **(Verbesserung quantitativer Eigenschaften durch Züchtung bei Agropyron intermedium [Host.] Beauv. durch die Polycrossmethode.)** Canad. J. Plant Sci. **42** (1962) Nr. 2. S. 323–338. — 7 Tab., 13 Lit.
Bei *Agropyron intermedium* wurden einige quantitative Eigenschaften bei Polycross-Nachkommenschaften an verschiedenen Standorten untersucht, um Wechselbeziehungen zwischen diesen Eigenschaften zu ermitteln und den Wirkungsgrad von Zuchtmethoden zu vergleichen. Zwischen den Polycrosslinien konnten für Futter- und Samenertrag sowie für Ausläuferbildung und Wuchshöhe signifikante Unterschiede ermittelt werden. Die Wechselwirkung Linien × Orte war gegenüber dem Haupteffekt der Linien gering. Zwischen Ausäuferbildung einerseits und Tr.-Subst.-Ertrag und Wuchshöhe andererseits

gab es eine klare negative genotypische und eine positive Umweltkorrelation. Leistungsprüfungen sollten an 3 Orten mit 2 Wiederholungen vorgenommen werden. J. Schieblich. 1780.

Patil, B. D., Hardas, M. W., O'Connor, K. F. und Vohra, S. K,; New Delhi, Indian Agric. Res. Inst., Div. of Bot. Polyploidy in Pennisetum orientale Rich. **(Polyploidie bei Pennisetum orientale Rich.)** Current Sci. [Bangalore] **31** (1962) Nr. 4. S. 161–162. — 1 Tab., 3 Lit.
Im natürlichen Verbreitungsgebiet, den mittleren Höhenlagen des Himalaja, wurden Klone, die sich durch die Größe verschiedener Pflanzenteile deutlich voneinander unterschieden, gesammelt. Zytologische Untersuchungen ergaben, daß es sich um folgende 4 Karyotypen handelt: Die diploide Rasse mit 18, die tetraploide mit 36 und die beiden aneuploiden Rassen mit 22 und 34 Chromosomen. Die tetraploide Form wies einen deutlichen Gigaswuchs auf. Die Pollenfertilität war vermindert. In der Meiose wurden nur wenige Quadrivalente beobachtet. Vff. vermuten, daß autoploide Entstehung vorliegt. Die Bildung von Aneuploiden wird auf Hyperdiploidie und Hypotetraploidie bei sexuellen Nachkommen von spontanen triploiden Hybriden zurückgeführt. In bezug auf Behaarung und Anthocyanfärbung der Sämlinge variierten die Diploiden am stärksten. Generative Nachkommen von Tetraploiden und Aneuploiden wiesen einen hohen Grad von Homogenität auf, was durch apomiktische Vermehrung bedingt ist. Während die tetraploide Rasse sich über das ganze Verbreitungsgebiet ausdehnte, ist das Vorkommen der diploiden und aneuploiden Rassen auf die höher gelegenen Gebiete beschränkt.
E. Forbriger. 1780.

Steuckardt, R.; Dornburg/Saale, Inst. für Pflanzenzücht. der Friedrich-Schiller-Univ. Jena. **Untersuchungen über die Wirksamkeit von Honigbienen Apis mellifica bei der Luzernebestäubung.** Z. Pflanzenzücht. **47** (1962) Nr. 1. S. 15–50. — 4 Abb., 10 Tab., 139 Lit. Zus. in Engl.
Nach Darlegung der im Schrifttum angeführten Meinungen über den Anteil der Honigbienen an der Bestäubung der Luzerne berichtet Vf. über Ergebnisse 3jähriger Versuche. Beobachtungen an 2 Luzerneklonen mit unterschiedlicher Neigung zur Selbstfertilität, die jeder für sich im Freien und in Isolierung mit und ohne Bienen abblühten, ergaben, daß die Bienen in Isolierkäfigen Luzerneblüten auslösten und Kreuzbestäubung verursachten. Bei einem im Freiland und im Gewächshaus durchgeführten Parallelversuch mit 20 Klonen wurden gesicherte Ertragsunterschiede zwischen den Behandlungen (frei abgeblüht, mit Bienen isoliert, ohne Bienen isoliert) ermittelt. Zwischen Klonen und Behandlungen bestand eine signifikante Wechselwirkung bei der Freilandvariante. Bei den Klonen, die Freilandbedingungen ausgesetzt waren, traten gut gesicherte Leistungsdifferenzen auf. Unter den für den Samenansatz günstigeren Gewächshausbedingungen waren die Ertragsdifferenzen weitgehend verwischt. Zur Prüfung der Befruchtungsverhältnisse wurden im Freiland 24 Pflanzen eines pollensterilen Klons mit 2 Reihen Pflanzen eines pollenfertilen Klons umgeben. Die Pflanzen blühten frei und in Isolierung mit und ohne Bienen ab. Die durchschnittl. Samenerträge/Einzelpflanze waren in der Isolierung mit Honigbienen am höchsten. In einem Feldbestand wurden im Durchschnitt von 9 Tagen 1,2% der von Honigbienen besuchten Blüten ausgelöst. Eine starke Abhängigkeit von der Witterung lag vor. Bei Analysen des von Wanderbienen gesammelten Pollens wurde ein sehr geringer Anteil von Luzernepollen festgestellt. E. Forbiger. 1780.

Tjutjunnikova, V. A. (Tjutjunnikowa, W. A.) Ėffektivnost' svobodnogo mežsortovogo pereopylenija u klevera krasnogo. **(Der Nutzeffekt ungehinderter Sortenbastardierung bei Rotklee.)** V sb.: Vopr. kormoproiz-va, Moskva **1960** Nr. 5/6. S. 188–197. — Aus: Referativnyj žurnal. Biologija, Moskva **1961** Nr. 20. G 472. S. 54.

Auf den mittleren Podsolböden (schwerer Lehm) des Moskauer Gebietes führte das Unionsinstitut für Futtermittelforschung in den Jahren 1950–54 Versuche zum Vergleich von 31 Originalausgangsformen des Rotklees mit ebensoviel bastardierten Proben von Zuchtsorten und Stammpopulationen aus verschiedenen Gebieten des Nichtschwarzerdegürtels durch. Die Pflanzen der bastardierten Proben waren hoch und buschig. Im Gegensatz zu den Orginalausgangsformen betrug der Mehrertrag der bastardierten Proben 16–31% (1950/51) bzw. 10% (1952/53). Kleeproben, die aus weit entfernten Gebieten genommen wurden, reagierten auf eine ungehinderte Bastardierung stärker als Proben aus den gleichen oder benachbarten Gebieten. Der Mehrertrag an Grünmasse betrug bei der Population des Moskauer Gebietes 5%, bei der des Permer und Swerdlowsker Gebietes 24%. Sortenbastardierung beeinträchtigte den Futterwert nicht. Bei den Originalformen betrug der Eiweißgehalt 25–26%, bei den Bastardformen 25–27%. Der Samenertrag war bei den bastardierten Formen um 8–53% höher. Es empfiehlt sich, die Aussaat von Rotklee mit Hybridsamen einzuführen.

übersetzt v. D. Grafe. 1780.

Hagberg, A.; Svalöf, Sweden. Seed production of tetraploid clover in the presence of diploid admixtures. **(Saatguterzeugung von tetraploidem Rotklee bei Gegenwart diploider Beimengungen.)** Z. Pflanzenzücht. 47 (1962) Nr. 3. S. 277–285. — 3 Abb., 5 Tab., 11 Lit. Zus. in Dtsch.

Bei der Bastardierung von diploidem (2x) und tetraploidem (4x) Rotklee - das gleiche trifft auch für Schwedenklee zu — abortieren in der Regel die Embryonen der Tetraploiden; diese Eigenschaft wird vom Vf. als Sterilitätsbarriere bezeichnet. Infolge des Abortierens verringert sich bei der Bastardierung von 4x Pflanzen mit x Pollen der Samenansatz der Tetraploiden (im umgekehrten Fall tritt der gleiche Effekt bei den 2x Pflanzen ein). Ist ein 4x Bestand mit 2x Pflanzen durchsetzt, so gibt es einen sog. Schwellenwert für die Häufigkeit des Auftretens von Diploiden in der Nachkommenschaft. Wird dieser Schwellenwert unterschritten, so reinigen sich die Tetraploiden von Diploiden von selbst, wird er aber überschritten, so nimmt der Anteil Diploider mit zunehmender Geschwindigkeit zu. Dieser Schwellenwert liegt bei Rot- und Schwedenklee bei etwa 3% Diploider. Dieser Umstand ist für den Rotkleesamenbau dann von Bedeutung, wenn 4x Sorten auf Böden angebaut werden, die von früherem Anbau noch 2x Samen enthalten. Bei mech. Vermischungen können die 2x Samen infolge etwas unterschiedlicher Korngröße teilweise abgesiebt und damit der Schwellenwert herabgedrückt werden.

J. Schieblich. 1780.

Johnson, B. Lennart; Los Angeles, Univ. of California, Dep. of Floricult. and Ornamental Horticult. Amphiploidy and introgression in Stipa. **(Amphiploidie und Introgression bei Stipa.)** Amer. J. Bot. 49 (1962) Nr. 3. S. 253–262. — 16 Abb., 5 Tab., 13 Lit.

Die einfache morphol. Trennung von *Stipa californica* mit 2n = 36 Chromosomen und einer polyploiden Form mit 2n = 68 Chromosomen war bisher nicht möglich. Erst die Bildung einer Funktion (Z) zwischen mehreren (5) Merkmalen ergab hoch signifikante Unterschiede. Der polyploiden Species wird der Name *Stipa nevadensis* verliehen. Auf Grund der Untersuchungsergebnisse kommt Vf. zu der Schlußfolgerung, daß *S. californica* als möglicher Elter für die Polyploide ausscheidet, als vermutliche Eltern kommen *S. lettermani* (2n = 32), *S. occidentalis* (2n = 36) sowie *S. elmeri* (2n = 36) in Betracht. *S. californica* ist wahrscheinlich selbst ein durch Introgression entstandener Bastard.

J. Schieblich. 1780.

Fürste, K.; Leipzig, Karl-Marx-Univ., Inst. für Pflanzenzücht. **Einjähriger Steinklee (Hubamklee) — Tetraploid. Polyploidisierung, züchterische Bearbeitung und vergleichende Untersuchungen mit dem Ausgangsmaterial.** Z.

Pflanzenzücht. **47** (1962) Nr. 2. S. 156–171. — 3 Abb., 12 Tab., 18 Lit. Zus. in Engl.
Colchicininduzierte Tetraploide hatten den gleichen Cumaringehalt wie das Ausgangsmaterial. Eiweiß-, Asche- und Fettgehalt waren geringer, der Gehalt an N-freien Extraktstoffen und Rohfaser höher als bei Diploiden. Auch Bestockung und Samenansatz waren deutlich reduziert. Dagegen zeigten die Tetraploiden bei etwas geringerem Tr.-Subst.-Gehalt einen besseren Tr.-Subst. Ertrag und besseres Längenwachstum und Nachwuchsvermögen. Triploide aus Kreuzungen beider Valenzstufen hatten eine geringere Wüchsigkeit als die Eltern. Die Tetraploiden hatten eine um 50% höhere TKM. Die Züchtungsarbeiten (rekurrente Selektion) wurden nach der C_4-Generation als aussichtslos betrachtet und daher abgebrochen. J. Spanier. 1780.

Nevinnych, V. A. (Newinnych, W. A.); Krasnodar, Forsch.-Inst. für Landwirtsch. Gibridizacija južnoj dvudomnoj konopli s odnodomnoj. **(Hybridisation von südlichem zweihäusigem Hanf mit einhäusigem Hanf.)** Agrobiologija, Moskva **1962** Nr. 2. S. 205–212. — 4 Tab.
Die F_1 der Kreuzung 'Südlicher Krasnodarer' bzw. 'Südlicher Tschuier' × 'Südlicher einhäusiger Hanf' bestand aus 90,4%–98,6% ♀ und 1,4%– ,6% ♂ Pflanzen. Die Rückkreuzung der F_1 mit dem ‚Südlichen einhäusigen Hanf' ergab überwiegend ♀ Pflanzen. Der Rest bestand aus einhäusigen Pflanzen (12,6%–54,2%) sowie feminisierten Männchen (6,5%–18,0%). In den folgenden Generationen betrug der Anteil ♀ Pflanzen 30–40%. Bei der Kreuzung südlicher zweihäusiger Sorten mit dem 'Südlichen einhäusigen Hanf' dominierte in der F_1 und in den folgenden Generationen in der Regel die Frühreife. Nur die F_1 und F_2 aus Kreuzungen mit sehr späten zweihäusigen Sorten zeigte intermediären Charakter. Im Wuchs sowie im Stengel- und Faserertrag übertrafen die Hybriden ihre Elternformen oder näherten sich dem ertragreicheren Elter. Die TKM war intermediär, die Faserausbeute gleich dem schlechteren Elter oder intermediär. Ausgehend von seinen Ergebnissen schlägt Vf. ein detailliertes Schema zur Erzeugung von Hybridsaatgut (F_1 und F_2) vor. Im Vergleich zur bisher praktizierten mehrmaligen Auslese stellt die Hybridisierung ein- und zweihäusigen Hanfes auch eine effektivere Zuchtmethode dar, wie 2 Neuzuchten, die beschrieben werden, erkennen lassen.
I. Schilowa. 1795.

Antipovic, D. und Beránek, F.; Žatec, Výzkumný Ústav Chmelařský. Ze šlechtění poloraného červeňáku klovovou selekci. **(Über die Züchtung des mittelfrühen Rothopfens durch Klonauslese.)** Chmelařstvi **34** (1961) Nr. 12. S. 186–187. — 4 Abb., 2 Tab.
Mit der Hopfenzüchtung durch Klonauslese begann in der Tschechoslowakei Dr. Osvald i.J. 1927, als er im Gebiet Saaz 150 Mutterpflanzen ausgewählt hatte, wovon dann später die Klone Nr. 31, 72 und 114 der Praxis zur Verfügung gestellt wurden. Weitere 14 Klone werden im Sortiment erhalten. In den Jahren 1947–48 setzte die Hopfenforschungsanstalt die Züchtung des Hopfens durch Klonauslese fort. Die hierin ausgewählten 256 ausgelesenen Mutterpflanzen wurden mech. und chem. analysiert und die Fruchtzapfen vom ökonom. Standpunkt aus bewertet. In 7 jährigem Durchschnitt erzielten die besten Klone 24,77 dz Tr.-Ware/ha. Die Klone Nr. 440 und 272 wurden für die staatlichen Sortenprüfungen vorgeschlagen. Sie stellen typische Vertreter des Saazer mittelfrühen Rothopfens dar. Die Reben sind gleichmäßig gewachsen und haben symmetrische, zylindrische Form. Für die Prüfungen wurde ferner Klon Nr. 310 bestimmt, der sich durch einen charakteristischen dichten Zapfeneinsatz auf fruchttragenden Trieben auszeichnet. In Tab. werden für 14 ausgewählte Klone Erträge, Zapfenspindelanteil, Dichte und Schwere, Humulongehalt, Bau, Aroma sowie Gesamtleistung nach Punkten und Rangordnung angeführt. P. Bartoš. 1800.

Patel, K. A. und Gerstel, D. U.; Raleigh, N. C., State Coll. Additional information on the mechanism of chromosom substitution in Nicotiana. **(Weiterer Bericht über den Mechanismus der Chromosomensubstitution bei Nicotiana.)** Tobacco [New York] **152** (1961) Nr. 7. S. 20–22. – 4 Abb., 1 Tab., 11 Lit.

Es wird die Meiose von 35 sesquiploiden Pflanzen untersucht, die durch Kreuzung des Amphidiploids *Nicotiana tabacum* × *N. glutinosa* mit *N. tabacum* entstanden. Es konnte kein nennenswertes Auftreten fehlender Konjugationen oder trivalenter Formen beobachtet werden, sondern es waren 24 Chromosomenpaare von *N. tabacum* und 12 einzelne von *N. glutinosa* vorhanden. $^1/_3$ der Pflanzen besaß infolge meiotischer Unregelmäßigkeiten des amphidiploiden Elters weniger als 60 Chromosomen. J. Merker. 1800.

Koelle, G. Forchheim bei Karlsruhe, Bundesanst. für Tabakforsch. **Die Vererbung des Nikotingehaltes beim Tabak.** Züchter **31** (1961) Nr. 8. S. 343 bis 351.

Die Vererbung des Nikotingehaltes ist kompliziert, da die Wirkung der für den Nikotinabbau verantwortlichen Gene durch Umweltfaktoren (Witterung, Düngung) stark modifiziert wird. Hierauf sind die großen Schwankungen im Nikotingehalt zurückzuführen. Vf. beschreibt eine Methode zur Klärung der Genetik des Nikotinabbaus und stellt fest, daß der genetische bedingte Nikotinabbau bei Kreuzungen verschiedener Tabaksorten dominant ist. Für den praktischen Tabakzüchter sind daher diese Hinweise wichtig. G. Barich. 1800.

Darkanbaev, T. B., Lukpanov, Ž. L. und Kalekenov, Ž. (Darkanbajew, T. B., Lukpanow, Sh. L. und Kalekenow, Sh.); Alma-Ata, Bot. Inst. der Akad. der Wiss. der Kasach. SSR, Lehrstuhl für Biochem. und Pflanzenphysiol. der Kasach. Univ. Fiziologičeskaja i biochimičeskaja charakteristika geterozisnoj formy tabaka. **(Physiologische und biochemische Besonderheiten einer Heterosisform von Tabak.)** Fiziologija rastenij, Moskva **9** (1962) Nr. 1. S. 60–68. – 2 Abb., 8 Tab., 9 Lit. Zus. in Engl.

Die Tabakhybride 'Trapesond' übertrifft die Eltern ('Trapesond KW', 'Trapesond 161') in Stengelhöhe, Blattzahl, Gesamtblattfläche, Wurzelsystem, Photosyntheseintensität und Nettoassimilationsrate. Letztere ist bei allen 3 Formen bei geköpften Pflanzen höher. Die Hybride besitzt einen höheren Zellulosegehalt als die Eltern. Der Nikotingehalt ist in den frischen Blättern der Hybride höher als in denen der Eltern, übersteigt aber nicht den Grenzwert für beste Sorten. J. Birke. 1800.

Wittmer, G.; Roma, Ist. Sci. Sperimentale per i Tabacchi, Lab. di Genetica. Ulteriori dat sulla mutabilità poligenica indotta da ragi X in Nicotiana tabacum L. **(Weitere Informationen über die durch X-Strahlen bei Nicotiana tabacum L. hervorgerufene polygene Mutabilität.)** Tabacco **65** (1961) Nr. 700. S. 318–326. – 3 Tab., 15 Lit. Zus. in Engl.

Durch Bestrahlung wird die Möglichkeit der Erhöhung der genetischen Variabilität hinsichtlich einiger Eigenschaften von *Nicotiana tabacum* L. an der Sorte 'Bright' untersucht. Nach Untersuchung der R_2-Generation bez. Breite des Schlundes und der Blattspreite sowie Basis und Länge des längsten Lappens der Blütenkrone kommt Vf. zu der Schlußfolgerung, daß die genetische Variabilität bei bestrahlten Nachkommen größer als bei unbestrahlten ist, und daß die erhöhte genetische Variabilität als Folge der Aufspaltung der durch die Bestrahlung verursachten polygenen Mutanten anzusehen ist. J. Merker. 1800.

Sficas, A. G., Jones, Gny L. und Seltmann, Heinz; Raleigh, N. C., State Coll. Factors affecting drought resistance in tobacco. **(Faktoren, die die Trokkenheitsresistenz des Tabaks beeinflussen.)** Tobacco [New York] **152** (1961) Nr. 13 S. 20–24. – 2 Abb., 1 Tab., 10 Lit.

Von 4 Heißlufttabaksorten und je einer Burley- bzw. Orienttabaksorte wurde das Wasseraufnahmevermögen der keimenden Samen in Mannitlösung untersucht. Die ermittelten Saugdruckwerte betrugen je nach Sorte 6,1–9,6 atm. Daneben wurde 4 Wochen nach dem Auspflanzen ein Trockenheitstest von 14 Tagen Dauer durchgeführt. Hierbei wurde bei abwechselnder Trocknung und Bewässerung ein starker Härteeffekt beobachtet. Auf Grund der Ergebnisse folgern Vff., daß der wichtigste Faktor für die Trockenheitsresistenz die Blattfläche ist. Die Wurzelentwicklung hat dabei eine mittlere und die Absorptionskapazität die geringste Bedeutung. J. Merker. 1800.

Martin, Franklin W.; Puyallup, Western Washington Exp. Stat. Factors affecting seed set in cross-pollinations of green-sprouting broccoli (Brassica oleracea var. italica). **(Der Einfluß einiger Faktoren auf den Samenansatz bei Kreuzbestäubungen von grünem Spargelkohl [Brassica oleracea var. italica].)** Euphytica [Wageningen] **11** (1962) Nr. 1. S. 81–86. – 2 Abb., 14 Lit.
Unter den untersuchten Faktoren hatten lediglich das Alter der Blüten sowie die Lagerungsart und -dauer des Pollens einen gewissen Einfluß auf die Höhe des Samenansatzes bei bestimmten Kreuzungen von Brokkoli (Spargelkohl). Die Mehrzahl der gefundenen Variabilität im Samenansatz schien von spez. Elternkombinationen abhängig zu sein. Die erhaltenen Kreuzungsergebnisse stimmten nicht völlig mit den bisherigen Kenntnissen über das Auftreten von Selbstbefruchtung und Selbstunverträglichkeit bei Kreuzblütlern überein. Die Bedeutung der Versuchsergebnisse für die Populationszusammensetzung und die Züchtungsmethodik wird diskutiert. F. Göber. 1810.

Honma, Shigemi und Heeckt, Otto. Investigations on F_1 and F_2 hybrids between Brassica oleracea var. acephala and Raphanus sativus. **(Untersuchungen an F_1- und F_2-Hybriden zwischen Brassica oleracea var. acephala und Raphanus sativus.)** Euphytica [Wageningen] **11** (1962) Nr. 2. S. 177–180. – 7 Abb., 8 Lit.
Das Fehlen von kohlhernieresistenten Radiessorten veranlaßten Vff., die Kreuzung Grünkohl (Sorte 'Siberian kale') × Radies (Sorte 'Cherry Belle') durchzuführen. Um das Abwerfen der Blüten zu verhindern, befestigte man ein mit N-m-tolyphtalamicsäure getränktes Stück Kattun an den Blütenstielen. Dessen ungeachtet konnte nur 1 keimfähiger Samen geerntet werden. Nach anfänglich zögerndem Wuchs übertraf die Hybride im 6Blattstadium die Elternformen in der Größe. Die Mehrzahl ihrer morphol. Merkmale zeigte intermediären Charakter, nur die Blütenfarbe erinnerte an Radies. Im 1. Jahr wurde kein Saatgut erhalten, im 2. nach vegetativer Vermehrung und Bestäubung durch Insekten im Isolierkäfig 1 keimfähiger Samen. Die F_2-Hybride verhielt sich im Wachstum wie die F_1. Ihre morphol. Merkmale glichen zum Teil den Eltern, zum Teil der F_1. Im Gegensatz zur F_1-Hybride war die F_2 tetraploid und völlig selbststeril. Nur die Rückkreuzung mit Radies ergab 2 keimfähige Samen. Die daraus hervorgegangenen Pflanzen waren im Wuchstyp und in ihren morphol. Merkmalen dem Radies ähnlich.
W. Merfert. 1810.

Bragdø, Marie; Vollebekk, Agric. Coll. of Norway, Inst. of Genetics and Plant Breeding. Breeding of polyploid spinach. **(Züchtung von polyploidem Spinat.)** Euphytica [Wageningen] **11** (1962) Nr. 2. S. 143–148. – 6 Abb., 6 Tab., 8 Lit.
Im Verlauf von 3 Jahren wurden Gesamtertrag, Blattertrag, Gesamttrockenmasse und Tr.-Subst.-Gehalt an 2 diploiden Spinatsorten ('Første Snitt' und ‚de Gaudry'), 2 triploiden Populationen und 12 tetraploiden Familien geprüft. Zum Zeitpunkt der 1. Ernte (Schoßbeginn der Diploiden) lagen die Erträge der diploiden Sorten in allen Positionen knapp über denen der 3x und 4x Formen. Etwa 14 Tage später zum Zeitpunkt des Schossens der 3x Populationen und 4x Typen lagen die Verhältnisse umgekehrt. Sowohl im Ge-

samtertrag als auch in der Blatt- und Trockenmasse waren die 4x Formen signifikant überlegen. Auch bei Berücksichtigung der gleichen Entwicklung von 2x, 3x, und 4x Pflanzen verhielten sich die Frischerträge im Mittel der Jahre wie 1 : 1. 2 :1.4, die Trockenmasseerträge wie 1 : 1,1 : 1,5. Die Schosserrate sinkt mit steigender Valenz deutlich. Andererseits sind die tri- und tetraploiden Formen meist monoezisch bei sehr geringer Zahl ♂ Individuen. Vf. vermutet, daß dadurch z.T. die Ertragsüberlegenheit zum 2. Erntetermin zustande kommt. G. Meinl. 1810.

Huyskes, J. A.; Wageningen, Inst. of Horticult. Plant Breeding. Cold requirements of witloof chicory varieties (Cichorium intybus L.) as a yield-determining factor. **(Die Kälteansprüche von Chicoréesorten [Cichorium intybus L.] als ein ertragbestimmender Faktor.)** Euphytica [Wageningen] **11** (1962) Nr. 1. S. 36–41. – 3 Abb., 8 Lit. Zus. in Niederl.
In Versuchen zur Treiberei von Chicorée wurde festgestellt, daß die Kälteansprüche der einzelnen Sorten unterschiedlich hoch sind. Wurzeln einer frühen Sorte benötigten für eine gute Sproßbildung weniger Kälteeinwirkung vor dem Treiben als Wurzeln einer späten Sorte. Die Entwicklung des strunkartigen Sproßteils deutet auf die Kälteansprüche der Wurzeln hin. Die Strunklänge kann daher für die Selektion bei Chicorée auf Frühzeitigkeit und Einheitlichkeit herangezogen werden. Es wurde ein spez. „Strunkmesser" zur Erleichterung der Selektionsarbeit entworfen. F. Göber. 1810.

Săndulea c, Eugen. Date despre polenizare entomofilă şi selecţia cucurbitaceelor. **(Angaben über die Insektenbestäubung und Selektion von Kürbis.)** Staţ. centr. Cercetări Sericicult. Apicult., Lucrări ştiinţ. **1** (1959) S. 129–132. – 6 Abb., 2 Tab.
Kürbisblüten der Sorte 'Vitaminii' werden von 5 bis 11–12 Uhr von Bienen beflogen (Max. 8–9 Uhr). Vf. hat verschiedene Bestäubungsgruppen gebildet. Die Gruppe, deren Blüten von je 60 Bienen beflogen wurden, lieferten 78,5% mehr Nektar, als die Gruppe, deren Blüten von je 5 Bienen angeflogen wurden. – Nach einmaliger Auslese (1956) erzielte Vf. eine Trennung der Population in 2 unterschiedliche Fruchtfomren: große Kürbisse (8–15 kg, von länglichem Format und einem rel. Anteil von 10–12 mg Carotin) und andererseits kleinere ovale Kürbisse von 6–10 kg und einem rel. Anteil von 8–10 mg Carotin. I. Barac. 1810.

Huang, P. C. und Paddock, E. F.; Pasadena, California Inst. of Technol., Div. of Bot.; Columbus, Ohio State Univ., Dep. of Bot. and Plant Pathol. The time and site of the semidominant lethal action of „Wo" in Lycopersicon esculentum. **(Zeit und Art der semidominanten, letalen Wirkung von „Wo" bei Lycopersicon esculentum.)** Amer. J. Bot. **49** (1962) Nr. 4. S. 388–393. – 4 Abb., 1 Tab., 17 Lit.
Semidominant wirkende letale Gene sind bei Pflanzen äußerst selten. Vf. untersuchten die letale Wirkung des semidominanten Gens Wo (woolly) bei einem Stamm von *Lycopersicon esculentum*, der 9 Jahre geselbstet und Einzelpflanzenauslese unterworfen worden war. Die Untersuchungen wurden an Eizellen mit sich entwickelnden Embryonen vorgenommen. Die ersten Eizellen für die Untersuchungen wurden 32 Tage nach Vollblüte entnommen und fixiert. Bei Wo-Pflanzen waren von 744 untersuchten Ovarien nur 78% normal. Die WoWo-Embryonen sterben wahrscheinlich bereits 22 Tage nach der Befruchtung ab, während sich das Endospermgewebe noch weiterhin teilt und normalgroße Samen entstehen läßt. Vff. schließen aus den Ergebnissen, daß WoWo eine Verlangsamung des Wachstums des Embryos hervorruft, die schließlich zum Absterben des Embryos führt. K. Schulz. 1810.

Szteyn, K.; Wageningen, Inst. of Horticult. Plant Breeding. Interspecific crosses in the genus Lycopersicum. I. Backcrosses to Lycopersicum glandulosum. **(Interspezifische Kreuzungen innerhalb des Genus Lycopersicum.**

1. Mitt. Rückkreuzungen mit Lycopersicum glandulosum.) Euphytica [Wageningen] **11** (1962) Nr. 2. S. 149–156. – 4 Abb., 3 Tab., 6 Lit.
Ursache der Wurzelkorksucht („corky root“) bei holländischen Treibhaustomaten ist ein Pilz der Gruppe *Mycelia sterilia*. Vf. berichtet über den kürzesten Weg, auf dem die natürliche Resistenz der Wildform *Lycopersicon glandulosum* in der Kulturtomatenzüchtung genutzt werden kann. Aus der Kreuzung 'Moneymaker' × *L. glandulosum* gingen einige wenige triploide F_1-Bastarde hevor, die sowohl gegen *Cladosporium fulvum* als auch gegen „corky root“ resistent waren. Da sie steril waren, mußten sie vegetativ weitervermehrt werden. Auch später war der Fruchtansatz spärlich bzw. einige der Früchte waren parthenokarp. Aus den Rückkreuzungen 'Moneymaker' × 3x F_1, 3x F_1 × 'Moneymaker', 3x F_1 geselbstet, 3x F_1 × L. *glandulosum* und *L. glandulosum* × 3x F_1 im folgenden Jahr gingen nur wenige resistente Pflanzen hervor. Am höchsten war die Ausbeute bei der Rückkreuzung 3x F_1 × *L. glandulosum*. Diese Individuen hatten auch habituell das beste Aussehen. G. Meinl. 1810.

Juŕeva, N. A. (Jurjewa, N. A.); Gribowka, Gebiet Moskau, Gemüsezuchtversuchsstat. Vlijanie ėlektrizacii počvy na semennoe potomstvo tomatov. **(Der Einfluß einer Elektrisierung des Bodens auf die Saatguteigenschaften von Tomaten und deren Nachkommenschaft.)** Agrobiologija, Moskva **26** (1961) Nr. 5. S. 702–706. – 1 Tab.
Die Bodenelektrisierung ist insofern von Interesse, als sie eine mögliche Methode für die Gewinnung von Züchtungsmaterial darstellt. Die Nachkommenschaft von Pflanzen, die auf elektrisierten Parzellen aufgezogen wurden, weist eine „erschütterte Erbanlage“ auf; sie steht hinsichtlich Ertrag, Frühreife und Größe der Früchte der Ausgangssorte nicht nach, hat aber einen hohen Gehalt an Tr.- Subst. der Früchte (bis zu 11%). Bisher konnte nur durch entfernte Hybridisation von Kultursorten mit Wildformen ein so hoher Tr.-Subst.-Gehalt erzielt werden, wobei aber bei den Hybriden auch unerwünschte Eigenschaften auftraten. Negative Merkmale sind bei der Elektrisierung nicht zu verzeichnen. E. Kahn. 1810.

Nybom, N. **Physiologische Frühselektionsmethoden als Hilfsmittel in der Obstzüchtung.** Dtsch. Akad. Landwirtsch.-Wiss. Berlin, Tagungsber. **1960** (hrsg. 1962) Nr. 35. S. 123–132.
Frühselektionsmethoden sind in der Obstzüchtung bes. wichtig, weil der Aufwand an Flächen und Pflegemaßnahmen, gemessen an anderen Kulturpflanzen, außerordentlich hoch ist. Derartige an jungen Sämlingen durchgeführte Selektionsmethoden erscheinen auch sinnvoll, selbst wenn sich nur ein Teil der unbrauchbaren Pflanzen eliminieren läßt. Vf. berichtet über Frühselektionsmethoden für 3 Merkmale: Fruchtfarbe, Säuregehalt der Frucht und Winterhärte. – Es hat sich gezeigt, daß beim Apfel zwischen der Fruchtfarbe und der Anthocyanbildung in dem untersten Teil des Blattstengels eine enge Beziehung besteht. Sämlinge mit derartig rotgefärbten Blattstengeln weisen eine etwa um das Doppelte stärkere Rotfärbung der Früchte auf als Sämlinge mit grünen Blattstengeln. – Da „Süßäpfel“, die fast keine Säure im Fruchtfleisch enthalten, also wertlos sind, meist zu etwa 25% in den Kreuzungsnachkommenschaften auftreten, ist es sehr wichtig, daß eine ziemlich enge Korrelation zwischen dem pH-Wert der Blätter und der Früchte nachgewiesen werden konnte. Mit Hilfe einer Schnellmethode ist es möglich, die züchterisch wertlosen Süßäpfel in frühem Sämlingsstadium bis zu 80% zu entfernen. – Für eine Selektion auf Winterhärte (Frosthärte!) wird eine Exosmosemethode beschrieben, die nach einer künstlichen Frostung von Zweigstücken angewendet werden kann und als Schnellmethode entwickelt wurde. Sie hat den großen Vorteil, daß nur wenig Zweigmaterial benötigt wird, also schon rel. junge Sämlinge geprüft werden können. F. Gollmick. 1820.

Stolle, G. **Die Anwendung von Infrarot-Strahlern bei der Selektion winterharter Obstgehölze.** Dtsch. Akad. Landwirtsch.-Wiss. Berlin, Tagungsber. **1960** (hrs. 1962) Nr. 35. S. 153–158.
Das Problem der Frostresistenz bei unseren Obstgehölzen gehört heute noch zu den ungeklärten Fragen, weil die Ursache dieser Eigenschaft sehr vielfältiger Natur ist. In unserem Klima mit Wechsel zwischen maritimen und kontinentalen Wetterabläufen sowie häufig warmen Mittwinterperioden kommt es weniger auf das Ertragen tiefer Temperaturen als vielmehr darauf an, daß „winterharte" Typen in ihrer Reaktionsnorm dem wechselnden Witterungsverlauf angepaßt sind. Versuche, winterharte Obstgehölze mit Hilfe von Gefriereinrichtungen zu selektieren, haben bisher wenig Erfolge gezeigt. Vf. beschreibt eine Versuchsanlage, um eine derartige Selektion mit Hilfe von hohen Temperaturen zu erreichen. Mit Infrarot-Strahlern, die im Jan. im Freiland aufgestellt wurden, traten, wie Vorversuche zeigten, bei den geprüften Klonen unterschiedliche Reaktionsnormen in Erscheinung. Diese Methode kann für weitere Züchtungsarbeiten, evtl. auch bei anderen Kulturpflanzen, wichtig sein. F. Gollmick. 1820.

Taranova, E. (Taranowa, Je.); Biol. Inst. der Akad. der Wiss. der Lett.SSR. Priznaki is svojstva dikich rodičej v potomstve kul'turnych sortov jabloni. **(Merkmale und Eigenschaften wilder Stammformen in der Nachkommenschaft kultivierter Apfelsorten.)** Izvestija Akademii nauk Latvijskoj SSR, Riga **1961** Nr. 6. S. 111–116. — 3 Abb., 2 Tab., 14 Lit. Orig.: russ.
Im Verlauf von 12 Jahren wurden 13 Apfelsorten und ihre Hybridsämlinge analysiert. Von 1100 Sämlingen besaßen 23 ähnliche morphol. Merkmale und biol. Besonderheiten. Ausgewählte typengleiche Pflanzen sind den Wildarten *Malus pumila, M. praecox* und *M. orientalis* morphologisch ähnlich. Es wird deshalb angenommen, daß die Urform der Kultursorten von einem gemeinsamen Vorfahren aus Breiten mit trockenem und heißem Klima abstammt. Lothar Meyer. 1820.

Kuźmin, A. Ja. und Čuvašina, N. P. (Kusmin, A. Ja. und Tschuwaschina, N. P.); Mitschurinsk, Zentr. Genet. Mitschurin-Lab. Otdalennaja gibridizacija v semejstve kryžovnikovych. **(Entfernte Hybridisierung in der Familie Grossularia.)** Trudy soveščanija po otdalennoj gibridizacii rastenij i životnych. Sbornik dokladov. Otdalennaja gibridizacija rastenij i životnych, Moskva **1960** S. 113–127. — 6 Abb., 1 Tab.
Die Arbeiten werden seit 1934 mit dem Ziel durchgeführt, die wertvollen Eigenschaften der roten und schwarzen Johannisbeere zu vereinigen. Zur Überwindung der Kreuzungssterilität haben Vff. die „Methode des Vermittlers" sowie Pollengemische angewandt und auch verschieden alte Kreuzungspartner verwendet (junge Mutterpflanzen, alte Vaterpflanzen). Zahlreiche Hybriden wurden gewonnen. Die ersten 3 Hybridgenerationen werden eingehend beschrieben (Heterosiseffekte). Aus den triploiden Pflanzen konnten in der 2. Generation ertragreiche, wirtsch. wertvolle Formen mit neuen Eigenschaften ausgelesen werden, auf die im einzelnen näher eingegangen wird. Diploide Pflanzen besaßen dagegen keinen praktischen Wert. H. Jank. 1820.

Kozma, P. A szölö ivari változékonysága és leromlása. **(Die geschlechtliche Variabilität und Degeneration der Weintraube.)** Diss. Budapest **1960** 437 S. — Aus: Ung. Agrar-Rdsch. **1962** Nr. 1.
Vf. begann i. J. 1948 mit der Untersuchung der Blütentypen und Befruchtungsverhältnisse der in Ungarn angebauten Weinsorten. Innerhalb der Sorte 'Kadarka' wird eine vollständige Serie der normalen und teratologischen Blüten äußerst ausführlich beschrieben. Für die normalen Blütentypen sind i. allg. rel. lange (3 bis 7 mm) Knospen- und Blütenstiele, vor der Blüte gelbgrün gefärbte Blütenknospen, bei der Blüte eine kappenartige Lostrennung

der Kronenblätter sowie normales Androeceum und Gynaeceum kennzeichnend. Bei den teratologischen Blüten sind Gestaltung und Funktion einzelner oder aller Blütenteile abnorm. Sie unterscheiden sich von den normalen Blütentypen darin, daß sie im Knospenzustand intensiv dunkelgrün gefärbt sind und kurze Knospen- bzw. Blütenstiele haben. Die Blüten sind oft sitzend, blühen abnorm; auch die Blütenteile sind abnorm gestaltet. Bei der Sorte 'Kadarka' hat Vf. ferner einen „pseudoweiblichen", großsternblumigen, kleinsternblumigen, fertilen und sterilen abnormen sowie gefüllten Blütentyp beschrieben. Den Terminus „pseudoweibliche Blüte" wandte Vf. erstmalig an. Auch bei diesen Blütentypen gibt es einen regelmäßigen, allmählichen und sprunghaften Verlauf in Entwicklung und Zunahme der Abnormität von Samenanlagen, Pollen, Stempel, Staubfäden und Deckblätter. Auf Grund morphol., anat., embryologischer und Befruchtungsuntersuchungen können innerhalb der Sorte 'Kadarka' folgende Blütenformen unterschieden werden: ♂ Blüten, zwittrige Blüten mit kleinem und großem Samengehäuse, pseudoweibliche große und kleine sternblumige, fertile und sterile abnorme Blüten, halb und ganz gefüllte Blüten sowie 2 Abarten mit kreuzförmigen, resp. feigenförmigen Blütenblättern. Außerdem gibt es noch mehrere Übergangsformen. Da diese Geschlechtsabarten aus dem zwittrigen Typ durch Knospenvariation zustandegekommen sind, können sie auch „generative Klontypen" genannt werden. Bei ihrer heutigen Klontypenzusammensetzung geben die 'Kadarka'-Pflanzungen nur 70% des Ertrages des ertragsfähigsten zwittrigen Klontyps.

1820.

Hall, Ivan V. und Aalders, Lewis F.; Kentville, Nova Scotia, Canada Dep. of Agric., Res. Stat. Note on male sterility in the common lowbush blueberry, Vaccinium angustifolium Ait. **(Bericht über männliche Sterilität bei der gemeinen niedrigen Blaubeere, Vaccinium angustifolium Ait.)** Canad. J. Plant Sci. **41** (1961) Nr. 4. S. 865.

Bei Gewächshausversuchen mit der Blaubeere erwiesen sich 3 von 24 Pflanzen als pollensteril. Die Staubfäden waren etwas verkürzt, die Antheren leicht verkümmert und Pollen wurden nicht gebildet. Das Gynaeceum, das 80–90% gesunde Früchte nach Bestäubung mit vitalem Pollen entwickelte, war demnach funktionsunfähig. Bei einer Feldprüfung waren von 1171 Pflanzen 5,2% pollensteril, 49,8% stäubten und 45% waren halbpollensteril mit großer Streuung von fast normal bis praktisch ♂-steril. Der Faktor für Pollensterilität ist nach den Befunden im östlichen Kanada weit verbreitet.

G. Bandlow. 1820.

Kalmykov, S. S. (Kalmykow, S. S.); Usbek. Schreder-Forsch.-Inst. für Garten- und Obstbau. Metod otdalennoj gibridizacii v selekcii orechoplodnych kul'tur. **(Die Methode der entfernten Hybridisation bei der Züchtung der Nuß.)** Trudy sovеščanija po otdalennoj gibridizacii rastenij i životnych. Sbornik dokladov. Otdalennaja gibridizacija rastenij i životnych, Moskva **1960** S. 127–139. – 5 Abb.

Die Arbeiten werden in Mittelasien seit 1940 mit dem Ziel durchgeführt, eine frostbeständige, spätblühende Mandel zu züchten. Beschrieben werden die Kreuzungen verschiedener Mandelarten (mehr als 8), die zu spätblühenden und widerstandsfähigen Formen führten, und die Kreuzungen zwischen Mandel und Pfirsich, bei denen man heute in der F_3 spätblühende Formen mit guter Kernqualität besitzt. Bei einigen von ihnen sind Kern und Fleisch eßbar. An der weiteren Verbesserung wird gearbeitet. Vf. hat darüberhinaus auch andere Kreuzungen innerhalb der Gattung *Juglans* durchgeführt. Wertvolle Kreuzungen sind Walnuß (W.) × *J. cordiformis* Maxim., W. × *J. nigra* L., W. × *J. manshurica* Maxim., W. × *J. cinerea* L. und W. × *Caria olivaeformis* Nutt. Diese Bastarde werden eingehend beschrieben.

H. Jank. 1820.

Pavlenko, F. A. (Pawlenko, F. A.); Charkow, Ukrain. Forsch.-Inst. für Forstwirtsch., Forst- und Bodenmeliorat. Mežvidovye gibridy orešnikov. **(Artbastarde der Haselnuß.)** Trudy soveščanija po otdalennoj gibridizacii rastenij i životnych. Sbornik dokladov. Otdalennaja gibridizacija rastenij i životnych, Moskva **1960** S. 155–165. — 3 Tab.

Die beschriebenen Versuche der entfernten Hybridisation bei Haselnuß werden seit 1938 mit dem Ziel durchgeführt, Heterosisformen der Baumhasel, winterfeste Formen bei der Lambertsnuß und dürrewiderstandsfähige, dekorative, fiederblättrige Formen der gewöhnlichen Hasel zu erhalten. Als Ausgangsformen dienten *Corylus colurna* L., *C. avellana* L. und *C. avellana* L. var. *laciniata* Kirchn. aus geographisch weit auseinanderliegenden Gegenden. Die erzielten zahlreichen Hybriden werden in 3 Gruppen mit Unterformen eingeteilt und beschrieben (baumartige Hybriden, Mittelformen und Sträucher). Es werden Empfehlungen für die Verwendung ausgelesener Exemplare gegeben. Winterharte Formen der 2. Gruppe lassen den Anbau der Lambertsnuß 500–700 km nördlicher wahrscheinlich werden. Die künstliche Keimung des Pollens erfolgte am besten in einer 0,2 n Sacharoselösung. Die Aufbewahrung des Pollens war 16–28 Tage bei niederen Temperaturen und erhöhter Luftfeuchtigkeit möglich. Die Aufbewahrung über CaCl erwies sich als ungeeignet. H. Jank. 1820.

Magie, R. O. Breeding gladiolus for Florida. **(Gladiolenzüchtung für Florida.)** Proc. Florida State horticult. Soc. **73** (1960, hrsg. 1961) S. 375–378. — 3 Lit.

Vf. gibt einen Überblick über Notwendigkeit und Ergebnisse der Gladiolenzüchtung in Florida. Die angebauten Sorten wurden bisher in nördlichen Klimaten unter Langtagverhältnissen gezüchtet und waren hinsichtlich Blumenqualität und Krankheitsresistenz wenig anpassungsfähig an die Bedingungen in Florida. Die Züchtungsarbeit wurde i. J. 1949 mit dem Ziel begonnen, bessere Handelssorten für die Schnittblumenproduktion zu gewinnen. Aus Sämlingen gingen durch Kreuzung und Selektion Pflanzen hervor, die an die Kurztagverhältnisse der Winterkultur Floridas angepaßt waren. Eine Selektion auf wertvolle Eigenschaften, wie geringe Empfindlichkeit gegenüber Temperaturschwankungen, Kälteresistenz der Blüten, Verlängerung der Haltbarkeit bei der Kühllagerung, Resistenz gegen *Botrytis gladiolorum*, *Fusarium oxysporum* f. *gladioli*, *Curvularia trifolii* und *Stemphylium* sp. sowie Resistenz gegen Nematoden war erfolgreich. Eine rosa Sorte ('Florida Pink') wurde i. J. 1958 zur Ergänzung der Sorten 'Picardy' und 'Spic and Span' dem Anbau übergeben. Sie ist hervorragend in Wuchs, Brutknollenbildung, Krankheitsresistenz und Eignung für die Kaltlagerung. Ch. Döhler. 1830.

Bočanzeva, Z. P. (Botschansewa, S. P.); Taschkent, Bot. Garten der Akad. der Wiss. der Usbek.SSR. Otdalennaja gibridizacija u tjul'panov. **(Kreuzungen zwischen Wild- und Kulturformen bei Tulpen.)** Trudy soveščanija po otdalennoj gibridizacii rastenij i životnych. Sbornik dokladov. Otdalennaja gibridizacija rastenij i životnych, Moskva **1960** S. 239–252. — 3 Tab.

Vf. berichtet über 3 verschiedene Wege der Hybridengewinnung. 1. Kreuzungen, bei denen die Wildformen als Mutter- und die Kulturformen als Vaterpflanzen dienen; 2. Kreuzungen, bei denen die Wildformen als Vater- und die Kulturformen als Mutterpflanzen dienen; 3. Kreuzungen der Wildformen untereinander. Die Ergebnisse der Hybridisationen sind unter Angabe der Frucht- und Samenanzahl in umfassenden Tab. aufgeführt. Bei Hybriden aus Kultur- × Wildform geht die Farbe des Fruchtknotens meist auf die Wildform zurück, die Blütenform der Wildtulpen beeinflußt jedoch wenig die Formgebung der Hybriden. Bes. Interesse galt der Gewinnung gelber Tulpen. 'D. v. T. Yellow' wurde als Vaterpflanze mit verschiedenen Wildformen gekreuzt,

wobei dominierend gelbe Formen entstanden. Zum Erzielen neuer Blütenformen sind Bestäubungen zwischen Wildtulpenarten bes. geeignet.
L. Tunger. 1830.

Kacheladze, N. A. (Kacheladse, N. A.); Bot. Inst. der Akad. der Wiss. der Grusin.SSR. Meżvidovye gibridy irisov. **(Artkreuzungen bei Iris.)** Trudy soveščanija po otdalennoj gibridizacii rastenij i životnych. Sbornik dokladov. Otdalennaja gibridizacija rastenij i životnych, Moskva **1960** S. 253–260. – 3 Abb.
Die *Iris*-Sektion *Oncocyclus* Baker umfaßt 20 Arten, 10 davon gedeihen im Kaukasus auf rel. trockenem Standort: *I. iberica*, *I. paradoxa*, *I. Camillae*, *I. acutiloba*, *I. lineolata*, *I. lycotis*, *I. Schelcownicowi*, *I. Medwedewi*, *I. elegantissima*, *I. Grossheimii*. Vf. bespricht die Ergebnisse von Kreuzungen zwischen diesen 10 Arten. Kreuzt man niedrig wachsende Arten mit *I. iberica* var. *robusta*, erhält man hochwachsende Typen. Die Merkmale der Vaterform dominieren hierbei über die der mütterlichen. Zur Verbesserung der dekorativen Eigenschaften und zum Erzielen heller Farbtöne eignen sich Hybridisationen zwischen *I. iberica* var. *robusta* und *I. Camillae*. Eine Umwandlung einfarbiger Formen in mehrfarbige erreicht man bei allen Vertretern der Sektion *Oncocyclus* durch Kreuzung mit *I. sulphurea*, einem Vertreter der Sektion *Pogoniris*. Der Blühbeginn ist vom Frühlingsanfang abhängig, bzw. den damit im Zusammenhang stehenden Temperaturbedingungen. *I. Koenigi* und *I. paradoxa* blühen in der Regel in den ersten Apriltagen. Mitte Mai erscheinen *I. lineolata*, *I. Grossheimii* und *I. lycotis*. Alle anderen Arten liegen mit ihrer Blütezeit zwischen diesen beiden Gruppen. Unterschiede in der Blütezeit treten nicht nur bei den Arten, sondern auch bei Varietäten in Erscheinung. So blüht z. B. *I. paradoxa* var. *vulgaris* sehr früh und etwa 10–15 Tage lang, während sich die Blütezeit von *I. paradoxa* var. *atrata* etwa auf 40–50 Tage erstreckt. Durch entsprechende Kreuzungen können die Blütezeiten verlängert werden. L. Tunger. 1830.

Schmidt, H. **Der Frühtest als Hilfsmittel für die genetische Beurteilung von Waldbäumen.** Forstwiss. Cbl. **81** (1962) Nr. 5/6. S. 138–148. – 2 Abb., 11 Lit.
Vf. bespricht an Hand von Literaturangaben die Möglichkeit, auf Grund des Phänotyps eines Baumes oder Bestandes auf die genetische Veranlagung hinsichtlich der Eigenschaft „Massenleistungen" zu schließen. Hierüber kann letztlich nur die Nachkommenschaftsprüfung Aufschluß geben. Da diese bei forstlichen Objekten jedoch mindestens 3–5 Jahrzehnte durchgeführt werden muß, ist die Entwicklung von Frühtesten für die Züchtung unbedingt notwendig. An 10 bzw. 55 Fichtenherkünften aus Höhenlagen von 450–1600 m, die im 1. und 2. Sämlingsjahr eingehend beobachtet wurden, zeigte sich, daß die Johannistriebhäufigkeit, Nadelfarbe und mittlere Pflanzenhöhe bei Flachland-, Hochgebirgs- und Hochlagenfichten deutlich verschieden sind und daß die Stärke ihres Auftretens als ein Zeichen für die Bodenständigkeit eines Hochlagenbestandes angenommen werden kann. Die Beobachtungen im Pflanzgarten ermöglichen weiterhin, den Vegetationsrhythmus einer Population genauer zu bestimmen als dies im Walde möglich ist.
O. Schröck. 1850.

Oka, Hiko-Ichi und Chang, Wen-Tsai; Misima, Japan, Nat. Inst. of Genetics; Taichung, Formosa, Taiwan Provincial Coll. of Agric. Hybrid swarms between wild and cultivated rice species, Oryza perennis and O. sativa. **(Hybridschwärme zwischen Wild- und Kulturreisarten, Oryza perennis und O. sativa.)** Evolution [Lancaster] **15** (1961) Nr. 4. S. 148–430. – 5 Abb., 4 Tab., 14 Lit
In Indien, Thailand und Formosa wurden Bastardpopulationen von *Oryza perennis* und *O. sativa* morphol. und genetisch untersucht. Die Variabilität bestimmter Merkmale wurde mit Hilfe der Diskriminanzanalyse ermittelt

und dadurch die Typzugehörigkeit festgestellt. Nachkommenschaftsprüfungen und die dabei beobachtete Aufspaltung von Merkmalen ließen in gewisser Weise Rückschlüsse auf den Genotyp zu und bestätigten die Variabilitätsuntersuchungen. Die Population aus Indien erwies sich als Bastardpopulation von Wild- und Kulturreis, obwohl zunächst angenommen wurde, daß es sich um eine Gruppe von Wild- und Kulturreis handelt. Die Thailandpopulation stellte sich als Wildpopulation heraus, die das *glutinosa*-Gen enthielt, das sonst nicht bei Wildformen vorkommt, aber durch Bastardierung mit dem in Thailand angebauten *glutinosa*-Reis in die Wildformen gelangt ist. Die Population aus Taiwan gehörte dem Phänotyp nach zu *O. perennis*, war jedoch für Kulturreisgene stark heterozygot. K. Schulz. 1880.

Shastry, S. V. S. und Ramaiah, K.; New Delhi, Indian Agric. Res. Inst., Div. of Bot. Cytogenetical effects of X-rays, thermal neutrons and β-particles on Oryza sativa L. **(Zytogenetische Effekte von X-Strahlen, thermischen Neutronen und β-Partikeln bei Oryza sativa L.)** Indian J. Genetics Plant Breeding **21** (1961) Nr. 1. S. 43–51. — 7 Abb., 3 Tab., 27 Lit.
Die angegebenen Bestrahlungsexperimente, Behandlung mit X-Strahlen, thermischen Neutronen und β-Partikeln aus ^{35}S, wurden an Pflanzen einer Reislinie durchgeführt. Die daraus gewonnenen Daten über Keimfähigkeit, Grenzen der Lebensfähigkeit nach Strahlenbehandlung und über den Meioseablauf werden diskutiert. Bei den M_1-Pflanzen besteht wahrscheinlich ein Verhältnis zwischen Chimären und zahlenmäßigem Auftreten bestimmter Chromosomenaberrationen. Chlorophyllmutationen traten in der Mehrzahl nach Behandlung mit Isotopen (^{35}S) auf. J. Schreiter. 1880.

XI. PHYTOPATHOLOGIE UND PFLANZENSCHUTZ

A. Allgemeine Literatur, Berichte, Statistiken u. a.

Bouriquet, G. La sixième réunion de la Commission Phytosanitaire Interafricaine. **(Die 6. Versammlung der Interafrikanischen Kommission für Pflanzenschutz.)** Agronom. trop. **16** (1961) Nr. 5. S. 595–596.
Die Tagung fand vom 16.–20. 10. 1961 in Ibadan (Nigeria) statt. Folgende wichtige Themen wurden u. a. besprochen: Maßnahmen zur Verhinderung der Einschleppung des Erregers einer sehr gefährlichen Dattelkrankheit („bayoud") nach NW-Afrika; Anwendung von Kälte zur Vernichtung der Fruchtfliege; Desinfektion der Schiffe; Gefahren der Einschleppung von *Peronospora tabacina* und des Tabakrippenbräunevirus.
E. M. Ardelt. 1901.

Giljarov, M. S. (Giljarow, M. S.) Zaščita urožaja ot vreditelej i biologičeskie issledovanija. **(Schutz der Ernte vor Schädlingen und biologische Untersuchungen.)** Žurnal obščej biologii, Moskva **22** (1961) Nr. 5. S. 345–353. — 38 Lit.
Die durch Krankheiten und Schädlinge in der SU verursachten Verluste in der Landwirtsch. betragen jährlich etwa 4,5 Mrd. Rubel. Daher verdient die angewandte Entomologie als wiss. Grundlage des Pflanzenschutzes gegen tierische Schädlinge gemeinsam mit den Zweigen der biol. Wissenschaft, auf denen sie aufbaut, wie z. B. entomol. Systematik, Ökologie und Physiologie, größte Aufmerksamkeit. Dies sollte bei der Planung der wiss. Arbeit berücksichtigt werden. Nahe verwandte Arten verhalten sich z. B. oft sehr unterschiedlich und erfordern gänzlich verschiedene Bekämpfungsmethoden. Die Immunität der Pflanzen gegen tierische Schädlinge ist durchaus keine feststehende Eigenschaft, sondern es kann durch veränderte Umweltbedingungen oder eine Anpassung des Insekts aus einer resistenten eine anfällige Pflanzensorte werden. Derartige Studien zur Resistenz erfordern die Zusammenarbeit von Pflanzenzüchtern und Entomologen der systematischen und physiol.-chem. Richtung. Die Probleme des Übergangs von Schadinsekten auf eine

neue Wirtspflanze können nur mit Hilfe der Biozönologie gelöst werden. Gleiches gilt für die Prognose. Große Bedeutung kommt der Erforschung der Entomophagen (Parasiten und Räuber) und ihrem praktischen Einsatz zu. Die Entwicklung neuer chem. Bekämpfungsmittel erfordert eine enge Zusammenarbeit von chem., physiol.-toxikol. und biozönol. Forschung, insbesondere, da es heute auf die Herstellung hoch selektiver Insekticide ankommt. Anhand der angeführten und einer weitaus größeren Zahl hier nichtangeführter Beispiele weist Vf. auf die große Bedeutung einer engen Zusammenarbeit der Pflanzenschutzforschung mit den verschiedensten Disziplinen der Biologie hin. E. Königsmann. 1901.

Anonym. Plantesygdomme i Danmark 1959. Årsoversigt samlet ved Statens plantepatologiske forsøg Lyngby. **(Pflanzenkrankheiten in Dänemark im Jahre 1959. Jahresbericht, gesammelt von der Staatlichen Pflanzenpathologischen Forschungsstation Lyngby.)** Tidsskr. Planteavl **65** (1961) Nr. 1. S. 1–63.
Zunächst werden die bei der Ermittlung und Auswertung beteiligten Mitarb. erwähnt. Nach Darlegung der Witterungsverhältnisse im Beobachtungsjahr (J. Kall) zählen A. Jensen und M. H. Dahl die durch Frost, Nährstoff- und Spurenelementmangel bedingten Schäden sowie die durch bestimmte Viren verursachten Krankheiten landwirtsch. und gärtner. Kulturen auf. A. Jensen und M. H. Dahl erfassen die durch pilzliche und bakterielle Erreger verursachten Krankheiten. Tierische Schädlinge werden von J. Jørgensen und K. Lindhardt aufgeführt. H. R. Kristensen berichtet über für Dänemark neue Viruskrankheiten. Aufstellungen über neu anerkannte Pflanzenschutzmittel sowie der von den Mitarb. der Forschungsstat. veröffentlichten Arbeiten beschließen die Übersicht. W. Wolde. 1901.

Anonym. Plantesygdomme i Danmark 1960. Årsoversigt samlet ved Statens plantepatologisk forsog. Plant diseases and pests in Denmark 1960. **(Pflanzenkrankheiten in Dänemark im Jahre 1960. Jahresübersicht der Staatlichen Pflanzenpathologischen Forschungsstation. Pflanzenkrankheiten und -schädlinge in Dänemark 1960.)** Tidsskr Planteavl **65** (1962) Nr. 4. S. 553–614.
Es wird ein Überblick über die Organisation und den Personalbestand sowie das Auftreten von Krankheiten und Schädlingen i. J. 1960 in Dänemark gegeben. Daneben werden eine Liste der Veröffentlichungen auf diesem Gebiet für 1960 sowie ein Verzeichnis der gehandelten Pflanzenschutzmittel beigefügt. R. Fritzsche. 1901.

B. Krankheiten und ihre Ursachen

Schuhmann, G. **Stand der Untersuchungen über das Resistenzverhalten von Weizensorten gegen Zwergsteinbrand.** Bayer. landwirtsch. Jb. **38** (1961) Nr. 8. S. 994–996. — 1 Tab., 2 Lit.
Die Ergebnisse der Resistenzprüfung gegen Zwergsteinbrand lassen erkennen, daß für dtsch. Verhältnisse Unterschiede in den Pathogenitätseigenschaften bestehen. Eine Rassenspezialisierung konnte bisher jedoch nicht festgestellt werden. In der Mehrzahl der Fälle sind *Tilletia caries*-resistente Sorten auch gegen Zwergsteinbrand resistent. Als resistent gegen die dtsch. Zwergbrandherkünfte haben sich die amer. Sorten 'Wasatch', 'Relief', 'Martin', 'White Odessa' und 'Hussar' erwiesen. Die 3 erstgenannten Sorten entsprechen dem Resistenztyp Martin, Resistenzfaktoren sind M_1 und M_2. 'White Odessa' besitzt nur den Resistenzfaktor M_1 und 'Hussar' die Faktoren M_1 und H. Die Sorten 'Ridit' und 'Turkey', dem Resistenztyp Turkey zugeordnet, erwiesen sich in Deutschland nur als teilresistent. W. Kühnel. 1911.

Červenka, Jan und Novák, František; Havličkův Brod, Výzkumný Ústav Bramborářský ČSAZV. Příčiny rozdílného napadení kříženců brambor

rakovinou (Synchytrium endobioticum) Schilb. (Perc.) ve zkouškách vzdornosti v letech 1953–1957. **(Ursachen des unterschiedlichen Befalls von Kartoffelkreuzungen durch den Kartoffelkrebs [Synchytrium endobioticum (Schilb.) Perc.] bei den in den Jahren 1953–1957 durchgeführten Resistenzprüfungen.)** Sborník českoslov. Akad. zemědělských Věd, rostlinná Výroba **7(34)** (1961) Nr. 7. S. 951–966. — 4 Tab., 11 Lit. Zus. in Russ., Dtsch.
In den Jahren 1953–1957 wurden die Ergebnisse von Resistenzprüfungen auf 5 von Krebs verseuchten Versuchsfeldern unter verschiedenen Boden- und Klimabedingungen überprüft. Der Befall von 5 anfälligen Kreuzungen wurde mit den Ergebnissen von Prüfungen, die in der Forschungsanstalt für Kartoffelbau Havlíčkův Brod unternommen wurden, verglichen. Diese Ergebnisse sprechen nicht für die Existenz verschiedener Kartoffelkrebsbiotypen, die für die Resistenzprüfung des Züchtungsmaterials von Belang wären. Sofern es sichtbare Unterschiede im Befall auf einzelnen Versuchsstellen gab, waren sie vor allem auf die Witterungsverhältnisse zurückzuführen. Ein Versuchsfeld mit dem stärksten Befall in einem Jahre ergab im nachfolgenden Jahre den schwächsten Krebsbefall. Ungleichmäßiger Befall infolge ungleichmäßiger Verseuchung der Versuchsfläche wird nicht für wahrscheinlich gehalten. Ein Befall resistenter Sorten wurde auf keinem der Versuchsfelder und in keinem Versuchsjahr festgestellt. Dies deutet gleichfalls nicht auf das Auftreten verschiedener Biotypen auf den Versuchsfeldern. P. Bartoš. 1911.

Czyżewicz, Z.; Stacja Hodowlano-Badawcza IHAR-Bieliny. Dalsze wyniki badán nad przydatnością niektórych odmian ziemniaka jako form do krzyżówek w hodowli odpornościowej na wirus Y. **(Weitere Forschungsergebnisse über die Brauchbarkeit einiger Kartoffelsorten als Kreuzungsformen bei der Resistenzzüchtung gegen das Y-Virus.)** Hodowla Roślin Aklimatyzacja Nasiennictwo **6** (1962) Nr. 1. S. 57–75. — 12 Abb., 6 Lit. Zus. in Russ., Engl.
Vf. prüfte in 3jährigen Versuchen den Wert einiger Kartoffelsorten und -stämme für die Züchtung gegen das Y-Virus widerstandsfähiger Sorten. Nur der Stamm '26747' übertrug mit Sicherheit Resistenzmerkmale auf die Nachkommen, während 2 andere Stämme ebenfalls brauchbar waren, aber noch weitere Prüfungen erforderlich machten. Für die Sorten 'Aquila' und 'Katahdin' müssen geeignete Partner gesucht werden. Gegen das Y-Virus widerstandsfähige Sorten übertrugen nicht immer diese Resistenzeigenschaften auf die Nachkommen. Oft zeigen widerstandsfähige Nachkommen ungünstige Qualitätseigenschaften, so daß die Züchtungsarbeiten fortgesetzt werden müssen. W. Śliwiński. 1911.

Hamdorf, G.; Jork, Bezirk Hamburg, Obstbauversuchsanst. **Die Anfälligkeit verschiedener Apfelsorten gegenüber dem Apfelmosaikvirus.** Tidsskr. Planteavl **65** (1961) Sonder-Nr. Proc. Fourth Symposium on Virus Diseases of Fruit Trees in Europe S. 14–24.
37 Apfelsorten und 11 Typunterlagen wurden durch künstliche Infektion auf ihre Anfälligkeit gegen das im Niederelbegebiet stark verbreitete Apfelmosaikvirus untersucht. Frühestens nach 14 Wochen zeigten einzelne, spätestens nach 1 Jahr zeigten alle inokulierten Pflanzen Symptome unterschiedlicher Stärke. Die stärkste Anfälligkeit zeigten u. a. 'Golden Delicious', 'Roter Martini' und 'Jonathan'. Am schwächsten reagierten u. a. 'Weißer Klarapfel', 'Jacob Fischer' und 'Krügers Dickstiel'. Bei den Unterlagen erwiesen sich u. a. die Typen 'EM XXV' und 'Crab C' als stark, 'EM IV' und 'EM II' als schwach anfällig. Starke Anfälligkeit trat als großflächige, ring- oder bandförmige Vergilbung zahlreicher Blätter, schwache Anfälligkeit als punktförmige vereinzelte hellgrüne bis gelbe Flecke weniger Blätter hervor. Es wurde ferner untersucht, ob die unterschiedliche Anfälligkeit mit variierender systemischer Ausbreitung des Virus im Wirt zusammenhängt. Ein derartiger Zusammenhang war nicht nachzuweisen, da der Anteil infizierter Knospen

an Trieben desselben Baumes ebenso schwanken kann wie der bei Sorten unterschiedlicher Anfälligkeit. Auch die Symptomausbildung der Blätter ist kein Hinweis für Infektion der Achselknospe, da mosaikzeigende Blätter virusfreie Knospen trugen und umgekehrt. Terminalknospen waren am häufigsten virusfrei. H. Kegler. 1911.

Painter, H.; Manhattan, Kansas State Univ. Insect resistance in plants. **(Insektenresistenz bei Pflanzen.)** Ann. Épiphyties **12** (1961) Nr. 4. S. 397–403. — 1 Tab., 6 Lit.
Es wird ein Überblick über den Stand der Resistenzzüchtung gegen Schadinsekten der Kansas Agric. Exp. Stat. gegeben. Neben Arbeiten über Reblausresistenz konnten Erfolge erzielt werden bzw. versprechen Aussicht auf Erfolg: Arbeiten über Hessenfliegenresistenz (*Phytophyga destructor* Say) bei Weizen, Blattlausresistenz (*Therioaphis maculata* Buckton) bei Luzerne, Resistenz von Mais gegen *Heliothis zea* Boddie, *Rhopalosiphum maidis* Fitch., *Zeadiatrea grandiosella* Dyar, *Pyrausta nubilalis* Hübn. Weiterhin konnten bereits der Praxis übergeben werden: gegen *Blissus leucopterus* Say resistente *Sorghum*-Sorten, gegen Getreidewanzen resistente Gerstensorten. Die Perspektiven und Schwierigkeiten auf diesem Gebiet werden besprochen.
R. Fritzsche. 1911.

Guthrie, W. D. und Walter, E. V. Corn earworm and European corn borer resistance in sweet corn inbred lines. **(Süßmaisinzuchtlinien mit natürlicher Resistenz gegen Heliothis zea [Boddie] und Ostrinia nubilalis [Hübner].)** J. econ. Entomol. **54** (1961) Nr. 6. S. 1248–1250. — 1 Tab., 8 Lit.
Die Auswertung 5jähriger Untersuchungen von Süßmaislinien mit natürlicher Resistenz gegen *Heliothis zea* und *Ostrinia nubilalis* ergab, daß einige Linien gegen beide Arten resistent sind. Sie werden in Tab. aufgeführt.
K. Geißler. 1911.

Brett, Charles H., McCombs, C. L. und Daugherty, D. M.; Raleigh, North Carolina Coll. Resistance of squash varieties to the pickleworm and the value of resistance to insecticidal control. **(Resistenz von Melonensorten gegen Diaphania nitidalis und die Bedeutung der Resistenz für die Bekämpfung mit Insekticiden.)** J. econ. Entomol. **54** (1961) Nr. 6. S. 1101–1107. — 4 Abb., 4 Tab., 13 Lit.
16 verschiedene Melonensorten (*Cucurbita* spp.) wurden auf ihre Resistenz gegen den sog. Pickleworm [*Diaphania nitidalis* (Stoll)] geprüft. 4 Sorten erwiesen sich als widerstandsfähig ('Butternut 23', 'Summer Crockneck', 'Early Prolific Straightneck' und 'Early Yellow Summer Crockneck'). Bei Anwendung von Insekticiden (Lindan, Sevin und Dibrom) konnte an den resistenten Sorten ein besserer Bekämpfungserfolg erzielt werden als an den empfindlichen. Chem. Untersuchung der Fruchtschale ergab keine Beziehungen zwischen Aminosäure- bzw. Kohlenhydratgehalt und Resistenz. Eine gewisse Bedeutung scheint der Galakturonsäuregehalt der Fruchtschale zu haben.
R. Fritzsche. 1911.

Wolfenbarger, Dan und Sleesman, J. P.; Wooster, Ohio Agric. Exp. Stat. Resistance to the potato leafhopper in Lima bean lines, interspecific Phaseolus crosses, Phaseolus spp., the cowpea, and the bonavist bean. **(Resistenz gegen die Kartoffelzikade bei Lima-Bohnen, Phaseolus-Artkreuzungen, Phaseolus spp., Kundebohne und Fasel-Bohne.)** J. econ. Entomol. **54** (1961) Nr. 6. S. 1077–1079. — 1 Abb., 2 Tab., 6 Lit.
Ein Sortiment von 42 *Phaseolus*-Arten bzw. *Phaseolus*-Stämmen sowie Fasel-Bohnen (*Dolichos lablab* L.) und Kundebohnen (*Vigna sinensis* (Torner) Savi.) wurde auf Resistenz gegen die Kartoffelzikade (*Empoasca fabae* Harr.) geprüft. 19 Stämme des *Phaseolus*-Sortimentes zeigten keine Zikadenschäden, obgleich innerhalb der Stämme Unterschiede in der Befallsstärke der Nymphen

bestanden. Einige Arten zeigten sowohl hohen Nymphenbefall als auch starke Schäden. *D. lablab* erlitt ebenfalls keine Schäden, zeigte aber hohen Nymphenbefall. *V. sinensis* wurde bei hohem Befall auch stark geschädigt. Ein Bewertungsschema wird angegeben. R. Fritzsche. 1911.

Brandenburg, E.; Gießen, Justus-Liebig-Univ., Inst. für Phytopathol. **Die Symptome des Molybdänmangels an verschiedenen Kulturpflanzen.** Z. Pflanzenkrankh. (Pflanzenpathol.) Pflanzenschutz **68** (1961) Nr. 10/11. S. 532–541. — 17 Abb., 21 Lit. Zus. in Engl.
Es werden die Bodentypen charakterisiert, auf denen bisher in Deutschland an landwirtsch. Kulturpflanzen extremer Molybdänmangel festgestellt wurde. Die Symptome des Mo-Mangels sind bei den meisten Pflanzen typisch, Rückschlüsse von einer Kulturpflanze auf die andere sind aber schwer möglich. An Roggen, Hafer, Rüben, Kreuzblütlern und Leguminosen wurden die Symptome beschrieben. Bei extremem Mo-Mangel wird eine gezielte Mo-Düngung je nach Bodentyp vorgeschlagen. Ein geringer Zusatz zu Volldüngemitteln ist nach bisherigen Erfahrungen nicht erforderlich. F. Hädicke. 1930.

Ciferri, R.; Pavia, Univ., Lab. Crittogamico. L' „acinellatura" dell'uva in relazione alla criptocarenza di boro. **(Die Kleinfrüchtigkeit der Weinrebe in Beziehung zum Bormangel.)** Notiziario Malattie Piante [N. S.] **35** (1961) Nr. 56. S. 25–32. — 4 Tab., 4 Lit. Zus. in Engl.
Auf Böden mit geringem B-Gehalt zeigen Weinreben Kleinfrüchtigkeit. Sie tritt um so stärker auf, je geringer der B-Gehalt des Bodens ist. Bodenbehandlung mit 10–40 g Borax/Pflanze verringerte bei starken B-Mangelsymptomen der Pflanzen die Kleinfrüchtigkeit von 99,2 auf 2,5%, bei geringen von 68,4 auf 9,4%. Die Wirkung von 10 oder 40 g Borax/Pflanze war etwa gleich. Der B-Gehalt in unbehandelten Pflanzen betrug 9,8–14,3 ppm, in behandelten 25,0–26,0 ppm. Vf. schlußfolgert aus den Versuchsergebnissen, daß die Kleinfrüchtigkeit schon bei einem B-Gehalt des Bodens auftritt, der noch nicht zu allg. B-Mangelsymptomen der Pflanzen führt. Es wird vermutet, daß auch ein genetischer Faktor für das Auftreten der Krankheit von Bedeutung ist. Die „Grüne oder Süße Kleinfrüchtigkeit" wird nicht durch B-Mangel verursacht. O. Saß. 1930.

Reckendorfer, Paul; Wien, Bundesanst. für Pflanzenschutz, Chem. Lab. **Ein Beitrag zur Biochemie der Fluor-, Kalk- und Viruschlorose. Versuch einer ätiologisch einheitlichen Betrachtung.** Pflanzenschutzberichte [Wien] **27** (1961) Nr. 1/10. S. 1–9. — 1 Tab., 7 Lit. Zus. in Engl.
Die Krankheitsbilder von Kalkchlorose, Fluorschaden und Viruschlorose stimmen in einer teilweisen oder umfassenden Vergilbung überein, die dadurch zustande kommt, daß die grüne Blattfarbe immer mehr verschwindet und in das Gelb von Karotin und Xanthophyll übergeht. Von der Annahme ausgehend, daß die Störung des zellphysiol. Gleichgewichtes in den vergilbten Blattanteilen entweder in einer Veränderung in der für sich allein katalytisch unwirksamen prosthetischen Gruppe (Cofaktor) oder im für sich allein ebenfalls inaktiven Enzymprotein der die Chlorophyllsynthese vermutlich steuernden Katalase begründet ist, entwirft Vf. eine Theorie der Vergilbung. Er nimmt an, daß im Cofaktor der Katalase die Vorstufe zu den Protochlorophyllen zu suchen ist, unter deren zellphysiol. Bereitstellung die Biosynthese der Chlorophylle a und b erfolgt. Unter virösem Einfluß kommt es zu einer Abwandlung des Enzymproteins und diese wird als Ursache der Viruschlorose betrachtet. Für die Fluor- und Kalkchlorose wird dagegen eine Störung im Aufbau des Cofaktors angenommen. M. Schmiedeknecht. 1930.

Braun, H.; Bonn. **Die Eisenfleckigkeit der Kartoffel.** Z. Pflanzenkrankh. (Pflanzenpathol.) Pflanzenschutz **68** (1961) Nr. 10/11. S. 542–549. — 43 Lit. Zus. in Engl.

In historischer Reihenfolge wird eine Lit.-Übersicht über alle wichtigen Arbeiten, die die Eisenfleckigkeit der Kartoffelknollen behandeln, gegeben. Im Vordergrund steht dabei eine klare Abgrenzung gegen die Pfropfenbildung. Bei der Eisenfleckigkeit handelt es sich um eine physiol. Erkrankung des Knollenfleisches, die vermutlich auf Störungen des Wasserhaushaltes zurückzuführen ist. Die Pfropfenbildung ist eine Viruserkrankung, welche durch das bodenbürtige Ratelvirus verursacht wird. F. Hädicke. 1930.

Schreven, A. C. van und Boon, J. van der; Wageningen, Inst. voor Bewaring en Verwerking van Tuinbouwprodukten; Groningen, Inst. voor Bodemvruchtbaarh. Stip in appels. **(Stippigkeit bei Äpfeln.)** Meded. Directeur Tuinbouw ['s-Gravenhage] **25** (1962) Nr. 2. S. 87–92. — 1 Abb., 37 Lit.
In einer Lit.-Übersicht sind die z. T. recht widerspruchsvollen Ergebnisse der letzten 100 Jahre über die Ursachen der Stippigkeit zusammengestellt. Im einzelnen werden der Wasserhaushalt des Bodens sowie die Bedeutung der Nährstoffe N, P, K, Mg und Ca bzw. des Spurenelementes B abgehandelt. Eine mäßige und geregelte Wasserversorgung ist als günstig anzusprechen. Hohe N-Gaben fördern vermutlich auf indirektem Wege die Stippigkeit. Nach neueren Untersuchungen ist dem Ca eine bes. Bedeutung zuzumessen. — Beziehungen zwischen bekannten Witterungsfaktoren und der Stippigkeit ließen sich nicht finden. — Lockerfleischige Sorten leiden bes. stark. Frühe Ernte und dazu alle Maßnahmen, die die Fruchtgröße fördern, steigern die Anfälligkeit der Früchte. Die Lagerungsbedingungen sind ohne Einfluß.
F. Daebeler. 1930.

Sahtiyanci, Sehinaz; Göttingen, Georg-August-Univ., Inst. für Pflanzenpathol. und Pflanzenschutz. **Studien über einige wurzelparasitäre Olpidiaceen.** Arch. Mikrobiol. **41** (1962) Nr. 2. S. 187–228. — 80 Abb., 7 Tab., 41 Lit.
Vf. untersuchte einige an Weißkohl- und Salatpflanzen vorkommende *Olpidiaceae*. Isolierungs- und Kulturmethoden werden beschrieben. Von Weißkohlwurzeln wurde *Pleotrachelus brassicae* nov. comb. isoliert, die von Woronin und Nemec bereits im wesentlichen beschriebene Art *Olpidium brassicae* (Woronin) Dangeard. An Salatpflanzen, welche das als „big vein“ bezeichnete Krankheitssymptom zeigten, wurde *Pleotrachelus virulentus* n.sp. gefunden. Salat, Aubergine, Zuckerrübe und Tabak wurden als Wirte ermittelt. Ebenfalls von Salatwurzeln wurde *P. bornovanus* n.sp. isoliert. Diese Art kann Tabak, Spinat, Salat, Zuckerrübe, Aubergine und Roggen befallen. Die Pilze werden ausführlich beschrieben. H. Steinbrink. 1950.

Golenia, A., Pawełczyk, E., Speichert, H. und Tyborska, B.; Zakład Hodowli Roślin Leczniczych. Rezultaty porównawczej hodowli róznych ras grzyba Claviceps purpurea. **(Ergebnisse einer vergleichenden Züchtung verschiedener Rassen des Pilzes Claviceps purpurea.)** Biul. Inst. Roślin leczniczych 7 (1961) Nr. 1. S. 33–43. — 2 Abb., 3 Tab. Zus. in Russ., Engl.
Bei mehrjährigen Untersuchungen über den Einfluß der Witterung auf den Gehalt der Alkaloide in den Sklerotien verschiedener Rassen von *Claviceps purpurea* wurde festgestellt, daß die meisten Rassen des Erregers den größten Alkaloidgehalt aufwiesen in Jahren mit einer warmen, trockenen und sonnigen Witterung, bes. im Juni, wenn die Sklerotien sich entwickeln und reifen. Einen positiven Einfluß bewirkten eine mittlere Temperatur von 18 °C und eine Niederschlagsmenge von 50 mm. Gebiete mit ähnlichen klimatischen Bedingungen im Juni können zur Produktion von hochwertigen Mutterkörnern dienen. In diesen Gebieten sollen nur diejenigen Rassen von *C. purpurea* angebaut werden, die eine starke Reaktion auf die Veränderung der klimatischen Verhältnisse aufweisen. W. Święcicki. 1950.

Nelson, R. R.; Raleigh, N. C., U.S. Dep. of Agric.,A.R.S., Crops Res. Div.; North Carolina Agric. Exp. Stat. Cochliobolus intermedius, the perfect stage of Curvularia intermedia. **(Cochliobolus intermedius, die Hauptfruchtform von Curvularia intermedia.)** Mycologia [New York] **52** (1960) Nr. 5. S. 775–778. — 7 Lit.

Kulturen von 3 Konidien aus dem Boden und einer von einem Blatt isolierten Konidie von *Curvularia intermedia* Boed. und von 130 Ascosporeneinzelisolierungen wurden untersucht. Bei paarweiser Kultur geeigneter Isolierungen auf sterilen Blattstücken in Petrischalen mit Sach's Nähragar wurden Perithecien gebildet. Diese enthielten bei einem pH-Wert von 4,0 und 24 °C in den meisten Fällen Asci. Perithecien, Asci und Ascosporen sowie deren Keimung werden beschrieben. Auf Grund dieser Merkmale wird der Pilz, von dem bisher keine Hauptfruchtform bekannt war, als *Cochliobolus intermedius* Nelson n.sp. bezeichnet. Aus weiteren Untersuchungen ergab sich, daß *C. intermedius* heterothallisch ist. G. Otto. 1950.

Moore, Royall, T. und McAlear, James H.; Ithaca, N. Y., Cornell Univ., Dep. of Plant Pathol.; Albany, N. Y., State Dep. of Health, Div. of Lab. and Res. Fine structure of mycota. 8. On the aecidial stage of Uromyces caladii. **(Feinstruktur von Pilzen. 8. Mitt. Über das Aecidienstadium von Uromyces caladii.)** Phytopathol. Z. **42** (Sept. 1961) Nr. 3. S. 297–304. — 7 Abb., 4 Lit. Zus. in Dtsch.

Anhand von Bildern elektronenmikroskopischer Untersuchungen an *Uromyces caladii* (Schw.) Farlow wird ein Beitrag zur Mikromorphologie und Ontogenie des Rostpilzes im Aecidiosporenstadium geliefert. Als Untersuchungsmaterial dienten im Frühjahr befallene Blätter von *Arisaema triphyllum* (L.) Schott. Die Bildung der Aecidiosporen und der dazugehörigen Absonderungszellen sowie Zellinhalt der Aecidiosporen werden dargestellt. In weiteren Abb. wird über Haustorien und deren Einschlüsse sowie über die Reaktion der Wirtszelle auf das Eindringen des Haustoriums berichtet. G. Otto. 1950.

McClung, Norvel M., Salser, Josephine See und Santoro, Thomas. Growth studies of Nocardia species. I. Respiration of carbohydrates by Nocardia rubra. **(Wachstumsuntersuchungen an Nocardia-Arten. 1. Mitt. Veratmung von Kohlenhydraten durch Nocardia rubra.)** Mycologia [New York] **52** (1960) Nr. 6. S. 845–855.

Verschiedene Zucker werden von *Nocardia rubra* [*Proactinomyces ruber* (Casabo Bald.)] in unterschiedlichem Grade veratmet und zum Wachstum ausgenutzt, wobei zwischen verschiedenen Kulturen gleichen Alters und zwischen Kulturen verschiedenen Alters noch Unterschiede auftreten. Man kann die Zukker in 3 Gruppen einteilen: 1.) l(+)-Rhamnose, d(+)-Cellobiose, d(—)-Arabinose, Lactose, Sorbose, Maltose. 2.) d-Galaktose, Saccharose, d-Mannose. 3.) d-Glucose, Fructose. Wenn man die Verwertung der letzten Gruppe gleich 100% setzt, werden die Zucker der Gruppe 1 zu 1–3% und die der Gruppe 2 zu 11–15% verwertet. Bei Zuckergemischen mit d-Glucose (15% der Zuckermenge) werden auch die Zucker der ersten beiden Gruppen wesentlich stärker (bis zu 6mal) ausgenutzt. Die Zuckeralkohole Sorbit und Mannit zeigen einen größeren Effekt als die entspr. Aldosen. D. Birnbaum. 1950.

Banage, W. B. Some nematodes from the Moor House National nature reserve, Westmorland. **(Einige Nematoden aus dem Moor House Nationalschutzpark, Westmorland.)** Nematologica [Leiden] **7** (1962) Nr. 1. S. 32–36. — 3 Tab., 15 Lit.

Vf. berichtet vom Ergebnis einer über 2 Jahre hindurch getätigten Aufsammlung von Nematoden in einem brit. Bergmoorlandgebiet. Eingangs wird die Natur der Studiengebiete erläutert. Eine Tab. unterrichtet über den pH-Wert und den Feuchtigkeitsgehalt der einzelnen Moorlandschaften. 38 Nematodengattungen und 28 Arten wurden identifiziert. Aus 2 Zusammenstellungen der Gattungen und Arten sind auch deren Standorte zu entnehmen.

Außer 7 darunter befindlichen, nicht sicher bestimmten Arten sind die übrigen geographisch weit verbreitet. Vf. kommt zu der Ansicht, daß es eine typische Moorland-Nematodenfauna nicht gibt. F. W. Paesler. 1960.

Loof, P. A. A. und Oostenbrink, M. Rotylenchulus borealis n.sp. with a key to the species of Rotylenchulus. **(Rotylenchulus borealis n.sp. mit einem Schlüssel für die Rotylenchulus-Arten.)** Nematologica [Leiden] **7** (1962) Nr. 1. S. 83–90. — 3 Abb., 12 Lit.
Unter dem Namen *Rotylenchulus borealis* wird eine neue, in den Niederlanden an Graswurzeln gefundene Nematodenart beschrieben. Der gewählte Artname will hervorheben, daß *R. borealis* erstmalig in der gemäßigten Zone der nördlichen Erdhalbkugel aufgefunden wurde. Die übrigen 5 Gattungsangehörigen stammen sämtlich aus der tropischen bzw. den subtropischen Zonen. Anhand von 3 Zeichnungen werden Ähnlichkeiten und Unterschiede zwischen *R. borealis* und den bekannten Arten aufgezeigt. Von bes. Interesse ist der beigegebene Bestimmungsschlüssel für die *Rotylenchulus*-Arten. Bez. der systematischen Stellung der Gattung *Rotylenchulus* sind Vff. der Ansicht, daß diese zwischen den *Hoplolaiminae* und den *Pratylenchinae* liegt, und zwar näher der ersten Gruppe. F. W. Paesler. 1960.

Akhtar, S. A. Metaphelenchus sacchari n.sp. (Nematoda: Aphelenchoidea Fuchs 1937) associated with the roots of sugarcane. **(Metaphelenchus sacchari n.sp. [Nematoda: Aphelenchoidea Fuchs, 1937] an Wurzeln von Zuckerrohr.)** Nematologica [Leiden] **7** (1962) Nr. 1. S. 53–56. — 1 Tab., 3 Lit.
Eine neue *Metaphelenchus*-Art, die in der Umgebung von Zuckerrohrwurzeln bei Lahore gefunden wurde, wird beschrieben und abgebildet. Es wurden nur Weibchen der Art beobachtet, die sich von den 2 bekannten Arten der Gattung durch den Bau der Seitenfelder, die Form der Vagina und den verstärkten Lippensaum unterscheiden. Männchen sind unbekannt.
F. W. Paesler. 1960.

Stessel, G. J.; Kingston, Rhode Island, Univ. of Rhode Island, Coll. of Agric. Nematodes of woody plants in Rhode Island. **(Nematoden an Holzgewächsen in Rhode Island.)** Agric. Exper. Stat., Univ. Rhode Island Bull. **1961** Nr. 360. S. 1–18. — 6 Abb., 3 Tab., 20 Lit.
Vf. untersuchte i. J. 1958 aus 50 Baumschulen insgesamt 70 Bodenproben, die aus der Wurzelzone von 26 Holzgewächsen entnommen waren. Nematodenarten aus 23 pflanzenparasitischen Gattungen wurden gefunden. In mehr als 35% der Proben wurden Arten aus den Gattungen *Aphelenchoides*, *Aphelenchus*, *Rotylenchus*, *Pratylenchus*, *Tylenchorhynchus*, *Paratylenchus* und *Dorylaimus* gefunden. *Rotylenchus robustus* wurde als einzigste Art immer in der Nähe geschädigter Pflanzen gefunden. Häufig traten auf Schadstellen Arten aus den Gattungen *Pratylenchus*, *Tylenchorhynchus* und *Paratylenchus* auf. Die von Nematoden an einigen Gehölzpflanzen verursachten Schäden werden auf 10–30% geschätzt. Einige Hinweise über den Befall einiger Pflanzenarten durch Nematoden werden gegeben. H. Stelter. 1960.

Hooper, D. J.; Harpenden, Rothamsted Exp. Stat. Effects of a nematode on the growth of mushroom mycelium. **(Wirkungen eines Nematoden auf das Wachstum von Champignonmycel.)** Nature [London] **193** (1962) Nr. 4814. S. 496–497. — 1 Abb., 6 Lit.
Von Champignonkompost wurden in den letzten Jahren 300 Proben untersucht. An schädlichen Nematoden waren die Arten *Aphelenchoides composticola*, *Ditylenchus myceliophagus* und *Paraphelenchus myceliophthorus* häufig vertreten. In 4 Proben war *Aphelenchus avenae* in teilweise hoher Dichte vorhanden. An Champignon (*Agaricus mortensis* Cooke) in Agrarkulturen entwickelte sich eine hohe Population von *A. avenae*, die das Mycel völlig zerstörte. Der parasitäre Charakter von *A. avenae* wurde durch folgenden Ver-

such unterstrichen: je 25 g Kompost, dem Champignonmycel zugegeben war, wurden mit 10 und 100 Tieren infiziert. Nach 6 Wochen war das Mycel völlig zerstört. Die Population betrug zu diesem Zeitpunkt bei Infektin mit 10 *A. avenae* = 43000 und bei Infektion mit 100 *A. avenae* = 146000 Tiere. Männchen wurden nicht gefunden. H. Stelter. 1960.

Feder, William A., Hutchins, P. C. und Eichhorn, J. L.; Orlando, U.S. Dep. of Agric., A.R.S., Crops Res. Div. Reduction of soil-borne nematode populations by selected carbohydrates. **(Verminderung von Nematodenpopulationen im Boden durch ausgewählte Kohlenhydrate.)** Proc. Florida State horticult. Soc. **73** (1960, hrsg. 1961) S. 39–42. — 4 Abb., 2 Tab., 2 Lit.

Von Topf- und Freilandversuchen werden weitere Ergebnisse über die Wirkung von Dextrose und Saccharose auf bodenbewohnende Nematoden (u. a. *Meloidogyne* sp., *Radopholus* sp., *Pratylenchus* sp.) mitgeteilt. In allen Versuchen wurden dem Boden 1 bzw. 5 Gewichtsprozent Dextrose oder Saccharose zugegeben. Bei den höheren Dosierungen erfolgte die Abtötung der Nematoden innerhalb 1 Std. Im Freiland wurden die Mittel 6–8 in. eingearbeitet und 24 Std. später Bohnen und „okra" (*Althaea*) gesät. Die Pflanzen auf den behandelten Parzellen entwickelten sich besser und hatten ein höheres Frisch- und Trockengewicht. Der Befall durch *Meloidogyne* sp. war geringer als auf den Vergleichsparzellen. Die nematicide Wirkung des Boden-Zucker-Gemisches beruht auf dem hohen osmotischen Wert, durch den den Nematoden Feuchtigkeit entzogen wird. Von einer 10%igen Dextrose-Wasser-Lösung und einer 30–40%igen Saccharose-Wasser-Lösung werden Nematoden in 1 Std. abgetötet. Die Zuckermenge, die dem Boden für diese hohen Konz. zugeführt werden muß, ist von dem jeweiligen Feuchtigkeitsgehalt abhängig. Gelegentliche Schädigungen der nachgebauten Pflanzen konnten durch eine kräftige Wässerung des Bodens wieder rückgängig gemacht werden.
H. Stelter. 1960.

Rainiss, L. A burgonyát károsító gumórontó fonálféreg kártétele. **(Durch Ditylenchus destructor Thorne an Kartoffeln verursachte Schäden.)** Növénytermelés [Pflanzenbau] **10** (1961) Nr. 3. S. 269–275. — Aus: Ung. Agrar-Rdsch. **1962** Nr. 2.

D. destructor Thorne tritt in Ungarn seit dem Jahre 1954 auf. In den Kartoffelanbaugebieten Transdanubiens hat er sich seitdem verbreitet. Schadsymptome an den Kartoffelknollen werden beschrieben. 1960.

Wallace, H. R.; Harpenden, Rothamsted Exp. Stat. Observations on the behaviour of Ditylenchus dipsaci in soil. **(Beobachtungen über das Verhalten von Ditylenchus dipsaci im Boden.)** Nematologica [Leiden] **7** (1962) Nr. 1. S. 91–101. — 9 Abb., 1 Tab., 7 Lit. Zus. in Dtsch.

Auf einer Haferparzelle wurde nach Regen die überwiegende Mehrzahl der Tiere in der obersten Bodenschicht von 5 cm gefunden. Bei Trockenheit werden tiefere Bodenschichten bevorzugt besiedelt. Die Wanderrichtung der Nematoden wird wesentlich vom Feuchtigkeitsgehalt und der Temperatur in den einzelnen Bodenhorizonten sowie durch die Anlockwirkung vorhandener Wirtspflanzen beeinflußt. — Tiere, die 34 Tage bei 50% rel. Luftfeuchtigkeit gehalten wurden, überlebten zu 90%, wenn sie danach in Wasser kamen. Während die Bewegungsfähigkeit im Boden und das Eindringen in die Wirte wesentlich von dem Feuchtigkeitsgehalt des Bodens bestimmt werden, wird das Verlassen der Wirte nicht von der Bodenfeuchtigkeit beeinflußt. Bei trokkenem Wetter verließen nur wenige Tiere die Pflanzen. Wurden die Pflanzen in Wasser gebracht, so wanderten in 2 Tagen etwa 50% der Tiere aus. So ist es verständlich, daß sich nach Niederschlägen die meisten Tiere in der obersten Bodenschicht aufhalten. Die Beweglichkeit der L_4 ist in sandigem Lehm bedeutend größer als in Tonboden von gleicher Teilchengröße, obgleich die biol. Aktivität im Tonboden größer ist. In sterilisiertem Ton war die Beweglichkeit größer als in nichtsterilisiertem, während in sandigem Lehm keine Unterschiede auftraten. Der Befall der Haferpflanzen war jedoch in beiden Bodenarten gleich hoch. H. Stelter. 1960.

Courtney, Wilbur D.; Puyallup, Wash., Agric. Res. Stat., Crops Res. Div. Nematodes infecting narcissi and tulips in the Pacific Northwest. **(Nematoden, die im Pazifischen Nordwesten Narzissen und Tulpen befallen.)** Daffodil Tulip Year Book **26** (1961, hrsg. 1960) S. 117–122.
Narzissen werden im Untersuchungsgebiet seit langer Zeit von *Ditylenchus dipsaci* befallen. *Pratylenchus* spp. tritt erst in den letzten Jahren verstärkt in Erscheinung. Vf. behandelt eingehend Schadsymptome und Bekämpfungsmöglichkeiten. Zur Bekämpfung von *D. dipsaci* hat sich die Heißwasser-Formalin-Behandlung (110–111 °F) gut bewährt. Zur Behandlung vorgesehene Pflanzen sollten so früh als möglich geerntet werden, die Behandlung muß 3 Wochen nach der Ernte abgeschlossen sein. Bei stark befallenen Beständen empfiehlt sich ein Vorweichen der Zwiebeln bei 70 °F . *Pratylenchus* spp. stirbt bei trockener Lagerung innerhalb von 6 Wochen ab, Behandlungen erübrigen sich. Zur Vermeidung von Schäden sollte vor dem Pflanzen eine Bodenbehandlung gegen *Pratylenchus* spp. durchgeführt werden. Tulpen werden im Beobachtungsgebiet nur von *Pratylenchus* spp. befallen, nicht von *D. dipsaci*. Bekämpfungs- und Vorbeugungsmaßnahmen sind die gleichen wie bei Narzissen. H. Stelter. 1960.

Stone, L. E. W.; Cardiff, Nat. Agric. Advisory Serv. Oats as a trap-crop for cereal root eelworm. **(Hafer als Fangpflanze für den Hafernematoden.)** Plant Pathol. **10** (1961) Nr. 4. S. 164. — 2 Lit.
Auf einem mit dem Hafernematoden *Heterodera avenae* stark verseuchten Feld wurde in den Jahren 1956–58 ständig Hafer angebaut. Ein Teil des Bestandes wurde in den Jahren 1956/57 umgebrochen, nachdem die ersten weißen Zysten sichtbar waren. Im Jahre 1958 entwickelte sich der Hafer auf der 2mal umgebrochenen Parzelle deutlich besser und brachte einen wesentlich höheren Ertrag als derjenige auf dem nicht umgebrochenen Teil. Die Bodenverseuchung war auf dem umgebrochenen Teil erheblich vermindert. Vf. nimmt an, daß Hafer als Fangpflanze für den Hafernematoden einige Beachtung verdient, zumal nach dem Umbruch der Anbau anderer Kulturen möglich ist. H. Stelter. 1960.

Sembdner, G., Oske, G. und Schreiber, K.; Mühlhausen/Thür., Dtsch. Akad. der Landwirtsch.-Wiss. zu Berlin. **Über die mögliche Bedeutung von „Gibberellinen“ für Wirt-Parasit-Beziehungen beim Kartoffelnematoden.** Ber. dtsch. bot. Ges. **74** (1961) Nr. 8. S. 370–374. — 17 Lit.
Vff. vergleichen die Wirkung von Schlüpfstoffen (Wurzeldiffusate von Kartoffeln) und Antischlüpfstoffen (Wurzeldiffusate von Tabak) mit Gibberellinsäure an verschiedenen Testpflanzen und auf die Samenkeimung von Dunkelkeimern bei Licht sowie Lichtkeimern im Dunklen. Es wird nachgewiesen, daß Wurzeldiffusaten von Kartoffeln und Tabak Verbindungen mit gibberellinin artiger Wirkung enthalten sind. Die Verbindungen in den Wurzeldiffusaten sind jedoch weder untereinander noch mit Gibberellinsäure identisch.
H. Stelter. 1960.

Schreiber, Klaus, Sembdner, Günther und Osske, Gerhard. **Untersuchungen über biochemische Wechselbeziehungen zwischen einigen Heterodera-Arten und pflanzlichen Organen.** Forsch.- u. Entwickl.-Stelle Quedlinburg, Institut für Pflanzenzüchtung der Deutschen Akademie der Landwirtschaftswissenschaften zu Berlin. Abschlußber.: 15/3. 1962. Plan-Nr.: 1701 06 h-1-19/9.

Es wird über Wechselbeziehungen zwischen *Heterodera*-Arten und Pflanzenorganen berichtet. Anatomische Untersuchungen über die Reaktion pflanzlicher Gewebe auf Befall durch *H. rostochiensis* Woll. sowie Fragen der Schlüpfaktivierung des Kartoffelnematoden standen im Mittelpunkt der Untersuchungen. Über Nachweis und Anreicherung von Antischlüpfstoffen in Wurzeldiffusaten einiger Solanaceen wird berichtet. Die natürlich vorkommenden Schlüpf- und Antischlüpfstoffe gehören nach bisherigen Befunden wahrscheinlich in die Gruppe der Gibberelline. Darüber hinaus wurden Arbeiten über die Atmung des Kartoffelnematoden durchgeführt. 1960.

Rühm, Walter. **Zur Variabilität der Cuticularstruktur der Unterfamilie Bunonematinae Sachs 1949 sowie eine Neubeschreibung von Bunonema (Rhodolaimus) Voulliemei n.sp.** Nematologica [Leiden] 7 (1962) Nr. 1. S. 37–52. — 2 Abb., 3 Tab., 5 Lit.

Vf. geht von der Tatsache aus, daß die auffällige Cuticularstruktur der *Bunonematinae*, die in Form von Netzmustern, Warzen, Warzenreihen, Warzenplatten, Stäbchenflossen und Kriechleisten in Erscheinung tritt, in ihrer jeweiligen Ausdifferenzierung für die systematische Gliederung der Unterfamilie und für die Bestimmung der Arten verwendet wurde (Sachs 1949). Voraussetzung für die Verwendung dieses Merkmals ist allerdings eine weitgehende Konstanz dieser Cuticularbildungen. Vf. hat bereits i. J. 1956 darauf hingewiesen, daß die Cuticularstruktur bei verschiedenen Arten variiert. In der vorliegenden Arbeit wird eine neue *Bunonema*-Art, *B.* (*Rhodolaimus*) *Voulliemei*, beschrieben. Zahlreiche Beobachtungen von Populationen der Art in frischextrahierten Proben, aus alternden Proben und aus alternden, mit Wasser aufgeschwemmten Proben ergaben eine gewisse Variabilität des Cuticularmusters. Es werden dazu folgende Fragen beantwortet: 1. Welche Teile der Cuticularstruktur variieren? Welche Teile bleiben konstant? 2. Wie groß ist die Variationsbreite des Musters? Welche Extremtypen treten in den Populationen auf? 3. Ist die Variabilität des Cuticularmusters so groß, daß sich Auswirkungen auf die Systematik der *Bunonematinae* Sachs 1949 ergeben? Letztere Frage wird in einigen Fällen bejaht.

F.W. Paesler. 1960.

Post, A.; Wilhelminadorp, Zeeland, Proefstat. Fruitteelt. Effect of cultural measures on the population density of the fruit tree red spider mite, Metatetranychus ulmi Koch (Acari, Tetranychidae). **(Einfluß von Kulturmaßnahmen auf die Populationsdichte der Obstbaumspinnmilbe Metatetranychus ulmi Koch [Acari, Tetranychidae].)** Tijdschr. Planteziekten 68 (1962) Nr. 1. S. 1–110. — 48 Abb., 47 Tab., 198 Lit.

In die Untersuchungen wurden einbezogen: Bodenbearbeitung, Düngung, Baumschnitt und Schädlingsbekämpfung bei den Sorten 'Boskoop' und 'Bellefleur'. In einer ungepflegten Anlage war ein Anstieg der Milbenpopulation zu verzeichnen, nachdem durch Düngung, Bodenkultur und Schnitt der N-Gehalt der Blätter erhöht werden konnte. Zusätzliche Anwendung von Pflanzenschutzmitteln gegen Schadinsekten beeinflußte die Milbenpopulation nicht. Senkung des N-Gehaltes durch Verschlechterung der Kulturmaßnahmen bewirkte Populationsrückgang. Der Einfluß anderer Elemente neben N ließ sich nicht nachweisen. Die Blätter von Bäumen mit guten Kulturbedingungen zeigen eine größere Blattdicke und stärker ausgebildetes Palisadengewebe als die ungepflegter Bäume. Die vorhandenen Räuber in den gut gepflegten, aber nichtgespritzten Parzellen waren nicht in der Lage, die Milbenpopulation wesentlich zu senken. Durch eine Insekticid- bzw. Fungicidbehandlung kann in bestimmten Fällen ein Populationsanstieg der Milben beobachtet werden. Dies ist vor allem auf Verbesserung der Ernährungsbedingungen für die Milben (Fehlen von Minierschädlingen, Schorffreiheit, Absinken anderer phytophager Milben u.a.) zurückzuführen. Die Begünstigung der

Populationsentwicklung hierdurch tritt aber gegenüber der durch die genannten Kulturmaßnahmen zurück. Die zunehmende Milbenvermehrung ist eine ungünstige Begleiterscheinung der verbesserten Pflege- und Anbaubedingungen im Obstbau. R. Fritzsche. 1960.

Seifert, Gerhard; Naumburg/S., Inst. für Obstzücht. der Dtsch. Akad. der Landwirtsch.-Wiss. zu Berlin; Jena, Univ., Zool. Inst. **Der Einfluß von DDT auf die Eiproduktion von Metatetranychus ulmi Koch (Acari, Tetranychidae).** Z. angew. Zool. 48 (1961) Nr. 4. S. 441–452. — 10 Abb., 14 Lit. Zus. in Engl.
Alle Entwicklungsstadien von *Metatetranychus ulmi* Koch wurden der Einwirkung von DDT ausgesetzt und die histologischen Veränderungen am Ovar untersucht. DDT bewirkt eine Störung im Rhythmus der Eireifung, und zwar reifen gleichzeitig 2 Eier heran und nicht, wie üblich, nur eins. Da die Lebensdauer der Tiere durch DDT nicht vermindert wird, hat das eine erhöhte Fruchtbarkeit zur Folge. Bei der Behandlung von Deutonymphen und adulten Weibchen treten zwar ebenfalls nach 2–3 Wochen die histologischen Veränderungen auf, diese können sich jedoch wegen der begrenzten Lebensdauer der Tiere nicht mehr als erhöhte Fruchtbarkeit auswirken.
E. Königsmann. 1960.

Rivard, I. Influence of temperature and humidity on longevity, fecundity, and rate of increase of the mite Tyrophagus putrescentiae (Schrank) (Acarina: Acaridae) reared on mold cultures. **(Einfluß von Temperatur und Feuchtigkeit auf Lebensdauer, Fruchtbarkeit und Vermehrungsrate der Milbe Tyrophagus putrescentiae [Schrank] [Acarina: Acaridae], bei Zucht auf Schimmelpilzkulturen.)** Canad. J. Zool. **39** (1961) Nr. 6. S. 869–876. — 3 Abb., 2 Tab., 3 Lit.
Erwachsene Weibchen von *Tyrophagus putrescentiae* (Schrank), einem Vorratsschädling, wurden individuell auf Schimmelpilzkulturen bei allen Kombinationen von 5 Temperaturen und 4 verschiedenen Stufen rel. Luftfeuchtigkeit gezogen. Mit der Zunahme von Feuchtigkeit oder Temperatur geht eine Verminderung der Lebensdauer einher, wobei die Eiablagezeit am stärksten beeinflußt wird. Die Gesamteiproduktion je Weibchen und die Vermehrungsrate haben ihr Maximum bei 72,5 °F und 90 % rel. Feuchtigkeit. Der Gipfel der Eiablage wurde bei höheren Temperaturen schneller erreicht, doch hielt sich die Eiproduktion nur für eine kurze Zeit auf rel. hohem Niveau.
E. Königsmann. 1960.

Morrison, L.; Lincoln, Canterbury, Agric. Coll. Thrips infestation of cocksfoot seed crops. **(Thrips-Befall in Knaulgrassamenbeständen.)** New Zealand J. agric. Res. 4 (1961) Nr. 3/4. S. 426–252. — 3 Tab., 4 Lit.
Chirothrips pallidicornis (= *C. manicatus* Halidav) wird für gefährlicher im Knaulgrasanbau als die Knaulgras-Mücke *Stenodiplosis geniculati* var. *dactylidis* und der Knaulgras-Stengelbohrer *Glyphipteryx achlyoessa* gehalten. In 4jährigen Untersuchungen auf der Südinsel von Neuseeland wurden Proben von Knaulgras aus 11 Distrikten auf das Vorhandensein weiblicher Blasenfüße und den Ertrag an gut ausgebildeten Samen geprüft. Es zeigte sich, daß bei einer Zunahme des *Thrips*-Besatzes um 1% der Samenertrag um 0,76% zurückging. Eine Beziehung zwischen geschrumpften Samen und *Thrips*-Befall konnte nicht gefunden werden. H.-A. Kirchner. 1960.

Grigorov, S. (Grigorow, S.); Sofia, Höheres Landwirtsch. Inst. „Georgi Dimitrow", Landwirtsch. Fak. Za vidovata prinadležnost na molcite ot rod Hyponomeuta Latr., sreštašti se v Bŭlgarija. **(Über die Artenzugehörigkeit der in Bulgarien vorkommenden Gespinstmotten der Gattung Hyponomeuta Latr.)** Naučni trudove. Visš selskostopanski „Georgi Dimitrov". Agronomičeski fakultet, Sofija **9** (1961) S. 369–386. — 6 Abb., 6 Tab., 34 Lit. Zus. in Russ., Dtsch.
Morphologie, Biologie und die Nahrungsspezialisierung von *Hyponomeuta padellus* L., *H. malinellus* Zell., *H. mahalebellus* Gm. und *H. cognatellus* Hb.

werden erörtert. Infolge der morphol. Übereinstimmung mancher Arten wurden Versuche durchgeführt, um zu prüfen, ob eine Kreuzung unter ihnen möglich ist. Die Ergebnisse zeigen, daß sie vollkommen gesonderte Arten darstellen. A. Balewski. 1960.

Iriciuc, V. Biologia şi combaterea viermelui pieliţei fructelor (Capua reticulana Hbn.) **(Biologie und Bekämpfung des Apfelschalenwicklers [Capua reticulana Hbn.].)** Grădina, Via Livada **10** (1961) Nr. 4. S. 58–60. — 1 Abb.
Capua reticulana Hbn. wurde in der RVR in dem Obstbaugebiet Falticeni in den Jahren 1958–1959 beobachtet. Es wird über die morphol. Eigenschaften, die Biologie des Schädlings, die Art des Befalls und Bekämpfungsmöglichkeiten berichtet. M. Petrescu. 1960.

Lefter, Gh. Molia roşie a mugurilor de pomi (Tmetocera ocellana L.) şi combaterea ei. **(Der Rote Knospenwickler [Tmetocera ocellana L.] und seine Bekämpfung.)** Grădina, Via Livada **10** (1961) Nr. 3. S. 57–60. — 2 Tab.
In der Versuchsstation Geoagiu wurden seit dem Jahre 1957 Versuche zur Klärung der Biologie und Bekämpfung des Roten Knospenwicklers (*Tmetocera ocellana* L.) durchgeführt. Apfelbäume werden bevorzugt befallen und geschädigt. Behandlungen mit chlorierten Kohlenwasserstoffen im Frühjahr zu Beginn des Fruchtknospenaufbruches und im Sommer beim Erscheinen der ersten Raupen auf den Blättern werden empfohlen.
M. Petrescu. 1960.

Zech, E.; Naumburg/S., Inst. für Obstzücht. der Dtsch. Akad. der Landwirtsch.-Wiss. zu Berlin. **Untersuchungen über die Eiablage des Apfelwicklers (Carpocapsa pomonella L.).** Nachrichtenbl. dtsch. Pflanzenschutzdienst [Berlin] [N. F.] **16** (1962) Nr. 1. S. 7–14.
Es wird über 2jährige Versuche zur Eiablage des Apfelwicklers, *Carpocapsa pomonella* L., berichtet. Im Freiland wurden 85,1 bzw. 73,7% der Eier an den Blättern, 13,2 bzw. 20,9% an den Zweigen und 1,7% bzw. 5 an den Früchten der Apfelbäume abgelegt. Zu Beginn der Eiablageperiode werden ausschl. Blätter und Zweige belegt, die Früchte erst, wenn sie walnußgroß sind. Glatte Unterlagen werden bevorzugt. Die Frucht scheint einen attraktiven Einfluß auszuüben. 77,5% der Eier wurden in den Abendstd., 22,4% während des Tages abgelegt. Bei Temp. unter 12 °C und über 27 °C erfolgt keine Eiablage. Wind und Regen hemmen die Eiablagetätigkeit, steigende Luftfeuchtigkeit begünstigt sie. Der abendliche Falterflug findet z.Z. des Sonnenunterganges statt. R. Fritzsche. 1960.

Guennelon, G. und Audemard, H.; Montfavet (Vaucluse), Centre de Réch. Agronomiques du Sud-Est, Stat. de Zool. Agric. La pyrale du maïs, Ostrinia (Pyrausta) nubilalis HBN. (Lépidoptères Pyralidae) dans la basse vallée du Rhône.: Observations écologiques; incidences économiques. **(Der Maiszünsler, Ostrinia [Pyrausta] nubilalis Hbn. [Lepidoptera Pyralidae] im unteren Rhônetal: ökologische Beobachtungen; wirtschaftliche Bedeutung.)** Ann. Inst. nat. Rech. agronom., Sér. C **11** (1960) Nr. 3. S. 337–396. — 20 Abb., 57 Lit.
Der Maiszünsler ist im Gebiet bivoltin und nach Rückgang der Schädigungen des Maises durch *Sesamia cretica* Led. und *S. nonagrioides* Lef. (*Lepidoptera*) durch zu kühle Jahre (ab 1956) der wichtigste Schädling dieser Kultur. Vff. geben eine Darstellung der wichtigsten Entwicklungsabschnitte, -orte und -möglichkeiten (Jahreszyklus, überwinternde Larven, Frühjahrspuppen, Adulte, Sommerlarven und -puppen). Der Parasit *Lydella grisesceus* R. D. (*Diptera Tachinidae*) könnte für eine evtl. biol. Bekämpfung Bedeutung erhalten. Schließlich werden die entscheidenden Faktoren behandelt, die innerhalb der spez. Kulturverhältnisse für den Mais im Gebiet (Aussaat im Apr. oder Juli) auf die Schädlichkeit des Maiszünslers Einfluß haben (z. B. Saatzeit, Sorte, Gruppierung und Flächengröße der Kulturen, Bewässerung).
W. Tannert. 1960.

Balašova, N. N. (Balaschowa, N. N.) Ustojčivost' ovoščnogo gorocha k bobovoj ognevke. **(Die Widerstandsfähigkeit der Gemüseerbse gegen den Bohnenzünsler.)** Zaščita rastenij ot vreditelej i boleznej, Moskva **6** (1961) Nr. 12. S. 45. — 5 Abb.

Der Bohnenzünsler, *Etiella zinckenella* Tr., schädigt in den südlichen Gebieten der Moldauischen SSR die Gemüseerbsen zu 22–29%, in manchen Jahren bis zu 50%. Die Hauptreservate sind die Anpflanzungen der Robinie und des Caraganabaumes (*Caragana microphylla* Lam.), die gleichfalls geschädigt werden. Die Zünsler fliegen Ende Mai/Anfang Juni und legen ihre Eier auf die eingetrocknete Blumenkrone, an den Kelch oder auf die unreifen Erbsenhülsen ab. H. Decker. 1960.

Jacobson, L. A.; Lethbridge, Alberta, Canada Agric. Res. Stat. Diapause in eggs of the pale Western cutworm Agrotis orthogonia Morr. (Lepidoptera: Noctuidae). **(Eidiapause bei Agrotis orthogonia Morr. [Lepidoptera: Noctuidae].)** Canad. Entomologist **94** (1962) Nr. 5. S. 515–522. — 6 Abb., 3 Tab., 8 Lit.

Die Eier werden zwischen dem 15. Aug. und dem 15. Sept. in den Boden abgelegt, wobei der Höhepunkt der Ablage zwischen dem 25. Aug. und dem 5. Sept. liegt. Die meisten Eier entwickeln sich erst im folgenden Frühjahr weiter. Nur in einem außergewöhnlich warmen Herbst beginnt die Embryonalentwicklung sofort; das ist aber sehr selten der Fall. Für die Untersuchungen wurden Eier von Weibchen aus dem Freiland oder, während des Winters, aus Labor.-Zuchten verwendet. Die Eier wurden jeden Tag aus dem Boden entnommen, von den anhaftenden Erdpartikeln befreit und in Röhrchen in temperaturkonstanten Räumen mit 10–15% Luftfeuchtigkeit untergebracht. Nach dem Schlüpfen erfolgten die weiteren Untersuchungen bei 20–22 °C. Es zeigte sich dabei, daß die Intensität der Diapause von der Menge der abgelegten Eier und damit von der Höhe des Nahrungsangebotes abhängig ist. Eine Kältebehandlung zu Beginn der Embryonalentwicklung und eine anschließende Wärmebehandlung erbrachten höhere Schlupfergebnisse als bei anfänglicher Wärme- und abschließender Kältebehandlung.
K. Geißler. 1960.

Bonnemaison, L.; Versailles, I.N.R.A., Stat. Centr. de Zool. Agric. Étude de quelques facteurs de la fécondité et de la fertilité chez la noctuelle du chou (Mamestra brassica L.) (Lep.) I. — Action de la température. **(Studie über einige Faktoren, die die Eiablage und Fruchtbarkeit der Kohleule [Mamestra brassicae L.] [Lep.] beeinflussen. 1. Mitt. Einfluß der Temperatur.)** Bull. Soc. entomol. France **65** (1960) (Nr. 7.8. S. 196–206. — 5 Tab., 16 Lit.

Es wird der Einfluß der Temperatur auf verschiedene Entwicklungsstadien (Imago, Puppe und Raupe) allein oder in Verbindung mit Veränderungen der Photoperiode untersucht. 1. Imagines: 28 °C Haltetemperatur verzögern die Eiablage, verringern nicht die Eizahl, aber die Fruchtbarkeit der Männchen. Werden die Falter in 5 °C (5–15 Tage) gehalten, zeigen sie keine Verminderung der Eiablage, aber eine Verringerung der Fruchtbarkeit sowohl der Männchen als auch der Weibchen. Lebensverlängerung der Imagines tritt bei 28 °C und bei 5 °C gegenüber 20 °C ein. Begattung verkürzt das Leben des Männchens, aber der Aufenthalt in 5 °C nach der Kopulation erhöht die Lebensdauer stark. Die Weibchen zeigen eine beträchtliche Erhöhung der Lebensdauer bei 5 °C (5 oder 30 Tage Aufenthalt), die Eiablage ist kaum vermindert, aber die Eifruchtbarkeit. Die Weibchen sind weniger empfindlich gegen extreme Temperaturen als die Männchen. Männchen, 5 Tage in 29–30 °C gehalten, sind fast immer steril. 2. Puppen: Werden sie in 28 °C gehalten, zeigen die geschlüpften Schmetterlinge Flügelverbildungen, Männchen sind hierbei immer steril, Weibchen zeigen eine stark verminderte Eizahl, die Eier sind immer steril. Die empfindliche Periode für hohe Temperaturen liegt innerhalb der letzten 5 Tage vor dem Schlüpfen der Imagines. 3. Raupen: Puppen von Raupen, die bei 17 °C aufgezogen wurden, haben ein höheres Gewicht (12%) als solche nach Aufzucht bei 27 °C. Das Gewicht der weiblichen Raupen ist bei 17 °C gegenüber dem der Männchen erhöht (16%). Schmetterlinge, die vom Raupenschlüpfen bis zur Imagohäutung bei 27 °C aufgezogen wurden, kopulieren nicht und entwicklen auch keine Oozyten. Aufzucht bei 27 °C für die Raupen und 17 °C für die Puppen zeigt eine kaum verminderte Zahl der eierlegenden Weibchen, aber die durchschnittl. Eizahl ist wesentlich vermindert. Die max. Temperatur für Raupen und Puppen, die noch keine Sterilität hervorruft, liegt zwischen 25° und 27 °C. Eine Verlängerung der Puppenzeit tritt ein, wenn ein 12-Std.-Tag mit 12°, 20° oder 28 °C verbunden den L_1 bis L_4 geboten wird, und die L_5 und L_6 20 °C und 16 Std. Licht erhalten. Eine starke Verminderung der Fruchtbarkeit beider Geschlechter trat ein, wenn den L_3 und L_4 12 °C geboten und die restlichen L-Stadien bei 20° oder 25 °C und 16 Std. Licht gehalten werden. W. Tannert. 1960.

Bonnemaison, L.; Versailles, I.N.R.A., Stat. Centr. de Zool. Agric. Étude de quelques facteurs de la fécondité et de la fertilité chez la noctuelle du chou (Mamestra brassicae L.) (Lep.). II. Influence de la lumière sur les imagos et sur l'accouplement. **(Studie über einige Faktoren, die die Eiablage und die Fruchtbarkeit der Kohleule [Mamestra brassicae L.] [Lep.] beeinflussen. 2. Mitt. Einfluß des Lichtes auf die Imagines und auf die Begattung.)** Bull. Soc. entomol. France **66** (1961) Nr. 3/4. S. 62–70. — 12 Lit. 1. Mitt. vgl. vorst. Ref.
Die Begattung findet bei fast vollständigem Dauerdunkel (20 °C Aufzuchttemperatur) durchschnittl. 1,5 bis 2 Tage statt, die Eiablage beginnt durchschnittl. 3 bis 3,5 Tage nach dem Schlüpfen beider Geschlechter. Dauerlicht verhindert längere Zeit die Kopulation (8–12 Tage, manchmal ganz) und den Beginn der Eiablage (meist 7–10 Tage, selten nur 4–5 Tage). Die Eiablage erreicht hierbei nur 5 bis 60% der Leistung der Weibchen mit Tag- Nacht-Wechsel (12–20 Std. Licht). Dauerdunkel vermindert die Eiablage um 5–10%. Weibchen ohne Copula zeigen im Hinblick auf den Beginn der Eiablage und die Eizahl die gleiche Tendenz; Gruppenhaltung derartiger Weibchen (zu zweit oder zu viert) verfrüht die Eiablage etwas gegenüber der Einzelhaltung, erhöht aber nicht die Eizahl. Unbefruchtete Weibchen legen wenige Eier (Eiablage 40–50% der befruchteten Weibchen). Kälteeinfluß (Weibchen 10 Tage bei 0 °C) verringert die Gesamteiablage weniger als ein gleichlanger Einfluß von Dauerlicht. Der 5tägige Einfluß hoher Temperatur (30 °C) vor der Copula senkt die Eiablage stärker. Die Eifruchtbarkeit wird durch 6tägigen Dauerlichteinfluß oder 10tägigen Einfluß von 0 °C vor der Copula leicht gesenkt. Die optimale Photoperiode (bei 20 °C) liegt unterhalb 22 Std. Lichteinfluß, ausgenommen abs. Dunkelheit. Die günstigste Kopulationszeit liegt am 1. oder 2. Tag nach dem Schlüpfen. Die Lebensdauer ist umso höher, je später die Eiablage einsetzt. Der Lichteinfluß wird von den Schmetterlingen auch unabhängig von den Komplexaugen und Ocellen wahrgenommen.
W. Tannert. 1960.

Bonnemaison, L.; Versailles, I. N. R. A., Stat. Centr. de Zool. Agric. Élimination de la diapause chez la noctuelle du chou (Mamestra brassicae L.) (Lep. Noctuidae). **(Aufhebung der Diapause bei der Kohleule [Mamestra brassicae L.] [Lep. Noctuidae].)** Bull. Soc. entomol. France **65** (1960) Nr. 3/4. S. 73–78. — 4 Abb., 8 Lit.
Die Puppendiapause wird durch den Einfluß niedriger Temperatur (5 °C) zu verschiedenen Zeiten und in unterschiedlicher Länge während des Vorpuppen- und Puppenstadiums bis zu 100% der Versuchstiere (40 Tiere je Versuchsanordnung) unterbrochen. Die Versuche wurden bei künstlich geregelter Tages-

länge durchgeführt. Ein mindestens 30tägiger Einfluß von 5 °C (sonst 20 °C Haltetemperatur) hat immer eine Verkürzung der Diapausezeit bei einer größeren Zahl der Versuchstiere zur Folge als bei den Kontrolltieren. Der Einfluß von 5 °C 30 Tage lang ist größer, je älter die Puppen sind, am geringsten bei frisch verpuppten Exemplaren. Um bei allen Versuchstieren eine Diapauseunterbrechung zu erzielen, mußte der Temperatureinfluß (5 °C) 70 Tage dauern, wobei aber auch hier nicht immer bei allen Versuchstieren Diapauseunterbrechung eintritt. Bei den Versuchsgruppen, die durch eine bes. Larvenentwicklung (L_1–L_4 20 °C, 12 Std. Tag, L_5 und L_6 und Vorpuppe 20 °C und 16 Std. Tag) eine „leichtere" Diapause hatten, lag der Prozentsatz der Tiere mit Diapauseunterbrechung durch Temperatureinfluß immer höher als bei den anderen Versuchsgruppen mit „intensiverer" Diapause (alle L. und Vorpuppe 20 °C und 12 Std. Tag). Weitere Einzelergebnisse müssen im Orig. nachgelesen werden. W. Tannert. 1960.

Hill, Wolfram. **Untersuchungen über den Massenwechsel von Forstinsekten.** Forsch.- u. Entwickl.-Stelle Tharandt, Institut für Forstwissenschaften, Abt. Forstschutz gegen tierische Schädlinge der Deutschen Akademie der Landwirtschaftswissenschaften zu Berlin. Plan-Nr. 1701 22 h-62-10/6.

Fluktuationsuntersuchungen bei *Panolis flammea* Schiff. ergaben einen unterschiedlichen Gradationsverlauf in den Gebieten Niederlausitz, Leipzig und Thüringen, entspr. den verschiedenartigen ökol. Gegebenheiten. Witterungsanomalien waren für den Entwicklungsgang der Population von entscheidender Bedeutung. — Die Arbeitsergebnisse bilden die Grundlage für die praktische Prognose und sind ein Beitrag zur Kenntnis der Populationsdynamik von *P. flammea* im Süden der DDR. 1960.

Györfi, J. Adatok a gyapjaspille (Lymantria dispar L.) táplálkozási biológiájához. **(Beiträge zur Ernährungsbiologie des Schwammspinners [Lymantria dispar L.].)** Erdészeti Kutatások [Forstl. Versuche] **56** (1960) Nr. 1/3. S. 279–291. — Aus: Ung. Agrar-Rdsch. **1962** Nr. 2.

In die Versuche wurden insgesamt 191 Pflanzenarten einbezogen. Bevorzugt befallen und kahlgefressen wurden Arten der Familien *Fagaceae* und *Betulaceae* (Hauptwirtspflanzen der Raupen). Weniger Befall wiesen *Tilia*-, *Ulmus*- und *Cornus*-Arten auf. Anwesenheit von Milchsaft, ätherischen Ölen, Bitter- oder Giftstoffen verhindert Befall, so bei *Buxaceae*, *Oleaceae* und *Moraceae*. 1960.

Nielsen, Erik Tetens; Lake Placid, Fla., Florida State Boordor Health, Vero Beach., Entomol. Res. Center. On the habitis of the migratory butterfly Ascia monuste L. **(Über die Lebensgewohnheiten des Wanderschmetterlings Ascia monuste L.)** Kong. danske Vidensk, Selsk., biol. Medd. **23** (1961) Nr. 11. S. 1–81. — 20 Abb., 31 Lit.

Die Beobachtungen und Untersuchungen wurden in Florida (USA) durchgeführt. Im 1. Teil der Arbeit werden die einzelnen Stadien des Schmetterlings vom Ei bis zur Imago sowie Kopulation, Lebensdauer, Variabilität und die bevorzugten Temperaturbereiche beschrieben. Im 2. Teil wird ein Überblick über die Brutgebiete der einzelnen Populationen an der atlantischen Küste von Florida gegeben. Die Markierung der Schmetterlinge erfolgte an den Futterpflanzen mit einer 0,5%igen alkoholischen Eosinlösung, die mit einem kleinen Sprühgerät ausgebracht wurde. Bei einiger Übung war es möglich, daß 2 Personen etwa 300 Falter in 20 Min. markierten. Die Wanderung der Falter wird von der Populationsdichte der Falter an den Futterplätzen, nicht von der Zahl der auf engem Raum zusammenaufwachsenden Raupen bestimmt. Vor der Wanderung findet eine Nahrungsaufnahme statt. Der Flug erfolgt in schmalen Wanderzügen etwa 1–3 m über dem Boden bei günstiger Temperatur und blauem Himmel mit einer Geschwindigkeit von etwa 12 km/Std. Sie kann durch den Wind erhöht oder verringert werden. In Florida wandern die Falter von den Zentren der Nahrungsplätze in nördlicher und südlicher Richtung. Zur Orientierung dient die Sonne (Polarisation des Lichtes) oder auch Merkpunkte in der Landschaft (Küstenstreifen, Straßen usw.). Die Dauer der Wanderzüge kann bei großer Dichte der Falter am Futterplatz mehrere Tage dauern. Dabei werden Entfernungen bis zu 160 km zurückgelegt. Die Flüge enden an günstigen Brutplätzen. Die Wanderflüge und die sie bestimmenden Komponenten werden mit denen der Heuschrecken und Moskitos verglichen. H.-A. Kirchner. 1960.

Krá l'ovič, Jân; Ivanka pri Dunaji, Lab. für Pflanzenschutz, Zweigstelle der Tschechoslow. Akad. der Landwirtsch.-Wiss. **Einfluß der Temperatur auf die embryonale Entwicklung der Luzerneblüten-Gallmücke (Contarinia medicaginis Kieffer).** Biológia [Bratislava] **17** (1962) Nr. 1. S. 26–34. — 9 Abb., 6 Tab., 5 Lit. Zus. in Russ.

Die embryonale Entwicklung der Luzerneblüten-Gallmücke wurde von der Eiablage in die Blütenknospen an verfolgt. Luzernestengel mit befallenen Blütenknospen wurden in einen Thermostat gelegt. Dort wurde die Geschwindigkeit der Larvenentwicklung (bis 134 Std.) bei Temperaturen von 18°, 24,2° und 27,4 °C beobachtet. Man ermittelte eine lineare Abhängigkeit vom Logarithmus der Zeit des Entwicklungsverlaufes. Für diese Abhängigkeit wurden Regressionskoeffizienten errechnet und ihre statistische Sicherung bestimmt. Durch Summierung der Temperaturen, die für die Larvenentwicklung notwendig waren, wurden die Grenzwerte für 50% und 90% der ausgeschlüpften Larven ermittelt. Die errechnete Wärmehyperbole ermöglicht die Prognose des Auftretens dieses gefährlichen Schädlings nach den wärmeklimatischen Bedingungen. Z. Šesták. 1960.

Lhoste, Jean und Roche, André; Paris, Sorbonne, Lab. d'Anatomie et d' Histol. Comparées. Organes odoriferants des males de Ceratitis capitata (Dipt. Trypetidae). **(Duftorgane bei den Männchen von Ceratitis capitata [Dipt. Trypetidae].)** Bull. Soc. entomol. France **65** (1960) Nr. 7/8. S. 206 bis 260. — 5 Abb., 6 Lit.

Es werden im Abdomen (7. Segment) durch histol. Schnitte (4 verschiedene Fixationen und Färbungen) 2 Drüsen, parallel zum Rectum, nachgewiesen, die beiderseits des Anus nach außen münden und als Duftorgane für die Anlockung der Weibchen z.Z. der Geschlechtstätigkeit gedeutet werden. In dieser Zeit wird der sonst stark gefaltete Endteil des Rectums entfaltet und in Form von 2 Ampullen beiderseits vom Anus nach außen gestülpt. An der seitlichen Basis jeder dieser Ampullen mündet je eine Duftdrüse, so daß bei Abgabe von Duftstoff seine Verteilung auf der großen Oberfläche dieser Ampullen gewährleistet ist. W. Tannert. 1960.

Schmidt, H. A. **Schäden an Mais durch Dipterenlarven.** Nachrichtenbl. dtsch. Pflanzenschutzdienst [Berlin] [N. F.] **16(42)** (1962) Nr. 3. S. 58–59. — 2 Abb., 3 Lit.

Im Jahre 1961 traten im Bezirk Rostock die Larven von 4 Dipterenarten als Maisschädlinge auf: 1. *Oscinella frit* L. (Fritfliege). Recht starker Befall führte zu Anfangsschäden, die aber später durch witterungsbegünstigtes rasches Wachstum ausgeglichen wurden. — 2. und 3. *Phorbia* (*Delia*) *platura* Meigen und *P.* (*D.*) *florilega* Zetterstedt (Bohnenfliegen). Die Larven befielen die Körner gleich nach der Aussaat, so daß es zu starken Auflaufschäden kam. Im gleichen Jahr wurde ein außergewöhnlich starkes Auftreten dieser Schädlinge an Bohnen beobachtet. — 4. *Hydrellia griseola* Fall. (Graue Gerstenminierfliege). Mitte Juni wurden Eigelege und Gangminen mit Maden dieser Art an Mais festgestellt. Zu nennenswerten Schäden kam es durch die klimatisch bedingte rasche Entwicklung der Pflanzen nicht. Auch der Befall der Gerste war in diesem Jahr höher als sonst. D. Weiß. 1960.

Ibbotson, A.; Newcastle-upon-Tyne, England, Univ. School of Agric. Host selection by frit fly in Britain. **(Wirtswahl der Fritfliege in England.)** Ann. Épiphyties **12** (1961) Nr. 4. S. 445–452. — 4 Abb., 2 Tab., 11 Lit.
Das Auftreten und der Schaden durch die Fritfliege in England sind weitgehend von klimatischen Faktoren und dem Wachstumsrhythmus der Wirtspflanzen abhängig. Eine Übersicht über die geographische Verbreitung in England sowie über den Wirtspflanzenkreis wird gegeben. Für die Eiablageintensität muß ein Faktorenkomplex verantwortlich gemacht werden, ebenso für die Entstehung von Schäden. Sommerweizen wird unter bestimmten Umständen stärker mit Eiern belegt als Hafer, wird aber weniger geschädigt. Die Zahl der Generationen ist von der Witterung abhängig. Bei kaltem Herbst überwintern die Larven der 2. Generation. Eine 3. Generation schlüpft nur bei warmem Herbst. In solchen Jahren werden Spätsaaten befallen.

R. Fritzsche. 1960.

LeBerre, J. R. und Chevin, H.; Versailles, Stat. de Zool. Agric. Comportement de diverses graminées à l'égard de l'oscinie et variations morphologiques de celle-ci en fonction du substratum alimentaire. **(Verhalten verschiedener Gramineen gegenüber der Fritfliege und morphologische Variationen in Abhängigkeit vom Nährsubstrat.)** Ann. Épiphyties **12** (1961) Nr. 4. S. 433 bis 444. — 6 Abb., 2 Tab., 6 Lit.
Es werden die Befallsunterschiede bei verschiedenen *Triticum*-, *Hordeum*-, *Avena*- und *Secale*-Arten bei Fritfliegenbefall sowie die Reaktion der Pflanzen hinsichtlich Wuchshöhe, Halmzahl, Blattzahl auf Grund mehrjähriger Beobachtungen dargestellt. Die Ergebnisse sind innerhalb mehrerer Jahre sehr unterschiedlich. Die Pigmentierung der Vordertibien der Imagines ist abhängig von der Nährpflanze der Larven. Dabei werden 3 Typen unterschieden: Typ „frit" vornehmlich auf *Avena* sp., Typ „intermédiaire" an allen Arten, Typ „pusilla" vornehmlich an Gerste. Sämtliche Typen können aber in unterschiedlicher Zahl an allen Wirtspflanzen angetroffen werden.

R. Fritzsche. 1960.

Zamfirow, C. (Samfirow, Z.) Vidov sŭstav i njakoi biologični osobenosti na žitnite muchi v rajona na instituta v gr. Kneža. **(Artzusammensetzung und einige Besonderheiten der Getreidefliegen im Gebiet des Zentralen Landwirtschaftlichen Forschungsinstituts Knesha.)** Izvestija na Kompleksnija selskostopanski naučnoizsledovatelski institut — Kneža, Sofija **1** (1961) S. 199 bis 224. — 7 Abb., 7 Tab. Zus. in Russ., Dtsch.
Stark verbreitet und von größter wirtsch. Bedeutung sind *Oscinosoma frit* L., *Mayetiola destructor* Say, *Chlorops pumilionis* Bjerk. und *Phorbia securis* Tiensuu. Im Bereich des Instituts wurden ferner festgestellt: *Contarinia tritici* Kirb., *Stenodiplosis mosellana* Gehin., *Haplodiplosis equestris* W., *Meromyza saltatrix* L., *Camarota curvipenis* Latr., *Aphanotrigonum trilineatum.* Meigen, *Cerodonta denticornis* Panz., *Opomyza florum* Fall. und *P. platura* Meigen. Für die Mehrzahl der Arten sind kurze Angaben über Biologie und Schadbild enthalten. A. Balewski. 1960.

McCalla, R., Genthe, Margaret K. und Hovanitz, William; Pasadena, California Inst. of Technol., Div. of Biol. Chemical nature of an insect gall growth-factor. **(Die chemische Natur eines Insektengallen-Wachstumsfaktors.)** Plant Physiol. **37** (1962) Nr. 1. S. 98–103. — 13 Abb., 16 Lit.
Beim Sekret der Accessorischen Drüsen der Weidenblattwespe *Pontania pacifica* handelt es sich um dialysierbare, niedermolekulare Verbindungen. Die Wirksamkeit des nichtdialysierbaren Anteils ist wesentlich geringer. Chromatographisch wurde ermittelt, daß 6 Verbindungen den Hauptbestandteil des Sekretes ausmachen, deren chem. Natur unter Hinzuziehung der Absorptionsspektren z.T. näher geklärt werden konnte. Die biol. Prüfung erfolgte

dadurch, daß die in Frage stehenden Substanzen in junge Gallen eingespritzt wurden, aus denen die Larve entnommen worden war. Das Gallenwachstum war das Kriterium für die Wirksamkeit. Keine einzige der Verbindungen wirkte einzeln so stark wie ein Gemisch. Larvenextrakte bewirkten ebenfalls ein Gallenwachstum. Ob diese Stoffe außer für das Wachstum der Gallen auch für deren Entstehung verantwortlich sind, bleibt noch zu klären. Angaben zur Untersuchungstechnik ergänzen die Arbeit. E. Königsmann. 1960.

Perju, T. Contribuţii la studiul biologiei viespii seminţelor de trifoi (Bruchophagus gibbus Boh.) in RPR. **(Beiträge zum Studium der Biologie der Kleesamen-Wespe [Bruchophagus gibbus Boh.] in der RVR.)** Inst. agronom. „Dr. Petru Groza" Cluj, Lucrări ştiinţ **16** (1960) S. 213–231. — Abb., 8 Tab., 20 Lit. Zus. in Russ., Engl.
Die Wespe tritt in Rumänien mit 2 Generationen, z. T. mit einer 3. unvollständigen auf. Die 1. Generation (10.4.–30. 7.) entwickelt sich meist auf frühreiferem wildem Rotklee. Die 2. Generation (30.7.–10.9.) entwickelt sich auf Rotkleesamenbeständen, während die 3. Generation auf den verspäteten Samenpflanzen zu finden ist. Die 2. Generation ist die gefährlichste und muß bekämpft werden. V. Velican. 1960.

Perju, T. Contribuţii la studiul ecologiei viespii seminţelor de trifoi în RPR. **(Beiträge zum Studium der Ökologie der Kleesamen-Wespe [Bruchophagus gibbus Boh.] in der RVR.)** Inst. agronom. „Dr. Petru Groza", Cluj, Lucrări ştiinţ. **17** (1961) S. 233–257. — 13 Abb., 6 Tab., 40 Lit. Zus. in Russ., Engl.
Vf. ermittelte 5 Wildkleearten als Wirte für die Kleesamen-Wespe: *Trifolium montanum, T. hybridum, T. campestre, T. pannonicum* und *T. arvense*. Die erste Nachkommenschaft erscheint, wenn die durchschnittl. Dekadentemperatur 16–17 °C beträgt. Der Schädling ist im ganzen Land verbreitet. In einigen Jahren waren die Flächen zu 50–90% befallen. V. Velican. 1960.

Schreiber, Klaus, Osske, Gerhard und Sembdner, Günther. **Chemische Untersuchungen über den Steriodstoffwechsel phytophager Insekten und den ihrer Wirtspflanzen.** Forsch.- u. Entwickl.-Stelle Quedlinburg, Institut für Pflanzenzüchtung der Deutschen Akademie der Landwirtschaftswissenschaften zu Berlin. Abschlußber.: 15/3. 1962. Plan-Nr. 1701 06 h-1-22.
β-Sitosterin ist sowohl das Hauptsterin in Larven, Puppen und Imagines des Kartoffelkäfers, *Leptinotarsa decemlineata* Say, als auch in Blättern der Kartoffelpflanze, *Solanum tuberosum* 'Aquila'. Auf Grund dieser Befunde wird angenommen, daß dieses phytophage Insekt das mit der Nahrung aufgenommene Phytosterin direkt verwerten kann. Außer β-Sitosterin wurden aus Kartoffelblättern das Triterpenoid Cycloartenol (0,03–0,3% des Trockengewichts) sowie 2 weitere, bisher noch nicht identifizierte Sterine isoliert. Diese Verbindungen ließen sich in Kartoffelkäfern lediglich in Spuren nachweisen. 1960.

May, Brenda M.; Auckland, Dep. of Sci. and Ind., Plant Diseases Div. The Argentine stem weevil Hyperodes bonariensis Kuschel on pasture in Auckland. **(Der Argentinische Stengelkäfer, Hyperodes bonariensis Kuschel, auf Weideland in Auckland.)** New Zealand J. agric. Res. **4** (1961) Nr. 3/4. S. 289–297. — 1 Abb., 3 Tab., 9 Lit.
Die Lebensweise des Stengelkäfers im Norden von Neuseeland wird beschrieben: 2–3 Generationen auf Weideland, Eier und Larven von Mitte Juli bis Anfang Febr., Imagines während des ganzen Jahres. Die Eier werden in die Blattscheiden von Gräsern abgelegt. Die Larven fressen in den Trieben. Verpuppung vollzieht sich am Boden. Bei sehr großer Trockenheit oder sehr starker Nässe sterben die Puppen meist am Boden. Die Zusammensetzung des Pflanzenbestandes sowie das Alter der Weideflächen sind für den Befall von Bedeutung. Neuangesäte Flächen werden meist stärker geschädigt. Eine

Bekämpfung mit chem. Mitteln (DDT oder Lindan) kann sich nur gegen die freilebenden Imagines richten. Die Anwendung soll daher von Apr. bis Mitte Juli erfolgen, da zu dieser Zeit keine Eier oder Larven auf den Flächen vorhanden sind. Neuangesäte Felder sollen durch eine Insekticidbehandlung gleich nach dem Auflaufen der Gräser geschützt werden.

H.-A. Kirchner. 1960.

Kazimirskij, N. K. (Kasimirski, N. K.); Samarkand, Landwirtsch. Inst. Listovoj slonik dorna —vreditel' zemljaniki. **(Der Schuppenrüßler Polydrosus dohrni Fst. — ein Schädling der Erdbeere.)** Zaščita rastenij ot vreditelej i boleznej, Moskva **6** (1961) Nr. 12. S. 47. — 2 Abb.

Der Schuppenrüßler, *Polydrosus dohrni* Fst., schädigt im Imaginalstadium die Erdbeerblätter, im Larvenstadium die Wurzeln. Die Käfer erscheinen in der 1. Apr.-Dekade, wenn die Bodentemperatur in 5 cm Tiefe 10–12 °C erreicht hat. Die Eiablage erfolgt in 1,5–2 cm Bodentiefe in Häufchen von 5–12 Stck. Jedes Weibchen legt 54–85 Eier. Nach 3 Tagen schlüpfen die Larven und ernähren sich von den feinen Wurzeln während des ganzen Jahres. Im nächsten Frühjahr (März) erfolgt die Verpuppung in 5–10 cm Bodentiefe.

H. Decker. 1960.

Brader, L.; Wageningen, Agric. Univ., Lab. of Entomol. Observations on the life history of Xyleborus morstatti in the Ivory coast. **(Beobachtungen zur Lebensweise von Xyleborus morstatti an der Elfenbeinküste.)** Tijdschr. Planteziekten **68** (1962) Nr. 1. S. 111–113. — 1 Tab., 3 Lit.

Xyleborus morstatti Hag. (Schwarzer Zweigbohrer) ist ein wichtiger Schädling des Kaffeebaumes an der Elfenbeinküste. Er bevorzugt die Sorte 'Robusta', greift aber auch Kakao (*Theobroma cacao* L.), Avocado (*Persea americana* Mill.) und Cola (*Cola nitida* [Vent.] Schott et Endl.) an. Im Labor.-Versuch wurden die Lebensweise des Käfers untersucht und die Entwicklungsdauer der Stadien festgestellt. Die Zuchtmethode wird beschrieben. Der physiol. Zustand des Pflanzenmaterials ist von Bedeutung für die Länge der Fraßgänge und die Eiablagetätigkeit. Die Ganglänge steht in einem bestimmten Verhältnis zur Reproduktionsrate.

R. Fritzsche. 1960.

Ėlerdašvili, N. L. und Dekanoidze, G. I. (Elerdaschwili, N. L. und Dekanoidse, G. I.) Cikady, vredjaščie kukuruze, v Gruzii. **(Zikaden als Maisschädlinge in Grusinien.)** Zaščita rastenij ot vreditelej i boleznej, Moskva **6** (1961) Nr. 12. S. 46. — 2 Abb.

In Grusinien wird der Mais durch folgende Zikaden geschädigt: *Chloriona unicolor* Herrich Schäfer, *Peragallia sinuata* Mulsant Rey, *Cicadella viridis* L., *Deltocephalus striatus* L., *Philaenus leucophthalmus* L., *Empoasca bipunctata* Oshanin, *E. flavescens* F., *E. pteridis* Dahlbom und *Zygina coarctata* Ribaut. Die letztgenannte Art ist die schädlichste. Die erwachsenen Tiere, Nymphen und Larven schädigen die Maisblätter meist von der Unterseite, längs der Hauptader. An den Saugstellen erscheinen weiße Flecke, die zusammenfließen können. Die Blätter vergilben und sterben ab. Im Jahr treten 3–4 Generationen auf. Außer Mais werden noch Weizen, Hafer, Gerste, Roggen und verschiedene Gräser geschädigt.

H. Decker. 1960.

Calev, Michail. (Zalew, Michail.) Nov neprijatel po smokinjata u nas. **(Ein neuer Schädling am Feigenbaum in Bulgarien.)** Ovoštarstvo, Sofija **8** (1961) Nr. 10. S. 37–38. — 1 Abb.

Der Feigenblattfloh (*Homotoma ficus*) wird auch in Bulgarien beobachtet. Vorläufig hat er in Bulgarien keine wirtsch. Bedeutung für den Anbau von Feigenbäumen. Um seiner Verbreitung vorzubeugen, werden Winterspritzungen mit 2% Karbolineum sowie Sommerspritzungen mit Thiophosphorsäuremitteln (E 605 forte, 0,08–0,10%) und Nicotinsulfat, 0,3%, empfohlen.

A. Balewski. 1960.

Maxwell, Fowden G. und Painter, Reginald H.; Manhattan, Kansas State Univ., Dep. of Entomol. Auxins in honeydew of Toxoptera graminum, Therioaphis maculata, and Macrosiphum pisi, and their relation to degree of tolerance in host plants. **(Auxine in dem Honigtau von Toxoptera graminum, Therioaphis maculata und Macrosiphum pisi und ihre Beziehung zum Grad der Toleranz bei den Wirtspflanzen.)** Ann. entomol. Soc. America **55** (1962) Nr. 2. S. 229–233. — 7 Abb., 1 Tab., 9 Lit.

Der Honigtau wurde auf Aluminiumfolie gesammelt und papierchromatographisch in Verbindung mit einem *Avena*-Coleoptilen-Test auf folgende 5 Wuchsstoffe geprüft: **IAA** (3-Indolylessigsäure), **IPA** (Indolylbrenztraubensäure), **IBA** (3-Indolylbuttersäure), **IAN** (3-Indolylacetonitril) und **IAE** (Äthyl-3 indolylacetat). Wenn *Schizaphis (Toxoptera) graminum* (Rond.) an je einer anfälligen Weizen- oder Gerstensorte sog, waren im Honigtau **IAA** und 2 weitere Auxine nachweisbar. Im Honigtau der gleichen Art wurden nach Saugen an dem toleranten 'Dickinson'-Weizen nur **IBA**, nach Saugen an der hochgradig toleranten 'Dictoo'-Gerste keine Auxine, dafür aber signifikante Hemmwirkung gefunden. Diese Verschiedenheiten führen Vff. zu dem Schluß, daß bei Blattlausbefall an anfälligen Pflanzen Wachstumshemmungen dadurch entstehen, daß die Aphiden den Pflanzen Wuchsstoffe entziehen. Der Honigtau von *Therioaphis maculata* (Buckt.) und von *Acyrthosiphon pisum* (Harris) (*Macrosiphum pisi*) enthielt, wenn die Läuse an der gleichen Luzernesorte sogen, **IAA** und **IBA** im gleichen Konz.-Verhältnis. Offenbar passieren die Wuchshormone den Darmtraktus der Aphiden ohne oder nur mit geringer Veränderung.

F. P. Müller. 1960

Cavalloro, R.; Saclay, Centre d'Études Nucléaires, Lab. de Biol. Végétale; Scafati. Ist. Sci. Sperimentale per i Tabacchi, Lab. di Entomol. Agraria. Indagini condotte con ^{32}P sulla nutrizione del Myzodes persicae Sulzer. **(Untersuchungen über die Ernährung von Myzodes persicae Sulzer mit ^{32}P.)** Tabacco **65** (1961) Nr. 700. S. 287–297. — 4 Abb., 2 Tab., 14 Lit. Zus. in Engl., Franz.

Vf. untersuchte das biol. Verhalten und die Schäden der Blattläuse i.allg. und der Pfirsichblattlaus im besonderen. Durch Züchtung auf einem Sekundärwirt konnte das Auftreten von Geschlechtsformen verhindert werden. Es werden 2 Entwicklungsformen von *M. persicae* Sulzer beschrieben: das parthenogenetische Weibchen und die Neanide. Durch Fütterung von Pflanzen mit ^{32}P und Saugenlassen der Insekten werden auf elektrophoretischem und autoradiographischem Wege vergleichende Untersuchungen über die Zusammensetzung der von den Blattläusen aufgenommenen und aus den Pflanzen isolierten Stoffgruppen durchgeführt. J. Merker. 1960.

Barlow, C. A.; Chatham, Ontario, Canada Dep. of Agric., Res. Dep., Entomol. Lab. The influence of temperature on the growth of experimental populations of Myzus persicae (Sulzer) and Macrosiphum euphorbiae (Thomas) (Aphididae). **(Der Einfluß der Temperatur auf den Zuwachs von Versuchspopulationen von Myzus persicae [Sulzer] und Macrosiphum euphorbiae [Thomas] [Aphididae].)** Canad. J. Zool. **40** (1962) Nr. 2. S. 145–156. — 5 Abb., 2 Tab., 8 Lit.

Myzus persicae (Sulz.) (**I**) und *Macrosiphum euphorbiae* (Thomas) (**II**) wurden an abgeschnittenen Blättern von Tabak bzw. Kartoffel bei 6 Temperaturstufen zwischen 5° und 30 °C gezüchtet. Die populationsspez. Fähigkeiten der Massenzunahmen wurden aus den beobachteten Läusezahlen durch bevölkerungsstatistische Analyse zu ermitteln versucht. Sie war bei (**I**) höher als bei (**II**), weil **I** schnellere Entwicklung und früheres Erreichen der maximalen Fruchtbarkeit zeigte. Die optimalen Temperaturen für die Populationszunahme waren 25° bei **I** und 20° bei **II**. Die durchschnittl. Dauer einer Generation betrug bei 5° für **I** 6,9 und für **II** 9,2 Wochen.

F. P. Müller. 1960.

Phillips, J. H. H.; Vineland Station, Ontario, Canada Dep. of Agric., Res. Lab., Res. Branch. Description of the immature stages of Pulvinaria vitis (L.) and P. innumerabilis (Rathvon) (Homoptera: Coccoidea), with notes on the habits of the species in Ontario, Canada. **(Beschreibung der präimaginalen Stadien von Pulvinaria vitis [L.] und P. innumerabilis [Rathvon] [Homoptera: Coccoidea], mit Bemerkungen über die Gewohnheiten dieser Arten in Ontario, Kanada.)** Canad. Entomologist **94** (1962) Nr. 5. S. 497–502. — 21 Abb., 2 Lit.

Aus der Gattung *Pulvinaria* sind in Südontario 4 Arten von Pfirsich bekannt: *P. vitis* (L.), *P. innumerabilis* (Rathvon), *P. acericola* (Walsh et Riley) und *P. floccifera* (Westwood). Nur die beiden erstgenannten Arten haben wirtsch. Bedeutung. In der vorliegenden Arbeit werden die präimaginalen Stadien dieser beiden Arten beschrieben, um die Bestimmung zu erleichtern. Außerdem werden Einzelheiten über das Auftreten der Adulten mitgeteilt. Zur Bearbeitung wurden Imagines von verschiedenen Wirtspflanzen gesammelt und im Labor. gezüchtet. Bei *P. vitis* wurden von jedem Stadium 100 Individuen, bei *P. innumerabilis* 50 Exemplare untersucht. Die Unterschiede zwischen beiden Arten beziehen sich vor allem auf Form und Sitz der Marginal- und Stigmatalseten und der Analplatten.

K. Geißler. 1960.

Straka, F. Prinos kŭm bioekologijata i borbata s evropejskija laluger (Citellus citrellus L.) v Bŭlgarija. **(Beitrag zur Bioökologie und Bekämpfung des Westeuropäischen Ziesels [Citellus citellus L.] in Bulgarien.)** Izvestija na Centralnija naučnoizsledovatelski institut po zaštita na rastenijata, Sofija **1** (1961) S. 25–63. — 11 Abb., 9 Tab. Zus. in Russ., Dtsch.

Ergebnisse 4jähriger Untersuchungen über Aufenthalt, Jahres- und Tagesaktivität, Ernährung und Fruchtbarkeit von *C. citellus* werden mitgeteilt. Durch Auslegen von 12–15 g Giftköder aus Weizenkörnern, 1,5% Pflanzenöl und 5% Zinkphosphid in die senkrechten Gänge werden 93–97% Sterblichkeit erreicht. Dieses Verfahren ist unschädlich für Nutzwild und Haustiere, ferner erfolgreicher als das Auslegen des Köders um jedes Loch.

A. Baleswki. 1960.

Bode, Otto. **Virusprobleme in der Landwirtschaft.** Gesunde Pflanzen **14** (1962) Nr. 1. S. 6–9. — 2 Abb.

Immer mehr gewinnen die Virosen an Bedeutung. Prophylaktische Maßnahmen sind vorerst im wesentlichen die zur Verfügung stehenden Bekämpfungsmöglichkeiten. Eine Vernichtung des Virus in der Pflanze durch erhöhte Temperatur beschränkt sich nur auf wenige hitzeempfindliche Viren und ist im größeren Umfang kaum durchführbar. Erfolge machen die Kenntnis des Übertragungsvorgangs der einzelnen Viren zur Voraussetzung. Auswahl und Verwendung virusfreier Mutterbäume schalten eine Übertragung durch Pfropfen aus. Sind Vektoren Überträger, so ist zu unterscheiden, ob es sich um persistente oder nichtpersistente Viren handelt. Im Kartoffelbau setzen die Feldselektion, die Testung des Gesundheitszutandes der Kartoffeln sowie der Anbau resistenter Sorten die Gefahren durch Viruskrankheiten herab. Das Übergreifen einiger Viren auf neue Sorten erfordert die Analysierung des Verhaltens der Viren gegenüber den verschiedenen Kartoffelsorten. Die Vielseitigkeit der Virusprobleme wird bei den Leguminosen und durch den Hinweis ihrer regionalen und ökol. Abhängigkeit aufgezeigt. Durch Prophylaxe und Resistenzzüchtung lassen sich größere Schäden vermeiden.

R. Reich. 1970.

Kristensen, H. Rønde.; København, Danmark, Stat. Forsøgsvirksomh. i Plantekult. Jordbårne plantevira. **(Bodenübertragbare Viren.)** Tidsskr. Planteavl **66** (1962) Nr. 1. S. 75–148. — 16 Abb., 2 Tab., 93 Lit. Zus. in Engl.
Vf. beschreibt die durch 15 bodenübertragbare Viren hervorgerufenen pflanzlichen Virosen. Er erläutert die Eigenschaften der Viren, Übertragbarkeit, Diagnose und Möglichkeiten zur effektiven Bekämpfung. — In Dänemark wurden folgende bodenübertragbare Viren gefunden: I. Tabakmosaikvirus bei Tabak, Tomaten und Pfeffer; II. Tabaknekrosevirus u.a. bei Tulpen, Bohnen, Tomaten, Gurken und *Primula obconica*; III. Rattle-Virus bei Tabak, Tomaten, Tulpen, Kartoffeln, *Crocus* sp. und *Solanum nigrum*; IV. *Arabis*-Mosaikvirus bei Kresse. L. Seidewitz. 1970.

Maciejewska-Potapczykowa, W. und Niedzielski, A. Zawartość związków azotu w tkankach zdrowych i tumorach niektórych roślin. **(Der Gehalt an Stickstoffverbindungen in gesunden Zellgeweben und Geschwülsten bei einigen Pflanzen.)** Acta Soc. bot. polon. **31** (1962) Nr. 1. S. 95–101. — 3 Abb., 26 Lit. Zus. in Engl.
Untersucht wurden: 1. gesunde Stengel von *Datura stramonium* und Geschwülste, durch *Agrobacterium tumefaciens* hervorgerufen, 2. Blattstiele von *Populus nigra* L. sowie auf ihnen auftretende Geschwülste, durch Blattläuse *Pamphigus bursarius L.* hervorgerufen, auch Teile von unmittelbar an die Geschwülste anliegenden Blattstielen, 3. Blätter von *Quercus robur* L. und Galläpfel, hervorgerufen durch die Hautartigkeit *Diplolepis* (*Dryophanta*) *quercus-folii* L. Infizierte Pflanzen von *Datura* wurden während des Sommers im Gewächshaus gehalten, das übrige Material wurde im Herbst im Freiland gesammelt. Man ermittelte den Gehalt an Ges.-N und der einzelnen Bestandteile (säurelösliche, Nucleinsäure, Eiweiß). In den Geschwülsten von *Datura* und *Populus* wurde ein bedeutend höherer Gehalt an N-Verbindungen ermittelt als in den gesunden Zellgeweben. Bei *Populus* war in einem Teil der Blattstiele, welche unmittelbar an den Geschwülsten lagen, der Gehalt an N bedeutend niedriger als in den Geschwülsten und gesunden Zellgeweben. Bei *Quercus* war in den Galläpfeln weniger N vorhanden als in den gesunden Blättern. W. Śliwiński. 2000.

Hollings, Michael und Stone, Olwen M.; Littlehampton, Sussex, Glasshouse Crops Res. Inst. Use of formalin-treated antigen in the production of antiserum to a plant virus. **(Verwendung von formalinbehandeltem Antigen bei der Herstellung von Antiserum gegen ein Pflanzenvirus.)** Nature [London] **194** (1962) Nr. 4828. S. 607. — 10 Lit.
Das Virus der Adernvergilbung des Selleries (CYVV), das Virus der Schwarzringfleckigkeit der Tomate (TBRV) und das Ringfleckenvirus der Rübe (BRV) konnten nach verschiedenen Methoden teilweise gereinigt und angereichert werden. Eine Modifikation der Reinigungsmethode von Steere (Tomlinson, Shepherd und Walker 1959) ergab Präparate mit der größten Infektiosität, Partikelkonz., Intensität der Dichtegradientenzone und Antigenstärke in vitro. Jedes Präparat reagierte spez. mit Antiserum gegen BRV. Während alle BRV-Präparate hoch antigen waren, wenn sie in Kaninchen injiziert wurden, induzierte kein CYVV-Präparat Antikörper. Wenn 0,2% Formalin den frisch hergestellten CYVV-Präparaten vor der Injektion in Kaninchen zugegeben wurde, reagierte das gewonnene Antiserum spez. mit gereinigten Präparaten von CYVV, TBRV und BRV. Der Serumtiter gegen das homologe Antigen betrug 1:1520. H. H. Schimanski. 1970.

Ikäheimo, Katri; Tikkurila, Suomi. Viljan virustaudit ja niiden torjunta. **(Viruskrankheiten des Getreides in Finnland.)** Maatalous ja Koetoiminta [Agric. and Res.] **16** (1962) S. 121–128. — 5 Abb.
In Finnland sind 3 Viruskrankheiten des Getreides bekannt: Sterile Verzwergung des Hafers, Streifiges Mosaik des Weizens und Gelbverzwergung der

Gerste. Alle 3 Krankheiten treten vornehmlich bei Hafer auf. Überträger der ersten beiden Viren sind *Calligypona pellucida* sowie *C. obscurella* und von letzterem *Rhopalosiphum padi*. Bei Übertragungsversuchen waren 25–30% der Tiere von *C. pellucida* in der Lage, Sterile Verzwergung des Hafers und Streifiges Mosaik des Weizens zu übertragen. Darauf ist es zurückzuführen, daß die Sterile Verzwergung des Hafers häufiger bei Getreide auftritt als Streifiges Mosaik des Weizens. Die Symptome der Krankheiten werden beschrieben. Die Krankheiten können durch entspr. Gestaltung der Fruchtfolge und Bekämpfung der Insekten-Vektoren vermindert werden. K. Schulz. 1970.

Heikinheimo, Osmo und Ikäheimo, Katri; Tikkurila, Suomi. Havaintoja viljaksakaan, Calligypona pellucida F., levittämien virustautien esiintymisestä kaurassa v. 1961. **(Das Auftreten von Steriler Verzwergung des Hafers und Streifigem Mosaik des Weizens bei Hafer im Jahre 1961.)** Maatalous ja Koetoiminta [Agric. and Res.] **16** (1962) S. 111–120. — 1 Abb., 3 Tab.
Im Jahre 1961 wurde häufigeres Auftreten von Steriler Verzwergung des Hafers und Streifiges Mosaik des Weizen als in den vorhergehenden Jahren beobachtet. Beide Krankheiten werden durch *Calligypona pellucida* übertragen. Proben wurden aus verschiedenen Feldern ganz Finnlands entnommen, die zumindest Befall von 5% aufwiesen. Übertragungen wurden mit *C. pellucida* zum Nachweis der Krankheit durchgeführt. Die Krankheit konnte in allen Gebieten nachgewiesen werden. Die durchschnittl. Befallshöhe mit dem Virus der Sterilen Verzwergung betrug 9–13%, von Streifigem Mosaik des Weizens 4–4,7%. In den Gebieten, wo das Auftreten der Sterilen Verzwergung des Hafers bereits von den Landwirten festgestellt worden war, erreichte der Befall im Mittel 24%. Am häufigsten wurden die Krankheiten auf kleinen, von Wald umgebenen Feldern gefunden. K. Schulz. 1970.

Harpaz, I. Calligypona marginata, the vector of maize rough dwarf virus. **(Calligypona marginata, der Überträger der Zwergkrankheit des Maises.)** Plant Protection Bull. FAO **9** (1961) Nr. 8. S. 144–147. — 20 Lit.
Die i. J. 1949 in Italien beobachtete und 1959 als Virose erkannte Zwergkrankheit des Maises wurde in Israel hinsichtlich ihrer Vektoren, Samenübertragbarkeit, Verwandtschaft mit anderen Getreidevirosen und ihres Wirtspflanzenkreises untersucht. Der bevorzugt auf Bermudagras lebende Hauptüberträger *Calligypona marginata* (F.) wandert nach der Regenzeit auf Maissämlinge über und infiziert dort bis 70% der Pflanzen. Lokalsorten sind weniger gefährdet als Hybriden. Samenübertragbarkeit wurde nicht beobachtet. Die Trockenzeit übersteht das Virus vermutlich im Vektor, der es wahrscheinlich an die Eier weitergibt. Spätsaaten nach Zusammenbruch der Zikadenpopulation oder Insekticideinsatz haben sich zur Bekämpfung bewährt.
D. Weiß. 1970.

Schuster, G.; Leipzig, Karl-Marx-Univ., Inst. für Phytopathol., Abt. Landwirtsch. Bot. **Der Einfluß von Virusinfektionen auf die Stoffabgabe aus den Blättern verschiedener Kulturpflanzen.** Phytopathol. Z. **48** (1962) Nr .3. S. 307–314. — 3 Tab., 11 Lit.
Bei Kartoffel und Zuckerrübe wurde der Einfluß der Virusinfektion (Strichel- und Blattrollkrankheit bzw. Mosaik- und Vergilbungskrankheit) auf die Stoffabgabe der Blätter bei Benetzung mit aqua dest. untersucht. Die Blätter virusinfizierter Pflanzen geben bedeutend mehr K und Na ab als die Blätter der gesunden Kontrollen. Die Ca-Abgabe war teils erhöht, teils verringert. Während das Rübenmosaik keine Veränderung in der Abgabe von org. Stoffen bewirkte, verursachten die untersuchten Kartoffelvirosen und die Vergilbungskrankheit eine verstärkte Ausscheidung org. Stoffe. Die Ursache für die erhöhte Stoffabgabe ist in einer Schädigung der Permeabilität nichtnekrotischer Bereiche zu sehen. Die vergleichende Untersuchung der Stoffabgabe unterschiedlich bedingter Nekrosen (Hitze, Säure, Virusinfektion) ergab, daß bei

der Virus-Wirt-Kombination TMV auf *Datura stramonium* L. auch mit einer erhöhten Stoffabgabe aus nekrotischen Bezirken zu rechnen ist.

O. Henke. 1970.

Verhoyen, M.; Gembloux, Stat. de Phytopathol. de l'État. Het serologisch scheiden van tewe virussen. **(Die serologische Trennung von zwei Viren.)** Parasitica [Gembloux] **17** (1961) Nr. 4. S. 153–164. — 6 Tab., 6 Lit.

Im Bereich des optimalen Verdünnungsverhältnisses von Antigen und Antiserum ließen sich in Preßsäften mit Gemischen von Kartoffel-X-(PVX) und Kartoffel-Y-Virus (PVY) beide Viren durch Zugabe ihres homologen Antiserums neutralisieren und somit beim Weiterverimpfen auf Testpflanzen voneinander trennen. Das optimale Verdünnungsverhältnis von Antigen: Antiserum betrug beim PVX 1:0,5 bis 1:0,25, beim PVY 1:1 bis 1:0,5. Die Abtrennung des TMV vom Kartoffel-X-Virus durch Anti-TMV im Verhältnis von 1:4 bis 1:0,5 gelang nicht. K. Wiesner. 1970.

MacKinnon, J. P.; Fredericton, Canada Dep. of Agric., Entomol. and Plant Pathol. Sect. Comparative studies between the aphid transmission of potato leaf roll and turnip latent viruses. **(Vergleichende Untersuchungen bei der Aphidenübertragung des Virus der Blattrollkrankheit der Kartoffel und des latenten Steckrübenvirus.)** Canad. J. Bot. **40** (1962) Nr. 4. S. 525–531. — 7 Tab., 12 Lit.

Vergleichende Untersuchungen der Beziehungen des Virus der Blattrollkrankheit der Kartoffel und des latenten Steckrübenvirus zum Vektor *Myzus persicae* (Sulz.) ergaben im wesentlichen gleiche Resultate. Unterschiede ergaben sich in folgender Hinsicht: a) Bei gleichen Saugzeiten auf der Virusquelle und der Testpflanze *Physalis floridana* Rydb. war die Übertragungsrate bei dem Virus der Blattrollkrankheit der Kartoffel durch *Myzus persicae* (Sulz.) größer als beim latenten Steckrübenvirus. b.) 8-std. Hungernlassen der Aphiden vor der Erwerbssaugzeit bewirkte nur bei der Übertragung des latenten Steckrübenvirus einen größeren Infektionserfolg, beim Virus der Blattrollkrankheit der Kartoffel dagegen übte die Hungerperiode keinen Einfluß auf die Infektionsrate aus. c.) *Physalis floridana* Rydb. war als Testpflanze für das latente Steckrübenvirus im 3-Blattstadium besser geeignet als im 6-Blattstadium. — In folgenden Fragen wurden für beide Viren gleiche Ergebnisse erzielt: 1. Als Virusquelle erwiesen sich die Ober- und Unterseiten von infizierten *P. floridana*-Blättern als gleich gut. 2. Die oberen Blätter waren bessere Virusquellen als die mittleren und unteren. 3. Für kurze Erwerbssaugzeiten sind abgeschnittene Blätter als Virusquelle besser geeignet als die ganze Pflanze. 4. Die Größe der den infizierten Aphiden auf der Testpflanze zur Verfügung stehenden Blattfläche übte keinen Einfluß auf den Infektionserfolg aus. 5. 1–2 bzw. 4–5 Tage alte Larven übertrugen beide Viren besser als 9–10 Tage alte Alttiere von *Myzus persicae*.

B. Hinz. 1970.

Olszewska, I.; Stacja Hodowlano-Badawcza Młochów-Bieliny. Doświadczenia degeneracyjne z rodami ziemniaków. **(Abbauversuche mit Kartoffelstämmen.)** Biul. Inst. Hodowli Aklimatyzacji Roślin, Prace Zakładu Ziemniaka **1961** Nr. 5. S. 58–65. — 7 Tab., 5 Lit.

In der Zuchtstation I.H.A.R. Młochów-Bieliny (Kartoffelabbaugebiet) wurden seit dem Jahre 1957 Feldversuche über die Abbauwiderstandsfähigkeit von Kartoffelstämmen aus verschiedenen Zuchtstat. Polens durchgeführt. Diese Versuche sollten zeigen, welche Kartoffelstämme in Abbaulagen ohne negative Selektion noch Erträge auf der Höhe der Standardsorten (Superelite) geben. Hauptursache des Abbaues war das Y-Virus. Es wurden auch neue Krankheiten beobachtet, die durch unbekannte Erreger hervorgerufen wurden. Es wurde festgestellt, daß nach 4 Jahren alle untersuchten Kartoffelstämme viruskrank waren, aber gleichzeitig große Unterschiede in der Widerstandsfähigkeit besaßen. Zwischen den Kartoffelstämmen, welche höhere Erträge als die Standardsorten geben, befinden sich auch solche, welche nach 4jährigem Anbau in Abbaulagen keine wesentlichen Ertragsminderungen zeigten. Z. Zimniak. 1970.

Jermoljev, Evžen und Průša, Vladimír. Studium vlivu ekologických činitelů a virových chorob na produktivitu sadby a fyziologii bramborových rostlin. **(Untersuchungen über den Einfluß ökologischer Faktoren und der Viruskrankheiten auf das Produktionsvermögen des Pflanzgutes und auf die Physiologie der Kartoffelpflanzen.)** Sborník českoslov. Akad. zemědělských Věd, rostlinná Výroba **7(34)** (1961) Nr. 10. S. 1351–1364. — 2 Abb., 1 Tab., 26 Lit. Zus. in Russ., Dtsch.

Anhand von Versuchen wurde festgestellt, daß Virosen die wichtigste Ursache der irreversiblen und fortschreitenden Verschlechterung des Kartoffelpflanzgutwertes (Degeneration) in der ČSSR darstellen. In diesem Zusammenhang fällt den ökol. Faktoren nur eine indirekte Rolle zu, da sie nur die Ausbreitungsgeschwindigkeit der Virosen in den Kulturen beeinflussen. Wärmere und trockenere Bedingungen der für das Pflanzen ungünstigen Lagen in Südmähren schädigen die Produktivität des Kartoffelpflanzgutes nicht, üben jedoch einen gewissen Einfluß auf die Reifezeit aus. Frühsorten haben während der Versuche stets mehr gelitten als Spätsorten. Die vorzeitige Ernte hat sich bewährt. Es gelang nicht, durch Pflanzung im Sommer die Ausbreitung der Virosen wirksam einzuschränken, so daß die Erträge unbefriedigend und unsicher waren. In Versuchen mit Japans und Frühbeeten, in denen die Kartoffelpflanzen hohen Temperaturen ausgesetzt waren, ging die Pflanzgutqualität der Knollen nicht zurück. 30 Tage dauernde Erwärmung der Knollen auf 30 °C während der Winterruhe schwächte das Auflaufvermögen. Die physiol. Prüfung der Kartoffeln unter verschiedenen ökol. Bedingungen brachte keinen Beweis für Veränderungen durch hohe Temperaturen oder Provenienz. Gewisse physiol. und chem. Unterschiede zwischen gesunden Pflanzen und solchen, die von den wichtigsten Virosen befallen waren, wurden gefunden, doch hatten diese Unterschiede nur rel. Umfang. P. Bartoš. 1970.

Pohjanheimo, Onni; Jokioinen, Suomi. Jaakko-perunalajike virustautien esiintymisen ja leviämisen ilmaisijana. **(Die Kartoffelsorte 'Jaakko' als Indikator für Kartoffelviruskrankheiten.)** Maatalous ja Koetoiminta [Agric. and Res.] **16** (1962) S. 153–158. — 1 Tab.

Nach Infektion mit Y-Virus zeigt die Kartoffelsorte 'Jaakko' deutlich entspr. Krankheitssymptome, die beschrieben werden. Wegen dieser leicht erkennbaren Symptome eignet sich 'Jaakko' als Testpflanze für das Y-Virus. Aus diesem Grunde wurde 'Jaakko' i. J. 1959 in Feldbestände der Sorte 'Tammiston Aikaisen' eingeschaltet, welche Träger des Y-Virus ist. Proben von 'Jaakko 'wurden im folgenden Jahre aus verschiedenen Teilen Finnlands nachgebaut und der Umfang der Virusinfektion der einzelnen Herkünfte ermittelt. 1959 waren die Bedingungen für die Verbreitung der Viren sehr günstig, so daß die Herkünfte aus Jokioinen völlig verseucht waren. Stark verseucht waren die Herkünfte aus Süd- und Westfinnland, während die Herkünfte aus Ostfinnland virusfrei waren. In Anbauversuchen in Ostfinnland war 'Jaakko' 9–11 Jahre praktisch gesund geblieben, so daß sich Ostfinnland für die Kartoffel-Pflanzguterzeugung eignet. K. Schulz. 1970.

Osaki, M. und Yokohata, I.; Chugoku, Agric. Exp. Stat. Studies on the seed potato growing in warmer district in Japan. I. Seasonal variation in the parasitic activity and the flight of potato aphides in relation to the transmission of virus diseases in potato fields grown twice in a year in spring and autumn. **(Untersuchungen über den Pflanzkartoffelbau im wärmeren Teil Japans. 1. Mitt. Jahreszeitliche Variation in der Schädlingsaktivität und im Flug der an Kartoffeln vorkommenden Blattläuse in Beziehung zur Virus-**

übertragung auf den Kartoffelfeldern bei zweimaligem jährlichem Anbau im Frühjahr und Herbst.) Proc. Crop Sci. Soc. Japan **30** (1961) Nr. 1. S. 13–18. — 8 Abb., 1 Tab., 10 Lit. Orig.: jap., Ausz.: engl.

Myzus persicae, Aphis gossypii und *Aulacorthum solani* treten in 3 Perioden auf. *M. persicae* tritt bes. stark zu Beginn und in der Mitte der 1. Periode (Apr.–Juni) und dann wieder in der Mitte und am Ende der 3. Periode (Okt.–Dez.), weniger stark in der 2. Periode (Juli–Mitte Sept.) auf. *A. gossypii* erscheint bes. stark in der 2. Periode, aber auch im 2. Teil der 1. und im 1. Teil der 3. Periode. *A. solani* war immer am schwächsten vertreten. Trotz der Variabilität der Läusepopulation infolge verschiedener Pflanzzeiten ließen sich Fluktuationskurven aufstellen. Durch Vergleich isolierter und frei zugänglicher virusfreier Kartoffelpflanzen wurde die Virusübertragung ermittelt. Die Virusbefallsintensität je Periode und auch im ganzen Jahr korrelierte stark mit dem Läuseauftreten, bes. der geflügelten Formen. Y-Virus trat bes. in Verbindung mit *A. gossypii* und/oder *M. persicae*, Blattrollvirus mit *M. persicae* und/oder *A. solani* auf. Die Übertragung des Y-Virus durch *A. solani* wird dem abnormen Auftreten dieser Blattlaus im Herbst 1956 zugeschrieben. Die Zahl der Tage für die Wanderung des Virus von den Blättern in die Knollen variierte mit der Blattlauspopulation. Bei vielen Inokulationen ging die Abwanderung schneller vor sich. W. Stenz. 1970.

Chrzanowska, M.; Pracownia Badań Odpornósci na Choroby Wirusowe Żelazna. Badania wrażliwości odmian i rodów ziemniaka na nekrotyczny szczep wirusa Y i przekazywanie go przez kłeby. **(Untersuchungen über die Empfindlichkeit der Kartoffelsorten und Kartoffelstämme gegen das die Strichelkrankheit hervorrufende Y-Virus und seine Übertragung durch die Knollen.)** Biul. Inst. Hodowli Aklimatyzacij Roślin, Prace Zakładu Ziemniaka **1961** Nr. 5. S. 19–28. — 7 Abb., 6 Tab., 6 Lit.

Die Arbeit enthält die Ergebnisse der i. J. 1960 durchgeführten Versuche über das Verhalten 40 verschiedener Kartoffelsorten bei der Infektion mit dem die Strichelkrankheit hervorrufenden Y-Virus. Bei den Untersuchungen wurde die biol. Testmethode angewendet. Zur Untersuchung wurden gut ausgewachsene Blätter von der Pflanzenspitze entnommen, in welchen die größte Konz. von Y-Al Virus festgestellt wurde. Für den Nachweis wurden Tabak und Stechapfel benutzt. Die Ergebnisse der Felduntersuchungen und der biol. Teste ermöglichten die Einteilung der untersuchten Kartoffelsorten in widerstandsfähige, mäßig widerstandsfähige, schwach widerstandsfähige und anfällige. Außerdem wurde auch die Möglichkeit der Übertragung des Y-Al Virus durch die Knollen untersucht. Auf Grund der Ergebnisse wurde festgestellt, daß sogar bei ziemlich widerstandsfähigen Sorten das Y-Virus leicht aus den oberirdischen Organen in die Knollen dringt. W. Roszak. 1970.

Gubański, M. Dekarboksylacja kwasu glutaminowego w liściach tytoniu zakażonego wirusem mozaiki tytoniowej. **(Decarboxylierung der Glutaminsäure in den mit dem Tabakmosaikvirus infizierten Tabakblättern.)** Acta Soc. bot. polon. **31** (1962) Nr. 1. S. 77–82. — 2 Abb., 14 Lit. Zus. in Engl.

Auf Lit.-Angaben gestützt hat Vf. Untersuchungen über die Umwandlungen der Glutaminsäure in gesunden und mit Tabakmosaikvirus infizierten Tabakpflanzen durchgeführt. Es wurde festgestellt, daß — unabhängig von der angewendeten Methode — die Aktivität der Glutamin-Decarboxylierung in den mit Mosaik infizierten Blättern stets höher ist, sowohl bei Tabak als auch bei Tomaten. In dem Maße, wie die Krankheit fortschreitet, steigert sich dieser Prozeß. Wahrscheinlich hängt dies mit der erhöhten Atmung kranker Pflanzen zusammen. W. Śliwiński. 1970.

Wu, Jia-Hsi und Rappaport, Irving; Los Angeles, Univ. of California, Dep. of Bot. Competition between infectious tobacco mosaic virus nucleic acid and intact virus on Nicotiana glutinosa. **(Konkurrenz zwischen infektiöser**

Tabakmosaikvirus-Nucleinsäure und intaktem Virus auf Nicotiana glutinosa.) Nature [London] **193** (1962) Nr. 4818. S. 908. — 2 Tab., 8 Lit.

Die Unterseite der Blätter von *Nicotiana glutinosa* wurde mit RNA vom gewöhnlichen TMV-Stamm U 1, die mit variierten Mengen von intaktem Virus des milden Stammes VM von TMV gemischt war, inokuliert. Die Oberseite der Blätter wurde mit derselben Konz. von RNA des Stammes U 1 behandelt. Nach der Inokulation wurden die Blätter abgeschnitten und bei 22 °C inkubiert. Die Läsionen von U 1 und VM waren deutlich verschieden groß. Die Läsionen von U 1 oder deren infektiöser Nucleinsäure waren bedeutend größer als die von VM. Eine Anzahl weiterer Versuche wurde durchgeführt, um die Wechselwirkung zwischen beiden Komponenten zu erkennen. Die Versuche ergaben, daß die Nucleinsäure schneller Infektionen herbeiführt, als das intakte Virus. Dies wird darauf zurückgeführt, daß bestimmte Zwischenstufen, die mit der Infektion verknüpft sind, fortfallen.

K. Schulz. 1970.

Stein, Diana B.; Missoula, Univ. of Montana, Dep. of Bot. The developmental morphology of Nicotiana tabacum 'White Burley' as influenced by virus infection and gibberellic acid. **(Die durch Virusinfektion und Gibberellinsäure beeinflußte Entwicklungsmorphologie von Nicotiana tabacum 'White Burley'.)** Amer. J. Bot. **49** (1962) Nr. 5. S. 437–443. — 12 Abb., 12 Lit.

Pflanzen von *Nicotiana tabacum* Sorte 'White Burley' wurden im Gewächshaus in Töpfen gehalten und mit „severe etch virus" (**SEV**) Stamm Rothamsted (jeweils das 8., 16. und 23. Blatt) und Gibberellinsäure (**GA**) (100 ppm in wäßriger Lösung) behandelt. **SEV** reduzierte die Höhe der Pflanzen, steigerte die Blattproduktion und verzögerte das Blühen, wodurch die Zahl der Blätter erhöht wurde. **GA**-Behandlung steigerte ebenfalls die Blattproduktion, nicht aber die Zahl der Blätter. Außerdem bewirkte **GA** früheres Strekken und Blühen der Pflanzen. Im allg. bewirkte **GA** längere und schmalere Blätter. Infizierte, rel. ausgewachsene Blätter reagierten nicht mehr auf **GA**. Blätter, die während der **GA**-Behandlung in Bildung begriffen waren, reagierten auf **GA**, auch wenn sie virusinfiziert waren. Durch **GA**-Anwendung konnte die **SEV**-Wirkung in gewisser Weise eingeschränkt werden. K. Schulz. 1970.

Hirth, Léan und Lebeurier, Geneviève; Strasbourg, France, Centre Rech. Nucléaires; Inst. Bot. Infection de cultures de tissus de tabac au moyen de l'acide ribonucléique extrait du virus de la mosaique du tabac. **(Infektion von Gewebekulturen des Tabaks mittels Ribonucleinsäurepräparaten des Tabakmosaikvirus.)** C.R. hebd. Séances Acad. Sci. **254** (1962) Nr. 8. S. 1495–1497.

Zur Untersuchung der ersten Zeit nach Eintritt des Virus in die Wirtszelle schien die Möglichkeit der Infektion von Gewebekulturen mit Ribonucleinsäure (**RNS**) des Tabakmosaikvirus erfolgversprechend. **RNS** wurde nach der Phenolmethode von Gierer und Schramm gewonnen und ihre Infektiosität im Lokalläsionstest geprüft. Gewebekulturen wurden mit **RNS** oder intaktem Virus inokuliert. Nach 30 Tagen wurden die Kulturen untersucht. Von 100 mit **RNS** beimpften Proben wurden durch **RNS** 60, durch intaktes Virus 90 infiziert. Gewebekulturen von *Nicotiana glutinosa* zeigten praktisch nur Primärinfektionen. Das Aufrechterhalten einer Infektion über längere Zeit ist hierbei unmöglich. O. Bode. 1970.

Merrett, Michael J.; Bradford, England, Dep. of Biol. Sci. The effect of uncoupling agents on the multiplication of tomato-aucuba mosaic virus in tobacco leaves. **(Die Wirkung von entkoppelnden Agentien auf die Vermehrung des Tomaten-Aucuba-Mosaikvirus in Tabakblättern.)** Physiol. Plantarum [Copenhagen] **15** (1962) Nr. 1. S. 200–205.

Es ist bekannt, daß einerseits virusinfizierte Pflanzen erhöhte Atmung zeigen, daß andererseits bei Verhinderung der Atmung durch Chemikalien die Virusvermehrung ebenfalls unterbunden wird. Daher wurde in der vorliegenden

Arbeit die Wirkung von Na-Arsenat und Dinitrophenol untersucht, die nur einen Teil des respiratorischen Systems blockieren. Pflanzen der Tabaksorte 'White Burley' wurden mit Tomaten-Aucuba-Mosaikvirus infiziert. Nach 24 Std. wurden sie mit Lösungen von 10^{-4} Dinitrophenol bzw. Na-Arsenat besprüht. Nach 1 Woche wurden Viruskonz.-Bestimmungen nach der Lokalläsionsmethode durchgeführt. Während Dinitrophenol die Virusvermehrung stark hemmte, hatte Arsenat kaum Einfluß, jedoch dann, wenn Blätter oder Blattstückchen auf die Lösung gebracht wurden. Aus den Ergebnissen wird geschlossen, daß die Virusvermehrung unterbleibt, wenn die Respiration von der Phosphorylation gelöst ist und zur Vermehrung ein Überfluß energiereicher Phosphatverbindungen erforderlich ist. O. Bode. 1970.

Agrawal, H., Chessin, M. und Bos, L.; Missoula, Montana State Univ., Dep. of Bot. Purification of clover yellow mosaic virus. **(Reindarstellung des Gelbmosaikvirus des Klees.)** Nature [London] **194** (1962) Nr. 4826. S. 408–409. — 1 Abb., 5 Lit.
Aus einem *Trifolium repens*-Bestand in Montana isolierten Vff. ein Virus, das gemeinsam mit dem Weißkleemosaikvirus auftrat und nannten es: Gelbmosaikvirus des Klees. Die Kleepflanzen wurden 4 Wochen nach der Infektion geerntet und 36 Std. tiefgefroren. Unter Zusatz von 0,1 m Na_2HPO_4 (1 ml/g Gewebe) wurde das Blattmaterial zerkleinert und der Saft durch niedertourige Zentrifugation geklärt. Nach 4maligem Wechsel von hoch- und niedertourigem Zentrifugieren (40000 U/min — 10000 U/min) war das Präparat noch gelblich. Eine weitere Reinigung und vollständige Entfärbung gelangen nach Zusatz von Cs-chlorid (Methode von Levintow und Darnell 1960). In der analytischen Ultrazentrifuge trat nur ein Gradient im Präparat aus kranken Pflanzen auf. Flexible Fäden mit einer mittleren Länge von 525mμ wurden im Elektronenmikroskop beobachtet. Dieser Wert stimmt rel. gut mit dem von Pratt (1961) gefundenen (530 mμ) überein. E. Proll. 1970.

Fry, P. R.; Auckland, Dep. of Sci. and Ind. Res., Plant Diseases Div. A clover mosaic virus in New Zealand pastures. **(Ein Kleemosaikvirus auf Weiden in Neuseeland.)** New Zealand J. agric. Res. **2** (1959) Nr. 5. S. 971–981. 1970.

Zawadzki, S. und Grzybczak, J.; Stacja Hodowlano-Badawcza IHAR, Młochów. Badania nad choroba mozaikowa łubinu żółtego. **(Untersuchungen über die Mosaikkrankheit bei gelben Lupinen.)** Hodowla Roślin Aklimatyzacja Nasiennictwo **6** (1962) Nr. 2. S. 227–250. — 11 Abb., 9 Tab., 13 Lit. Zus. in Russ., Engl.
Bei der gelben Futterlupinensorte 'Popularny' tritt in starkem Maße Mosaik auf. Untersucht wurden von Vff. folgende Probleme: 1. Symptome der Krankheit und die Art und Weise ihrer Übertragung, 2. Der Einfluß des Saatgutes. 3. Der Einfluß des Aussaattermins, 4. Einfluß der Isolation, 5. Einfluß der Beimischung von Hafer auf den Gesundheitszustand und den Körnerertrag, und 6. Infektion einiger Wirtspflanzen und ihre Reaktion. Die Symptome der Krankheit, welche wahrscheinlich durch das Gelbmosaikvirus der Buschbohne (*Phaseolus* virus 2) hervorgerufen werden, wurden beschrieben. Die Krankheit wird zu ca. 13% durch die Samen übertragen. Der Gesundheitszustand der Pflanzen hing von dem Aussaattermin ab. Verspätung der Aussaat steigert die Infektion. Die Beimischung von Hafer, welcher isolierend wirkte, begünstigte den Gesundheitszustand und den Ertrag. Die Krankheit vermindert den Samenertrag, jedoch nicht den Grünmasseertrag. Das Virus wird durch Berührung der Pflanzen, durch Pflegearbeiten und durch Blattläuse übertragen. Bekämpfung ist durch Selektion, Sortieren und Aussaat gesunder Körner, zeitige Aussaat und Beimischung von Hafer möglich. Isolierter Anbau von Bohnen und Steinklee wird empfohlen. W. Śliwiński. 1970.

Maat, D. Z., Meer, F. A. van der und Pfaeltzer, H. J.; Wageningen, Netherlands, Inst. of Phytopathol. Res. Serological identification of some soil-borne viruses causing diseases in fruit crops in the Netherlands. **(Serologische Identifizierung einiger bodenübertragbarer Obstviren in den Niederlanden.)** Tijdschr. Planteziekten **68** (1962) Nr. 1. S. 120–122. — 13 Lit. Zus. in Niederl.

Gegen das Virus der Löffelblattkrankheit der Johannisbeere (**I**) wurde ein Antiserum hergestellt. Gegen dieses Antiserum reagierten im Agar-Gel-Diffusionstest alle Isolierungen von **I** und ein Isolat des Himbeerringfleckenvirus (**II**) bis zur Verdünnung 1:512. Vff. folgern aus ihren und den Untersuchungsergebnissen von Harrison (1961), daß **I** ein Stamm von **II** ist. Virusisolierungen aus Kirschbäumen mit deutlichen Symptomen der Eckelrader Krankheit, die auf krautigen Wirten Symptome ähnlich denen von **II** hervorriefen, zeigten keine so enge serologische Verwandtschaft zu **I** wie **II**. Ein aus Stachelbeeren der Varietät 'Red Gauntlet' (schottische Herkunft) isoliertes Virus ließ keine serologische Verwandtschaft zu Viren der Himbeerringflecken-Gruppe erkennen. Es handelt sich vermutlich um den von Harrison (1958) beschriebenen „beet ringspot"-Stamm des Schwarzringfleckigkeitsvirus der Tomate. E. Proll. 1970.

Mink, G. I. und Bancroft, J. B.; Lafayette, Ind., Purdue Univ., Dep. of Bot. and Plant Pathol. Purification and serology of tulare apple mosaic virus. **(Reindarstellung und Serologie des Tulare-Apfelmosaikvirus.)** Nature [London] **194** (1962) Nr. 4824. S. 214–215. — 2 Abb., 4 Lit.

Das von Gilmer (1958) als „Tulare apple mosaic virus" (TAMV) bezeichnete und mechanisch auf krautige Pflanzen übertragbare Virus bleibt bei 25 °C in 0,01 m Na-Diäthyldithiocarbamat und 0,01 m Cysteinhydrochlorid für 23 Std. infektiös. In Gegenwart dieser Stabilisatoren gelingt eine Reindarstellung des TAMV aus den eingefrorenen Blättern (—22 °C) durch Ausschütteln des Rohsaftes mit 8,5% n-Butanol und anschließender fraktionierter Zentrifugation der wäßrigen Phase. Die Virusausbeute lag zwischen 0,2 und 0,4 mg/100 g frischem Gewebe. Die Präparate aus kranken Blättern zeigten im UV-Licht die für ein Nucleoproteid typische Absorption, während sie in den Kontrollpräparaten fehlte. Konzentrierte Parallelpräparate gesunder und TAMV-kranker Pflanzen wurden im Rohrzuckerdichtegradienten zentrifugiert. Während das Kontrollpräparat nach 2 Std. bei 23000 U/min. keine Bande erkennen ließ und kein infektiöses Material enthielt, trat beim Viruspräparat eine einzelne Bande auf, die sich bei Tabak und Bohne als infektiös erwies. Bei serologischer Prüfung der Präparate fielen nur die Reaktionen zwischen dem TAMV-Antiserum einerseits und dem reinen Virus bzw. dem virushaltigen stabilisierten Tabak- oder Apfelblattextrakt andererseits positiv aus. E. Proll. 1970.

Tremaine, J. H. und Willison, R. S.; Vineland Station, Ontario, Canada, Dep. of Agric. Serological analysis of some stone-fruit virus isolates. **(Serologische Analyse einiger Isolate von Steinobstviren.)** Canad. J. Bot. **40** (1962) Nr. 2. S. 361–373. — 8 Abb., 2 Tab., 17 Lit.

Aus den Blütenblättern viruskranker Steinobstbäume und aus Gurkenkotyledonen, die mit den gleichen Steinobstviren infiziert waren, wurden Extrakte hergestellt. Diese wurden im Gel-Diffusions-Verfahren gegen Antiseren getestet, die nach Injektion gereinigter Viruspräparate in Kaninchen gewonnen wurden. In den untersuchten Virusisolaten fanden Vff. bis zu 3 verschiedene Antigene (Q, V, P), die sich in 3 deutlichen Banden im Agar unterscheiden ließen. Mit Hilfe von Verdünnungsreihen konnten jahreszeitliche und präparationsbedingte Schwankungen der Konz. des Q-Antigen festgestellt werden; die Konz. des V-Antigen zeigte nur geringe Unterschiede bei den einzelnen Isolierungen. Bei einer Isolierung des recurrent ring spot virus der

Sauerkirsche gelang der Nachweis, daß sie 2 verschiedene Viren enthielt, und das P-Antigen konnte einem der beiden Viren zugeordnet werden.
E. Proll. 1970.

Rosario, Maria Salome del. A new virus disease of black pepper (Peper nigrum L.) **(Eine neue Viruskrankheit bei Schwarzem Pfeffer [Piper nigrum L.].)** Philippine Agriculturist **45** (1961) Nr. 3. S. 141–143. — 2 Abb., 1 Lit.
Vf. wurde eine Pflanze von *Piper nigrum* zur Krankheitsbestimmung übergeben. Die erkrankte Pflanze war klein und hatte etwas verdickte, mißgestaltete, gelbgefleckte Blätter. Mikroskopische Untersuchungen der Organe ließen weder Bakterien, Pilze noch Nematoden als Ursache der Krankheit erkennen. Übertragungsversuche mit Saft oder *Colgar* sp. waren negativ. Erfolgreich waren dagegen Übertragungsversuche durch Ablaktieren. Alle 5 durch Ablaktion inokulierten Pflanzen zeigten Symptome, die denen der erkrankten Pflanze ähnlich waren. Die Krankheit war bisher auf den Philippinen unbekannt. Sie ist offenbar mit „pepper stunt", einer Viruskrankheit des Pfeffers auf Borneo, identisch. K. Schulz. 1970.

Nagaich, B. B. und Vashith, K. S.; Simla, Indian Agric. Res. Inst. of Plant Pathol., Substat. Flowerdale. Mosaic of Ficus spp. in India. **(Mosaik der Ficus spp. in Indien.)** Current Sci. [Bangalore] **31** (1962) Nr. 4. S. 166–167. — 1 Abb., 5 Lit.
Bei *Ficus palmata* Forsk. wurde in Himachal Pradesh und Punjab das erstmalige Auftreten einer schweren Mosaikkrankheit in Indien überhaupt beobachtet. Die Symptome, fleckige und deformierte Blätter, ließen auf eine Viruserkrankung schließen. Die Krankheit konnte weder mit *Myzus persicae* noch einer anderen, nichtidentifizierten Feigenlaus oder Saftinokulation auf Tabak, Bohne und Gurke übertragen werden. Erfolgreich waren Pfropfungen auf *F. palmata*, *F. carica* und *F. nemoralis*. Damit ist bewiesen, daß diese Krankheit durch ein Virus verursacht wird. In Amerika wird die Mosaikkrankheit durch *Aceria ficus* übertragen. Es scheint so, als ob in Indien Milben ebenfalls als Überträger in Frage kommen, was durch weitere Untersuchungen erhärtet werden muß. K. Schulz. 1970.

Menon, K. P. V. und Shanta, P.; Kayangulam, Kerala, Centr. Coconut Res. Stat. Soil transmission of the coconut wilt virus. **(Bodenübertragung des Kokosnußwelkevirus.)** Current Sci. [Bangalore] **31** (1962) Nr. 4. S. 153–154. — 1 Tab., 4 Lit.
Bei Untersuchungen über die Möglichkeit der Übertragung des Kokosnußwelkevirus (CWV) wurde festgestellt, daß CWV auch bodenbürtig ist. Kundebohnen, die in Gefäßen angezogen wurden, die mit Erde von erkrankten Kokospalmen gefüllt waren, zeigten zu 35–40% typische CWV-Symptome. Übertragungen waren auch erfolgreich, wenn der Boden gesiebt und nach Stokes durch Schlämmen entspr. sedimentiert und danach zentrifugiert und mit 0,05 M Phosphatpuffer (pH 8) behandelt wurde. Daraus folgern Vff., daß das Virus wahrscheinlich auf der Oberfläche der Bodenpartikeln absorbiert ist, zumal Mikroorganismen als Vektoren nicht in den Bodenfraktionen nachgewiesen werden konnten. Da CWV bei anderen Untersuchungen auch in den Wurzeln von Kokospalmen gefunden wurde, ist die Übertragung durch Wurzelkontakt wahrscheinlich. K. Schulz. 1970.

C. Krankheiten und Wirtspflanzen

Verona, O.; Pisa, Italia, Univ., Ist. di Patol. Vegetale. Considerazioni generali intorno alle infezioni crittogamiche portate dal seme. **(Eine allgemeine Betrachtung über die durch Samen übertragbare kryptogame Infektion.)** Agric. ital. [N. S.] **15(60)** (1960) Nr. 6. S. 192–210. — 6 Abb., 2 Tab.

Vf. berichtet über die Methoden der Samenuntersuchung zur Feststellung des Vorhandenseins von pathogenen Keimen oder bereits erkrankter Samen und die verschiedenen Bedingungen, die zu einer solchen Infektion führen. Im Anschluß daran werden die Verhütung und Bekämpfungsmaßnahmen samenübertragbarer Krankheiten behandelt. Bei der Bekämpfung wird auf die Warmwasserbehandlung bei Getreide und anderen Pflanzen näher eingegangen, z. B. bei Blumenkohl (*Alternaria*, Schwarzadrigkeit 50 °C, 15 Min.), Sellerie (*Peronospora*, *Septoria*, Bakteriosen 50 °C, 30 Min.), Zwiebel (*Alternaria*, *Peronospora* 50 °C, 25 Min.). Es wird auch die in vielen Fällen noch nicht befriedigende Wirkung der verschiedenen Antibiotica erwähnt.

F. Sprau. 2000.

Stark, Christian; Hamburg, Staatsinst. für Angew. Bot., Pflanzenschutzamt. **Das Auftreten der Verticillium-Tracheomykosen in Hamburger Gartenbaukulturen. Ein Beitrag zur Kenntnis ihrer Erreger.** Gartenbauwissenschaft **26(8)** (1961) Nr. 4. S. 493–528. — 19 Abb., 6 Tab., 66 Lit.
Die dominierende Rolle als Erreger von *Verticillium*-Tracheomykosen spielt in den Hamburger Gartenbaukulturen der allg. bekannte und weitverbreitete Mikrosklerotien bildende Typ der Gattung *Verticillium*. Der dunkle Dauermycel bildende Typ trat nur selten auf. Vf. schlägt vor, sich der Auffassung derjenigen Autoren anzuschließen, die für den Mikrosklerotien bildenden Typ den Namen *V. dahliae* Kleb. und für den dunklen Dauermycel bildenden Typ den Namen *V. albo-atrum* verwenden. Als Erreger der Meerrettichschwärze konnte ein bisher noch unbekannter Mikrosklerotien bildender *Verticillium*-Typ isoliert werden, der sich deutlich von *V. dahliae* unterscheidet. Als Name wird *V. dahliae* Kleb. var. *longisporum* C. Stark var. nov. vorgeschlagen. Der Erreger befällt auch Gurke, Lupine und Kartoffel. Dagegen konnte die Krankheit nicht an *Beta*-Rübe, Luzerne, Tomate und *Antirrhinum* beobachtet werden. *V. dahliae* wurde nur selten in Meerrettichwurzeln gefunden. Das Wirtspflanzenspektrum von *Verticillium* umfaßt 31 Kulturpflanzenarten. In den Sommermon. sind die Krankheitssymptome bes. deutlich ausgeprägt, hauptsächlich bei knospenden, blühenden und fruchtenden Pflanzen. Das starke Umsichgreifen der Verticilliose ist hauptsächlich auf den einseitigen Anbau anfälliger Pflanzenarten wie Tomate, Erdbeere und Frühkartoffel zurückzuführen. G. Peschel. 2000.

Gehring, F. **Untersuchungen über das Auftreten von pflanzenpathogenen Bakterien der Gattung Pseudomonas an Holzgewächsen im Jahre 1960 in der Bundesrepublik.** Nachrichtenbl. dtsch. Pflanzenschutzdienstes [Braunschweig] **13** (1961) Nr. 12. S. 177–182. — 6 Abb., 3 Tab.
An Blättern, Zweigen und Früchten verschiedener Holzgewächse (Birne, Zwetsche, Kirsche) treten Bakterienkrankheiten auf. Als Erreger konnten in serol. Agglutinationsversuchen mit 4 Antiseren *Pseudomonas mors-prunorum* bzw. *P. syringae* indentifiziert werden. Das serol. Verhalten der isolierten Bakterienherkünfte wird beschrieben und mit den im Pathogenitätstest beobachteten Symptomen eines *Erwinia amylovora*-Stammes verglichen. Zur Unterscheidung von *E. amylovora* und *P. mors-prunorum* bzw. *P. syringae* werden diagnostische Untersuchungsmethoden besprochen. G. Sandrock. 2000.

Sprague, Roderick; Wenatchee, Wash., State. Univ. Some leafspot fungi onwestern gramineae-XIV. **(Einige Blattfleckenpilze auf Gramineen in den Weststaaten. 14. Mitt.)** Mycologia [New York] **52** (1960) Nr. 5. S. 698–718.
Vf. beschreibt seine Beobachtungen über Blattfleckenpilze an frisch gesammelten Gräserproben und an älterem Herbarmaterial. Es wird über 69 verschiedene Pilzarten berichtet, die z. T. auf einigen Gräsern zum ersten Mal beobachtet wurden. 3 Arten wurden neu beschrieben: *Stagonospora sporobolicola*

Sprague auf *Sporobolus poiretii* (Roem. et Schult.) Hitchc., *Phyllosticta parvimammata* Sprague auf *Calamagrostis langsdorfii* (Link) Trin. und *Phyllosticta glynnea* Sprague auf *Poa annua* L. H. Bochow. 2000.

Hansing, E. D., Sill jun., W. H., Johnston, C. O., Duffield, P. C., Kramer, C. L. und Kling, C. L. Kansas phytopathological notes: 1959. **(Kansas phytopathologische Notizen: 1959.)** Trans. Kansas Acad. Sci. **64** (1961) Nr. 3. S. 198–204.
Wie alljährlich wird eine Übersicht über die i. J. 1959 in Kansas aufgetretenen Krankheiten gegeben. Bei Getreide traten stärker auf (in Klammern die durchschnittl. Verluste in %): *Ustilago tritici* (Pers.) Rostr. (0,6), *U. nuda* (Jens.) Rostr. (2), *U. hordei* (Pers.) Lagerh. (1), *Puccinia recondita* Rob. ex. Desm. an Weizen und Roggen (10), Weizenstrichelmosaik (20, bisher stärkstes Auftreten), Gelbverzwergung der Gerste an Gerste (2,3) und an Hafer (25, bisher stärkstes Auftreten). Das Vorkommen der gleichen Virose an Weizen wird vermutet. An Luzerne wurden u. a. beobachtet: *Ascochyta imperfecta* Pk.(allg. mittelstark), *Cercospora zebrina* Pass. (bes. an zweijähriger Luzerne) sowie Wurzelfäule durch *Rhizoctonia crocorum* DC. ex. Fr. und *Phytophthora cryptogea* Pethyb. et Laff. Von den Futtergräsern wurden geschädigt: Wehrlose Trespe durch *Selenophoma bromigena* (Sacc.) Sprague et A.G. Johnson und Sudangras durch *Pseudomonas syringae* V. Hall, *P. andropogoni* (E.F.Sm.) Stapp und *Helminthosporium turcicum* Pass. Das i. J. 1957 erstmalig beobachtete Ulmensterben (*Cerasto cystis ulmi*) breitete sich im Berichtsjahr weiter aus. K. Wiesner. 2000.

Agarwal, G. P. und Beliram, R.; Jabalpur, Mahakoshal Mahavidyalaya, Bot. Dep. Fungi causing plant diseases at Jabalpur (Madhya Pradesh). II. **(In Jabalpur [Madhya Pradesh] durch Pilze hervorgerufene Pflanzenkrankheiten. 2. Mitt.)** J. Indian bot. Soc. **39** (1960) Nr. 3. S. 351–356. — 2 Abb., 7 Lit. 1. Mitt. vgl. LZ. Abt. II **7** (1962) Nr. 8. S. 2273.
Folgende *Fungi imperfecti*, die in Jabalpur vorkommen, werden beschrieben: *Biharia smilacis*, eine neue Art, auf *Smilax macrophylla*; *Septoria socia* auf *Chrysanthemum* sp., *Colletrotrichum pithecolobii* auf *Phitecolobium dulce* und *Cerospora riachueli* auf *Vitis trifolia*. Die 3 letztgenannten Pilze wurden in Indien erstmalig registriert. Weiterhin wurden für *Curvularia lunata* 2 neue Wirtpflanzen, und zwar *Musa paradisiaca* L. und *Cymbopogon citratus* Stapf, ermittelt. E. Wittenberg. 2000.

Benada, Jaroslav; Kroměříž, Výzkumný Ústav Obilnářský ČSAZV. Padlí travní (Erysiphe graminis DC.) na ječmeni. I. Škodlivost padlí travního na jarním ječmeni pri podznim výsevu. **(Getreidemehltau [Erysiphe graminis DC.] auf Gerste. 1. Mitt. Schädlichkeit des Getreidemehltaus auf der Sommergerste bei Spätaussaat.)** Sborník českoslov. Akad. zemědělských Věd, rostlinná Výroba **7(34)** (1961) Nr. 10. S. 1329–1342. — 8 Tab., 22 Lit. Zus. in Russ., Dtsch.
Im Jahre 1960 wurde in einem Feldversuch die Schädlichkeit des Getreidemehltaus auf 4 Sommergerstensorten untersucht. Um die Kontrollparzellen mehltaufrei zu halten, wurden diese einmal wöchentlich (nach Regenfällen evtl. öfter) mit 1% Schwefelkalkbrühe mit Zusatz von 0,1% Saponat als Netzmittel gespritzt. Nach Spätaussaat (Mitte Mai) und bei starkem Mehltaubefall betrug bei der Sorte 'Piroline' die durchschnittl. Kornertragsminderung 19, bei 'Triumpf' 18, 'Valtický' 33 und 'Opavský' 37%. Der Strohertrag ging bei der Sorte 'Piroline' durchschnittl. um 16, bei 'Triumpf' um 18, 'Opavský' und 'Valtický' um 30% zurück. Die Strohertragsminderung ist auf geringere Wuchshöhe und Halmzahl der befallenen Pflanzen zurückzuführen. Der Kornertragsrückgang entsteht bes. durch Abnahme des Tausendkorngewichtes und durch verminderte Zahl der Halme. Bei einigen Sorten wiesen die Körner der befallenen Pflanzen eine größere Keimfähigkeit auf. In gleich-

großen Körneranteilen war der N-Gehalt bei befallenen und gesunden Pflanzen annähernd gleich hoch, doch wird durch den Befall der Anteil der kleinem Körner und dadurch indirekt auch der N-Gehalt erhöht. Das Lagern war bei den gesunden Beständen häufiger. P. Bartoš. 2020.

Bushnell, William R. und Allen, P. J.; Madison, Wis., Univ. Dep., of Bot. Induction of disease symptoms in barley by powdery mildew. **(Ausbildung von Krankheitssymptomen an Gerste durch Echten Mehltau.)** Plant Physiol. **37** (1962) Nr. 1. S. 50–59. — 6 Abb., 4 Tab., 37 Lit.

Mittels verschiedener Methoden wurde untersucht, ob an der Symptomausbildung mehltaubefallener Gerstenblätter im Pilz lokalisierte diffundierende Substanzen Anteil haben. Die gesteigerte Atemtätigkeit mehltaubefallenen Gewebes ließ sich mit Gewebeextrakten befallener Blätter nicht induzieren. Die Annahme, daß enger Kontakt zwischen befallenem Gewebe und gesunden Blättern durch Diffusion bestimmter Stoffe zur Symptomausbildung führe, bestätigte sich nicht. Es traten weder Nekrosen noch Chlorosen auf. Zu Frühsymptomen des Befalls, die in enger Beziehung zur Entwicklung der Mehltaukolonie stehen, zählen Stärkeanreicherung und Ausbildung grüner Zonen in etwa 1 mm Entfernung der Kolonie. Die grünen Flecke bildeten sich nach Abtrennung infizierter Blätter und anschließend 3tägiger Inkubation. Enger Kontakt zwischen befallenem Gewebe und abgetrennten gesunden Blättern führte nicht zur Symptomausbildung. Da Wasserextrakte von Mehltaukonidien beide Symptome erzeugten, wird eine Lokalisation der induzierenden Stoffe in den Mehltaukonidien angenommen. Die Aktivität dieser Extrakte wurde durch Kochen, Eintrocknung sowie Behandlung mit Diäthyläther bzw. ionenaustauschenden Harzen nicht zerstört. Es wird vermutet, daß in den Mehltauhyphen ähnliche Substanzen vorliegen wie in den Sporenextrakten. W. Kühnel. 2020.

Malencon, M. G.; Rabat. Epidémiologie de la rouille noire des céréales en Maroc. **(Die Epidemiologie des Schwarzrostes bei Getreide in Marokko.)** Fruits Primeurs Afrique du Nord **1961** Nr. 324. S. 269–274. — 2 Tab., 7 Lit.

Puccinia graminis tritici tritt mit großer Regelmäßigkeit jedes Jahr in Marokko auf. Die Epidemie wird von dem milden Klima begünstigt. Die Frage, woher die Uredosporen kommen, ist bisher ungeklärt; es existieren verschiedene Theorien über deren Herkunft, die besprochen werden. Vf. schlägt für zukünftige Forschungen vor, daß der jährliche Zyklus der Uredosporen auf lokaler Basis gründlich untersucht wird. Die Erarbeitung einer Zeittafel und einer Topographie der Ausgangsstellen der Epidemieherde müßte folgen und würde wahrscheinlich zur Grundlage wichtiger Erkenntnisse werden. E. M. Ardelt. 2020.

Mantle, P. G.; London, Imperial Coll., Bot. Dep. Futher observations on the reaction of wheat varieties to physiologic races of loose smut. **(Weitere Beobachtungen über die Reaktion von Weizensorten gegen physiologische Rassen des Flugbrandes.)** Ann. appl. Biol. **49** (1961) Nr. 3. S. 510–514. — 3 Tab., 6 Lit.

41 Weizensorten wurden auf ihre Reaktion gegen 3 physiol. Rassen von *Ustilago tritici* untersucht, wobei neben dem Embryotest auch Feldbeobachtungen herangezogen wurden. Es wurde eine weitgespannte Variabilität der Anfälligkeit festgestellt. Es konnte keine Beziehung zwischen der Mycelausbreitung im Scutellum und dem späteren Verhalten auf dem Felde gefunden werden. Immunität war in den Weizensorten sehr selten zu finden. Für Rasse C 1 eignet sich am besten die Sorte 'Dominator' als Differentialwirt, für Rasse C 2 'Bersée', 'Heurtibise', '1/52' und 'Agror', für Rasse C 3 'H 392/14', 'Ideal Bataille' und 'Otofte 56'. M. Schmiedeknecht. 2020.

Graham, Shirl O.; Pullman, Wash., Wash. State Univ. Germination responses of Ustilago tritici teliospores in relation to lyophilization. II. Effects of the germinative medium on survival. **(Keimverhalten der Teliosporen von Ustilago tritici in Beziehung zur Lyophilisation. 2. Mitt. Einflüsse des Keimmediums auf die Lebensfähigkeit.)** Mycologia [New York] **52** (1960) Nr. 5. S. 779–785. — 3 Tab., 8 Lit. 1. Mitt. vgl. Res. Stud. State Coll. Washington **24** (1956) S. 307.

Der Einfluß des Keimsubstrates auf das Keimungspotential lyophilisierter Teliosporen von *Ustilago tritici* wurde mittels 27 verschiedener Kulturmedien geprüft. Während org. Salze und org. N-Verbindungen die Keimfähigkeit der Teliosporen stark herabsetzen, bewirken Kohlenhydrate, insbesondere Saccharose, eine ausgeprochene Keimförderung. Diese Wirkung ist allein nährstoffbedingt und beruht nicht auf einem osmotischen Konz.-Effekt. Für Salze gilt, daß mit zunehmender Konz. die Keimung zurückgeht. Obwohl in der Mehrzahl der Fälle der Einfluß der Wasserstoffionenkonz. durch Wechselwirkung verschiedener Faktoren verdeckt wird, ist ein Einfluß derselben auf das Keimungspotential gegeben. W. Kühnel. 2020.

Mantle, P. G.; London, Imperial Coll., Bot. Dep. The effect of gibberellic acid on the incidence of loose smut of wheat. **(Die Wirkung von Gibberellinsäure auf das Vorkommen des Weizenflugbrandes.)** Ann. appl. Biol. **49** (1961) Nr. 3. S. 506–509. — 2 Tab., 6 Lit.

Weder im Gewächshaus noch unter Feldbedingungen konnte durch Gibberellinsäure-Behandlung eine gesicherte Beeinflussung des Mycels von *Ustilago tritici* in anfälligen Weizenpflanzen (Sorte 'Little Club') erzielt werden. Unter gewissen Gewächshausbedingungen scheint das Mycelwachstum gefördert worden zu sein, während eine Hemmung niemals beobachtet wurde.
M. Schmiedeknecht. 2020.

Judel, G. K. und Kürten, P. W.; Hanninghof, Landwirtsch. Forsch. **Beeinflußt Bor Ertrag und Schorfbefall bei Kartoffeln?** Kartoffelbau **13** (1962) Nr. 2. S. 26–28. — 3 Tab., 8 Lit.

Bormangelerscheinungen können durch verschiedene Ursachen im Kartoffelbau hervorgerufen werden und äußern sich an den Stauden, Wurzeln und Stolonen wie auch an den Knollen und in deren Geschmack bzw. Kochqualität. Schon bei geringem B-Mangel zeigt sich an den Knollen Schalenrissigkeit, die das Auftreten des Kartoffelschorfes erheblich begünstigt (leichtes Eindringen der Pilze). Ferner haben zu niedrige (aber auch zu hohe) B-Gaben eine starke Ertragsminderung zur Folge. Zur Ausbringung der geringen Bormengen (je nach Bodenart und pH-Wert unter 10 bis 20 kg/ha Borax) empfiehlt es sich, B-haltige N- oder P-Dünger zu verwenden; physiol. saure Düngung ist in Verbindung mit B zu bevorzugen. R. Kämmerer. 2030.

Blattný, Ctibor; Prag, Tschechoslow. Akad. der Wiss., Biol. Anst., Phytopathol. Abt. **Zur Herkunft SB („Rasse 3") und NB des Kartoffelkrebserregers. (Synchytrium endobioticum).** Nachrichtenbl. dtsch. Pflanzenschutzdienstes [Braunschweig] **13** (1961) Nr. 9. S. 140–141. — 4 Lit.

Es handelt sich um eine Entgegnung über die von Ullrich (Nachrichtenbl. dtsch. Pflanzenschutzdienstes [Braunschweig] **13** [1961] S. 10.) veröffentlichten kritischen Bemerkungen der Existenz der Herkunft SB, die später die Bezeichnung Rasse 3 erhielt. Vf. hält es nicht für tragbar, einen Biotyp wegen des Nichtmehrvorhandenseins der seinerzeit zur Differenzierung verwendeten Rassen einzuziehen. Der ursprünglich in der ČSSR vorhandene nordböhmische Biotyp (NB) ist heute nicht mehr nachweisbar, weil das ursprünglich mit diesem Biotyp verseuchte Feld zur Verbesserung der Prüfungsbedingungen in den Jahren 1945/46 mit dem aggressiveren südböhmischen Biotyp (SB) infiziert worden war. H. Henniger. 2030.

Pehl, P. und Sturm, H.; Limburgerhof/Pfalz, Landwirtsch. Versuchsstat. **Stickstoff-Versorgung und Phytophthora-Befall der Kartoffeln.** Kartoffelbau **13** (1962) Nr. 2. S. 29–30.
In den während der Jahre 1959–1961 durchgeführten Versuchen nahm mit steigender N-Düngung der Krautfäulebefall deutlich ab, während sich der N-Gehalt der Blätter und der Knollenertrag erhöhten. Durch 1 kg N wurden dabei 84–200 kg Knollen erzeugt (nach Schmitt im Durchschnitt 88 kg!). Gute N-Versorgung der Kartoffeln (und damit ein hoher N-Gehalt der Blätter) beugt also einem frühen und starken *Phytophthora*-Befall vor; die durch höhere N-Düngung verstärkte Widerstandskraft der Blätter überdeckt das befallsfördernde Mikroklima in üppigen Beständen. P. Kämmerer. 2030.

Kochmann, J. Maczniak prawdziwy — Erysiphe communis (Wallr.) Link na buraku cukrowym w Polsce. **(Echter Mehltau — Erysiphe communis [Wallr.] Link an der Zuckerrübe in Polen.)** Postępy Nauk rolniczych **1961** Nr. 1. S. 37–39. — 12 Lit.
Der Echte Mehltau der Zuckerrübe ist in vielen Ländern Europas, Asiens und Amerikas bekannt. Kürzlich ist er auch in Polen, in der Gegend von Znin, der Woiwodschaft Bydgoszcz festgestellt worden. Von den Konidien werden zuerst die älteren und stufenweise immer jüngere Blätter befallen. Die Blätter werden gelb, später braun und zuletzt trocknen sie ein. Die Zuckerrüben werden vom Mehltau gewöhnlich in der zweiten Hälfte der Vegetationsperiode befallen. Am Ende der Vegetationsperiode bilden sich die Perithecien. Durch den Krankheitsbefall werden der Blatt- und Rübenertrag sowie der Zuckergehalt der Rüben herabgesetzt. Zur Bekämpfung dieser Krankheit werden verschiedene Fungicide eingesetzt, z. B. 3malige Spritzung mit Kupferoxychlorid (1,7 kg auf 400 l Wasser/ha). In Österreich wurden die 1. Spritzung am 17. Juli, die 2. am 8. und die 3. am 28. Aug. durchgeführt.
W. Święcicki. 2030.

Benc, Stanislav und Lapar, Miroslav; Smečice, Pracoviště Čiky a Stupice, Výzkumný Ústav Řepařský ČSAZV. Vliv vadnuti rostlin cukrové řepy na výši napadeni houbou Cercospora beticola Sacc. **(Einfluß des Welkens der Zuckerrübenpflanzen auf die Stärke des Befalls durch den Pilz Cercospora beticola Sacc.)** Sborník českoslov. Akad. zemědělských Věd, rostlinná Výroba **7(34)** (1961) Nr. 7. S. 991–1008. — 7 Tab., 7 Lit. Zus. in Russ., Dtsch.
Es wurde die Beziehung zwischen dem Welken der Zuckerrübenpflanzen und dem Befall mit *Cercospora beticola* Sacc. an Zuchtmaterial auf 2 Versuchsfeldern in der Slowakei untersucht. Von insgesamt 89 errechneten Korrelationen zwischen dem Welken und dem *Cercospora*-Befall waren 76,4% der Korrelationskoeffizienten positiv und 23,6% negativ, so daß die positiven Koeffizienten mit 52,80% überwogen. Da der Unterschied zugunsten der positiven Koeffizienten höher ist als die grundlegende Wahrscheinlichkeit des Vorkommens positiver oder negativer Korrelationen bei einer nicht existierenden Beziehung (= 50), wird die Beziehung als gesichert angesehen. Die einzelnen ermittelten Korrelationskoeffizienten waren durchweg klein und überschritten nur selten den Wert $r = 0,5$, so daß individuelle Bewertung nicht möglich war, einzeln ermittelte Korrelationskoeffizienten waren statistisch nicht gesichert. Bei den gleichen klimatischen Verhältnissen auf beiden Versuchsstandorten wurde der Einfluß abweichender Bodenverhältnisse auf den *Cercospora*-Befall festgestellt. Ein Einfluß des verschiedenen Blattcharakters auf den *Cercospora*-Befall wurde nicht festgestellt.
P. Bartoš. 2030.

Isaac, Ivor und Heale, J. B.; Swansea, Univ. Coll. Wilt of lucerne caused by species of Verticillium. III. Viability of V. albo-atrum carried with lucerne seed, effects of seed dressings and fumigants. **(Die Luzernewelke, verursacht durch Verticillium-Arten. 3. Mitt. Die Lebensfähigkeit von Verticillium albo-**

atrum auf Luzernesaatgut, Wirkungen von Samenbeizungen und Begasungsmitteln.) Ann. appl. Biol. **49** (1961) Nr. 4. S. 675–691. — 3 Abb., 11 Tab., 29 Lit. 2. Mitt. vgl. LZ. Abt. II (1960) Nr. 12. S. 3021.
Dauermycel von *V. albo-atrum* auf abgestorbenen Luzernerückständen bleibt unter Zimmertemperatur 13 Mon. lebensfähig. Konidien des Pilzes auf Luzernesamen verlieren unter gleichen Bedingungen ihre Keimfähigkeit nach 7 Mon. Orthocid (Captan) erwies sich toxisch sowohl gegen Konidien des Pilzes, die am Luzernesamen haften, als auch gegen infizierte Luzerneteilchen, die im Saatgut zu finden sind. Gebeiztes Saatgut, geimpft mit *Rhizobium mellelotus* erbrachte gesunde, normale Sämlinge mit reichlicher Knöllchenbildung. In vitro wird jedoch *R. mellelotus* durch Orthocid gehemmt. Saatgutbeizungen mit Orthocid, Agrosan-GN (Hg-haltig) und Fernasan (Thiram) nach einer Bakterienimpfung führten zu höheren Luzerneerträgen als Beizungen vor einer Impfung. Die Unterschiede waren jedoch nicht so erheblich, daß von der üblichen Praxis der Beizung vor der Impfung abgeraten werden muß. Methylbromid als Begasungsmittel ist wirkungslos gegen *Verticillium*. Allylalkohol, Allylbromid, Chlorpikrin und Formaldehyd erwiesen sich dagegen als brauchbar. Bei Saatgutbegasungen werden Dauermycel und Konidien von *V. albo-atrum* abgetötet, ohne daß die Lebensfähigkeit der Luzernesamen nennenswert beeinträchtigt wird. H. Bochow. 2050.

Rojecka, N. Mikroorganizmy chorobotwórcze w surowcu zielarskim, występowanie, znaczenie gospodarcze. **(Krankheitserreger an Arzneipflanzen, Auftreten, wirtschaftliche Bedeutung.)** Roczniki Nauk rolniczych, Ser A. **84** (1961) Nr. 4. S. 821–828. — 5 Tab., 10 Lit. Zus. in Russ., Engl.
Die Untersuchungen wurden in den Jahren 1956–1958 in Puławy IUNG durchgeführt. 695 Proben in Lagerräumen gelagerter Blütenstände, Früchte, Samen, Blätter, Kräuter, Wurzeln und Wurzelstöcke wurden auf das Vorkommen von Mikroorganismen untersucht. Die isolierten Mikroorganismen ließen sich in 2 Gruppen einordnen, nämlich in solche, die vom Felde eingeschleppt wurden und in solche, die nur in den Lagerräumen auftreten. An den zur Drogenherstellung zerschnittenen Pflanzenteilen fanden sich am häufigsten *Aspergillus* spp., seltener *Penicillium* spp. An faulendem Material wurden *Mucor* spp., insbesondere *M. vincedo* L. und *M. racemosa* Fries, festgestellt. An getrockneten Beeren und Blüten traten kaum Schimmelpilze auf. Am stärksten waren die Samen der Umbelliferen befallen, da sie schon im Freiland infiziert wurden, vornehmlich durch Bakterien, *Alternaria* spp. und *Cercospora* spp. Der Befall betrug häufig 100%. Außer den genannten Mikroorganismen wurden noch Saprophyten isoliert, die aber nicht weniger schädlich waren, da sie die Keimung der Samen hemmten und Fäulnis verursachten. Auch die Bakterien sind mindestens so schädlich wie die Pilze, um so mehr, als ihre Bekämpfung sehr große Schwierigkeiten bereitet. Die infizierten Samen eignen sich nicht zur Saat. Die anderen infizierten Teile der Arzneipflanzen können nicht zu Drogen verarbeitet werden. W. Święcicki. 2060.

Rider, N. E., Cruickshank, I. A. M. und Bradley, E. F. Environment and sporulation in phytopathogenic fungi. III. Peronospora tabacina Adam: Field environment, sporulation, and forecasting. **(Umwelt und Sporulation bei phytopathogenen Pilzen. 3. Mitt. Peronospora tabacina Adam: Umwelt, Sporulation und Prognose.)** Austral. J. agric. Res. **12** (1961) Nr 6 S. 1119 bis 1125. — 1 Abb., 2 Tab., 23 Lit.
Es wird über Messungen der Temperatur und Feuchtigkeit in verschiedenen Höhen eines Tabakbestandes während eines Zeitraumes von 4 Tagen berichtet. Auf Grund der Sporulationsintensität bei *Peronospora tabacina* Adam wird festgestellt, daß diese nicht nur von der rel. Luftfeuchtigkeit der Nacht, sondern auch von der Tagestemperatur beeinflußt wird. Günstige Sporulationsbedingungen ergeben sich, wenn die Tagestemperatur während mehr als

6 Std. nicht über 30 °C ansteigt und die rel. Luftfeuchtigkeit der folgenden Nacht mindestens 3 Std. über 95% liegt. Die Ergebnisse anderer Autoren werden diskutiert und daraus auf Versuchsbasis Informationen für eine Blauschimmel-Prognose und den Warndienst gegeben. A. Egerer. 2065.

Strider, D. L. und Winstead, N. N.; Raleigh, North Carolina State Coll., Dep. of Plant Pathol. Production of cell-wall dissolving enzymes by Cladosporium cucumerinum in cucumber tissue and in artificial media. **(Die Bildung zellwandlösender Enzyme durch Cladosporium cucumerinum im Gurkengewebe und in künstlichen Medien.)** Phytopathology **51** (1961) Nr. 11. S. 765 bis 768. — 1 Tab., 17 Lit.
In künstlichen Kulturen von *Cladosporium cucumerinum* konnten Cellulase, Pektinmethylesterase und Polygalakturonase nachgewiesen werden. Cellulase fand sich in Filtraten cellulosehaltiger und cellulosefreier Kulturen. Pektinmethylesterase wurde in Kulturen auf *Citrus*-Pektin oder Na-Polypektat gefunden. Polygalakturonase fand sich ebenfalls in Kulturen auf *Citrus*-Pektin, aber auch auf einigen anderen C-Quellen. In krätzekranken Gurken konnten viel Cellulase und etwas Polygalakturonase nachgewiesen werden. Pektinmethylesterase ist auch in gesunden Gurken vorhanden. Es wird angenommen, daß Cellulase eine bedeutende Rolle bei der Zerstörung des Gurkengewebes durch den Parasiten spielt. M. Schmiedeknecht. 2070.

Goss, Olga M. und Doepel, R. F. Bacterial blight or black spot of walnuts. **(Bakterienfäule oder Schwarzfleckigkeit der Walnüsse.)** J. Agric. Western Australia [4] 2 (1961) Nr. 10. S. 833–834. 837. — 5 Abb.
Die Bakterienfäule oder Schwarzfleckigkeit der Walnüsse, hervorgerufen durch *Xanthomonas juglandis,* ist eine wichtige Krankheit in Westaustralien. Die Symptome an Blättern und Früchten werden beschrieben. Wichtigste Ausgangsquelle für den Befall im nächsten Jahr stellen Winterknospen, abgefallene Blätter und Früchte dar. Der Krankheitsverlauf wird beschrieben. Zur Bekämpfung werden einmal Beseitigung befallener Bäume, Vernichtung des abgefallenen Laubes und der gefallenen Früchte empfohlen. Spritzungen mit Kupferkalkbrühe mit Mineralölzusatz zu 4 verschiedenen Zeiten haben gute Erfolge gebracht. Kupferkalkbrühe ist auch dem Streptomycin überlegen. R. Fritzsche. 2080.

Knösel, D.; Stuttgart-Hohenheim, Landwirtsch. Hochschule, Inst. für Pflanzenschutz. **Zum Bakterienbrand der Walnußbäume, Isolierung und Untersuchung des Erregers.** Z. Pflanzenkrankh. (Pflanzenpathol.) Pflanzenschutz **68** (1961) Nr. 10/11. S. 638–642. — 2 Abb., 1 Tab., 3 Lit. Zus. in Engl.
An Walnußbäumen in Hohenheim war im Spätsommer des Jahres 1960 ein starker Befall durch Bakterienbrand und *Marssonina*-Krankheit festzustellen. Mit dem erstmalig in Deutschland isolierten Bakterium wurden an Blättern abgeschnittener Zweige im Gewächshaus erfolgreiche Stichinfektionen durchgeführt. Gegenüber einem Originalstamm der American Typ Culture Collection bestanden stärkere Unterschiede in der Morphologie und den Kultureigenschaften. Wegen der Übereinstimmung in der Symptomatologie wird die Zugehörigkeit zu *Xanthomonas juglandis* (Pierce) Dowson dennoch angenommen. F. Hädicke. 2080.

Braun, H. und Schwinn, F. J.; Bonn, Univ., Inst. für Pflanzenkrankh. **Bemerkungen zum Auftreten und zur Bekämpfung der Kragenfäule (Phytophthora cactorum [Leb. et Cohn] Schroet.** Erwerbsobstbau **4** (1962) Nr. 3. S. 54 bis 56 — 1 Abb., 1 Tab., 3 Lit.
Im Kempen-Krefelder Gebiet wurde im Herbst des Jahres 1961 in Apfelspindelanlagen, die mit Hühnerdung gedüngt worden waren, ein rel. starker Befall mit *Phytophthora cactorum* beobachtet. Ob Hühnerdung, im Gegensatz zu anderen org. Düngemitteln, die Lebensfähigkeit des Kragenfäuleerregers

im Boden nicht beeinflußt oder fördert, ist noch unklar. — *Phytophthora*-Fäule wurde verstärkt in den Jahren 1960 und 1961, nicht nur wie bisher an jungen Früchten, sondern auch an pflückreifem Obst und an Äpfeln auf dem Lager beobachtet. — Versuche mit dem „absolut sicher wirkenden" Bekämpfungsmittel „Berkoline" verliefen negativ. M. Reichel. 2080.

Becker, Helmut und Schrodt, Walter; Neustadt a. d. Weinstraße, Landes-Lehr- und Forsch.-Anst. für Wein- und Gartenbau, Inst. für Reblausbekämpf. und Wiederaufbau. **Zur Perithezienbildung des Echten Mehltaues der Rebe (Uncinula necator [Schw.] Burr.) an verschiedenen Unterlagenzüchtungen.** Weinberg u. Keller **9** (1962) Nr. 3. S. 69–76. — 4 Abb., 3 Tab., 3 Lit.
Es wurde untersucht, ob die Bereitschaft zur Perithecienbildung von *Uncinula necator* (Schw.) Burr. ein sortenabhängiges Merkmal darstellt. Dazu wurden i. J. 1961 der *Oidium*-Befall und die Perithecienbildung an einer Population von 687 Neuzüchtungen genetisch verschiedener Unterlagsreben ermittelt und nach statistischen Gesichtspunkten ausgewertet. Zwischen Unterlagenpopulationen mit 'Vinifera'-Erbgut und solchen aus Kreuzungen mit 'Amerikanern' bestehen Unterschiede. Die Perithecienbildung hängt jedoch nicht von der genetischen Konstitution der Unterlage ab, sondern von der Stärke des *Oidium*-Befalles. F. Daebeler. 2090.

Kundert, J.; Wädenswil, Eidg. Versuchsanst. **Auftreten und Bekämpfung des falschen und echten Rebenmehltaus im Jahre 1961.** Schweiz. Z. Obst- u. Weinbau **71** (1962) Nr. 3. S. 68–71; Nr. 6. S. 142–146. — 1 Abb., 5 Tab.
Die ersten Blattflecke durch *Peronospora*-Infektion vom 28/29. Mai 1961 wurden am 11. Juni, ein weiteres Auftreten des Pilzes wurde am 28. Juni und am 3. Juli auf den Blattunterseiten und Beeren registriert. Ende Aug. waren in den unbehandelten Kontrollparzellen 90% der Blätter und die Trauben zu 65% (davon 33% vernichtete Beeren) befallen, wobei eine unterschiedliche Anfälligkeit zwischen den Reben auf den verschiedenen Unterlagen ersichtlich war. Die mit org. Mitteln aus 4 verschiedenen Wirkstoffgruppen und einem zinebkupferhaltigen Mischpräparat (die Präparate wurden entweder sofort nach der Blüte oder erst von der 2. Nachblütespritzung an durch reine Kupfermittel ersetzt) behandelten Reben wiesen Blattinfektionen überhaupt nicht und späte Infektionen auf den Beeren vereinzelt auf. Eine durchgehende Spritzfolge mit dem Mischpräparat Zineb-Kupfer zeigte gleich gute Ergebnisse. Im Hinblick auf den Befall der Reben mit *Oidium* hatten die Spritzmittel jedoch unterschiedliche Wirkungen zur Folge. So brachte die Spritzfolge 3mal org. Mittel und 3mal Kupferoxychlorid bessere Ergebnisse als die Spritzfolge 4mal org. Mittel und 2mal Kupferoxychlorid. Den besten Erfolg zeigte jedoch die durchgehende Anwendung des Mischpräparates. Versuche in Lausanne, bei denen die *Peronospora*-Bekämpfung ebenfalls mit org. und kupferhaltigen Spritzmitteln, die *Oidium*-Bekämpfung jedoch durch 5malige 0,2%ige Netzschwefelzusätze sowie durch die gleiche Anzahl von Schwefelstäubungen erfolgte, bestätigten die gute Wirkung des Kupfers in Wädenswil (die reinen Kupfermittel Oxychlorid und Kupferkalkbrühe ergaben bessere Ergebnisse als das Mischpräparat Zineb-Kupfer) und brachten auch die gute Wirkung des Schwefels zum Ausdruck. E. Wittenberg. 2090.

Bakker, Martha und Scholten, G.; Bacterieziekten bij Amerikaanse anjers in Nederland. **(Bakterienkrankheiten der Nelken in den Niederlanden.)** Tijdschr. Planteziekten **67** (1961) Nr. 4. S. 296–302. — 12 Lit. Zus. in Engl.
Als Erreger von Nelkenbakteriosen wurden *Pseudomonas caryophylli* und *Erwinia parthenii* var. *dianthicola* isoliert. Der letztgenannte Erreger wird als der gefährlichere bezeichnet. Die Arbeit enthält morphol. und physiol. Daten für beide Erreger sowie genaue Kulturanweisungen. Das Hauptsymptom für *Pseudomonas* ist das Längsaufspalten der Internodien. Der Befall durch *Erwinia* ist durch gestauchten Wuchs der Pflanze, Verfärbung nach graugrün und Run-

zeligwerden der Blätter in Verbindung mit dem Auftreten punktförmiger Nekrosen charakterisiert. Die lange Inkubationszeit der *Erwinia*-Bakteriose begünstigt deren Verschleppung mit Stecklingen (Gefahr der Einschleppung). Vorbeugend wirken einige Hygienemaßnahmen: Isolierte Kultur der Mutterpflanzen, Gießen mit Quell- oder Leitungswasser, Verwendung getesteter Stecklinge, die im übrigen nicht gebündelt ins Wasser gestellt werden dürfen. G. Staar. 2100.

Miller, H. N. und McFadden, Lorne A.; Homestead, Florida Agric. Exp. Stat., Sub-Trop. Exp. Stat. A bacterial disease of Philodendron. **(Eine Bakterienkrankheit an Philodendron.)** Phytopathology **51** (1961) Nr. 12. S. 826 bis 831. — 4 Abb., 2 Tab., 15 Lit.
Als Erreger einer Bakterienkrankheit an einigen *Philodendron*-Arten wird ein Stamm von *Erwinia chrysanthemi* nachgewiesen. Als Symptome treten im durchfallenden Licht „fettige" Blattflecke auf sowie ein Weichwerden und Zusammenbrechen der Blattstiele. Anfällig sind bes. die großblättrigen *Philodendron*-Arten: *P. selloum* Koch, *P. meliononi* Brongn. u. a., während kleinblättrige Arten, wie *P. oxycardium* Schott und *P. andreanum* Devansaye, *Monstera*-Arten, *Dieffenbachia*, *Aglaonema*, *Pilea*, *Peperomia*, *Schefflera*, *Syngonium*, *Scindapsus* und *Alocasia* nicht befallen werden. Die morphol. und physiol. Eigenschaften des Erregers werden ausführlich beschrieben. Zur Bekämpfung hat sich die vorbeugende Spritzung mit Antibiotica, bes. Agrimycin (100–200 ppm), bewährt. Anwendung über die Wurzeln war nicht ausreichend wirksam. Herta Schmidt. 2100.

Schwinn, Josef; Bonn, Univ., Inst. für Pflanzenkrankh. **Über eine durch Phytophthora parasitica Dastur verursachte Fäule an Anthurien.** Nachrichtenbl. dtsch. Pflanzenschutzdienstes [Braunschweig] **13** (1961) Nr. 9. S. 129 bis 132. — 7 Abb., 13 Lit.
Die Fäule an *Anthurium scherzerianum* Schott beginnt an der Blattstielbasis (dunkle, scharf abgegrenzte Flecke) und schreitet bis zur Blattspreite fort. Diese ist anfangs gelblich aufgehellt, später braun verfärbt. Meist knicken die Blätter unterhalb der Spreite ab. Im fleischigen Sproß kommt die Fäule offensichtlich zum Stillstand. Die wahrscheinlich sekundär vom Boden her infizierten Wurzeln werden braun und glasigweich. — Der aus befallenen Pflanzenteilen isolierte und auf Agarmedien kultivierte Pilz konnte als *Phytophthora parasitica* identifiziert werden. Nach Infektion von abgeschnittenen Blättern und intakten Pflanzen erfolgte der typische Krankheitsverlauf. Die Anthurien-Fäule ist wahrscheinlich von Gloxinien ausgegangen, die von *P. parasitica* befallen waren. G. Sembdner. 2100.

Pag, Hansgeorg; Berlin-Dahlem, Biol. Bundesanst. für Land- und Forstwirtsch., Lab. für Zierpflanzenkrankh. **Über eine bisher nicht bekannte Welkekrankheit an Aphelandra squarrosa Nees.** Nachrichtenbl. dtsch. Pflanzenschutzdienstes [Braunschweig] **13** (1961) Nr. 9. S. 133–134. — 5 Abb.
Die meist einseitig beginnende Welke schreitet von den untersten Blättern bis zur Triebspitze fort und führt schließlich zum völligen Zusammenbruch dieser geschätzten Zierpflanzen. Als inneres Symptom tritt eine für Tracheomykosen typische Verbräunung der Gefäßbündel auf. Der isolierte und auf verschiedenen Nährböden kultivierte Pilz wurde als ein mikrosklerotialer Typ von *Verticillium albo-atrum* identifiziert. Die nach künstlicher Infektion beobachteten Schadbilder entsprechen den natürlichen. Zur Bekämpfung werden vorbeugende hygienische Maßnahmen empfohlen. G. Sembdner. 2100.

Wilcox, H. J. und Falconer, Margaret, A. Leaf spot of Chrysanthemum caused by Septoria obesa. **(Durch Septoria obesa verursachte Blattflecke an Chrysanthemen.)** Plant Pathol. **10** (1961) Nr. 3. S. 124.

Braune Blattflecke von runder bis ovaler Form auf Sproß-Chrysanthemen wiesen sowohl makro- als auch mikroskopisch sich von denen des Pilzes *Septoria chrysanthemella* unterscheidende Pyknidien auf. Sie wurden zu *Septoria obesa* gehörig bestimmt. Die in „Ranken" den Pyknidien entströmenden Sporen sind glatt, hyalin und mit verdickter Basis peitschenartig. Die Sporengröße wird mit 6—12 × 2,5 — 3, 5μ und die Anzahl der Querwände mit 5–13μ angegeben. Die entspr. Daten für die Sporen von *S. chrysanthemella* sind 23–72 × 1–3μ und 3–6 Querwände. Es ist der erste Nachweis in Großbritannien des in den USA, in Europa und dem Fernen Osten bereits bekannten Pilzes.
E. Vorsatz. 2100.

Boerema, G. H. Een bladvlekkenziekte bij liguster, veroorzaakt door Cercospora ligustrina nov. spec. **(Eine Blattfleckenkrankheit des Ligusters, verursacht durch Cercospora ligustrina nov. sp.)** Tijdschr. Planteziekten **68** (1962) Nr. 1. S. 114–119. — 2 Abb., 3 Lit.

In Baumschulen der Niederlande trat in den letzten Jahren eine gefährliche Blattfleckenkrankheit an verschiedenen Ligusterarten auf. Sie verursacht graubraune, vorwiegend kreisförmige Flecke von 1–7 mm Dmr. mit purpurfarbenem Saum. Die Nekrosen sind auf beiden Blattseiten sichtbar, die Sporenträger erscheinen meist auf der Blattunterseite. In vergleichenden Untersuchungen wurde festgestellt, daß nicht die bekannten Blattfleckenerreger *Cercospora adusta, C. ligustricola* und *C. ligustri* die Ursache sind, sondern die bisher unbeschriebene Art *C. ligustrina* Boerema n. sp. Ihre mikroskopischen Bestimmungsmerkmale werden beschrieben. D. Weiß. 2150.

Feder, William A. und Feldmesser, Julius; Orlando, Fla., U. S. Dep. of Agric., A.R.S., Crops Res. Div. The spreading decline complex: the separate and combined effects of Fusarium spp. and Radopholus similis on the growth of Duncan grapefruit seedlings in the greenhouse. **(Der „spreading decline" Komplex: Die alleinige und kombinierte Wirkung von Fusarium spp. und Radopholus similis auf das Wachstum von 'Duncan'-Pampelmusensämlingen im Gewächshaus.)** Phytopathology **51** (1961) Nr. 10. S. 724–726. — 1 Abb., 1 Tab., 17 Lit.

Die „spreading decline" ist eine gefährliche Krankheit der Wurzeln von Pampelmusenbäumen in Florida. Der Krankheitsverlauf wird beeinflußt durch das Zusammenwirken verschiedener Erreger. Der pflanzenparasitären Nematodenart *Radopholus similis* und den *Fusarium*-Arten kommt dabei die Hauptbedeutung zu. Zur Klärung der Schadwirkung beider Pathogene wurden unter sterilen Bedingungen Wurzeln von Pampelmusensämlingen infiziert: 1) nur mit *Fusarium* spp., 2) nur mit *Radopholus similis*, 3) mit *Fusarium* und einen Mon. danach mit *Radopholus*, 4) mit *Radopholus* und einen Mon. danach mit *Fusarium*, 5) Kontrolle . Bei 1) war kaum Schaden an Wurzeln und oberirdischen Pflanzenteilen festzustellen. Bei 4) war der Infektionserfolg am größten. So betrug hier z. B. die Pflanzenlänge der Sämlinge 28,5 cm, bei 2) dagegen 44,9 cm (Kontrolle 75,8 cm), das Wurzeltrockengewicht bei 4) 1,0 g, bei 2) 2,1 g (Kontrolle 4,5 g). Die Versuchsergebnisse zeigen, daß bei kombinierter Wirkung von Pilz und Nematoden das Schadausmaß am größten ist.
A. Dowe. 2200.

D. Maßnahmen des Pflanzenschutzes

Zappe, E.; Tharandt, Abt. Forstschutz gegen Tier. Schädlinge des Inst. für Forstwiss. der Dtsch. Akad. der Landwirtsch.-Wiss. zu Berlin. **Zehn Jahre Forstschutzmeldewesen in der DDR.** Arch. Forstwes. **11** (1962) Nr. 2. S. 191 bis 198. — 2 Abb., 2 Tab., 5 Lit. Zus. in Russ., Engl.

Eine Auswertung der 10jährigen Tätigkeit des Forstschutzmeldewesens in der DDR ergab, daß der Anteil der termingemäß abgegebenen Meldungen von 82,2 % i. J. 1953 auf 98% i. J. 1960 angestiegen ist. Auch die Auswertbarkeit erhöht sich von 62% (1954) auf 97% aller Meldungen. Bei der Überprüfung von 42

Meldestellen in 12 staatlichen Forstwirtschaftsbetrieben wurden falsche Meldungen in einer Höhe von 1,3% ermittelt. Bei diesem Wert handelt es sich nur um Artenverwechslungen, die für die Auswertung des Meldewesens nachteilig sind, jedoch nicht um Fälle, deren Beurteilung auch für den Fachmann ohne Hilfsmittel Schwierigkeiten bereitet und wobei stets Untersuchungsmaterial angefordert wird. Vf. schlußfolgert aus den Ergebnissen, daß sich das Forstschutzmeldewesen als Mittel zur Überwachung des Schädlingsauftretens bewährt hat und bei zweckmäßiger Organisation in der Lage ist, wertvolle Hilfe bei der Verhütung von Schäden im Walde zu leisten.
E. Wittenberg. 2400.

Todd, Glenn W. und Arnold, Wilfred N.; Riverside, Calif., Univ., Citrus Exp. Stat., Dep. of Plant Biochem. and Plant Pathol. An evaluation of methods used to determine injury to plant leaves by air pollutants. **(Eine Beurteilung der Methoden zur Bestimmung von Blattschäden durch Luftverunreinigungen.)** Bot. Gaz. **123** (1961) Nr. 2. S. 151–154. — 3 Abb., 2 Tab., 11 Lit.
Die Feststellung von Pflanzenschäden durch Gaseinwirkung auf Grund visueller Beurteilung bzw. Bestimmung des Frischgewichtes oder des Chlorophyllgehaltes wurden miteinander verglichen. Als Versuchspflanzen dienten 'Pinto'-Bohnen, die in kohlefiltrierter Luft 14 Tage herangezogen wurden und bis auf die vollentwickelten Primärblätter, deren Flächen genau bestimmt wurden, gekappt wurden. Begast wurde 12 Min. lang mit 0,23 ppm Ozon oder mit einer Mischung von 0,45 ppm Ozon und 9,2 ppm 1-Hexan bzw. 0,74 ppm Ozon und 15 ppm 1-Hexan. Ozon verursachte kleine chlorotische Flecke auf der Blattoberseite, während die Ozon-Hexangemische wäßrige Flecke erzeugten, die später austrocknen. Es wurde festgestellt, daß die visuelle Beurteilung bei stärkeren Beschädigungen zu hohe Werte liefert, d. h. der visuelle Beurteilungsindex logarithmisch im Vergleich zu den analytischen Daten steigt. Die beiden analytischen Methoden liefern daher genauere Werte.
M. Schmiedeknecht. 2420.

Tempe, J. de; Wageningen, Rijksproefstat. voor Zaadcontrole. Beoordeling van lijnzaad op Botrytis. **(Die Beurteilung von Leinsaat auf Botrytis.)** Tijdschr. Planteziekten **67** (1961) Nr. 6. S. 554–561. — 2 Abb., 2 Tab., 2 Lit.
Botrytis cinerea Fr. spielt für den Gesundheitszustand der Leinsaaten in den Niederlanden eine große Rolle. Zur Beurteilung der Saat auf *Botrytis*-Infektionen erwies sich die Filtrierpapiermethode bei Licht der Filtrierpapiermethode bei Dunkelheit und der Agarmethode überlegen. Bei der Licht-Filtrierpapiermethode werden die zu untersuchenden Samen auf feuchtes Filtrierpapier ohne Verdunklung der Behältnisse ausgelegt. Der normale Tag-Nacht-Rhythmus wird eingehalten, wobei das Tageslicht durch TL-Licht ergänzt wird. F. Daebeler. 2420.

Domsch, K. H. **Prüfgang für Thielaviopsis- und Fusarium-aktive Wirkstoffe.** Z. Pflanzenkrankh. (Pflanzenpathol.) Pflanzenschutz **69** (1962) Nr. 1. S. 1–17. — 4 Abb., 15 Tab., 18 Lit.
Am Beispiel der Prüfung zahlreicher Wirkstoffe gegen *Thielaviopsis basicola* (Berk. et Br.) Ferraris, *Fusarium orthoceras* (App. et Wr.) sowie *F. solani* (Mart.) App. et Wr. var. *martii* (App. et Wr.) wird ein Überblick über Verfahren der Bodenfungicidprüfung gegeben. Als Wirtspflanzen wurden Erbsen, Lupinen und Tabak benutzt. Aus der Prüfung in Labor.- und Gewächshausversuchen gingen die Wirkstoffe Dithiocarbaminsäureameisensäuremethylester, Mylone, Methylisothiocyanat, Dimethylthiuramdisulfit und Tetrachloräthylrhodanit als *Fusarium*-aktive Substanzen hervor. Die Wirkstoffe Tetrachloräthylrhodanid, Methylarsinsulfid, Allylalkohol und Methylisothiocyanat bewährten sich gegen *Thielaviopsis basicola*. Die möglichen Prüfgänge werden in einem Schema für die Bearbeitung ungeprüfter sowie in einem für die Bearbeitung vorgeprüfter Substanzen dargestellt. J. Hollnagel. 2420.

Worf, Gayle L. und Hagedorn, D. J.; Madison, Univ. of Wisconsin, Dep. of Plant Pathol. A technique for studying relative soil populations of two Fusarium pathogens of garden peas. **(Eine Untersuchungsmethode der relativen Bodenpopulationen zweier Fusarium-Pathogene der Gartenerbse.)** Phytopathology **51** (1961) Nr. 11. S. 805–806. — 1 Abb., 1 Tab.

Die Entwicklung von *Fusarium oxysporum* f. *pisi*, Rasse 2, und *F. solani* f. *pisi*, den Erregern der Welkekrankheit bzw. der Wurzelfäule von Erbsen, läßt sich im Boden gut verfolgen, wenn verdünnte Bodenaufschwemmungen auf einem Kartoffel-Dextrose-Agar, der mit Phosphatpuffer auf pH 3,1 gepuffert ist, ausgespatelt werden. Ein derartiger Nährboden unterdrückt fast vollständig das Wachstum anderer Pilzarten und Bakterien. Die beiden *Fusarium*-Arten lassen sich nach 5–7 Tagen Wachstum bei 20 °C anhand ihrer Färbung unterscheiden: *F. oxysporum*-Kolonien sind purpur und *F. solani*-Kolonien weiß gefärbt. Da die Kolonienzahl sehr von der Aufbereitung der Bodenaufschwemmungen abhängig ist, muß der Arbeitsgang streng standardisiert werden. M. Schmiedeknecht. 2420.

Malec, K. Zmiany w metodyce laboratoryjnego badania na raka materiałów hodowlanych i odmian ziemniaków. **(Veränderungen der Laboratoriumsmethoden zur Krebsuntersuchung an Kartoffelzuchtstämmen und -sorten.)** Hodowla Roślin Aklimatyzacja Nasiennictwo **5** (1961) Nr. 4. S. 557–559.

Einzelheiten hinsichtlich der Veränderungen, die in den Jahren 1954–60 bei der Labor.-Methode zur Untersuchung der Krebsanfälligkeit von Kartoffelzuchtstämmen und -sorten vorgenommen wurden, werden mitgeteilt. Im Nov./Dez. sollten keine Resistenzprüfungen durchgeführt werden, da die Infektionsergebnisse bedeutend geringer als im Frühjahr sind. Vf. führt diese Tatsache auf eine Virulenzsteigerung des Krebserregers im Frühjahr zurück. Die Resistenzprüfungen erfolgen daher erst im Jan. Die Infektionsversuche mit Sommersporen werden bei niedrigen Temperaturen (8–15 °C) durchgeführt, da die Sommersporen in den Wucherungen bei diesen Temperaturen länger virulent bleiben und daher 2mal Verwendung finden können.
W. Święcicki. 2420.

Hamann, U. **Prüfung der Möglichkeit der Einführung des Martintestes und des elektronenmikroskopischen Virusnachweises in die Pflanzgutkontrolle.** Forsch.- u. Entwickl.-Stelle Groß-Lüsewitz, Institut für Pflanzenzücht. der Deutschen Akademie der Landwirtschaftswissenschaften zu Berlin. Abschlußber. 1/3. 1962. Plan-Nr. 1701 05 h-1-14/9

Der Nachweis des X-,·Y- und A-Virus an Farbdefekten von Kartoffeldunkelkeimen (Martin-Test) gelingt nur bei Sorten mit intensiv gefärbten Lichtkeimen. Bei entspr. Sorten wurden die viruskranken Knollen mit 80–90%iger Sicherheit herausgefunden. An Keimen auftretende Nekrosen verursachen gleiche Farbdefekte wie die genannten Viruskrankheiten und stören den Test empfindlich. Mit dem Resoblau-Farbtest werden nur bei Pflanzgutmustern mit extremer Blattrollvirusverseuchung (unter 1% oder über 18% Blattrollvirus) hinreichend genaue Einstufungsergebnisse erzielt. Die Schwemmethode hat im Hinblick auf primär mit Virus infizierte Kartoffelknollen nur eine geringe selektive Wirkung. Diese Methode eignet sich daher für die Feststellung der prozentualen Virusverseuchung von Pflanzgutmustern nicht. Nach Vorreinigung des Untersuchungsmaterials kann der elektronenmikroskopische Virusnachweis als Differentialdiagnose erfolgen. 2420.

Richter, A. **Über eine neue Einbettungsmethode für Präparate.** Nachrichbl. dtsch. Pflanzenschutzdienst [Berlin] [N.F.] **15(41)** (1961) Nr. 7. S. 159–160. — 2 Abb.

Eine neue Einbettungsmethode ermöglicht eine einwandfreie Konservierung pflanzlicher und tierischer Objekte in ein dauerhaftes, durchsichtiges und unzerbrechliches Substrat. Die Ausgangsstoffe hierfür sind Monostyrol, Polystyrol und Benzoylperoxyd, welche im Verhältnis 100 ccm: 60 g: 2g benötigt werden. Die Einbettungsmasse wird kalt verarbeitet und ist in 3–4 Tagen glashart. Erforderliche Formen sind aus Glasscheiben leicht selbst herzustellen. Zur Verarbeitung sind keine bes. Apparate erforderlich. Über die Gefährlichkeit der einzelnen Chemikalien wird berichtet. F. Hädicke. 2420.

Rode, H. und Staar, G.; Jena, Friedrich-Schiller-Univ., Inst. für Phytopathol. **Die photographische Darstellung der Kriechspuren (Ichnogramme) von Nematoden und ihre Bedeutung.** Nematologica [Leiden] **6** (1961) Nr. 4. S. 266 bis 277. — 8 Abb., 5 Lit. Zus. in Engl., Franz.
Nach kurzer Besprechung der sich aus reizphysiol. Untersuchungen ergebenden Probleme beschreiben Vff. eine Methode, nach der es möglich ist, den Verlauf der Kriechspuren in 2% Agar zu beobachten und zu fotographieren. Die benötigte Apparatur wird eingehend beschrieben. In Versuchen, die mit Larven des Kartoffelnematoden durchgeführt wurden, konnte festgestellt werden, daß die Tiere sich nicht zielstrebig in Richtung zu einer Reizquelle (bewurzelter Kartoffelsteckling) bewegten. H. Stelter. 2420.

John jun., Leigh E. St. und Lisk, Donald J. Pesticide residues, modified and improved procedure for Schöniger total chlorine residue analysis. **(Pflanzenschutzmittelrückstände. Modifizierte und verbesserte Methode zur Gesamtchlorbestimmung nach Schöniger.)** J. agric. Food Chem. **9** (1961) Nr. 6. S. 468.
In einen kleinen konischen Becher aus Celluloseacetatfilm wird die Probelösung (max. 5 ml) gegeben und zur Trockene eingeengt. Eine Apparatur zum Aufgeben größerer Extraktionsmengen und laufender Verdampfung des Lösungsmittels wird beschrieben. Der Becher wird dann in einem Kolben mit Magnetrührer verbrannt und das Chlorid (bis 175 μg) colorimetrisch nach Bergmann und Sanik bestimmt (Analyt. Chem. **29** (1957) Nr. 2. S. 241.).
P. Neubert. 2420.

Gutenmann, Walter H. und Lisk, Donald J.; Ithaca, N. Y., Univ., Dep. of Entomol. Pesticide residues, determination of selenium in oats by oxygen flask combustion. **(Pflanzenschutzmittelrückstände. Bestimmung von Selen in Hafer nach Verbrennung in Sauerstoff.)** J. agric. Food Chem. **9** (1961) Nr. **6**. S. 488–489. — 4 Lit.
In pilliertem (0,5 in. Dmr.), gemahlenem Hafer (1 g) wird Selen nach Verbrennung in einer mit Sauerstoff gefüllten 5-l-Flasche bestimmt (die Pille wird in einer Platindrahtöse gehalten und mit einem Streifen aus Whatman-Papier gezündet). In dem geschlossenen Gefäß werden die Verbrennungsgase in 100 ml Wasser absorbiert, nach mehrmaligem Ausspülen 10 ml Hydroxylaminhydrochlorid (20%) zugesetzt, mit Ameisensäure (90%) der pH-Wert auf 2,5 eingestellt, 5 ml 3.3'- Diaminobenzidinhydrochlorid (0,5%) zugegeben und 1 Std. stehengelassen. Nach Zusatz von 5 ml Äthylendiamintetraessigsäure und Neutralisieren (NH_4OH) wird mit Toluol mehrmals geschüttelt, abgetrennt und bei 420 mμ die Färbung gemessen (reines Toluol als Vergleich). Eine nasse Veraschung und Destillation von Selentetrabromid können so umgangen werden. Empfindlichkeit: 0,25 ppm Se. P. Neubert. 2420.

Klein, A. K. und Gajan, R. J.; Washington, Div. of Food, Food and Drug Adm. Determination of pentachloronitrobenzene in vegetables. **(Bestimmung von Pentachlornitrobenzol in Gemüse.)** J. Assoc. off. agric. Chemists. **44** (1961) Nr. 4. S. 712–719. — 2 Tab., 12 Lit.
3 Methoden zur Mikrobestimmung von Pentachlornitrobenzol (PCNB) in Kopfsalat, Kohl und Bohnen werden geprüft: die colorimetrische Methode nach Ackermann u. a., die gaschromatographische Methode nach Coulson u. a. und eine modifizierte polarographische Bestimmung nach Webster und Dawson. Die Proben werden für alle Methoden rasch zerkleinert, mit Äthanol und Petroläther (30-60 °C) extrahiert, das Äthanol durch Ausschüt-

teln mit Wasser entfernt, der verbliebene Petrolätherauszug getrocknet (Na_2SO_4), chromatographisch gereinigt (Florisil) und zur Messung auf ein geeignetes Volumen gebracht. Im untersuchten Bereich von 0 bis 5 ppm war die colorimetrische Methode am zuverlässigsten (Diazotierung und Kuppeln mit 1-Naphthylamin und Messen des Farbstoffes bei 525 mμ): 94% wurden bei einem durchschnittl. Fehler von 8,6% wiedergefunden. Die Methode ist nicht spez., da Tetrachlornitrobenzol (TCNB) stört. Die gaschromatographische Methode ist schneller, aber ungenauer (durchschnittl. wiedergefunden: 90,5%, durchschnittl. Fehler = 15,3%). PCNB und TCNB werden getrennt und einzeln gemessen (HCH stört!). Es ist günstig, die colorimetrische Methode oder papierchromatographische Trennung parallel anzuwenden. Die polarographische Methode ist am schnellsten, wird aber durch andere Pflanzenschutzmittel leicht gestört. Bei Anwesenheit störender Stoffe werden 91,3% bei ungereinigten und 93,9% bei gereinigten Extrakten wiedergefunden.

P. Neubert. 2420.

Curry, Arthur N., Kress, Lois M. und Paylor, Robert A. L. Stamford, Conn., Stamford Res. Lab. Insecticide residues, determination of residues of phorate and its insecticidally active metabolites by cholinesterase inhibition. **(Insekticidrückstände, Bestimmung von Phoratrückständen und seiner insekticiden Metabolite durch Cholinesterasehemmung.)** J. agric. Food Chem. **9** (1961) Nr. 6. S. 469–477. — 2 Abb., 4 Tab., 11 Lit.

100 bis 200 g pflanzliche Substanz werden homogenisiert unter Zusatz von wenig Eiswasser, abgepreßt zu etwa 35 ml Filtrat, dieses auf pH 7,5 (Glaselektrode) mit 1 n NaOH eingestellt und auf 50 ml aufgefüllt. Ein aliquoter Teil dient zur Messung: Zusatz von 5 ml Blutplasma (Gesamtvolumen etwa 35 ml), 70 Min. Temperieren auf 37,5 °C, Zusatz von 1 ml Pufferlösung (pH 8,1), nach 10min. Abkühlen auf 33°C, Messung des pH-Wertes, Zugabe von 0,5 ml Acetylcholinchlorid und Messung der pH-Wertänderung 90 Min. nach Zusatz des Blutplasmas. Die pH-Wertänderung gibt an, in welchem Maße die mit dem Blutplasma zugesetzte Cholinesterase durch Phorat (0.0-Diäthyl-S-(äthylthio)-methyldithiophosphat) und seine insekticiden Metabolite gehemmt und entspr. Essigsäure aus dem Acetylcholinchlorid abgespalten wurden. Da Phorat in der Pflanze rasch in das Sulfon und Sulfoxyd verwandelt wird, korrigierten Vff. die Auswertung auf eine Probenahme 6 Wochen nach der Anwendung. Die Empfindlichkeit wird mit 0,005 ppm angegeben. Zur besseren Extraktion werden für Bohnen und Raps CCl_4, für Kartoffeln zunächst Wasser, dann $ClHCl_3$ und für Milch und Butterfett nach Gefriertrocknung $CHCl_3$ vorgeschlagen. In 30 Pflanzenarten wurden Bestimmungen vorgenommen, deren Ergebnisse in einer umfangreichen Tab. mitgeteilt werden.

P. Neubert. 2420.

Gutenmann, Walter H. und Lisk, Donald J.; Ithaca, N. Y., Dep. of Entomol. Soil effects on pesticides, determination of carbon in organic soils by oxygen flask combustion. **(Bodeneinflüsse auf Pflanzenschutzmittel. Bestimmung von Kohlenstoff in organischen Böden durch Verbrennung in Sauerstoff.)** J. agric. Food Chem. **9** (1961) Nr. 6. S. 489–490. — 1 Tab., 2 Lit.

Etwa 0,5 g trockener Boden werden pilliert, (0,5 in. Dmr.) in einer mit Sauerstoff gefüllten 5-l-Flasche in einem Platindrahthalter gezündet (Streifen aus Whatman-Papier) und das entwickelte CO_2 in NaOH (100 ml 2n) absorbiert. Mit 0,1 n HCl, Phenolphthalein und Methylorange als Indikator wird der Verbrauch titriert. Die Methode liefert innerhalb 30 Min. genaue Werte und erspart die umständliche Verbrennung im elektrischen Ofen.

P. Neubert. 2420.

Dykstra, Theodore P.; Baton Rouge, Louisiana State Univ., U.S. Dep. of Agric., A. R. S., Crops Res. Div. Production of disease-free seed. **(Erzeugung von gesundem Saatgut.)** Bot. Rev. **27** (1961) Nr. 4. S. 445–500. — 177 Lit.

In einem Übersichtsbericht über samenübertragbare Krankheiten werden anhand zahlreicher Beispiele Krankheitsursachen und Bekämpfungsmaßnahmen besprochen. Die Arbeit ist in folgende Abschnitte gegliedert: Samenübertragbare Organismen (Viren, Pilze, Bakterien), Krankheitsresistenz und Biotypenbildung, Einfluß der Umweltbedingungen auf die Entwicklung von Pflanzenkrankheiten, Pflanzenschutz auf dem Feld, Saatgutlagerung, Pflanzenquarantäne und Saatenanerkennung. C. Tittel. 2450.

Tichelaar, G. M.; Wageningen, Inst. voor Plantenziektenkund. Onderzoek. De invloed van Gladiolus op de kieming van sclerotien van Sclerotinia cepivorum. **(Der Einfluß von Gladiolen auf die Keimung der Sklerotien von Sclerotinia cepivorum.)** Tijdschr. Planteziekten **67** (1961) Nr. 4. S. 290–295. — 5 Abb., 5 Tab., 4 Lit. Zus. in Engl.
Gladiolenwurzeln scheiden einen Wirkstoff ab, der, außer in sehr niedrigen Konz., das Auskeimen der Sklerotien des Erregers der Weißfäule an Zwiebeln, *Sclerotinia cepivorum* Berk., weitgehend verhindert oder sogar die Sklerotien direkt zu schädigen vermag. Dementsprechend lassen sich die durch die Weißfäule bedingten Verluste wesentlich herabsetzen, indem der Anbau von Gladiolen als Vorfrucht zu Zwiebeln in die Fruchtfolge eingeschaltet wird.
G. Staar. 2450.

Goffart, H. **Der Anbauwert nematodenresistenter Kartoffelsorten.** Gesunde Pflanzen **13** (1961) Nr. 10. S. 230–234. — 3 Lit.
Fünfjährige Versuche mit der in diesem Jahr erstmalig zugelassenen nematodenresistenten Kartoffelsorte 'Antinema' haben gezeigt, daß sich die Zahl der Zysten im Boden bei einem 1maligen Anbau kaum verändert, der Anteil der Eier und Larven in ihnen jedoch um 90–95% vermindert. Werden 3 Jahre hintereinander resistente Sorten angebaut, wobei der Anbau nicht unmittelbar aufeinander folgen muß, wird ein Rückgang um 99,9% der Anfangsverseuchung erzielt. Die entseuchende Wirkung ist dann bes. hoch, wenn es gelingt, die Pflanzen so dicht zu stellen, daß möglichst der ganze Boden von ihrem Wurzelwerk durchzogen wird. Bei 3maligem ununterbrochenem Anbau resistenter Sorten konnte nach engl. Beobachtungen keine bedrohliche Zunahme des aggressiven Biotyps B festgestellt werden. F. Hädicke. 2450.

Turnbull, A. L. und Chant, D. A.; Vineland Station, Ontario, Dep. of Agric. The practice and theory of biological control of insects in Canada. **(Praxis und Theorie der biologischen Bekämpfung von Insekten in Kanada.)** Canad. J. Zool. **39** (1961) Nr. 5. S. 697–753. — 1 Tab., 222 Lit.
Nach einer Ableitung des Begriffes „control" in der praktischen Entomologie geben Vff. einen Überblick über 31 Projekte der biol. Bekämpfung von Pflanzenschädlingen in Kanada, die nach dem gegenwärtigen Stand der Ermittlungen besprochen werden. Die Ergebnisse abgeschlossener Experimente werden dargelegt und Empfehlungen für zukünftige Versuche ausgearbeitet. In weiteren Kapiteln werden Probleme der Einführung und Aussetzung von ausländischen bzw. exotischen Parasiten behandelt und Bedingungen für wirksame Auslese und Prüfung der „control"-Organismen festgelegt.
H. Thomas. 2470.

Creighton, C. S., Kinard, W. S. und Allen, Norman. Effectiveness of Bacillus thuringiensis and several chemical insecticides for control of budworms and hornworms on tobacco. **(Die Wirksamkeit von Bacillus thuringiensis und verschiedener Insekticide bei der Bekämpfung von Schmetterlingsraupen an Tabak.)** J. econ. Entomol. **54** (1961) Nr. 6. S. 1112–1114. — 2 Tab. 2 Lit.
Gegen die Raupen von *Protoparce sexta* Joh. und *Heliothis virescens* F. wurde im Feldversuch ein Handelspräparat von *Bacillus thuringiensis* Berliner (93×10^9 Sporen/g) eingesetzt, und zwar als Köder mit Maismehl in verschiedenen Konz.,

z. T. auch mit Shell SD-4402 zusätzlich vermischt sowie als Sprühmittel: reines Bakterienpräparat oder mit Thiodan oder Shell SD-4402 gemischt. Zum Vergleich dienten Behandlungen mit Thiodan, SD-4402 und Endrin. Die Köder wurden mit der Hand auf die Terminalknospen verteilt. Diese Applikation war ebenso, z. T. besser wirksam als Thiodan-, Endrin- oder SD-4402-Spritzungen, verursachte aber Blattschäden. Das Ausmaß der Schädigung war umgekehrt proportional der *Bacillus*-Konz. Als weniger phytotoxisch und in der Wirkung gegen *P. sexta* der Endrin-Behandlung gleichzusetzen waren die Spritzungen mit der *Bacillus*-Suspension. Zusätze von SD-4402 oder Thiodan erhöhten i. allg. die Wirkung des reinen *Bacillus*-Präparates nicht. Die künftige Anwendung von Bakterien-Präparaten zur Bekämpfung derartiger Tabakschädlinge wird als vielversprechend eingeschätzt.

W. Lehmann. 2470.

Bucher, G. E.; Ontario, Canada Dep. of Agric., Entomol. Res. Inst. for Biol. Control. Control of the Eastern tent caterpillar, Malacosoma americanum (Fabricius), by distribution of spores of two species of Clostridium. **(Bekämpfung von Eastern tent caterpillar, Malacosoma americanum Fabricius, durch Zerstäuben der Sporen von zwei Clostridium-Arten.)** J. Insect Pathol. **3** (1961) Nr. 4. S. 439–445. — 2 Tab., 3 Lit.

Clostridium brevifaciens Bucher und *C. malacosomae* Bucher konnten aus befallenen Larven von *Malacosoma pluvialis* Dyar isoliert werden. Raupen von *M. pluvialis* in den Gespinsten oder an den befallenen Blättern, die mit einer sporenhaltigen Suspension der genannten Bakterien behandelt wurden, zeigten nach einer Inkubationszeit von 4–11 Tagen eine auffallende Verkürzung ihres Körpers, für die vom Vf. die Bezeichnung ,,Brachyosis" vorgeschlagen wurde. Am anfälligsten erwiesen sich die Larven des 3. Stadiums, während das 5. Larvenstadium weitgehend resistent war und die Entwicklung anscheinend normal vollendete. Wirksame Bekämpfung war nur bei den ersten Larvenstadien möglich. Aus wirtsch. Gründen ist eine praktische Anwendung dieser bakteriellen Krankheit nicht zu empfehlen.

H. Thomas. 2470.

Mankau, R.; Riverside, Univ. of California. The use of nematode-trapping fungi to control root-knot nematodes. **(Die Verwendung nematodenfangender Pilze zur Bekämpfung von Wurzelgallenälchen.)** Nematologica [Leiden] **6** (1961) Nr. 4. S. 326–332. — 3 Tab., 10 Lit. Zus. in Dtsch.

In Topfversuchen wurde geprüft, in welchem Maße ein Befall mit Wurzelgallenälchen (*Meloidogyne incognita*) an Tomaten und Okra (*Hibiscus esculentus*) durch Zugabe nematodenfangender Pilze verhindert werden kann. Es zeigte sich, daß die Pilze den Befall nicht eindämmen können, doch wurde das Leben befallener Pflanzen durch einige Pilzarten auffallend verlängert. Eine direkte Bekämpfung der Nematoden im Boden oder ein unmittelbarer Schutz anfälliger Pflanzen in verseuchter Erde durch Zugabe derartiger Pilze erscheint nicht möglich.

B. Weischer. 2470.

Putman, Wm. L.; Vineland Station, Ontario, Canada, Dep. of Agric. Life-history and behaviour of the predacious mite Typhlodromus (T.) caudiglans Schuster (Acarina: Phytoseiidae) in Ontario, with notes on the prey of related species. **(Lebensweise und Verhalten der Raubmilbe Typhlodromus [T.] caudiglans Schuster [Acarina: Phytoseiidae] in Ontario mit Bemerkungen über die Beute verwandter Arten.)** Canad. Entomologist **94** (1962) Nr. 2. S. 163–177. — 1 Abb., 2 Tab., 20 Lit.

Es wird eine Übersicht über die bisher vorliegende Lit. sowie über die Aufzuchtmethoden der Raubmilbe gegeben. Nur befruchtete Weibchen legen Eier, diese werden in Abständen zu ein oder mehreren abgesetzt. Die Intensität der Eiablage hängt von der jeweiligen Temperatur ab. Die ersten Eiablagen liefern in der Regel mehr Männchen, später werden wesentlich mehr Weibchen produziert. Die Gesamtentwicklung von *T. caudiglans* von der Eiablage bis zur Reife beträgt je nach Temperatur 6–39 Tage. 9 Generationen wurden festgestellt. Die jungen Tiere von *T. caudiglans* erreichen ihre normale Reife, wenn ihnen die Jugendstadien verschiedener Spinnmilbenarten sowie Pollen einiger Pflanzenarten als Futter zur Verfügung stehen. Auch die Eiablage der Weibchen hängt hiervon ab. Die gleichen Verhältnisse treffen im wesentlichen für einige weitere Arten der Gattung *Typhlodromus* zu, die untersucht wurden. H. A. Schmidt. 2470.

Herbert, H. J.; Summerland, Brit. Columbia, Canada Dep. of Agric. Overwintering females and the number of generations of Typhlodromus (T). pyri Scheuten (Acarina: Phytoseiidae) in Nova Scotia. **(Die Überwinterung der Weibchen sowie die Anzahl der Generationen von Typhlodromus [T.] pyri Scheuten [Acarina: Phytoseiidae] in Neuschottland.)** Canad. Entomologist **94** (1962) Nr. 3. S. 233–242. — 5 Abb., 3 Tab., 4 Lit.
Die Untersuchungen erfolgten im Freiland und im Labor. Es konnten die bei den Freilandbeobachtungen vermuteten 3 Generationen im Labor. unter entspr. Bedingungen bestätigt werden. Die 2. und die 3. Generation überschneiden sich weitgehend. Die Eiablage erstreckt sich bis in den Sept. Die überwinternden Weibchen und die der 1. Generation erzeugen die meiste Nachkommenschaft, die Weibchen der 2. Generation können wegen der beginnenden kühlen Jahreszeit ihre Eiablage nicht vollenden, die Eier der 3. Generation schlüpfen in der Regel nicht mehr. Es überwintern nur die Weibchen, die Männchen werden bis Okt. beobachtet. Die Anzahl der Männchen steigt bis Ende Juli an, um dann stetig abzunehmen. Beide Geschlechter benötigen zu ihrer Entwicklung etwa die gleiche Zeit, die weiblichen Tiere verzehren durchschnittl. mehr Spinnmilben als die Männchen. H. A. Schmidt. 2470.

Chatterji, Snehamoy, Golani, Sant Kumar und Sarup, Prakash; New Delhi, Indian Agric. Res. Inst., Div. of Entomol. Ecological studies on Triphleps sinui, Narayanan and Chatterji (Rhynchota: Anthocoridae), a predator of some stored cereal pests. **(Ökologische Untersuchungen an Triphleps sinui, Narayanan et Chatterji [Rhynchota: Anthocoridae], einem Räuber von einigen Schädlingen gelagerten Getreides.)** Proc. nat. Acad. Sci., India, Sect. B **31** (1961) Nr. 1. S. 1–15. — 1 Tab., 20 Lit.
Die optimalen Lebensbedingungen für *Triphleps sinui* sind 30 °C und eine rel. Feuchtigkeit von 50–75%. Veränderungen dieser Werte nehmen in der bekannten Weise Einfluß auf Entwicklungsdauer, Lebensdauer, Nahrungsaufnahme, Eiablage, Vitalität und Fertilität von *Triphleps sinui*. Als Labor.-Wirt wurde *Latheticus oryzae* Waterh. verwendet. H. Thomas. 2470.

Narayanan, E. S., Subba Rao, B. R. und Thakere, K. R.; New Dehli, Indian Agric. Res. Inst., Div. of Entomol. The biology and some aspects of morphology of the immature stages of Chelonus narayani Subba Rao (Braconidae: Hymenoptera). **(Die Biologie und einige Betrachtungen über die Morphologie der Larvenstadien von Chelonus narayani Subba Rao [Braconidae: Hymenoptera].)** Proc. nat. Inst. Sci. India, Part B **27** (1961) Nr. 2. S. 68–82. — 17 Lit.
Chelonus narayani ist ein Endoparasit von *Heliothis armigera* Fabr., *Chilo zonellus* Swin und von *Corcyra cephalonica* Stainton, der als Labor.-Wirt verwendet wurde. Den befruchteten Parasitenweibchen wurden tägl. auf einen Kartonstreifen aufgeklebte Eier des Labor.-Wirtes zur Parasitierung geboten. Zerstoßene und angefeuchtete Rosinen dienten den adulten Parasiten als Nahrung. Sie entwickelten sich auch in *C. cephalonica* normal und schlüpften zum richtigen Zeitpunkt. Spez. untersucht wurden die larvalen Mundstrukturen und das larvale Tracheensystem, letzteres nach Einbettung in Lacto-

chloral. Eingehend beschrieben sind die morphol. Strukturen der Eier, der einzelnen Entwicklungsstadien, der Kokons und Puppen. H. Thomas. 2470.

Dosse, Gudo; Stuttgart-Hohenheim, Landwirtsch. Hochschule, Inst. für Pflanzenschutz. **Thersilochus melanogaster Thoms. als Larvenparasit des Rapserdflohs Psylliodes chrysocephala (L.).** Z. Pflanzenkrankh. (Pflanzenpathol.) Pflanzenschutz **68** (1961) Nr. 10/11. S. 575–580. — 3 Abb., 1 Tab., 6 Lit. Zus. in Engl.

In der Umgebung von Stuttgart-Hohenheim wurden die Larven von *Psylliodes chrysocephala* durch die Schlupfwespe *Thersilochus melanogaster* (*Ichneumonidae*) parasitiert. Die Eiablage erfolgte vonMitte März bis Mitte Mai, im Normalfall wurden Mehrfachbelegungen beobachtet. Häufig wurde ein Teil der Eier oder sich entwickelnder Larven abgekapselt und ging zugrunde, so daß nur eine Parasitenlarve die Entwicklung vollenden konnte. Die zur Verpuppung in die Erde abwandernden Rapserdflohlarven werden dort von den Parasiten vollkommen zerstört. Parasitierte Larven sind an den dunkel pigmentierten Abkapselungen zu erkennen, später an dem aufgetriebenen Körper und dem etwas eingeschnürten Hinterende. Die Parasiten verpuppen sich in der Erdhöhle ihres Wirtes, die Imagines schlüpfen jedoch erst im März des folgenden Jahres. Der Parasitierungsgrad betrug in den Mon. März und Apr. des Jahres 1959 2,9%. Von März bis Juni 1960 schwankte er zwischen 1,8 und 52,6%. Jährlich erscheint nur eine Generation des Parasiten.
H. Thomas. 2470.

Schütte, F. und Franz, J. M.; Darmstadt, Biol. Bundesanst. für Land- und Forstwirtsch., Inst. für Biol. Schädlingsbekämpfung. **Untersuchungen zur Apfelwicklerbekämpfung (Carpocapsa pomonella [L.]) mit Hilfe von Trichogramma embryophagum Hartig.** Entomophaga [Paris] **6** (1961) Nr. 4. S. 237 bis 247. — 3 Abb., 10 Lit. Zus. in Engl.

Vff. setzten bei der Freilassung von Trichogrammen die Aufwandmengen nicht in Beziehung zur Blattfläche (die in der Praxis nicht zu bestimmen ist), sondern zum Querschnitt des Hauptstammes und brachten 40 Wespen/cm² Stammquerschnitt aus. Zur Freilassung wurden Kunststoffröhren von 100 mm Höhe und 14 mm Dmr. benutzt. Den Gewebeverschluß dieser Röhren (Maschenweite 0,8 mm) konnten nur die Parasiten, nicht aber größere räuberische Insekten passieren. Wurden nach dieser Methode Parasitenlarven verschiedenen Alters ausgesetzt, genügte ein einmaliges Ausbringen zu Beginn des Apfelwicklerfluges, um eine kontinuierliche Parasitendichte zu erreichen. Nach einer 2. Methode wurden die Trichogrammen im Puppenstadium durch den Wasserstrahl einer Rückenspritze unter Verwendung einer sog. „Dosierungstrommel" direkt in die Baumkronen gespritzt. Gleichzeitig können für Trichogrammen geeignete nichtparasitierte Wirtseier, deren Larven für die Apfelbäume unschädlich sind (*Anagasta kuehniella*), als Starthilfe für die Wespen ausgebracht werden. H. Thomas. 2470.

Hagen, Kenneth S.; Albany, Univ. of California, Dep. of Biol. Control. Biology and ecology of predaceous Coccinellidae. **(Biologie und Ökologie von räuberischen Coccinellidae.)** Annu. Rev. Entomol. **7** (1962) S. 289–326. — 2 Abb., 1 Tab., 206 Lit.

Die wichtigsten Coccinellidenarten der Welt sind mit bes. Berücksichtigung ihrer Eignung als Aphidenräuber besprochen. Wirtsbindung und -findung, Vorkommen, Entwicklungszyklen, Entwicklungsdauer, Larvalentwicklung, Diapause und Überwinterung werden besprochen. Ausführlich dargestellt sind die in Kalifornien typischen periodischen Wanderungen der imaginalen Coccinelliden zwischen der Sierra Nevada und dem Central Valley.
H. Thomas. 2470.

Stapel, Chr., Skou, J. P. und Martins, O. A.; Danmark, Stat. Plantepatol. Forsøg. Undersøgelser over den erhversmaessige afsvampning. **(Untersuchun-**

gen der gewerblichen Getreidebeizung.) Tidsskr. Planteavl. **65** (1961) Nr. 1. S. 64 bis 113. — 9 Abb., 12 Tab., 33 Lit. Zus. in Engl.

Die Untersuchungen ergaben, daß etwa 80% des Saatgetreides (für insges. 1,4 Mill. ha Anbaufläche) in ca. 1100 Desinfektionsanstalten gebeizt werden und jede Anstalt 180–200 Landwirte versorgt. — Es werden die technischen Einrichtungen und Beizverfahren sowie das Ausmaß und die Schäden infolge Unter- bzw. Überdosierung der Mittel beschrieben. Die besten Beizerfolge und entspr. Mehrerträge, im Wert von jährlich 40 Mill. Kronen, wurden seit den 20er Jahren mit org. Hg-Mitteln erzielt. — Vff. charakterisieren die Nachweismethoden für Hg-Mittel an gebeiztem Getreide und stellen u. a. die verschiedenen Methoden der Anwendung der Dithizon-Analyse heraus. — Die Ernteverluste, durch fehlende oder mangelhafte Beizung bedingt, belaufen sich auf jährlich 5–8 Mill. Kronen. L. Seidewitz. 2500.

Zemánek, Jiří und Bartoš, Pavel; Ruznyně, Výzkumný Ústav Rostlinné Výroby ČSAZV. Studium způsobu účinku dlouhodobého máčení a anaerobniho moření osiva ječmene proti prašné sněti ječmenné. I. **(Studium der Wirkungsart eines langfristigen Tauchbeizverfahrens und einer anaeroben Beizung von Gerste gegen den Gerstenflugbrand. 1. Mitt.)** Sborník českoslov. Akad. zemědělských Věd, rostlinná Výroba **7(34)** (1961) Nr. 7. S. 935–950. — 11 Tab., 10 Lit. Zus. in Russ., Engl., Dtsch.

Der Wirkungsmechanismus eines Dauertauchbeizverfahrens (48–64 Std.) und eines anaeroben Beizverfahrens gegen Gerstenflugbrand (*Ustilago nuda* [Jens.] Rostr.) unter Anwendung des biol. Testes auf *Alternaria tenuis* Nees wurde untersucht. Es stellte sich heraus, daß bei der Gerstenkeimung fungitoxische Substanzen entstehen, deren Aktivität durch Autoklavieren aufgehoben wird. Diese Substanzen fand man sowohl in gebeizten als auch in nichtgebeizten Körnern. Sauerstoffzuführung zur Beizflüssigkeit bei der Dauertauchbeize durch einen Luftstrom sowie Tauchen in fließendes Wasser setzten die Wirkung herab. Weder die Bestimmung der Mikroflora in der Beizflüssigkeit noch der Zusatz von Antibiotica bei langfristiger Beizung zur Ausschaltung der Mikroorganismen haben zur Bestätigung der Anschauung beigetragen, daß die Tätigkeit der Mikroorganismen den Beizeffekt beeinflußt. Die Minderung der Wirksamkeit des Tauchens in fließendem Wasser im Vergleich zu stehendem Wasser wird dem Einfluß des mit dem fließenden Wasser zugeführten Sauerstoffs zugeschrieben. Durch Gewächshaus- und Feldversuche wurde ermittelt, daß das Nachtrocknen des Saatgutes nach langfristiger oder anaerober Beizung für die Wirksamkeit der Behandlung ohne Bedeutung ist. Bei Feldversuchen wurde das Auftreten von Weizensteinbrand durch die anaerobe Beizung nicht herabgesetzt, doch war diese Beizung gegen den Flugbrand des Weizens und des Hafers wirksam. P. Bartoš. 2500.

Jacks, H.; Palmerston North, Massey Agric. Coll. Soil disinfection. XV. Effect of soil drenches on control of damping-off of pea seed. **(Bodenentseuchung. 15. Mitt. Die Wirkung von Bodendesinfektionsmitteln bei der Bekämpfung der Umfallkrankheit der Erbse.)** New Zealand J. agric. Res. **4** (1961) Nr. 3/4. S. 278–281. — 1 Tab., 3 Lit.

Crag Mylone 85 W (**I**), Vapam (**II**) und Panogen (**III**) wurden in Feld- und Gewächshausversuchen in 2–6 Konz. auf ihre Wirksamkeit gegen die Umfallkrankheit der Erbse (*Pythium ultimum* Trow.) in 3 aufeinanderfolgenden Aussaaten geprüft. Bei **I** und **II** war nach der Behandlung 3 Wochen mit der Aussaat zu warten, während bei **III** keine Schäden an wachsenden Pflanzen und bei der Keimung auftraten. **I** war in der höchsten Konz. am wirksamsten. **II** war wirksamer als **III**. **III** wies gegenüber der Kontrolle ebenfalls ein besseres Auflaufergebnis auf. Geringere Konz. aller 3 Mittel hatten eine geringere Wirkungsdauer, erlaubten aber eine frühere Saat. **III** hatte eine kürzere Wirkungsdauer als **I** und **II**. Im Feldversuch ergaben **I** und **II** ebenfalls signifikant

besseres Wachstum als **III** und die Kontrolle. Die Anwendung von **I** in granulierter Form bietet die Möglichkeit einer bequemeren Handhabung des Mittels.
G. Otto. 2500.

Boon, J. van der, Das, A. und Schreven, A. C. van; Groningen, Inst. voor Bodenvruchtbarheid; Wageningen, I.B.V.T. Bestrijding van stip in appels, in het bijzonder door apvoering van de calciumvoeding. **(Bekämpfung der Stippigkeit des Apfels, besonders durch Regulierung des Calciumhaushaltes.)** Fruitteelt **52** (1962) Nr. 5. S. 161–163. 171. — 3 Abb., 4 Tab.
Die Stippigkeit der Äpfel ist ein wichtiges Problem im holl. Obstbau. Über ihre Ursachen bestehen die unterschiedlichsten Ansichten. Schlecht tragende Bäume sind anfälliger als gut tragende. Spätere Pflücktermine haben einen geringeren Stippigkeitsanteil der Äpfel zur Folge als frühe. Besonders wichtig ist auch die Mineralstoffversorgung der Bäume. Düngungsversuche zeigten, daß die Ca-Versorgung entscheidend die Höhe der Stippigkeit (sowohl am Baum als auch im Lager) beeinflußt. Gute Erfolge brachten Spritzungen mit Calciumnitrat (0,6–1%ig, 4mal: Mitte Juni, Mitte Juli, Anfang und Ende Aug.). Gegenüber Calciumlaktat und -acetat war Calciumnitrat weit überlegen. K-Überschuß im Boden ist zu vermeiden. R. Fritzsche. 2500.

Michajlova, Paraskeva und Dživilekov, Georgi. (Michajlowa, Paraskewa und Dshiwilekow, Georgi.) Polučavane na kačestveni plodove ot kajciite. **(Gewinnung hochwertiger Aprikosenfrüchte.)** Ovoštarstvo, Sofija 8 (1961) Nr. 11. S. 31–35. — 4 Tab.
Im Bezirk Lom wurde ein System von Maßnahmen durchgeführt, daß die Sicherung hoher und hochwertiger Aprikosenernten zum Ziel hatte. Eine wichtige Rolle spielte hierbei die chem. Bekämpfung der Schrotschußkrankheit und der Schwarzfäule (*Monilia laxa*). Die während der Jahre 1957 bis 1961 durchgeführten intensiven Spritzungen, und zwar im Winter (Nov. und Dez.) mit 2% Kupferkalkbrühe, ferner 3–4 Tage vor der Blüte sowie 3–4 Spritzungen nach der Blüte mit 1% Kupferkalkbrühe, haben sich günstig ausgewirkt und gewährleisten verhältnismäßig hohe, beständige und hochwertige Aprikosenernten. D. Dodow. 2500.

Wilhelm, Stephen, Storkan, R. C. und Sagen, J. E.; Berkeley, Univ. of California, Dep. of Plant Pathol. Verticillium wilt of strawberry controlled by fumigation of soil with chloropicrin and chloropicrin-methyl bromide mixtures. **(Bekämpfung der Verticillium-Welke der Erdbeere durch Bodenbegasung mit Chlorpikrin und Chlorpikrin-Methylbromid-Mischungen.)** Phytopathology **51** (1961) Nr. 11. S. 744–748. — 1 Abb., 1 Tab., 10 Lit.
Verticillium albo-atrum besitzt sowohl im Labor. als auch im Feldversuch eine hohe Empfindlichkeit für Chlorpikrin. Deshalb wird Chlorpikrin in Kalifornien zur Bekämpfung der Welkekrankheit in Erdbeerkulturen verwendet. Für eine erfolgreiche Bekämpfung ist ein gut gelockerter und bis obenhin feuchter Boden erforderlich. Das Abdecken des begasten Bodens mit Polyäthylenfolien und zusätzliche Begasung mit Methylbromid erhöhen die Wirksamkeit von Chlorpikrin, machen aber die Forderung nach einem feuchten Boden nicht hinfällig. Wüchsigkeit und Lebensdauer der Erdbeerpflanzen werden in begaster Erde außerordentlich verbessert, die Erträge auf nahezu das 4fache gesteigert. M. Schmiedeknecht. 2500.

Garnaga, G. K.; Gallja-Aval, Gebiet Samarkand, Inst. für Ackerbau der Usbek. Akad. für Landwirtsch.-Wiss. Protraviteli semjan sorgo. **(Beizmittel für Sorghum-Samen.)** Zaščita rastenij ot vreditelej i boleznej, Moskva **6** (1961) Nr. 9. S. 31–32.
Am Körner-*Sorghum* in Usbekistan treten folgende Brandarten auf: *Ustilago cruentha* K., *U. reiliana* K. und *Tolyposporium ehrenbergii* K. Zur Bekämp-

fung der *Ustilago*-Arten wurden verschiedene Beizmittel erprobt. Die besten Ergebnisse wurden mit 50% TMTD (1 kg/t) erhalten. Die Ertragszunahme betrug i. J. 1960 35–42%. H. Decker. 2500.

Youngson, C. R., Baker, R. G. und Garing, C. A. I.; Seal Beach, Calif., Dow Chem. Co. Diffusion and pest control by methyl bromide and chloropicrin applied to covered soil. **(Diffusion und Schädlingsbekämpfung mit Methylbromid und Chlorpikrin in bedecktem Boden.)** J. agric. Food Chem. **10** (1962) Nr. 1. S. 21–25. — 10 Abb., 3 Tab., 6 Lit.
Methylbromid und Chlorpikrin werden zur Bodenbegasung (Abdecken mit Kunststoffolien) gegen Unkrautsamen, Nematoden und pilzliche Erreger verwendet. Zur Testung verschiedener Einflüsse wurde dem behandelten Boden Hafer zugemischt und dieser dann belüftet. Der Rückgang an keimenden Samen ergab einen Index für den Bekämpfungserfolg bzw. die Diffusion des Mittels in die Bodenschichten. Bei abgedecktem Boden sind Feuchtigkeit, Porenvolumen (52%), etwa 20 °C Temperatur und geringe org. Subst. für Chlorpikrin optimal. Methylbromid benötigt für eine günstige Wirkung gleiche Bedingungen, nur keinen lockeren, sondern einen dichten Boden (24% Porenvolumen). P. Neubert. 2500.

Prasad, S. K. New Delhi, Indian Agric. Res. Inst., Div. of Entomol. Soil treatment to control root-lesion nematode (Pratylenchus pratensis Filipjev) in tomato. **(Bodenbehandlung zur Bekämpfung von „root-lesion“-Nematoden [Pratylenchus pratensis Filipjev] in Tomate.)** Current Sci. [Bangalore] **31** (1962) Nr. 1. S. 22–23. — 1 Tab., 1 Lit.
In einem stark von *P. pratensis* befallenen Tomatenbestand wurden Bekämpfungsversuche mit Diazinon, Dieldrin und Folidol (alle 0,2%–20 gal./acre) durchgeführt. Die Präparate wurden etwa 45 Tage nach dem Pflanzen (14. Nov.), nach Entfernung der oberen Bodenschicht, um den Wurzelhalsbereich ausgebracht. Erfolgskontrollen wurden am 2. Jan., 17. Jan. und 2. Febr. vorgenommen. Mit Diazinon war der Bekämpfungserfolg ausreichend, die restlichen Präparate unterschieden sich in ihrer Wirkung nicht von der Kontrolle. H. Stelter. 2500.

Pieroh, E. A.; Berlin, Schering AG, Hauptlab. **Zur Anwendung von Trapex (Methylisothiocyanat) im Gemüsebau.** Mitt. biol. Bundesanst. Land- u. Forstwirtsch. Berlin-Dahlem **1961** Nr. 104. S. 175–178. — 3 Tab., 4 Lit.
Bedingt durch die immer häufiger auftretende Spezialierung der Gemüsebaubetriebe konnten wiederholt im Westberliner Anbaugebiet starke Schäden durch Nematodenbefall an Gemüsekulturen festgestellt werden. Bekämpfungsversuche mit Trapex in Möhren-, Gurken- und Salatkulturen brachten gute Erfolge. Die auf dem Versuchsgelände gefundenen Nematodenarten werden angeführt. E. Zesewitz. 2500.

Rickert, F.; Lübeck, Bezirksstelle für Pflanzenschutz. **Zur Bekämpfung des Maiblumenälchens (Pratylenchus convallariae Seinhorst). 1. Mitt.** Anz. Schädlingskunde verein. Schädlingsbekämpf. **35** (1962) Nr. 2. S. 23–25. — 2 Abb., 1 Tab., 7 Lit.
Da in den letzten Jahren die Schäden an Maiblumen durch freilebende, parasitäre Nematoden in allen norddtsch. Anbaugebieten erheblich zunahmen, wurde seit mehreren Jahren nach wirksamen Mitteln und Maßnahmen zur Bekämpfung des Schädlings gesucht. Dabei wurde zunächst unterstellt, daß es sich um *Pratylenchus pratensis* handele. Die Ergebnisse quantitativer Bodenanalysen auf *Pratylenchus* sp. erbrachten keinen Zusammenhang mit den festgestellten Schäden. Die gefundenen Befallszahlen lagen bei 5–10 Nematoden/100 cm³ Boden. Bei quantitativen Analysen von Maiblumen wurden jedoch Werte von 250–900 Nematoden/10 g Maiblumenwurzeln gefunden. Seinhorst wies i. J. 1959 nach, daß es sich um eine eigene Nemato-

denart, das Maiblumenälchen (*Pratylenchus convallariae* n. sp.) handelt. Bei den weiteren Untersuchungen zur Entwicklung wirksamer Bekämpfungsmittel hatte auch hier die Warmwasserbehandlung den größten Erfolg. Da dieses Verfahren jedoch auf eine rel. kurze Anwendungsmöglichkeit beschränkt ist, hat es keine praktische Bedeutung. Die bisher geprüften Insekticide (Parathion, Demeton, Endrin, Phosdrin) hatten keine genügende Wirksamkeit. Bei Begasungsversuchen erwies sich Phosphorwasserstoff 6 g/m³ während einer Anwendungsdauer von 72 Std. als der Warmwasserbehandlung ziemlich gleichwertig. Dabei wurde auch eine gewisse stimulierende Wirkung auf den Austrieb festgestellt. Die Versuche werden fortgesetzt.
E. Kiehne. 2500.

Miller, H. N. und Perry, V. G.; Gainesville, Fla., Agric. Exp. Stat. A promising new chemical dip for the control of nematodes in ornamental plants. **(Ein vielversprechendes neues chemisches Mittel für die Tauchbehandlung von Zierpflanzen zur Bekämpfung von Nematoden.)** Proc. Florida State horticult. Soc. **73** (1960, hrsg. 1961) S. 338–342. — 5 Tab., 8 Lit.

Je 50 Pflanzen von *Gardenia, Sansevieria, Rosa, Pilea, Pothos* und *Aglaonema* wurden 5 Min. in Lösungen von 1700 ppm 1.2-Dibrom-3-chlorpropan (DBCP, Handelsbezeichnung: Nemagon) und 24 Std. in Lösungen von 200 und 400 ppm SD 4965 getaucht. Erfolgte nur eine Wurzelbehandlung, so traten Schäden nicht auf, das Eintauchen ganzer Pflanzen führte gelegentlich zu Blattschäden. Die Behandlung richtete sich gegen *Meloidogyne* sp., *Helicotylenchus nannus, Pratylenchus brachyurus* und *Belonolaimus longicaudatus*. Bei der Kontrolle sofort nach der Behandlung wurden keine lebenden Nematoden mehr gefunden. Im Tomatentest entwickelten sich an den Pflanzen, denen mit SD 4965 behandelte Wurzeln zugegeben waren, nur vereinzelt Wurzelgallen, während die Pflanzen, denen mit DBCP behandelte Wurzeln zugegeben waren, sich von der Kontrolle nicht unterschieden. H. Stelter. 2500.

Boguleanu, Gh., Beratlief, C., Romaşcu, E. und Mircescu, A. Combaterea in sere a nematodului rădăcinilor (Heterodera marioni Cornu). **(Die Bekämpfung des Wurzelgallenälchens [Heterodera marioni Cornu].)** Grădina, Via Livada **10** (1961) Nr. 4. S. 60–62. — 3 Tab.

Gewächshausversuche im Agronom. Inst. „N. Bălcescu" (Bukarest) zeigten, daß Gurke, Salat und Tomate bes. anfällig gegen *H. marioni* sind. Weniger empfindlich erwiesen sich Eierfrucht, Gemüse- und Gewürzpaprika. Chlorpikrin (40 g/m²) und DD (50 g/m²) brachten die besten Bekämpfungsergebnisse. M. Petrescu. 2500.

Derjabin, V. I. (Derjabin, W. I.); Samarkand, Zonale Versuchsstat. des Unions Forsch.-Inst. für Baumwollanbau. Ob ustojčivosti pautinnogo kleščika k vnutrirastitel'nym jadam. **(Widerstandsfähigkeit der Spinnmilben gegen systemische Mittel.)** Chlopkovodstvo, Moskva **12** (1962) Nr. 5. S. 15–18. — 2 Tab.

Wurden in Baumwollversuchen Mercaptophos und Methylmercaptophos (0,2–2 kg/ha) zur Bekämpfung der Spinnmilben eingesetzt, so zeigte sich, daß nach wiederholten Anwendungen der Abtötungserfolg abnahm. Die Spinnmilben wurden 1–3 Tage nach Behandlung der Pflanzen auf diese aufgesetzt und 5 Tage danach ausgezählt. Der Abtötungserfolg war in der Variante, in welcher 10 Spinnmilbengenerationen sich von behandelten Pflanzen ernährten, um 6,4% niedriger als in der Variante, in welcher nur die 10. Generation auf behandelte Pflanzen kam, die übrigen auf unbehandelten Pflanzen lebten. Diese Resistenzerscheinung kann durch Wechsel verschieden zusammengesetzter Acaricide in starkem Maße eingeschränkt werden. Dazu kommen neben den genannten Mitteln Kelthane und Tedion in Betracht.
H. Lehmann. 2500.

Mathys, G. und Hügi, H.; Lausanne, Stat. Fédérales d'Essais Agric. L'érinose de la vigne (Eriophyes vitis Pgst.) **(Die Pockenmilbe der Weinrebe [Eriophyes vitis Pgst.].)** Rev. romande Agric., Viticult. Arboricult. **17** (1961) Nr. 3. S. 29–30. — 3 Abb., 2 Lit.
Untersuchungen über den richtigen Zeitpunkt der Bekämpfung von *Eriophyes vitis* haben ergeben, daß die Winterspritzung unter Verwendung von Dinitrokarbolineum oder Schwefelkalkbrühe die sichersten Erfolge bringt. Wenn es gelingt, die schädigende Wirkung der Milben beim Knospenaustrieb bereits zu unterbinden, so wird die Triebentwicklung gefördert. Im Laufe des Frühjahrs und Sommers auftretende Milbenstadien sind in Abhängigkeit vom Zeitpunkt mit Insekticiden oder Acariciden zu bekämpfen. K. Peter. 2500.

Nagy, B. Néhány biológiai és védekezési kérdés a kukorica mollyal kapcsolatban. **(Einige biologische und bekämpfungstechnische Fragen bezüglich des Maiszünslers.)** Növényvédelem Idöszedü Kérdései [Zeitgemäße Fragen Pflanzenschutzes] **1960** Nr. 1. S. 15–21. — Aus: Ung. Agrar-Rdsch. **1962** Nr. 1.
Der Maiszünsler befällt außer Mais auch Hanf, Mohrenhirse, Hirse, Hopfen, Paprika u. a. In Ungarn erfolgte die Bekämpfung des Schädlings hauptsächlich durch das Vertilgen überwinternder Raupen (Vernichtung der Maisstengel bis Mitte Mai). Die chem. Behandlung der Maisbestände wurde erstmals i. J. 1959 angewendet. Die Stäubung mit DDT-Präparaten gegen die Raupen erwies sich als ausreichend wirksam. Auch bei der Silierung wird die Mehrzahl der Raupen vernichtet. Es ist jedoch ratsam, die Umgebung der Silos sauber zu halten. Einige Betriebe — hauptsächlich Staatsgüter — haben das Häckseln und Einpflügen der Maisstengel eingeführt. Die Erfahrungen zeigten, daß die fahrbare Silohäckselmaschine sehr wenig Raupen vernichtet. Das Zerfetzen der Maisstengel mit Hilfe rasch routierender Zahnwalzen tötet dagegen erfolgreich die Raupen, so daß dieses Verfahren auch hinsichtlich der Maiszünslerbekämpfung sehr wirksam sein dürfte. 2500.

Zazou, H. The control of the boll worms by some new insecticides. **(Die Bekämpfung der Kapselwürmer mit einigen neuen Insekticiden.)** Alexandria J. agric. Sci. **9** (1961) Nr. 1. S. 5–16. — 7 Tab., 7 Lit.
Endrin, Dieldrin, Toxaphon und DDT kamen allein oder kombiniert mit DDT-Öl-Emulsion zum Einsatz. Proben wurden alle 15 Tage entnommen und untersucht. Die befallenen Kapseln wurden gezählt. Die genannten Bekämpfungsmittel erwiesen sich gegen die Kapselwürmer wirksam. Am stärksten wirkte die Kombination Endrin + DDT, es folgten Endrin, Toxaphen + DDT, Dieldrin + DDT, ferner Dieldrin. H. Hamdi. 2500.

Lord, F. T.; Kentville, Nova Scotia, Canada Agric. Res. Stat. The influence of spray programs on the fauna of apple orchards in Nova Scotia. XI. Effects of low dosages of DDT on predator populations. **(Der Einfluß der Spritzprogramme auf die Fauna von Apfelplantagen in Nova Scotia. 11. Mitt. Einfluß niedriger DDT-Dosen auf Predatoren-Populationen.)** Canad. Entomologist **94** (1962) Nr. 2. S. 204–216. — 2 Abb., 4 Tab., 14 Lit. 10. Mitt. vgl. gl. J. **88** (1956) Nr. 11. S. 631–634.
Es wurde in 3jährigen Versuchen der Einfluß von niedrigprozentigen DDT-Spritzungen in Apfelanlagen auf die Räuber untersucht. Die Spritzungen erfolgten im ersten Jahr, in den beiden folgenden blieben die Bäume ungespritzt. Obwohl einige Arten (*Diaphnidia* spp., *Anystis agilis* Banks. und *Atractotomus mali* Meyr.) durch steigende DDT-Spritzung in zunehmendem Maße vermindert wurden, was sich auch in den Folgejahren nachweisen ließ, lag doch die Gesamtzahl der Räuber in allen Jahren so hoch (z. T. sogar noch etwas höher) wie auf den Kontrollbäumen. Dies ist vor allem auf die Populationszunahme der DDT-toleranten *Anthocoris musculus* Say und den Anteil an *Typhlodromus*-Arten zurückzuführen. Die Wechselwirkung zwischen

Schädling und Nützling wird dargestellt. Populationsanstieg der *Miridae* bewirkte einen Populationsrückgang bei den phytophagen Milben (bes. *Panonychus ulmi* Koch, *Bryobia arborea* M. et A.). Die Versuchs- und Kontrollmethoden werden beschrieben. R. Fritzsche. 2500.

Smith, E. H. und Lienk, S. E.; Geneva, New York State Agric. Exp. Stat. Reinforcing the pear spray program for control of insect and mite pests. **(Die Verstärkung des Spritzprogramms bei Birnen zur Bekämpfung der Insekten- und Milbenschädlinge.)** New York State horticult. Soc., Proc. annu. Meeting **107** (1962) S. 169–174. — 3 Abb., 4 Lit.
Die Verstärkung des Bekämpfungsprogramms bei Birnen wird vor allem damit begründet, daß diese Obstart künftig eine größere Bedeutung erlangen wird. Es werden die Hauptschädlinge genannt und Maßnahmen zu ihrer verstärkten Bekämpfung besprochen. Als schädliche Milbenarten werden *Eriophyes pyri* (Pgst.) und *Epirimerus pyri* (Nal.) genannt, während als Insektenschädlinge vor allem Blasenfüße, Frostspanner, Blütenstecher- und Trichterwicklerarten vorkommen. Die Biologie dieser Arten muß teilweise noch erarbeitet werden, da sie nicht in jedem Jahr als Schädlinge auftreten. Es wird empfohlen, die Bekämpfungsmittel zu wechseln, um Resistenzerscheinungen vorzubeugen.
K. Geißler. 2500.

Alchin, J. D. Pear leaf curling midge control. **(Die Bekämpfung der Birnblatt-Gallmücke.)** Fruit Wld. Market Grower **62** (1961) Nr. 9. S. 41. 43. — 1 Tab., 5 Lit.
In den letzten Jahren verursachte die Birnblatt-Gallmücke (*Dasyneura pyri*) in vielen Plantagen von Auckland großen Schaden. Der Schädling überwintert als Puppe in der Nähe des Baumes im Boden. Bald nachdem die ersten Blätter im Frühjahr erscheinen, findet man die erwachsenen Tiere. Sie sind $^1/_{12}$ in. lang, haben einen schwarzen Kopf und Thorax und ein orangebraunes Abdomen. Die Eiablage erfolgt in das noch nicht entrollte Blatt, ausgewachsene Blätter werden nicht benutzt. Die Larven schlüpfen nach 4 Tagen und verhindern durch ihren Fraß die Entfaltung der Blätter. 2 Wochen später erfolgt die Verpuppung im Boden, nach 10–14 Tagen erneutes Schlüpfen. In einer Vegetationsperiode erscheinen gewöhnlich 6 Generationen. — Bei Spritzversuchen brachte Sevin, mehrmals ab Dez. angewendet (1,5 lb./100 gal.), einen 60–70%igen Bekämpfungserfolg. Von den org. Phosphorverbindungen hatte Dipterex-Emulsion die beste Wirkung. Die Behandlung muß rechtzeitig erfolgen, um den Schädling direkt nach dem Schlüpfen in den Blättern zu erreichen. Die Bekämpfung hat bes. auch für Baumschulen Bedeutung.
M. Reichel. 2500.

Cicin, N. V., Čerkasskij, E. S., Buščik, T. N., Šmal'ko, V. F., Ljadova, G. L., Kilimnik, E. E. und Beljaeva, A. S. (Zizin, N. W., Tscherkasski, Je. S., Bustschik, T. N., Schmalko, W. F., Ljadowa, G. L., Kilimnik, Je. Je. und Beljajewa, A. S.); Moskau, Bot. Hauptgarten der Akad. der Wiss. der UdSSR. Novoe v bořbe s kapustnymi muchami (Chortophila brassicae Bouché i Ch. floralis Fall.). **(Neues in der Bekämpfung der Kohlfliegen [Chortophila brassicae Bouché und C. floralis Fall.].)** Doklady Akademii nauk SSSR, Moskva **144(30)** (1962) Nr. 2. S. 457–460. — 2 Tab., 12 Lit.
Vff. beschreiben ein billiges, leicht zugängliches Präparat, das aus Rückständen aktivierten Kreolins oder Abfällen der HCH-Produktion hergestellt werden kann. Es besitzt insekticide sowie repellente Wirkung. Die mit Weißkohl durchgeführten Versuche hatten folgende Varianten: Vor dem Auspflanzen Eintauchen (1 und 3 Min.) in 0,5 bis 2%ige Suspensionen, Vermischen des Präparates mit torfig-humosem Boden (250–500 g/10kg), Beschicken der zum Pflanzen vorbereiteten Löcher mit 10–50 g, Begießen (50 ml einer 3–10%igen Suspension) und Bestreuen (1–6 g) der Wurzeln und des Wurzelhalses nach dem Auspflanzen. Die beiden letztgenannten Methoden erwiesen sich am

wirkungsvollsten. Fällt die Bekämpfung mit dem Beginn der Eiablage zusammen, genügt eine Behandlung, besteht aber schon ein Massenauftreten, so ist nach 14 Tagen eine 2. Bekämpfung durchzuführen. Die Pflanzenentwicklung wird durch das Mittel nicht beeinflußt. H. Lehmann. 2500.

Soboleva-Dokučaeva, I. I. und Semenova, S. A. (Sobolewa-Dokutschajewa, I. I. und Semjonowa, S. A.) Ėffektivnoe sredstvo zaščity svekly ot minirujuščej muchi. **(Wirksame Mittel zum Schutze der Rüben vor der Rübenminierfliege.)** Zaščita rastenij ot vreditelej i boleznej, Moskva 7 (1962) Nr. 1. S. 39.
Zur Bekämpfung der Rübenfliege (*Pegomyia hyoscyami* Panz.) wurden neue Präparate auf der Basis chlorierter Terpene, z. B. Polychlorcamphen (**I**) und Polychlorpinen (**II**) geprüft. **I** tötete bei einer Konz. von 0,5% (2,25 kg Wirkstoff/ha) in 2 Tagen 94% der Larven ab. Bei Rübensamenträgern wurde eine 100%ige Vernichtung erreicht, während **II** 97,9% der Larven vernichtete. H. Decker. 2500.

Novák, K., Skuhravý, V. und Zelený, J.; Prag, Tschechoslow. Akad. der Wiss., Entomol. Inst. **Der Einfluß von Systox auf einige Insektenarten des Zuckerrübenfeldes.** Anz. Schädlingskunde verein. Schädlingsbekämpf. **35** (1962) Nr. 2. S. 17-20. — 8 Abb., 16 Lit.
In Lochkow bei Prag wurden 10 ha Zuckerrüben am 2. Juni und 1. Juli mit je 0,05% Systox (400 l/ha) gespritzt. Die Populationsdichte wurde von Juni bis Okt. in 14täg. Abstand durch Keschern, Bodenfallen, Blattmethode und Möricke-Schalen untersucht. Für die Untersuchungen wurden ausgewählt: *Aphis fabae, Myzus persicae, Empoasca pteridis, Lygus rugulipennis, Coccinella 7-punctata, Pegomyia hyoscyami betae, Epistrophe balteata, Phygadeuon pegomyiae, Calathus fuscipes, Pterostichus vulgaris* und *Harpalus rufipes*. Bes. wurden *A. fabae* und *M. persicae* durch die Spritzungen geschädigt. Nach 10 Tagen konnten wieder neue Kolonien festgestellt werden. Die Populationsdichte von *E. pteridis* wurde merklich herabgesetzt. Die Dichte hatte sich erst im Sept. normalisiert. *C. fuscipes, H. rufipes* und *P. vulgaris* wurden durch das Spritzen nicht beeinflußt, auch nicht die Larven von *P. hyoscyami* und ihr Hauptparasit, *P. pegomyiae*. Die Ergebnisse zeigten, daß *A. fabae* mit Systox erfolgreich bekämpft werden kann, ohne große Nebenwirkungen auf andere Insektenarten der Rübenfelder befürchten zu müssen. K. Schulz. 2500.

Anglade, P.; Pont-de-la-Maye, Centre de Rech. Agronom. de Sud-Ouest, Stat. de Zool. Agric. Incidences des façons culturales et des traitements chimiques sur les populations larvaires d'élaterides (Agriotes ssp.). **(Einwirkungen von Kulturmaßnahmen und chemischer Bekämpfung auf Larvenpopulationen von Elateriden [Agriotes ssp.].)** Ann. Inst. nat. Rech. agronom., Sér. C **11** (1960) Nr. 3. S. 297-323. — 17 Abb., 27 Lit.
Alte Rasenflächen, die für den Maisanbau vorgesehen waren, wurden im Hinblick auf Zahl und Zusammensetzung der Larvenpopulationen vor und nach der Kultivierung, teilweise mit chem. Behandlung, mit Hilfe der Entnahme von Bodenproben (0–15 und 15–30 cm tief) untersucht. Die Populationshöhe im Wiesenboden (Südwestfrankreich) schwankte von Fall zu Fall sehr stark (zwischen 300000 und 1,5 Mill./ha). Die Frühjahrspopulationen enthielten ziemlich konstant zu 75% 1- und 2jährige Larven (Gesamtentwicklung 5 Jahre). Der Wiesenumbruch und die weitere mechanische Vorbereitung des Bodens vor der Maisansaat vernichteten je nach Zeitpunkt der Arbeiten bis zu 93% der Population (Sommer oder Winter bester Zeitpunkt), am stärksten werden hierbei die jungen Larven betroffen. 2 Jahre hintereinander Hackkultur (Mais) läßt manchmal alle Junglarven verschwinden. Die zusätzliche Anwendung von Aldrin in die Saatreihen ergänzt die Wirkung der mechanischen Vernichtung dadurch, daß bes. die alten Larvenstadien erreicht werden.

Ältere Larven verursachen schon in rel. geringer Zahl große Verluste an Maispflanzen. Als praktische Maßnahme zur wirksamen Verminderung der Schnellkäferlarven im Boden wird empfohlen: Maisansaat (mit chem. Reihenbehandlung) möglichst im Sommer oder Herbst, weitere Hackkultur im folgenden Jahr. Bei anschließendem 2–3jähr. Grasanbau ist ein gefährliches Anwachsen der Schnellkäferpopulationen nicht zu befürchten. Gegenüber der vollständigen Behandlung des Bodens (chem.) besitzt diese Methode außerdem den Vorteil der Schonung der Fauna. W. Tannert. 2500.

Richter, G. und Neidhardt, H.; Kleinmachnow, Biol. Zentralanst. der Dtsch. Akad. der Landwirtsch.-Wiss. zu Berlin. **Erfahrungen bei der Engerlings- und Drahtwurmbekämpfung im Hopfenbau der Jahre 1955–1961.** Hopfenbau 4 (1962) Nr. 1/2. S. 38–39.
Bei Neuanlagen ist eine Ganzflächenbehandlung mit Streu-Gammatox (50–100 kg/ha) oder mit Arbitex-Bodenstreumittel (100–200 kg/ha) möglich. Eine Pflanzlochpuderung kann mit gleichen Mitteln, 5–10 g/Pfl., erfolgen. Bei Altanlagen erfolgt eine Ringstreubehandlung mit Chlordan (Mittel noch nicht amtlich anerkannt), Arbitex-Bodenstreumittel oder Streu-Gammatox 20 g/Pfl. Bei Bodeninjektion mit HL-Spritzmittel, 0,2%ig, sind $^3/_4$–$1^1/_2$ l/Pfl. erforderlich. Die Behandlung wirkt nur in trockenen Jahren ungünstig auf die Qualität des Bieres. Bei Lagerung bis zum Frühjahr konnte diese Beeinflussung nicht mehr festgestellt werden. M. Amme. 2500.

Jørgensen, Jørgen. Nye erfaringer vedrorende bekampelse af oldenborter Melolontha melolontha L. **(Neue Ergebnisse bei der Bekämpfung des Maikäfers Melolontha melolontha L.)** Tidsskr. Planteavl **65** (1962) Nr. 4. S. 615–624. — 2 Abb., 2 Tab., 1 Lit.
Die Maßnahmen richteten sich gegen Imagines und Larven. Da in Vorversuchen die Ergebnisse gegen Imagines wegen unbefriedigender Verteilung des Wirkstoffes unterschiedlich ausfielen, wurde das Schwergewicht auf die Larvenbekämpfung gelegt. Zum Einsatz kamen Lindan, Chlordan und Aldrin. Die Anwendung erfolgte als Bodenbehandlung im Sept. eines Flugjahres oder im Apr. des darauffolgenden Jahres. Die besten Ergebnisse brachte Aldrin (2–4 kg Wirkstoff/ha). Der Erfolg wurde am Ertrag und an der Pflanzenzahl/ha gemessen. Die Behandlungen erfolgten im wesentlichen auf Zuckerrübenfeldern. R. Fritzsche. 2500.

Čuraev, I. A. (Tschurajew, I. A.); Staatl. Inspekt. für Quarantäne und Pflanzenschutz des Min. für Landwirtsch. der UdSSR. Problema bor'by s koloradskim žukom. **(Probleme der Kartoffelkäferbekämpfung.)** Zaščita rastenij ot vreditelej i boleznej, Moskva 7 (1962) Nr. 4. S. 51–52.
In den Jahren 1958–1960 durchbrach der Kartoffelkäfer die „Verteidigungsfront" an der Westgrenze der UdSSR, in ihrer ganzen Länge von der Ostsee bis zur Donau. Während 1958 nur vereinzelt Herde auftraten, die noch liquidiert werden konnten, wurden 1961 bereits 7263 Ortschaften befallen. Der Schädling drang bis 300 km tief in das Gebiet der UdSSR ein. Die notwendigen Maßnahmen zur Verhinderung einer weiteren Ausbreitung werden besprochen und die vorhandenen Schwierigkeiten aufgezeigt. H. Decker. 2500.

Djadečko, N. P. und Sikura, A. I. (Djadetschko, N. P. und Sikura, A. I.); Kiew. Sovmestnoe primenenie biopreparata i DDT protiv koloradskogo žuka. **(Gleichzeitige Anwendung von Biopräparaten und DDT gegen den Kartoffelkäfer.)** Zaščita rastenij ot vreditelej i boleznej, Moskva 7 (1962) Nr. 1. S. 52–53. — 1 Tab.
Durch eine kombinierte Anwendung von Biopräparaten und Insekticiden werden höhere Abtötungsergebnisse erhalten als mit hohen Dosierungen der einzelnen Faktoren. Das Gift schwächt die Insekten, wodurch die Mikroorganismen günstige Entwicklungsbedingungen finden. Durch die Verwen-

dung eines Biopräparates aus auf Maiskörnern gezüchteten Kulturen des Pilzes *Beauveria bassiana* Vuill. (4 kg/ha) unter Zusatz von 0,2–0,6 kg/ha DDT (30%) konnten 96–100% der Kartoffelkäferlarven (L_4) vernichtet werden, während durch das Biopräparat allein 30–91% und durch DDT entspr. 21–86% der Larven abgetötet wurden. H. Decker. 2500.

Čigarev, G. A., Panjuškina, A. M., Kajudin, I.A., Sazonik, Ch. V. und Jurevič, I. A. (Tschigarew, G. A., Panjuschkina, A. M., Kajudin, I. A., Sasonik, Ch. W. und Jurewitsch, I. A.) Proizvodstvennaja proverka dil'drina protiv koloradskogo žuka. **(Die Prüfung von Dieldrin gegen den Kartoffelkäfer in der Praxis.)** Zaščita rastenij ot vreditelej i boleznej, Moskva **7** (1962) Nr. 3. S. 53–54.
Im Jahre 1961 wurden verschiedene Dieldrin-Präparate (25%iges Emulsionspräparat, 25%iges und 50%iges anzufeuchtendes Pulver) auf landwirtsch. Großflächen eingesetzt. Bei einer Dosis von 0,6 kg Wirkstoff/ha werden alle Stadien des Schädlings fast vollständig vernichtet. Die Wirkung hält 15–20 Tage an. Eine 2malige Behandlung garantiert eine vollständige Vernichtung des Schädlings. H. Decker. 2500.

Polevščikova, V. N. (Polewstschikowa, W. N.); Forsch.-Inst. für Pflanzenschutz des Min. für Landwirtsch. der Usbek. SSR. Opyt primenenija granulirovannych insekticidov. **(Versuche zur Anwendung granulierter Insekticide.)** Zaščita rastenij ot vreditelej i boleznej, Moskva **6** (1961) Nr. 12. S. 23–24. — 3 Tab.
Zur Bekämpfung des Luzernegraurüßlers (*Sitona cylindricollis*) und der Erdraupen wurde granuliertes Superphosphat, in Fraktionen von 1,5–2 mm, mit phosphororg. systemischen Präparaten behandelt und zusammen mit den Luzernesamen ausgesät. Die mit dem Präparat M-74 behandelten Granulate schützten die Saaten vor Schädlingsbefall, so daß der Ertrag um 54% anstieg. Anstelle von M-74 kann auch Intrathion oder Heptachlor verwendet werden.
H. Decker. 2500.

Arakeljan, A.O. und Kasumjan, S.A. (Arakeljan, A. O. und Kassumjan, S. A.); Jerewan, Armen. Inst. für Weinbau, Weinbereit. und Obstbau. Fosfororganičeskie pesticidy protiv oranžerojnoj tli na persike. **(Phosphororganische Schädlingsbekämpfungsmittel gegen die Pfirsichblattlaus an Pfirsich.)** Zaščita rastenij ot vreditelej i boleznej, Moskva **6** (1961) Nr. 10. S. 39.
Myzus persicae Sulz. schädigt die Pfirsichplantagen des nördlichen Armeniens. Durch Einsatz von Mercaptophos, Methylmercaptophos und Präparat M-81 wurden die Läuse vollständig vernichtet. Dithiophos und Chlorophos waren weniger wirksam. Am günstigsten haben sich 0,05%ige Emulsionen von Methylmercaptophos und M-81 erwiesen. H. Decker. 2500.

Phillips, J. H. H., Putman, Wm. L. und Herne, D. C.; Vineland Station, Ontario, Canada Dep. of Agric., Entomol. Lab., Res. Branch. Some effects of DDT on Pulvinaria vitis (L.) (Homoptera: Coccidae) infesting peach in Ontario. **(Einige Wirkungen von DDT auf Pulvinaria vitis [L.] [Homoptera: Coccidae] bei Befall des Pfirsichs in Ontario.)** Canad. Entomologist Nr. 5. S. 449–458. — 3 Abb., 4 Tab., 5 Lit.
Der Schädling hat in Ontario nur eine Generation/Jahr. Die an den Zweigen überwinternden Läuse legen ihre Eier in baumwollartigen weißen Eisäcken Ende Mai/Anfang Juni ab. Die Nymphen wandern nach etwa 2 Wochen auf junge Zweige über. Um die Wirkung von DDT, das zur Bekämpfung von *Grapholitha molesta* Busck ausgebracht wird, auf die Schildlaus zu prüfen, wurden Gewächshaus- und Freilandversuche durchgeführt. Die nach dem Spritzplan gegen *G. molesta* ausgebrachten DDT-Mengen wirken stark toxisch gegen die Nymphen von *P. vitis*. Die Mortalität war am höchsten, wenn sich die Läuse über behandelte Blätter bewegten. Die Wirkung hielt über längere

Zeit an. Unter Umständen war die Parasitenfauna stärker geschädigt als der Schädling. Eine öfter wiederholte, für den Schädling unterschwellige Behandlung mit DDT ist daher nachteilig. K. Geißler. 2500.

Drimus, R. und Cîndea, E. Eficacitatea insecticidului Aspitox în combaterea păduchelui de San José (tratamente de iarnă). **(Die Wirksamkeit des Insekticids Aspitox bei der Bekämpfung der San José-Schildlaus [Winterbehandlung].)** Grădina, Via Livada **10** (1961) Nr. 1. S. 63–66.
1,5%iges Aspitox mit 30% Wirkstoff wies gegen die San José-Schildlaus eine Wirksamkeit von 97,7%, in 1%iger Konz. von 95,9% auf. Aspitox (mit 40% Wirkstoff) in 0,5%iger Konz. erreichte eine solche von 98,9%.
M. Petrescu. 2500.

Simonenko, V. F. (Simonenko, W. F.) Opyt bořby s belokrylkoj. **(Erfahrungen bei der Bekämpfung der Mottenschildläuse.)** Zaščita rastenij ot vreditelej i boleznej, Moskva **6** (1961) Nr. 12. S. 33.
Die Bekämpfung der Mottenschildläuse macht Schwierigkeiten, da ihre Wachsschicht einen direkten Kontakt mit den Insekticiden verwehrt. Thiophos und Nicotinsulfat wirken ungenügend. Dagegen konnte durch Zugabe von 80 g Sirup (auf 10 l Wasser) + 5 g Soda zu einer Anabasinsulfatlösung eine zufriedenstellende Wirkung erzielt werden, wenn 2–3 Spritzungen in Abständen von 6 Tagen erfolgten. H. Decker. 2500.

Smrž, J. **Die Verminderung der Viruskrankheiten der Zuckerrüben durch Vektorenbekämpfung mit Insektiziden.** Nachrichtenbl. dtsch. Pflanzenschutzdienst [Berlin] [N. F.] **16(42)** (1962) Nr. 3. S. 43–45. — 1 Tab.
Versuche in der ČSSR ergaben, daß 3–4maliges Spritzen der Zuckerrübenstecklinge und -samenträger mit systemischen Insekticiden gegen Blattläuse eine Verminderung des Auftretens der Vergilbungskrankheit um 80–90% herbeiführen kann. Die 3. Spritzung war dabei die wirksamste; sie fiel mit der Massenentwicklung der geflügelten Form der Schwarzen Blattlaus zusammen. Die Bekämpfungserfolge mit den systemischen Präparaten beim Rübenmosaikvirus waren gering, da eine nur kurze Saugzeit des Vektors zur Übertragung genügt. Vorbeugende Intoxikation der Samenträger und Einhalten der Isolierabstände zwischen Stecklingen und Samenträgern unterstützten die genannten Spritzungen. D. Weiß. 2500.

Birecki, M. und Gabriel, W. **Untersuchungen über einzelne, die Ausbreitung der Viruskrankheiten hemmende, agrotechnische Maßnahmen in Polen.** Nachrichtenbl. dtsch. Pflanzenschutzdienst [Berlin] [N. F.] **16(42)** (1962) Nr. 4. S. 72–78. — 8 Abb., 2 Tab., 8 Lit. Zus. in Russ., Engl.
Da man in Polen die von hohen Temperaturen hervorgerufene physiogene Depression nicht beobachtet, werden als Ursache des Kartoffelabbaues die Viruskrankheiten angenommen. Für die Ausbreitung der Blattrollkrankheit scheinen *Myzus persicae* Sulz., für die des Y-Virus sämtliche Blattlausarten verantwortlich zu sein. Versuche ergaben, daß Vorkeimung, frühe Pflanzung und Bereinigung grundsätzlich im Pflanzgutbau angewendet werden sollen. Krautziehen kann bisher nur für Frühsorten empfohlen werden; für Spätsorten sind weitere Untersuchungen über den optimalen Zeitpunkt erforderlich, außerdem ist Zusammenarbeit mit dem Blattlausmeldedienst zweckmäßig. Systemische Insekticide (Metasystox) erwiesen sich als wenig wirksam zur Virusbekämpfung, da in dem größten Teil Polens der Y-Virusbefall überwiegt. R. Kämmerer. 2500.

Driver, C. M. The effect of certain chemicals upon sprouting of potato tubers. II. The effect upon a crop grown from treated seed potatoes. **(Die Wirkung gewisser Chemikalien auf die Keimung von Kartoffelknollen. 2. Mitt. Die Wirkung auf eine Ernte aus behandelten Pflanzkartoffeln.)** New Zealand J.

agric. Res. **4** (1961) Nr. 3/4. S. 271–277. — 6 Abb., 2 Lit. 1. Mitt. vgl. LZ. Abt. II **4** (1959) Nr. 12. S. 2559.

Pflanzkartoffeln der Sorten 'Aucklander Short Top', 'Chippewa', 'Katahdin' und 'Dakota Red' wurden in den Jahren 1949–52 mit Chemikalien bestäubt, die Methylester der α-Naphthalinessigsäure (MANA) oder Tetrachlornitrobenzol (TCN) enthielten. Beide Mittel verzögerten Keimentwicklung und Auflauf. Die Wirkung konnte vermindert werden, wenn die Kartoffeln vor dem Pflanzen etwa 3 Wochen im Freien standen. Der Knollenertrag wurde wenig beeinflußt, aber die mit MANA behandelten Kartoffeln keimten ungleichmäßig; der dadurch bedingte geringere Knollenansatz bzw. die größere Standweite bewirkten bei allen Versuchen eine überdurchschnittl. Knollengröße. Im Gegensatz dazu erhöhte die Behandlung mit TCN die Zahl der Keime und Triebe; der starke Knollenansatz führte zum größten Anteil von Pflanz- und Futterkartoffeln. R. Kämmerer. 2505.

Abrams, R., Walker, D. und Ballester, M. Rico. Effect of pesticides on the yield of some vegetable crops in the Isabela area of Puerto Rico. **(Wirkung von Schädlingsbekämpfungsmitteln auf den Ertrag einiger Gemüsekulturen im Isabela-Gebiet von Puerto Rico.)** J. Agric. Univ. Puerto Rico **46** (1962) Nr. 1. S. 1–8. — 16 Lit.

Versuchspflanzen waren: Gurke **(A)**, Bohne **(B)**, Zuckermais **(C)** und Tomate **(D)**, die in 4facher Wiederholung mit folgenden Mitteln behandelt wurden, um den Einfluß auf Ertrag und Qualität festzustellen: Parathion **(I)**, DDT **(II)**, Guthion **(III)**, Disyston **(IV)** und Dylox **(V)**. Im wesentlichen ergab sich folgendes: **A**: Besprühen mit **I** oder **III** beeinflußte weder den Ertrag noch die Anzahl der erzeugten Früchte. — **B**: 2 lb./acre **II** und 6 lb./acre **III** in Sprühform bewirkten signifikante Ertragszunahmen. — **C**: 2 lb./acre **II** (wöchentlich gespritzt) verhinderten Blattschäden, was zugleich zu gesünderen und kräftigeren Pflanzen führte und die Kolbenanzahl erhöhte. **V**-Stäubungen verbesserten die Kolbenqualität. — **D**: Blattspritzungen mit **I** und **II** verursachten weder Ertragszunahmen, noch vergrößerten sie die Anzahl marktfähiger Früchte; auch **IV**-Granulate (10 lb./acre) blieben in dieser Hinsicht wirkungslos. W. Fleischmann. 2505.

Bruce, R. B., Robbins, A. J. und Tuft, T. O.; Palo Alto, Calif., Hazleton Nuclear Sci. Corporation. Phosphine residues from phostoxin-treated grain. **(Phosphin-Rückstände in mit Phostoxin behandeltem Getreide.)** J. agric. Food Chem. **10** (1962) Nr. 1. S. 18–21. — 5 Tab., 7 Lit.

Phostoxin (Tabletten aus Aluminiumphosphid und Ammoniumcarbamat, die an der Luft Phosphin entwickeln) wird zur Bekämpfung von Vorratsschädlingen in Getreide verwendet. Die Bestimmung von Rückständen erfolgt durch Hydrolyse (verdünnte H_2SO_4), Zugabe von Hg-Chlorid und Titration der freigesetzten HCl oder Oxydation des freigesetzten Phosphins mit Bromwasser zu Phosphat und colorimetrischer Messung. Weniger als 0,005 ppm Phosphin können in 1000 g Getreide erfaßt werden. Im Durchschnitt konnten 91% von 0,005 bis 0,020 ppm zugesetztem Phosphin (als Phostoxin) wiedergefunden werden. In Labor.-Versuchen wurde der Einfluß der Temperatur, der Belüftung und Lagerungsart untersucht. Rückstände waren in keinem Fall 12 Tage nach der Behandlung nachzuweisen (max. 0,046 ppm kurz nach der Behandlung). In Freilandversuchen konnten kurz nach der Behandlung keine Rückstände festgestellt werden, wie auch in Backwaren, denen zum Mehl vor der Verarbeitung Phostoxin zugesetzt wurde. P. Neubert. 2505.

Cremilyn, R. J. W.; Acton, London, Brunel Coll. of Technol. Systemic fungicides. **(Systemische Fungicide.)** J. Sci. Food Agric. **12** (1961) Nr. 12. S. 805–812. — 97 Lit.

Vf. gibt einen Überblick über den Stand unserer heutigen Kenntnisse und über die Möglichkeiten der künftigen Entwicklung neuer Fungicide. An entspr. Verbindungen werden folgende Forderungen gestellt: 1. Sie müssen selbst fungitoxisch sein oder in der Pflanze zu derartigen Produkten umgewandelt werden, 2. eine niedrige Phytotoxizität haben und 3. durch Wurzel oder Blatt aufgenommen und in der Pflanze transportiert werden. Sulfonamide: Hinweis auf die Arbeit von Hassebrauk (1938) mit p-Aminobenzolsulfonamid gegen Rostpilze. Das Verhalten eines bestimmten Sulfonamides kann von Pflanze zu Pflanze variieren; eine bestimmte Pflanze kann auf verschiedene Sulfonamide unterschiedlich reagieren. Antibiotica: Streptomycin und sein Kupferchelat sind wirksam gegen *Phytophthora infestans* an Tomate. Streptomycin ist aber phytotoxisch, hemmt die Chlorophyllsynthese und verursacht Chlorose. Auch Actidion, dessen chem. Aufbau geklärt werden konnte, ist in vielen Fällen nicht pflanzenverträglich. Aussichtsreich sind Antimycin (gegen *Venturia inaequalis*), Helixin (gegen *Alternaria solani*),Viridin (gegen *Botrytis allii*), Gliotoxin (gegen Getreidekrankheiten) und vor allem das i. J. 1939 isolierte Griseofulvin, das nicht phytotoxisch ist. Es wird allerdings nicht von allen Pflanzen in ausreichendem Maße translociert. Man kennt bereits 4 Griseofulvin-Typen, die sich unterschiedlich verhalten und ein weites antifungales Spektrum aufweisen. Die Wirkung der Antibiotica kann beruhen auf: einer Schädigung des Krankheitserregers, der Neutralisation von Toxinen, die durch den Krankheitserreger ausgeschieden werden, Veränderung des Wirts-Stoffwechsels, Umwandlung in andere antifungale Substanzen oder Kombination mehrerer der genannten Möglichkeiten. Phenoxyessigsäuren: Wain (1953) stellte fest, daß Phenoxyessigsäuren, die eine Isobuttersäure-Seitenkette haben oder 2,6 disubstituiert sind, nicht herbicid wirken, aber systemisch-fungicid. Einige Verbindungen scheinen auch brauchbar für die Bekämpfung des Obstbaumkrebses zu sein, wahrscheinlich durch Stimulierung der Kallusbildung. Natürliche antifungale Substanzen, die aus Pflanzen isoliert werden, die Resistenz gegen gewisse Krankheiten zeigen: Vf. bezeichnet diese Wirkstoffgruppe als bes. aussichtsreich unter Hinweis auf die Arbeiten von Virtanen (1957). Auch der Boden kann fungitoxische Wirkung entfalten. Die äußerst komplexe Mikrolebewelt bildet fungistatische oder fungicide Substanzen. Auch Wurzelausscheidungen höherer Pflanzen spielen eine Rolle.

Herta Schmidt. 2510.

Betto, E. und Bonola, P.; Milano, Italia, Univ., Fac. Agraria, Inst. di Patol. Vegetale. Ulteriori esami dell'efficacia fungicida sistemica di derivati sulfamidici, della griseofulvina e di altri composti. **(Weitere Prüfungen über die Wirksamkeit systemischer Fungicide der Sulfonamidgruppe, von Griseofulvin und anderen Verbindungen.)** Agric. ital. [N. S.] **15(60)** (1960) Nr. 4/5. S. 125–147. — 10 Tab., 12 Lit.

Für die Prüfung der Wirksamkeit von systemischen im Vergleich mit den in der herkömmlichen Weise (Blattbehandlung) verwendeten Substanzen wurde der *Phaseolus vulgaris-Uromyces appendiculatus*-Test angewendet. Im Vergleich mit den vollwirksamen Mitteln Captan (1250 ppm) und Phaltan (1000 ppm) zeigten bei der üblichen Blattbehandlung nur Sulfadiazin (1000 ppm) und Actidion (5 ppm) ähnlich gute Ergebnisse, während Griseofulvin (100–500 ppm) und p-Aminobenzolsulfonamid (1000 ppm) nur eine Teilwirkung ergaben. Die Wirksamkeit von Griseofulvin wird auch durch die Erhöhung der Konz. nicht verbessert. Sulfadiazin, p-Aminobenzolsulfonamid und Griseofulvin zeigten eine systemische Wirkung, wenn sie 48 Std. vor der Infektion der Pflanzen den Wurzeln zugegeben wurden. Der Verwendung der beiden erstgenannten Mittel steht die Tatsache entgegen, daß sie in der notwendigen Konz. für die Pflanzen toxisch wirken. Diese Wirkung macht sich zuerst in den oberen, dann in den unteren älteren Blättern bemerkbar, und

zwar scheint die Toxizität von p-Aminobenzolsulfonamid größer zu sein. Griseofulvin zeigt dagegen keine schädigende Wirkung. Bei der Anwendung über das Blatt zeigte keine der Substanzen eine vollständige systemische Wirkung.
F. Sprau. 2510.

Pratella, Giancarlo und Kovács, András; Bologna, Osservatorio Malattie Piante, Sez. Patol. Vegetale. Attività sistemica del solfato di 8-ossichinolina in giovani piante di pesco. **(Über die systemische Wirksamkeit von 8-Oxychinolinsulfat in jungen Pfirsichpflanzen.)** Ann. Sperimentaz. agrar. [N. S.] **14** (1960) Nr. 2. S. 171–183. — 5 Abb., 2 Tab.
Vff. prüften die hemmende Wirkung von 8-Oxychinolinsulfat auf den Erreger des Bleiglanzes beim Pfirsich, *Stereum purpureum* Pers., in vitro und die Möglichkeit einer systemischen Wirkung dieser Substanzen beim Einbringen in die Pfirsichpflanze. Als Versuchsobjekt dienten 2jährige Pfirsichbäume. Die zu prüfende Substanz gelangte in Konz. von 0,1; 0,25; 0,37; 0,5; 1; 1,5% und in einer Menge von 50 cm³ bei der Injektion in das Gefäßsystem oder in 0,25%iger Konz. in einer Menge von 400 cm³ beim Gießen des Bodens zur Anwendung. Eine phytotoxische Wirkung ist nur bei der Konz. 1,5% nach 24 bis 48 Std. und bei der 0,5%igen Lösung innerhalb von 72 Std. zu bemerken. Die Symptome, die auf anfängliches Welken und schließlich auf das Absterben der Blätter hinauslaufen, werden beschrieben. Die Anwesenheit der Substanz wurde an ihrer hemmenden Wirkung auf das Wachstum der Hefe geprüft. 8-Oxychinolinsulfat häuft sich hauptsächlich in den Blättern an und ist dann in absteigendem Maße auch in den Stengeln und Wurzeln vorhanden. Auch beim Gießen des Mittels in 0,25%iger Konz. ist die Konz. des Stoffes in Wurzeln und Stengeln etwa gleich groß und liegt ebenso hoch wie bei den Wurzeln der infizierten Pflanzen. Bei der Prüfung von 8-Oxychinolinsulfat auf das Wachstum von *S. purpureum* in vitro hat sich gezeigt, daß sogar eine Konz. von 0,003% noch eine hemmende Wirkung besitzt. Bes. Bedeutung wird der Anhäufung von 8-Oxychinolinsulfat in den Blättern beigemessen, da diese für die Möglichkeit einer Endotherapie gegen Blattparasiten spricht.
F. Sprau. 2510.

Moller, W. J. und Flentje, N. T. Better sprays for celery fireblight. 1960 trial results show two fungicides are superior to Bordeaux mixture. **(Bessere Spritzmittel gegen die Blattfleckenkrankheit des Selleries. Die Versuchsergebnisse des Jahres 1960 zeigen, daß zwei Fungicide wirksamer als die Kupferkalkbrühe sind.)** J. Dep. Agric. South Australia **64** (1961) Nr. 10. 448–450. — 3 Abb.
Im Vergleich zur Kupferkalkbrühe wurden i. J. 1960 Vergleichsspritzungen mit Ziram, Zineb, TMTD, Ferbam, Cyprex, Cuprox und Captan gegen *Septoria apii* durchgeführt. Hierbei zeigten sich TMTD, Ferbam, Cyprex und Ziram der Kupferkalkbrühe in der fungiciden Wirkung als überlegen. Bei den Versuchen verursachte Cyprex Wachstumshemmungen, während die erforderliche Ferbamkonz. wirtsch. nicht tragbar erscheint. TMTD und Ziram werden als günstig einzusetzende Wirkstoffe zur Bekämpfung der Blattfleckenkrankheit des Selleries herausgestellt. Als Vorteile gegenüber der Kupferkalkbrühe werden angeführt: Leichtere Handhabung der Mittel beim Ansetzen der Spritzbrühen, Fehlen der Spritzmittelrückstände bei der Ernte und Vermeidung von Korrosionen an den Spritzgeräten. A. Ramson. 2510.

Corte, A. Ricerche di laboratorio sulle sostanze tensioattive associate allo zineb. **(Laboratoriumsuntersuchungen mit spezifischen dissoziierten Bekämpfungsmitteln und Zineb.)** Notiziario Malattie Piante [N. S.] **37** (1961) Nr. 58. S. 3–18. — 3 Abb., 2 Tab., 13 Lit. Zus. in Engl.
In Labor.-Untersuchungen wurde die fungicide Wirkung spez. Bekämpfungsmittel auf der Kationen-, Anionen- und ionenfreien Basis hinsichtlich ihrer aktiven Oberflächenwirkung geprüft. Dies geschah entweder gemischt mit

Zineb oder in reiner Form. Die Untersuchungen wurden vor allem an keimenden Konidien des Pilzes *Stemphylium* sp. durchgeführt. Insgesamt standen 8 Kationen enthaltende Mittel bereit, ferner 6 aus der Anionen-Gruppe sowie 6 ionenfreie Präparate. In den einzelnen Versuchen bewirkten die Kationenverbindungen einen guten fungiciden Initial-Effekt, der sich gemischt mit Zineb noch steigerte. Die Anionenverbindungen dagegen zeigten nur eine geringe fungicide Aktivität. Im Gemisch mit Zineb trat ein spez. Antagonismus auf. Dieser nahm jedoch ab, sobald die Anionen das Übergewicht erhielten. Von den ionenfreien Mitteln ging nur eine mittlere fungicide Wirkung aus, im Gemisch mit Zineb zeigten sie sich als Antagonisten.
G. Müller. 2510.

Unterstenhöfer, G. **Die Entstehung der Resistenz von Spinnmilben gegenüber Akariziden.** Meded. Landbouwhogeschool Opzoekingsstat. Staat Gent **26** (1961) Nr. 3. S. 1033–1039. — 13 Lit.
Für die beobachtete Resistenzentstehung bei verschiedenen Spinnmilbenarten gegen Acaricide ist eine Präadaption anzunehmen, wonach in einer Population genetisch fixierte Resistenzunterschiede vorhanden sind. Die resistenten Typen werden durch die selektiv wirksamen Acaricide einseitig begünstigt und treten umso schneller in Erscheinung, je höher der Mortalitätsgrad einer Population nach einer Begiftung ist. Es hat sich gezeigt, daß auch ein Einfluß der Wirtspflanzenart auf die Resistenzentwicklung gegeben sein kann. Resistenz gegen ein bestimmtes Acaricid kann zugleich Prädisposition für beschleunigte Resistenzentwicklung gegen andere Wirkstoffe bedingen („cross-resistance"). Der Resistenzanstieg in einer Population ist gekoppelt mit einer allg. Vitalitätsminderung. Infolge natürlicher Selektion auf die vitaleren, nichtresistenten Typen geht die Resistenz bei längerer Nichtanwendung der betr. Acaricide wieder zurück, doch verläuft dieser Vorgang langsamer als der Resistenzanstieg. Eine verlorengegangene Resistenz kann bei erneuter Acaricidanwendung beschleunigt wiedererlangt werden. Bei der gegebenen Dominanz der Resistenzfaktoren könnte eine Einschleppung entspr. Milben in Gebiete, in denen noch keine Resistenzerscheinungen aufgetreten sind, von Bedeutung sein. 2512.

Berim, N. G. Povyšenie ėffektivnosti insekticidov pri preodolenii ustojčivosti nasekomych. **(Die Erhöhung der Wirksamkeit von Insekticiden bei der Überwindung der Insektenresistenz.)** Zaščita rastenij ot vreditelej i boleznej, Moskva **6** (1961) Nr. 12. S. 16–19. — 2 Tab.
Die Resistenzerscheinungen der Insekten werfen viele Probleme auf. Zu ihrer Überwindung gibt es 2 grundsätzliche Möglichkeiten: 1. Das Vorbeugen der Entstehung von Resistenzeigenschaften und 2. Die Überwindung bereits vorhandener Resistenz. Man beugt vor, indem man die Aufwandmengen nicht unter die Norm absinken läßt, ferner verschiedene Wirkstoffgruppen, z. B. DDT + HCH kombiniert. Eine Überwindung der Resistenz kann erreicht werden durch eine kombinierte Anwendung von Insekticiden mit Stoffen, die die Fermentsysteme aktivieren und die physiol. Aktivität der Insekten erhöhen. Durch Zusatz von Calciumchlorid wird infolge der aktivierenden Wirkung des Calciumions auf die Cholinesterase-, Lipase-, Adenosintriphosphataseaktivität des Myosins die Empfindlichkeit der Insekten gegenüber dem Insekticid erhöht, wie in Labor.-Versuchen bestätigt wurde.
H. Decker. 2515.

Mamedov, Šamchal, Osipov, O. B., Chydyrov, D. N., Avanesjan, M. A., Agaev, A. S. und Grišina, E. N. (Mamedow, Schamchal, Ossipow, O. B., Chydyrow, D. N., Awanesjan, M. A., Agajew, A. S. und Grischina, Je. N.); Akad. der Wiss. der Aserbaidshan. SSR. Novye kontaktnye insekticidy „Ėfiran-79" i „Ėfiran-103" protiv vreditelej sel'skochozjajstvennych kul'tur. **(Neue Kontaktinsekticide „Ätheran 79" und „Ätheran 103" gegen**

Pflanzenschädlinge.) Doklady Akademii nauk Azerbajdžanskoj SSR, Baku **17** (1961) Nr. 10. S. 937–940. — 1 Tab., 4 Lit. Orig.: russ., Ausz.: aserbaidshan.
Im Labor. zur Synthese biol. aktiver Verbindungen des Instituts für Erdölchemische Prozesse der Akad. der Wiss. der Aserbajdshanischen SSR wurden die Insekticide Ätheran 79 (Isopropyl-γ-chlor-γ-phenyl-propyl-äther) und Ätheran 103 (Tri-Isobutyl-oxytrimethyl-äther des Glycerins) entwickelt. Beide Verbindungen, die wasserunlöslich sind, zeigen eine gute Wirkung gegen verschiedene Blattläuse. Die Toxizität gegen Warmblüter ist um den Faktor 10 niedriger als die des DDT. E. Königsmann. 2515.

Arešnikov, B. A. (Areschnikow, B. A.) Chlorofos dlja zaščity sel'skochozjajstvennych kul'tur. **(Chlorophos zum Schutze der landwirtschaftlichen Kulturen.)** Zaščita rastenij ot vreditelej i boleznej, Moskva **6** (1961) Nr. 12. S. 20.
Das Präparat Chlorophos (= Dipterex) zerfällt schnell. Es zeichnet sich durch hohe Wirksamkeit gegen Getreidewanzen, Goldafter, Grünen Eichenwickler, Kleinen Frostspanner, Ringelspinner, Apfelbaumgespinstmotte, Kiefernblattwespe, Weißen Bärenspinner, Maikäfer u. a. Schädlinge aus. Chlorophos wirkt sehr schnell, z. B. gehen die Wanzen und Raupen innerhalb von 20–30 Min. ein. Die Bienengefährlichkeit des Präparates ist gering. Fische werden gleichfalls nicht geschädigt. Nachteile sind die kurze Wirkungsdauer, da der Wirkstoff unter dem Einfluß von UV-Strahlen schnell zerfällt, sowie die Empfindlichkeit einiger Kulturen, z. B. Pfirsich, Weichselkirsche und Aprikose gegenüber einer Chlorophos-Behandlung. H. Decker. 2515.

Butt, B. A. und Keller, J. C. The toxicity of some phosphorothioic acid esters to the two-spotted spider mite. **(Die Giftigkeit einiger Thio-Phosphorsäureester auf Tetranychus telarius.)** J. econ. Entomol. **54** (1961) Nr. 6. S. 1259–1260. — 1 Tab.
Während der Jahre 1956 bis 1961 wurden 17 verschiedene Verbindungen auf ihre acaricide Wirkung gegen die Spinnmilbe *Tetranychus telarius* (L.) an Baumwollpflanzen geprüft. Die beste Wirkung zeigten American Cyanamid 12503, Chipman 6200, Stauffer R-1505, Bayer 25198 und Stauffer R-1571. E. Königsmann. 2515.

Reznik, V. N. (Resnik, W. N.) Novye preparaty dlja bor'by s tlej. **(Neue Präparate zur Bekämpfung der Blattlaus.)** Sacharnaja svekla, Moskva **7** (1962) Nr. 5. S. 25.
Methylmercaptophos und das Präparat M-81 sind 2 neue in 3 Jahren erprobte systemische Insekticide mit geringer toxischer Wirkung für Mensch und Tier. Die Toxizitätsdauer ist je nach Anwendungstermin verschieden (2–3 Wochen). Methylmercaptophos wird bis zu 300 g (Wirkstoff) auf 200–400 l/ha, M-81 bis 300–360 g (Präparat) auf 800 l/ha angewendet. Desweiteren wurde ein 40%iges Emulsionskonzentrat von Phosamid erprobt (Anwendungsmenge: 300 g Wirkstoff auf 200–400 l/ha). G. Jury. 2518.

Brudnaja, A. A. und Solodovnik, P. S. (Brudnaja, A. A. und Solodownik, P. S.) Alodan dlja vlažnoj dezinsekcii zernochranilišč. **(Alodan zur feuchten Desinfektion der Getreidelagerräume.)** Zaščita rastenij ot vreditelej i boleznej, Moskva **6** (1961) Nr. 12. S. 27.
Zur feuchten Desinfektion von leeren Lagerräumen, Waggons usw. werden gegenwärtig vorwiegend Grünölkonzentrate oder DDT-Mineralölemulsionen verwendet, die jedoch gewisse Nachteile besitzen. Mit dem neu entwickelten Präparat Alodan wurden Versuche durchgeführt, die eine hohe Wirksamkeit gegen Lagerschädlinge ergaben. 200–300 cm^3/m^2 der 0,5% wäßrigen Lösung von Alodan töteten innerhalb von $4^1/_2$ Tagen alle Lagerschädlinge (Korn-, Reis- und Getreideplattkäfer u. a.) völlig ab. H. Decker. 2540.

Rowe, F. P. und Chudley, A. H. J.; Tolworth, Surrey, Min. of Agric., Fisheries and Food. Control of the house-mouse (Mus musculus L.) with whole wheat soaked in a solution of the sodium salt of warfarin. **(Bekämpfung der Hausmaus [Mus musculus L.] mit ganzem Weizen, der mit einer Natriumsalzlösung von Warfarin getränkt war.)** Parasitica [Gembloux] **17** (1961) Nr. 4. S. 165–169. — 1 Tab., 3 Lit.
Weizenkörner wurden 24 Std. in Wasser gelegt, das 0,06% Na-Warfarin [3-(α-acetonyl-benzyl)-4-hydroxycumarin] enthielt. Danach wiesen die Körner etwa 0,02% Na-Warfarin auf. Ungefähr 1 gehäufter Teelöffel wurde an mehreren Stellen in der Nähe der Mehlhaufen ausgelegt und der Verzehr durch *Mus musculus* kontrolliert. Die Köder blieben etwa 3–4 Wochen liegen. Vor und nach dem Auslegen der Giftköder wurden Kontrollköder ausgelegt, deren Verzehr laufend ermittelt wurde. In Lager A wurden nach der Bekämpfung 97% weniger, in Lager C 95% weniger Köder als vor der Behandlung verzehrt. In Lager C wurden erst nach 3maliger Bekämpfung befriedigende Ergebnisse erzielt. K. Schulz. 2540.

Rowe, F. P. und Neve, M.; Tolworth, Surrey, Min. of Agric., Fisheries and Food. Two field trials of diphacinone against the house-mouse (Mus musculus L.). **(Zwei Feldversuche mit Diphacinon gegen die Hausmaus [Mus musculus L.].)** Parasitica [Gembloux] **17** (1961) Nr. 4. S. 170–175. — 3 Tab., 1 Lit.
Unter Anwendung von 0,0125% Diphacinon (2-Diphenylacetyl-1.3-indadion) wurden 2 Bekämpfungsversuche gegen *Mus musculus* durchgeführt. Für Versuch 1 diente ein alter, verfallener, hölzerner Speicher. Die Stärke des Mäusebesatzes wurde durch Lebendfänge ermittelt. Die Fänge erstreckten sich über 5 Tage. Die gefangenen Tiere wurden durch Abschneiden der Zehen markiert, gewogen und nach Bestimmung des Geschlechts wieder in Freiheit gesetzt. 2 Tage danach wurden die Köder ausgelegt, deren Verzehr anfänglich tägl. erfaßt wurde. Nach Abschluß des Versuches (23 Tage) wurde keine Maus mehr im Speicher gefangen. Versuch 2 wurde in einem Geflügelstall ausgeführt. Der Mäusebesatz wurde mit Hilfe von Ködern bestimmten Gewichts, deren Abnahme tägl. ermittelt wurde, festgestellt. Die Giftköder wurden 39 Tage ausgelegt. Der danach angestellte Köderverzehrversuch ließ auf befriedigenden Bekämpfungserfolg schließen. K. Schulz. 2540.

Seifert, G. **Über die Prognose des Schlüpftermins der Kirschfruchtfliege.** Erwerbsobstbau **4** (1962) Nr. 1. S. 9–10.
Die Beobachtung des Schlupfes der Kirschfruchtfliege (*Rhagoletis cerasi* L.) mit Hilfe eines Kontrollkastens läßt nur eine kurzfristige Festlegung des Bekämpfungstermines zu. Eine langfristigere Prognose des Schlüpftermins ist möglich, wenn man den vom Alter der Tiere abhängigen Ausfärbungsgrad der Augen gegen Ende der Puppenruhe bestimmt. Weniger zeitraubend und technisch einfacher ist ein Verfahren, das den Farbumschlag der Tönnchen vom schmutzig-gelben in den grünlichen Bereich kurz vor dem Schlupf berücksichtigt. Der Entwicklungsnullpunkt der Puppe liegt bei 7 °C. Die Zeit von der Verfärbung bis zum Schlupf ist von der Bodentemperatur abhängig. Bei 16 °C sind zwischen 5 und 9 Tagen nach Verfärbung 90% der Fliegen geschlüpft. Die Gesamtflugzeit erstreckt sich jedoch über einige Wochen, weil die Entwicklungsstadien vor der Verfärbung durch verschiedene Faktoren stark beeinflußt werden. Unter Berücksichtigung der Präovipositionsperiode sollte die 1. Spritzung nicht früher als 14 Tage nach der Verfärbung der ersten Puparien durchgeführt werden. Weitere Spritzungen (mindestens eine) im Abstand von 10 Tagen erfassen die später geschlüpften Tiere. J. Hollnagel. 2550.

Russ, K. **Der Apfelwicklerwarndienst in Österreich.** Erwerbsobstbau **4** (1962) Nr. 1. S. 13–16.
In Österreich wurde i. J. 1958 mit dem Aufbau des Apfelwicklerwarndienstes begonnen. Die Robinson-Lichtfalle wurde an 45 verschiedenen Orten auf-

gestellt. Eine Flugkontrolle wurde abends ab 19 Uhr von Anfang Mai bis Anfang Sept. durchgeführt. Trotz der klimatischen Unterschiede an den verschiedenen Beobachtungsstellen verlief der Falterflug nahezu gleichsinnig, so daß sich für große Gebiete gleiche Bekämpfungstermine ergaben. Bei deren Festlegung bleiben die ersten Flüge im Mai unberücksichtigt, da sie unbedeutend sind. Eine Warnung erfolgt bei tägl. Fangergebnissen von 12 bis 15 Faltern, wobei nicht nur die Zahl, sondern auch das An- und Abschwellen der Flugtätigkeit entscheiden. Entsprechend der 7täg. Embryonalentwicklung soll die Spritzung 7 Tage nach dem Flughöhepunkt erfolgen. Mit dieser Methode konnten äußerst zufriedenstellende Bekämpfungserfolge erzielt werden.

J. Hollnagel. 2550.

Wildbolz, Th.; Wädenswil, Eidg. Versuchsanst. **Sondernummer Schädlingsbekämpfung. Ergebnisse der Astprobenuntersuchungen 1961/62.** Schweiz. Z. Obst- u. Weinbau **71** (1962) Nr. 3. S. 53–57. — 4 Abb., 1 Tab.

Die alljährlich durchgeführten Astprobenuntersuchungen geben einen Überblick über den Besatz mit überwinternden Schädlingen und ermöglichen gezielte Bekämpfungsmaßnahmen in den einzelnen Anbaugebieten. Neben Kirschen und Pflaumen wurden vor allem Apfelbäume untersucht. Karten veranschaulichen die Verbreitung der wichtigsten Schädlinge: Blattlaus, Knospenwickler, Frostspanner und Gespinstmotte. Durch den milden Herbst wurden die Rote Spinne und die Blattläuse bes. begünstigt. D. Schulz. 2650.

XII. UNKRAUTBEKÄMPFUNG

A. Allgemeine Literatur, Berichte, Statistiken u. a.

Orth, H.; Fischenich, Bezirk Köln. **Bericht über die Internationale Herbicidtagung in Paris vom 13.–15. Dezember 1961.** Nachrichtenbl. dtsch. Pflanzenschutzdienstes [Braunschweig] **14** (1962) Nr. 3. S. 44–46.

Zur Bekämpfung von Flughafer, der offensichtlich in verschiedenen empfindlichen Rassen vorliegt, werden Di-Allate am besten beurteilt. Zur Bekämpfung von Adlerfarn werden Dalapon, 4-CPA und ATA empfohlen. Als neuere Herbicide werden Fenac zur Vernichtung widerstandsfähiger ein- und mehrjähriger Unkräuter, Amiben als Vorauflaufmittel für Gemüsekulturen (Umbelliferen, Erdbeeren, Tomaten, Bohnen) und ATA gegen Dauerunkräuter, Wasserpflanzen und einige Unhölzer vorgestellt. Über Weiterentwicklungen auf den Gebieten der Triazine und des IPC wird berichtet. Als Einsatzmöglichkeiten für 2.6-DBN werden genannt: Unkrautbekämpfung in Obstanlagen, Nachauflaufmittel in Weizen, Tabak, Tomate, Sellerie u. a. und Vorauflaufmittel in Bohnen, Mais und Kartoffeln. 3.4-DCPA besitzt selektive Wirkung in Kartoffeln, Tomaten, Erdbeeren, Reis u. a. — Diquat bewährt sich als Krautabtötungsmittel und zur Trocknung von Kleesamenbeständen. Zur Unkrautbekämpfung in Zuckerrüben erscheinen Endothal-Propham und Pyramin (PCA) aussichtsreich. Dauergräser können durch Zytron (*Poa annua*) und Garlon (*Phragmites communis* u. a.) vernichtet werden. Solan (CMA) kann in allen Entwicklungsstadien bei Möhren, Petersilie und Sellerie eingesetzt werden. — Neben weiteren Referaten der spez. Unkrautbekämpfung stellte sich die Technische Arbeitsgruppe das Ziel, gemeinsame Richtlinien für die Durchführung von Herbicidprüfungen auf allen Anwendungsgebieten zu erarbeiten. — Im Anschluß tagte die COLUMA, über deren Inhalt kurz berichtet wird.

H. Lehmann. 2701.

B. Unkrautbekämpfungsmittel

Petzoldt, K. **Ist wiederholte Anwendung von Simazin unbedenklich?** Gesunde Pflanzen **14** (1962) Nr. 3. S. 53–57.

Nach eigenen Versuchen und laut Lit. werden bis 3 kg/ha Simazin-Spritzpulver oder bis 60 kg/ha Simazin-Granulat im Laufe eines Jahres bis auf nicht mehr pflanzenschädigende Reste abgebaut. Im einzelnen sind Adsorption an Bodenteilchen, Abbau durch höhere Pflanzen und Inaktivierung durch chem.-phys. Vorgänge nachgewiesen. Sehr wahrscheinlich ist der Abbau durch Mikroorganismen und durch Lichteinwirkung. Mit Ausnahme extremer Trockenlagen und extrem leichter Böden kann 4–5 Mon. nach Simazinanwendung im Frühjahr nach gründlichem Pflügen Nachbau erfolgen. Die Pilz- und Bakterienflora des Bodens scheint nicht geschädigt zu werden. Bislang gibt es keine Gründe gegen eine wiederholte oder sogar alljährliche, sachgemäße Anwendung von Simazin. E. Vorsatz. 2710.

Härtel, K. **Über ein Dinitroalkylphenylacetat als selektives Herbicid mit großer Anwendungsbreite.** Meded. Landbouwhogeschool Opzoekingsstat. Staat Gent **25** (1960) Nr. 3/4. S. 1422–1427.

Die Gruppe von selektiven Kontaktherbicide, deren klassische Vertreter die Salze von DNC und DNBP sind, wurde jüngst durch ein Dinitroalkylphenylacetat, das als Wirkstoff 4.6-Dinitro-2-sec.-butylphenylacetat enthält, bereichert. Die Mittelbezeichungen lauten Aretit und Hoechst 2764 in Deutschland und Ivosit (R) in Holland. Der Wirkstoff ist weniger giftig und besser hautverträglich als DNC und DNBP. Wärme und Feuchte erhöhen die Wirkung. Aretit wird z. B. in Getreide, Erbsen, Ackerbohnen, Getreide-Leguminosen-Gemenge, ferner Mais, Buschbohnen, Kartoffeln, Blumenzwiebeln usw. angewendet, wobei die Aufwandmenge von den Unkrautarten und der Entwicklung der Unkräuter abhängig ist, d. h. 1,2 bis 6 kg/ha bei etwa 400–800 l/ha betragen kann. Gute kontaktherbicide Eigenschaften sind vorhanden. Die Wirkungsbreite entspricht der anderer Kontaktherbicide. Der Anwendungszeitpunkt wird durch den Entwicklungszustand der Unkräuter bestimmt. Anwendungshinweise für die einzelnen Kulturen werden gegeben.

F. John. 2710.

Matolcsy, Gy., Hamrán, M. und Végh, A. Synthesis herbicide and fungicide effects of some new s-triasin derivatives. **(Die Gewinnung von einigen neuartigen s-Triazin-Derivaten und ihre herbiciden und fungiciden Wirkungen.)** Acta agronom. Acad. Sci. hung. **10** Nr. 3/4. (1960) S. 407–413. — Aus: Ung. Agrar-Rdsch. **1962** Nr. 1.

Unter Berücksichtigung der starken biol. Wirksamkeit der s-Triazin-Derivate stellten Vff. einige dieser Verbindungen her, deren allg. Formel angegeben wird. Ziel war die Synthese von Verbindungen, in welchen bekannte Derivate an den Triazinring gebunden werden, die selbst eine biol. Wirkung aufweisen. Die einzelnen Derivate wurden aus Cyanurchlorid und Na-Salz der entspr. schwefelhaltigen Säure bzw. aus dem entspr. Amin in wäßrigem Medium hergestellt. Die auf diese Weise erhaltenen Verbindungen wurden auf ihre herbicide (Bodenbehandlung) und fungicide Wirkung bei *Alternaria tenuis* und *Tilletia foetida* untersucht. 2-Chlor-4.6-bis-dimethylthiocarbamylmercapto-s-triazin zeigte bei Raps starke selektive, kontaktherbicide und bei *Alternaria tenius* intensive fungitoxische Wirkung. Bei Saatgutbeizversuchen gegen *Tilletia foetida* erwiesen sich aromatische Derivate von s-Triazin als stark fungitoxisch wirksam. Von den letzteren haben die einen nichtsubstituierten Phenyldithiocarbamat-Rest enthaltenden Derivate die Keimfähigkeit der Samen nur unwesentlich vermindert, so daß ihre Anwendung als Beizmittel Erfolg versprechend ist. 2710.

Ménoret, Yves, Billaz, René und Morel, Georges; Versailles, Centre Nat. de la Rech. Agronomique., Lab. de Physiol. Végétale. Une nouvelle classe de substances herbicides: les oxazolidines diones. **(Eine neue Klasse herbicider Substanzen: Die Oxazolidindione.)** C. R. hebd. Séances Acad. Sci. **254** (1962) Nr. **3**. S. 546–548. — 1 Abb., 1 Lit.

Die Anwendung von 5–10 kg m-Chlorphenyl-3-methyl-5-oxazolidindion im Vorauflaufverfahren führte bei der Mehrzahl der behandelten dikotylen

Pflanzen zu beträchtlicher Wachstumshemmung. Bes. war das Wachstum der Stengel verlangsamt, wodurch die Internodien verkürzt wurden. Die Blätter färbten sich dunkelgrün und hatten oft bläulichen Glanz. Noch empfindlicher reagierten Monokotyledonen, wie Mais, Weizen, Weidelgras, Straußgras u. a., deren Wachstum völlig zum Stillstand kam. Die Blätter zeigten tief blaugrüne Färbung, wie man sie nach Anwendung von Maleinsäurehydrazid beobachtet. Die Substitution durch Parachlor hatte ganz andere Wirkung. 5 ml einer Lösung von $5 \cdot 10^{-4}$ g/ml führten nach einigen Tagen zum Absterben der Triebspitzen und Bildung nekrotischer Flecke, die über das ganze Blatt verteilt waren. Danach vertrockneten die Pflanzen. Die Mehrzahl der Pflanzen von Weizen, Mais, Tomaten, Radies, Flughafer, Sonnenblumen u. a. wurden durch 2,5–10 kg/ha dieser Verbindung vernichtet. Bei *Chelodonium* wurden 3 Wochen nach Behandlung lanzett- und danach kugelförmige Blätter wie bei Wuchsstoffanwendung festgestellt. Entspr. Wuchsstoffteste verliefen negativ.
K. Schulz. 2710.

Leafe, E. L.; Nottingham, Lenton Exp. Stat., Agric. and Horticult. Div., Res. Dep., Boots Pure Drug Co., Ltd. Metabolism and selectivity of plant-growth regulator herbicides. **(Umwandlung und Selektivität von pflanzenwachstumsregulierenden Herbiciden.)** Nature [London] **193** (1962) Nr. 4814. S. 485–486. — 1 Abb., 5 Lit.
An *Galium aparine* wurden Eindringen, Transport und Umwandlung von MCPA (4-Chlor-2-methyl-phenoxyessigsäure) und CMPP (d,l-α-[4-Chlor-2-methylphenoxy]propionsäure) untersucht. Die mit MCPA-1-^{14}C, MCPA-2-^{14}C, MCPA-^{36}Cl und CMPP-2-^{14}C durchgeführten Versuche lassen erkennen, daß die Widerstandsfähigkeit von *G. aparine* auf eine Entgiftung des MCPA durch Abbau der beiden C-Atome der Seitenkette zurückzuführen ist. Die Einführung einer α-Alkylgruppe, vorzugsweise Methyl, in das MCPA-Molekül blockiert seinen Abbau und ermöglicht die wirksame Bekämpfung o. g. Unkrauts.
P. Stoß. 2710.

Frissel, M. J.; Wageningen, Lab. of Soils and Fertilizers. The adsorption of some organic compounds, especially herbicides, on clay minerals. **(Die Adsorption von einigen organischen Verbindungen, besonders Herbiciden, an Tonmineralien.)** Versl. landbouwkund. Onderz. **1961** Nr. 67. 3. S. 1–54. 20 Abb., 13 Tab., 59 Lit.
Bei bisher vorliegenden Arbeiten waren einige Faktoren nicht hinreichend berücksichtigt worden, insbes. bei Röntgenstrukturuntersuchungen, so daß die Ergebnisse nicht eindeutig waren. Vf. ermittelte deshalb die Adsorptionsisothermen folgender org. Substanzen (vorwiegend Herbicide): 2.4-Dichlorphenoxyessigsäure (**I**), 2.4.5-Trichlorphenoxyessigsäure, 2-Methyl-4-chlorphenoxyessigsäure, 4.6-Dinitro-o-kresol, 4.6-Dinitro-2-sec.-butylphenol, Pikrinsäure, 2-Chlor-4.6-bis(monoäthylamino)-S-triazin (**II**) = Simazin, 2-Chlor-4.6-bis(diäthylamino)-S-triazin (**III**) = Chlorazin, 2-Chlor-4-diäthylamino-6-monoäthylamino-S-triazin (**IV**) = Trietazin, 3-p-Chlorphenyl-1.1-dimethylharnstoff (**V**) = CMU, 3-(3.4-Dichlorphenyl)-1.1-dimethylharnstoff (**VI**) = DCMU und Methylenblau an einigen Tonen (Montmorrilonit, Illite und Kaolinite verschiedener Herkunft). Die Adsorption der o.a. Subst. scheint streng abhängig von der Salzkonz. und dem pH-Wert zu sein, da die Dissoziation der Subst. und die Ladungsverteilung an den Tonmineralien gleichermaßen abhängig sind. Bei niedrigem pH (1–2) werden alle Subst. stark adsorbiert, so die schwachen Basen **V**, **VI**, die Basen **II**, **III**, **IV** als neutrale Moleküle und auch nach Anlagerung von Protonen als Kationen. In schwach basischem Milieu werden die Anionen nicht adsorbiert, die nichtionogenen Subst. dagegen mäßig und Methylenblau stets stark. Erhöhung der Salzkonz. führt zur Erhöhung des Aktivitätskoeffizienten der Elektrolyte und zu gesteigerter Adsorption. Hinsichtlich der Reaktionsmechanismen werden verschiedene Typen unterschie-

den. Allg. sind Van der Waals-Kräfte zusammen mit Coulombkräften von Bedeutung. Es ist deshalb möglich, daß einige Herbicide im Boden akkumuliert werden. P. Neubert. 2710.

Safra, R. A. Novyj gerbicid. **(Ein neues Herbicid.)** Sacharnaja svekla, Moskva **6** (1961) Nr. 12. S. 30. — 1 Tab.
Mitgeteilt wird das Prüfungsergebnis des in der BRD entwickelten Herbicids Alipur (S 55). Untersucht wurden Empfindlichkeit der Saat, Unkrautvernichtung, Auswirkungen auf die Mikroflora und Toxizität gegenüber Warmblütern. Zusammenfassend ergibt sich, daß Alipur ein sehr wirksames Herbicid im Rübenbau ist und den Arbeitsaufwand gegenüber dem Unkrautjäten mit der Hand um 31% senkt. G. Jury. 2710.

C. Unkraut und Unkrautbekämpfung

Bajko, V. P. und Alabušev, V. A. (Baiko, W. P. und Alabuschew, W. A.) Uničtoženie korneotpryskovych sornjakov zjablevoj obrabotkoj. **(Vernichtung der Wurzelunkräuter durch die Bodenbearbeitung im Herbst.)** Kukuruza, Moskva **6** (1961) Nr. 9. S. 45–46. — 2 Tab.
Versuchsergebnisse zur Bekämpfung der Wurzelunkräuter (Distel, Ackerkratzdistel, Kohlgänsedistel und Lattich) im südöstlichen Teil des Gebietes Woronesh werden dargelegt. Die beste Vernichtung dieser Unkräuter wird durch die Bodenbearbeitung unter Anwendung von 2.4 D auf den Stoppeln und im Sommer erreicht. L. Rang. 2735.

Sun-Żun, Li; Wrocław, Katedra Ogólnej Uprawy Roli i Roślin. Badania ekologiczne nad chwastnicą jednostronną-Echinochloa crus-galli (L.) var. longisetum Doll. **(Ökologische Forschungen über Echinochloa crus-galli [L.] var. longisetum Doll.)** Roczniki Nauk rolniczych, Ser. A **86** (1962) S. 1–29. — 12 Abb., 9 Tab., 31 Lit. Zus. in Russ., Engl.
Untersuchungen über die Ökologie und die Phänologie von *Echinochloa crus-galli* L. var. *longisetum* Doll. wurden in der Gegend von Wrocław mit Hilfe von Labor.- und Topf-Versuchen, Feldbeobachtungen und chem. Analysen durchgeführt. *E. crus-galli* ist ein hartnäckiges verbreitetes Ackerunkraut. *E. crus-galli* tritt bei fast allen Kulturarten auf, reift aber und trägt am meisten Samen bei den Hackfrüchten. *E. crus-galli* ist sehr anpassungsfähig, z. B. an saure Böden, unterschiedliche Feuchtigkeitsverhältnisse und verschiedene Tiefenlage der Samen. *E. crus-galli* kann in der Zeit von Apr. bis Sept. aufgehen. Die Entwicklung erfolgt in 7–10 Wochen. Die Samen von *E. crus-galli* sind 2 Jahre keimfähig. Die Bekämpfung kann durch entspr. Fruchtfolgegestaltung, Einsatz von Zwischenfrüchten und bei Hackfrüchten durch mechanische Pflege und Bodenbearbeitung erfolgen. *E. crus-galli* kann als Futter verwendet werden und sogar — auf Grundwasser aufweisendem Gelände, wo Kulturpflanzen nicht wachsen —für diesen Zweck gesät werden. Die Ernte muß etwa bei Blühbeginn erfolgen. W. Śliwiński. 2735.

Evans, S. A.; Oxford, A. R. C. The control of weeds in spring cereals with MCPA, MCPB and 2,4-DB. **(Die Unkrautbekämpfung in Sommergetreide mit MCPA, MCPB und 2.4-DB.)** Weed Res. **1** (1961) Nr. 3. S. 203–210. — 3 Tab., 14 Lit.
In den Jahren von 1956–59 wurden 18 Gemeinschaftsversuche des engl. Beratungsdienstes und der Unkrautbekämpfungsorganisation zur Frage des optimalen Anwendungstermins von MCPA, MCPB und 2.4 D im Sommergetreide durchgeführt. Die Aufwandmengen waren von 0,25–2· lb./acre gestaffelt. Außerdem wurden Mischungen von MCPA und MCPB verwendet. Die 1. Behandlung erfolgte im 2- bis 4-Blattstadium, die 2. im 5- bis 7-Blattstadium des Getreides (normaler Zeitpunkt für die Anwendung von MCPA in Sommergetreide in England). Die frühe Behandlung ergab meist einen höheren Ernteertrag und eine bessere Vernichtung der Unkräuter. In einigen Fällen löste

die frühe Anwendung leichte Mißbildungen an den Ähren aus, der Ertrag wurde dadurch nicht beeinträchtigt. MCPA erzielte in den niederen Aufwandmengen gleich gute Wirkung wie die anderen Herbicide in den höheren. Deshalb ist MCPA für die Unkrautbekämpfung im Sommergetreide vorzuziehen, was auch preisgünstiger ist. G. Feyerabend. 2740.

Alabušev, V. A. (Alabuschew, W. A.); Kamennaja Step, Gebiet Woronesh, Dokutschajew-Forsch.-Inst. für Landwirtsch. des Zentr. Schwarzerdegebietes. Vlijanie gerbicida 2,4-D na soderžanie belkovogo azota v zerne jačmenja, kukuruzy, prosa. **(Einfluß von 2.4-D auf den Gehalt an Eiweißstickstoff im Gerste-, Mais- und Hirsekorn.)** Fiziologija rastenij, Moskva **9** (1962) Nr. 3. S. 372 bis 375. — 1 Tab., 12 Lit.

In Großflächenversuchen wurde 2.4-D gemeinsam mit und ohne NH_4NO_3 im Herbst und im Frühjahr bei Gerste, Mais und Hirse angewendet. Analysen der Körner ergaben, daß die 2.4-D-Behandlung in allen Fällen zu einer Erhöhung des Eiweißgehaltes führte. Als Hauptursache dafür werden die Unkrautvernichtung und die Düngewirkung von NH_4NO_3 angesehen. J. Birke. 2740.

Ubrizsy, G., Csongrády, M. und Rainiss, L. Alkilaminotriazinos vegyszeres gyomirtási kisérletek ujabb eredményei kukoricavetésekben. **(Neue Ergebnisse der Unkrautbekämpfung durch Alkylaminotriazine in Maisbeständen.)** Növénytermelés [Pflanzenbau] **10** (1961) Nr. 2. S. 151–166. — Aus: Ung. Agrar-Rdsch. **1962** Nr. 1.

Vff. stellten fest, daß auf schweren Böden — wo die widerstandsfähigen und mit Blattherbiciden [Dikonirt (= 2.4-D)] nicht erfolgreich bekämpfbaren Unkräuter wie Quecke, Ackerwinde usw. vorkommen — Vorauflaufspritzungen mit Simazin bzw. Atrazin bereits ab März durchgeführt werden können. Die Anwendung von Alkylaminotriazin-Herbiciden ist auch in den Fällen möglich, wo der Boden keine häufigere Lockerung gestattet. Falls intensivere Unkrautbekämpfung erzielt werden soll, müssen in den Maisbeständen im ersten Jahr mindestens 5 bis 6 kg/Kt-Joch verwendet werden. Die Anwendung dieser Herbicide ermöglicht die Mechanisierung des Maisanbaues, Herabsetzung der Verunkrautung und Vernichtung mehrerer Monokotyledonen (Quecke, Fennich, teilweise auch Hühnerhirse), doch ist auch gleichzeitige Einführung der Monokultur des Maises (2 bis 3 Jahre lang auf derselben Fläche) erforderlich. In solchen Fällen sind entspr. der Stärke der Verunkrautung auch größere Dosen (7 bis 8 kg/Kt.-Joch) angebracht, und zwar schon im März. Die im 2. bzw. 3. Jahre des Maisanbaues erscheinenden Unkräuter müssen mit 1,5 bis 1,6 kg/Kt.-Joch Dikonirt (2.4-D) oder Dikamin (2.4-D-Amin) eine Woche vor dem Auflaufen vernichtet werden. Bei geringer Verunkrautung erwiesen sich 2 kg Atrazin oder Simazin und 1,5 kg Dikonirt als ausreichend. Nach dieser kombinierten Spritzung kann einmaliges Hacken notwendig sein. Nach Anwendung von Simazin und Atrazin kann im 2. Jahr Getreide gebaut werden, aber nur dann, wenn das Anwendungsjahr nicht sehr trocken war. Nach 2 Jahren ist es auch im Herbst des 2. Jahres nicht ratsam, Wintergetreide auszusäen. 2740.

Kéri, L. und Halász, É. Adatok a vegyszeres gyomirtás néhány kérdéséhez a kukoricánál. **(Über einige Fragen der chemischen Unkrautbekämpfung bei Mais.)** Mosonmagyaróvári mezögazdasági Akad. Közleménye [Mitt. Akad. Landwirtsch. Mosonmagyaróvár, Ungarn] **1960** Nr. 1. S. 15–28. — Aus: Ung. Agrar-Rdsch. **1962** Nr. 1.

Ziel der im Lehrgut der Landwirtsch. Akad. zu Magyaróvár durchgeführten einjährigen Versuche war die Prüfung verschiedener Unkrautbekämpfungsmethoden. Das Hacken vor dem Auflaufen bzw. das Spritzen mit Dikonirt (2.4-D) verminderten die Verunkrautung gegenüber den unbehandelten Kontrollparzellen erheblich. Das Ergebnis der beiden Unkrautbekämpfungsmethoden zeigte jedoch keinen signifikanten Unterschied. Mit der Egge waren die einjährigen Unkräuter erfolgreicher zu bekämpfen als durch Spritzen mit Dikonirt, gegen perennierende Unkräuter war das Eggen unwirksam. Einmaliges Spritzen mit Simazin wirkte während der ganzen Vegetationsperiode. Zwischen der Variante „Hacke" und „ohne Bodenlockerung" (also mit chem. Mitteln) zeigten sich keine Unterschiede im Ernteertrag. Es wurde festgestellt, daß die Anwendung von Simazin in Maisbeständen in niederschlagsreichen Jahren erfolgreich ist und das Hacken ersetzen kann. Die erste Hacke ist durch eine Vorauflaufbehandlung mit Dikonirt nicht zu ersetzen, da dieses Verfahren nicht wirksamer ist als einmaliges Eggen. 2740.

Bachthaler, Günther; München, Bayer. Landesanst. für Pflanzenbau und -schutz. **Versuche mit grasspezifischen Herbiziden zur Bekämpfung des Wildhafers (Avena fatua L.) in Rübenkulturen im Vorauflaufverfahren.** Z. Pflanzenkrankh. (Pflanzenpathol.) Pflanzenschutz **68** (1961) Nr. 7/8. S. 413–432. — 6 Abb., 6 Tab., 34 Lit. Zus. in Engl.

In 16 Feldversuchen in den Jahren 1958–1960 konnte mit 4 kg/ha IPC im Vorsaatverfahren der Wildhaferbesatz in *Beta*-Rüben um 72 bis 98% verringert werden. In zweijährigen Versuchen mit 20, 40 und 60 kg Chloralchloracetamid, 10 und 20 kg eines 85%igen Kombinationspräparates aus Chloralchloracetamid + TCA, 10 und 15 kg eines 68%igen Dichlorbuttersäurepräparates und 10 und 25 kg TCB (1.2.4.5-Tetrachlorbenzol) verringerten das Chloralchloracetamid bzw. das Kombinationsprodukt und die Buttersäure den Wildhafer um 82–100%. TCB reduzierte den Wildhafer nur um 53–90%. Bei einer Karenzzeit von 2–15 Tagen zwischen Behandlung und Rübenaussaat traten bei sämtlichen Präparaten — bei IPC am wenigsten sichtbare Störungen in Auflauf- und Jugendentwicklung der Rüben auf. Die Rübenerträge waren oft durch die Herbicide etwas verringert, dagegen die Blatterträge erhöht. Bodenart und Reaktionszustand des Bodens beeinflußten die Wirkungsdauer der Mittel nicht, während unterschiedliche Strukturzustände des Bodens die abweichenden Ergebnisse erklären. G. Feyerabend. 2740.

Birjukova, V. S. (Birjukowa, W. S.); Gerbicidy na posevach gorocha i kormovych ljupinov. **(Herbicide auf Erbsen- und Futterlupinenfeldern.)** Zaščita rastenij ot vreditelej i boleznej, Moskva 7 (1962) Nr. 4. S. 34–35.

In Erbsen- und Futterlupinenfeldern wird durch 2.4-D (Na-Salz oder Butylester) zwar das Unkraut vernichtet, doch geht der Ertrag zurück. Gute Ergebnisse wurden mit Pentachlorphenol und DNOC erhalten. Der Ertrag stieg um 13 bzw. 21%. Simazin, vor der Aussaat eingebracht, erhöhte den Ertrag bei Erbsen sogar um 28%. H. Decker. 2740.

Roberts, H. A. und Wilson, B. J.; Wellesbourne, Nat. Vegetable Res. Stat. Chemical weed control in spring-sown broad beans. **(Chemische Unkrautbekämpfung in Ackerbohnen bei Frühjahrsaussaat.)** Weed Res. **1** (1961) Nr. 4. S. 289 bis 300. — 9 Tab., 6 Lit.

In den Jahren von 1956–1961 wurden 12 Feldversuche zur chem. Unkrautbekämpfung bei *Vicia faba* durchgeführt. Im Vorauflaufverfahren wurden eingesetzt: 3, 4 und 6 lb./acre Dinoseb-Amin, 1 lb. Chlorpropham + 0,25 lb. Fenuron, 2 lb. Chlorpropham + 0,5 lb. Fenuron, 1 bzw. 2 lb. Chlorpropham + 0,25 bzw. 0,5 lb. Fenuron, 1 und 2 lb. Trietazin, 0,5; 0,75; 1 und 1,5 lb. Simazin, 2 und 6 lb. Amiben. Im Nachauflaufverfahren: 1; 1,5 und 2 lb. Dinoseb-Amin. Auf einem sandigen Lehmboden wurden die besten Ergebnisse durch Vorauflaufbehandlung mit Simazin (0,75 lb./acre), Trietazin (1,5 lb./acre) Chlorpropham mit Diuron (1 + 0,2 lb./acre) oder Dinoseb-Amin (4 lb./acre) erzielt. Amiben verhielt sich unzureichend selektiv, während Chlorpropham mit Fenuron größere Ertragsausfälle verursachte als die entspr. Mischung mit Diuron. Nachauflaufbehandlung mit Dinoseb-Amin war weniger zufriedenstellend als die beste Vorauflaufbehandlung. G. Feyerabend. 2740.

Bajko, V. P. und Alabušev, V. A. (Baiko, W. P. und Alabuschew, W. A.); Talowaja, Gebiet Woronesh. Gerbicid 2,4-D v bořbe s korneotpryskovymi sornjakami. **(Herbicid 2.4-D zur Bekämpfung von Wurzelunkräutern.)** Zaščita rastenij ot vreditelej i boleznej, Moskva **7** (1962) Nr. 2. S. 22. — 1 Lit.
Zur Bekämpfung von Distelarten wurden in den Jahren von 1958–1960 Versuche mit 2.4-D durchgeführt. Die besten Ergebnisse wurden erhalten, wenn das Präparat im Sommer und Herbst des gleichen Jahres ausgebracht wurde (jeweils 2 kg/ha). Hierdurch konnten 92% der Wurzelunkräuter vernichtet werden. Durch zweimalige Anwendung im gleichen Jahr ging auch der Besatz des Bodens mit Unkrautsamen um 38% zurück. H. Decker. 2740.

Vidme, T.; Vollebekk, Norw. Plant Protection Inst. Control of Sonchus arvensis (L.) with chemicals. **(Chemische Bekämpfung von Sonchus arvensis L.)** Weed Res. **1** (1961) Nr. 4. S. 275–288. — 3 Abb., 8 Tab., 27 Lit.
Gefäßversuche in den Jahren von 1947 bis 48 sowie 1959–1961 zur Bekämpfung von *Sonchus arvensis* mit Wuchsstoff- und Kontaktherbiciden zeigten, daß der Spritztermin einen größeren Einfluß auf die Wirkung hat als die Aufwandmenge der Präparate. Die herbicide Wirkung der Präparate wurde am Gewicht des Wurzelsystems gemessen. Am besten war der Bekämpfungserfolg, wenn zum späten Rosetten- oder frühen Knospenstadium gespritzt wurde. Der Zusatz eines Benetzungsmittels steigerte die Wirkung verschiedener 2.4-D-Salze, jedoch verwischte dieser Zusatz die Wirkungsunterschiede zwischen dem Na-, Ammonium- und Triäthanolaminsalz. Bei Anwendung über die Blätter wirkte 2.4-D viel besser als MCPA, bei Anwendung über die Wurzeln waren beide Wirkstoffe gleich gut, der günstigste Termin für die Wurzelbehandlung lag etwas später als der zur Blattbehandlung. Bei kombinierten Spritzungen von MCPA und Dinoseb bzw. DNOC zeigten sich antagonistische Wirkungen. Die Kontaktwirkung von Dinoseb und DNOC auf die Blätter stieg jedoch, wenn diese Herbicide mit MCPA kombiniert wurden. 5–10 kg/ha Amitrol vernichteten *Sonchus arvensis* völlig. G. Feyerabend. 2740.

Goulding, P. F.; Hamilton, Dep. of Agric. Control of regrowth docks in new pasture with 2,4-DB. **(Bekämpfung des Wiederaustreibens von Ampfer in neuer Weide mit 2.4-DB.)** New Zealand J. Agric. **103** (16/10. 1961) Nr. 4. S. 323. — 1 Abb.
Ungefähr 6 Wochen nach Herbstansaat wurde 2.4-DB (2,25 lb. Wirkstoff/20 gal. Wasser/acre) gespritzt. Es darf nicht gespritzt werden, bevor der Klee zwei Blätter gebildet hat. Die durch vorangegangene Bodenbearbeitung entstandenen Rhizomstückchen trieben nicht wieder aus, während ausgewachsene Ampferpflanzen wieder aufwuchsen. H. Lehmann. 2750.

Karnatz, H.; Jork, Obstbauversuchsanst. **Über die Bekämpfung von Dauerunkräutern in Obstbaumkulturen durch Herbizide.** Mitt. biol. Bundesanst. Land- u. Forstwirtsch. Berlin-Dahlem **1961** Nr. 104. S. 63–64. — 3 Lit.
Vf. berichtet über 4jährige Ergebnisse und konnte dabei feststellen, daß 100 kg/ha NaTA (TCA) zur Queckenbekämpfung in 6–20jähr. Apfelanlagen bei guter Queckenwirkung sich als toxisch für Obstgehölze erwiesen. Bei Verringerung war die Queckenwirkung nicht mehr ausreichend. Auch bei Anwendung von 20 kg/ha Dowpon (Dalapon) trat eine befriedigende Queckenwirkung ein, wobei allerdings 4–12jährige Apfelbäume geschädigt wurden. Als Folgeunkräuter stellten sich Ackerkratzdistel, Lanzettblättriger Wegerich, Schafgarbe, Gundermann, Hahnenfuß, Nessel und Girsch ein. Eine breitere und länger anhaltende Wirkung wurde mit Simazin bzw. einer Kombination von Simazin und Aminotriazol (= Domatol) erzielt, und zwar bei Kernobstbeständen bis zu 10 kg/ha, bei Strauchbeerenobst ab 2. Standjahr bis zu 5 kg/ha, bei Erdbeeren mit Vorbehalt bis 2,5 kg/ha. Geringere Schäden traten nur bei der Schwarzen Johannisbeere auf. Bei Himbeeren werden 5 kg/ha, bei Schattenmorellen, Süßkirschen, allen Pflaumen und Zwetschen ab 2. Stand-

jahr bis 7,5 kg/ha Domatol empfohlen. Weiterhin können bei frischgepflanzten Kernobstbäumen bis 5 kg/ha Simazin angewendet werden.

M. Amme. 2760.

Rajkov, E., Cvetanov, D., Pešakov, G. und Nešev, K. (Rajkow, E., Zwetanow, D., Peschakow, G. und Neschew, K.) Rezultati ot biologičnoto izpitvane na simazina sreštu plevelite v losjata. **(Ergebnisse der biologischen Untersuchung des Simazins als Unkrautbekämpfungsmittel im Weinbau.)** Rastitelna zaštita, Sofija **9** (1961) Nr. 3. S. 57–73. — 4 Abb., 12 Tab. Zus. in Russ., Engl.
Zur Unkrautbekämpfung in den Weinbergen wurden in den Jahren 1958 und 1960 in Novo-Selo Versuche mit dem Totalherbicid Simazin 50 angestellt. Geprüft wurden folgende Aufwandmengen: 3, 4, 5 und 10 kg/ha, ohne bzw. mit einmaliger und 2maliger Bodenbearbeitung. Am besten erwiesen sich Aufwandmengen von 4 und 5 kg/ha Simazin 50 bei 1- und 2maliger Bodenbearbeitung. Das Präparat dringt nicht tiefer als 15 cm in den Boden ein und weist die höchste Konz. in der oberen Bodenschicht von 5 cm auf. Schädigungen an den Rebstöcken durch das Präparat wurden nicht beobachtet. In den geprüften Aufwandmengen wirkt sich Simazin 50 nicht schädlich auf Bodenmikroorganismen (ammonifizierende Bakterien, Actinomyceten, anaerobe N-bindende Bakterien und denitrifizierende Mikroorganismen) aus. Die Anwendung von Simazin im Weinbau in Dosen von 4–5 kg/ha wird empfohlen. Im 2. Folgejahr soll nur die Hälfte der o. g. Aufwandmenge genommen werden.

D. Dodow. 2760.

Lees, P. D.; Rosewarne Exp. Horticult. Stat. The effects of herbicides on daffodils. **(Die Wirkungen von Herbiciden auf Narzissen.)** Daffodil Tulip Year Book **27** (1962) S. 92–95.
Im Jahre 1959/60 wurden 60 Herbicide an der Sorte 'King Alfred' geprüft. Es erfolgte 3fache Anwendung: Mitte Nov. als Vorauflauf-, Mitte Jan. als Nachauflauf- und Mitte Juni als Nachkulturherbicid. Im Versuch standen normale, 2- und 4fache Dosen. 100 gal./acre wurden angewendet. Die Anwendung im Nov. zeigte in allen Konz. keinerlei nachteilige Folgen für die nächsten 2 Jahre. Die erfolgreichen Mittel (ca. $^1/_3$) werden angeführt. Bei Anwendung im Jan. waren die Narzissen 10–12 cm hoch. Zu dieser Zeit waren wenige Herbicide in der Lage, das Unkraut zu bekämpfen. Schäden am Narzissenlaub verursachten Diuron, $NaClO_3$, Simazin, Na-Arsenit, Na-N-methyldithiocarbamat, Diquat, Pentachlorphenol und T.V.O. Bei der Juni-Anwendung (Laub war gelb) waren ca. 10% der Mittel erfolgreich. Schäden an den Narzissen wurden nicht beobachtet.

W. Hiller. 2760.

Stonov, L. D., Sergeeva, T. A. und Strigalev, A. N. (Stonow, L. D., Sergejewa, T. A. und Strigalew, A. N.); Moskau, Wiss. Inst. für Düngemittel und Insectofungicide. Novye gerbicidy i defolianty v chlopkovovdstve. —
und Insectofungicide. Novye gerbicidy i defolianty v vhlopkovodstve. **(Neue Herbicide und Defolianten im Baumwollanbau.)** Chlopkovodstvo, Moskva **11** (1961) Nr. 7. S. 23–30. — 2 Tab., 4 Abb.
Fenuron, Monuron und Diuron zur Bekämpfung von Baumwollunkräutern verni hteten mit 2 kg/ha wirksamer Substanz alsSuspensoni (zur Frühjahrsfurche) einjährige Unkräuter vollständig. Mehrjährige Jnkräuter erfuhren dabei fast keine Schädigung. Für die junge Baumwollsaat, deren Wurzelsystem mit den Herbiciden in Berührung kommt, erwies sich ein solches Verfahren als abträglich. Fenuron schädigte die Baumwolle amstärksten. Monuron und Diuron, nach der Aussaat angewendet, befreiten die Baumwollfelder für 5–7 Wochen von einjährigen Unkräutern. Vor dem Öffnen der Kapseln wurde im Betriebsversuch Baumwolle mit den Defolianten Folex (Tributhyltrithiophosphit) mit 0,75 kg/ha gespritzt. Als schnell und schonend wirkend erwies sich Dibutydisulfid. Die Derfolianten zeigten — mit Ausnahme des Magnesiumchlorats — keinen ungünstigen Einfluß auf das

durchschnittl. Gewicht der Rohbaumwolle je Kapsel. Die Präparate auf Xanthogenessigsäurebasis wirkten in Mengen von 10–15 kg/ha wie Desiccantien mit den Eigenschaften von Dfolianten, öffneten die Kapseln gut und trockneten nur wenige Blätter. In Feldversuchen wurde das Desiccans Endothal verwendet, dem Ammoniumsulfat hinzugefügt worden war. Die Anwendung erfolgte, sobald sich eine Kapsel auf dem Strauch geöffnet hatte. Am 12. Tag erfolgten intensives Abfallen der Blätter und gutes Öffnen der Kapseln. Aufwandmengen von 4 kg/ha verstärkten die Wirkung des Endothels, 6 Tage nach dem Benetzen konnte die Baumwolle maschinell geerntet werden. Auch frühzeitige Desiccation mit der höheren Aufwandmenge verringerte das Durchschnittsgewicht der Kapseln nicht. K. Lill. 2770.

Krivolapov, I. E. (Kriwolapow, I. Je.) Novoe v borbe s sornjakami na risovych poljach. **(Neues in der Unkrautbekämpfung in Reisfeldern.)** Zemledelie, Moskva **23** (1961) Nr. 12. S. 34–44. — 5 Tab., 6 Lit.

Bei der vorgesehenen Erweiterung der Reisanbaufläche um 178000 ha in Primorje gewinnt die Unkrautbekämpfung an Bedeutung. Nach dem Tiefdrillen des Reises kann vor dem Aufgang intensiv bearbeitet, dabei 90–95% der Unkräuter vernichtet werden. Anschließend wird das Wasser verschieden hoch, 5–15 cm, aufgestaut. Durch die Überstauung gehen viele Unkräuter ein. Die Anwendung von 10–15 kg/ha CIPC vor dem Aufgang oder das sofortige Überstauen auf 20 cm kann eine mechanische Bekämpfung bei ungünstiger Witterung ersetzen. 2.4-D, Dikotex 30 kann vom Bestocken bis zum Schossbeginn eingesetzt werden. R. Schlenker. 2770.

Lampeter, Wilhelm. **Unkräuter in der Saatguterzeugung.** Anleitung zum Erkennen sowie Hinweise zur Beurteilung und Bekämpfung der häufigsten Fremdarten und der wichtigsten Samenunkräuter. Berlin: Akademie-Verlag. 1962. (241 S. m. Abb., Tab. u. Taf.) 8°. DM 18,50. Die bei der Saatgutvermehrung auftretenden Unkräuter und Fremdpflanzen sind abgebildet. Über ihr Erkennen, Vorkommen und ihre Bekämpfung werden kurze Erläuterungen gegeben. Ähnliche Pflanzen sind auf einer Tafel zusammengestellt und im selben Maßstab wiedergegeben. Außerdem sind Samen und wichtige Pflanzenteile auf Millimeter- oder 5 × 5 mm-Gitter wiedergegeben. Dadurch wird dem Betrachter das Übertragen der in verschiedenem Maßstab abgebildeten Pflanzen auf natürliche Größe erleichtert. Nach der Einleitung und Erläuterung bot. Fachausdrücke werden 112 Fremd- und Unkrautarten beim Futterpflanzensamenbau besprochen. Daran anschließend werden die Verluste und ihre Ursachen beim Gras- und Kleedrusch sowie Kleereiben behandelt. Kapitel IV enthält die Bestimmungsschlüssel der wichtigsten Kleesamen und Grasfrüchte. Im letzten Kapitel, auf welches Lit.- und Sachverzeichnis folgen, werden Angaben über die Trennung des Saatgutes von Fremdbesatz durch die verschiedenen gebräuchlichen Saatgutaufbereitungsverfahren gemacht. In der dem Buch beigelegten Anlage behandelt Vf. die chem. Unkrautbekämpfung bei der Erzeugung von Futterpflanzensaatgut. K. Schulz.

Redaktionsschluß: 8. 11. 1962

Herausgeber: Deutsche Demokratische Republik · Deutsche Akademie der Landwirtschaftswissenschaften zu Berlin, Institut für Information und Dokumentation, Berlin W 8, Krausenstraße 38/39; Chefredakteur: Dr. Ursula Wittbrodt, stellvertretender Chefredakteur: Dr. Werner Kleeberg, Berlin W 8, Krausenstraße 38/39; Fernsprecher: 22 51 61. Verantwortliche Redaktion der Abteilung II — Pflanzliche Produktion: Phytopathologie und Pflanzenschutz: Prof. Dr. Alfred Hey, Berlin, und Prof. Dr. Maximilian Klinkowski, Aschersleben; Pflanzenbau: Prof. Dr. Gustav Könnecke, Halle; Gartenbau: Prof. Dr. Johannes Reinhold, Berlin; Pflanzenzüchtung: Prof. Dr. Rudolf Schick, Groß-Lüsewitz, Kreis Rostock; Bodenkunde, Pflanzenernährung und Düngung: Prof. Dr. Karl Schmalfuß, Halle. Hauptredakteur: Dr. Werner Kleeberg, Berlin W 8, Krausenstraße 38/39; Fernsprecher: 22 51 61. Verlag: Akademie-Verlag GmbH, Berlin W 8, Leipziger Straße 3–4; Fernsprecher: 22 04 41, Telex-Nr. 011773, Postscheckkonto Berlin 350 21. Bestellnummer dieses Heftes: 1030 II – VIII/2. Das Landwirtschaftliche Zentralblatt, Abt. Pflanzliche Produktion, erscheint monatlich. Einzelheft DM 20,–; einseitig bedruckte Ausgabe DM 24,–. Jahresbezugspreis DM 240,–; einseitig bedruckte Ausgabe DM 288,– einschl. Register, zuzüglich Porto- und Versandkosten. Gesamtherstellung: VEB Druckerei „Thomas Müntzer“ Bad Langensalza. Veröffentlicht unter der Lizenznummer 1291 des Presseamtes beim Vorsitzenden des Ministerrates.

FSC
www.fsc.org
MIX
Papier | Fördert gute Waldnutzung
FSC® C083411

Kolibri 360 GmbH
Ferdinand-Jühlke-Straße 7
99095 Erfurt, Deutschland
produktsicherheit@kolibri360.de